软件开发微视频讲堂

C语言从入门到精通

（微视频精编版）

明日科技　编著

清華大學出版社
北　京

内 容 简 介

本书浅显易懂，实例丰富，详细介绍了C语言开发需要掌握的各类实战知识。

全书共两册，上册为核心技术篇，下册为强化训练篇。核心技术篇共20章，包括初识C语言，掌握C语言数据类型，表达式与运算符，数据输入、输出函数，设计选择/分支结构程序，循环控制，数组的应用，字符数组，函数的引用，变量的存储类别，C语言中的指针，结构体的使用，共用体的综合应用，使用预处理命令，存储管理，链表在C语言中的应用，栈和队列，C语言中的位运算，文件操作技术和图书管理系统等。通过学习，读者可快速开发出一些中小型应用程序。强化训练篇共18章，通过大量源于实际生活的趣味案例，强化上机实践，拓展和提升Java开发中对实际问题的分析与解决能力。

本书除纸质内容外，配书资源包中还给出了海量开发资源库，主要内容如下：

- ☑ 微课视频讲解：总时长16小时，共199集
- ☑ 实例资源库：881个实例及源码详细分析
- ☑ 模块资源库：15个经典模块开发过程完整展现
- ☑ 项目案例资源库：15个企业项目开发过程完整展现
- ☑ 测试题库系统：616道能力测试题目
- ☑ 面试资源库：371个企业面试真题

本书可作为软件开发入门者的自学用书或高等院校相关专业的教学参考书，也可供开发人员查阅、参考使用。

图书在版编目（CIP）数据

C语言从入门到精通：微视频精编版 / 明日科技编著. —北京：清华大学出版社，2019(2021.1重印)
（软件开发微视频讲堂）
ISBN 978-7-302-50690-4

Ⅰ. ①C… Ⅱ. ①明… Ⅲ. ①C语言-程序设计 Ⅳ. ①TP312.8

中国版本图书馆CIP数据核字（2018）第163117号

责任编辑： 贾小红
封面设计： 魏润滋
版式设计： 文森时代
责任校对： 马军令
责任印制： 宋林

出版发行： 清华大学出版社
网　　址：http://www.tup.com.cn，http://www.wqbook.com
地　　址：北京清华大学学研大厦A座　　邮　　编：100084
社 总 机：010-62770175　　邮　　购：010-62786544
投稿与读者服务：010-62776969，c-service@tup.tsinghua.edu.cn
质量反馈：010-62772015，zhiliang@tup.tsinghua.edu.cn
印 装 者： 三河市君旺印务有限公司
经　　销： 全国新华书店
开　　本： 203mm×260mm　　**印　　张：** 38.5　　**字　　数：** 1055千字
版　　次： 2019年10月第1版　　**印　　次：** 2021年 1月第2次印刷
定　　价： 99.80元（全2册）

产品编号：079162-01

前　言

Preface

C 语言是 Combined Language（组合语言）的简称，它作为一种计算机设计语言，具有高级语言和汇编语言的特点，受到广大编程人员的喜爱。C 语言的应用非常广泛，既可以用于编写系统应用程序，也可以作为编写应用程序的设计语言，还可以具体应用到有关单片机以及嵌入式系统的开发。这就是大多数学习者学习编写程序都选择 C 语言的原因。

本书内容

本书分为上、下两册，上册为 C 语言核心技术篇，下册为 C 语言强化训练篇。

C 语言核心技术分册共 20 章，提供了从入门到编程高手所必备的各类 C 语言核心知识，大体结构如下图所示。

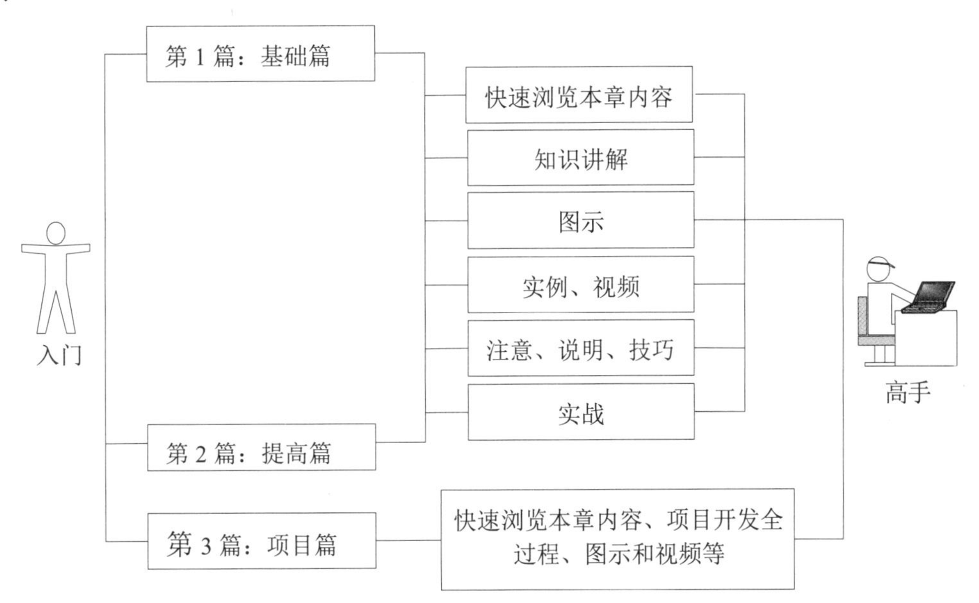

基础篇：包括初识 C 语言，掌握 C 语言数据类型，表达式与运算符，数据输入、输出函数，设计选择/分支结构程序，循环控制，数组的应用，字符数组，函数的引用，变量的存储类别等内容，结合大量的图示、实例、视频和实战等，读者可快速掌握 C 语言，为以后编程奠定坚实的基础。

提高篇：包括 C 语言中的指针，结构体的使用，共用体的综合应用，使用预处理命令，存储管理，链表在 C 语言中的应用，栈和队列，C 语言中的位运算，文件操作技术等内容。学习完本篇，读者应能够开发一些中小型应用程序。

项目篇：通过一个完整的项目——图书管理系统，学习软件工程的设计思想，进行软件项目的实践开发。书中按照“需求分析→系统设计→数据库设计→基本程序开发流程→项目主要功能模块的实现”的流程进行介绍，带领读者亲身体验开发项目的全过程。

C 语言强化训练分册共 18 章，通过 290 多个来源于实际生活的趣味案例，强化上机实战，拓展和提升读者对实际问题的分析与解决能力。

本书特点

☑ **深入浅出，循序渐进**。本书以初、中级程序员为对象，先从 C 语言基础学起，再学习 C 语言中的结构体、共用体、文件操作等高级技术，最后学习开发一个完整项目。讲解过程中步骤详尽，版式新颖，读者在阅读时一目了然，可快速掌握书中内容。

☑ **实例典型，轻松易学**。通过例子学习是最好的学习方式，C 语言核心技术分册共有 170 多个应用实例，通过“一个知识点、一个例子、一个结果、一段评析，一个综合应用”的模式，透彻详尽地讲述了实际开发中所需的各类知识。为了便于读者阅读程序代码，书中几乎每行代码都提供了注释。

☑ **微课视频，可听可看**。为便于读者直观感受程序开发的全过程，大部分章节都配备了教学微视频，这些微课可听可看，能快速引导初学者入门，感受编程的快乐和成就感，进一步增强学习的信心。

☑ **动图学习，简洁高效**。本书将 C 语言学习中不易理解的重难点知识制成了各类动图，用图形、漫画等趣味手段来传递那些不好用语言文字描述的知识点，趣味性更强，用时更短，学习效率更高。

☑ **强化训练，实战提升**。软件开发学习，实战才是硬道理。C 语言核心技术分册中每章都提供了 5 个实战练习，强化训练分册中更是给出了 270 多个源自生活的真实案例。应用编程思想来解决这些生活中的难题，不但能锻炼动手能力，还可以快速提升实战技巧。如果在实现过程中遇到问题，可以从资源包中获取相应实战的源码，进行解读。

☑ **精彩栏目，贴心提醒**。本书根据需要在各章安排了很多“注意”“说明”“技巧”等小栏目，让读者可以在学习过程中更轻松地理解相关知识点及概念，更快地掌握个别技术的应用技巧。C 语言强化训练分册中，更设置了“▷①②③④⑤⑥”栏目，读者每亲手完成一次实战练习，即可涂上一个序号。通过反复实践，可真正实现强化训练和提升。

☑ **紧跟潮流，支持 VS**。很多人学习 C 语言的人员都是用 Visual Studio 作为开发工具，本书资源包中提供了支持 VC++ 6.0 和最新的 Visual Studio 2017 两套代码，读者可以根据自身需求选择使用。

本书资源

为帮助读者学习，本书配备了长达 16 个小时（共 199 集）的微课视频讲解。除此以外，还为读者提供了“Visual C++开发资源库”系统，以全方位地帮助读者快速提升编程水平和解决实际问题的能力。

本书和 Visual C++开发资源库配合学习的流程如图所示。

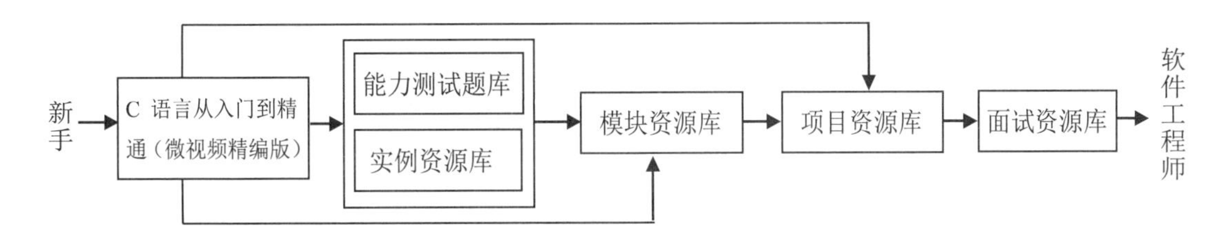

Visual C++开发资源库系统的主界面如图所示。

开发资源库
使用说明

通过实例资源库中的大量热点实例和关键实例，读者可巩固所学知识，提高编程兴趣和自信心。

通过能力测试题库，读者可对个人能力进行测试，检验学习成果。数学逻辑能力和英语基础较为薄弱的读者，还可以利用资源库中大量的数学逻辑思维题和编程英语能力测试题，进行专项强化提升。

本书学习完毕后，读者可通过模块资源库和项目资源库中的 30 个经典模块和项目，全面提升个人综合编程技能和解决实际开发问题的能力，为成为 C 语言软件开发工程师打下坚实基础。

面试资源库中提供了大量国内外软件企业的常见面试真题，同时还提供了程序员职业规划、程序员面试技巧、企业面试真题汇编和虚拟面试系统等精彩内容，是程序员求职面试的绝佳指南。

读者对象

- ☑ 初学编程的自学者
- ☑ 编程爱好者
- ☑ 大中专院校的老师和学生
- ☑ 相关培训机构的老师和学员
- ☑ 做毕业设计的学生
- ☑ 初、中级程序开发人员
- ☑ 程序测试及维护人员
- ☑ 参加实习的“菜鸟”程序员

读者服务

学习本书时，请先扫描封底的权限二维码（需要刮开涂层）获取学习权限，然后即可免费学习书中的所有线上线下资源。本书所附赠的各类学习资源，读者可登录清华大学出版社网站（www.tup.com.cn），在对应图书页面下获取其下载方式。也可扫描图书封底的“文泉云盘”二维码，获取其下载方式。

为了方便解决本书疑难问题，读者朋友可加我们的企业 QQ：4006751066（可容纳 10 万人），也可以登录 www.mingrisoft.com 留言，我们将竭诚为您服务。

致读者

本书由明日科技 C 语言程序开发团队组织编写，明日科技是一家专业从事软件开发、教育培训以及软件开发教育资源整合的高科技公司，其编写的教材既注重选取软件开发中的必需、常用内容，又注重内容的易学、方便以及相关知识的拓展，深受读者喜爱。其编写的教材多次荣获“全行业优秀畅销品种”“中国大学出版社优秀畅销书”等奖项，多个品种长期位居同类图书销售排行榜的前列。

在编写本书的过程中，我们始终本着科学、严谨的态度，力求精益求精，但错误、疏漏之处在所难免，敬请广大读者批评指正。

感谢您购买本书，希望本书能成为您编程路上的领航者。

“零门槛”编程，一切皆有可能。

祝读书快乐！

编　者

2019 年 6 月

目　录

Contents

第 1 篇　基　础　篇

第 2 篇 提 高 篇

第 3 篇 项 目 篇

基础篇

本篇通过初识C语言，掌握C语言数据类型，表达式与运算符，数据输入、输出函数，设计选择/分支结构程序，循环控制，数组的应用，字符数组，函数的引用，变量的存储类别等内容的介绍，并结合大量的图示、实例、视频和实战等，引导读者快速掌握C语言，为以后编程奠定坚实的基础。

第 1 章

初识 C 语言

（视频讲解：36 分钟）

在学习 C 语言之前，先要了解 C 语言的发展历程，这是每一个初次学习 C 语言的人都应该了解的，并且还要了解为什么要选择 C 语言，它有哪些特性。只有了解到 C 语言的历史和特性，才会更为深刻地理解 C 语言，并且增加对学习 C 语言的信心。随着计算机科学的不断发展，C 语言的学习环境也在不断变化，刚开始学习 C 语言时会选择一些相对简单的编译器，如 Turbo C 2.0。不过更多人还是选择了由 Microsoft 公司推出的 Visual C++ 6.0 编译器。

本章致力于使读者了解 Visual C++ 6.0 的开发环境，掌握 Visual C++ 6.0 集成开发环境中各个部分的使用，并能编写一个简单的应用程序做开发环境的使用练习。

学习摘要：

- **了解 C 语言的发展历史**
- **了解 C 语言的特点**
- **了解 C 语言的组织结构**
- **掌握如何使用 Visual C++ 6.0 开发 C 程序**
- **掌握如何使用 Visual Studio 2017 开发 C 程序**

1.1　C 语言发展史

1.1.1　程序语言简述

在看 C 语言的发展历程之前，先来对程序语言进行一下大概的了解。

1. 机器语言

机器语言是低级语言，也称为二进制代码语言。计算机是使用由“0”和“1”构成的二进制数所组成的一串指令来表达计算机的语言。机器语言的特点是：计算机可以直接识别，不需要进行任何的翻译。

2. 汇编语言

汇编语言是面向机器的程序设计语言。为了减轻使用机器语言编程的痛苦，用英文字母或者符号串来替代机器语言的二进制码，这样就把不易理解和使用的机器语言变成汇编语言。这样一来，使用汇编语言就比机器语言方便阅读和理解程序。

3. 高级语言

由于汇编语言依赖于硬件体系，并且汇编语言中的助记符号数量比较多。为了使程序语言能更贴近人类的自然语言，同时又不依赖于计算机硬件，于是产生了高级语言。这种语言，其语法形式类似于英文，并且因为远离对硬件的直接操作，使得它易于普通人的理解与使用。其中影响较大且使用普遍的有 Fortran、Algol、Basic、Cobol、Lisp、Pascal、Prolog、C、C++、VC、VB、Delphi、Java 等。

1.1.2　C 语言历史

从程序语言的发展过程可以看到，以前的操作系统等系统软件主要是用汇编语言编写的。但是由于汇编语言依赖于计算机硬件，程序的可读性和可移植性都不是很好。所以为了提高可读性和可移植性，人们开始寻找一种语言，这种语言应该既具有高级语言的特性，又不失低级语言的好处。于是，在这种需求下产生了 C 语言。

C 语言是由 UNIX 的研制者丹尼斯·里奇（Dennis Ritchie）和肯·汤普逊（Ken Thompson）于 1970 年研制出的 BCPL 语言（简称 B 语言）的基础上发展和完善起来的。19 世纪 70 年代初期，AT&T Bell 实验室的程序员丹尼斯·里奇第一次把 B 语言改编为 C 语言。

最初，C 语言运行于 AT&T 的多用户、多任务的 UNIX 操作系统上。后来，丹尼斯·里奇用 C 语言改写了 UNIX C 的编译程序，UNIX 操作系统的开发者肯·汤普逊又用 C 语言成功地改写了 UNIX，从此开创了编程史上的新篇章。UNIX 成为第一个不是用汇编编写的主流操作系统。

1983 年，美国国家标准委员会（ANSI）对 C 语言进行了标准化，于 1983 年颁布了第一个 C 语言草案（83ANSI C），后来于 1987 年又颁布了另一个 C 语言标准草案（87ANSI C），最新的 C 语言标准

C99 于 1999 年颁布，并在 2000 年 3 月被 ANSI 采用。但是由于未得到主流编译器厂家的支持，C99 也并未广泛使用。

尽管 C 语言已广泛应用于大型商业机构和学术界的研究实验室，但是当开发者们为第一台个人计算机提供 C 编译系统之后，C 语言才得以广泛传播，为大多数程序员所接受。对 MS-DOS 操作系统来说，系统软件和实用程序都是用 C 语言编写的。Windows 操作系统大部分也是用 C 语言编写的。

C 语言是一种面向过程的语言，同时具有高级语言和汇编语言的优点。C 语言可以广泛应用于不同的操作系统，如 UNIX、MS-DOS、Microsoft Windows 及 Linux 等。

在 C 语言的基础上发展起来的有支持多种程序设计风格的 C++语言、网络上广泛使用的 Java 和 JavaScript、微软的 C#语言等。也就是说，学好 C 语言之后，再学习其他语言时就会在短时间内轻松地掌握。

目前最流行的 C 语言有以下几种：

☑ Microsoft C 或称 MS C

☑ Borland Turbo C 或称 Turbo C

☑ AT&T C

1.2 C 语言的特点

C 语言是一种通用的程序设计语言，主要用来进行系统程序设计，具有如下特点。

☑ 高效性

谈到高效性，不得不说 C 语言是“鱼与熊掌”兼得。从 C 语言的发展历史也可以看到，它继承了低级语言的优点，产生了高效的代码，并具有友好的可读性和编写性。一般情况下，C 语言生成的目标代码要比汇编程序低 10%~20%。

☑ 灵活性高

C 语言中的语法不居于一格，在原有语法基础上进行创造、复合，给程序员更多的想象和发挥的空间。

☑ 功能丰富

除了在 C 语言中目前具有的类型，用户还可以使用丰富的运算符和自定义的结构类型，来表达任何复杂的数据类型，很好完成所需要的功能。

☑ 表达力强

C 语言的表达力强体现在于，它的语法形式与人们所使用的语言形式相似，书写形式自由、结构规范，并且用简单的控制语句可以轻松控制程序流程，完成复杂烦琐的程序要求。

☑ 移植性好

因为 C 语言具有良好的移植性，这样使得 C 程序在不同的操作系统下，只需要简单的修改或者不用修改就可以进行跨平台的程序开发操作。

拥有这些优秀的特点，C 语言在程序员选择语言时备受青睐。

1.3　一个简单的 C 程序

在通往 C 语言程序世界之前，首先不要对 C 语言产生恐惧感，觉得这种语言都应该是学者或研究人员的专利。C 语言是人类共有的财富，是一个普通人只要通过努力学习就可以掌握的一门科学技术。下面先来通过一个简单的程序，看一看 C 语言程序是什么样子。

【例 1.1】　一个简单 C 程序。（**实例位置：资源包\源码\01\1.01**）

本实例程序实现的功能只是显示一条信息“Hello, world! I'm coming!”，用这个程序使读者初窥 C 程序样貌。虽然这个简单的小程序只有 7 行，但是却充分地说明了 C 程序是由什么位置开始的，什么位置结束的。

```
#include<stdio.h>

int main()
{
	printf("Hello,world! I'm coming!\n");	/*输出要显示的字符串*/
	return 0;	/*程序返回 0*/
}
```

运行程序，显示效果如图 1.1 所示。

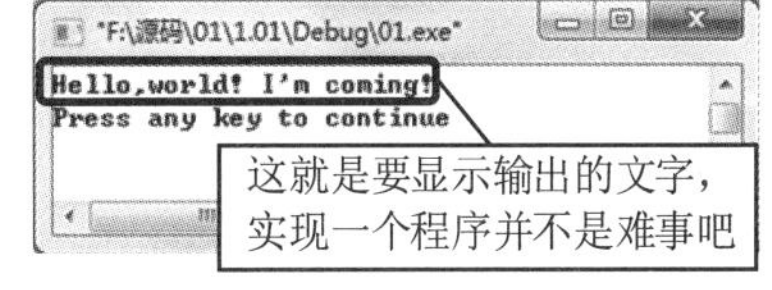

图 1.1　一个简单 C 程序

现在来分析一下上面的实例程序。

1. #include 指令

实例代码中的第 1 行：

```
#include<stdio.h>
```

这个语句的功能是进行有关的预处理操作。include 称为文件包含命令；后面尖括号中的内容，称为头部文件或者首文件。有关预处理的内容，本书会在第 14 章中进行详细的讲解。在此，读者只需要先对此概念有所了解就可以。

2. 空行

实例代码中的第 2 行：

C 语言是一个灵活性较强的语言，所以格式并不是固定不变、拘于一格的。也就是说空格、空行、跳格并不会影响程序。那这个时候有读者就会问“为什么要有这些多余的空格和空行。”其实这就像在生活中用纸写字一样，虽然拿一张白纸就可以在上面写字，但是还会在纸上面用一行一行的方格或段落，隔开每一段文字，就是为了美观和规范。合理、恰当地使用这些空格、空行，可以使编写出来的程序更加规范，对日后的阅读和整理有着重要的作用。所以在此也提醒读者，在写程序的时候最好将程序写得规范、干净，否则乱乱糟糟一堆，就是再好的程序也会变得很难理解。

注意

不是所有的空格都是没有用的，例如，在两个关键字之间有空格隔开（else if），这种情况下如果将空格去掉的话，程序是不能通过编译的。在这里先进行一下说明，在以后章节的学习过程中就会慢慢领悟。

3．main 函数声明

实例代码中的第 3 行：

```
int main()
```

这一行代码代表的意思是声明 main 函数是一个返回值为整型的函数。其中的 int 叫作关键字，这个关键字代表的类型是整型。关于数据类型会在本书的第 2 章进行讲解，而函数的内容在本书的第 9 章会进行详细的介绍。

在函数中这一部分叫作函数头部分。在每一个程序中都会有一个 main 函数。那么 main 函数是什么作用呢？main 函数就是一个程序的入口部分。也就是说，程序都是从 main 函数头开始执行的，然后进入到 main 函数中，执行 main 函数中的内容。

4．函数体

实例代码中的第 4~7 行：

```
{
    printf("Hello,world! I'm coming!\n");    /*输出要显示的字符串*/
    return 0;                                /*程序返回 0*/
}
```

在上面介绍 main 函数时，提到了一个名词叫作“函数头”，大家可以通过这个词进行一下联想，既然有函数头，那也应该有函数的“身体”吧？没错，一个函数分为两个部分，一个部分是函数头，一个部分是函数体。

程序代码中的第 4 行和第 7 行这两个大括号就构成了函数体的部分，函数体也可以称作为函数的语句块。在函数体中，也就是第 5 行和第 6 行这一部分就是函数体中要执行的内容。

5．执行语句

在函数体中，第 5 行代码：

```
printf("Hello,world!I'm coming!\n");        /*输出要显示的字符串*/
```

执行语句就是函数体中要执行的动作内容。这一行代码是这个简单的例子中最复杂的一句。这一句虽然看似复杂，其实也不难理解，printf 是产生格式化输出的函数，可以简单地理解为是向控制台进行输出文字或符号。在括号中的内容称为函数的参数，括号内可以看到输出的字符串"Hello,world!I'm coming"。其中可以看到“\n”这样一个符号，这个反斜杠加上 n 称之为转义字符。转义字符的内容会在本书的第 2 章中有所介绍。

6. return 语句

在函数体中，第 6 行代码：

```
return 0;
```

这行语句告诉 main 函数终止运行，并向操作系统返回一个 0，整型常量。还记得在前面介绍 main 函数时，说过返回一个整型返回值。此时 0 就是要返回的整型。在此处可以将 return 理解成 main 函数的结束标志。

7. 代码的注释

在程序的第 5 行和第 6 行后面都可以看到有一段关于这行代码的文字描述：

```
printf("Hello,world! I'm coming!\n");        /*输出要显示的字符串*/
return 0;                                    /*程序返回 0*/
```

这段对代码的解释描述称为代码的注释。代码注释的作用，相信读者现在已经知道了，就是用来对代码进行解释说明，为日后的阅读或者他人阅读源程序时，方便理解程序代码含义和设计思想所用。它的语法格式就是：

```
/*其中为注释内容*/
```

说明

虽然没有强行规定程序中一定要写注释，但是为程序代码写注释是一个良好的习惯，这会为以后查看代码带来非常大的方便。并且如果程序交给别人看，他人便可以通过注释快速掌握程序思想与代码作用。所以养成编写规范的代码格式和添加详细的注释习惯，是一个优秀程序员应该具备的素质。

1.4 一个完整的 C 程序

1.3 节为大家展现了一个最简单的程序，通过 7 行代码的使用，实现一个显示一行字符串功能的程序。相信通过 1.3 节的介绍，已经使读者不再对学习 C 语言还有畏惧的心理。那么在本节中，根据一小节的实例，对其进行内容扩充，使读者对 C 程序有一个更完整的认识。

说明

在这里要再次提示一下这个程序的用意。例 1.2 包括上面的例 1.1 并不是要将具体的知识点进行详细的讲解，只是将 C 语言程序的概貌展示给读者，让读者对 C 语言程序有一个简单的印象。还记得小时候学习加减法的情况吗？老师只是教给学生们“1+1=2”，却没有教给学生们“1+1 为什么等于 2”或者“如何证明 1+1=2”这样的问题。通过这些生活中的提示，可以看出小时候学习加减法是这样过程，那么学习 C 语言编写程序也应该是这样的过程。在不断地接触中变得熟悉，在不断地思考中变得深入。

【例 1.2】 一个完整的C程序。（**实例位置：资源包\源码\01\1.02**）

本实例要实现这样的功能，有一个长方体，它的高已经给出，然后输入这个长方体的长和宽，通过输入的长、宽还有给定的高度，计算出这个长方体的体积。

程序代码如下：

```
#include<stdio.h>                               /*包含头文件*/
#define Height 10                               /*定义常量*/

int calculate(int Long, int Width);             /*函数声明*/

int main()                                      /*主函数 main*/
{
	int m_Long;                                 /*定义整型变量，表示长度*/
	int m_Width;                                /*定义整型变量，表示宽度*/
	int result;                                 /*定义整型变量，表示长方体的体积*/

	printf("长方形的高度为：%d\n",Height);      /*显示提示*/

	printf("请输入长度\n");                     /*显示提示*/
	scanf("%d",&m_Long);                        /*输入长方体的长度*/

	printf("请输入宽度\n");                     /*显示提示*/
	scanf("%d",&m_Width);                       /*输入长方体的宽度*/

	result=calculate(m_Long,m_Width);           /*调用函数，计算体积*/
	printf("长方体的体积是：");                 /*显示提示*/
	printf("%d\n",result);                      /*输出体积大小*/
	return 0;                                   /*返回整型 0*/
}

int calculate(int Long, int Width)              /*定义计算体积函数*/
{
	int result =Long*Width*Height;              /*具体计算体积*/
	return result;                              /*将计算的体积结果返回*/
}
```

运行程序，显示效果如图 1.2 所示。

在具体讲解这个程序的执行过程之前，先展现这个程序的过程图，这样可以对程序有一个更为清晰的认识，如图 1.3 所示。通过这个程序的过程图，可以观察出整个程序运作的过程。前面已经介绍过关于程序中一些相同的内容，在这里就不进行有关的说明。下面介绍关于程序中新出现的一些内容。

1．定义常量

实例代码中的第 2 行：

```
#define Height 10                               /*定义常量*/
```

这一行代码中，使用#define 定义一个符号，#define 在这里的功能是设定这个符号为 Height，并且

指定这个符号 Height 代表的值为 10。这样在程序中，只要是使用 Height 这个标识符的地方，就代表使用的是 10 这个数值。

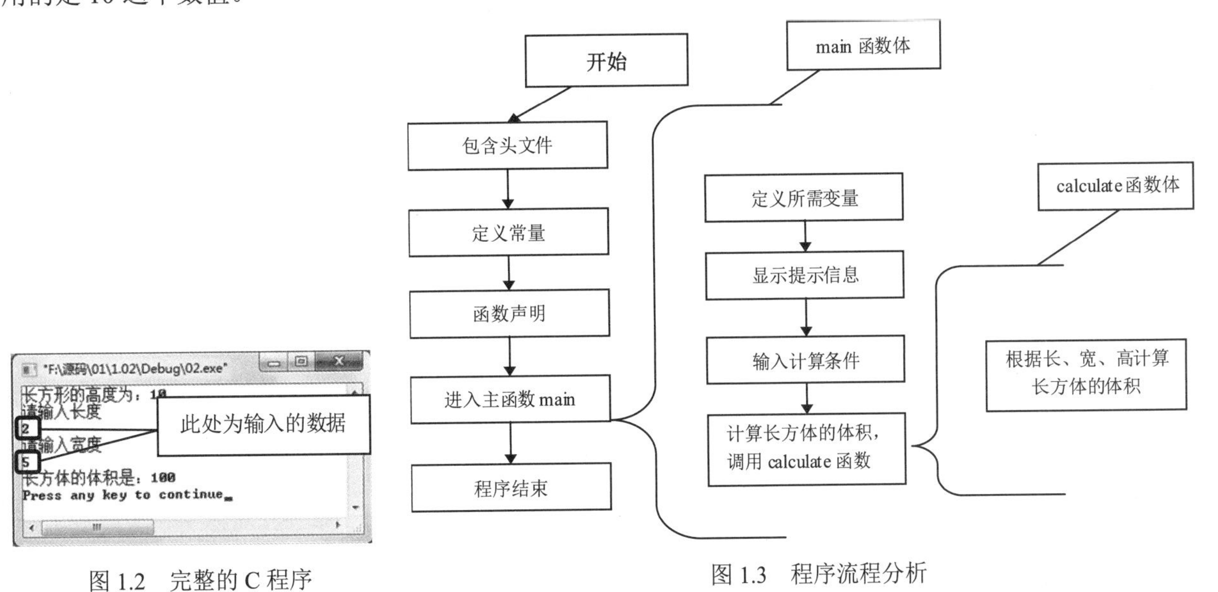

图 1.2　完整的 C 程序

图 1.3　程序流程分析

2. 函数声明

实例代码中的第 4 行：

```
int calculate(int Long, int Width);                /*函数声明*/
```

此处代码的作用是对一个函数进行声明，前面介绍过函数，但是什么是函数声明呢？举一个例子，两个公司进行合作，其中的 A 公司要派一个经理到 B 公司进行洽谈业务。那么 A 公司就会发送一个通知给 B 公司，告诉 B 公司会排一个经理过去，在机场接一下这位洽谈业务的经理。可是 B 公司并不知道这位经理的名字和相貌，A 公司就需要将这位经理的名字和体貌特征都告诉 B 公司的迎接人员。这样当这位经理下飞机之后，B 公司就可以将他名字写在纸上举起来，然后找到这位经理。

函数声明的作用就像 A 公司告诉 B 公司有关这位经理信息的过程，为接下来要使用的函数做准备。也就是说此处声明 calculate 函数，那么在程序代码的后面会有 calculate 函数的具体定义内容，这样程序中如果出现使用 calculate 函数，程序就会知道根据 calculate 函数的定义执行有关的操作。至于有关的具体内容将会在第 9 章进行介绍。

3. 定义变量

实例代码中的第 7~9 行：

```
int m_Long;                    /*定义整型变量，表示长度*/
int m_Width;                   /*定义整型变量，表示宽度*/
int result;                    /*定义整型变量，表示长方体的体积*/
```

这 3 行语句都是定义变量的语句。在 C 语言中，要使用变量必须在使用变量之前进行定义，之后编译器会根据变量的类型为变量分配内存空间。变量的作用就是存储数值，用变量进行计算。这就像在二元一次方程中，X 和 Y 就是变量，当为其赋值后，例如 X 赋值为 5，Y 为 10，这样 X+Y 的结果就等于 10。

4．输入语句

实例代码中的第 15 行：

```
scanf("%d",&m_Long);                    /*输入长方体的长度*/
```

在上一个实例中，曾经介绍过显示输出函数 printf，那么既然有显示输出就一定会有输入。在 C 语言中，scanf 函数就是用来进行接受键盘输入的内容，并将输入的结构保存在相应的变量中。可以看到 scanf 函数的参数中，m_Long 就是之前定义的整型变量，它的作用就是用来存储输入的信息内容。其中的&符号是取地址运算符，在本书的后面将会进行介绍。

5．数学运算语句

实例代码中的第 26 行：

```
int result =Long*Width*Height;          /*具体计算体积*/
```

这行代码在 calculate 函数体内的，其功能是将变量 Long 乘以 Width 乘以 Height 得到结果保存在 result 变量中。其中的“*”号代表乘法运算符。

以上内容已经将其中的要点知识全部提取出来，关于 C 语言程序相信读者此时已经有一定的了解，再将上面的程序执行过程进行一下总结。

（1）先预处理要进行包含程序所需要的头文件。

（2）定义一个常量 Height，其值代表为 10。

（3）对 calculate 函数进行声明。

（4）进入 main 函数，程序开始执行。

（5）在 main 函数中，首先定义 3 个整型变量，3 个变量分别代表长方体的长度、宽度和长方体的体积。

（6）显示提示文字，然后根据显示的文字输入有关的数据。

（7）当将长方体的长度和宽度都输入进去之后会调用 calculate 函数，计算长方体的体积。

（8）定义 calculate 函数的位置在 main 函数的下面，在 calculate 函数体内将计算长方体体积的结果进行返回。

（9）在 main 函数中，result 变量得到了 calculate 函数返回的结果。

（10）通过输出语句将其中长方体的体积显示出来。

（11）程序结束。

视频讲解

1.5　C 语言程序的格式

通过上面的两个实例的介绍可以看到 C 语言编写有一定的格式特点。

☑　主函数 main

一个 C 程序都是从 main 函数开始执行的。main 函数不论放在哪个文件的位置都没有关系。

☑　C 程序整体是由函数构成的

程序中 main 就是它的主函数，当然在程序中可以定义其他函数。在这些定义函数中进行特殊的操作，使得函数完成特定的功能。如果将所有的执行代码全部放入 main 函数，虽然程序也是可行的，但是将其分成一块一块，每一块使用一个函数进行表示，那么整个程序看起来就具有结构性，并且易于观察和修改。

☑　函数体的内容在“{}”中

每一个函数都要执行特定的功能，那么怎么能看出一个函数的具体操作的范围呢？答案就是找寻“{”和“}”这两个大括号。C 语言使用一对大括号来表示程序的结构层次，需要注意的就是左右大括号要对应使用。

技巧

在编写程序时，为了防止对应大括号的遗落，在每一次都先将两个对应的大括号写出来，然后再向括号中添加代码。

☑　每一个执行语句都以“;”结尾

如果注意观察前面的两个实例就会发现，在每一个执行语句后面都会有一个“;”分号作为语句结束的标志。

☑　英文字符大小通用

在程序中，可以使用英文的大写字母，也可以使用英文的小写字母。一般情况下使用小写字母多一些，因为小写字母易于观察。但是在定义常量时常常使用大写字母，而在定义函数时有时也会将第一个字母大写。

☑　空格、空行的使用

在前面关于讲解空行时已经对其进行阐述，它们的作用就是为了增加程序的可读性，使程序代码位置安排得合理、美观。例如下面这个例子中的代码就非常不利于观察：

```
int Add(int Num1, int Num2)/*定义计算加法函数*/
{/*将两个数相加的结果保存在 result 中*/
int result =Num1+Num2;
return result;/*将计算的结果返回*/}
```

但是如果将其中的执行语句在函数中缩进，使得函数体内代码开头与函数头的代码不在一列，这样就会有层次感，例如：

```
int Add(int Num1, int Num2)      /*定义计算加法函数*/
{
int result =Num1+Num2;           /*将两个数相加的结果保存在 result 中*/
return result;                   /*将计算的结果返回*/
}
```

1.6　开 发 环 境

欲善其事，先利其器。

俗话说磨刀不误砍柴工，要将一件事做好，先要了解制作工具。本节将向读者详细地介绍两样常用学习 C 语言程序开发的工具：一个是 Visual C++ 6.0，另一个是 Visual Studio 2017。下面将对这两种开发工具进行具体的介绍。

1.6.1　Visual C++ 6.0

1．Visual C++ 6.0 的下载

微软公司已经停止了对 Visual C++ 6.0 的技术支持，并且也不提供下载，本书中使用的 Visual C++ 6.0 的中文版，读者可以在网上搜索，下载合适的安装包。

2．Visual C++ 6.0 的安装

Visual C++ 6.0 的具体安装步骤如下：

（1）双击打开 Visual C++ 6.0 安装文件夹中的 SETUP.EXE 文件，如图 1.4 所示。打开的界面如图 1.5 所示，单击“运行程序”按钮，继续安装。

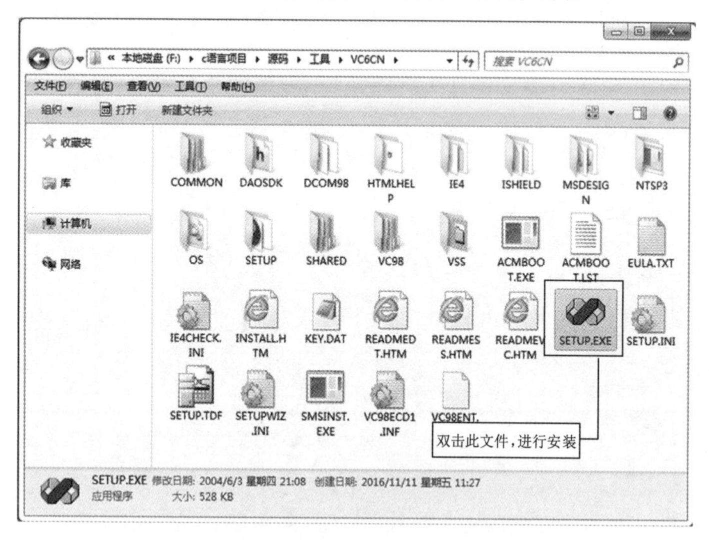

图 1.4　双击安装文件开始安装 Visual C++ 6.0

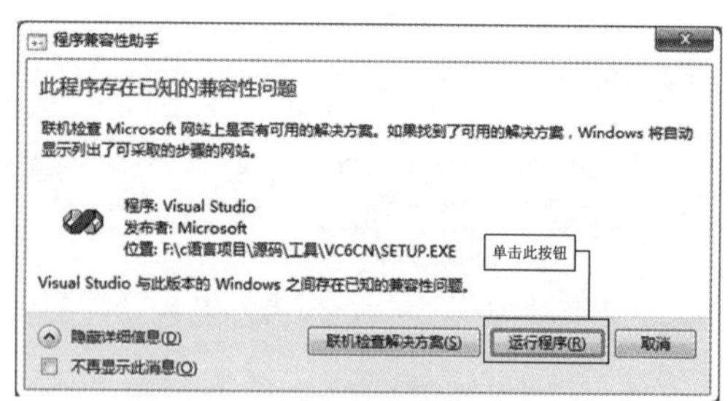

图 1.5　单击“运行程序”按钮

（2）进入“安装向导”界面，如图 1.6 所示，单击“下一步”按钮。进入“最终用户许可协议”界面，如图 1.7 所示，首先选中“接受协议”单选按钮，然后单击“下一步”按钮。

（3）进入“产品号和用户 ID”界面，如图 1.8 所示。在安装包内找到 CDKEY.txt 文件，填写产品 ID。姓名和公司名称根据情况填写，可以采用默认设置，不对其修改，单击“下一步”按钮。

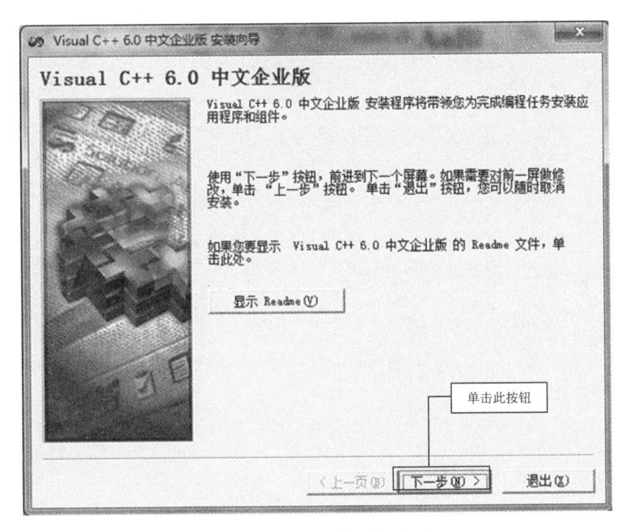

图 1.6　安装向导界面

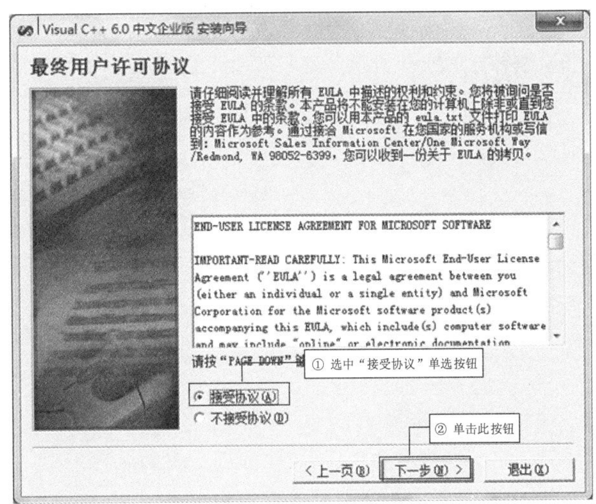

图 1.7　"最终用户许可协议"界面

（4）进入"Visual C++ 6.0 中文企业版"界面，如图 1.9 所示。在该界面选中"安装 Visual C++ 6.0 中文企业版"单选按钮，然后单击"下一步"按钮。

图 1.8　"产品号和用户 ID"界面

图 1.9　"Visual C++ 6.0 中文企业版"界面

（5）进入"选择公用安装文件夹"界面，如图 1.10 所示。公用文件默认存储在 C 盘中，单击"浏览"按钮，选择安装路径，这里建议安装在磁盘空间剩余比较多的磁盘中，单击"下一步"按钮。

（6）进入到安装程序的欢迎界面中，如图 1.11 所示，单击"继续"按钮。

（7）进入到产品 ID 确认界面，如图 1.12 所示，在此界面中，显示要安装的 Visual C++ 6.0 软件的产品 ID，在向 Microsoft 请求技术支持时，需要提供此产品 ID，单击"确定"按钮。

（8）如果读者电脑中安装过 Visual C++ 6.0，尽管已经卸载了，但是在重新安装时还是会显示如图 1.13 所示的信息。安装软件检测到系统之前安装过 Visual C++ 6.0，如果想要覆盖安装的话，单击"是"按钮；如果要将 Visual C++ 6.0 安装在其他位置的话，单击"否"按钮。这里单击"是"按钮，继续安装。

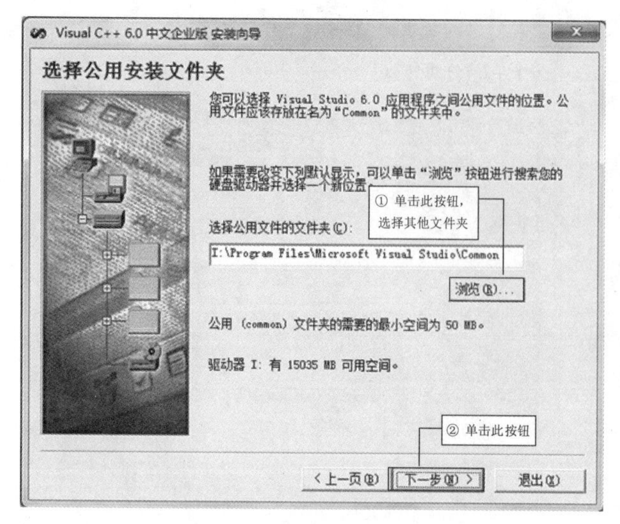

图 1.10 “选择公用安装文件夹”界面

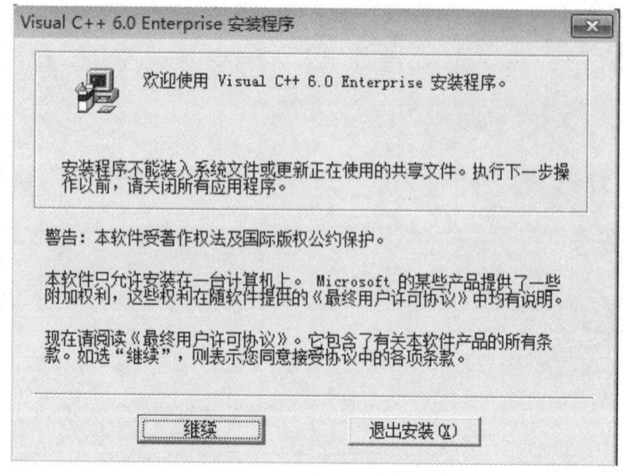

图 1.11 安装程序的欢迎界面

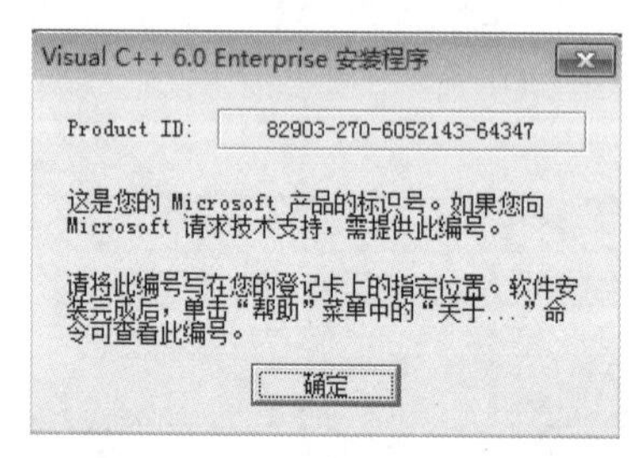

图 1.12 产品 ID 确认界面

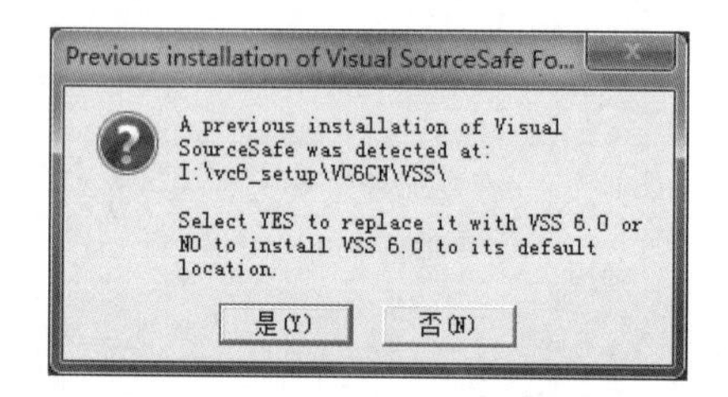

图 1.13 覆盖以前的安装

（9）进入到选择安装类型界面，如图 1.14 所示。在此界面中，Typical 为传统安装，Custom 为自定义安装。这里选择 Typical 安装类型。

（10）进入到注册环境变量界面，如图 1.15 所示，在此界面中选中 Register Environment Variables 复选框，注册环境变量，单击 OK 按钮。

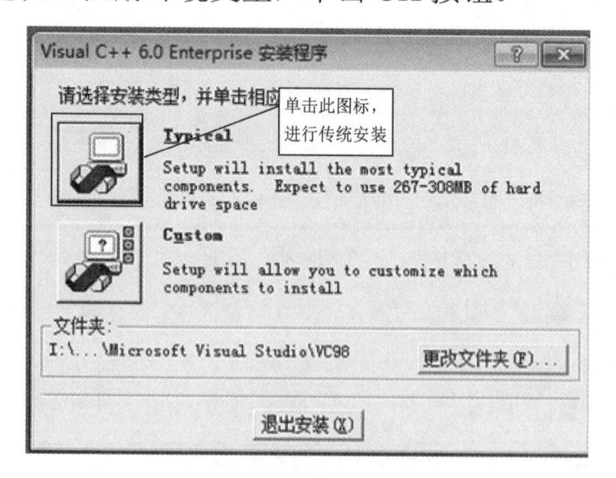

图 1.14 选择安装类型界面

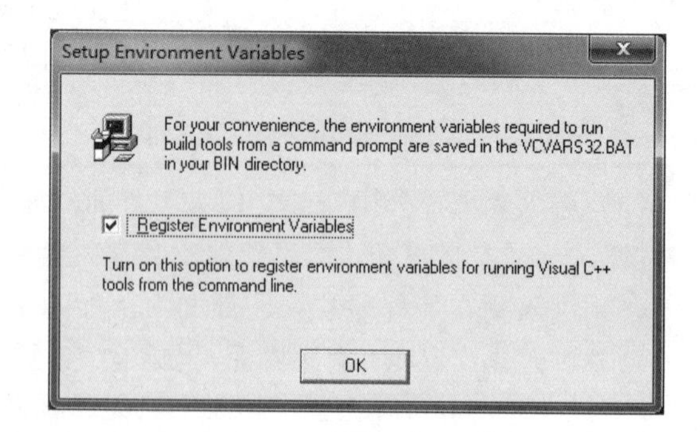

图 1.15 注册环境变量界面

（11）前面的安装选项都设置好后，下面就开始安装 Visual C++ 6.0 了，如图 1.16 所示，显示安装进度，当进度条达到 100%时，则安装成功，如图 1.17 所示。

（12）Visual C++ 6.0 安装成功后，进入到 MSDN 安装界面，如图 1.18 所示。取消选中“安装 MSDN”

复选框，不安装 MSDN，单击“下一步”按钮。在其他客户工具和服务器安装界面不进行选择，直接单击“下一步”按钮，则可完成 Visual C++ 6.0 的全部安装。

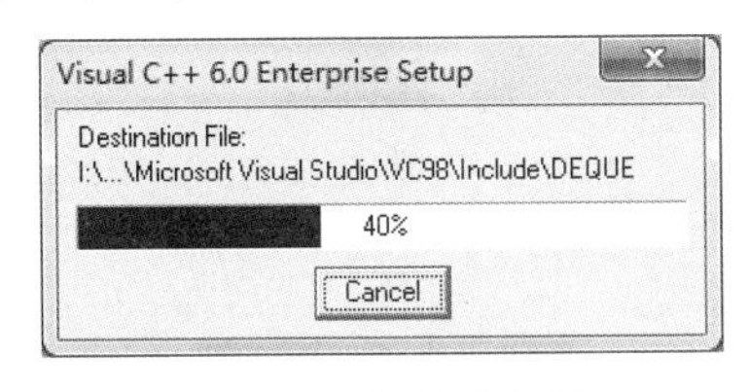

图 1.16　安装进度条

图 1.17　安装成功界面

图 1.18　MSDN 安装界面

3．Visual C++ 6.0 创建 C 程序

安装完之后就可以使用 Visual C++ 6.0 了，下面就是创建 C 程序的方法，步骤如下：

（1）安装 Visual C++ 6.0 之后，选择“开始”→“Visual C++ 6.0（完整绿色版）”命令，操作如图 1.19 所示。

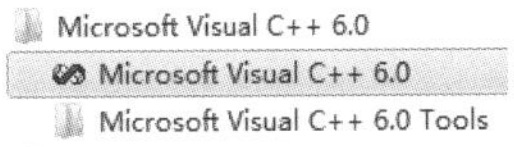

（2）打开 Visual C++ 6.0 开发环境，进入到 Visual C++ 6.0 的界面，如图 1.20 所示。

图 1.19　打开 Visual C++ 6.0 开发环境

（3）在编写程序前，首先要创建一个新的文件，具体方法为：在 Visual C++ 6.0 界面选择“文件”→“新建”命令，或者按 Ctrl+N 快捷键，这样就可以创建一个新的文件，如图 1.21 所示。

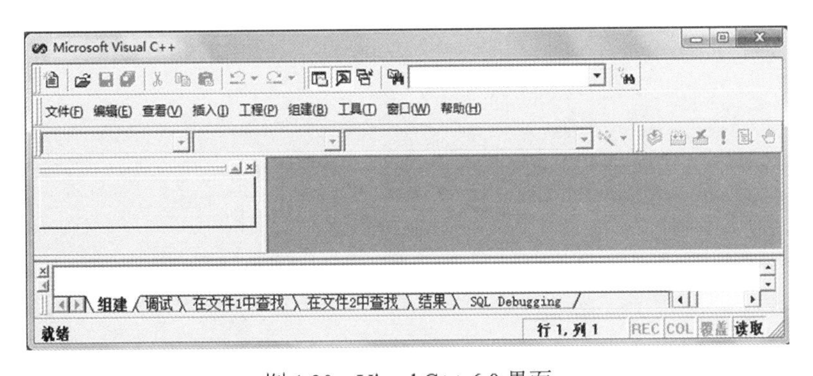

图 1.20　Visual C++ 6.0 界面

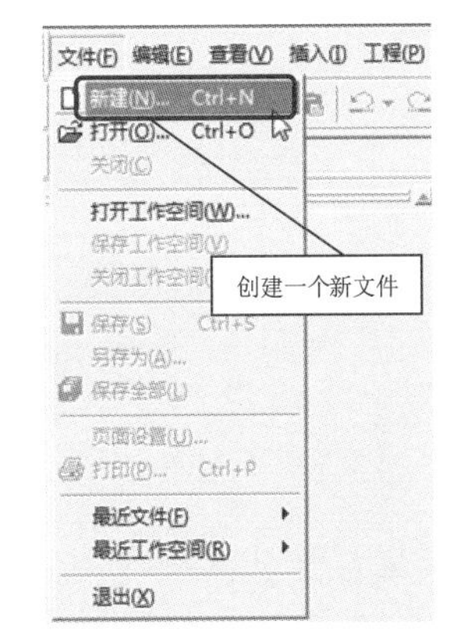

图 1.21　创建一个新文件

（4）此时会出现一个“新建”对话框，如图 1.22 所示，在此可以选择要创建的文件类型和存储位置。

要创建一个 C 源文件，首先选择“文件”选项卡，这时在列表框中会显示可以创建的不同文件类型。选择其中的 C++ Source File 选项，在右边的“文件名”文本框中输入要创建的文件名称。

注意

因为要创建的是 C 源文件，所以在文本框中要将 C 源文件的扩展名一起输入。例如创建名称为 hello 的 C 源文件，那么应该在文本框中输入“hello.c”。

“文件名”文本框的下面还有一个“位置”文本框，该文本框中是源文件的保存地址，可以通过单击右边的...按钮修改源文件的存储位置。

（5）当指定好 C 源文件的保存地址和文件的名称后，单击“确定”按钮，创建完成。此时可以看到在开发环境中新创建的 C 源文件，如图 1.23 所示。

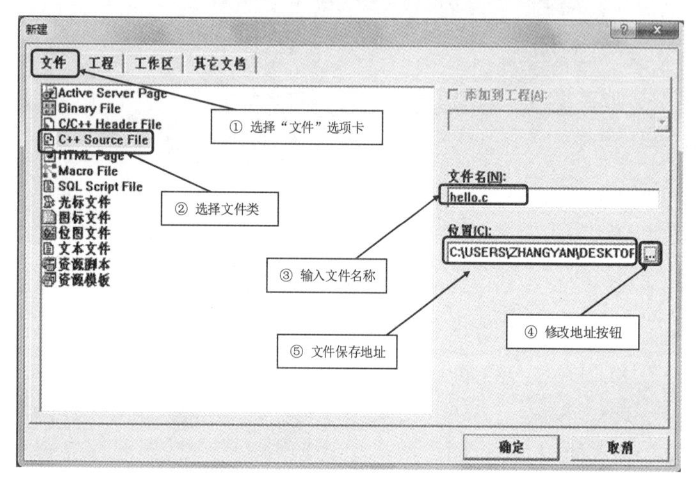

图 1.22　创建 C 源文件

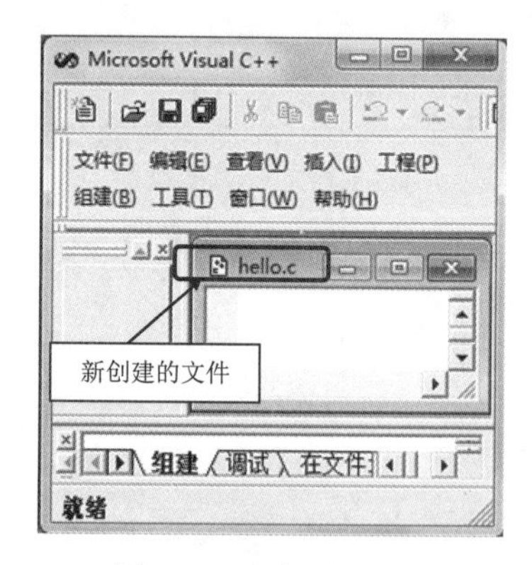

图 1.23　新创建的文件

（6）C 源文件此时已经创建完成了，现在将一个简单的程序代码输入其中。为了有对比的效果，这里使用例 1.1 中的程序。将例 1.1 中的程序输入后显示效果如图 1.24 所示。

（7）此时程序已经编写完成，可以对写好的程序进行编译。选择“组建”→“编译”命令，如图 1.25 所示。

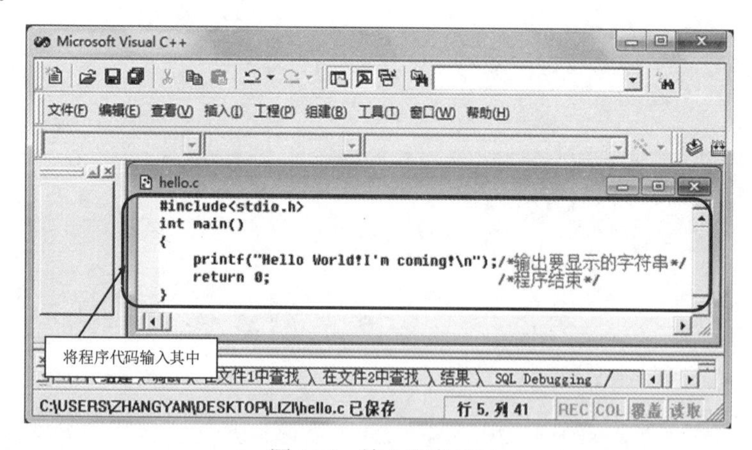

图 1.24　输入程序代码

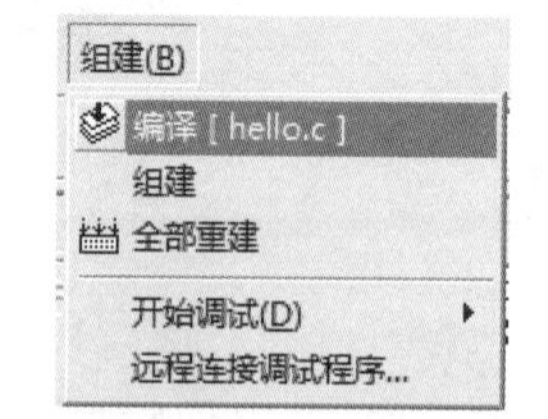

图 1.25　选择“编译”命令

（8）此时出现如图 1.26 所示的对话框，询问是否创建一个默认项目工作环境。

（9）单击“是”按钮，此时会询问是否要改动源文件的保存地址，如图 1.27 所示。

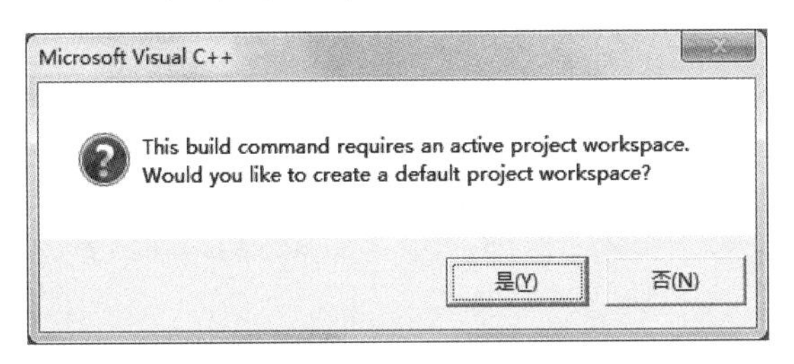

图 1.26　询问是否创建工作环境

图 1.27　询问是否要改动源文件的保存地址

（10）单击“是”按钮后，编译程序。如果程序没有错误，即可被成功编译。虽然此时代码已经被编译，但是还没有链接生成.exe 可执行文件，因此如果此时要执行程序，会出现如图 1.28 所示的提示对话框，询问是否要创建.exe 可执行文件。如果单击“是”按钮，则会链接生成.exe 文件，即可执行程序并观察程序的显示结果。

（11）当然也有直接创建.exe 文件的操作选项。可以选择“组建”→“组建”命令，执行创建.exe 文件操作，如图 1.29 所示。

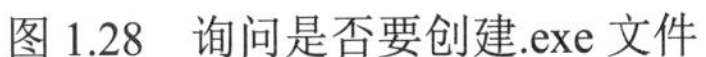
图 1.28　询问是否要创建.exe 文件

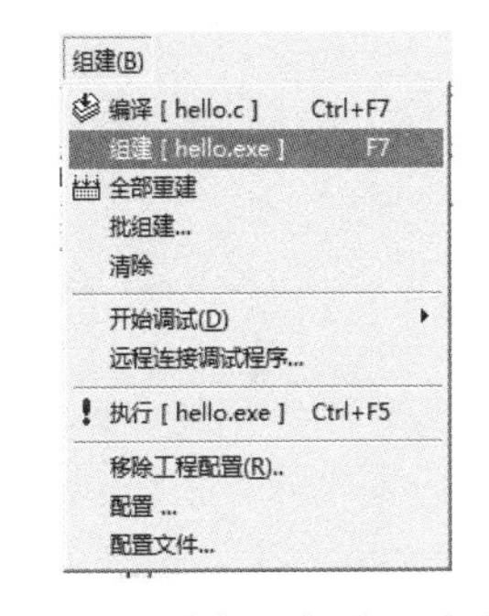

图 1.29　选择“组建”命令

注意

在编译程序时可以直接选择“组建”命令进行编译、链接，这样就不用进行上面第（7）步的“编译”操作，而可以直接将编译和链接操作一起执行。

（12）只有执行程序才可以看到有关程序执行的结果显示，可以选择“组建”→“执行”命令进行执行程序操作，即可观察到程序的运行结果，如图 1.30 所示。

上面通过一个小程序的创建、编辑、编译和显示程序运行结果的操作，介绍了有关使用 Visual C++ 6.0 的简单操作。

下面将对 Visual C++ 6.0 集成开发环境的使用进行补充。

（1）工具栏按钮的使用

Visual C++ 6.0 集成开发环境提供了许多有用的工具栏按钮。

☑　：代表 Compile（编译）操作。

☑　：代表 Build（组建）操作。

☑　!：代表 Execute（执行）操作。

关于上述操作的功能及作用已经在上面的具体讲解中有所介绍，此处不再赘述。

（2）常用的快捷键

在编写程序时，使用快捷键会加快程序的编写进度。在此建议读者，对于常用的操作最好使用快捷键进行。

☑　Ctrl+N：创建一个新文件。

☑　Ctrl+]：检测程序中的括号是否匹配。

☑ F7：Build（组建）操作。

☑ Ctrl+F5：Execute（执行）操作。

☑ Alt+F8：整理多段不整齐的源代码。

☑ F5：进行调试。

为了更便于读者阅读本书，将程序运行结果的显示底色和文字颜色都进行修改。修改过程如下：

（1）按 Ctrl+F5 快捷键执行一个程序，在程序的标题栏上单击鼠标右键，在弹出的快捷菜单中选择“属性”命令，如图 1.31 所示。

（2）此时弹出“属性”对话框，在“颜色”选项卡中对“屏幕文字”和“屏幕背景”进行修改，如图 1.32 所示。在此读者可以根据自己的喜好设定颜色并显示。

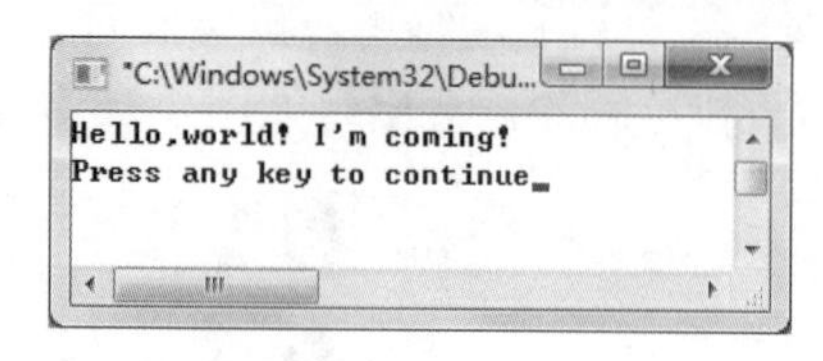

图 1.30　程序运行结果显示

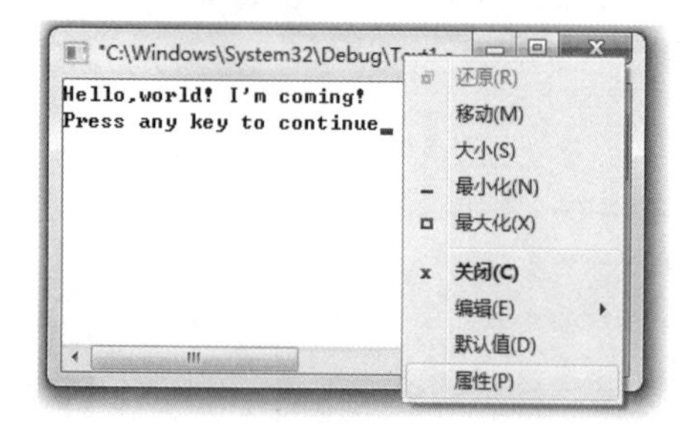

图 1.31　选择“属性”命令

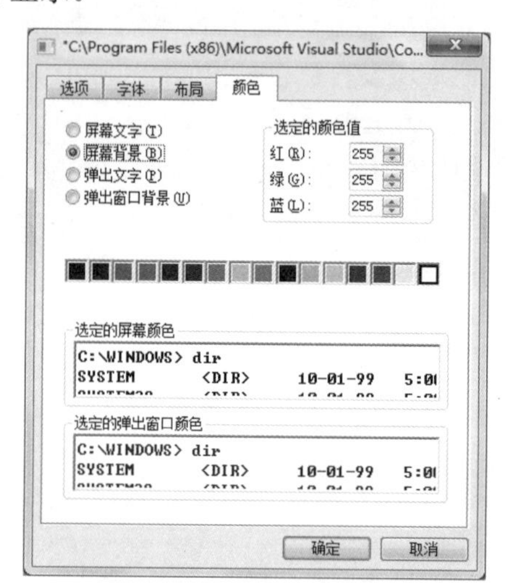

图 1.32　“颜色”选项卡

1.6.2　Visual Studio 2017

1. Visual Studio 2017 怎样下载

本书中使用的是 Visual Studio 2017 社区版，因为 Visual Studio 2017 社区版是免费的，其下载地址为 https://www.visualstudio.com/zh-hans/download/，读者需要在这个地址下载 Visual Studio 2017 社区版安装包。

2. Visual Studio 2017 的安装

笔者下载的安装文件名为 vs_community_1804545442.1516244730.exe，Visual Studio 2017 的具体安装步骤如下：

（1）双击打开 Visual Studio 2017 的 vs_community_1804545442.1516244730.exe 安装文件，如图 1.33 所示。就会出现如图 1.34 的安装程序界面，在该界面单击“继续”即可。

（2）弹出如图 1.35 所示的界面，不需要做任何动作，等待即可。

（3）等待程序加载完成后，自动跳转到选择功能界面，如图 1.36 所示，在该界面将“使用 C++ 的桌面开发”复选框选中，其他的复选框读者可以根据开发需要确定是否选择安装，选择完要安装的功能后，在下面的“位置”处选择要安装的路径，建议不要安装在 C 盘上，可以选择其他磁盘安装，

例如图中的 F 盘，设置完之后，单击“安装”按钮。

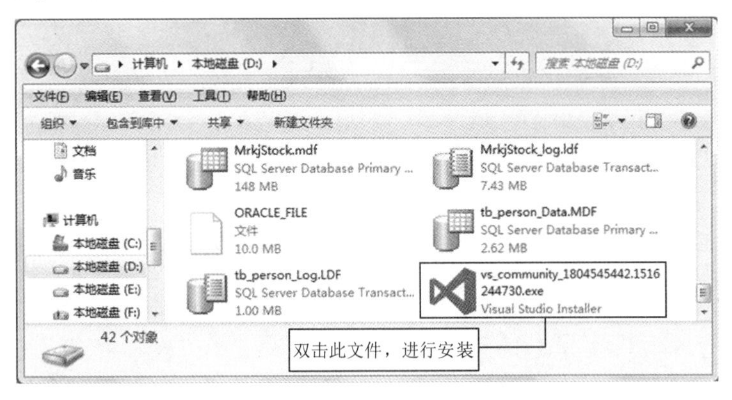

图 1.33　双击安装文件开始安装 Visual Studio 2017

图 1.34　visual studio 2017 安装界面

图 1.35　安装提示

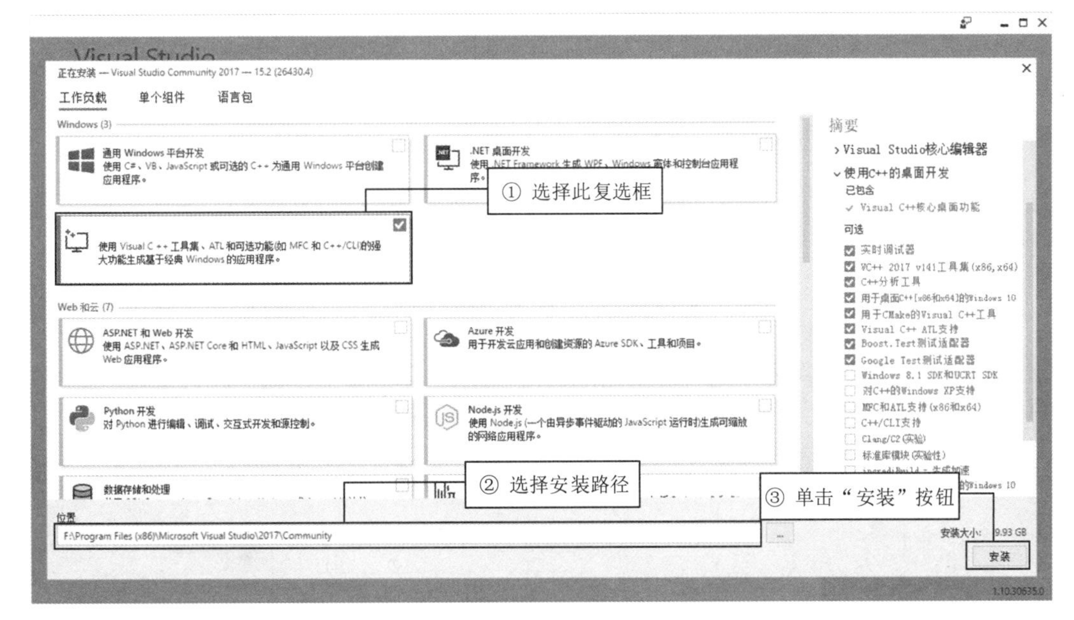

图 1.36　选择功能和路径界面

注意

安装 Visual Studio 2017 开发环境时，一定要确保计算机处于连接网络状态，否则无法正常安装。

（4）单击“安装”之后，就会跳转到如图 1.37 所示的安装进度界面，该界面显示当前的安装进度（等待的时间会比较长）。

图 1.37　“安装进度”界面

（5）安装完成后，也就是进度条为 100%时，就会出现如图 1.38 所示的界面。单击“重启”按钮，完成 Visual Studio 2017 的安装。

（6）重启计算机之后，在 Windows 的“开始”菜单中找到 Visual Studio 2017 的开发环境，如图 1.39 所示，双击 Visual Studio 2017，如果是第一次打开 Visual Studio 2017，会出现如图 1.40 所示的界面，直接单击“以后再说”按钮。

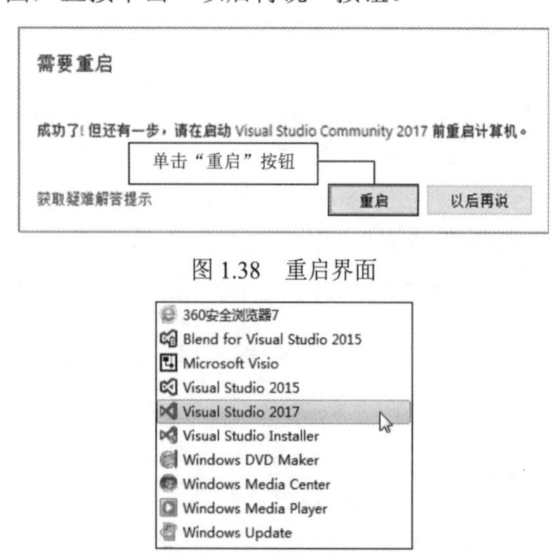

图 1.38　重启界面

图 1.39　打开 visual studio 2017

图 1.40　欢迎界面

（7）进入到 Visual Studio 2017 环境的开发设置界面，如图 1.41 所示，开发设置的下拉列表选择 Visual C++，可以选择自己喜欢的颜色，笔者选了蓝色，最后单击“启动 Visual Studio”按钮。

（8）进入到 Visual Studio 2017 环境启动界面，如图 1.42 所示。

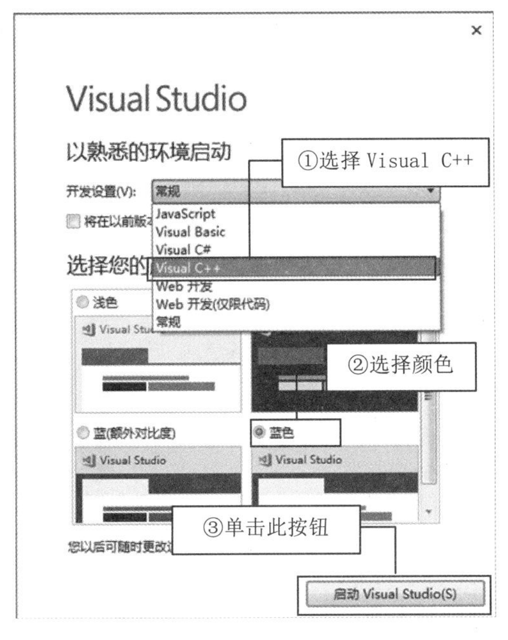

图 1.41　选择开发设置界面

图 1.42　Visual Studio 2017 准备界面

（9）等待几秒钟后，进入到 Visual Studio 2017 环境的欢迎界面，如图 1.43 所示。

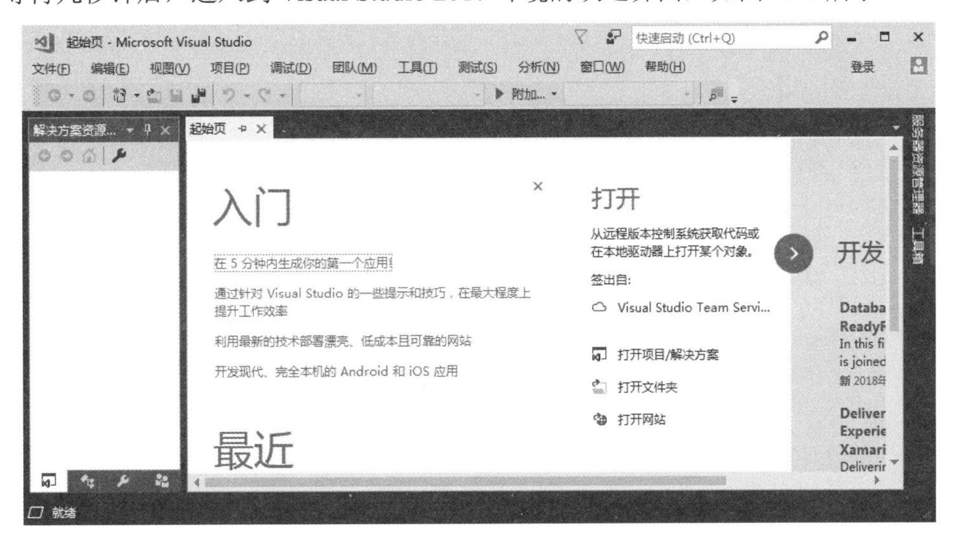

图 1.43　启动之后界面

至此，Visual Studio 2017 就安装成功了，并且已经启动了。

3．Visual Studio 2017 创建 C 程序

前面已经介绍了 Visual Studio 2017 是如何安装的，下面就使用 Visual Studio 2017 创建一个 C 程序，步

骤如下：

图 1.44　打开 Visual Studio 2017 环境

（1）安装完 Visual Studio 2017 之后，选择“开始”→Visual Studio 2017 命令，操作如图 1.44 所示。

（2）打开 Visual Studio 2017 环境后出现欢迎界面，如图 1.45 所示。

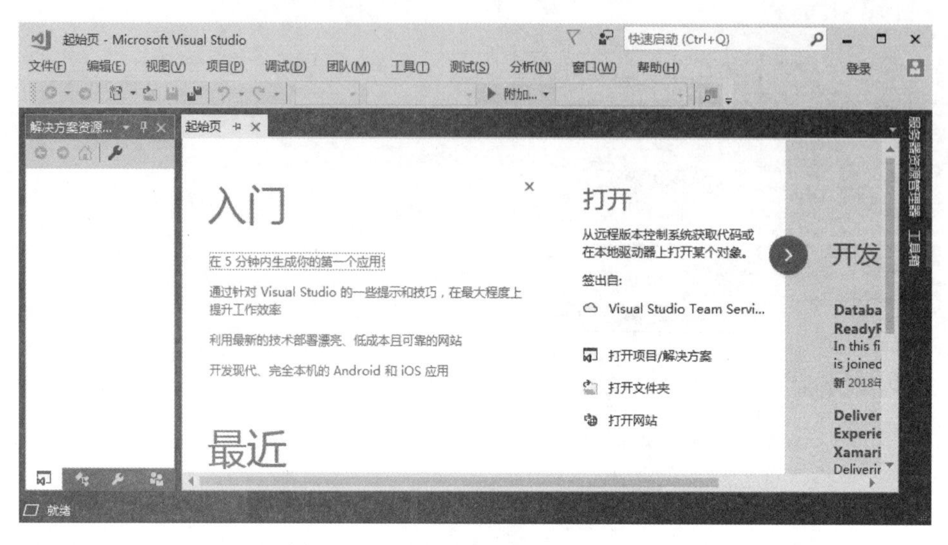

图 1.45　Visual Studio 2017 欢迎界面

（3）在编写程序之前，首先要创建一个新程序文件，具体方法是：在 Visual Studio 2017 欢迎界面中选择“文件”→“新建”→“项目”命令（见图 1.46），或者按 Shift+Ctrl+N 组合键，进入新建项目文件。

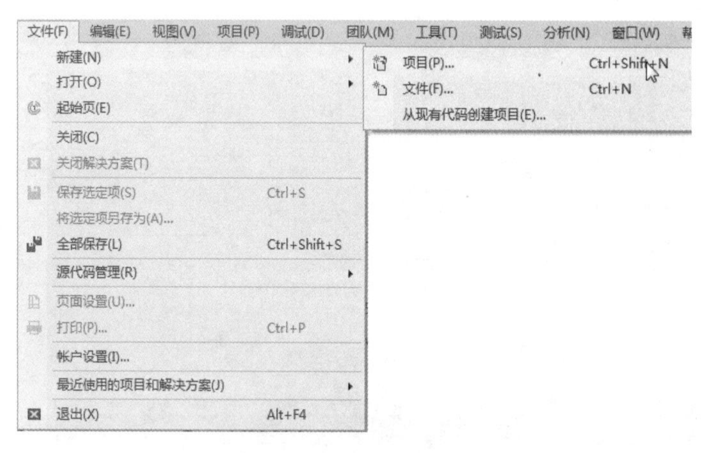

图 1.46　创建一个新文件

（4）在“新建项目”对话框中选择要创建的文件夹类型。选择创建文件操作的示意图如图 1.47 所示。

首先选择“Windows 桌面”选项，这时在右侧列表框中显示可以创建不同类型文件夹。这里选择 Windows 桌面向导 Visual C++ 选项，在下侧的“名称”文本框中输入要创建的文件夹名称，例如 Dome。在“位置”

文本框设置文件夹的保存地址，可以通过单击右边的浏览(B)...按钮修改源文件的存储位置。

图 1.47　创建 C 源文件

（5）指定好文件夹的保存地址和名称后，单击“确定”按钮，会跳出如图 1.48 所示的窗口，选中“空项目”复选框，然后单击“确定”按钮。

（6）自动跳转到如图 1.49 所示的界面。

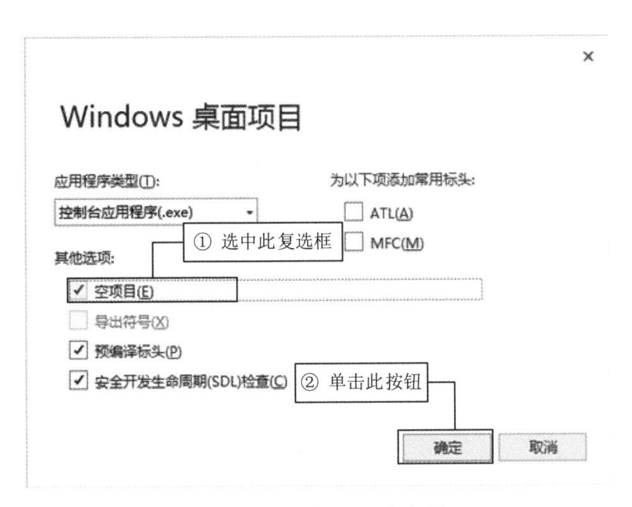

图 1.48　创建应用程序向导

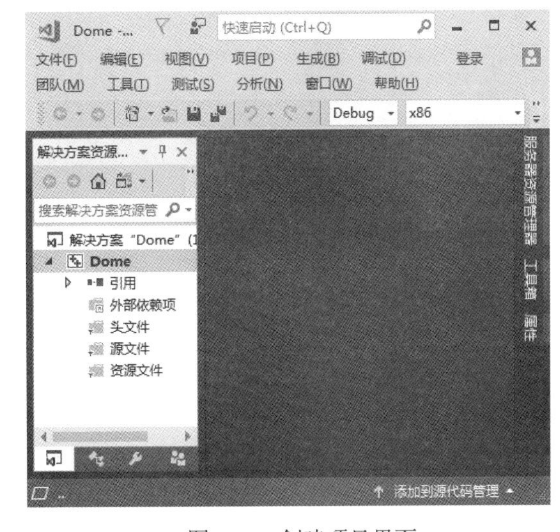

图 1.49　创建项目界面

（7）选择“解决方案资源管理器”中的“源文件”，右击“源文件”按钮，在弹出的快捷菜单中选择“添加”→“新建项”命令，如图 1.50 所示，或者使用组合键 Shift+Ctrl+A，进入添加项目界面。

（8）完成步骤（7）就会出现自动跳转到如图 1.51 所示的窗口。

添加项目时首先选择 Visual C++选项，这时在右侧列表框中显示可以创建的不同文件。因为要创建 C 文件，因此这里选择 C++ 文件(.cpp) 选项，在下侧的“名称”文本框中输入要创建的 C 文件名称，例如 Dome.c。“位置”文本框是文件夹的保存地址，这里默认是在步骤（4）创建的文件夹位置，不做更改。

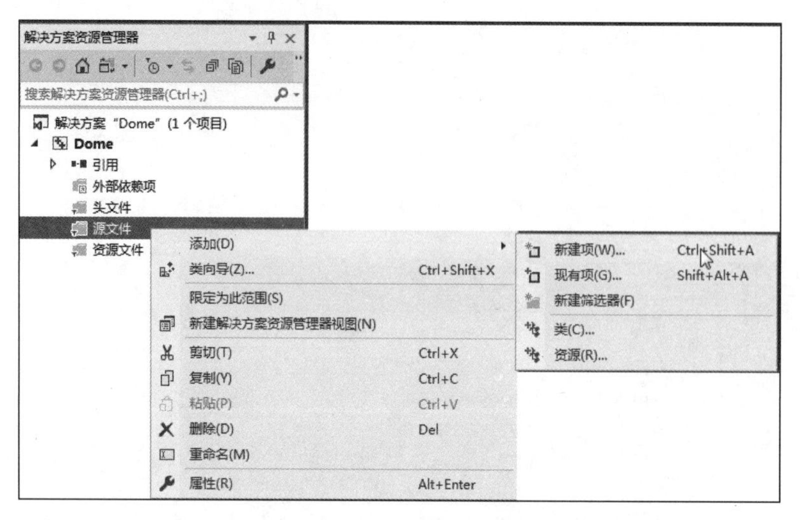

图 1.50　添加项目界面

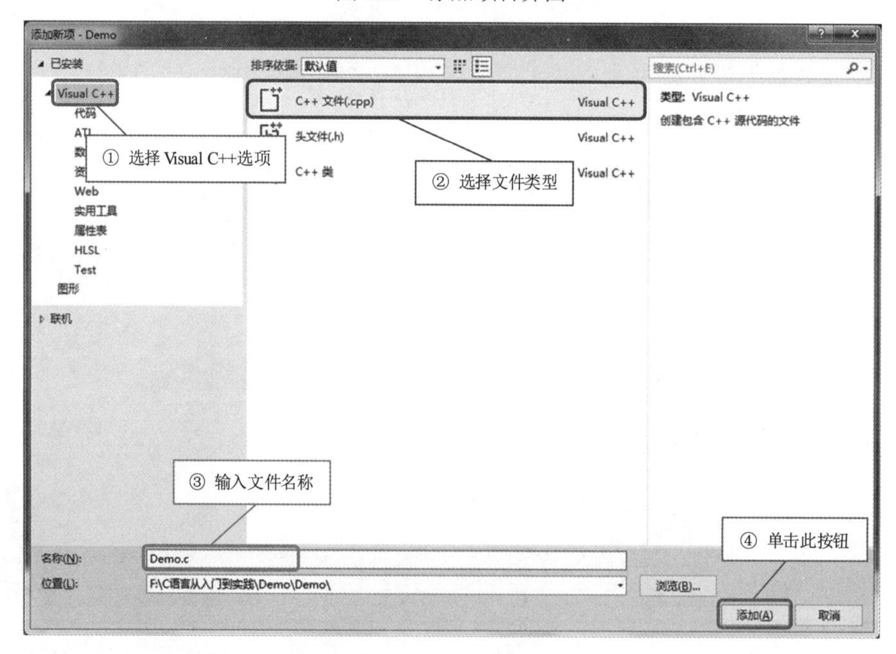

图 1.51　添加项目界面

注意

因为要创建的是 C 源文件，所以在文本框中要将默认的扩展名.cpp 改为.c。例如创建名称为 Dome 的 C 源文件，那么应该在文本框中显示 Dome.c。

（9）单击“添加”按钮，这样就添加了一个 C 文件，如图 1.52 所示。

（10）完成添加 C 文件，现在将一段简单的程序代码输入，如图 1.53 所示。

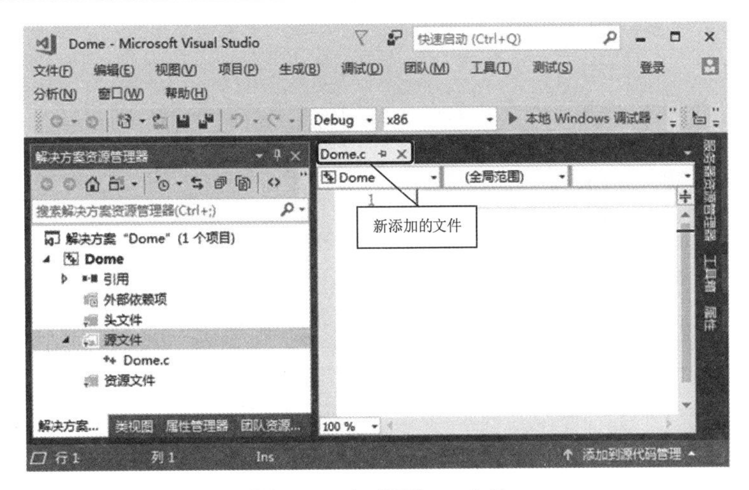

图 1.52　完成添加 C 文件

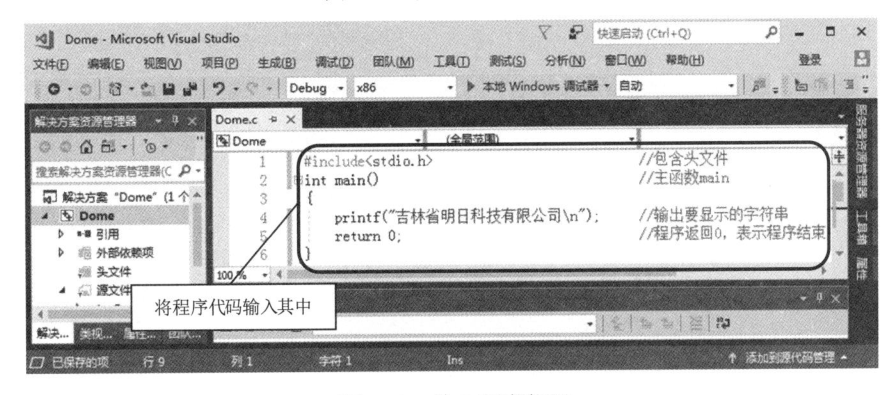

图 1.53　输入程序代码

（11）程序编写完成，接下来就要运行这个程序，选择 “调试”→“开始执行（不调试）”命令，如图 1.54 所示，或者按 Ctrl+F5 快捷键运行程序，就会跳出如图 1.55 所示的界面，单击“是”按钮。

（12）执行步骤（11）的操作，就可观察到程序的运行结果，如图 1.56 所示。

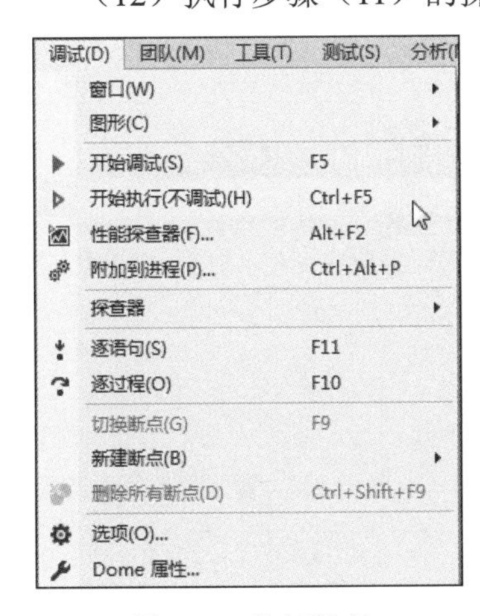

图 1.54　执行程序

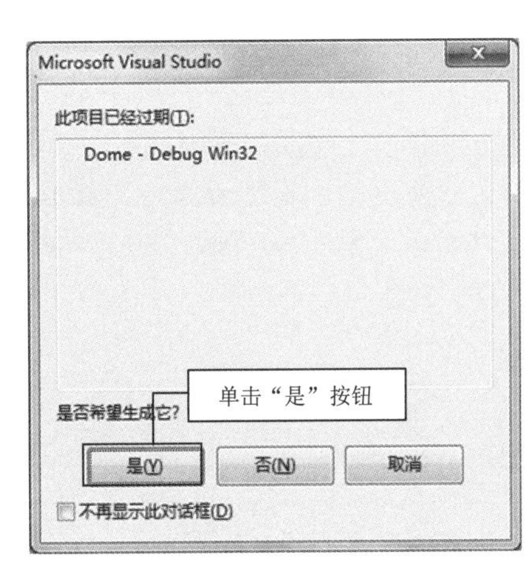

图 1.55　是否生成

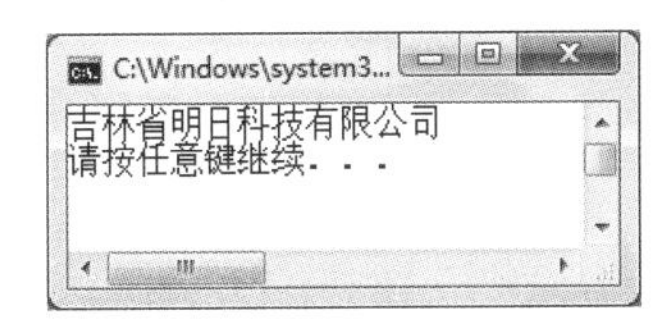

图 1.56　程序运行结果显示

注意

在编写程序时，可能觉得 Visual Studio 2017 默认代码的字体太小，改变字体步骤如下：

（1）选择“工具”→“选项”命令，如图 1.57 所示。

（2）出现如图 1.58 所示的对话框，首先将“环境”选项打开（单击“环境”前的小三角），然后选择“字体和颜色”选项，在右侧的“字体”下拉列表框中更改字体，在“大小”下拉列表框中更改字体的大小，单击“确定”按钮，代码的字体和大小就会改变。

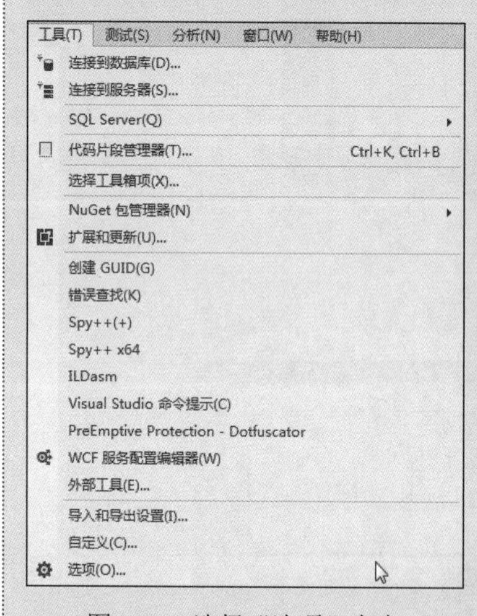

图 1.57　选择“选项”命令

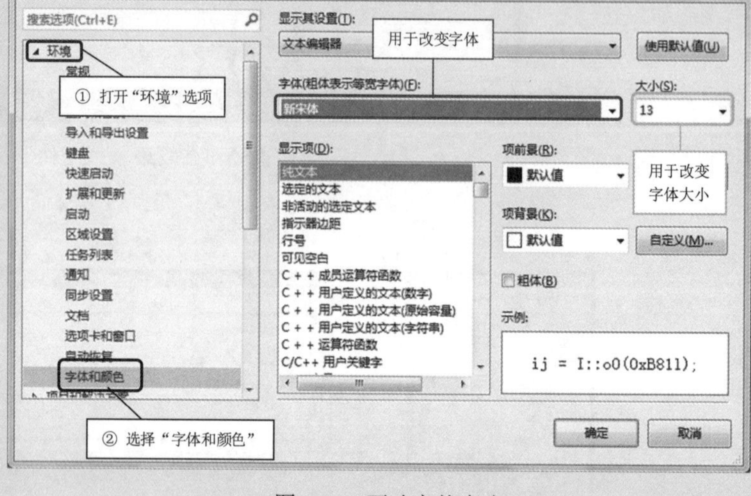

图 1.58　更改字体大小

1.7　实　　战

1.7.1　使用 Visual C++ 6.0 打开 C 程序

以打开本章例 1.1 的代码为例，讲解如何使用 Visual C++ 6.0 打开 C 程序，实现步骤如下：

（1）将资源包中的“源码”文件夹复制到本地磁盘中，如 E 盘，如图 1.59 所示。

（2）打开“源码\01\1.01”文件目录，双击 01.dsw 文件，即可使用 Visual C++ 6.0 打开例 1.1 的程序代码，如图 1.60 所示。

说明

双击以.dsw 为后缀的文件，即可通过 Visual C++ 6.0 打开 C 程序。

1.7.2　使用 Visual Studio 2017 打开 C 程序

以打开本章例 1.2 的代码为例，讲解如何使用 Visual Studio 2017 打开 C 程序，实现步骤如下：

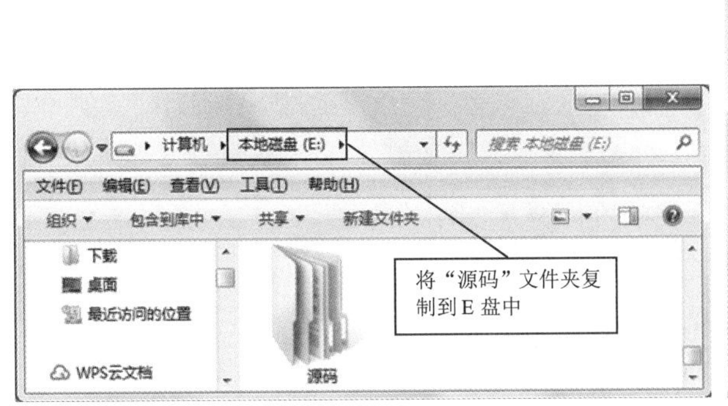

图 1.59　将资源包中的“源码”文件夹复制到 E 盘中

图 1.60　打开 01.dsw 文件

（1）将资源包中的“源码（VS2017）”文件夹复制到本地磁盘中，如 E 盘，如图 1.61 所示。

（2）打开“源码\01\1.02”文件目录，双击 02.sln 文件，即可使用 Visual Studio 2017 打开例 1.2 的程序代码，如图 1.62 所示。

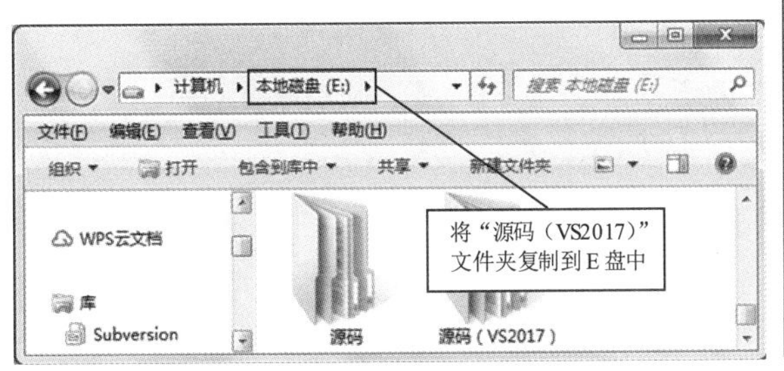

图 1.61　将资源包中的“源码（VS2017）”文件夹复制到 E 盘中

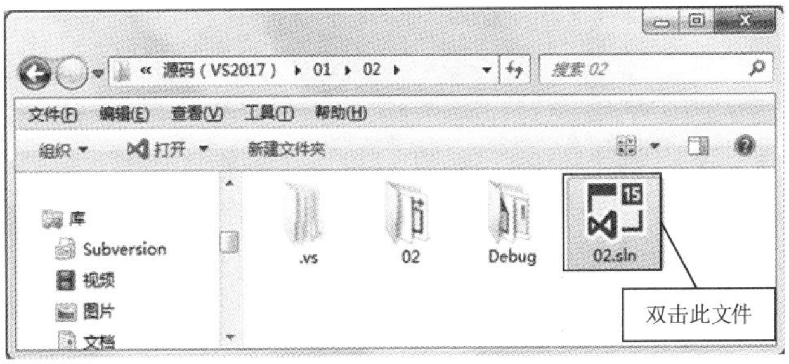

图 1.62　双击 02.sln 文件

说明

双击以.sln 为后缀的文件，即可通过 Visual Studio 2017 打开 C 程序。

（3）运行程序。选择“调试”→“开始执行（不调试）”命令，如图 1.54 所示，或者按 Ctrl+F5 快捷键运行程序。

1.7.3　求和程序

这里设计一个简单的求和程序，求 123 和 789 的两数之和。程序运行效果如图 1.63 所示。（**实例位置：资源包\源码\01\实战\03**）

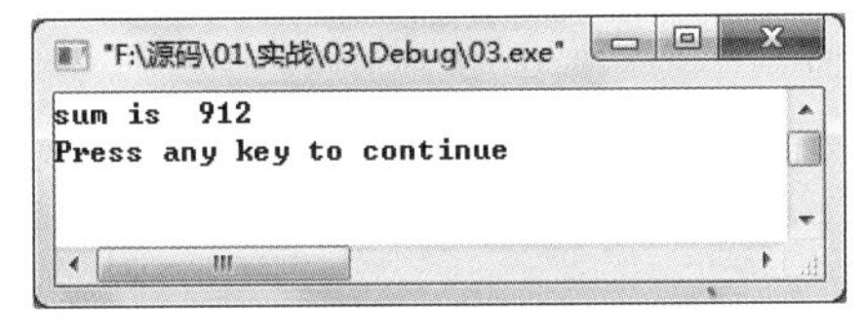

图 1.63　求和程序

1.7.4 求 10!

编写代码实现求 10!。

思路：求一个数 n 的阶乘也就是用 n*(n−1)*(n−2)*…*2*1，那么反过来从 1 一直乘到 n 求依然成立。当 n 为 0 和 1 时单独考虑，此时它们的阶乘均为 1。程序运行效果如图 1.64 所示。（**实例位置：资源包\源码\01\实战\04**）

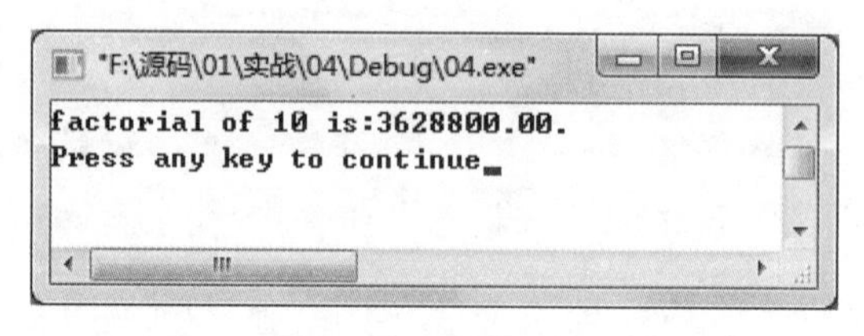

图 1.64　求 10!

1.7.5 猴子吃桃

猴子吃桃问题：猴子第一天摘下若干个桃子，当即吃了一半，还不过瘾，又多吃了一个，第二天早上又将剩下的桃子吃掉一半，又多吃了一个。以后每天早上都吃了前一天剩下的一半零一个。到第 10 天早上想再吃时，见只剩下一个桃子了。编写程序求第一天共摘了多少桃子。程序运行效果如图 1.65 所示。（**实例位置：资源包\源码\01\实战\05**）

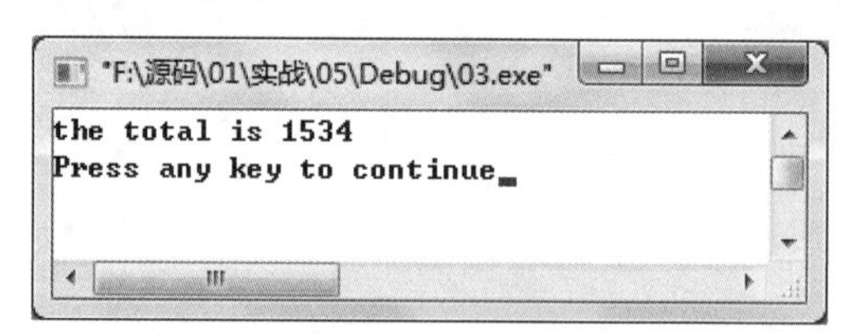

图 1.65　猴子吃桃

第 2 章

掌握C语言数据类型

（视频讲解：50 分钟）

在所有程序语言中，C语言是十分重要的，如果学好C语言就可以很容易地掌握其他的程序语言，因为在每种语言中都会有一些共性的存在。并且一个好的程序员在编写代码时，一定要有规范性，清晰、整洁的代码才是有价值的。

本章致力于使读者掌握一个C语言中的重要环节——有关常量与变量的知识，只有明白这些知识才可以进行编写程序。

学习摘要：

- 编写规范的重要性
- 如何使用常量
- 变量在程序编写中的作用

2.1　C 语言的编程规范

俗话说，没有规矩不成方圆。虽然在 C 语言中编写代码是自由的，但是为了使编写的代码具有通用性、可读性，作者提醒读者朋友们，进行编写程序时，应该尽量按照编写程序的规范进行编写设计好的程序。

2.1.1　注释的合理使用

C 语言的注释为“/* …… */”格式，注释通常用于以下几种情况。

☑　版本、版权声明

☑　函数接口说明

☑　重要的代码行或者段落显示

注释有助于帮助别人理解代码，但是也无须过多地使用，在使用时可遵循以下原则。

（1）注释是对代码的解释，并不是文档。程序中的注释不可喧宾夺主，注释太多会让人觉得眼花缭乱，注释的花样也不要太多。

（2）如果代码本身就很清楚，就不必加注释。

（3）边写代码边写注释，在修改代码的同时修改注释，以保证注释与代码的一致性。

（4）没有用的代码注释要及时删除。

（5）注释应当准确、易懂，防止出现二义性，错误的注释还不如没有注释。

（6）尽量避免在注释中使用不常用的缩写。

（7）注释的位置要与所描述的代码相邻，可以放在代码的上面或者右侧，不要放在代码下面。

2.1.2　程序中的“{}”要对齐

程序的分解符“{”和“}”应占据一行并且位于同一列，同时与引用它们的语句左对齐。例如下面的代码：

```
void funcion(int n)
{

}
```

“{}”之内的代码块在“{”右侧空 4 个格处做对齐。例如下面的代码：

```
if (condition)
{
    dosomething();
}
else
{
```

```
    dosomething();
}
```

如果出现嵌套的“{}”情况，则使用缩进对齐的形式，例如：

```
{
    ...
        {
            ...
        }
    ...
}
```

2.1.3　合理使用空格使代码更规范

（1）关键字之后要留一个空格。像 const、case 等关键字之后要保留一个空格，否则编译器无法辨析它是否是关键字。像 if、for、while 等关键字之后应该留一个空格，然后再跟小括号“(”，以突出显示关键字。

（2）在函数名之后不要留空格，要紧跟“(”，以示与关键字的区别。

（3）“(”后向紧跟，“)”“,”“;”前向紧跟，紧跟处不留空格。

（4）“,”之后要留空格，如果“;”不是一行的结束，则最后要留空格。

（5）赋值操作符、比较操作符、算术操作符、逻辑操作符、位操作符等，如“=”“+=”“>=”“<=”“+”“*”“%”“&&”“||”“<<”“^”等二元操作符的前后都应该适当加空格。对于比较长的表达式，即使是使用了这些二元操作符，也应该适当地去掉一些空格，使表达式看起来紧凑。

（6）一元操作符如“!”“~”“++”“--”等前后不加空格。像“[ ]”“.”“->”等操作符，同样前后不加空格。

例如，下面的代码，属于良好的编程风格。

```
if (a>=2000)

for (i=0; i<10; i++)

void fun(int a);

arr[5]=1;

a.fun();

b->fun();
```

2.1.4　换行使代码更清晰

代码行最大的长度应该控制在 70~80 个字符，代码行不用过长，否则用户不能一屏看完整，而且也不便于打印。长的表达式要在低优先级操作符处拆分成新行，操作符放在新行的前面，用于突出显示操作符。拆分出来的新行要适当地缩进，使代码版式整齐，语句可读。例如下面这些代码段。

1．按操作符优先级拆分

```
if (( var1>var2)
        &&(var3<var4)
        &&(var5<var6))
{
        dosomthing();
}
```

2．按表达式的意义拆分

```
for ( initialization;
        condition;
        update)
{
        dosomthing();
}
```

视频讲解

2.2 关 键 字

在 C 语言中有 32 个关键字，在此将其整理列出。在今后的学习中将会逐渐地接触到这些关键字的具体使用方法，如表 2.1 所示。

表 2.1　C 语言中的关键字

auto	double	int	struct
break	else	long	switch
case	enum	register	typedef
char	extern	union	return
const	float	short	unsigned
continue	for	signed	void
default	goto	sizeof	volatile
do	while	static	if

说明

在 C 语言中关键字是不允许作为标识符出现在程序中的。

视频讲解

动图演示

2.3 标 识 符

在 C 语言程序的运行过程中，为了可以使用变量、常量、函数、数组等，就要为这些形式设定一

个名称，而设定的名称就是所谓的标识符。

在国外，外国人的名字是将名字放在前面将家族的姓氏放在后面，而在中国却恰恰相反，把姓氏放在前面而将名字放在后面。从中可以看出名字是可以随便起的，但是也要按照一个地区的规则进行更改。在 C 语言中设定一个标识符的名称是非常自由的，可以设定自己喜欢的、容易理解的名字，但是还是应该在一定的范围内进行自由发挥。下面介绍有关设定 C 语言标识符应该遵守的一些命名规则。

☑ 所有标识符必须由字母或下划线开头，而不能使用数字或者符号作为开头。通过下面一些正确写法和错误写法的比较进行说明，例如：

```
int !number;                    /*错误，标识符第一个字符不能为符号*/
int 2hao;                       /*错误，标识符第一个字符不能为数字*/

int number;                     /*正确，标识符第一个字符为字母*/
int _hao;                       /*正确，标识符第一个字符为下划线*/
```

☑ 在设定标识符时，除作开头外，其他位置都可以用字母、下划线或数字组成。例如：

➢ 在标识符中，有下划线的情况：

```
int good_way;                   /*正确，标识符中可以有下划线*/
```

➢ 在标识符中，有数字的情况：

```
int bus7;                       /*正确，标识符中可以有数字*/
int car6V;                      /*正确*/
```

注意

虽然在设定标识符时，数字不允许放在一个标识符的开头位置，但是数字可以放在标识符中。一些符号同样不允许放在一个标识符的开头位置，不过放在标识符中也是不允许的。例如：

```
int love!you;                   /*错误，符号不允许放在标识符中*/
int love!;                      /*错误*/
```

☑ 英文字母的大小写代表不同的标识符，也就是说在 C 语言中是区分大小写字母的。例如：

```
int mingri;                     /*正确，全部是小写*/
int MINGRI;                     /*正确，全部是大写*/
int MingRi;                     /*正确，一部分是小写，一部分是大写*/
```

从这些举出的标识符中可以看出，只要标识符中的字符有一项是不同的，那么代表的就是一个新的名称。

☑ 标识符不能是关键字。关键字是进行定义一种类型使用的字符，标识符是不能做关键字进行使用。例如，定义第一个整型时，会使用 int 关键字进行定义，但是定义的标识符就不能使用 int。如果将其中标识符的字母改写成大写字母，这样就可以通过编译，例如：

```
int int;                        /*错误！*/
int Int;                        /*正确，改变标识符中的字母为大写*/
```

☑ 标识符的命名最好具有相关的含义。将标识符设定成有一定含义的名称，这样可以方便程序的编写，并且以后再进行回顾时，或者他人进行阅读时，具有含义的标识符会使程序便于观察、阅读。例如，下面的例子是在定义一个长方体的长、宽和高时，简单的定义与有相应含义的定义的对比。

```
int a;                                  /*代表长度*/
int b;                                  /*代表宽度*/
int c;                                  /*代表高度*/

int iLong;
int iWidth;
int iHeight;
```

从上面例子的标识符可以看出，标识符的设定如果不具有一定的含义，那么在没有后面的注释时是很难理解它要代表的作用是什么。如果将标识符的设定具有其功能含义，那么通过直观地查看就可以了解到其具体的作用功能。

☑ ANSI 标准规定：标识符可以为任意长度，但外部名必须至少能由前 8 个字符唯一地区分。这是因为某些编译程序（如 IBM PC 的 MS C）仅能识别前 8 个字符。

视频讲解

动图演示

2.4 数 据 类 型

程序在运行时要做的内容就是处理数据，程序要解决复杂的问题，就要处理不同的数据。不同的数据都是以自己本身的一种特定形式存在的（如整型、实型、字符型等），不同的数据类型占用不同的存储空间。在 C 语言中，有多种不同的数据类型，其中包括几个大的方向：基本数据类型、构造类型、指针类型和空类型。我们先通过图 2.1 看一下其组织结构，之后再对每一种类型进行相应的讲解。

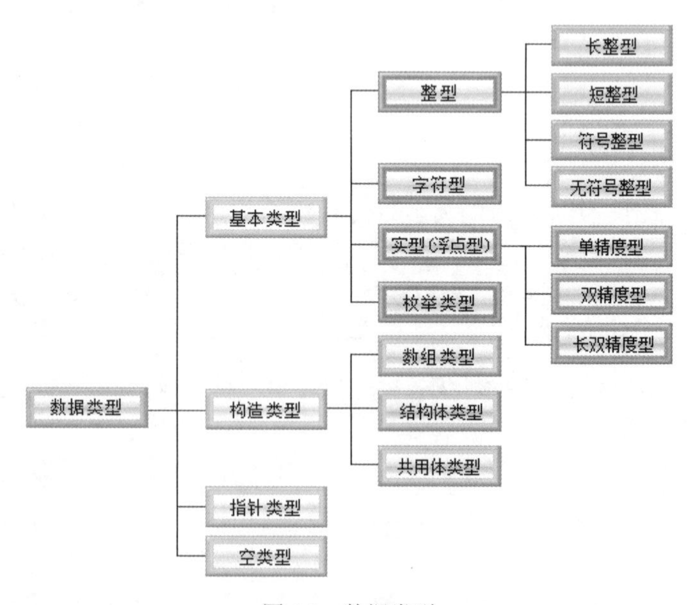

图 2.1　数据类型

☑ 基本类型

基本类型也就是 C 语言中的基础类型，其中包括整数类型、字符型、实型（浮点型）、枚举类型。

☑ 构造类型

构造类型就是使用基本类型的数据，或者使用已经构造好的数据类型，进行添加、设计构造出新的数据类型，使其设计的新构造类型满足待解决问题所需要的数据类型。

通过构造类型的说明可以看出，它并不像基本类型一样简单，而是由多种类型组合而成的新类型。

其中每一组成部分称为“构造类型的成员”。

构造类型包括 3 种形式，其中有数组类型、结构体类型和共用体类型。

☑ 指针类型

C 语言的精华是什么？是指针。指针类型不同于其他类型之处在于，指针的值表示的是某个内存地址。

☑ 空类型

空类型的关键字是 void，其主要的两点作用在于：

➢ 对函数返回的限定。

➢ 对函数参数的限定。

也就是说，一般一个函数都会具有一个返回值，将其值返回到调用者。这个返回值应该是具有特定的类型的，如整型 int。但是函数不需要返回一个值时，那么就可以使用空类型设定返回值的类型。

2.5 常　　量

在介绍常量之前，先来了解一下什么是常量，常量就是其值在程序运行的过程中是不可以改变的。将这些直接常量分为以下几类。

☑ 数值型常量

➢ 整型常量

➢ 实型常量

☑ 字符型常量

☑ 符号常量

下面将对有关的直接常量进行详细的说明。

2.5.1 整型常量

整型常量就是指直接使用的整型常数，如 123、-456 等。整型常量可以是长整型、短整型、符号整型和无符号整型。

☑ 无符号短整型的取值范围是 0~65535，而符号短整型的取值范围是-32768~32767，这些都是 16 位整型常量的范围。

☑ 如果整型是 32 位的，那么无符号形式的取值范围是 0~4294967295，而有符号形式的范围是 -2147483648~2147483647。但是整型如果是 16 位的，那么同无符号短整型的范围相同。

说明

根据不同的编译器，整型数据的取值范围是不一样的。还有可能如果在 16 位的计算机中整型就为 16 位，在字长为 32 位的计算机上整型就为 32 位。

☑ 长整型是 32 位的，其取值范围可以参考上面有关整型的描述。

在编写整型常量时，可以在常量的后面加上符号 L 或者 U 进行修饰。L 表示该常量是长整型，U 表示该常量为无符号整型，例如：

```
LongNum= 1000L;                          /*L 表示长整型*/
UnsignLongNum=500U;                      /*U 表示无符号整型*/
```

说明

表示长整型和无符号整型的后缀字母 L 和 U 可以使用大写，也可以使用小写。

整型常量有以上的这些类型，这些类型又可以通过 3 种形式进行表示，即八进制形式、十进制形式和十六进制形式。下面分别进行介绍。

☑ 八进制整数

要使得使用的数据表示形式是八进制，需要在常数前加上 0 进行修饰。八进制所包含的数字是 0~7。例如：

```
OctalNumber1=0123;                       /*在常数前面加上一个 0 来代表八进制*/
OctalNumber2=0432;
```

注意

以下关于八进制的写法是错误的：

```
OctalNumber3=356;                        /*没有前缀 0*/
OctalNumber4=0492;                       /*包含了非八进制数 9*/
```

☑ 十六进制整数

常量前面使用 0x 作为前缀，表示该常量是用十六进制进行表示。十六进制中所包含的数字有 0~9 以及字母 A~F。例如：

```
HexNumber1=0x123;                        /*加上前缀 0x 表示常量为十六进制*/
HexNumber2=0x3ba4;
```

说明

其中字母 A~F 可以使用大写形式，也可使用 a~f 小写形式。

注意

以下关于十六进制的写法是错误的：

```
HexNumber1=123;                          /*没有前缀 0x*/
HexNumber2=0x89j2;                       /*包含了非十六进制的字母 j*/
```

☑ 十进制整数

十进制是不需要在其前面添加前缀的。十进制中所包含的数字有 0~9。例如：

```
AlgorismNumber1=123;
AlgorismNumber2=456;
```

这些整型数据都是以二进制的方式存放在计算机的内存之中，其数值是以补码的形式进行表示的。

一个正数的补码与其原码的形式相同，一个负数的补码是将该数绝对值的二进制形式，按位取反再加 1。例如一个十进制数 11 在内存中的表现形式如图 2.2 所示：

如果是-11 的话，那么在内存中又是怎样的呢？因为是以补码进行表示，所以负数要先将其绝对值求出，如图 2.2 所示，然后进行取反操作，如图 2.3 所示，得到取反后的结果。

0	0	0	0	0	0	0	0	0	0	0	0	1	0	1	1

图 2.2　十进制数 11 在内存中

1	1	1	1	1	1	1	1	1	1	1	1	0	1	0	0

图 2.3　进行取反操作

进行取反之后还要进行加 1 操作，这样就得到最终的结果。如图 2.4 所示，负数-11 在计算机内存中存储的情况。

1	1	1	1	1	1	1	1	1	1	1	1	0	1	0	1

图 2.4　加 1 操作

说明

对于有符号整数，其在内存中存放的最左面一位表示符号位，如果该位为 0，则说明该数为正，若为 1，则说明该数为负。

技巧

Windows 操作系统中，在“开始”菜单的“附件”中有一个计算器的小软件，可以使用这个小软件进行八进制、十进制和十六进制之间的转换。这里需要注意的是，要选用科学型计算器，调整的方法是在其“查看”菜单中选择“科学型”一项，之后显示的样式如图 2.5 所示。

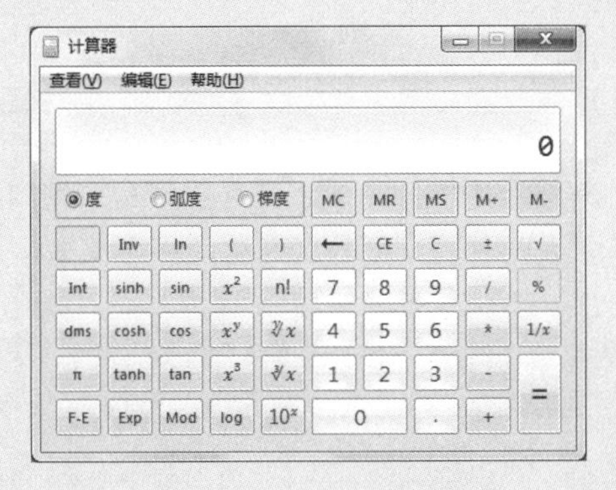

图 2.5　科学型计算器

2.5.2　实型常量

实型也称为浮点型，由整数部分和小数部分这两块组成，其中用十进制的小数点进行隔开。表示实数的方式有两种。

☑ 科学记数方式

科学记数方式就是使用十进制的小数方法描述实型，例如：

```
SciNum1=123.45;                          /*科学记数法*/
SciNum2=0.5458;
```

☑ 指数方式

有时候实型非常大或者非常小，这样使用科学记数方式是不利于观察的，这时可以使用指数方法来表示实型常量。这种方法使用字母 e 或者 E 进行指数显示，如 45e2 表示的就是 4500，而 45e-2 表示的就是 0.45。那么例如将上面的 SciNum1 和 SciNum2 代表的实型常量，改使用指数方式表示这两个实型常量如下所示：

```
SciNum1=1.2345e2;                        /*指数方式显示*/
SciNum2=5.458e-1;
```

在编写实型常量时，可以在常量的后面加上符号 F 或者 L 进行修饰。F 表示该常量是 float（单精度）类型，L 表示该常量为 long double（长双精度）类型。例如：

```
FloatNum= 1.2345e2F;                     /*单精度类型*/
LongDoubleNum=5.458e-1L;                 /*长双精度类型*/
```

如果不在后面加上后缀，那么在默认状态下，实型常量为 double（双精度）类型。例如：

```
DoubleNum= 1.2345e2;                     /*双精度类型*/
```

注意

后缀的大小写是通用的。

2.5.3 字符型常量

字符型常量与之前所介绍的常量有所不同，要对其字符型常量使用指定的定界符进行限制。字符型常量可以分成字符常量和字符串常量两种。下面分别对这两种字符型常量进行介绍。

1. 字符常量

使用单撇号进行括起一个字符这种形式就是字符常量。例如'A'、'#'、'b'等都是正确的字符常量。在这里需要注意以下几点有关字符常量的注意事项。

☑ 字符常量中只能包括一个字符，不是字符串。例如，'A'这样是正确的，但是用'AB'这样来表示字符常量就是错误的。

☑ 字符常量是区分大小写的。例如，'A'字符和'a'字符是不一样的，这两个字符代表着不同的字符常量。

☑ 所使用的“''”这对单撇号代表着定界符，这是不属于字符常量中的一部分的。

【例 2.1】 字符常量的输出。（**实例位置：资源包\源码\02\2.1**）

在这个实例中，使用 putchar 函数将单个字符常量进行输出，使得输出的字符常量形成一个单词

Hello 显示在控制台中。

运行程序，显示效果如图 2.6 所示。

程序代码如下：

```
#include<stdio.h>
int main()
{
    putchar('H');                          /*输出字符常量 H*/
    putchar('e');                          /*输出字符常量 e*/
    putchar('l');                          /*输出字符常量 l*/
    putchar('l');                          /*输出字符常量 l*/
    putchar('o');                          /*输出字符常量 o*/
    putchar('\n');                         /*进行换行*/
    return 0;
}
```

2. 字符串常量

字符串常量是用一组双引号括起来的若干字符序列。如果在字符串中一个字符都没有，则将其称作为空串，此时字符串的长度为 0。例如字符串“Have a good day!”和“bueatful day”。

C 语言中存储字符串常量时，系统会在字符串的末尾自动加一个'\0'作为字符串的结束标志。例如字符串“welcome”，其在内存中存储形式如图 2.7 所示。

注意

在程序中编写字符串常量时，不必在一个字符串的结尾处加上‘\0’结束字符，结束字符系统会自动进行添加。

【例 2.2】　输出字符串常量。（**实例位置：资源包\源码\02\2.2**）

在本实例中，使用 printf 函数将一个句字符串常量“What a nice day!”在控制台进行输出显示。

运行程序，效果如图 2.8 所示。

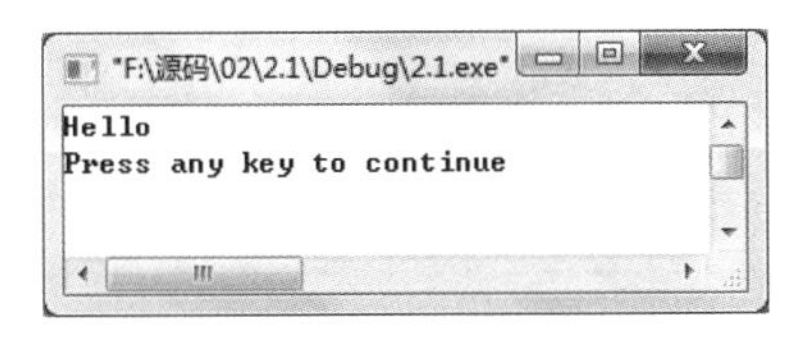

图 2.6　使用字符常量

w	e	l	c	o	m	e	\0

图 2.7　\0 为系统所加

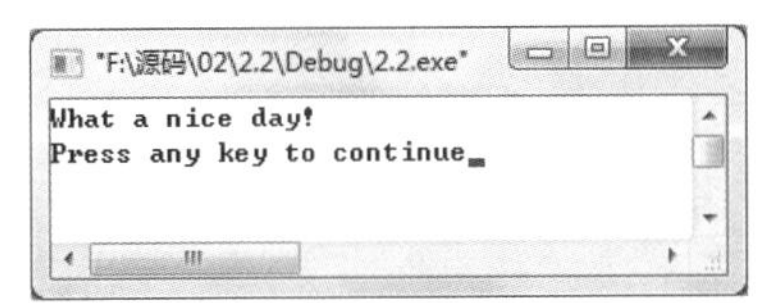

图 2.8　输出字符串

程序代码如下：

```
#include<stdio.h>                          /*包含头文件*/

int main()
{
    printf("What a nice day!\n");          /*输出字符串*/
    return 0;                              /*程序结束*/
}
```

上面介绍了有关字符常量和字符串常量的内容，那么同样是字符它们之间有什么差别呢？字符常量和字符串常量是不一样的，不同点主要体现如下几个方面。

☑ 定界符的使用不同：字符常量使用的是单引号，而字符串常量使用的是双引号。
☑ 长度不同：在上面提到过字符常量只能有一个字符，也就是说字符常量的长度就是为 1。而字符串常量的长度却可以是 0，即使字符串常量中的字符数量只有 1 个，但是长度却不是 1。例如，字符串常量“H”，其长度为 2。通过图 2.9 可以观察到，为什么字符串常量“H”的长度为 2。

H	\0

图 2.9　字符串“H”

说明

还记得在字符串常量中有关结束字符的介绍吗？系统会自动在字符串的尾部添加一个字符串的结束字符‘\0’，这也就是为什么“H”的长度是 2 的原因。

☑ 存储的方式不同：在字符常量中存储的是字符的 ASCII 码值，而在字符串常量中，不仅要存储有效的字符，还要存储结尾处的结束标志‘\0’。

在学习的过程中提到过有关 ASCII 码的内容，那么 ASCII 码是什么呢？在 C 语言中，所使用的字符被一一映射到一个表中，这个表称为 ASCII 码表如表 2.2 所示。

表 2.2　ASCII 表

ASCII 值	缩写/字符	解　　释
0	NUL（null）	空字符（\0）
1	SOH（star to handing）	标题开始
2	STX（star to text）	正文开始
3	ETX（end of text）	正文结束
4	EOT（end of transmission）	传输结束
5	ENQ（enquiry）	请求
6	ACK（acknowledge）	收到通知
7	BEL（bell）	响铃（\a）
8	BS（backspace）	退格（\b）
9	HT（horizontal tab）	水平制表符（\t）
10	LF/NL（linefeed/newline）	换行键（\n）
11	VT（vertical tab）	垂直制表符
12	FF/NP（formfeed/newpage）	换页键（\f）
13	CR（carriage return）	回车键（\r）
14	SO（shift out）	不用切换
15	SI（shift in）	启用切换
16	DLE（data link escape）	数据链路转义
17	DC1（device control1）	设备控制 1
18	DC2（device control2）	设备控制 2
19	DC3（device control3）	设备控制 3
20	DC4（device control4）	设备控制 4

续表

ASCII 值	缩写/字符	解　　释
21	NAK（negative acknowledge）	拒绝接收
22	SYN（synchronous idle）	同步空闲
23	ETB（end of transblock）	传输块结束
24	CAN（cancel）	取消
25	EM（end of medium）	介质中断
26	SUB（substitute）	替补
27	ESC（escape）	溢出
28	FS（file separator）	文件分割符
29	GS（group separator）	分组符
30	RS（record separator）	记录分离符
31	US（unit separator）	单元分隔符
32	SP（space）	空格
33	!	
34	"	
35	#	
36	$	
37	%	
38	&	
39	'	
40	(	
41	)	
42	*	
43	+	
44	,	
45	-	
46	.	
47	/	
48	0	
49	1	
50	2	
51	3	
52	4	
53	5	
54	6	
55	7	
56	8	
57	9	
58	:	
59	;	

续表

ASCII 值	缩写/字符	解　释
60	<	
61	=	
62	>	
63	?	
64	@	
65	A	
66	B	
67	C	
68	D	
69	E	
70	F	
71	G	
72	H	
73	I	
74	J	
75	K	
76	L	
77	M	
78	N	
79	O	
80	P	
81	Q	
82	R	
83	S	
84	T	
85	U	
86	V	
87	W	
88	X	
89	Y	
90	Z	
91	[	
92	\	
93	]	
94	^	
95	_	
96	`	
97	a	
98	b	

续表

ASCII 值	缩写/字符	解　释
99	c	
100	d	
101	e	
102	f	
103	g	
104	h	
105	i	
106	j	
107	k	
108	l	
109	m	
110	n	
111	o	
112	p	
113	q	
114	r	
115	s	
116	t	
117	u	
118	v	
119	w	
120	x	
121	y	
122	z	
123	{	
124	|	
125	}	
126	~	
127	DEL（delete）	

2.5.4　转义字符

在前面的例 2.1 和例 2.2 中都能看到\n 这个符号，但是在输出的显示结果却没有显示该符号，只是进行了换行操作，这种情况的符号称为转义符号。

转义符号在字符常量中是一种特殊的字符。转义字符是以反斜杠“\”为开头的字符，后面跟一个或几个字符。常用的转义字符及其含义如表 2.3 所示。

表 2.3　常用转义字符表

转 义 字 符	转义字符的意义
\n	回车换行
\t	横向跳到下一制表位置
\v	竖向跳格
\b	退格
\r	回车
\f	走纸换页
\\	反斜线符
\'	单引号符
\a	鸣铃
\ddd	1~3 位八进制数所代表的字符
\xhh	1~2 位十六进制数所代表的字符

2.5.5　符号常量

在第 1 章的例 1.2 中，程序的功能是进行求解的一个长方体的体积是多少，其中的长方体的高度是固定的，使用一个符号名进行代替固定的常量值，这里使用的符号名称为符号常量。使用符号常量的好处在于可以为编程和阅读带来方便。

【例 2.3】　符号常量的使用。（**实例位置：资源包\源码\02\2.3**）

在本例中使用符号常量来表示圆周率，在控制台上进行显示文字提示用户输入数据，该数据是圆半径的值。得到用户输入的半径，经过计算得到圆的面积，最后将其结果显示。

运行程序，显示效果如图 2.10 所示。

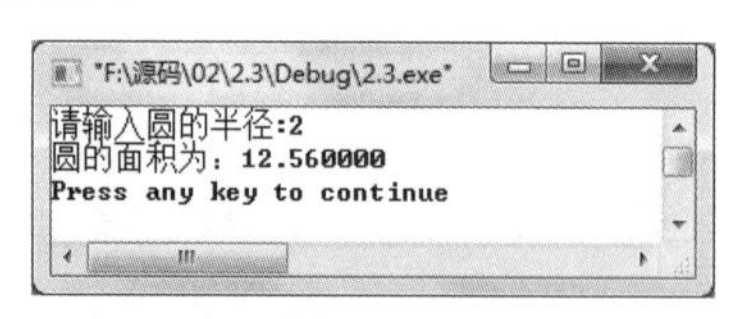

图 2.10　常量符号的使用

程序代码如下：

```
#include<stdio.h>
#define PAI 3.14                                    /*定义符号常量*/

int main()
{
	double fRadius;                                 /*定义半径变量*/
	double fResult=0;                               /*定义结果变量*/
	printf("请输入圆的半径:");                       /*提示*/
	scanf("%lf",&fRadius);                          /*输入数据*/
	fResult=fRadius*fRadius*PAI;                    /*进行计算*/
	printf("圆的面积为：%lf\n",fResult);             /*显示结果*/
```

```
    return 0;                              /*程序结束*/
}
```

2.6 变　　量

在前面的例子中已经多次接触过变量。变量就是在程序运行期间其值是可以进行变化的量。每一个变量都是一种类型，每一种类型都定义了变量的格式和行为。那么一个变量应该有属于自己的名字，并且在内存中占有存储空间，其中变量的大小取决于类型。在 C 语言中的变量类型有整型变量、实型变量和字符型变量。

2.6.1　整型变量

整型变量是用来存储整型数值的变量。整型变量可以分为 6 种类型，其中基本类型的符号使用 int 关键字，在此基础上可以根据需要加上一些符号进行修饰，如关键字 short 或 long。表 2.4 中对这 6 种类型进行介绍。

表 2.4　整型变量的分类

类 型 名 称	关　键　字
有符号基本整型	[signed] int
无符号基本整型	unsigned [int]
有符号短整型	[signed] short [int]
无符号短整型	unsigned short [int]
有符号长整型	[signed] long [int]
无符号长整型	unsigned long [int]

说明

表格中的“[]”为可选部分。例如[signed] int，在编写时可以省略 signed 关键字。

☑　有符号基本整型

有符号基本整型是指 signed int 型，其值是基本的整型常数。编写时，常常将其关键字 signed 进行省略。有符号基本整型在内存中占 4 个字节，取值范围是-2147483648~2147483647。

说明

通常说到的整型，都是指有符号基本整型 int。

定义一个有符号整型变量的方法，是使用关键字 int 定义一个变量，例如要定义一个整型的变量 iNumber，为 iNumber 变量赋值为 10 的方法如下：

```
int iNumber;                            /*定义有符号基本整型变量*/
iNumber=10;                             /*为变量赋值*/
```

或者在定义变量的同时，为变量进行赋值：

```
int iNumber=10;                                /*定义有符号基本整型变量并赋值*/
```

【例 2.4】 有符号基本整型。（实例位置：资源包\源码\02\2.4）

实例中对有符号基本整型的变量使用，使读者更为直观地看到其作用。

运行程序，显示效果如图 2.11 所示。

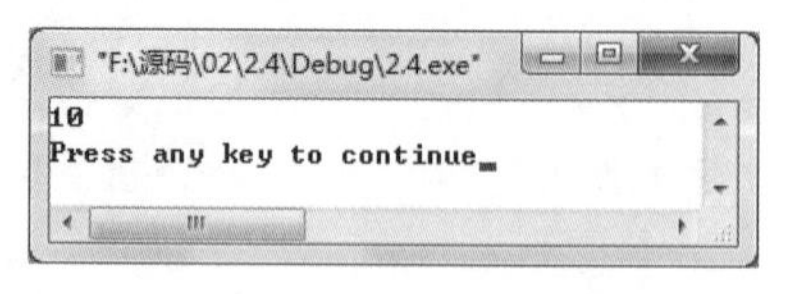

图 2.11 有符号基本整型

程序代码如下：

```
#include<stdio.h>
int main()
{
    signed int iNumber;                        /*定义有符号基本整型变量*/
    iNumber=10;                                /*为变量进行赋值*/
    printf("%d\n",iNumber);                    /*显示整型变量*/
    return 0;                                  /*程序结束*/
}
```

☑ 无符号基本整型

无符号基本整型使用的关键字是 unsigned int，其中的关键字 int 在编写时是可以省略的。无符号基本整型在内存中占 4 个字节，取值范围是 0~4294967295。

定义一个无符号基本整型变量的方法，是在变量前使用关键字 unsigned 定义一个变量，例如要定义一个无符号基本整型的变量 iUnsignedNum，为 iNumber 变量赋值为 10 的方法如下：

```
unsigned iUnsignedNum;                         /*定义无符号基本整型变量*/
iUnsignedNum=10;                               /*为变量赋值*/
```

☑ 有符号短整型

有符号短整型使用的关键字是 signed short int，其中的关键字 signed 和 int 在编写时是可以省略的。有符号短整型在内存中占 2 个字节，取值范围是-32768~32767。

定义一个有符号短整型变量的方法，是在变量前使用关键字 short 定义一个变量，例如要定义一个有符号短整型的变量 iShortNum，为 iShortNum 变量赋值为 10 的方法如下：

```
short iShortNum;                               /*定义有符号短整型变量*/
iShortNum=10;                                  /*为变量赋值*/
```

☑ 无符号短整型

无符号短整型使用的关键字是 unsigned short int，其中的关键字 int 在编写时是可以省略的。无符号短整型在内存中占 2 个字节，取值范围是 0~65535。

定义一个无符号短整型变量的方法，是在变量前使用关键字 unsigned short 定义一个变量，例如要定义一个无符号短整型的变量 iUnsignedShtNum，为 iUnsignedShtNum 变量赋值为 10 的方法如下：

```
unsigned short iUnsignedShtNum;                /*定义无符号短整型变量*/
iUnsignedShtNum=10;                            /*为变量赋值*/
```

☑　有符号长整型

有符号长整型使用的关键字是 signed long int，其中的关键字 signed 和 int 在编写时是可以省略的。有符号长整型在内存中占 4 个字节，取值范围是-2147483648~2147483647。

定义一个有符号长整型变量的方法，是在变量前使用关键字 long 定义一个变量，例如要定义一个有符号长整型的变量 iLongNum，为 iLongNum 变量赋值为 10 的方法如下：

```
long iLongNum;                          /*定义有符号长整型变量*/
iLongNum=10;                            /*为变量赋值*/
```

☑　无符号长整型

无符号长整型使用的关键字是 unsigned long int，其中的关键字 int 在编写时是可以省略的。无符号长整型在内存中占 4 个字节，取值范围是 0~4294967295。

定义一个无符号长整型变量的方法，是在变量前使用关键字 unsigned long 定义一个变量，例如要定义一个有符号长整型的变量 iUnsignedLongNum，为 iUnsignedLongNum 变量赋值为 10 的方法如下：

```
unsigned long iUnsignedLongNum;         /*定义无符号长整型变量*/
iUnsignedLongNum=10;                    /*为变量赋值*/
```

2.6.2　实型变量

实型变量也称为浮点型变量，是指用来存储实型数值的变量，其中实型数值是由整数和小数两个部分组成的。实型变量根据实型的精度也可以分为 3 种类型，包括单精度类型、双精度类型和长双精度类型，如表 2.5 所示。

表 2.5　实型变量的分类

类 型 名 称	关　键　字
单精度类型	float
双精度类型	double
长双精度类型	long double

☑　单精度类型

单精度类型使用的关键字是 float。单精度类型在内存中占 4 个字节，取值范围是-3.4×10^{-38}~3.4×10^{38}。

定义一个单精度类型变量的方法，是在变量前使用关键字 float，例如要定义一个变量 fFloatStyle，为 fFloatStyle 变量赋值为 3.14 的方法如下：

```
float fFloatStyle;                      /*定义单精度类型变量*/
fFloatStyle=3.14f;                      /*为变量赋值*/
```

【例 2.5】　使用单精度类型变量。（**实例位置：资源包\源码\02\2.5**）

在本实例中，定义一个单精度类型变量，然后为其赋值为 1.23，最后通过输出语句将其显示在控制台。

运行程序，显示效果如图 2.12 所示。

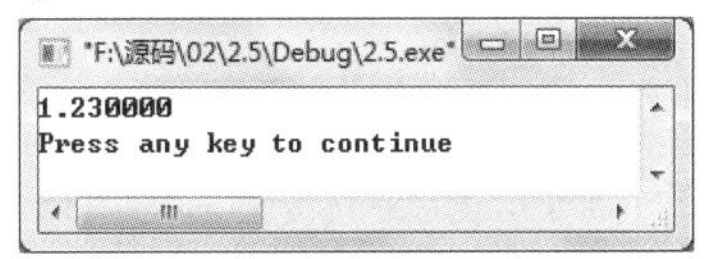

图 2.12　使用单精度类型变量

程序代码如下：

```
#include<stdio.h>

int main()
{
    float fFloatStyle;                          /*定义单精度类型变量*/
    fFloatStyle=1.23f;                          /*为变量进行赋值*/
    printf("%f\n",fFloatStyle);                 /*输出变量的值*/
    return 0;                                   /*程序结束*/
}
```

☑ 双精度类型

双精度类型使用的关键字是 double。双精度类型在内存中占 8 个字节，取值范围是-1.7×10^{-308}~1.7×10^{308}。

定义一个双精度类型变量的方法，是在变量前使用关键字 double，例如要定义一个变量 dDoubleStyle，为 dDoubleStyle 变量赋值为 5.321 的方法如下：

```
double dDoubleStyle;                            /*定义双精度类型变量*/
dDoubleStyle=5.321;                             /*为变量赋值*/
```

【例 2.6】 使用双精度类型变量。（**实例位置：资源包\源码\02\2.6**）

在本实例中，定义一个双精度类型变量，然后为其赋值为 61.458，最后通过输出语句将其显示在控制台。

运行程序，显示效果如图 2.13 所示。

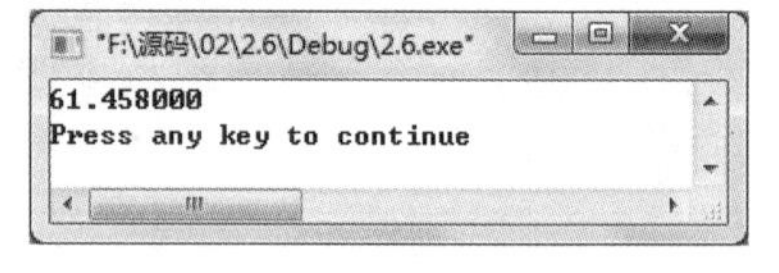

图 2.13 使用双精度类型变量

程序代码如下：

```
#include<stdio.h>

int main()
{
    double dDoubleStyle;                        /*定义一个双精度类型变量*/
    dDoubleStyle=61.458;                        /*为变量赋值*/
    printf("%f\n",dDoubleStyle);                /*显示变量值*/
    return 0;                                   /*程序结束*/
}
```

☑ 长双精度类型

长双精度类型使用的关键字是 long double。长双精度类型在内存中占 8 个字节，取值范围是-1.7×10^{-308}~1.7×10^{308}。

定义一个双精度类型变量的方法，是在变量前使用关键字 long double，例如要定义一个变量 fLongDouble，为 fLongDouble 变量赋值为 46.257 的方法如下：

```
long double fLongDouble;                        /*定义双精度类型变量*/
fLongDouble=46.257;                             /*为变量赋值*/
```

【例 2.7】　使用长双精度类型变量。（**实例位置：资源包\源码\ 02\2.7**）

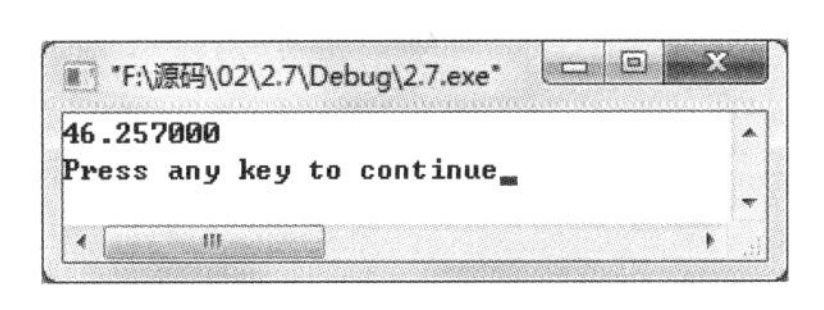

图 2.14　使用长双精度类型变量

在本实例中，定义一个双精度类型变量，然后为其赋值为 46.257，最后通过输出语句将其显示在控制台。

运行程序，显示效果如图 2.14 所示。

程序代码如下：

```
#include<stdio.h>

int main()
{
    long double fLongDouble;                    /*定义长双精度变量*/
    fLongDouble=46.257;                         /*为变量赋值*/
    printf("%f\n",fLongDouble);                 /*将变量值进行输出*/
    return 0;                                   /*程序结束*/
}
```

2.6.3　字符型变量

字符型变量是用来存储字符常量的变量。将一个字符常量存储到一个字符变量中，实际上是将该字符的 ASCII 码值（无符号整数）存储到内存单元中。

字符型变量在内存空间中占 1 个字节，取值范围是-128~127。

定义一个字符型变量的方法是使用关键字 char，例如要定义一个字符型的变量 cChar，为 cChar 变量赋值为'a'的方法如下：

```
char cChar;                                     /*定义字符型变量*/
cChar= 'a';                                     /*为变量赋值*/
```

说明

字符数据在内存中存储的是字符的 ASCII 码，即一个无符号整数，其形式与整数的存储形式一样，所以 C 语言允许字符型数据与整型数据之间通用。例如：

```
char cChar1;                                    /*字符型变量 cChar1*/
char cChar2;                                    /*字符型变量 cChar2*/
cChar1='a';                                     /*为变量赋值*/
cChar2=97;

printf("%c\n",cChar1);                          /*显示结果为 a*/
printf("%c\n",cChar2);                          /*显示结果为 a*/
```

在上面的代码中可以看到，首先定义两个字符型变量，在为两个变量进行赋值时，一个变量赋值为'a'，而另一个赋值为 97。最后显示结果时都是为字符'a'。

【例 2.8】 使用字符型变量。（**实例位置：资源包\源码\02\2.8**）

在本实例中，通过为定义的字符型变量和整型变量的赋不同值，通过观察输出的结果了解有关整型变量和字符型变量之间的转换。

运行程序，显示效果如图 2.15 所示。

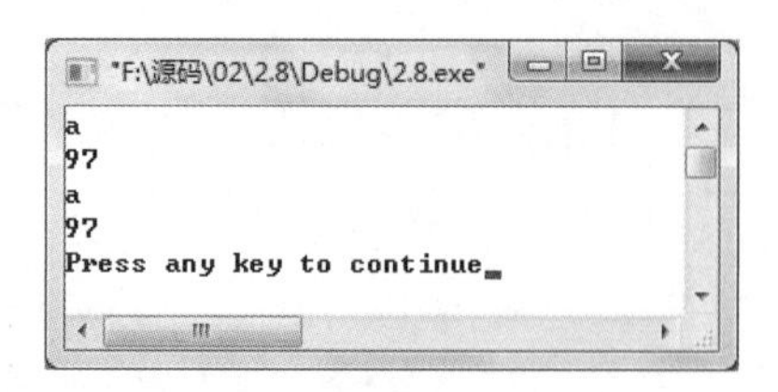

图 2.15　使用字符型变量

程序代码如下：

```
#include<stdio.h>
int main()
{
	char cChar1;				/*字符型变量 cChar1*/
	char cChar2;				/*字符型变量 cChar2*/
	int	iInt1;				/*整型变量 iInt1*/
	int	iInt2;				/*整型变量 iInt2*/

	cChar1='a';				/*为变量赋值*/
	cChar2=97;
	iInt1='a';
	iInt2=97;

	printf("%c\n",cChar1);			/*显示结果为 a*/
	printf("%d\n",cChar2);			/*显示结果为 97*/
	printf("%c\n",iInt1);			/*显示结果为 a*/
	printf("%d\n",iInt2);			/*显示结果为 97*/
	return 0;				/*程序结束*/
}
```

以上就是有关整型变量、实型变量和字符型变量的相关知识，在这里对这些知识使用一个表格进行总体的概括，如表 2.6 所示。

表 2.6　数值型和字符型数据的字节数和数值范围

类　型	关 键 字	字　节	数 值 范 围
整型	[signed] int	4	−2147483648~2147483647
无符号整型	unsigned [int]	4	0~4294967295
短整型	short [int]	2	−32768~32767
无符号短整型	unsigned short [int]	2	0~65535
长整型	long [int]	4	−2147483648~2147483647
无符号长整型	unsigned long [int]	4	0~4294967295
字符型	[signed] char	1	−128~127
无符号字符型	unsigned char	1	0~255
单精度型	float	4	−3.4*10−38~3.4*1038
双精度型	double	8	−1.7*10−308~1.7*10308
长双精度型	long double	8	−1.7*10−308~1.7*10308

2.7　实　　战

2.7.1　输出实型变量

定义 a、b、c 3 个变量，数据类型分别是 float、double、long double，并且都赋值为 123.456，输出这 3 个实型变量，运行效果如图 2.16 所示。（**实例位置：资源包\源码\02\实战\01**）

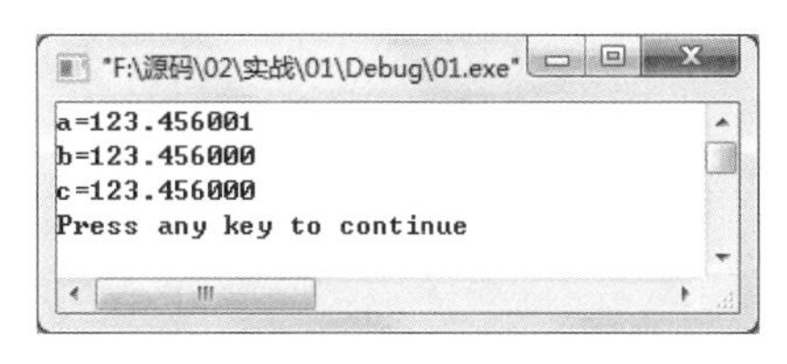

图 2.16　实型变量的使用

2.7.2　十进制转换为二进制

在 C 程序中，一般主要使用十进制数。有时为了提高效率或其他一些原因，还要使用二进制数，十进制数和二进制数之间可以直接转换，本实例即将平时在纸上运算的过程写入程序中。（**实例位置：资源包\源码\02\实战\02**）

将十进制数转换为二进制数的具体过程程序化，有以下几个要点。

（1）本题中要用数组来存储每次对 2 取余的结果，所以在数据类型定义时要定义数组并将其全部数据元素赋初值为 0。

（2）两处用到了 for 循环，第一次 for 循环从 0 到 14（本题中只考虑基本整型中的正数部分的转换所以最高位始终为零），第二次 for 循环从 15 到 0，这里大家要注意不能改成 0 到 15，因为在将每次对 2 取余的结果存入数组时，是从 a[0]开始存储的，所以输出时就要从 a[15]开始输出，这也符合我们平时计算的过程。

（3）%和/的应用，%模运算符，或称求余运算符，%两侧均应为整型数据。/除法运算符，两个整数相除的结果为整数，运算的两个数中有一个数为实数，则结果是 double 型的。

运行结果如图 2.17 所示。

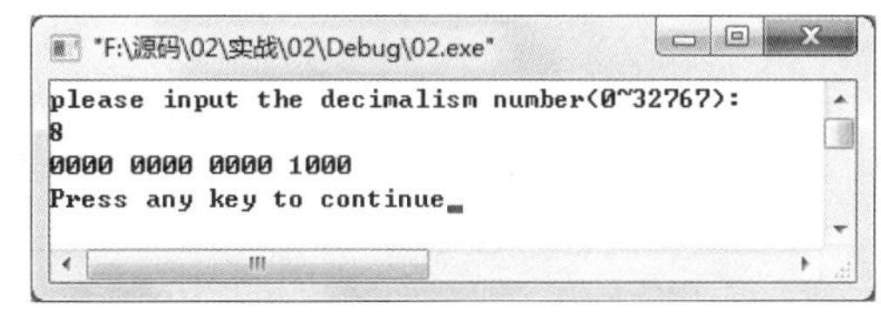

图 2.17　十进制转换为二进制

注意

for 循环体中有多个语句要执行而不是一句所以“{}”要在适当位置加上，不要忘记写。

2.7.3　利用“#”输出图形

本例利用字符变量和“#”号，输出三角形，如图 2.18 所示。（**实例位置：资源包\源码\02\实战\03**）

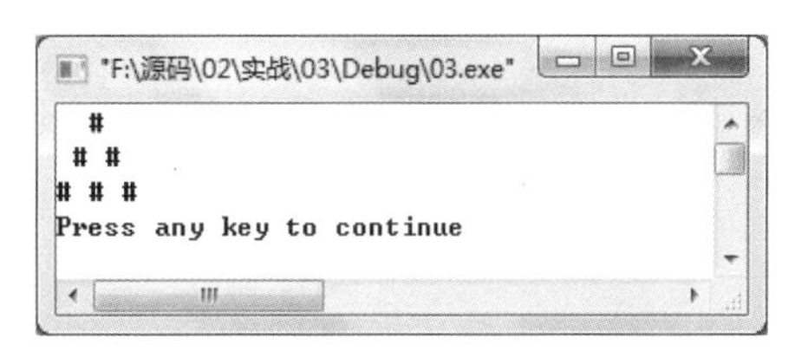

图 2.18　用“#”输出图形

2.7.4　打印杨辉三角

打印出以下的杨辉三角形（要求打印出 10 行）。（**实例位置：资源包\源码\02\实战\04**）

1
1　1
1　2　1
1　3　3　1
1　4　6　4　1
1　5　10 10　5　1
……

什么是杨辉三角？

杨辉三角是二项式系数在三角形中的一种几何排列，它具有以下性质。

（1）每行数的左右对称，由 1 开始逐渐增大，然后变小，回到 1。

（2）第 n 行数字个数为 n 个。

（3）每个数字等于上一行的左右两个数字的和。

（4）第 n 行的第 1 个数为 1，第 2 个数为 1×(n−1)，第 3 个数为 1×(n−1)×(n−2)/2，第 4 个数为 1×(n−1)×(n−2)/2×(n−3)/3，……，依此类推。

运行结果如图 2.19 所示。

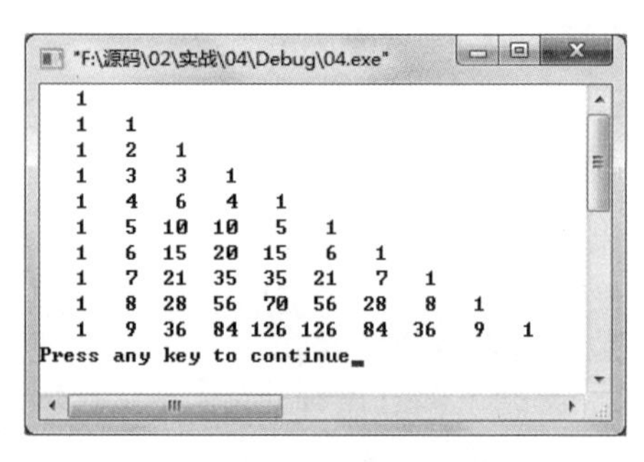

图 2.19　杨辉三角

2.7.5　利用“*”输出矩形

本例使用“*”号输出矩形，这里让每条边都输出 3 个“*”号，使其相等，运行程序，如图 2.20 所示。（**实例位置：资源包\源码\02\实战\05**）

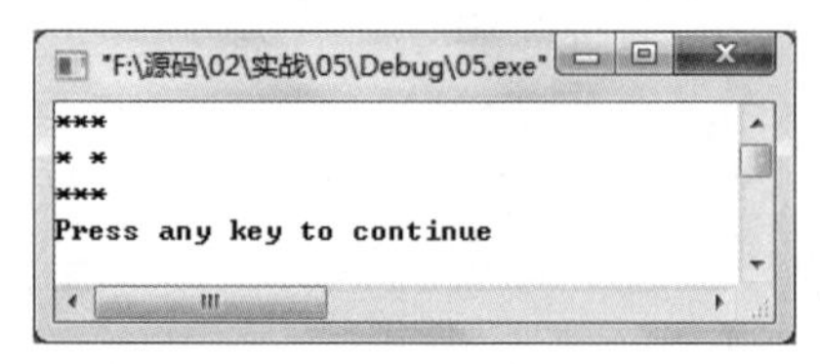

图 2.20　利用“*”号输出矩形

第 3 章

表达式与运算符

（视频讲解：37 分钟）

了解程序中会用的数据类型后，还要懂得如何操作这些数据，那么掌握 C 语言中各种运算符及其表达式的应用是必不可少的。

本章致力于使读者了解表达式的概念，掌握运算符及相关的表达式的使用，其中包括赋值运算符、算术运算符、关系运算符、逻辑运算符、位逻辑运算符和逗号运算符。每节都有对应实例进行相应的练习，可以及时地加深印象。

学习摘要：

- 表达式的使用
- 赋值运算符
- 算术运算符
- 关系运算符
- 逻辑和位逻辑运算符
- 逗号运算符

3.1 表 达 式

表达式是 C 语句的主体。在 C 语言中，表达式由操作符和操作数组成。最简单的表达式可以只含有一个操作数。根据表达式含有的操作符的个数，可以把表达式分为简单表达式和复杂表达式两种。简单表达式是只含有一个操作符的表达式，而复杂表达式是含有两个或两个以上操作符的表达式。

下面通过几个表达式先进行观察一下：

```
5+5
iNumber+9
iBase+(iPay*iDay)
```

表达式本身什么事情也不做，只是返回结果值。在程序不对返回的结果值做任何操作的情况下，返回的结果值不起任何作用，也就是说忽略返回的值。

表达式产生作用有以下两种情况：

☑ 放在赋值语句的右侧。

☑ 作函数的参数。

表达式返回的结果值是有类型的。表达式隐含的数据类型取决于组成表达式的变量和常量的类型。

说明

每个表达式的返回值都具有逻辑特性。如果返回值是非零的，那么该表达式返回为真值，否则返回为假值。通过这个特点，可以将表达式放在用于控制程序流程的语句中，这样就构建了条件表达式。

【例 3.1】 掌握表达式的使用。（**实例位置：资源包\源码\03\3.1**）

在实例中，声明了 3 个整型变量，其中有的变量被赋值为常数，有的变量被赋值为表达式的结果，最后将变量的值显示在屏幕上。

运行程序，显示效果如图 3.1 所示。

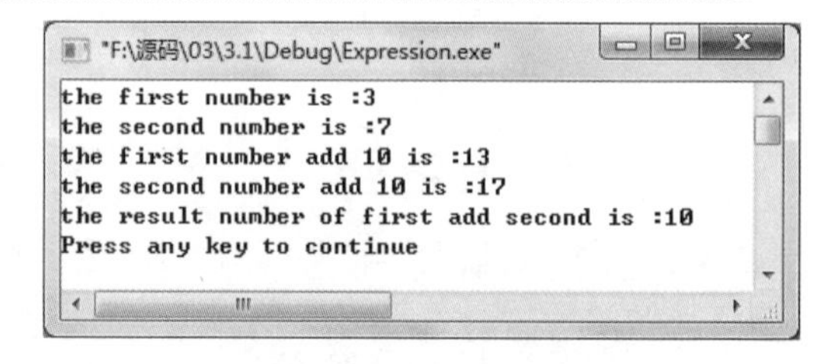

图 3.1 掌握表达式的使用

程序代码如下：

```
#include<stdio.h>
int main()
{
	int iNumber1,iNumber2,iNumber3;			/*声明变量*/
	iNumber1=3;					/*为变量赋值*/
	iNumber2=7;

	printf("the first number is :%d\n",iNumber1);		/*显示变量值*/
	printf("the second number is :%d\n",iNumber2);
```

```
    iNumber3=iNumber1+10;                                         /*表达式中利用变量 iNumber1 加上一个常量*/
    printf("the first number add 10 is :%d\n",iNumber3);          /*显示 iNumber3 的值*/

    iNumber3=iNumber2+10;                                         /*表达式中利用变量 iNumber2 加上一个常量*/
    printf("the second number add 10 is :%d\n",iNumber3);         /*显示 iNumber3 的值*/

    iNumber3=iNumber1+iNumber2;                                   /*表达式中是两个变量进行计算*/
    printf("the result number of first add second is :%d\n",iNumber3);    /*将计算结果输出*/

    return 0;                                                     /*程序结束*/
}
```

代码分析：

（1）在程序中，主函数 main 中的第 1 行代码是声明变量的表达式，可以看到，我们可使用逗号通过一个表达式声明 3 个变量。

说明

在 C 语言中，逗号既可以作为分隔符，又可以用在表达式中。

① 逗号作为分隔符使用时，可以间隔说明语句中的变量或函数中的参数。例如上面程序中声明变量时，就属于在语句中使用逗号，将变量 iNumber1、iNumber2 和 iNumber3 进行分隔声明。使用代码来举例看一下这两种情况如下：

```
int iNumber1, iNumber2;                           /*使用逗号分隔变量*/
printf("the number is %d",iResult);               /*使用逗号间隔函数中的参数*/
```

② 逗号用在表达式中：可以将若干个独立的表达式联结在一起。其一般的表现形式如下：

```
表达式 1,表达式 2,表达式 3,…
```

其运算过程就是先计算表达式 1，然后计算表达式 2，一直这样的计算下去。在后面的章节中会介绍循环语句，其中逗号就可以在 for 语句中使用，例如：

```
for(i=0,j=100;i<j;i++,j--)                        /*在 for 语句中，使用逗号将表达式进行分隔*/
{
    k=i+j;
}
```

（2）接下来的语句是使用常量为变量赋值的表达式，其中“iNumber1=3;”语句是将常量 3 赋值给 iNumber1，“iNumber2=7;”语句是将 7 赋值给 iNumber2。然后通过输出语句 printf 进行显示这两个变量的值。

（3）在语句“iNumber3=iNumber1+10;”中，表达式将变量 iNumber1 与常量 10 相加，然后将返回的值赋值给 iNumber3 变量，之后使用输出函数 printf 将 iNumber3 变量的值进行显示。接下来将变量 iNumber2 与常量 10 相加，进行相同的操作。

（4）在语句“iNumber3=iNumber1+iNumber2;”中，可以看到表达式中是两个变量相加，同样返回相加的结果，将其值赋给变量 iNumber3，最后输出显示结果。

3.2 赋值运算符与表达式

在程序中常常遇到的赋值符号“=”就是赋值运算符，赋值运算符的作用就是将一个数据赋给一个变量。例如：

```
iAge=20;
```

这就是一次赋值操作，是将常量 20 赋给变量 iAge。同样也可以将一个表达式的值赋给一个变量。例如：

```
Total=Counter*3;
```

下面将进行详细地讲解。

3.2.1 变量赋初值

在声明变量时，可以为其赋一个初值，就是将一个常数或者一个表达式的结果赋值给一个变量。变量中保存的内容就是这个常量或者赋值语句中表达式的值。这就是为变量赋初值。

☑ 先来看一下有关为变量赋值为常数的情况。一般形式如下：

```
类型 变量名 = 常数;
```

其中的变量名，也称为变量的标识符。以下是变量赋初值的一般形式的代码实例：

```
char cChar ='A';
int iFirst=100;
float fPlace=1450.78f;
```

☑ 赋值语句把一个表达式的结果值赋给一个变量。一般形式如下：

```
类型 变量名 = 表达式;
```

可以看到，其一般形式与常数赋值的一般形式是相似的，例如：

```
int iAmount= 1+2;
float fPrice= fBase+Day*3;
```

在上面的举例中，得到赋值的变量 iAmount 和 fPrice 称为左值，因为出现的位置在赋值语句的左侧。产生值的表达式称为右值，因为出现的位置在表达式的右侧。

注意

这是一个重要的区别，因为并不是所有的表达式都可以作为左值，如常数，只可以作为右值。

在声明变量时，直接为其赋值称为赋初值，也就是变量的初始化。如果先将变量声明，再进行变

量的赋值操作也是可以的。例如：

```
int iMonth;                                    /*声明变量*/
iMonth= 12;                                    /*为变量赋值*/
```

【例 3.2】　为变量赋初值。(**实例位置：资源包\源码\03\3.2**)

为变量赋初值这样的操作是程序中的常见操作，在本实例中，模拟钟点工的计费情况，使用赋值语句和表达式得出钟点工 8 个小时后所得的薪水。

运行程序，显示效果如图 3.2 所示。

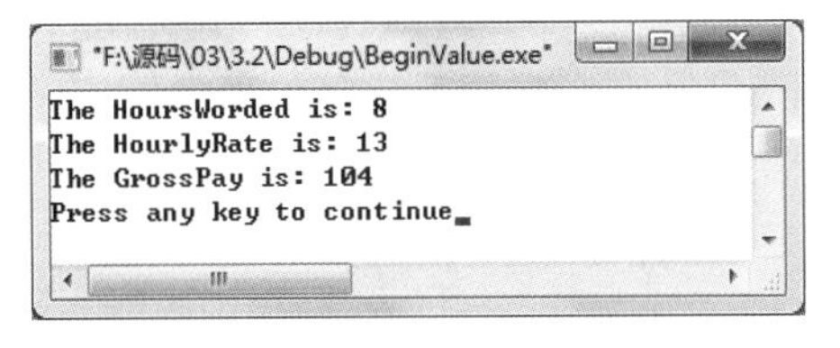

图 3.2　为变量赋初值

程序代码如下：

```
#include<stdio.h>

int main()
{
	int iHoursWorded=8;                        /*定义变量，为变量赋初值，表示工作时间*/
	int iHourlyRate;                           /*声明变量，表示一个小时的薪水*/
	int iGrossPay;                             /*声明变量，表示得到的工资*/

	iHourlyRate=13;                            /*为变量赋值*/
	iGrossPay=iHoursWorded*iHourlyRate;        /*将表达式的结果赋值给变量*/

	printf("The HoursWorded is: %d\n",iHoursWorded);   /*显示工作时间变量*/
	printf("The HourlyRate is: %d\n",iHourlyRate);     /*显示一个小时的薪水*/
	printf("The GrossPay is: %d\n",iGrossPay);         /*显示工作所得的工资*/

	return 0;                                  /*程序结束*/
}
```

代码分析：

（1）钟点工的薪水是一个小时的工薪×工作的小时数量。所以在程序中需要 3 个变量来表示这个钟点工薪水的计算过程。iHoursWorded 表示工作的时间，一般的工作时间都是固定的，在这里为其赋初值为 8，表示 8 个小时。iHourlyRate 表示一个小时的工薪。iGrossPay 表示这个员工工作 8 个小时后，应该得到的工资。

（2）工资是可以变化的，iHourlyRate 变量声明之后，为其设定工资为一个小时 13。根据第一步中计算钟点工薪水的公式，得到总工薪的表达式，将表达式的结果保存在 iGrossPay 变量中。

（3）最后通过输出函数将变量的值和计算的结果都在屏幕上进行显示。

3.2.2　自动类型转换

数值类型有很多种，如字符型、整型、长整型和实型等，因为这些不同类型的变量有不同的长度和符号特性，所以取值范围也不同。在第 2 章中已经对此有所介绍，那么混合使用这些类型时会出现什么情况呢？

C 语言中有一些特定的转换规则。根据这些转换规则，数值类型变量可以混合使用。如果把比较短的数值类型变量的值赋给比较长的数值类型变量，那么比较短的数值类型变量中的值会升级表示为比较长的数值类型，数据信息不会丢失。但是，如果把较长的数值类型变量的值赋给比较短的数值类型变量，那么数据就会降低表示级别，并且当数据大小超过比较短的数值类型的可表示范围时，就会发生数据截断。

有些编译器遇到这种情况时就会发出警告表示信息，例如：

```
float i=10.1f;
int j=i;
```

此时编译器会发出警告，如图 3.3 所示。

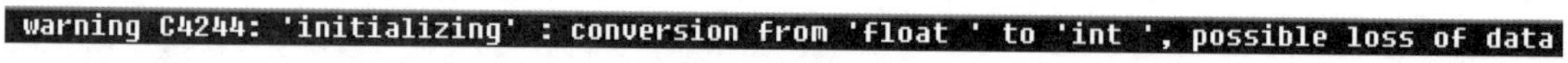

warning C4244: 'initializing' : conversion from 'float ' to 'int ', possible loss of data

图 3.3　程序警告

3.2.3　强制类型转换

在自动类型转换的介绍中得知，如果数据类型不同时，可以根据不同情况自动进行类型转换，但是这个时候编译器会提示警告信息。这个时候如果使用强制类型转换告诉编译器，那么编译器就不会出现警告。

强制类型转换的一般形式如下：

```
(类型名) (表达式);
```

例如，在上面的不同变量类型转换时使用强制类型转换的方法：

```
float i=10.1f;
int j= (int)i;                                        /*进行强制类型转换*/
```

在代码中可以看到，在变量前使用包含要转换类型的括号，这样就对变量进行了强制类型转换。

【例 3.3】　显示类型转换的结果。（**实例位置：资源包\源码\03\3.3**）

在本实例中，通过不同类型变量之间的赋值，将赋值操作后的结果进行输出，观察类型转换后的结果。

运行程序，显示效果如图 3.4 所示。

"F:\源码\03\3.3\Debug\Vary.exe"
the char is: p
the long is: 4464
the int is: 70000
the float is: 70000.000000
Press any key to continue

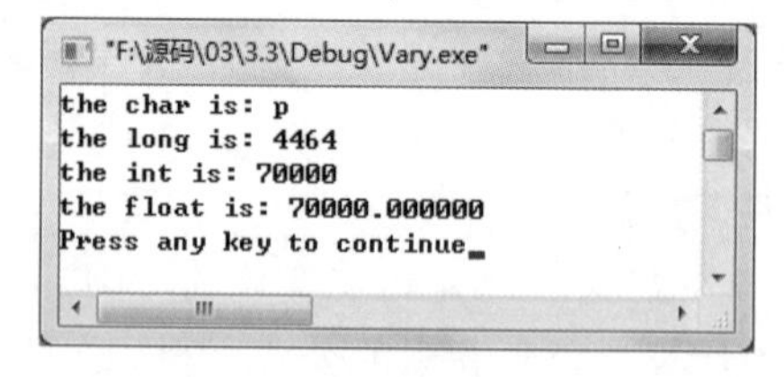

图 3.4　显示类型转换的结果

程序代码如下：

```
#include<stdio.h>

int main()
{
	char cChar;                                /*字符型变量*/
	short int iShort;                          /*短整型变量*/
```

```
    int iInt;                              /*整型变量*/
    float fFloat=70000;                    /*单精度浮点型*/

    cChar=(char)fFloat;                    /*强制转换赋值*/
    iShort=(short)fFloat;
    iInt=(int)fFloat;

    printf("the char is: %c\n",cChar);     /*输出字符变量值*/
    printf("the long is: %ld\n",iShort);   /*输出短整型变量值*/
    printf("the int is: %d\n",iInt);       /*输出整型变量值*/
    printf("the float is: %f\n",fFloat);   /*输出单精度浮点型变量值*/

    return 0;                              /*程序结束*/
}
```

在程序中定义一个单精度浮点型变量，然后通过强制转换将其赋给不同类型的变量。像这样由高的级别向低的级别转换，可能会出现数据的丢失，所以在使用强制转换时要注意此问题。

3.3　算术运算符与表达式

视频讲解

动图演示

C 语言中有两个单目算术运算符、5 个双目算术运算符。在双目运算符中，乘法、除法和取模运算符比加法和减法运算符的优先级高，而单目正和单目负运算符的优先级最高。在下面对此进行详细介绍。

3.3.1　算术运算符

算术运算符包括两个单目运算符（正和负）、5 个双目运算符（乘法、除法、取模、加法和减法）。具体符号和对应的功能如表 3.1 所示。

表 3.1　算术运算符

符　号	功　能
+	单目正
−	单目负
*	乘法
/	除法
%	取模
+	加法
−	减法

在上述的算术运算符中，取模运算符“%”用于计算两个整数相除得到的余数，并且取模运算符的两侧均为整数，例如，7%4 的结果是 3。

说明

其中的单目正运算符是冗余的，也就是为了与单目负运算符构成一对而存在的。单目正运算符不会改变任何事情，例如，不会将一个负值表达式改为正。

注意

运算符“-”作为减法运算符，此时为双目运算符，例如“5-3”。“-”也可作负值运算符，此时为单目运算，例如-5 等。

3.3.2 算术表达式

在表达式中使用了算术运算符，则将表达式称为算术表达式。下面是一些算术表达式的例子，其中使用的运算符就是表 3.1 中所列出的算术运算符。

```
Number=(3+5)/Rate;
Height= Top-Bottom+1;
Area=Height * Width;
```

需要说明的是，两个整数相除的结果为整数，例如 7/4 的结果为 1，舍去的是小数部分。但是，如果其中的一个数是负数时会出现什么情况呢？此时机器会采取“向零取整”的方法，即为-1，取整后向零靠拢。

注意

如果参与加、减、乘、除运算的两个数中有一个为实数，那么结果是 double 型，因为所有实数都是按 double 型进行运算。

【例 3.4】 使用算术表达式计算摄氏温度。（**实例位置：资源包\源码\03\3.4**）

在本实例中，通过在表达式中使用上面介绍的算术运算符，完成计算摄氏温度，把用户输入的华氏温度换算为摄氏温度，然后显示出来。

运行程序，显示效果如图 3.5 所示。

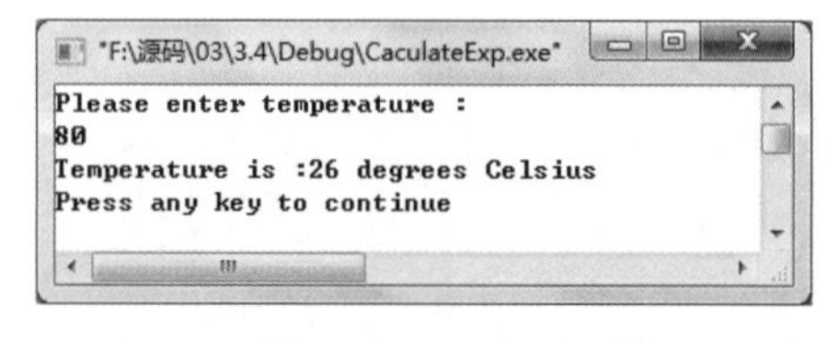

图 3.5 使用算术表达式计算摄氏温度

程序代码如下：

```
#include<stdio.h>
int main()
{
    int iCelsius,iFahrenheit;                    /*声明两个变量*/
    printf("Please enter temperature :\n");      /*显示提示信息*/
    scanf("%d",&iFahrenheit);                    /*在键盘上输入华氏温度*/
    iCelsius=5*(iFahrenheit-32)/9;               /*通过算术表达式进行计算，并将结果赋值*/

    printf("Temperature is :");                  /*显示提示消息*/
    printf("%d",iCelsius);                       /*显示摄氏温度*/
    printf(" degrees Celsius\n");                /*显示提示消息*/
```

```
    return 0;                                        /*程序结束*/
}
```

代码分析：

（1）在主函数 main 中声明两个整型变量，iCelsius 表示摄氏温度，iFahrenheit 表示华氏温度。

（2）使用 printf 函数进行显示提示信息。之后使用格式输入函数 scanf 获得在键盘上输入的数据，其中%d 是格式字符，用来表示输入有符号的十进制整数，在这里输入为 80。

（3）利用算术表达式，将获得华氏温度转换成摄氏温度。最后将转换的结果进行输出，可以看到 80 是用户输入的华氏温度，而 26 是计算后输出的摄氏温度。

3.3.3　优先级与结合性

C 语言中规定了各种运算符的优先级和结合性，首先来看一下有关算术运算的优先级。

☑　算术运算符的优先级

在表达式求值时，先按照运算符的优先级别次序由高到低执行，算术运算符中*、/、%的优先级别高于+、-的级别。例如，如果在表达式中同时出现*和+，那么先运算乘法。

```
R=x+y*z;
```

在表达式中，因为*比+的优先级高，所以会先进行 y*z 的运算，最后再加上 x。

说明

在表达式中常会出现这样的情况，例如要进行 a+b 然后将结果再与 c 相乘，将表达式写成 a+b*c。可是因为*的优先级高于+，这样的话就会先执行乘法运算，这不是期望得到的结果，这时应该怎么办呢？此时可以使用括号“( )”将级别提高，先进行运算，这样就可以得到预期的结果了。例如解决上面的方法是(a+b)*c。括号可以使其中的表达式先进行运算的原因在于，括号在运算符中的优先级别是最高的。

☑　算术运算符的结合性

当算术运算符的优先级相同时，结合方向为“自左向右”。例如：

```
a-b+c
```

因为减法和加法的优先级是相同的，所以 b 先与减号相结合，执行 a-b 的操作，之后再执行加 c 的操作。这样的操作过程就称为“自左向右的结合性”，在后面的介绍中还可以看到“自右向左的结合性”。表 3.2 中列出了 C 语言中运算符的优先级和结合性。

表 3.2　运算符的优先级和结合性

优 先 级	运 算 符	结 合 性
（最高）	() [] -> .	自左向右
	! ~ ++ -- + - * & (type)sizeof	自右向左
	* / %	自左向右

续表

优 先 级	运 算 符	结 合 性
	+ -	自左向右
	<< >>	自左向右
	< <= > >=	自左向右
	== !=	自左向右
	&	自左向右
	^	自左向右
	|	自左向右
	&&	自左向右
	||	自左向右
	?:	自右向左
	= += -= *= /= %= &= ^= |= <<= >>=	自右向左
（最低）	,	自左向右

【例 3.5】 算术运算符优先级和结合性。（**实例位置：资源包\源码\03\3.5**）

在本实例中，通过不同的运算符的优先级和结合性，使用 printf 函数显示最终的计算结果，根据结果可以体会优先级和结合性的概念。

运行程序，显示效果如图 3.6 所示。

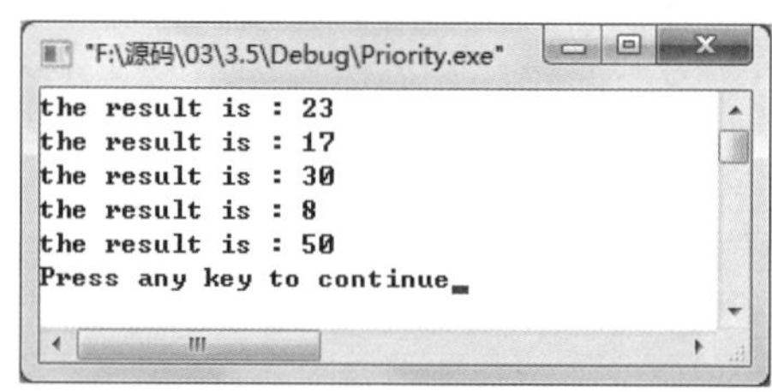

图 3.6 优先级和结合性

程序代码如下：

```
#include<stdio.h>

int main()
{
	int iNumber1,iNumber2,iNumber3,iResult=0;		/*声明整型变量*/
	iNumber1=20;						/*为变量赋值*/
	iNumber2=5;
	iNumber3=2;

	iResult=iNumber1+iNumber2-iNumber3;			/*加法，减法表达式*/
	printf("the result is : %d\n",iResult);			/*显示结果*/

	iResult=iNumber1-iNumber2+iNumber3;			/*减法，加法表达式*/
	printf("the result is : %d\n",iResult);			/*显示结果*/

	iResult=iNumber1+iNumber2*iNumber3;			/*加法，乘法表达式*/
	printf("the result is : %d\n",iResult);			/*显示结果*/

	iResult=iNumber1/iNumber2*iNumber3;			/*除法，乘法表达式*/
	printf("the result is : %d\n",iResult);			/*显示结果*/

	iResult=(iNumber1+iNumber2)*iNumber3;			/*括号，加法，乘法表达式*/
	printf("the result is : %d\n",iResult);			/*显示结果*/
```

```
    return 0;
}
```

代码分析：

（1）在程序中先进行声明要用到的变量，其中 iResult 的作用为存储计算结果。接下来为其他的变量进行赋值。

（2）使用算术运算符完成不同的操作，根据这些不同的操作输出的结果来观察优先级与结合性。

☑ 根据语句“iResult=iNumber1+iNumber2-iNumber3;”与“iResult=iNumber1-iNumber2+iNumber3;”的结果，表示相同优先级别的运算根据结合性由左向右进行运算。

☑ 语句“iResult=iNumber1+iNumber2*iNumber3;”与上面的语句进行比较，可以看出不同级别的运算符按照优先级进行运算。

☑ 语句“iResult=iNumber1/iNumber2*iNumber3;”又体现出同优先级的运算符按照结合性进行运算。

☑ 语句“iResult=(iNumber1+iNumber2)*iNumber3;”中使用括号提高优先级，使括号中的表达式先进行运算。表现出括号在运算符中具有最高优先级。

3.3.4　自增自减运算符

在 C 语言中还有两个特殊的运算符，即自增运算符“++”和自减运算符“--”。自增运算符和自减运算符对变量操作分别是增加 1 和减少 1，如表 3.3 所示。

表 3.3　自增运算符和自减运算符

符　　号	功　　能
++	自增运算符
--	自减运算符

自增运算符和自减运算符可以放在变量的前面或者后面，放在变量前面称为前缀，放在后面称为后缀，使用的一般方法如下：

```
--Counter;                          /*自减前缀符号*/
Grade--;                            /*自减后缀符号*/
++Age;                              /*自增前缀符号*/
Height++;                           /*自增后缀符号*/
```

在上面这些例子中，运算符的前后位置不重要，因为所得到的结果是一样的，自减就是减 1，自增就是加 1。

注意

但是在表达式内部，作为运算的一部分，那么两者的用法可能有所不同。如果运算符放在变量前面，那么变量在参加表达式运算之前完成自增或者自减运算；如果运算符放在变量后面，那么变量的自增或者自减运算在变量参加了表达式运算之后完成。

【例 3.6】 比较自增自减运算符前缀与后缀的不同。（**实例位置：资源包\源码\03\3.6**）

在本实例中定义一些变量，为变量赋相同的值，然后通过前缀和后缀的操作来观察在表达式中前缀和后缀的不同结果。

运行程序，显示效果如图 3.7 所示。

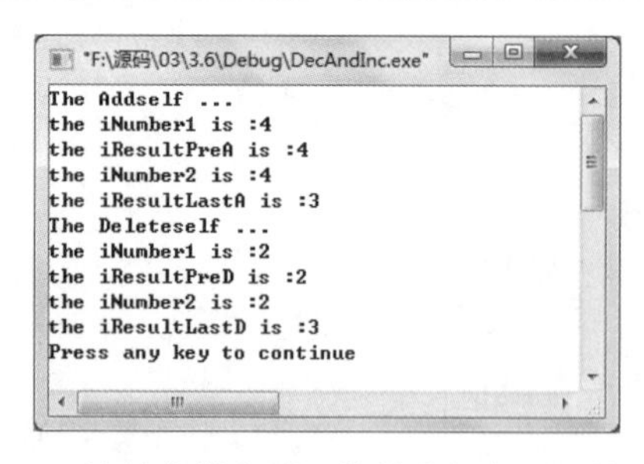

图 3.7 比较自增自减运算符前缀与后缀的不同

程序代码如下：

```
#include<stdio.h>

int main()
{
    int iNumber1=3;                                          /*定义变量，赋值为 3*/
    int iNumber2=3;

    int iResultPreA,iResultLastA;                            /*声明变量*/
    int iResultPreD,iResultLastD;                            /*声明变量*/

    iResultPreA=++iNumber1;                                  /*前缀自增运算*/
    iResultLastA=iNumber2++;                                 /*后缀自增运算*/

    printf("The Addself ...\n");
    printf("the iNumber1 is :%d\n",iNumber1);                /*显示自增运算后自身的数值*/
    printf("the iResultPreA is :%d\n",iResultPreA);          /*得到自增表达式中的结果*/
    printf("the iNumber2 is :%d\n",iNumber2);                /*显示自增运算后自身的数值*/
    printf("the iResultLastA is :%d\n",iResultLastA);        /*得到自增表达式中的结果*/

    iNumber1=3;                                              /*恢复变量的值为 3*/
    iNumber2=3;

    iResultPreD=--iNumber1;                                  /*前缀自减运算*/
    iResultLastD=iNumber2--;                                 /*后缀自减运算*/

    printf("The Deleteself ...\n");
    printf("the iNumber1 is :%d\n",iNumber1);                /*显示自减运算后自身的数值*/
    printf("the iResultPreD is :%d\n",iResultPreD);          /*得到自减表达式中的结果*/
    printf("the iNumber2 is :%d\n",iNumber2);                /*显示自减运算后自身的数值*/
    printf("the iResultLastD is :%d\n",iResultLastD);        /*得到自减表达式中的结果*/

    return 0;                                                /*程序结束*/
}
```

代码分析：

（1）在程序代码中，定义的 iNumber1 和 iNumber2 两个变量用来进行自增、自减运算。

（2）进行自增运算，分为前缀自增和后缀自增。通过程序最终的显示结果可以看到，自增变量 iNumber1 和 iNumber2 的结果都是 4，但是得到表达式结果的两个变量 iResultPreA 和 iResultLastA 却不一样。iResultPreA 的值为 4，iResultLastA 的值为 3，因为前缀自增使得 iResultPreA 变量先进行自增操作，然后进行赋值操作；后缀自增操作是先进行赋值操作，后进行自增操作。所以两个变量得到表达式的结果值是不一样的。

（3）在自减运算中，前缀自减和后缀自减与自增运算方式是相同的，前缀自减先进行减 1 操作，然后再赋值操作；而后缀自减先进行赋值操作，再进行自减操作。

3.4　关系运算符与表达式

在数学运算中，经常会看到对两个数进行比较大小关系或者是否相等。在 C 语言中，关系运算符的作用就是用来判断两个操作数的大小关系。

3.4.1　关系运算符

关系运算符包括大于运算符、大于等于运算符、小于运算符、小于等于运算符、等于运算符、不等于运算符。在表 3.4 中列出了这 6 种关系运算符所对应的符号。

表 3.4　关系运算符

符　　号	功　　能
>	大于
>=	大于等于
<	小于
<=	小于等于
==	等于
!=	不等于

符号“>=”与“<=”的意思分别是大于或等于，小于或等于。

3.4.2　关系表达式

关系运算符对两个表达式的值进行比较，返回一个真值或者假值。返回真值还是假值取决于表达式中的值和所用的运算符。其中真值为 1，假值为 0，真值表示指定的关系成立，而假值则表示指定的关系不成立。例如：

```
7>5                /*因为 7 大于 5，所以该关系成立，表达式的结果为真值*/
7>=5               /*因为 7 大于 5，所以该关系成立，表达式的结果为真值*/
```

```
7<5                    /*因为 7 大于 5，所以该关系不成立，表达式的结果为假值*/
7<=5                   /*因为 7 大于 5，所以该关系不成立，表达式的结果为假值*/
7==5                   /*因为 7 不等于 5，所以该关系不成立，表达式的结果为假值*/
7!=5                   /*因为 7 不等于 5，所以该关系成立，表达式的结果为真值*/
```

关系运算符通常用来构造条件表达式，用在程序流程控制语句中，例如 if 语句是根据判断条件而执行语句块的，在其中使用关系表达式作为判断条件，如果关系表达式返回的是真值，那么执行下面的语句块；如果为假值就不去执行，代码如下：

```
if(Count<10)
{
    …                  /*判断条件为真值，执行代码*/
}
```

其中，if(iCount<10)就是判断 iCount 小于 10 这个关系是否成立，如果成立则为真，如果不成立则为假。

注意

在进行判断时，一定要注意等号运算符的使用“==”，千万不要与赋值运算符“=”弄混。例如在 if 语句中进行判断，使用的是“=”时：

```
if(Amount=100)
{
    …
}
```

上面的代码看上去是在检验变量 Amount 是否等于常量 100，但是事实上没有起到这个效果。因为表达式使用的是赋值运算符“=”而不是等于运算符“==”。赋值表达式 Amount=100，本身也是表达式，其返回值是 100。既然是 100，说明是非零值也就是为真值，这样的话该表达式的值始终为真值，没有起到判断的作用。如果赋值表达式右侧不是常量 100，而是变量，则赋值表达式的真值或假值就由这个变量的值决定。

因为这两个运算符在语言上的差别，使得在使用它们构造条件表达式时很容易出现错误，新手在编写程序时一定要注意。

3.4.3 优先级与结合性

关系运算符的结合性都是自左向右的。使用关系运算符时常常会判断两个表达式的关系，但是由于运算符存在着优先级的问题，所以如果不小心处理会出现错误。例如要进行这样的判断操作：先对一个变量进行赋值，然后判断这个赋值的变量是否不等于一个常数，代码如下：

```
if(Number=NewNum!=10)
{
    …
}
```

因为“!=”运算符比“=”的优先级要高，所以 NewNum！=10 的判断操作会在赋值之前实现计算，变量 Number 得到的就是关系表达式的真值或者假值，这样并不会按照预想的意愿执行。

曾经介绍过有关括号运算符的使用，括号运算符的优先级具有最高性，所以使用括号来表示要优先计算的表达式，例如：

```
if((Number=NewNum)!=10)
{
    …
}
```

这种写法比较清楚，不会产生混淆，也不会对代码的含义产生误解。由于这种写法格式比较精确简洁，所以被多数的程序员所喜爱。

【例 3.7】　关系运算符的使用。（**实例位置：资源包\源码\03\3.7**）

在本实例中，定义两个变量表示两个学科的分数，使用 if 语句进行判断两个学科的分数大小，通过使用 printf 输出函数显示信息得到比较的结果。

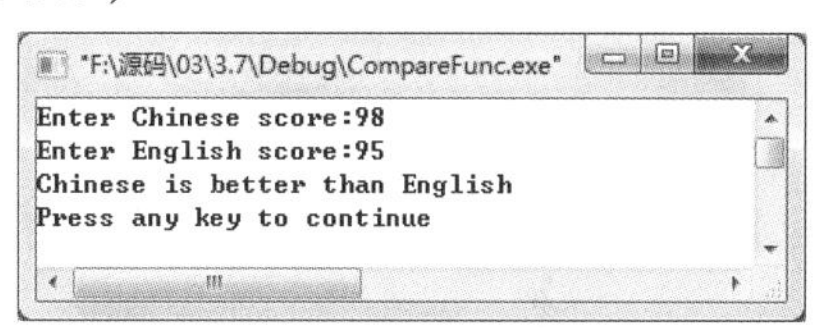

图 3.8　关系运算符的使用

运行程序，显示效果如图 3.8 所示。

程序代码如下：

```
#include<stdio.h>

int main()
{
    int iChinese,iEnglish;                          /*定义两个变量，用来保存分数*/
    printf("Enter Chinese score:");                 /*提示信息*/
    scanf("%d",&iChinese);                          /*输入分数*/
    printf("Enter English score:");                 /*提示信息*/
    scanf("%d",&iEnglish);                          /*输入分数*/

    if(iChinese>iEnglish)                           /*使用关系表达式进行判断*/
    {
        printf("Chinese is better than English\n");
    }
    if(iChinese<iEnglish)                           /*使用关系表达式进行判断*/
    {
        printf("English is better than Chinese\n");
    }
    if(iChinese==iEnglish)                          /*使用关系表达式进行判断*/
    {
        printf("Chinese equal English\n");
    }
    return 0;
}
```

为了可以在键盘上得到两个学科的分数，定义变量 iChinese 和 iEnglish。之后利用 if 语句进行判断，在判断条件中使用了关系表达式，判断分数是否使得表达式成立。如果成立返回真值，如果不成立返回假值。最后根据真值和假值选择执行语句。

视频讲解

动图演示

3.5 逻辑运算符与表达式

逻辑运算符根据表达式的真或者假属性返回真值或假值。在 C 语言中，表达式的值非零，那么其值为真。非零的值用于逻辑运算，则等价于 1；假值等价于 0。

3.5.1 逻辑运算符

逻辑运算符有 3 种，如表 3.5 所示。

表 3.5 逻辑运算符

符　号	功　能
&&	逻辑与
||	逻辑或
!	单目逻辑非

注意

逻辑与运算符“&&”和逻辑或运算符“||”都是双目运算符。

3.5.2 逻辑表达式

之前了解到关系运算符可对两个操作数进行比较，使用逻辑运算符可以将多个关系表达式的结果合并在一起进行判断。其一般形式如下：

```
表达式　逻辑运算符　表达式
```

例如下面使用逻辑运算符：

```
Result= Func1&&Func2;                    /*Func1 和 Func2 都为真时，结果为真*/
Result= Func1||Func2;                    /*Func1 或 Func2 其中一个为真时，结果为真*/
Result= !Func2;                          /*如果 Func2 为真，则 Result 为假*/
```

注意不要把逻辑与运算符“&&”和逻辑或运算符“||”与下面要讲的位与运算符“&”和位或运算符“|”混淆。

逻辑与运算符和逻辑或运算符可以用于相当复杂的表达式中。一般来说，这些运算符用来构造条件表达式，用在控制程序的流程语句中，例如在后面章节中要介绍的 if、for、while 语句等。

在程序中，通常使用单目逻辑非运算符“!”把一个变量的数值转换为相应的逻辑真值或者假值，

也就是 1 或者 0。例如：

```
Result= !!Value;                                    /*转换成逻辑值*/
```

3.5.3　优先级与结合性

“&&”和“||”是双目运算符，它要求有两个操作数，结合方向自左至右；“!”是单目运算符，要求有一个操作数，结合方向自左向右。

逻辑运算符的优先级从高到低依次为单目逻辑非运算符“!”、逻辑与运算符“&&”、逻辑或运算符“||”。

【例 3.8】　逻辑运算符的应用。(**实例位置：资源包\源码\03\3.8**)

在本实例中，使用逻辑运算符构造表达式，通过输出显示表达式的结果，根据结果分析表达式中逻辑运算符的计算过程。

运行程序，显示效果如图 3.9 所示。

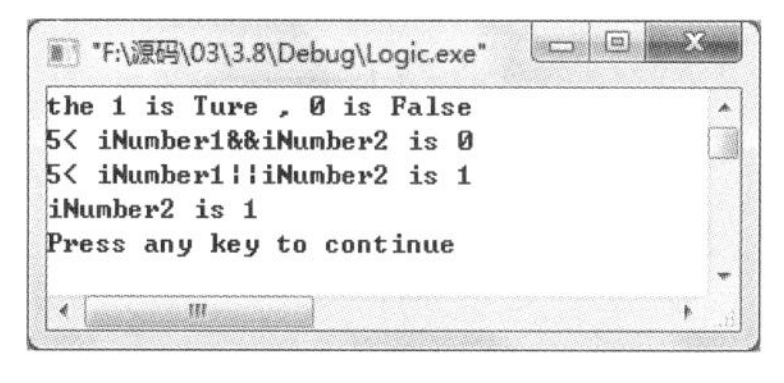

图 3.9　逻辑运算符的应用

程序代码如下：

```
#include<stdio.h>

int main()
{
    int iNumber1,iNumber2;                                          /*声明变量*/
    iNumber1=10;                                                    /*为变量赋值*/
    iNumber2=0;

    printf("the 1 is Ture , 0 is False\n");                         /*显示提示信息*/
    printf("5< iNumber1&&iNumber2 is %d\n",5<iNumber1&&iNumber2);   /*显示逻辑与表达式的结果*/
    printf("5< iNumber1||iNumber2 is %d\n",5<iNumber1||iNumber2);   /*显示逻辑或表达式的结果*/
    iNumber2=!!iNumber1;                                            /*得到 iNumber1 的逻辑值*/
    printf("iNumber2 is %d\n",iNumber2);                            /*输出逻辑值*/
    return 0;
}
```

代码分析：

(1) 在程序中，先声明两个变量用来进行下面的计算。为变量赋值，iNumber1 的值为 10，iNumber2 的值为 0。

(2) 先进行输出信息，说明显示为 1 表示真值，0 表示假值。在 printf 函数中，进行表达式的运算，最后将结果输出。分析一下表达式“5<iNumber1&&iNumber2”，因为“<”运算符的优先级高于“&&”运算符，所以先执行关系判断，之后再进行与运算。iNumber1 的值为 10，数值 5 小于 iNumber1 成立，为真，也就是 1，而 iNumber2 的值为 0，“真&&假”的值为假，返回结果为 0。表达式“5<iNumber1||iNumber2”中，数值 5 小于 iNumber1 的值不成立，为假，也就是 0，而 iNumber2 的值为 0，“真||假”的值为真，返回结果为 1。

(3) 将 iNumber1 进行两次单目逻辑非运算，得到逻辑值，因为 iNumber1 的数值是 10，所以逻辑值为 1。

3.6 位逻辑运算符与表达式

位运算是 C 语言中一个比较有特色的地方。位逻辑运算符实现位的设置、清零、取反和取补操作。利用位运算可以实现很多汇编语言才能实现的功能。

3.6.1 位逻辑运算符

位运算符包括位逻辑与、位逻辑或、位逻辑异或、取补，如表 3.6 所示。

表 3.6 位逻辑运算符

符　　号	功　　能
&	逻辑与
|	逻辑或
^	单目逻辑非
~	取补

在表 3.6 中除了最后一个运算符是单目运算符外，其他的都是双目运算符。该表中列出的运算符只能用于整型表达式。位逻辑运算符通常用于对整型变量进行位的设置、清零和取反，以及对某些选定的位进行检测。

3.6.2 位逻辑表达式

在程序中，位逻辑运算符一般被程序员用来作为开关标志。较低层次的硬件设备驱动程序，经常需要对输入/输出设备进行位操作。

例如位逻辑与运算符的典型应用，对某个与的位设置进行检查：

```
if(Field & BITMASK)
```

语句含义的是，if 语句对后面括号中的表达式进行检测。如果表达式返回的是真值，则执行下面的语句块，否则不执行该语句块。其中运算符用来对 BITMASK 变量的位进行检测，检测是否与 Field 变量的位有相吻合之处。

视频讲解

3.7 逗号运算符与表达式

在 C 语言中，可以用逗号将多个表达式分隔开来。其中用逗号分隔的表达式被分别计算，并且整个表达式的值是最后一个表达式的值。

逗号表达式后称为顺序求值运算符。逗号表达式的一般形式如下：

```
表达式 1,表达式 2,…,表达式 n
```

逗号表达式的求解过程是：先求解表达式 1，再求解表达式 2，一直求解到表达式 n。整个逗号表达式的值是表达式 n 的值。

观察下面使用逗号运算符的代码：

```
Value=2+5,1+2,5+7;
```

上面语句中 Value 所得到的值为 7，并非为 12。整个逗号表达式的值不应该是最后一个表达式的值，为什么不等于 12 呢？答案在于优先级的问题，由于赋值运算符的优先级比逗号运算符的优先级高，所以先执行的赋值运算。那么如果先执行逗号运算，可以使用括号运算符，代码如下：

```
Value=(2+5,1+2,5+7);
```

使用括号之后，此时 Value 的值为 12。

【例 3.9】　用逗号分隔的表达式。（**实例位置：资源包\源码\03\3.9**）

本实例中，通过逗号运算符将其他运算符结合在一起形成表达式，再将表达式的最终结果赋值给变量。由显示变量的值，分析逗号运算符的计算过程。

运行程序，显示效果如图 3.10 所示。

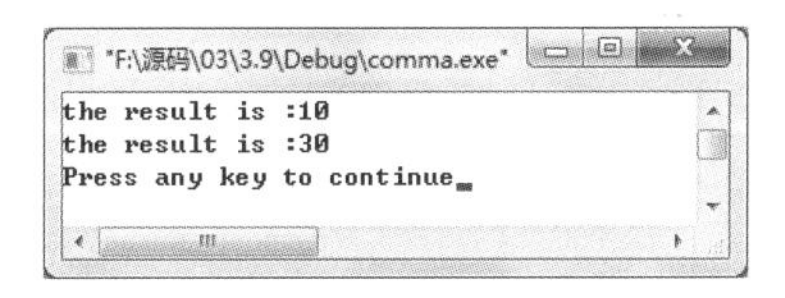

图 3.10　用逗号分隔的表达式

程序代码如下：

```
#include<stdio.h>

int main()
{
	int iValue1,iValue2,iValue3,iResult;			/*声明变量，使用逗号运算符*/

	/*为变量赋值*/
	iValue1=10;
	iValue2=43;
	iValue3=26;
	iResult=0;

	iResult=iValue1++,--iValue2,iValue3+4;			/*计算逗号表达式*/
	printf("the result is :%d\n",iResult);			/*将结果输出显示*/

	iResult=(iValue1++,--iValue2,iValue3+4);		/*计算逗号表达式*/
	printf("the result is :%d\n",iResult);			/*将结果输出显示*/
	return 0;						/*程序结束*/
}
```

代码分析：

（1）在程序代码的开始处，声明变量时就使用了逗号运算符进行分隔声明变量。在本小节之前，就已经对此有所讲述。

（2）之后，将前面使用逗号分隔声明的变量进行赋值。在逗号表达式中，赋值的变量进行各自的计算，变量 iResult 得到表达式的结果。这里需要注意的是，通过输出可以看到 iResult 的值为 10，从前面的讲解知道因为逗号表达式没有使用括号运算符，所以 iResult 得到第一个表达式的值。在第一个表达式中，iValue1 变量进行的是后缀自加操作，于是 iResult 先得到 iValue1 的值，iValue1 再进行自加操作。

（3）在第二个表达式中，由于使用了括号运算符，所以 iResult 变量得到的是第三个表达式 iValue3+4 的值，iResult 变量赋值为 30。

视频讲解

动图演示

3.8 复合赋值运算符

复合赋值运算符是 C 语言中独有的，这种操作实际是一种缩写形式，使得变量更为简洁。例如在程序中为一个变量赋值：

```
Value=Value+3;
```

这个语句是对一个变量进行赋值操作，值为这个变量本身与一个整数常量 3 相加的结果值。使用复合赋值运算符可以实现同样的操作。例如上面的语句可以改写成：

```
Value+=3;
```

这种操作使得语句更为简洁，关于上面两种实现相同操作的语句，复合赋值运算符相比赋值运算符的优点在于：

☑ 简化程序，使程序精炼。

☑ 提高编译效率。

对于简单赋值运算符，如“Func=Func+1”中，表达式 Func 计算两次，对于复合赋值运算符，如“Func+=1”中，表达式 Func 仅计算一次。一般来说，这种区别对于程序的运行没有太大的影响。但是，如果表达式中存在某个函数的返回值，那么函数被调用两次。

【例 3.10】 使用复合赋值运算符简化赋值运算。（**实例位置：资源包\源码\03\3.10**）

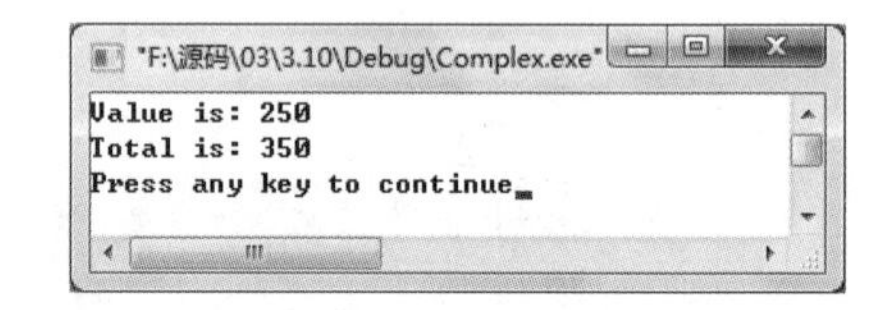

图 3.11 使用复合赋值运算符简化赋值运算

运行程序，显示效果如图 3.11 所示。

程序代码如下：

```
#include<stdio.h>

int main()
{
	int iTotal,iValue,iDetail;				/*声明变量*/
	iTotal=100;						/*为变量赋值*/
	iValue=50;
	iDetail=5;

	iValue*=iDetail;					/*计算得到 iValue 变量值*/
```

```
        iTotal+=iValue;                                      /*计算得到 iTotal 变量值*/
        printf("Value is: %d\n",iValue);                     /*显示计算结果*/
        printf("Total is: %d\n",iTotal);
        return 0;
}
```

在程序代码中，可以看到语句“iValue*=iDetail”中使用了复合赋值运算符，表示的意思是 iValue 的值等于 iValue*iDetail 的结果。而“iTotal+=iValue”表示的是 iTotal 的值等于 iTotal+iValue 的结果。最后将结果显示输出。

3.9　实　　战

3.9.1　求 1~10 的累加和

利用加法运算符计算 1~10 的累加和，运行效果如图 3.12 所示。（**实例位置：资源包\源码\03\实战\01**）

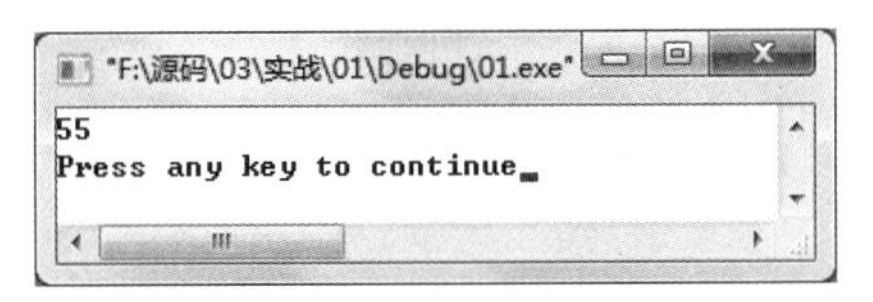

图 3.12　求 1~10 的累加和

3.9.2　计算学生平均身高

输入 3 个学生的身高，并用空格分隔开来。运行结果如图 3.13 所示。（**实例位置：资源包\源码\03\实战\02**）

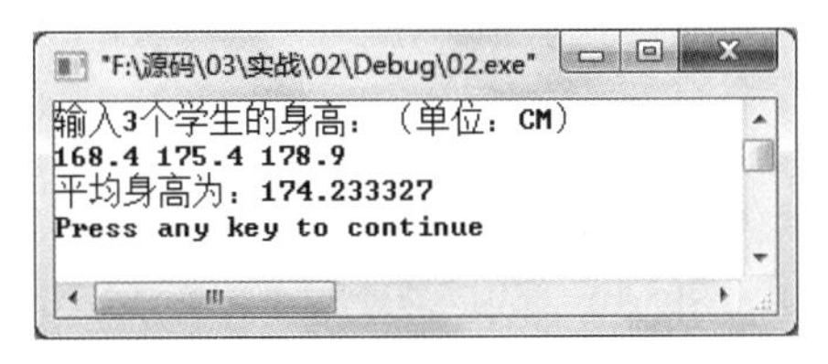

图 3.13　计算学生的平均身高

3.9.3　求一元二次方程 $ax^2+bx+c=0$ 的根

求解一元二次方程的根，由键盘输入系数，输出方程的根。这种问题类似于给出公式计算求解，可以按照输入数据、计算、输出 3 步方案来设计运行程序。（**实例位置：资源包\源码\03\实战\03**）

问题中已知的数据为 a、b、c，待求的数据为方程的根，设为 x1、x2，数据的类型为 double 类型。已知的数据可以输入（赋值）取得。

已知一元二次方程的求根公式为$\dfrac{-b+\sqrt{b^2-4ac}}{2a}$和$\dfrac{-b-\sqrt{b^2-4ac}}{2a}$，可以根据公式直接求得方程的根。为了使求解的过程更简单，可以考虑使用中间变量来存放判别式 b^2-4ac 的值。最后使用标准输出函数把求得的结果输出。

运行程序，输入方程的系数，计算出表达式的根，效果如图 3.14 所示。

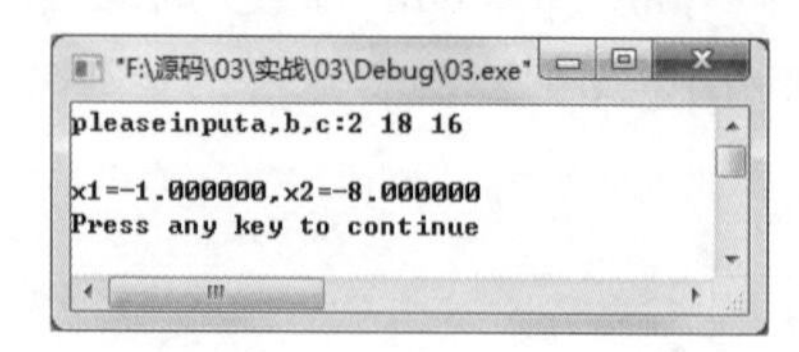

图 3.14　求一元二次方程的根

3.9.4　求字符串中字符的个数

输入一个字符串，计算出该字符串共含有多少个字符。运行结果如图 3.15 所示。（**实例位置：资源包\源码\03\实战\04**）

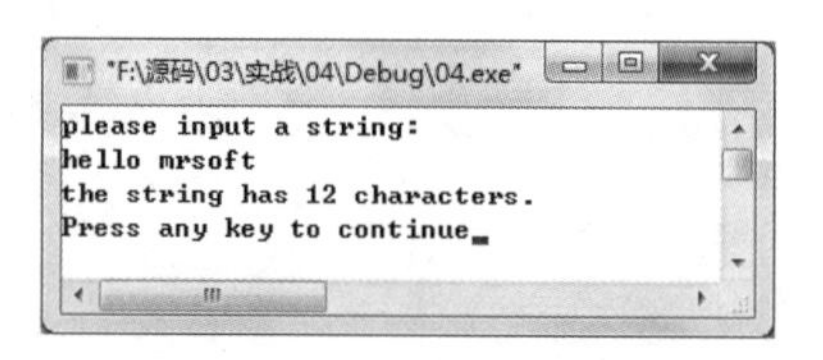

图 3.15　求字符串中字符个数

3.9.5　计算 a+=a*=a/=a-6

实现运用复合运算符计算表达式 a+=a*=a/=a-6 的值，设置 a 的值为 12，运行程序，效果如图 3.16 所示。（**实例位置：资源包\源码\03\实战\05**）

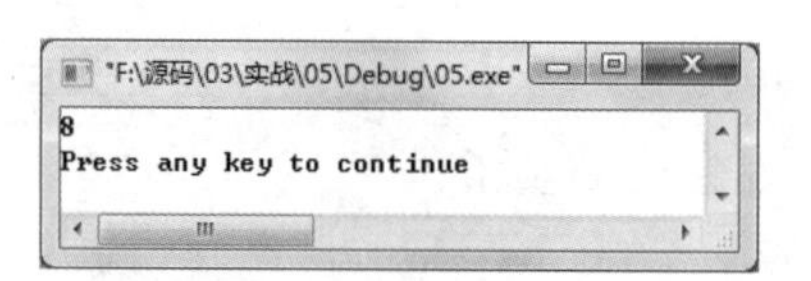

图 3.16　复合运算符计算表达式

第 4 章

数据输入、输出函数

（视频讲解：52 分钟）

和其他高级语言一样，C语言的语句是用来向计算机系统发出操作指令的。当要求程序按照指令执行时，先要给它一个指示，这时就要使用向程序输入数据的方式；当程序解决了一个问题，还要使用输出的方式将计算的结果显示出来。

本章致力于使读者了解有关语句的概念，掌握如何对程序进行输入/输出操作，在本章中这些输入和输出操作将按照不同的方式进行讲解。

学习摘要：

- **有关语句的概念**
- **单个字符数据的输入/输出操作**
- **如何输入/输出字符串**
- **操作数据的格式化输入和输出**

4.1 语　　句

C 语言的语句是用来向计算机系统发出操作指令的。一条语句编写完成经过编译后产生若干条机器指令。实际程序中包含若干条语句，所以语句的作用就是用来完成一定的操作任务。

注意

在编写程序时，声明部分不能算作语句。例如，“int iNumber;”就不是一条语句，因为不产生机器的操作，只是对变量提前的定义。

在前面的学习中，可以看到程序中包括声明部分和执行部分。其中执行部分即由语句组成。

4.2 字符数据输入/输出

之前实例中，常常会使用到 printf 函数进行输出，使用 scanf 函数获取键盘的输入。

本节将介绍 C 标准 I/O 函数库中最简单的，也是很容易理解的字符输入/输出函数，即 getchar 函数和 putchar 函数。

4.2.1 字符数据输出

字符数据输出使用的是 putchar 函数，作用是向显示设备输出一个字符。该函数的定义如下：

```
int putchar(int ch);
```

使用时要添加头文件 stdio.h，其中的参数 ch 为要进行输出的字符，可以是字符型变量、整型变量，或者是常量。例如输出一个字符 A 的代码如下：

```
putchar('A');
```

使用 putchar 函数也可以输出转义字符，例如输出字符 A：

```
putchar('\101');
```

【例 4.1】　使用 putchar 函数实现字符数据输出。（**实例位置：资源包\源码\04\4.1**）

在程序中使用 putchar 函数，输出字符串“Hello”并且字符串输出完毕之后进行换行。

运行程序，显示效果如图 4.1 所示。

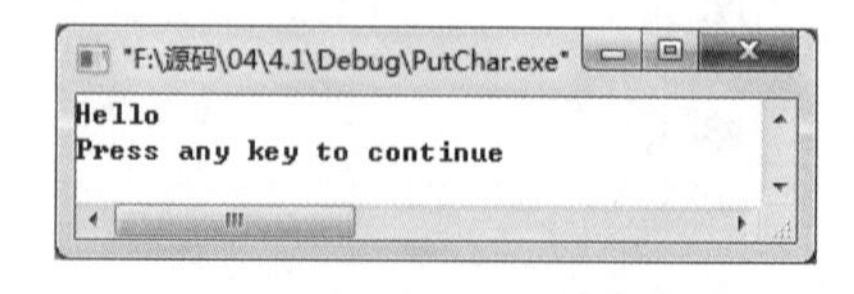

图 4.1　使用 putchar 函数实现字符数据输出

```
#include<stdio.h>
```

```
int main()
{
    char cChar1,cChar2,cChar3,cChar4;                    /*声明变量*/
    cChar1='H';                                          /*为变量赋值*/
    cChar2='e';
    cChar3='l';
    cChar4='o';

    putchar(cChar1);                                     /*输出字符变量*/
    putchar(cChar2);
    putchar(cChar3);
    putchar(cChar3);
    putchar(cChar4);
    putchar('\n');                                       /*输出转义字符*/
    return 0;
}
```

代码分析：

（1）要使用 putchar 函数，首先要包含头文件 stdio.h。声明字符型变量，用来保存要输出的字符。

（2）为字符变量赋值时，因为 putchar 函数只能输出一个字符，如果要输出字符串时就要多次调用 putchar 函数。

（3）当字符串输出完毕之后，再使用 putchar 函数输出转义字符“\n”进行换行操作。

4.2.2　字符数据输入

字符数据输入使用的是 getchar 函数，此函数的作用是从终端（输入设备）输入一个字符。getchar 函数与 putchar 函数不同的是 getchar 函数没有参数。

该函数的定义如下：

```
int getchar();
```

使用 getchar 函数时也要添加头文件 stdio.h，函数的值就是从输入设备得到的字符。例如从输入设备得到一个字符赋给字符变量 cChar：

```
cChar=getchar();
```

注意

getchar()只能接收一个字符。getchar 函数得到的字符可以赋给一个字符变量或整型变量，也可以不赋给任何变量，还作为表达式的一部分。例如：

```
putchar(getchar());
```

getchar 函数作为 putchar 函数的参数，当 getchar 从输入设备得到字符，然后 putchar 函数将字符输出。

【例 4.2】 使用 getchar 函数实现字符数据输入。（实例位置：资源包\源码\04\4.2）

在本实例中，使用 getchar 函数获取在键盘上输入的字符，再利用 putchar 函数进行输出。同时演示了将 getchar 作为 putchar 函数表达式的一部分，进行输入和输出字符的方式。

运行程序，显示效果如图 4.2 所示。

程序代码如下：

```
#include<stdio.h>

int main()
{
    char cChar1;                                    /*声明变量*/
    cChar1=getchar();                               /*在输入设备得到字符*/
    putchar(cChar1);                                /*输出字符*/
    putchar('\n');                                  /*输出转义字符换行*/
    getchar();                                      /*得到回车字符*/
    putchar(getchar());                             /*得到输入字符，直接输出*/
    putchar('\n');                                  /*换行*/
    return 0;                                       /*程序结束*/
}
```

代码分析：

（1）要使用 getchar 函数，首先要包括头文件 stdio.h。

（2）声明变量 cChar1，通过 getchar 函数得到输入的字符，赋值给 cChar1 字符型变量。之后使用 putchar 函数输出该变量。

（3）使用 getchar 函数得到在输入过程中输入的回车键。

（4）在 putchar 函数的参数位置，调用 getchar 函数得到字符，再将得到的字符输出。

在上面的程序分析中，看到有一处使用 getchar 函数接收回车键，这是怎么回事呢？原来在输入时，输入完 A 字符后，为了确定输入完毕要按回车键进行确定。其中的回车也算是字符，如果不进行获取，那么下一次使用 getchar 函数时将得到回车键。例如，上面的程序去掉调用 getchar 函数获取回车的语句，结果将如例 4.3 所示。

【例 4.3】 使用 getchar 函数取消获取回车。（实例位置：资源包\源码\04\4.3）

运行程序，显示效果如图 4.3 所示。

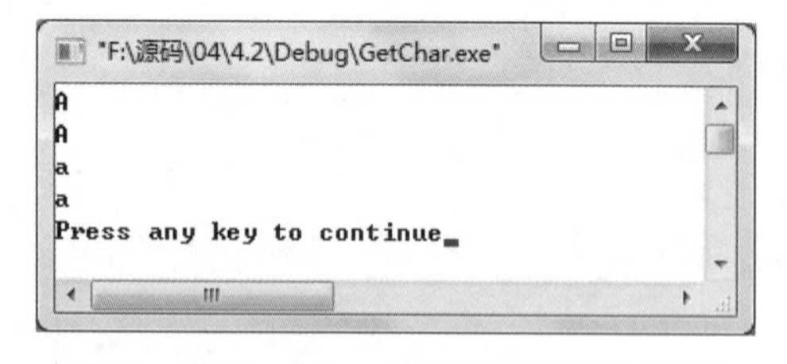

图 4.2 使用 getchar 函数实现字符数据输入

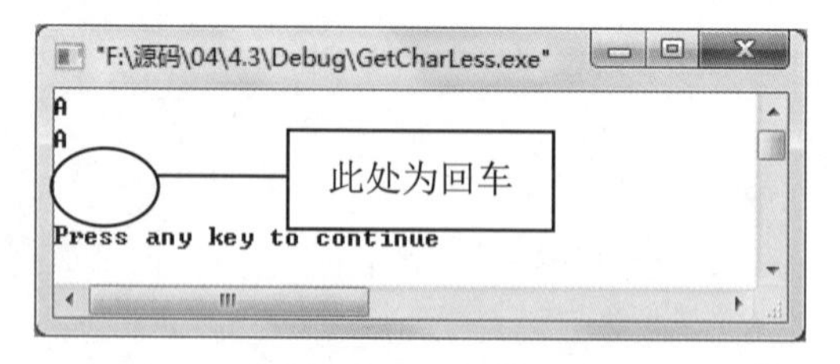

图 4.3 使用 getchar 函数取消获取回车

程序代码如下：

```
#include<stdio.h>
```

```
int main()
{
    char cChar1;                                /*声明变量*/
    cChar1=getchar();                           /*在输入设备得到字符*/
    putchar(cChar1);                            /*输出字符*/
    putchar('\n');                              /*输出转义字符换行*/
                                                /*将此处 getchar 函数删掉*/
    putchar(getchar());                         /*得到输入字符，直接输出*/
    putchar('\n');                              /*换行*/
    return 0;                                   /*程序结束*/
}
```

在程序中将 getchar 函数获取回车的语句去掉，比较两个程序的运行情况。从程序的显示结果可以发现，程序没有获取第二次的字符输入，而是进行了两次的回车操作。

4.3　字符串输入/输出

视频讲解

动图演示

在上面的介绍中，可以看到 putchar 和 getchar 函数都只能对一个字符进行操作，这样要想进行一个字符串的操作就会变得很麻烦。对此，在 C 语言中，提供了两个函数用来对字符串进行操作，即 gets 函数和 puts 函数。

4.3.1　字符串输出函数

字符串输出使用的是 puts 函数，用来把输出的字符串显示到屏幕上。该函数的定义如下：

```
int puts(char *str);
```

使用该函数时，先要在其程序中添加 stdio.h 头文件。其中形式参数 str 是字符指针类型，可以用来接收要输出的字符串。例如，使用 puts 函数输出一串字符：

```
puts("I LOVE CHINA!");                          /*输出一个字符串常量*/
```

这行语句是输出一段字符串，之后会自动地进行换行操作。这与 printf 函数有所不同，在前面的实例中使用 printf 函数要进行换行时，要在其中添加转义字符“\n”进行换行操作。puts 函数会在字符串中判断“\0”结束符，遇到结束符时，后面的字符不再输出并且自动换行。例如：

```
puts("I Love\0 CHINA!");                        /*输出一个字符串常量*/
```

将上面的语句中加上“\0”字符后，这时 puts 函数输出的字符串就变成“I LOVE”。

说明

在前面的章节中，曾经介绍编译器会在字符串常量的末尾添加结束符“\0”，这也就说明为什么 puts 函数会在输出字符串常量时，最后进行换行操作。

【例 4.4】 使用字符串输出函数进行显示信息提示。（**实例位置：资源包\源码\04\4.4**）

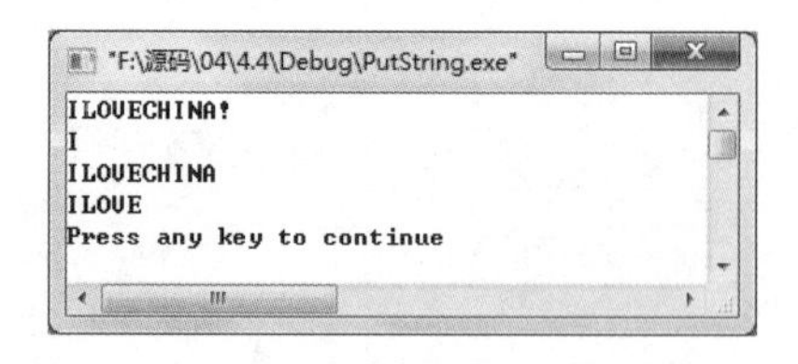

图 4.4　字符串输出函数进行显示信息提示

在本实例中，使用 puts 函数对字符串常量和字符串变量都进行操作，在这些操作中，学习观察使用 puts 函数的方法。

运行程序，显示效果如图 4.4 所示。

程序代码如下：

```
#include<stdio.h>

int main()
{
    char* Char="ILOVECHINA";                    /*定义字符串指针变量*/

    puts("ILOVECHINA!");                        /*输出字符串常量*/
    puts("I\0LOVE\0CHINA!");                    /*输出字符串常量，其中加入结束符“\0”*/
    puts(Char);                                 /*输出字符串变量的值*/
    Char="ILOVE\0CHINA!";                       /*改变字符串变量的值*/
    puts(Char);                                 /*输出字符串变量的值*/
    return 0;                                   /*程序结束*/
}
```

代码分析：

（1）在程序代码中可以看到字符串常量赋值给字符串指针变量，有关字符串指针的内容将会在后面的章节进行介绍。此时可以将其看作整型变量，为其赋值后，就可以使用该变量。

（2）第一次使用 puts 函数输出字符串常量时，在该字符串中没有结束符“\0”，所以字符会一直输出到编译器为字符串添加的结束符“\0”为止。

（3）第二次使用 puts 函数输出字符串常量时，为其添加了两个“\0”。输出的显示结果表明，检测字符时，遇到第一个结束符时便会停止不再输出字符并且进行换行操作。

（4）第三次使用 puts 函数输出的是字符串指针变量，函数根据变量的值进行输出。因为变量的值中并没有结束符，所以会一直输出字符，直到编译器为其添加的结束字符为止，然后进行换行操作。

（5）改变变量的值，再使用 puts 函数进行输出变量时，可以看到由于变量的值中有结束符“\0”，所以显示结果到第一个结束符后停止，最后进行换行操作。

4.3.2　字符串输入函数

字符串输入函数使用的是 gets 函数，作用是将读取的字符串保存在形式参数 str 变量中，读取过程直到出现新的一行为止。其中新的一行的换行字符将会转换为字符串中的结束符“\0”。gets 函数的定义如下：

```
char *gets(char *str);
```

在使用 gets 字符串输入函数前，要为程序加入头文件 stdio.h。其中的 str 字符指针变量为形式参数。

例如定义字符数组变量 cString，然后使用 gets 函数获取输入字符的方式如下：

```
gets(cString);
```

在上面的代码中，cString 变量获取到了字符串，并将最后的换行符转换成了结束符。

【例 4.5】　使用字符串输入函数 gets 获取输入信息。(实例位置：资源包\源码\04\4.5)

运行程序，显示效果如图 4.5 所示。

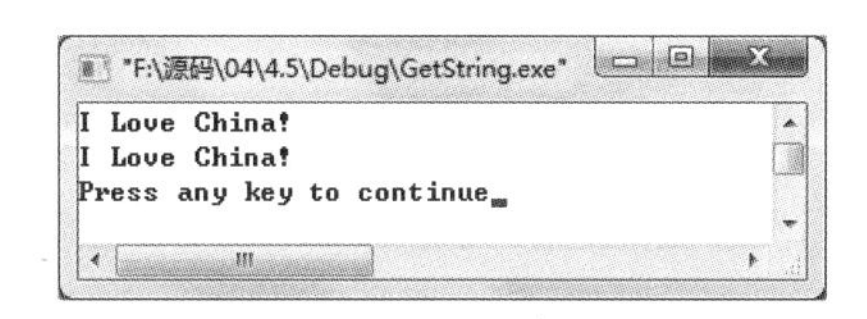

图 4.5　使用字符串输入函数 gets 获取输入信息

程序代码如下：

```
#include<stdio.h>

int main()
{
	char cString[30];					/*定义一个字符数组变量*/
	gets(cString);						/*获取字符串*/
	puts(cString);						/*输出字符串*/
	return 0;							/*程序结束*/
}
```

代码分析：

（1）因为要接收输入的字符串，所以要定义一个可以接收字符串的变量。在程序代码中，定义 cString 为字符数组变量的标识符，有关字符数组的内容将在后面的章节有所介绍，在此处知道此变量可以接收字符串即可。

（2）调用 gets 函数，其中函数的参数为定义的 cString 变量。调用该函数时，程序会等待用户输入字符，当用户字符输入完毕按回车键确定时，gets 函数获取字符结束。

（3）使用 puts 字符串输出函数，将获取后的字符串进行输出。

4.4　格式输出函数

视频讲解

动图演示

前面章节中的实例常常使用格式输入/输出函数，即 scanf 函数和 printf 函数。其中，printf 函数就是格式输出使用的函数，也称为格式输出函数。

printf 函数的作用是向终端（输出设备）输出若干任意类型的数据。printf 函数的一般格式如下：

```
printf(格式控制,输出表列);
```

☑　格式控制

格式控制是用双引号括起来的字符串，此处也称为转换控制字符串。其中包括两种字符：一种是格式字符，另一种是普通字符。

- 格式字符是用来进行格式说明的，作用是将输出的数据转换为指定的格式输出。格式字符是以“%”字符开头的。
- 普通字符是需要原样输出的字符，其中包括双引号内的逗号、空格和换行符等符号。

☑ 输出列表

输出列表中列出的是要进行输出的一些数据，可以是变量或表达式。

例如，要输出一个整型的变量时：

```
int iInt=10;
printf("this is %d",iInt);
```

执行上面的语句显示出来的字符是“this is 10”。在格式控制双引号中的字符是“this is %d”，其中的 this is 字符串是普通字符，而%d 是格式字符，表示输出的是后面 iInt 的数据。

由于 printf 是函数，那么“格式控制”和“输出列表”这两个位置都是函数的参数，所以 printf 函数的一般形式也可以表示为：

```
printf(参数 1,参数 2,⋯,参数 n);
```

函数中的每一个参数按照给定的格式和顺序依次输出。例如，显示一个字符型变量和整型变量：

```
printf("the Int is %d,the Char is %c",iInt,cChar);
```

表 4.1 列出了有关 printf 函数的格式字符。

表 4.1 printf 函数格式字符

格式字符	功能说明
d,i	以带符号的十进制形式输出整数（整数不输出符号）
o	以八进制无符号形式输出整数
x,X	以十六进制无符号形式输出整数，用 x 输出十六进制数的 a~f 时以小写形式输出。用 X 时，则以大写字母输出
u	以无符号十进制形式输出整数
c	以字符形式输出，只输出一个字符
s	输出字符串
f	以小数形式
e,E	以指数形式输出实数，用 e 时指数以“e”表示，用 E 时指数以“E”表示
g,G	选用%f 或%e 格式中输出宽度较短的一种格式，不输出无意义的 0。若以指数形式输出，则指数以大写表示

【例 4.6】 使用格式输出函数 printf。（**实例位置：资源包\源码\04\4.6**）

在本实例中，使用 printf 函数对不同类型变量进行输出，对使用 printf 函数所用的输出格式进行分析理解。

运行程序，显示效果如图 4.6 所示。

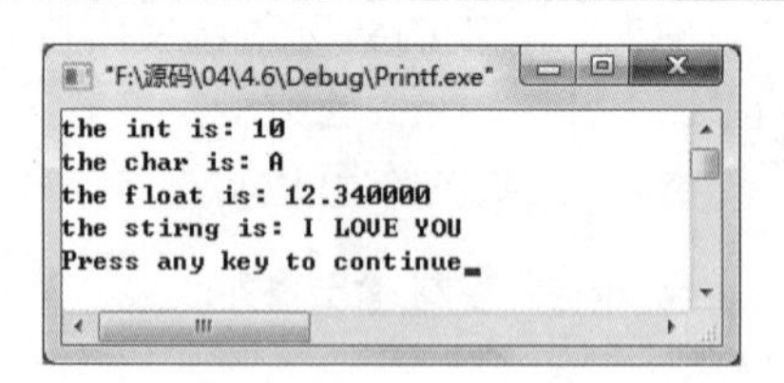

图 4.6 使用格式输出函数 printf

程序代码如下：

```
#include<stdio.h>
int main()
{
    int iInt=10;                                        /*定义整型变量*/
```

```
    char cChar='A';                                   /*定义字符型变量*/
    float fFloat=12.34f;                              /*定义单精度浮点型*/

    printf("the int is: %d\n",iInt);                  /*使用 printf 函数输出整型*/
    printf("the char is: %c\n",cChar);                /*输出字符型*/
    printf("the float is: %f\n",fFloat);              /*输出浮点型*/
    printf("the stirng is: %s\n","I LOVE YOU");       /*输出字符串*/
    return 0;
}
```

代码分析：

在程序中定义一个整型变量 iInt，在 printf 函数中使用格式字符%d 进行输出。字符型变量 cChar 赋值为'A'，在 printf 函数中使用格式字符%c 进行输出字符。格式字符%f 是用来输出实型变量的数值。在最后一个 printf 输出函数中，可以看到使用%s 将一个字符串进行输出，字符串不包括双引号。

另外，在格式说明中，在%符号和上述格式字符间可以插入附加符号，如表 4.2 所示。

表 4.2 printf 的附加格式说明字符

字　符	功 能 说 明
字母 l	用于长整型整数，可加在格式符 d、o、x、u 前面
m（代表一个整数）	数据最小宽度
n（代表一个整数）	对实数，表示输出 n 位小数；对字符串，表示截取的字符个数
-	输出的数字或字符在域内向左靠

注意

在用 printf 函数时，除了 X、E、G 外其他格式字符必须用小写字母，如%d 不能写成%D。

如果想输出“%”符号，在格式控制处使用%%进行输出即可。

【例 4.7】 在 printf 函数中使用附加符号。(**实例位置：资源包\源码\04\4.7**)

在本实例中，使用 printf 函数的附加格式说明字符，对输出的数据进行更为精准的格式设计。

运行程序，显示效果如图 4.7 所示。

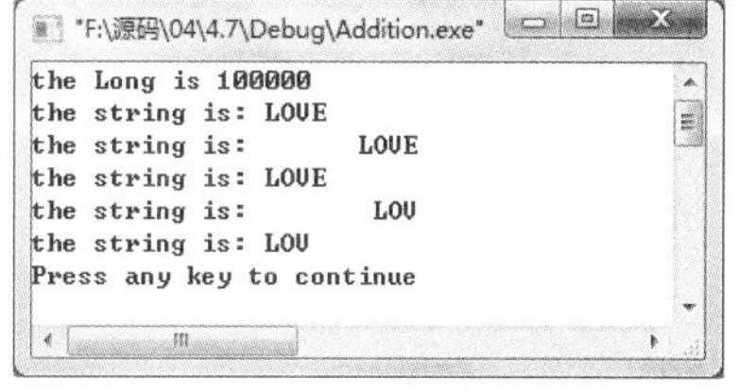

图 4.7 在 printf 函数中使用附加符号

程序代码如下：

```
#include<stdio.h>

int main()
{
    long iLong=100000;                                /*定义长整型变量，为其赋值*/
    printf("the Long is %ld\n",iLong);                /*输出长整型变量*/

    printf("the string is: %s\n","LOVE");             /*输出字符串*/
    printf("the string is: %10s\n","LOVE");           /*使用 m 控制输出列*/
    printf("the string is: %-10s\n","LOVE");          /*使用-表示向左靠拢*/
    printf("the string is: %10.3s\n","LOVE");         /*使用 n 表示取字符数*/
```

```
    printf("the string is: %-10.3s\n","LOVE");
    return 0;
}
```

代码分析：

（1）在程序代码中，定义的长整型变量在使用 printf 函数对其进行输出时，应该在%d 格式字符中添加 l 字符，继而输出长整型变量。

（2）%s 用来输出一个字符串的格式字符，在结果中可以看到输出了字符串“LOVE”。

（3）%10s 为格式%ms，表示输出字符串占 m 列，如果字符串本身长度大于 m，则突破 m 的限制，将字符串全部输出。若字符串小于 m，则用空格进行左补齐。可以看到在字符串“LOVE”前后 6 个空格。

（4）%-10s 格式为%-ms，表示如果字符串长度小于 m，则在 m 列范围内，字符串向左靠，右补空格。

（5）%10.3s 格式为%m.ns，表示输出占 m 列，但只取字符串中左端 n 个字符。这 n 个字符输出在 m 列的右侧，左补空格。

（6）%-10.3s 格式为%-m.ns，其中 m、n 含义同上，n 个字符输出在 m 列范围内的左侧，右补空格。如果 n>m，则 m 自动取 n 值，即保证 n 个字符正常输出。

视频讲解

4.5 格式输入函数

与格式输出函数 printf 相对应的是 scanf 格式输入函数。该函数的功能是可以指定固定的格式，并且按照指定的格式进行接收用户在键盘上输入的数据，最后将数据存储在指定的变量中。

scanf 函数的一般格式如下：

```
scanf(格式控制,地址列表);
```

通过 scanf 函数的一般格式可以看出，参数位置中的格式控制与 printf 函数相同。例如%d 表示十进制的整型，%c 表示单字符。而地址列表中，此处应该给出用来接收数据的变量的地址。例如得到一个整型数据的操作：

```
scanf("%d",&iInt);                                        /*得到一个整型数据*/
```

在上面的代码中，“&”符号表示取 iInt 变量的地址，所以不用关心变量的地址具体是多少，只要像代码中一样，在变量的标识符前加“&”符号，表示的就是取变量的地址。

注意

在编写程序时，读者朋友们要注意的是，在 scanf 函数参数的地址列表位置处，使用的一定要是变量的地址，而不是变量的标识符，否则编译器会提示错误。

表 4.3 列出了有关 scanf 函数中使用的格式字符。

表 4.3　scanf 函数格式字符

格 式 字 符	功 能 说 明
d,i	用来输入有符号的十进制整数
u	用来输入无符号的十进制整数
o	用来输入无符号的八进制整数
x,X	用来输入无符号的十六进制整数（大小写作用是相同的）
c	用来输入单个字符
s	用来输入字符串。
f	用来输入实型，可以用小数形式或者指数形式输入
e,E,g,G	与 f 作用相同，e 与 f、g 之间可以相互替换（大小写作用相同）

说明

格式字符%s 的功能用来输入字符串。将字符串送到一个字符数组中，在输入时以非空白字符开始，以第一个空白字符结束。字符串以串结束标志“\0”作为最后一个字符。

【例 4.8】 使用 scanf 格式输入函数得到用户输入的数据。(**实例位置：资源包\源码\04\4.8**)

在本实例中，利用 scanf 函数得到用户输入的两个整型数据，因为 scanf 函数只能用来进行输入操作，所以在屏幕上显示信息则使用显示函数。

运行程序，显示效果如图 4.8 所示。

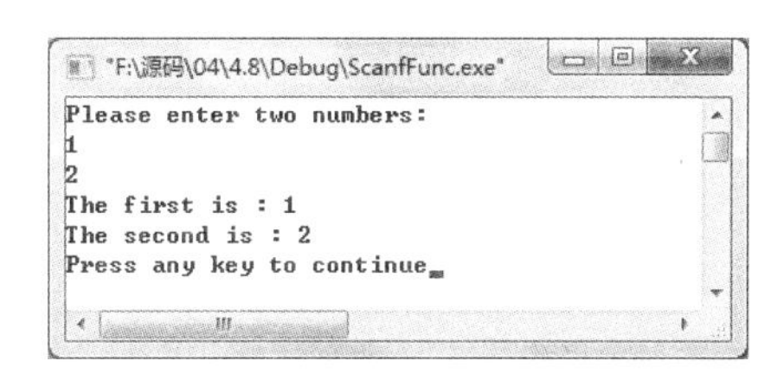

图 4.8　使用 scanf 格式输入函数得到用户输入的数据

程序代码如下：

```
#include<stdio.h>

int main()
{
	int iInt1,iInt2;                              /*定义两个整型变量*/
	puts("Please enter two numbers:");            /*通过 puts 函数输出提示信息的字符串*/
	scanf("%d%d",&iInt1,&iInt2);                  /*通过 scanf 函数得到输入的数据*/
	printf("The first is : %d\n",iInt1);          /*显示第一个输入的数据*/
	printf("The second is : %d\n",iInt2);         /*显示第二个输入的数据*/
	return 0;
}
```

代码分析：

（1）为了能接受用户输入的整型数据，在程序代码中定义了两个整型变量 iInt1 和 iInt2。

（2）因为 scanf 函数只能用来接收用户的数据，而不能显示信息。先使用 puts 函数输出信息提示的一段字符。puts 函数在输出字符串之后会自动进行换行，这样就省去使用换行符。

（3）调用 scanf 格式输入函数，在函数参数中可以看到，在格式控制的位置使用双引号将格式字符包括，%d 表示输入的是十进制的整数。在参数中的地址列表位置，使用&符号表示变量的地址。

（4）此时变量 iInt1 和 iInt2 已经得到了用户输入的数据，调用 printf 函数将变量进行输出，这里要注意区分的是 printf 函数使用的是变量的标识符，而不是变量的地址。scanf 函数使用的是变量的地址，而不是变量的标识符。

说明

程序是怎样将输入的内容分别保存到两个指定的变量中的呢？原来 scanf 函数使用空白字符来进行分隔输入的数据，这些空白字符包括空格、换行、制表符（tab）。例如在本程序中，使用换行作为空白字符。

在 printf 函数中除了有格式字符，还有附加格式的更为具体的说明，相对应的，scanf 函数中也有附加格式的更为具体的说明，如表 4.4 所示。

表 4.4　scanf 函数的附加格式

字　　符	功 能 说 明
l	用于输入长整型数据（可用于%ld、%lo、%lx、%lu）以及 double 型的数据（%lf 或%le）
h	用于输入短整型数据（可用于%hd、%ho、%hx）
n（整数）	指定输入数据所占宽度
*	表示指定的输入项在读入后不赋给相应的变量

【例 4.9】　使用附加格式进行说明 scanf 函数的格式输入。（**实例位置：资源包\源码\04\4.9**）

在本实例中，将所有 scanf 函数的附加格式都进行格式输入的说明，通过对比输入前后的结果，进行观察其附加格式的效果。

运行程序，显示效果如图 4.9 所示。

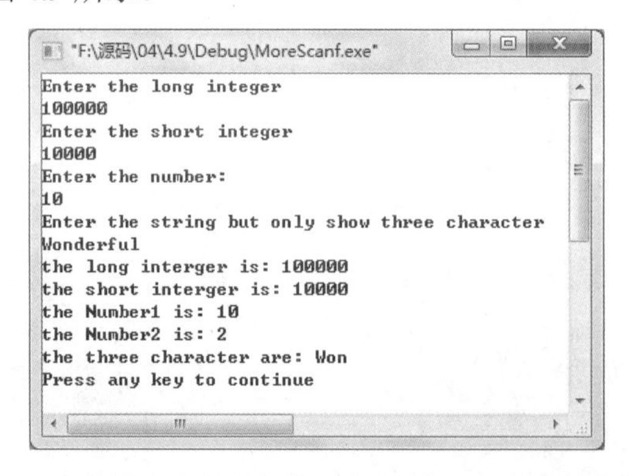

图 4.9　使用附加格式进行说明 scanf 函数的格式输入

程序代码如下：

```
#include<stdio.h>

int main()
{
	long iLong;                                    /*长整型变量*/
	short iShort;                                  /*短整型变量*/
	int iNumber1=1;                                /*整型变量，为其赋值为 1*/
	int iNumber2=2;                                /*整型变量，为其赋值为 2*/
	char cChar[10];                                /*定义字符数组变量*/
```

```
    printf("Enter the long integer\n");                          /*输出信息提示*/
    scanf("%ld",&iLong);                                         /*输入长整型数据*/

    printf("Enter the short integer\n");                         /*输出信息提示*/
    scanf("%hd",&iShort);                                        /*输入短整型数据*/

    printf("Enter the number:\n");                               /*输出信息提示*/
    scanf("%d*%d",&iNumber1,&iNumber2);                          /*输入整型数据*/

    printf("Enter the string but only show three character\n");  /*输出信息提示*/
    scanf("%3s",cChar);                                          /*输入字符串*/

    printf("the long interger is: %ld\n",iLong);                 /*显示长整型值*/
    printf("the short interger is: %hd\n",iShort);               /*显示短整型值*/
    printf("the Number1 is: %d\n",iNumber1);                     /*显示整型 iNumber1 的值*/
    printf("the Number2 is: %d\n",iNumber2);                     /*显示整型 iNumber2 的值*/
    printf("the three character are: %s\n",cChar);               /*显示字符串*/
    return 0;
}
```

代码分析：

（1）为了在程序中使 scanf 函数能接收数据，在程序代码中定义所使用的变量。为了演示不同格式的情况，定义变量的类型有长整型、短整型和字符数组。

（2）使用 printf 函数显示一串字符，提示输入的数据为长整型，调用 scanf 函数使变量 iLong 得到用户输入的数据。在 scanf 函数的格式控制部分，其中格式字符使用 l 附加格式表示的为长整型。

（3）再使用 printf 函数显示数据提示，提示输入的数据为短整型。调用 scanf 函数时，使用附加格式字符 h 表示短整型。

（4）使用格式字符*的作用是使指定的输入项在读入后不赋给相应的变量，在代码中分析这句话的含义就是，第一个%d 是输入 iNumber1 变量，第二个%d 是输入 iNumber2 变量，但是在第二个%d 前有一个*附加格式说明字符，这样第二个输入的值被忽略，也就是说 iNumber2 变量不保存相应输入的值。

（5）%s 是用来表示字符串的格式字符，将一个数 n（整数）放入到%s 中间，这样就指定了数据的宽度。在程序中，scanf 函数中指定的数据宽度为 3，那么在输入一个字符串时，只是接收前 3 个字符。

（6）最后利用 printf 函数将输入得到的数据进行输出。

4.6　顺序程序设计应用

视频讲解

本节将介绍几个顺序程序设计的实例，使读者对本章所讲的内容进行巩固、加深印象。

【例 4.10】　计算圆的面积。（**实例位置：资源包\源码\04\4.10**）

在本实例中，定义单精度浮点型变量，为其赋值为圆周率的值。得到用户输入的数据进行计算，最后将计算的结果进行输出。

运行程序，显示效果如图 4.10 所示。

程序代码如下：

```
#include<stdio.h>

int main()
{
	float Pie=3.14f;                                  /*定义圆周率*/

	float fArea;                                      /*定义变量，表示圆的面积*/
	float fRadius;                                    /*定义变量，表示圆的半径*/

	puts("Enter the radius:");                        /*输出提示信息*/
	scanf("%f",&fRadius);                             /*输入圆的半径*/
	fArea=fRadius*fRadius*Pie;                        /*计算圆的面积*/
	printf("The Area is: %.2f\n",fArea);              /*输出计算的结果*/
	return 0;                                         /*程序结束*/
}
```

代码分析：

（1）定义单精度浮点型 Pie 表示圆周率，在常量 3.14 后面加上 f 表示单精度类型。变量 fArea 表示的是圆的面积，变量 fRadius 表示的是圆的半径。

（2）根据 puts 函数输出的程序提示信息，使用 scanf 函数获取输入半径的数据，将输入的数据保存在变量 fRadius 中。

（3）圆的面积=圆的半径的平方×圆周率。运用公式，将变量放入其中计算圆的面积，最后使用 printf 函数将结果输出。在 printf 函数中可以看到%.2f 格式关键字，其中的.2 表示的是取小数点后两位。

【例 4.11】 将大写字母转换成小写字母。（**实例位置：资源包\源码\04\4.11**）

在本实例中，要将一个输入的大写字符转换成小写字符，这需要对 ASCII 码的关系有所了解。将大写字符转换成小写字符的方法就是将大写字符的 ASCII 码转换成小写字符的 ASCII 码即可。

运行程序，显示效果如图 4.11 所示。

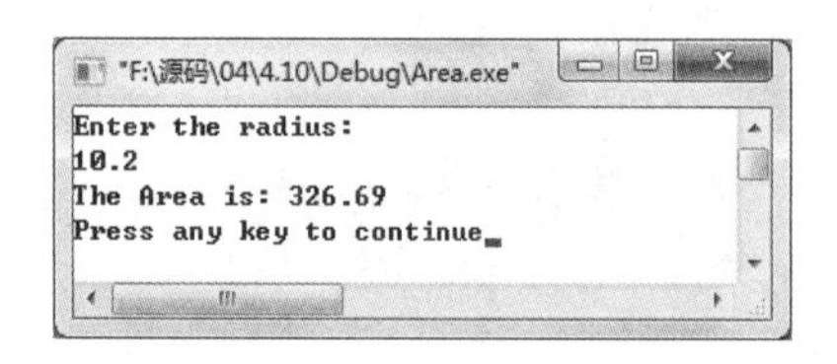

图 4.10 计算圆的面积

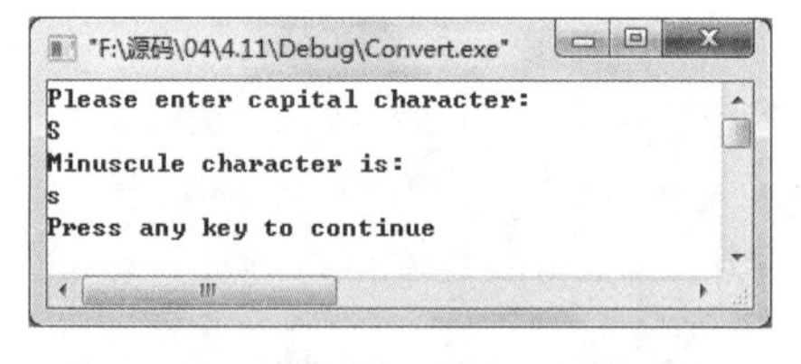

图 4.11 将大写字母转换成小写字母

程序代码如下：

```
#include<stdio.h>

int main()
{
	char cBig;                                        /*定义字符变量，表示大写字符*/
	char cSmall;                                      /*定义字符变量，表示小写字符*/

	puts("Please enter capital character:");          /*输出提示信息*/
	cBig=getchar();                                   /*得到用户输入的大写字符*/
```

```
    puts("Minuscule character is:");                /*输出提示信息*/
    cSmall=cBig+32;                                 /*将大写字符转换成小写字符*/
    printf("%c\n",cSmall);                          /*输出小写字符*/
    return 0;                                       /*程序结束*/
}
```

代码分析：

（1）为了将大写字符转换为小写字符，要为其定义变量进行保存。cBig 表示要存储字符的字符变量，而 cSmall 表示要转换成的小写字符。

（2）通过信息提示，用户输入字符。因为只要得到一个输入的字符即可，所以在此处使用 getchar 函数就可以满足的程序要求。

（3）大写字符与小写字符的 ASCII 码值相差 32。例如字符 A 的 ASCII 值为 65，a 的 ASCII 值为 97，所以如果要将一个大写字符转换成小写字符，那么就将大写字符的 ASCII 值加上 32 即可。

（4）字符变量 cSmall 得到转换的小写字符后，利用 printf 格式输出函数将字符进行输出，其中使用的格式字符为%c。

4.7　实　　战

4.7.1　将输入的小写字符转换为大写字符

在 C 语言中是区分大小写的，利用 ASCII 码中大写字符和小写字符之间的差值是 32 的特性，可以实现将小写字符转换为大写字符，在小写字符的 ASCII 码基础上减去 32，就得到了大写字符。运行程序，输入一个小写字符，按回车键以后，程序即可将该字符转换为大写字符，程序运行效果如图 4.12 所示。（**实例位置：资源包\源码\04\实战\01**）

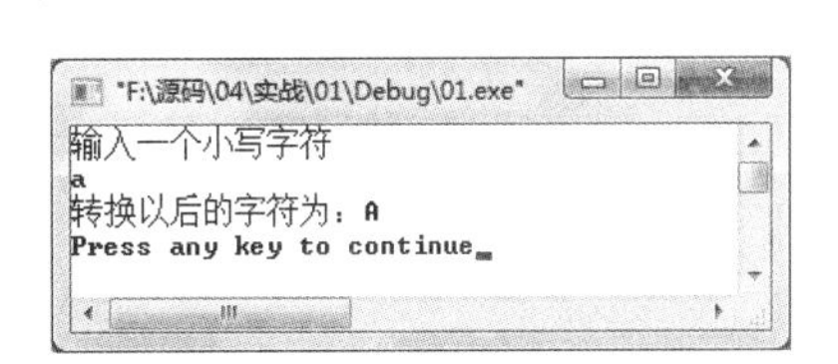

图 4.12　将输入的小写字符转化为大写字符

4.7.2　用*号输出图案

编程实现用*绘制 MR 的图案，运行结果如图 4.13 所示。（**实例位置：资源包\源码\04\实战\02**）

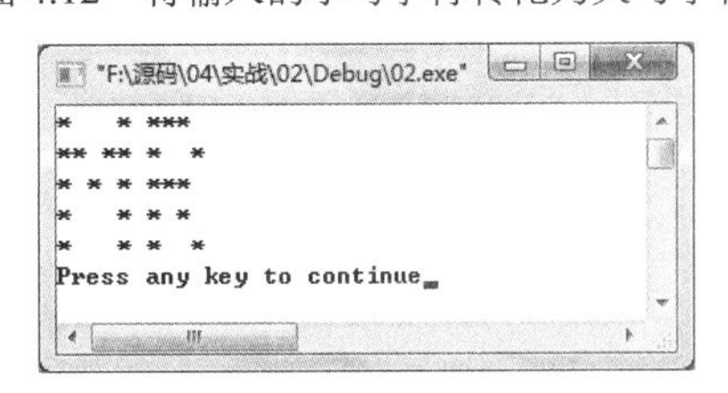

图 4.13　绘制 MR 图案

4.7.3　输出 3×3 的矩阵

编程实现显示一个 3×3 矩阵。具体要求如下：从键盘中任意输入 9 个数，将由这 9 个数组成的 3×3 矩阵输出在屏幕上。运行结果如图 4.14 所示。（**实例位置：资源包\源码\04\实战\03**）

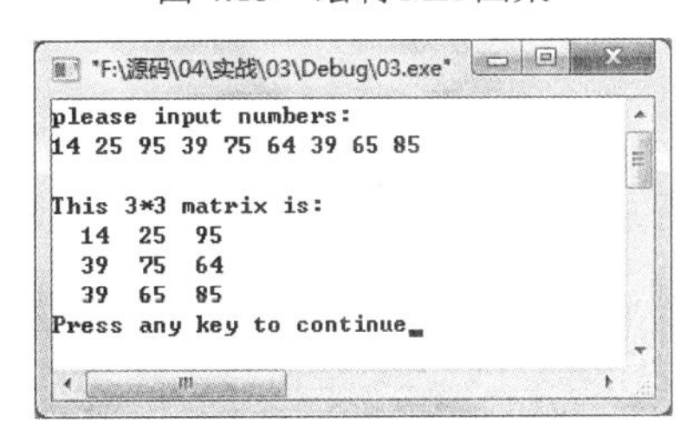

图 4.14　输出 3×3 矩阵

```
main()
{
    int a[4][4], i, j;
    printf("please input numbers:\n");
    for (i = 1; i <= 3; i++)
        for (j = 1; j <= 3; j++)
            scanf("%d", &a[i][j]);                /*从键盘中输入 9 个数到二维数组 a*/
        printf("\nThis 3*3 matrix is:\n");
        for (i = 1; i <= 3; i++)
        {
            for (j = 1; j <= 3; j++)
                printf("%4d", a[i][j]);           /*将 3×3 矩阵输出*/
            printf("\n");                         /*每输出一行进行换行*/
        }
}
```

4.7.4 输出一个字符的前驱字符

字符在内存中以 ASCII 码的形式存放，也就是实际存储的是整型数据，因此可以进行运算。本实例利用字符的运算来求字符的前驱字符。（**实例位置：资源包\源码\04\实战\04**）

运行程序，输入一个字符，求出它的前驱字符，效果如图 4.15 所示。

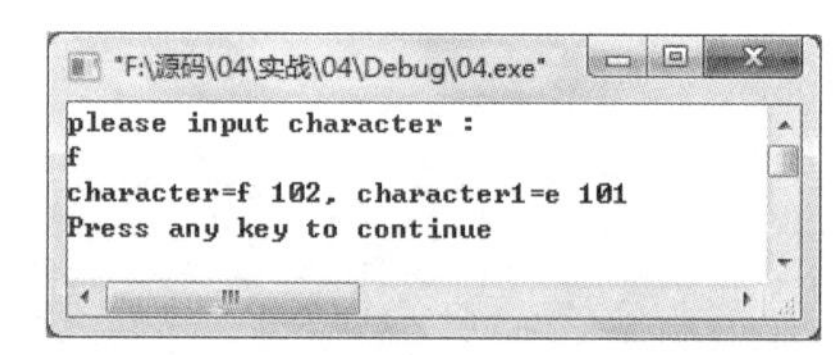

图 4.15 输出一个字符的前驱字符

4.7.5 根据输入判断能否组成三角形

以下程序根据输入的三角形的三边判断是否能组成三角形。运行结果如图 4.16 所示。（**实例位置：资源包\源码\04\实战\05**）

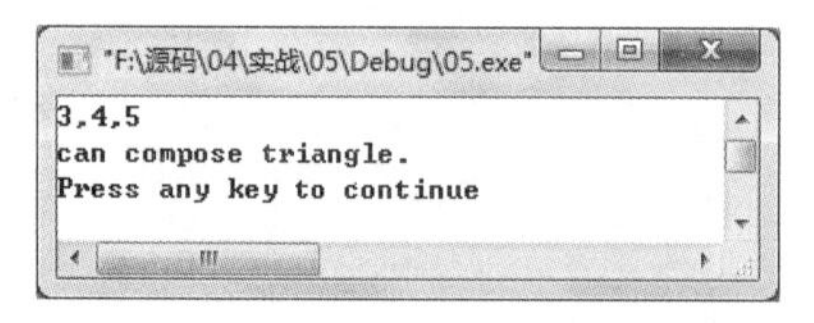

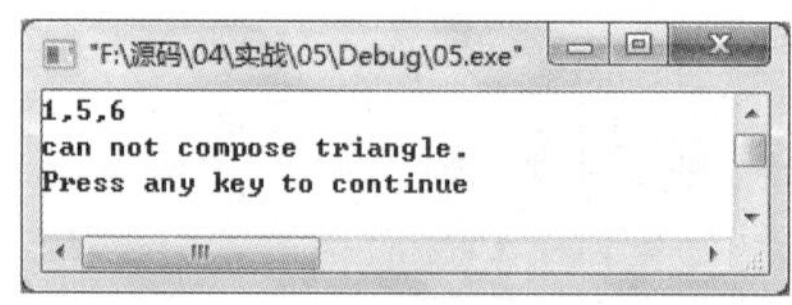

图 4.16 能否组成三角形

提示

做本实例之前必须知道三角形的一些相关内容，例如，如何判断输入的三边是否能组成三角形。当从键盘中输入三边，只需判断这 3 条边中任意的两边之和是否大于第三边，如果大于说明能够组成三角形，否则说明不能组成三角形。

第 5 章

设计选择/分支结构程序

（视频讲解：68 分钟）

走入程序设计领域的第一步，是学会如何设计编写一个程序，其中顺序结构程序设计是最简单的程序设计，而选择结构程序设计中就用到了一些条件判断的语句，增加了程序的功能，也增强了程序的逻辑性与灵活性。

本章致力于使读者掌握如何使用 if 语句进行条件判断，掌握有关 switch 语句的使用方式。

学习摘要：

- **使用 if 语句编写判断语句**
- **掌握 switch 语句的编写方式**
- **区分 if else 语句与 switch 语句**
- **通过应用程序了解选择结构的具体使用方式**

5.1 if 语句

在日常生活中，为了使社会的交通畅通运行，在每一个路口会有交通信号灯。在信号灯显示为绿色时车辆可以行驶通过，当信号灯转为红色时车辆就要停止行驶。从中可以看到信号灯给出了信号，人们通过不同的信号进行判断，然后根据判断的结果做出相应的操作。

在 C 语言程序中，也可以完成这样的判断操作，利用的就是 if 语句。if 语句的功能就像判断路口信号灯一样，根据不同的条件，判断是否进行操作。

据说第一台数字计算机是用来进行决策操作的，所以使得之后的计算机都继承了这项功能。程序员将决策表示成对条件的检验，即判断一个表达式值的真假。除了没有任何返回值的函数和返回无法判断真假的结构函数外，其他表达式的返回值都可以判断真假。

下面具体介绍 if 语句的有关内容。

5.2 if 语句的基本形式

if 语句就是判断表达式的值，然后根据该值的情况选择如何控制程序流程。表达式的值不等于 0，也就是为真值。否则，就是假值。if 语句有 3 种形式，分别为 if 语句形式、if …else 语句形式、else if 语句形式。每种情况的具体使用方式如下。

5.2.1 if 语句形式

if 语句形式就通过对表达式进行判断，然后根据判断的结果选择是否进行相应的操作。if 语句的一般形式如下：

```
if(表达式) 语句;
```

其语句执行流程如图 5.1 所示。

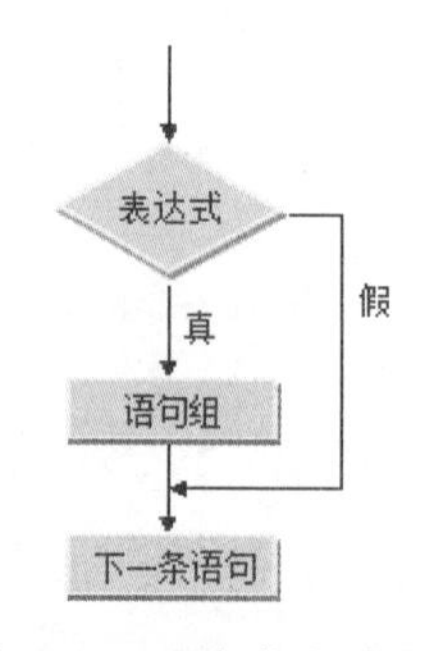

图 5.1　if 语句执行流程图

if 后面括号中的表达式就是要进行判断的条件，而后面语句部分是对应的操作。如果 if 判断括号

中的表达式为真值，那么就执行后面语句的操作；如果为假值，那么不会执行后面语句部分。例如下面的代码：

```
if(iNum)printf("The ture value");
```

代码中判断变量 iNum 的值，如果变量 iNum 为真值，则执行后面的输出语句；如果变量的值为假，则不执行。

在 if 语句的括号中，不仅可以判断一个变量的值是否为真，也可以判断表达式，例如：

```
if(iSignal==1) printf("the Signal Light is%d:",iSignal);
```

这行代码表示的是：判断变量 iSignal==1 的表达式，如果 iSignal==1 的条件成立，那么判断的结果是真值，则执行后面的输出语句；如果条件不成立，那么结果为假值，则不执行后面的输出语句。

在这些代码中可以看到 if 后面的执行部分只是调用了一条语句，如果是两条语句时怎么办呢？这时可以使用大括号使之成为语句块，例如：

```
if(iSignal==1)
{
	printf("the Signal Light is%d:\n",iSignal);
	printf("Cars can run");
}
```

将执行的语句都放在大括号中，这样当 if 语句判断条件为真时，就可以全部执行。使用这种方式的好处可以很规范、清楚地看出来 if 语句所包含语句的范围，所以笔者在这里建议大家使用 if 语句时，都使用大括号将执行语句包括在内。

【例 5.1】 使用 if 语句模拟信号灯指挥车辆行驶。（**实例位置：资源包\源码\05\5.1**）

在本实例中，为了模拟十字路口上信号灯指挥车辆行驶，要使用 if 语句进行判断信号灯的状态。如果信号灯为绿色，说明车辆可以行驶通过，通过输出语句进行信息，提示说明车辆的行动状态。

运行程序，显示效果如图 5.2 所示。

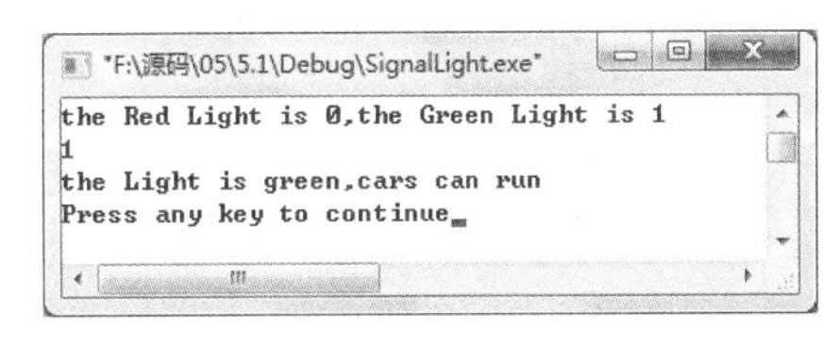

图 5.2　使用 if 语句模拟信号灯指挥车辆行驶

程序代码如下：

```
#include<stdio.h>

int main()
{
	int iSignal;                                           /*定义变量表示信号灯的状态*/
	printf("the Red Light is 0,the Green Light is 1\n");   /*输出提示信息*/
	scanf("%d",&iSignal);                                  /*输入 iSignal 变量*/
	if(iSignal==1)                                         /*使用 if 语句进行判断*/
	{
		printf("the Light is green,cars can run\n");       /*判断结果为真时输出*/
	}
	return 0;
}
```

代码分析：

（1）为了模拟信号灯指挥交通，就要根据信号灯的状态进行判断，这样的话就需要一个变量表示信号灯的状态。在程序代码中，定义变量 iSignal 表示信号灯的状态。

（2）输出提示信息，iSignal 变量表示此时信号灯的状态。此时在键盘输入 1，表示信号灯的状态是绿灯。

（3）接下来使用 if 语句判断 iSignal 变量的值，如果为真，则表示的信号灯为绿灯；如果为假，表示的是红灯。在程序中，此时变量 iSignal 的值为 1，表达式 iSignal==1 这个条件成立，所以判断的结果为真值，从而执行 if 语句后面大括号中的语句。

if 语句不是只可以使用一次的，是可以连续进行判断使用的，然后根据不同条件的成立给出相应的操作。

例如在上面的实例程序中，可以看到虽然使用 if 语句进行判断信号灯状态 iSignal 变量，但是只是给出了判断为绿灯时执行的操作，并没有给出判定为红灯时相应的操作。为了使在红灯情况下也进行操作，那么再使用一次 if 语句进行判断为红灯时的情况。现在对上面的实例进行完善，实例如下。

【例 5.2】 完善 if 语句的使用。（**实例位置：资源包\源码\05\5.2**）

原程序中仅对绿灯情况下做出相应的操作，为进一步完善信号灯为红灯时的操作，在程序中再添加一次 if 语句对信号灯为红灯时的判断，并且在条件成立时给出相应的操作。

运行程序，显示效果如图 5.3 所示。

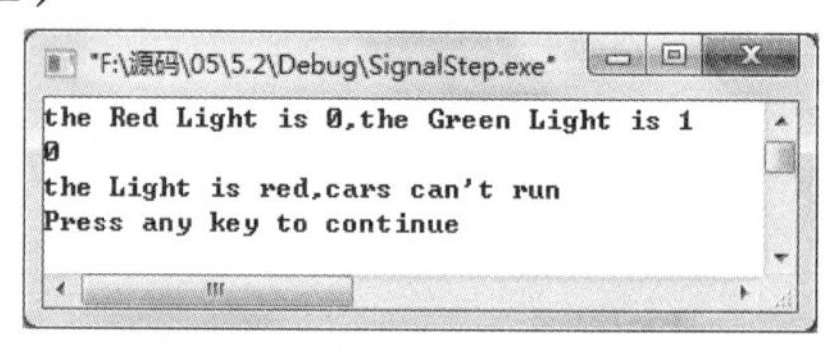

图 5.3　完善 if 语句的使用

程序代码如下：

```
#include<stdio.h>

int main()
{
	int iSignal;                                          /*定义变量表示信号灯的状态*/
	printf("the Red Light is 0,the Green Light is 1\n");  /*输出提示信息*/
	scanf("%d",&iSignal);                                 /*输入 iSignal 变量*/

	if(iSignal==1)                                        /*使用 if 语句进行判断*/
	{
		printf("the Light is green,cars can run\n");      /*判断结果为真时输出*/
	}
	if(iSignal==0)                                        /*使用 if 语句进行判断*/
	{
		printf("the Light is red,cars can't run\n");      /*判断结果为真时输出*/
	}
	return 0;
}
```

代码分析：

（1）在上一个实例程序的基础上进行修改，完善程序的功能。在其代码中添加一个 if 判断语句，用来表示当信号灯为红灯时，进行相应的操作。

（2）从程序的开始处来分析整个程序的运行过程。使用 scanf 函数输入数据时，这次用户输入为

0，表示红灯。

（3）程序继续执行，第一个 if 语句进行判断 iSignal 变量的值是否为 1，如果判断的结果为真，则说明信号灯为绿灯。因为 iSignal 变量的值为 0，所以判断的结果为假。当 if 语句判断的结果为假，则不会执行后面语句中的内容。

（4）接下来是新添加的 if 语句，在其中判断 iSignal 变量是否等于 0，如果判断成立为真，则表示信号灯此时为红灯。因为输入的值为 0，则 iSignal==0 条件成立，执行 if 后面的语句内容。

初学编程的人在程序中使用 if 语句时，常常会将下面的两个判断弄混，例如：

```
if(value){…}                                    /*判断变量值*/

if(value==0){…}                                 /*判断表达式的值*/
```

这两行代码的判断中都有 value 变量，value 值虽然相同，但是判断的结果却不同。第 1 行代码表示判断的是 value 的值，第二表示判断 value 等于 0 这个表达式是否成立。假定其中 value 的值为 0，那么在第一个 if 语句中，value 值为 0 则说明判断的结果为假，所以不会执行 if 后的语句。但是在第二个 if 语句中，判断的是 value 是否等于 0，因为设定 value 的值为 0，所以表达式成立，那么判断的结果就为真，执行 if 后的语句。

5.2.2　if…else 语句形式

除了可以指定在条件为真时执行某些语句外，还可以在条件为假时执行另外一段代码。在 C 语言中是利用 else 语句来完成的。其一般形式如下：

```
if(表达式)
    语句块 1
else
    语句块 2
```

其语句执行流程如图 5.4 所示。

在 if 后的括号中还是需要判断的表达式，如果判断的结果为真值，则执行 if 后的语句块内容；如果判断的结果为假值，则执行 else 语句后的语句块内容。也就是说，当 if 语句检验的条件为假时，就执行相应的 else 语句后面的语句或者语句块。例如下面的代码：

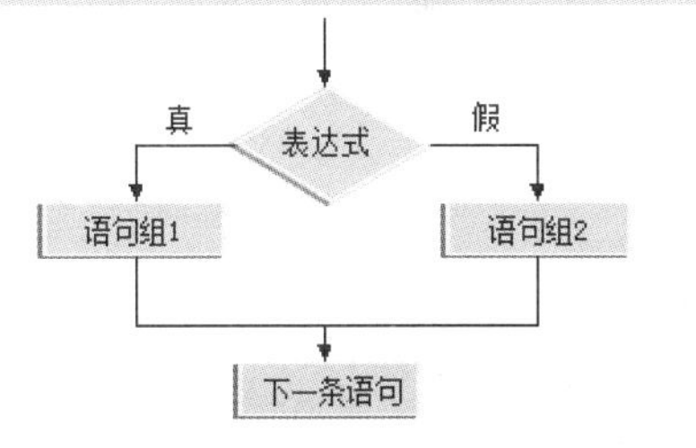

图 5.4　if…else 语句执行流程

```
if(value)
{
    printf("the value is true");
}
else
{
    printf("the value is false");
}
```

在上面的代码中，如果 if 判断变量 value 的值为真的话，则执行 if 后面的语句块；如果 if 判断的结果为假值，则执行 else 下面的语句块。

一个 else 语句必须跟在一个 if 语句的后面。

【例 5.3】 使用 if…else 进行选择判断。（实例位置：资源包\源码\05\5.3）

在本实例中，使用 if…else 语句判断用户输入的数值，输入的数字为 0 表示条件为假，输入的数字为非 0，表示条件为真。

运行程序，显示效果如图 5.5 所示。

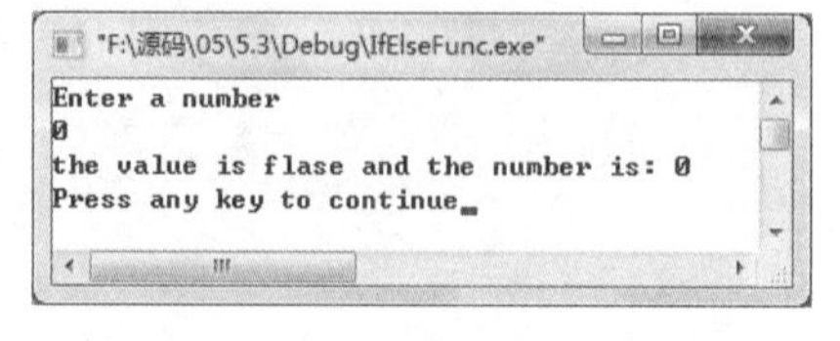

图 5.5 使用 if…else 进行选择判断

程序代码如下：

```
#include<stdio.h>

int main()
{
    int iNumber;                                    /*定义变量*/

    printf("Enter a number\n");                     /*显示提示信息*/
    scanf("%d",&iNumber);                           /*输入数字*/

    if(iNumber)                                     /*判断变量的值，判断为真时执行输出*/
    {
        printf("the value is true and the number is: %d\n",iNumber);
    }
    else                                            /*判断为假时执行输出*/
    {
        printf("the value is flase and the number is: %d\n",iNumber);
    }
    return 0;
}
```

代码分析：

（1）程序中定义变量 iNumber 用来保存输入的数据，之后通过 if…else 语句进行判断变量的值。

（2）用户输入数据的值为 0，if 语句判断 iNumber 变量，此时也就是判断输入的数值。因为 0 表示的是假，所以 if 后面紧跟着的语句块不会执行，而会执行 else 后面语句块中的操作，显示一条信息并将数值进行输出。

（3）从程序的运行结果中也可以看出，当 if 语句检验的条件为假时，就执行相应的 else 语句后面的语句或者语句块。

if…else 语句也可以用来判断表达式，根据表达式的结果从而选择不同的操作。

【例 5.4】 使用 if…else 语句得到两个数的最大值。（实例位置：资源包\源码\05\5.4）

本实例要实现的功能是比较两个数值的大小，这两个数值由用户输入，然后将其中相对较大的数值输出显示。

运行程序，显示效果如图 5.6 所示。

程序代码如下：

```
#include<stdio.h>

int main()
{
	int iNumber1,iNumber2;                               /*定义变量*/

	printf("please enter two numbers:\n");               /*信息提示*/
	scanf("%d%d",&iNumber1,&iNumber2);                   /*输入数据*/
	if(iNumber1>iNumber2)                                /*判断 iNumber1 是否大于 iNumber2*/
	{
		printf("the bigger number is %d\n",iNumber1);
	}
	else                                                 /*判断结果为假，则执行下面语句*/
	{
		printf("the bigger number is %d\n",iNumber2);
	}
	return 0;
}
```

代码分析：

（1）在程序运行过程中，利用 printf 函数先来显示一条信息，通过信息提示用户输入两个数据，第一个输入的是 5，第二个输入的是 10。这两个数据的数值由变量 iNumber1 和 iNumber2 保存。

（2）if 语句判断表达式 iNumber1>iNumber2 的真假。如果判断的结果为真，则执行 if 后的语句输出 iNumber1 的值，说明 iNumber1 是最大值；如果判断的结果为假，则执行 else 后的语句输出 iNumber2 的值，说明 iNumber2 是最大值。因为 iNumber1 的值为 5，iNumber2 的值为 10，所以 iNumber1>iNumber2 的关系表达式结果为假。这样执行的就是 else 后的语句，输出 iNumber2 的值。

【例 5.5】 使用 if...else 语句模拟信号灯。（**实例位置：资源包\源码\05\5.5**）

在很多的路口上，信号灯多数还有一个黄灯，用来提示车辆准备行驶或者停车的。上一小节中，使用 if 语句进行模拟信号灯，在本实例中是使用 if...else 语句进一步完善这个程序。使得信号灯具有在黄灯情况下相应的功能。

运行程序，显示效果如图 5.7 所示。

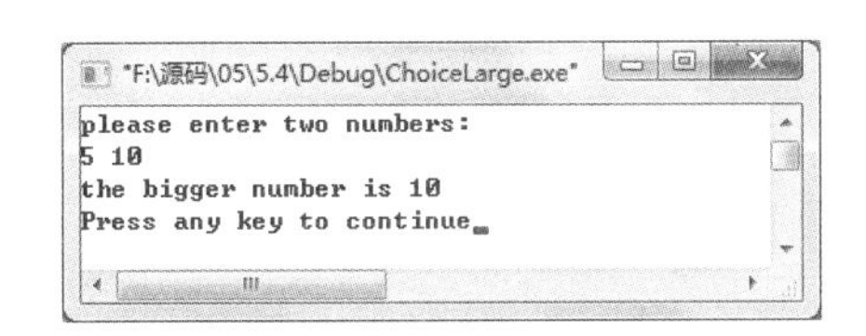

图 5.6　使用 if...else 语句得到两个数的最大值

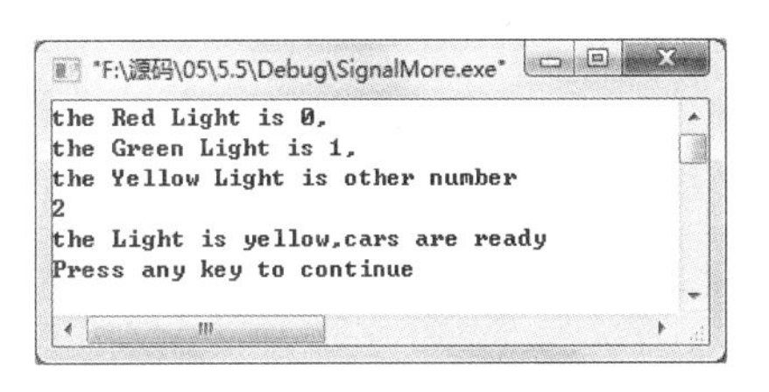

图 5.7　使用 if...else 语句模拟信号灯

程序代码如下：

```
#include<stdio.h>
```

```
int main()
{
    int iSignal;                                            /*定义变量表示信号灯的状态*/
    printf("the Red Light is 0,\nthe Green Light is 1,\nthe Yellow Light is other number\n");   /*输出提示信息*/
    scanf("%d",&iSignal);                                   /*输入 iSignal 变量*/

    if(iSignal==1)                                          /*当信号灯为绿色时*/
    {
        printf("the Light is green,cars can run\n");        /*判断结果为真时输出*/
    }
    if(iSignal==0)                                          /*当信号灯为红灯时*/
    {
        printf("the Light is red,cars can't run\n");        /*判断结果为真时输出*/
    }
    else                                                    /*当信号灯为黄灯时*/
    {
        printf("the Light is yellow,cars are ready\n");
    }
    return 0;
}
```

代码分析：

（1）程序运行时，先进行输出信息，提示用户输入一个信号灯的状态。其中 0 表示的是红灯，1 表示的是绿灯，其他的数字表示的是黄灯。

（2）输入一个数字 2，将其保存到变量 iSignal 中。接下来使用 if 语句进行判断。

（3）第一个 if 语句判断 iSignal 是否等于 1，很明显判断结果为假，所以不会执行第一个 if 后的语句块中的内容。

（4）第二个 if 语句判断 iSignal 是否等于 0，结果为假，所以不会执行第二个 if 后的语句块中的内容。

（5）因为第二个 if 语句为假值，所以就会执行 else 后的语句块。在语句块中通过输出信息提示现在为黄灯，车辆要进行准备。

注意

上面这个程序实际上是存在一些问题的，假如用户输入的数值为 1，第一个 if 判断为真值，则会执行后面紧跟着的语句块。并且因为第二个 if 语句判断出 iSignal 值不等于 1，所以为假值，这时会执行 else 后的语句块。else 后的语句执行是我们不希望发生的，如图 5.8 所示。在 5.2.3 节中将会讲述解决这个问题的方法。

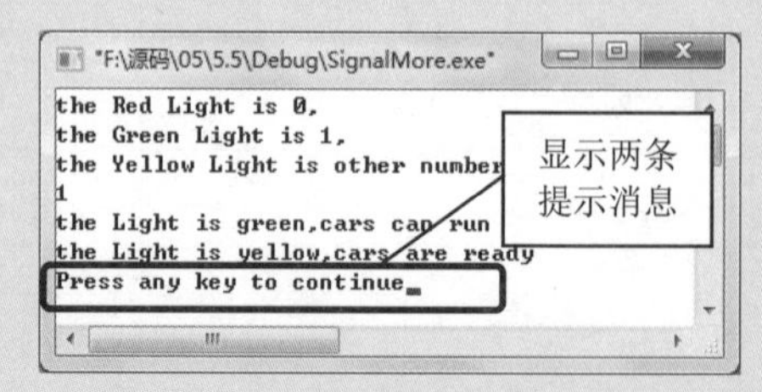

图 5.8　使用 if...else 语句模拟信号灯时可能出现的错误

5.2.3　else if 语句形式

利用 if 和 else 关键字的组合可以实现 else if 语句，这是对一系列互斥的条件进行检验。其一般形式如下：

```
if(表达式 1) 语句 1
else if(表达式 2) 语句 2
else if(表达式 3) 语句 3
    …
else if(表达式 m) 语句 m
else 语句 n
```

else if 语句执行流程如图 5.9 所示。

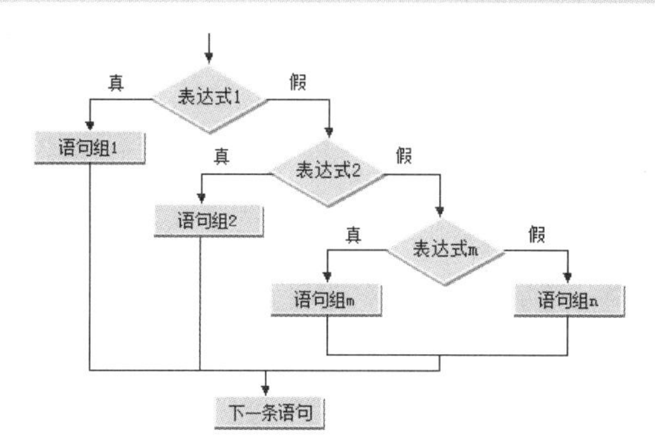

图 5.9　else if 语句执行流程图

根据流程图可以看到首先对 if 语句中的表达式 1 进行判断，如果结果为真值，则执行后面接跟着的语句 1，跳过 else if 判断和 else 语句；如果结果为假，那么进行判断 else if 中的表达式 2，如果表达式 2 为真值，那么将执行语句 2 而不会执行后面 else if 的判断或者 else 语句。当所有的判断都不成立，也就是都为假值的时候执行 else 后的语句块。例如下面代码：

```
if(iSelection==1)
    {…}
else if(iSelection==2)
    {…}
else if(iSelection==3)
    {…}
else
    {…}
```

上面的代码表示的意思是，使用 if 语句进行判断变量 iSelection 的值是否为 1，如果为 1 则执行后面语句块中的内容，跳过后面的 else if 判断和 else 语句的执行；如果 iSelection 的值不为 1，那么 else if 进行判断 iSelection 的值是否为 2，如果值为 2 则执行后面语句块中的内容，执行完后跳过后面 else if 和 else 的操作；如果 iSelection 的值也不为 2，那么接下来的 else if 语句判断 iSelection 是否等于数值 3，如果等于 3 则执行后面语句块中的内容，否则执行 else 的语句块中内容。也就是说当前面所有的判断都不成立、为假值时，执行 else 语句块中的内容。

【例 5.6】　使用 else if 编写屏幕菜单程序。（**实例位置：资源包\源码\05\5.6**）

在本实例中，因为要对菜单进行选择，那么首先要进行显示菜单。利用格式输出函数将菜单中所需要的信息进行输出。

运行程序，显示效果如图 5.10 所示。

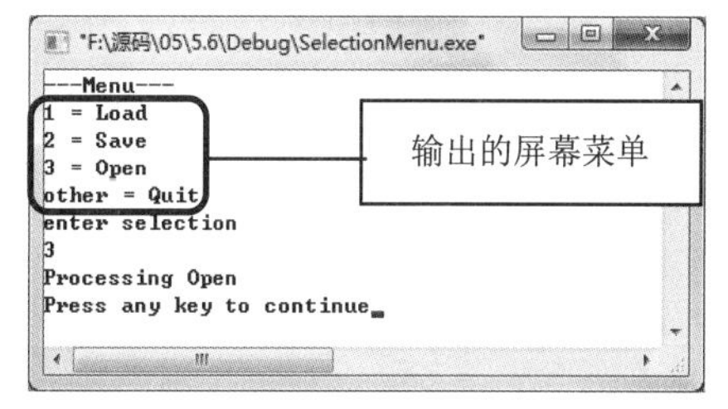

图 5.10　使用 else if 编写屏幕菜单程序

程序代码如下：

```
#include<stdio.h>

int main()
{
	int iSelection;                                   /*定义变量，表示菜单的选项*/

	printf("---Menu---\n");                           /*输出屏幕的菜单*/
	printf("1 = Load\n");
	printf("2 = Save\n");
	printf("3 = Open\n");
	printf("other = Quit\n");

	printf("enter selection\n");                      /*提示信息*/
	scanf("%d",&iSelection);                          /*用户输入选项*/

	if(iSelection==1)                                 /*选项为 1*/
	{
		printf("Processing Load\n");
	}
	else if(iSelection==2)                            /*选项为 2*/
	{
		printf("Processing Save\n");
	}
	else if(iSelection==3)                            /*选项为 3*/
	{
		printf("Processing Open\n");
	}
	else                                              /*选项为其他数值时*/
	{
		printf("Processing Quit\n");
	}
	return 0;
}
```

代码分析：

（1）程序中使用 printf 函数将可以进行选择的菜单显示输出。之后显示一条信息提示用户选择一个菜单项输入。

（2）这里假设输入数字为 3，变量 iSelection 将输入的数值保存，用来进行下面判断。

（3）在判断语句中，可以看到使用 if 语句判断 iSelection 是否等于 1，使用 else if 判断 iSelection 是否等于 2 和等于 3，如果都不满足的话则会执行 else 处的语句。因为 iSelection 的值为 3，所以 iSelection==3 关系表达式为真，执行相应 else if 处的语句块，输出提示信息。

在 5.2.2 节中使用 if…else 语句模拟信号灯时，其中连续使用两次 if 语句，当第一个 if 语句满足条件时，else 语句也会执行。现在使用 else if 语句再一次修改使其功能完善。

【例 5.7】　使用 else if 语句修改信号灯程序。（**实例位置：资源包\源码\05\5.7**）

运行程序，显示效果如图 5.11 所示。

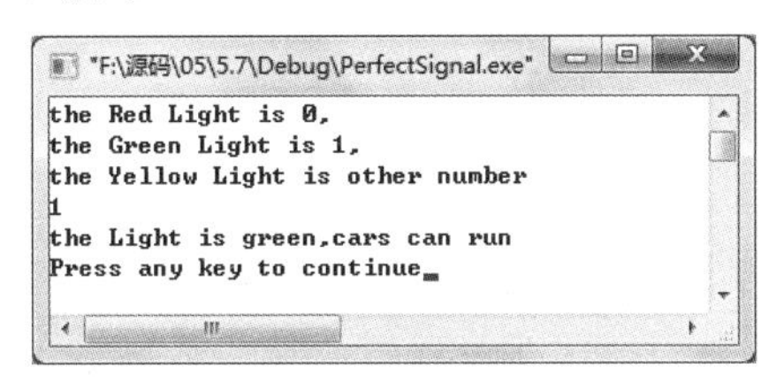

图 5.11　使用 else if 语句修改信号灯程序

程序代码如下：

```
#include<stdio.h>

int main()
{
    int iSignal;                                        /*定义变量表示信号灯的状态*/
    printf("the Red Light is 0,\nthe Green Light is 1,\nthe Yellow Light is other number\n");    /*输出提示信息*/
    scanf("%d",&iSignal);                               /*输入 iSignal 变量*/

    if(iSignal==1)                                      /*当信号灯为绿色时*/
    {
        printf("the Light is green,cars can run\n");    /*判断结果为真时输出*/
    }
    else if(iSignal==0)                                 /*当信号灯为红灯时*/
    {
        printf("the Light is red,cars can't run\n");    /*判断结果为真时输出*/
    }
    else                                                /*当信号灯为黄灯时*/
    {
        printf("the Light is yellow,cars are ready\n");
    }
    return 0;
}
```

代码分析：

在原来的程序中，只是将第二个 if 判断改成了 else if 判断。这样当输入的数字为 1 时，程序就可以正常地运行了。

通过对两个程序结果的比较可以看出，连续地使用 if 进行判断条件的方法，这种方式中每个条件的判断都是分开的、独立的。而使用 if 和 else if 进行判断条件，所有的判断可以看成是一个整体，如果其中有一个为真，那么下面的 else if 中的判断即使有符合的也会被跳过，不会执行。

5.3　if 的嵌套形式

在 if 语句中又包含一个或多个 if 语句称为 if 语句的嵌套。一般形式如下：

```
if(表达式 1)
    if(表达式 2)    语句块 1
    else 语句块 2
else
    if(表达式 3)    语句块 3
    else 语句块 4
```

使用 if 语句嵌套形式的功能是对判断的条件进行细化，然后做出相应的操作。

这就好像在生活中，每天早上醒来的时候会想一下今天是星期几，如果是周末那么是休息日，如果不是周末那么要上班。那么休息日中可能是星期六或者是星期日，星期六的话和朋友去逛街，星期日的话在家陪家人。

看一下上面的例子在语句中如何表示：if 语句判断表达式 1 就像判断今天是否是休息日，假设判断结果为真，则进行 if 语句判断表达式 2，这就好像判断出今天是休息日，然后再去判断今天是不是周六。如果 if 语句判断表达式 2 为真，那么执行语句块 1 中的内容；如果不为真，那么执行语句块 2 中的内容。这就像比喻中，如果为星期六的话陪朋友逛街，如果为星期日的话在家陪家人。外面的 else 语句表示如果不为休息日时的相应操作。如下代码所示：

```
if(iDay>Friday)                                  /*判断为休息日的情况*/
{
    if(iDay==Saturday)                           /*判断为周六时的操作*/
    {}
    else                                         /*为周日时的操作*/
    {}
}
else                                             /*不为休息日的情况*/
{
    if(iDay==Monday)                             /*判断为周一时的操作*/
    {}
    else
    {}
}
```

上面的代码表示了整个 if 语句嵌套的操作过程，首先判断为休息日的情况，然后根据判断的结果再进行选择相应的判断或者操作。过程如上面对 if 语句判断的描述一样。

注意

在使用 if 语句嵌套时，应当注意 if 与 else 的配对情况。else 总是与其上面最近的、未配对的 if 进行配对。

在前面曾经介绍过，使用 if 语句，如果只有一条语句时可以不用大括号。修改一下上面的代码，让其先进行判读是否为工作日，然后在工作日中只判断星期一的情况。例如：

```
if(iDay<Friday)                                  /*判断为休息日的情况*/
    if(iDay==Monday)                             /*判断为周一时的操作*/
    {}
else
    if(iDay==Saturday)                           /*判断为周六时的操作*/
```

```
    {}
    else
    {}
```

原本这段代码的作用是先判断是否为工作日，是工作日的话进行判断是否为星期一。不是工作日的话进行判断是否是星期六，否则就是星期日。但是因为 else 总是与其上面最近的未配对的 if 进行配对，所以 else 与第二个 if 语句配对，形成内嵌 if 语句块，这样的话就不满足设计的要求。如果为 if 语句后的语句块加上大括号，那么就不会出现这种情况了。所以笔者曾经建议大家即使是一条语句也要使用大括号。

【例 5.8】　使用 if 嵌套语句选择日程安排。（**实例位置：资源包\源码\05\5.8**）

在本实例中，使用 if 嵌套语句对输入的数据逐步进行判断，最终选择执行相应的操作。

运行程序，显示效果如图 5.12 所示。

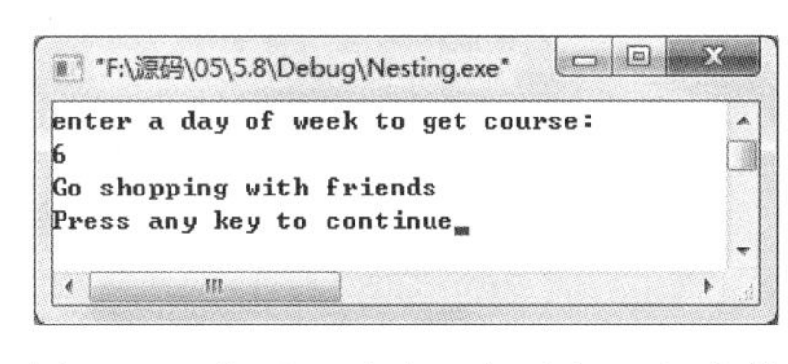

图 5.12　使用 if 嵌套语句选择日程安排

程序代码如下：

```
#include<stdio.h>

int main()
{
    int iDay=0;                                           /*定义变量表示输入的星期*/
    /*定义变量代表一周中的每一天*/
    int Monday=1,Tuesday=2,Wednesday=3,Thursday=4,
        Friday=5,Saturday=6,Sunday=7;

    printf("enter a day of week to get course:\n");      /*提示信息*/
    scanf("%d",&iDay);                                    /*输入星期*/

    if(iDay>Friday)                                       /*休息日的情况*/
    {
        if(iDay==Saturday)                                /*为周六时*/
        {
            printf("Go shopping with friends\n");
        }
        else                                              /*为周日时*/
        {
            printf("At home with families\n");
        }
    }
    else                                                  /*工作日的情况*/
    {
        if(iDay=Monday)                                   /*为周一时*/
        {
            printf("Have a meeting in the company\n");
        }
        else                                              /*为其他星期时*/
        {
```

```
				printf("Working with partner\n");
			}
		}
		return 0;
}
```

代码分析：

（1）在程序中定义变量 iDay 用来保存后面输入的数值。而其他变量表示一周中的每一天。

（2）在运行时，假设输入数值为 6，代表选择星期六。if 语句判断表达式 iDay>Friday，如果成立的话表示输入的星期为休息日，否则会执行 else 表示工作日的部分。如果判断为真，则再利用 if 语句判断 iDay 是否等于 Saturday 变量的值，如果等于表示为星期六，那么执行后面的语句，输出信息表示星期六要和朋友去逛街。else 语句表示的是星期日，输出信息为在家陪家人。

（3）因为 iDay 保存的数值为 6，大于 Friday，并且 iDay 等于 Saturday 变量的值，执行输出语句表示星期六要和朋友去逛街。

视频讲解

动图演示

5.4　条件运算符

在使用 if 语句时，可以通过判断表达式为“真”或“假”，而执行相应的表达式。例如：

```
if(a>b)
	{max=a;}
else
	{max=b;}
```

上面的代码可以用条件运算符“? :”来进行简化，例如：

```
max=(a>b)?a:b;
```

条件运算符对一个表达式的真假结果进行检验，然后根据检验结果返回另外两个表达式中的一个。条件运算符的一般形式如下：

```
表达式 1?表达式 2:表达式 3;
```

在运算中，首先对第一个表达式的值进行检验。如果值为真，返回第二个表达式的结果值；如果值为假，则返回第三个表达式的结果值。例如上面使用条件运算符的代码，首先判断表达式 a>b 是否成立，成立说明结果为真，否则为假。如果为真，将 a 的值赋给 max 变量；如果为假，则将 b 的值赋给 max 变量。

【例 5.9】　使用条件运算符计算欠款金额。（**实例位置：资源包\源码\05\5.9**）

本实例要求设计还欠款时，还钱的时间如果过期，则会在欠款的金额上增加 10%的罚款。其中使用条件运算符进行判断选择。

运行程序，显示效果如图 5.13 所示。

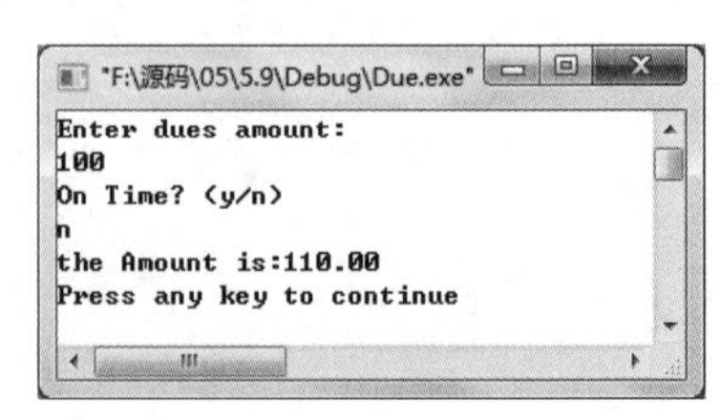

图 5.13　使用条件运算符计算欠款金额

程序代码如下：

```
#include<stdio.h>

int main()
{
    float fDues;                                    /*定义变量表示欠款数*/
    float fAmount;                                  /*表示要还的总欠款数*/
    int iOntime;                                    /*表示是否按时归还*/
    char cChar;                                     /*用来接受用户输入的字符*/

    printf("Enter dues amount:\n");                 /*显示信息，提示输入欠款金额*/
    scanf("%f",&fDues);                             /*用户输入*/
    printf("On Time? (y/n)\n");                     /*显示信息，提示还款是否按时还款*/
    getchar();                                      /*得到回车字符*/
    cChar=getchar();                                /*得到输入的字符*/
    iOntime=(cChar=='y')?1:0;                       /*使用条件运算符根据字符选择进行选择操作*/
    fAmount=iOntime?fDues:(fDues*1.1);              /*使用条件运算符根据 iOntime 值的真假进行选择操作*/
    printf("the Amount is:%.2f\n",fAmount);         /*将计算的应还的总欠款数输出*/
    return 0;
}
```

代码分析：

（1）在程序代码中，定义变量 fDues 表示欠款的金额，fAmount 表示应该还款的金额，iOntime 的值表示有没有按时还款，cChar 用字符表示有没有按时还款。

（2）通过运行程序时的提示信息，用户输入数据。假设用户输入欠款的金额为 100，之后提示有没有按时还款。如果用户输入 y 表示按时还款，n 表示没有按时还款。

（3）假设用户输入 n，表示没有按时还款。即使用条件运算符进行判断表达式“cChar=='y'”是否成立，成立时为真值，那么将“?”号后的值 1 赋给 iOntime 变量；不成立为假时，将 0 赋给 iOntime 变量。因为“cChar=='y'”的表达式不成立，所以 iOntime 的值为 0。

（4）使用条件运算符对 iOntime 的值进行判断，如果 iOntime 为真，则说明按时还款为原来的欠款，返回 fDues 值给 fAmount 变量。若 iOntime 值为假，则说明没有按时还款，那样要加上 10%的罚金，返回表达式 fDues*1.10 的值给 fAmount 变量。因为 iOntime 为 0，则 fAmount 值为 fDues*1.10 的结果。

5.5　switch 语句

从前面所学得知 if 语句只有两个分支可供选择，而在实际问题中常常需要用到多分支的选择。当然使用嵌套的 if 语句也可以实现多分支的选择，但是如果分支较多，会使得嵌套的 if 语句层数多，程序冗余并且可读性不好。C 语言中使用 switch 语句直接处理多分支选择的情况，提高程序代码的可读性。

5.5.1 switch 语句的基本形式

switch 语句是多分支选择语句。例如，如果只需要检验某一个整型变量的可能取值，那么可以用更简便的 switch 语句。switch 语句的一般形式如下：

```
switch (表达式)
{
	case 情况 1:
		语句块 1
	case 情况 2:
		语句块 2
	…
	case 情况 n:
		语句块 n
	default:
		默认情况语句块
}
```

其语句的程序流程如图 5.14 所示。

通过流程图进行分析 switch 语句的一般形式。switch 后面括号中的表达式就是要进行判断的条件。在 switch 的语句块中，case 关键字表示符合检验条件的各种情况，其后的语句是相应的操作。程序中还有一个 default 关键字，作用是如果上面没有符合条件的情况，那么执行 default 后的默认情况语句。

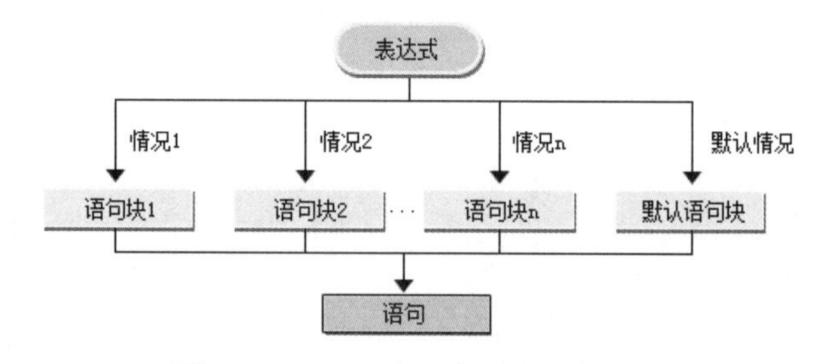

图 5.14　switch 多分支选择语句流程

说明

switch 语句检验的条件必须是一个整型表达式，这意味着其中也可以包含运算符和函数调用。而 case 语句检验的值必须是整型常量，也就是说可以是常量表达式或者常量运算。

通过一段代码再来分析一下 switch 语句的使用方法，如下面的代码：

```
switch(selection)
{
	case 1:
		printf("Processing Receivables\n");
		break;
	case 2:
		printf("Processing Payables\n");
		break;
	case 3:
		printf("Quitting\n");
		break;
```

```
    default:
        printf("Error\n");
        break;
}
```

其中 switch 判断 selection 变量的值，利用 case 语句检验 selection 值的不同情况。假设 selection 的值为 2，那么执行 case 为 2 时的情况，执行后跳出 switch 语句。如果 selection 的值不是 case 中所列出的检验情况，那么执行 default 中的语句。在每一个 case 语句后或 default 语句后都有一个 break 关键字。break 语句是用来跳出 switch 结构，不再执行下面的代码。

注意

在使用 switch 语句时，我们知道如果 case 语句后面的值没有一个能匹配 switch 语句的条件，那么就执行 default 语句后面的代码。要注意的是，其中任何两个 case 语句都不能使用相同的常量值。并且每一个 switch 结构只能有一个 default 语句，而且 default 可以省略。

【例 5.10】　使用 switch 语句输出分数段。（**实例位置：资源包\源码\05\5.10**）

本实例中，要求按照考试成绩的等级输出百分制分数段的范围，其中要使用 switch 语句进行判断分数的情况。

运行程序，显示效果如图 5.15 所示。

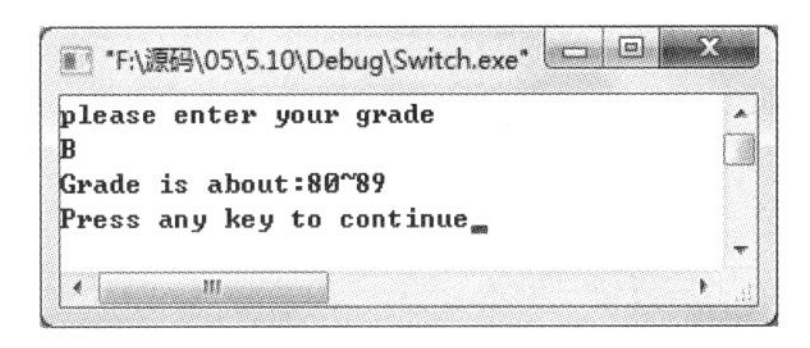

图 5.15　使用 switch 语句输出分数段

程序代码如下：

```
#include<stdio.h>

int main()
{
    char cGrade;                                  /*定义变量表示分数的级别*/
    printf("please enter your grade\n");          /*提示信息*/
    scanf("%c",&cGrade);                          /*输入分数的级别*/
    printf("Grade is about:");                    /*提示信息*/
    switch(cGrade)                                /*switch 语句判断*/
    {
        case 'A':                                 /*分数级别为 A 的情况*/
            printf("90~100\n");                   /*输出分数段*/
            break;                                /*跳出*/
        case 'B':                                 /*分数级别为 B 的情况*/
            printf("80~89\n");                    /*输出分数段*/
            break;                                /*跳出*/
        case 'C':                                 /*分数级别为 C 的情况*/
            printf("70~79\n");                    /*输出分数段*/
            break;                                /*跳出*/
        case 'D':                                 /*分数级别为 D 的情况*/
            printf("60~69\n");                    /*输出分数段*/
            break;                                /*跳出*/
        case 'F':                                 /*分数级别为 F 的情况*/
            printf("<60\n");                      /*输出分数段*/
```

```
                break;                                          /*跳出*/
        default:                                                /*默认情况*/
                printf("You enter the char is wrong!\n");       /*提示错误*/
                break;                                          /*跳出*/
    }
    return 0;
}
```

代码分析：

（1）程序的代码中，定义变量 cGrade 用来保存用户输入的成绩等级。

（2）使用 switch 语句判断字符变量 cGrade，其中使用 case 关键字检验可能出现的级别情况。并且在每一个 case 语句的最后都会有 break 进行跳出。如果没有符合的情况则会执行 default 默认语句。

注意

在 case 语句表示的条件后有一个冒号“:”，在编写时不要忘记。

（3）在程序中，假设用户输入字符为'B'，在 case 检验中有为'B'的情况，那么执行该级别的 case 后的语句块，将分数段进行输出。

在使用 switch 语句时，每一个 case 情况中都要使用 break 语句。如果不是用 break 语句会出现什么情况呢？先来看一下 break 的作用，break 使得执行完 case 语句后跳出 switch 语句。可以进行一下猜测，如果没有 break 语句的话，程序可能会将后面的内容都执行。为了验证猜测是否正确，将上面程序中的 break 去掉。还是输入字符'B'，运行程序，显示结果如图 5.16 所示。

从运行的结果中可以看出，当去掉 break 语句后，会将 case 检验相符情况后的所有语句进行输出，所以在 case 语句中 break 语句是不能缺少的。

【例 5.11】 修改日程安排程序。（**实例位置：资源包\源码\05\5.11**）

在前面的实例中，使用嵌套的 if 语句形式编写了日程安排程序，现在要求使用 switch 语句对程序进行修改。

运行程序，显示效果如图 5.17 所示。

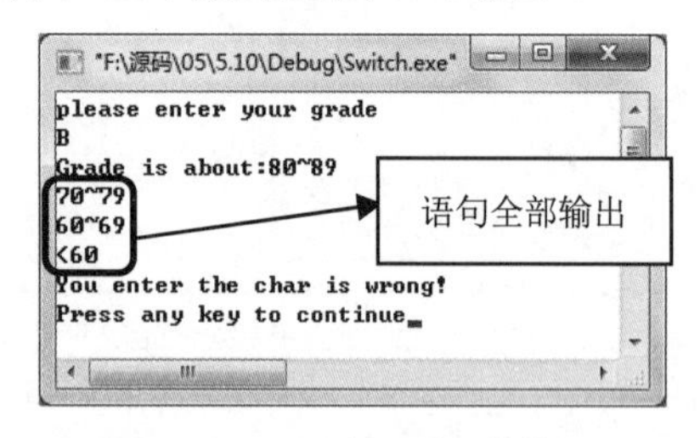

图 5.16 不添加 break 的情况

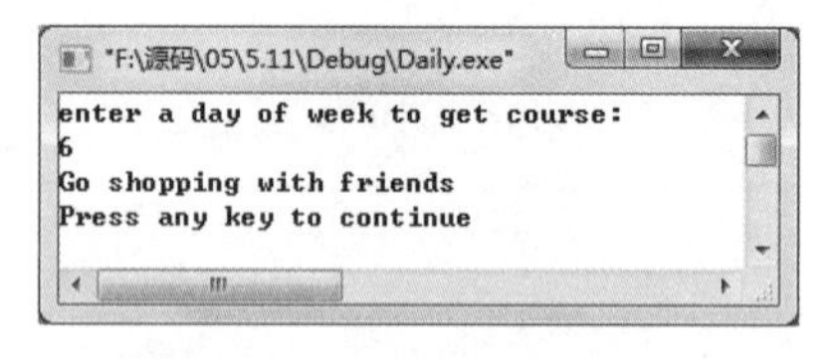

图 5.17 修改日程安排程序

程序代码如下：

```
#include<stdio.h>

int main()
{
    int iDay=0;                                     /*定义变量表示输入的星期*/
```

```
    printf("enter a day of week to get course:\n");          /*提示信息*/
    scanf("%d",&iDay);                                       /*输入星期*/

    switch(iDay)
    {
    case 1:                                                  /*iDay 的值为 1 时*/
        printf("Have a meeting in the company\n");
        break;
    case 6:                                                  /*iDay 的值为 6 时*/
        printf("Go shopping with friends\n");
        break;
    case 7:                                                  /*iDay 的值为 7 时*/
        printf("At home with families\n");
        break;
    default:                                                 /*iDay 的值为其他情况时*/
        printf("Working with partner\n");
        break;
    }
    return 0;
}
```

在程序中，使用 switch 语句将原来的 if 语句都去掉，使得程序的结构看起来比较清晰，易于观察。

5.5.2　多路开关模式的 switch 语句

在例 5.11 中，将 break 去掉之后，会将符合检验条件后的所有语句都输出。利用这个特点，可以设计多路开关模式的 switch 语句，其形式如下：

```
switch(表达式)
{
    case 1:
        语句 1
        break;
    case 2:
    case 3:
        语句 2
        break;
    …
    default:
        默认语句
        break;
}
```

可以看到如果在 case 2 后不使用 break 语句，那么此时与符合 case 3 检验时的效果是一样的。也就是说使用多路开关模式，可以让多种检验条件使用同一种解决方式。

【例 5.12】　使用多路开关模式编写日程安排程序。（**实例位置：资源包\源码\05\5.12**）

在本实例中，要求使用多路开关的模式编写操作相同的检验结果，并且在输入不正确的日期时进行错误提示。

运行程序，显示效果如图 5.18 所示。

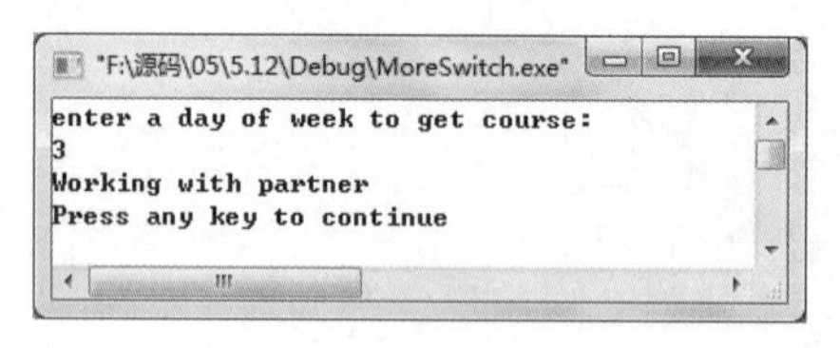

图 5.18　使用多路开关模式编写日程安排程序

程序代码如下：

```
#include<stdio.h>

int main()
{
	int iDay=0;									/*定义变量表示输入的星期*/

	printf("enter a day of week to get course:\n");		/*提示信息*/
	scanf("%d",&iDay);								/*输入星期*/

	switch(iDay)
	{
		case 1:									/*iDay 的值为 1 时*/
			printf("Have a meeting in the company\n");
			break;
		/*多路开关模式*/
		case 2:
		case 3:
		case 4:
		case 5:
			printf("Working with partner\n");
			break;
		case 6:									/*iDay 的值为 6 时*/
			printf("Go shopping with friends\n");
			break;
		case 7:									/*iDay 的值为 7 时*/
			printf("At home with families\n");
			break;
		default:									/*iDay 的值错误时*/
			printf("error!!\n");
	}
	return 0;
}
```

程序中使用多路开关模式，使得检测 iDay 的值为 2、3、4、5 这 4 种情况时，都会执行相同的结果。并且利用 default 语句，在输入不符合的数字时，显示输入错误的提示信息。

5.6　if else 语句和 switch 语句的区别

if else 语句和 switch 语句都是进行判断，然后根据不同情况的检验条件做出相应的判断。那么 if else 语句和 switch 语句有什么不同呢？下面从两者的语法和效率的比较进行讲解。

☑　语法的比较

if 是配合 else 关键字进行使用的，而 switch 是配合 case 使用的；if 语句先对条件进行判断，而 switch 语句是后进行判断。

☑　效率的比较

if else 结构在开始时对少数的检验判断速度比较快，但是随着检验数量的增长会逐渐变慢，其中的默认情况将会是最慢的。使用 if else 结构可以判断表达式，但是也不能通过减少选择深度来减缓检验速度变慢的趋势，并且在将来也不容易对程序进行添加扩充。

switch 结构中，对其中每一项 case 语句检验的速度都是相同的，但对于检验 default 语句的默认情况比其他情况都快。

那么当判定的情况占少数时，if else 结构比 swtich 结构检验速度快。也就是说，如果分支在 3、4 个以下的话，用 if else 结构比较好，否则选择 switch 结构。

【例 5.13】　if 语句和 switch 语句的综合使用。（**实例位置：资源包\源码\05\5.13**）

在本实例中，要求设计程序通过输入一年中的月份，得到这个月所包含的天数。判断数量的情况，根据需求选择使用 if 语句和 switch 语句。

运行程序，显示效果如图 5.19 所示。

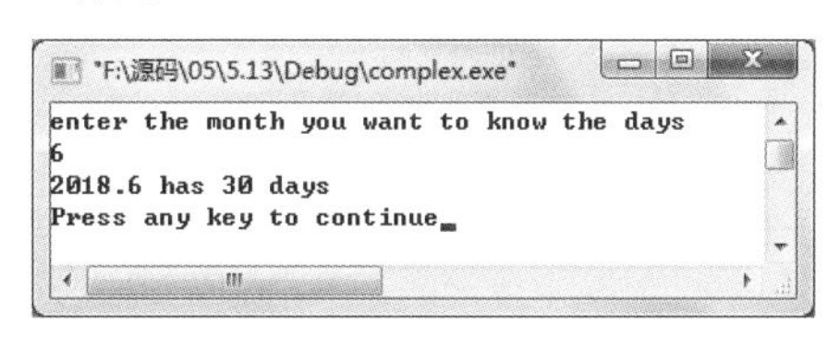

图 5.19　if 语句和 switch 语句的综合使用

程序代码如下：

```
#include<stdio.h>

int main()
{
	int iMonth=0,iDay=0;                                  /*定义变量*/
	printf("enter the month you want to know the days\n");   /*提示信息*/
	scanf("%d",&iMonth);                                  /*输入数据*/
	switch(iMonth)                                        /*检验变量*/
	{
		/*多路开关模式 switch 语句进行检验*/
		case 1:                                           /*1 表示一月份*/
		case 3:
```

```
        case 5:
        case 7:
        case 8:
        case 10:
        case 12:
            iDay=31;                                    /*为 iDay 赋值为 31*/
            break;                                      /*跳出 switch 结构*/
        case 4:
        case 6:
        case 9:
        case 11:
            iDay=30;                                    /*为 iDay 赋值为 30*/
            break;                                      /*跳出 switch 结构*/
        case 2:
            iDay=28;                                    /*为 iDay 赋值为 28*/
            break;                                      /*跳出 switch 结构*/
        default:                                        /*默认情况*/
            iDay=-1;                                    /*赋值为-1*/
            break;                                      /*跳出 switch 结构*/
    }

    if(iDay==-1)                                        /*使用 if 语句判断 iDay 的值*/
    {
        printf("there is a error with you enter\n");
    }
    else                                                /*默认的情况*/
    {
        printf("2018.%d has %d days\n",iMonth,iDay);
    }
    return  0;
}
```

代码分析：

因为要判断一年中 12 个月份所包含的日期数，所以要对 12 种不同的情况进行检验。因为要检验的数量比较多，所以使用 switch 结构判断月份比较合适，并且可以使用多路开关模式，使得编写更为简洁。其中 case 语句用来判断月份 iMonth 的情况，并且为 iDay 赋相应的值。default 默认处理为输入的月份不符合检验条件时，为 iDay 赋值为-1。

switch 检验完成之后，要输出得到的日期数，因为有可能日期为-1，也就是出现月份错误的情况。这时判断的情况只有两种，就是 iDay 是否为-1，检验的条件少所以使用 if 语句更为方便。

视频讲解

5.7 选择结构程序应用

本节通过实例，练习使用 if 语句和 switch 语句，对其结构和使用的方法进行掌握，逐步加深对 C

语言中选择结构的程序设计学习。

【例 5.14】　使用 switch 语句计算运输公司的计费。（**实例位置：资源包\源码\05\5.14**）

实例要求，某运输公司的收费按照用户运送货物的路程进行计费。路程（s）越远，每公里运费越低，其收费标准如表 5.1 所示。

表 5.1　运送货物收费标准

路程（km）	运　　费
s<250	没有折扣
250≤s<500	2%折扣
500≤s<1000	5%折扣
1000≤s<2000	8%折扣
2000≤s<3000	10%折扣
3000≤s	15%折扣

运行程序，显示效果如图 5.20 所示。

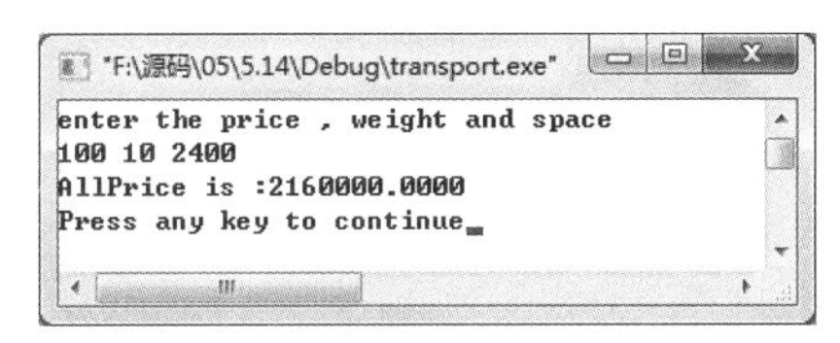

图 5.20　使用 switch 语句计算运输公司的计费

程序代码如下：

```
#include<stdio.h>

int main()
{
	int iDiscount;                                  /*表示折扣*/
	int iSpace;                                     /*表示路程*/
	int iSwitch;                                    /*表示折扣的检验情况*/
	float fPrice,fWeight,fAllPrice;
	printf("enter the price , weight and space\n");
	scanf("%f%f%d",&fPrice,&fWeight,&iSpace);
	if(iSpace>3000)
	{
		iSwitch=12;                                 /*折扣的检验情况为 12*/
	}
	else
	{
		iSwitch=iSpace/250;                         /*计算折扣的检验情况*/
	}

	switch(iSwitch)                                 /*使用 switch 进行检验*/
	{
	case 0:
```

```
            iDiscount=0;
            break;
        case 1:
            iDiscount=2;
            break;
        case 2:
        case 3:
            iDiscount=5;
            break;
        case 5:
        case 6:
        case 7:
            iDiscount=8;
            break;
        case 8:
        case 9:
        case 10:
        case 11:
            iDiscount=10;
            break;
        case 12:
            iDiscount=12;
            break;
        default:
            break;
        }

        fAllPrice=fPrice*fWeight*iSpace*(1-iDiscount/100.0);        /*计算总价格*/
        printf("AllPrice is :%.4f\n",fAllPrice);                    /*输出结果*/
        return 0;
}
```

代码分析：

在程序代码中，定义的变量 fPrice、fWeight 和 fAllPrice 分别表示单价、重量和计算得到的总价格。通过对路程使用除法得到条件，然后使用 switch 语句进行检验。

其中需要注意的是，在计算 iSwitch=iSpace/250 时，由于 iSwitch 定义的类型为整型，所以 iSwitch 的值为计算后得到的整数部分。

视频讲解

5.8 实　　战

5.8.1 将 3 个数从小到大输出

任意输入 3 个整数，编写程序实现对这 3 个整数由小到大的排序，并将排序后的结果显示在屏幕上。运行结果如图 5.21 所示。（**实例位置：资源包\源码\05\实战\01**）

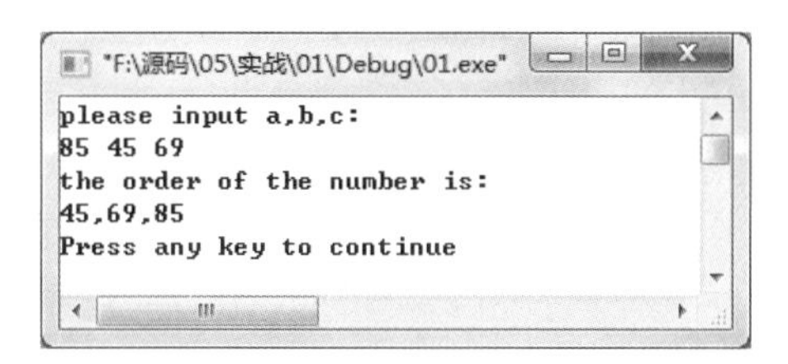

图 5.21　3 个数由小到大排序

5.8.2　求学生的最低分和最高分

编写一个程序，要求从键盘上输入某个学生的 4 科成绩，求出该学生的最高分和最低分。运行程序，效果如图 5.22 所示。(**实例位置：资源包\源码\05\实战\02**)

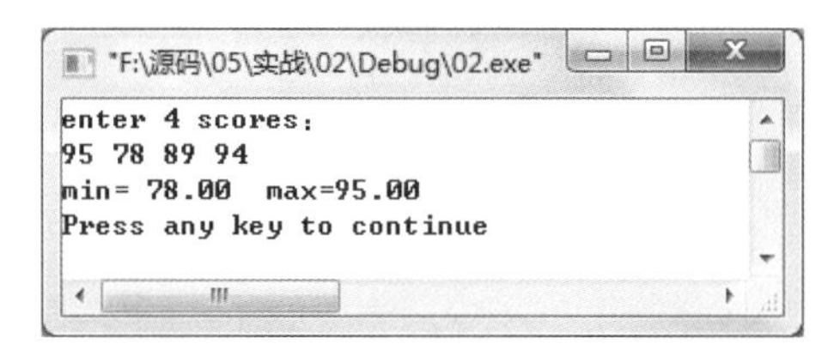

图 5.22　求学生的最低分和最高分

5.8.3　模拟自动售货机

设计一个自动售货机的程序，运行程序，提示用户输入要选择的选项，当用户输入以后，提示所选择的内容。本程序中使用了 switch 分支结构，来解决程序中的选择问题。程序运行效果如图 5.23 所示。(**实例位置：资源包\源码\05\实战\03**)

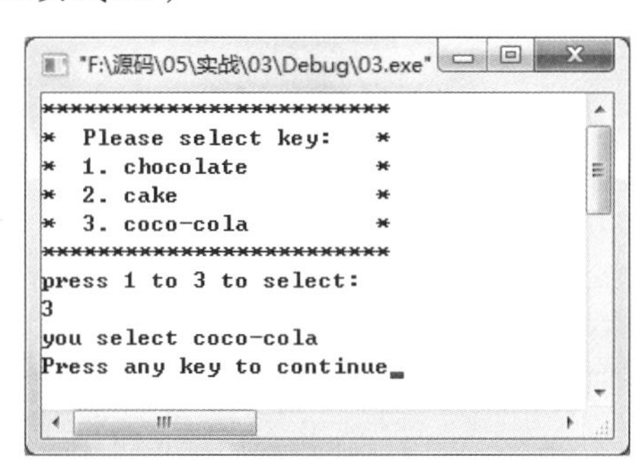

图 5.23　模拟自动售货机

5.8.4　模拟 ATM 机界面程序

模拟银行 ATM 机操作界面，主要实现取款功能，在取款操作前用户要先输入密码，密码正确才可进行取款操作，取款时将显示取款金额及剩余金额。操作完毕退出程序。运行结果如图 5.24 所示。(**实例位置：资源包\源码\05\实战\04**)

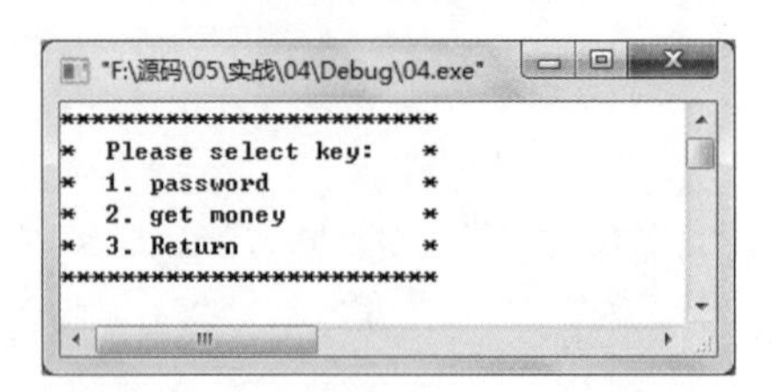

图 5.24　模拟 ATM 机界面

5.8.5　计算某日是该年的第几天

本实例要求编写一个计算天数的程序，即从键盘中输入年、月、日，在屏幕中输出此日期是该年的第几天。运行结果如图 5.25 所示。（**实例位置：资源包\源码\05\实战\05**）

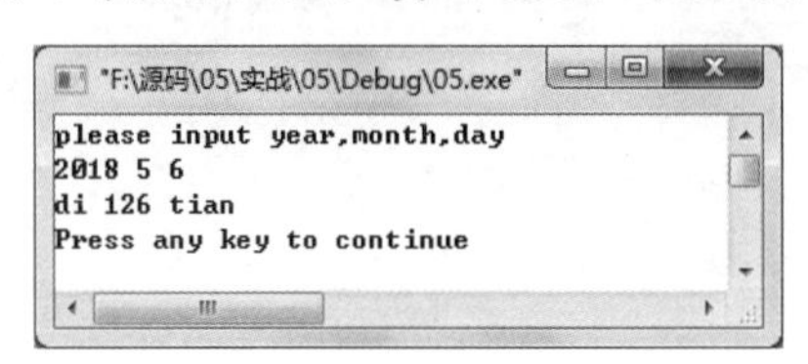

图 5.25　计算某日是该年第几天

要实现本实例要求的功能主要有以下两个要点：

（1）判断输入的年份是否是闰年，这里自定义函数 leap 来进行判断。该函数的核心内容就是闰年的判断条件，即输入年份能被 4 整除但不能被 100 整除，或能被 400 整除为闰年。

（2）如何求此日期是该年的第几天。这里将 12 个月每月的天数存到数组中，因为闰年 2 月份的天数有别于平年，故采用两个数组 a 和 b 分别存储。当输入年份是平年，月份为 m 时，就累加存储着平年每月天数的数组的前 m−1 个元素，将累加的结果加上输入的日便求出了最终结果，闰年的算法类似。

第 6 章

循环控制

（视频讲解：61 分钟）

在日常的生活中会有许多简单和重复的工作，为完成这些必要的工作会花费很多时间，而编写程序就是为了使工作变得简单，使用计算机来解决这些重复的工作是非常好的选择。

本章致力于使读者了解循环语句的特点，分别介绍 3 种循环结构：while 语句结构、do-while 语句结构和 for 语句结构，并且对这 3 种结构进行区分讲解，使读者掌握转移语句的有关内容。

学习摘要：

- **循环语句的概念**
- **while 循环语句的使用方式**
- **do-while 循环语句的使用方式**
- **for 循环语句**
- **区分 3 种循环语句的各自特点和嵌套使用方式**
- **使用转移语句控制程序的流程**

视频讲解

6.1 循环语句

在第 5 章的介绍中可以了解到，程序在运行时可以通过判断、检验条件做出选择。程序除了可以做出抉择外，还必须能够重复，也就是反复执行一段指令，直到满足某个条件为止。例如，要计算一个公司所有项目的消费总额，就要将所有的消费加起来。

这种重复的过程就称为循环。C 语言中有 3 种循环语句：while、do-while 和 for 循环语句。循环结构是结构化程序设计的基本结构之一，因此熟练掌握循环结构是程序设计的基本要求。

视频讲解

动图演示

6.2 while 语句

使用 while 语句可以执行循环结构，其一般形式如下：

```
while (表达式) 语句
```

其语句执行流程图如图 6.1 所示。

while 语句首先检验一个条件，也就是括号中的表达式。当条件为真时，就执行紧跟其后的语句或者语句块。每执行一遍循环，程序都将回到 while 语句处，重新进行检验是否满足条件。如果一开始就不满足条件的话，则跳过循环体里的语句，直接执行后面的程序代码。如果第一次检验时满足条件，那么在第一次或其后的循环过程中，必须有不满足条件的操作，否则，循环无法终止。

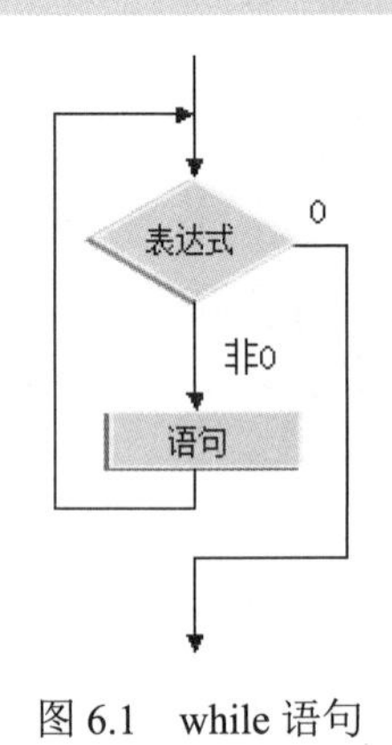

图 6.1 while 语句执行流程

无法终止的循环常常被称为死循环或者无限循环。

例如，下面的代码：

```
while(iSum<100)
{
    iSum+=1;
}
```

在这段代码中，while 语句首先进行判断 iSum 变量是否小于常量 100，如果 iSum 变量小于 100 为真，那么执行紧跟着后面的语句块。如果 iSum 变量小于 100 为假，那么跳过语句块中的内容直接执行下面的程序代码。在语句块中，可以看到对其中的变量进行加 1 的运算，这里的加 1 运算就是循环结构中使条件为假的操作，也就是使得 iSum 不小于 100，否则程序会一直循环下去。

【例 6.1】 计算 1 累加到 100 的结果。（**实例位置：资源包\源码\06\6.1**）

本实例计算 1~100 所有数字的总和，使用循环语句可以将 1~100 的数字进行逐次加运算，直到 while 判断的条件不满足为止。

运行程序，显示效果如图 6.2 所示。

程序代码如下：

```
#include<stdio.h>

int main()
{
	int iSum=0;					/*定义变量，表示计算总和*/
	int iNumber=1;					/*表示每一个数字*/

	while(iNumber<=100)				/*使用 while 循环*/
	{
		iSum=iSum+iNumber;			/*进行累加*/
		iNumber++;				/*增加数字*/
	}
	printf("the result is：%d\n",iSum);		/*将结果输出*/
	return 0;
}
```

代码分析：

（1）在程序代码中，因为要计算 1~100 的累加结果，所以要定义两个变量，iSum 表示计算的结果，iNumber 表示 1~100 的数字。为 iSum 赋值为 0，iNumber 赋值为 1。

（2）使用 while 语句判断 iNumber 是否小于等于 100，如果条件为真，则执行下面语句块中的内容；如果条件为假，则跳过语句块执行后面的内容。初始 iNumber 的值为 1，判断的条件为真，所以执行语句块。

（3）在语句块中，总和 iSum 等于之前计算的总和加上现在 iNumber 表示的数字，完成累加操作。iNumber++表示自身加 1 操作，语句块执行结束，while 再次判断新的 iNumber 值。也就是说，iNumber++这条语句是可以使循环停止的操作。

（4）当 iNumber 大于 100 时，循环操作结束，将结果 iSum 进行输出。

【例 6.2】 使用 while 为用户提供菜单显示。（**实例位置：资源包\源码\06\6.2**）

在使用程序时，根据程序的功能会有许多选项，为了使用户可以方便地观察到菜单的选项，要将菜单进行输出。在本实例中，利用 while 将菜单进行循环输出，这样可以使用户更为清楚地知道每一个选项所对应的操作。

运行程序，显示效果如图 6.3 所示。

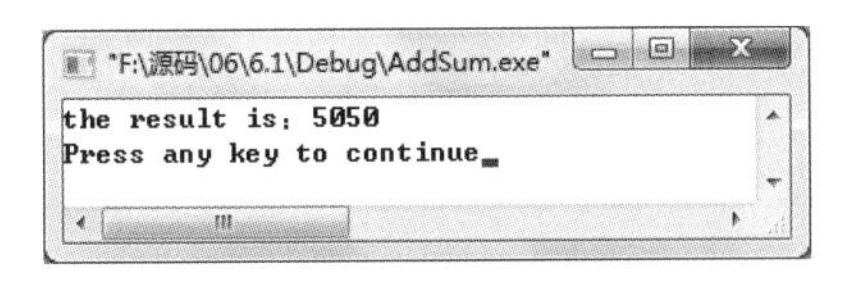

图 6.2　计算 1 累加到 100 的结果

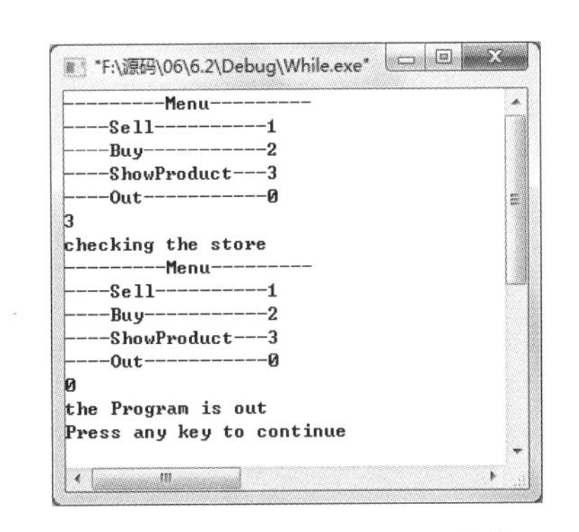

图 6.3　使用 while 为用户提供菜单显示

程序代码如下：

```
#include<stdio.h>

int main()
{
	int iSelect=1;                                         /*定义变量，表示菜单的选项*/

	while(iSelect!=0)                                      /*检验条件，循环显示菜单*/
	{
		/*显示菜单内容*/
		printf("---------Menu---------\n");
		printf("----Sell----------1\n");
		printf("----Buy-----------2\n");
		printf("----ShowProduct---3\n");
		printf("----Out-----------0\n");

		scanf("%d",&iSelect);                          /*输入菜单的选项*/
		switch(iSelect)                                /*使用 switch 语句，检验条件进行相应的处理*/
		{
			case 1:                                /*选择第一项菜单的情况*/
				printf("you are buying something into store\n");
				break;
			case 2:                                /*选择第二项菜单的情况*/
				printf("you are selling to consumer\n");
				break;
			case 3:                                /*选择第三项菜单的情况*/
				printf("checking the store\n");
				break;
			case 0:                                /*选择退出项菜单的情况*/
				printf("the Program is out\n");
				break;
			default:                               /*默认处理*/
				printf("You put a wrong selection\n");
				break;
		}
	}
	return 0;
}
```

代码分析：

（1）在程序代码中，定义的变量 iSelect 是用来保存菜单的输入选项的变量。使用 while 语句检验 iSelect 变量，语句“iSelect!=0”表示如果 iSelect 不等于 0。当条件为真时，执行其后的语句块中的内容；当条件为假时，执行后面的代码 return 0 程序结束。

（2）因为设定 iSelect 变量的值为 1，所以 while 语句检验条件为真，执行其中的语句块。在语句块中首先显示菜单，将每一项的操作都进行说明。

（3）使用 scanf 语句，将用户要选择的项目输入。之后使用 switch 语句判断变量，根据变量中保存的数据，按检验出的结果进行对应的操作，其中每一个 case 会输出不同的菜单功能提示信息。default

默认情况为，当用户输入的选项为菜单所列以外选项时的操作。

（4）显示的菜单中有 4 项功能，其中的选项 0 为退出。那么输入 0 时，iSelect 保存 0 值。这样在执行完 case 为 0 的情况后，当 while 再检验 iSelect 的值时，判断的结果为假，那么不执行循环操作，执行后面的代码后，程序结束。

视频讲解

动图演示

6.3　do-while 语句

有些情况下，不论条件是否满足，循环过程必须至少执行一次，这时可以采用 do-while 语句。do-while 语句的特点就是先执行循环体语句的内容，然后再判别循环条件是否成立。其一般形式如下：

```
do
    循环体语句
while (表达式);
```

其语句执行流程图如图 6.4 所示。

do-while 语句是这样执行的，首先执行一次循环体语句中的内容，然后判别表达式，当表达式的值为真时，返回继续执行循环体语句，直到表达式的判断为假时为止，此时循环结束。

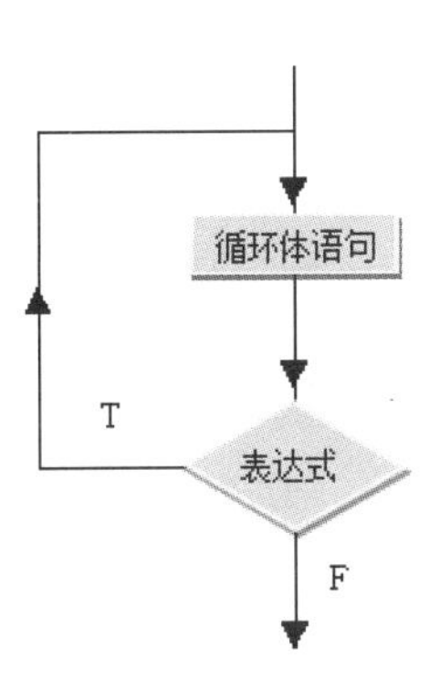

图 6.4　do-while 语句执行流程

说明

while 语句和 do-while 语句的区别在于：while 语句在每次循环之前检验条件，do-while 语句在每次循环之后检验条件。这也可以从两种循环结构的代码上看出来，while 结构的 while 语句出现在循环体的前面，do-while 结构中 while 语句出现在循环体的后面。

例如，下面代码所示：

```
do
{
    iNumber++;
}
while(iNumber<100);
```

代码分析：

在上面的代码中，首先执行 iNumber++的操作，也就是说不管 iNumber 是否小于 100 都会执行一次循环体中的内容。然后判断 while 后的括号中的内容，如果 iNumber 小于 100，则再次执行循环语句块中的内容，条件为假时执行下面的程序操作。

注意

在使用 do-while 语句时，条件要放在 while 关键字后面的括号里，最后必须加上一个分号，这是许多初学者容易忘记的。

【例 6.3】 使用 do-while 语句计算 1 到 100 之间的累加结果。（**实例位置：资源包\源码\06\6.3**）

在 6.2 节中，计算 1 到 100 之间所有数字的累加结果使用的是 while 语句，在本实例中使用 do-while 语句可以实现相同的功能，在程序运行的过程中，虽然两者的结果是相同的，但是要了解其中操作过程的不同之处。

运行程序，显示效果如图 6.5 所示。

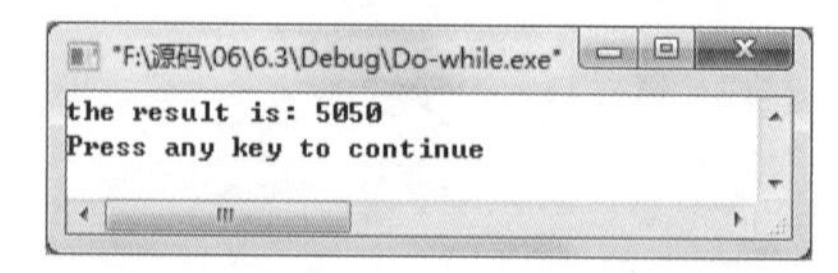

图 6.5 使用 do-while 语句计算 1 到 100 之间的累加结果

程序代码如下：

```
#include<stdio.h>

int main()
{
	int iNumber=1;                          /*定义变量，表示数字*/
	int iSum=0;                             /*表示计算的总和*/

	do
	{
		iSum=iSum+iNumber;                  /*计算累加的总和*/
		iNumber++;                          /*进行自身加 1*/
	}
	while(iNumber<=100);                    /*检验条件*/

	printf("the result is: %d\n",iSum);     /*输出计算结果*/
	return 0;
}
```

代码分析：

（1）在程序中，同样定义 iNumber 表示 1 到 100 间的数字，iSum 表示计算的总和。

（2）do 关键字之后是循环语句，语句块中进行累加操作，并对 iNumber 变量进行自加操作。语句块的下面是 while 语句检验条件，如果检验为真，继续执行上面的语句块操作；如果检验为假，程序执行下面的代码。

（3）在循环操作完成之后，将结果输出。

6.4 for 语句

在 C 语言中，使用 for 语句也可以用来控制一个循环，并且在每一次循环时修改循环变量。在循环语句中，for 语句使用最为灵活，不仅可以用于循环次数已经确定的情况，还可以用于只给出循环结束条件而循环次数不确定的情况。下面将对 for 语句的循环结构进行详细的介绍。

6.4.1　for 语句使用

for 语句的一般形式如下：

```
for(表达式 1;表达式 2;表达式 3;)
```

每条 for 语句包含 3 个用分号隔开的表达式。这 3 个表达式用一个对圆括号括起来，其后紧跟着循环语句或语句块。当执行到 for 语句时，程序首先计算第一个表达式的值，接着计算第二个表达式的值。如果第二个表达式的值为真，程序就执行循环体的内容，并计算第三个表达式。得到结果然后再检验第二个表达式，执行循环，如此反复，直到第二个表达式的值为假，则退出循环。

其语句执行流程图如图 6.6 所示。

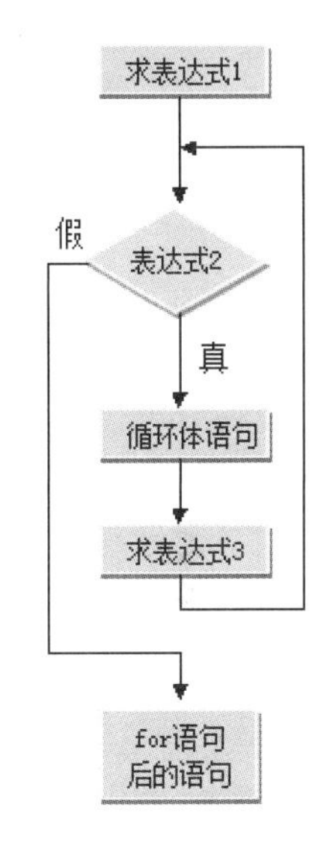

图 6.6　for 语句执行流程

通过上面的流程图和对 for 语句的介绍，总结其执行过程如下：

（1）先求解表达式 1。

（2）求解表达式 2，若其值为真，则执行 for 语句中的循环语句块，然后执行第（3）步。若为假，则结束循环，转到第（5）步。

（3）求解表达式 3。

（4）回到上面的第（2）步骤继续执行。

（5）循环结束，执行 for 语句下面的一个语句。

for 语句简单的应用形式如下：

```
for(循环变量赋初值;循环条件;循环变量) 语句块;
```

例如，实现一个循环操作：

```
for(i=1;i<100;i++)
{
    printf("the i is:%d",i);
}
```

在上面的代码中，表达式 1 处是对循环变量 i 进行赋值操作，然后表达式 2 处是进行判断循环条件是否为真。因为 i 的初值为 1，所以小于 100，执行语句块中的内容。表达式 3 处是每一个次循环后，对循环变量的操作，然后再判断表达式 2 处的状态。为真时，继续执行语句块；为假时，循环结束，执行后面的程序代码。

【例 6.4】　使用 for 语句显示随机数。（**实例位置：资源包\源码\06\6.4**）

在本实例中，要求使用 for 循环语句显示 10 个随机数字，其中产生随机数要使用到 srand 函数和 rand 函数，这两个函数都包括在 stdio.h 头文件中。

运行程序，显示效果如图 6.7 所示。

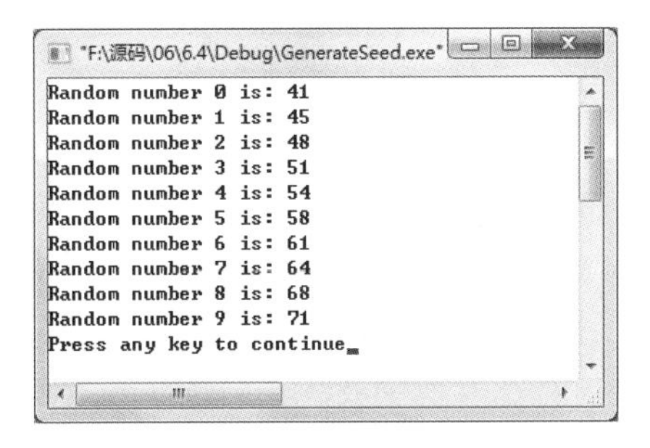

图 6.7　使用 for 语句显示随机数

程序代码如下：

```
#include<stdio.h>

int main()
{
	int counter;										/*定义变量*/
	/*使用 for 语句，为变量赋值，执行循环*/
	for(counter=0;counter<10;counter++)
	{
		srand(counter+1);								/*设置随即发生数的种子*/
		printf("Random number %d is: %d\n",counter,rand());		/*产生随机发生数*/
	}
	return 0;
}
```

代码分析：

（1）在程序代码中，定义变量 counter。在 for 语句中先对 counter 进行赋值，之后判断 counter<10 的条件是否为真，然后根据判断的结果选择是否执行循环语句。

（2）srand 和 rand 函数都包含在 stdio.h 头文件中，srand 函数的功能是设定一个随机发生数的种子，rand 函数是根据设定的随即发生数种子产生特定的随机数。

（3）循环语句中使用 srand 函数设定 counter+1 为设定的种子，然后使用 rand 函数产生特定的随机发生数。使用 printf 函数将产生的随机数进行输出。

说明

如果在使用 rand 函数之前不提供种子值，也就是不用 srand 函数进行设定种子值。则 rand 函数总是默认 1 作为种子，每次将产生同样的随机数序列。因此在本例中，每次循环使用 counter+1 作为种子值。

对于 for 语句的一般形式也可以使用 while 循环的形式进行表示：

```
表达式 1;
while(表达式 2)
{
	语句
	表达式 3;
}
```

上面就是使用 while 语句表示 for 语句的一般形式，其中的表达式对应着 for 语句括号中的表达式，下面通过一个实例来看一下这两种操作。

【例 6.5】 使用 while 语句模仿 for 语句的一般形式。（**实例位置：资源包\源码\06\6.5**）

在本实例中，使用 for 语句先实现一个由循环功能完成的操作，之后再使用 while 语句实现相同的功能。在实例中要注意的是，for 语句中的表达式与 while 语句中的表达式所对应的位置。

运行程序，显示效果如图 6.8 所示。

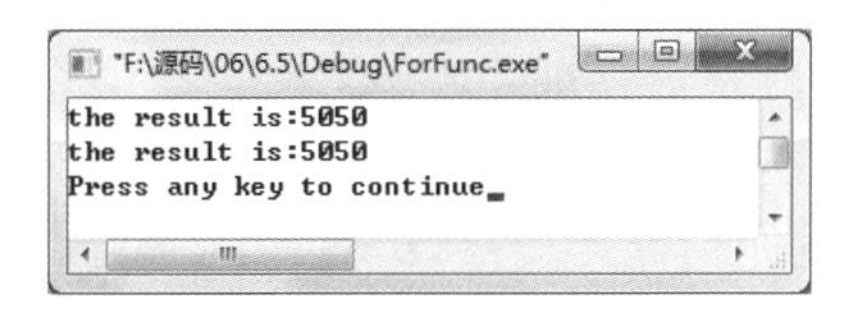

图 6.8　使用 while 语句模仿 for 语句的一般形式

程序代码如下：

```
#include<stdio.h>

int main()
{
    int iNumber;                                    /*定义变量，表示 1~100 的数字*/
    int iSum=0;                                     /*保存计算后的结果*/
    /*使用 for 循环*/
    for(iNumber=1;iNumber<=100;iNumber++)
    {
        iSum=iNumber+iSum;                          /*累加计算*/
    }
    printf("the result is:%d\n",iSum);              /*输出计算结果*/

    iSum=0;                                         /*恢复计算结果*/
    iNumber=1;                                      /*设定循环控制变量的初值*/
    while(iNumber<=100)
    {
        iSum=iSum+iNumber;                          /*累加计算*/
        iNumber++;                                  /*循环变量自增*/
    }
    printf("the result is:%d\n",iSum);              /*输出计算结果*/
    return 0;
}
```

代码分析：

（1）在程序中，还是定义变量 iNumber 表示 1~100 的数字，不过刚开始没有为其赋值，iSum 表示计算的结果。

（2）使用 for 语句执行循环操作，在括号中第一个表达式位置处，为循环变量进行赋值。第二个表达式判断条件。条件为真，执行语句块中内容；条件为假，不进行循环操作。

（3）在循环语句块中，进行累加运算。之后执行 for 括号中的第三个表达式，对循环变量进行自增操作。循环操作后，将保存有计算结果的变量 iSum 进行输出。

（4）在使用 while 之前要将变量恢复的值。iNumber=1 就相当于 for 语句中第一个表达式的作用，为变量设置初值。之后在 while 括号中的表达式 iNumber<=100 与 for 语句中第二个表达式相对应。最后 iNumber++自加操作与 for 语句括号中的最后一个表达式相对应。

6.4.2　for 循环的变体

通过上面的学习知道，for 语句一般形式中有 3 个表达式。在实际程序的编写过程中，这 3 个表达式可以根据情况进行省略，接下来分别进行讲解。

☑ for 语句中省略表达式 1

for 语句中第一个表达式的作用是对循环变量设置初值。因此，如果省略了表达式 1 的话，就会跳过这一步操作，则应在 for 语句之前给循环变量赋值。例如：

```
for(;iNumber<10;iNumber++)
```

省略表达式 1 时，其后的分号不能省略。

【例 6.6】 省略 for 语句中的表达式 1。(**实例位置：资源包\源码\06\6.6**)

在本实例中，同样实现 1 到 100 间数字的累加计算，不过将 for 中的表达式 1 省略。

运行程序，显示效果如图 6.9 所示。

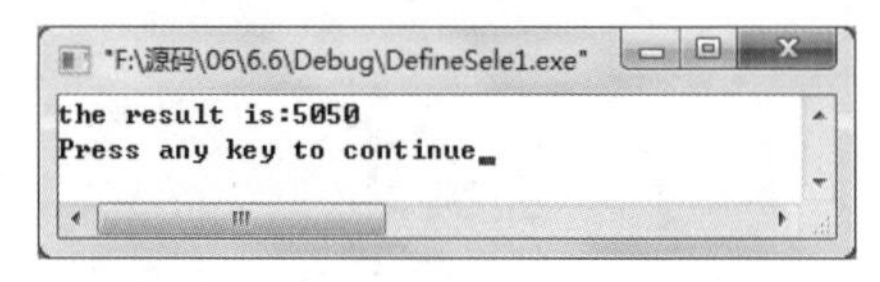

图 6.9 省略 for 语句中的表达式 1

程序代码如下：

```
#include<stdio.h>

int main()
{
	int iNumber=1;                          /*定义变量，为变量赋初始值*/
	int iSum=0;                             /*保存计算后的结果*/
	/*使用 for 循环*/
	for(;iNumber<=100;iNumber++)
	{
		iSum=iNumber+iSum;                  /*累加计算*/
	}
	printf("the result is:%d\n",iSum);      /*输出计算结果*/
	return 0;
}
```

代码分析：

在代码中可以看到 for 语句中将表达式 1 省略，而在定义 iNumber 变量时直接为其赋初值。这样在使用 for 语句循环时就不用为 iNumber 赋初值，从而省略了表达式 1。

☑ for 语句中省略表达式 2

如果表达式 2 省略，即不判断循环条件，循环无终止地进行下去。也就是默认为表达式 2 始终为真。例如：

```
for(iCount=1; ;iCount++)
{
	sum=sum+iCount;
}
```

在括号中，表达式 1 为赋值表达式，而表达式 2 是空缺的，这样就相当于使用 while 语句：

```
iCount=1;
while(1)
{
	sum=sum+iCount;
	iCount++;
}
```

注意

一定要注意，如果表达式 2 为空缺的话，将会是无限循环。

☑　for 语句中省略表达式 3

表达式 3 也可以省略，但此时程序设计人员应该另外设法保证循环能正常结束，否则程序会无终止地循环下去。例如：

```
for(iCount=1;iCount<50;)
{
	sum=sum+iCount;
iCount++;
}
```

☑　3 个表达式都省略

这种情况既不设置初值，也不判断条件，也没有改变循环变量的操作，则会无终止地执行循环体，例如：

```
for(; ;)
{
	语句
}
```

这种情况相当于 while 永远为真的情况：

```
while(1)
{
	语句
}
```

☑　表达式 1 为与循环变量赋值无关的表达式

表达式 1 可以是设置循环变量初值的赋值表达式，也可以是与循环无关的其他表达式。例如：

```
for(sum=0; iCount<50;iCount++)
{
	sum=sum+iCount;
}
```

6.4.3　for 语句中的逗号应用

在 for 语句中的表达式 1 和表达式 3 处，除了可以使用简单的表达式外，还可以使用逗号表达式。

即包含一个以上的简单表达式，中间用逗号间隔。例如在表达式 1 处为变量 iCount 和 iSum 设置初始值：

```
for(iSum=0,iCount=1;iCount<100;iCount++)
{
    iSum=iSum+iCount;
}
```

或者执行两次循环变量的自加操作：

```
for(iCount=1;iCount<100;iCount++,iCount++)
{
    iSum=iSum+iCount;
}
```

表达式 1 和表达式 3 都是逗号表达式，在逗号表达式内按照自左至右顺序求解，整个逗号表达式的值为其中最右边的表达式的值。例如上面：

```
for(iCount=1;iCount<100;iCount++,iCount++)
```

相当于：

```
for(iCount=1;iCount<100;iCount=iCount+2)
```

【例 6.7】 计算 1 到 100 间所有偶数的累加结果。（**实例位置：资源包\源码\06\6.7**）

在本实例中，为变量赋初值的操作都放在 for 语句中，并且对循环变量进行两次自加操作，这样所求出的结果就是所有的偶数和。

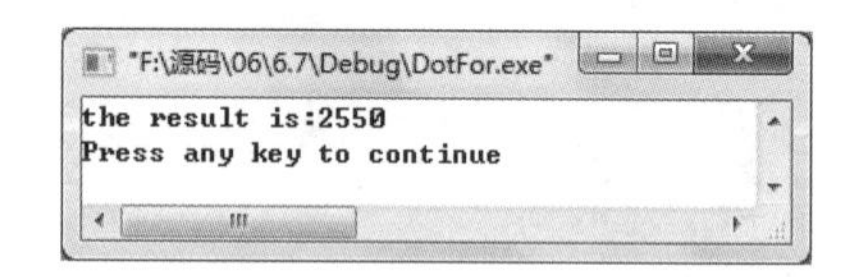

图 6.10　计算 1 到 100 间所有偶数的累加和

运行程序，显示效果如图 6.10 所示。

程序代码如下：

```
#include<stdio.h>

int main()
{
    int iCount,iSum;                                    /*定义变量*/
    /*在 for 循环中，为变量赋值，对循环变量进行两次自增运算*/
    for(iSum=0,iCount=0;iCount<=100;iCount++,iCount++)
    {
        iSum=iSum+iCount;                               /*进行累加计算*/
    }
    printf("the result is:%d\n",iSum);                  /*输出结果*/
    return 0;
}
```

代码分析：

在程序代码中，for 语句首先对变量 iSum、iCount 进行初始化赋值。每次循环语句执行完后进行两次 iCount++操作，最后将结果输出。

6.5　3 种循环语句的比较

前面介绍了 3 种可以执行循环操作的语句，这 3 种循环都可以用来处理同一问题。一般情况下它们可以相互代替。下面是这 3 种循环语句的比较。

☑ while 和 do-while 循环，只在 while 后面指定循环条件，在循环体中应包含使循环趋于结束的语句（如 i++或者 i=i+1 等）。for 循环可以在表达式 3 中包含使循环趋于结束的操作，可以将循环体中的操作全部放在表达式 3 中。因此 for 语句的功能更强，只要用 while 循环能完成的，都能用 for 循环实现。

☑ 用 while 和 do-while 循环时，循环变量初始化的操作应在 while 和 do-while 语句之前完成。而 for 语句可以在表达式 1 中实现循环变量的初始化。

☑ while 循环、do-while 循环和 for 循环，都可以用 break 语句跳出循环，用 continue 语句结束本次循环（break 和 coutinue 语句在本章后面进行介绍）。

6.6　循 环 嵌 套

一个循环体内又包含另一个完整的循环结构，就称之为循环的嵌套。内嵌的循环中还可以嵌套循环，这就是多层循环。不管在什么语言中关于循环嵌套的概念都是一样的。

6.6.1　循环嵌套的结构

while 循环、do-while 循环和 for 循环之间可以互相嵌套。例如，下面几种嵌套方式都是正确的。

☑ while 结构中嵌套 while 结构

```
while(表达式)
{
    语句
    while(表达式)
    {
        语句
}
}
```

☑ do-while 结构中嵌套 do-while 结构

```
do
{
    语句
    do
{
        语句
```

```
}
while(表达式);
}
while(表达式);
```

☑ for 结构中嵌套 for 结构

```
for(表达式;表达式;表达式)
{
    语句
    for(表达式;表达式;表达式)
{
        语句
    }
}
```

☑ do-while 结构中嵌套 while 结构

```
do
{
    语句
    while(表达式);
    {
        语句
}
}
while(表达式);
```

☑ do-while 结构中嵌套 for 结构

```
do
{
    语句
    for(表达式;表达式;表达式)
    {
        语句
    }
}
while(表达式);
```

以上是关于一些嵌套的结构方式，当然还有不同结构的循环嵌套，在此就不一一列举，读者只要将每种循环结构的使用方式把握好，就可以正确地写出循环嵌套。

6.6.2 循环嵌套实例

在本节中会讲解循环嵌套的实例，使读者了解循环嵌套的使用方法。

【例 6.8】 使用嵌套语句输出金字塔形状。（**实例位置：资源包\源码\06\6.8**）

在本实例中，利用嵌套循环输出金字塔形状。那么显示一个三角形要考虑这样三点，首先要控制输出三角形的行数，其次控制三角形的空白处，最后是三角形的显示输出。

运行程序，效果如图 6.11 所示。

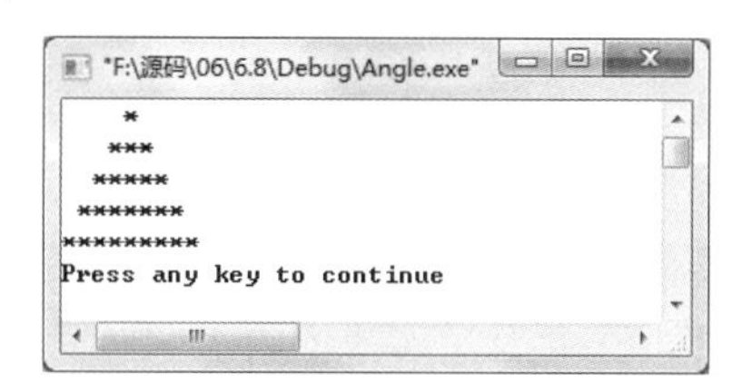

图 6.11　使用嵌套语句输出金字塔形状

程序代码如下：

```
#include<stdio.h>
int main()
{
    int i, j, k;                                    /*定义变量 i、j、k 为基本整型*/
    for (i = 1; i <= 5; i++)                        /*控制行数*/
    {
        for (j = 1; j <= 5-i; j++)                  /*空格数*/
            printf(" ");
        for (k = 1; k <= 2 *i - 1; k++)             /*显示*号的数量*/
            printf("*");
        printf("\n");
    }
     return 0;
}
```

代码分析：

在代码中可以看到，首先通过一个循环控制三角形的行数，也就是三角形的高度。然后在循环中嵌套循环语句，控制每一行输出的空白和输出*号的数量，这样就可以将整个金字塔的形状进行输出。

技巧

设计显示三角形，可以将过程想象成先显示一个倒立的直角三角形（由空格组成），然后再输出一个正立的三角形。

6.7　转 移 语 句

转移语句包括 goto 语句、break 语句、continue 语句。这 3 种语句使得程序的流程按照这 3 种转移语句的使用方式进行改变。下面将对这 3 种语句的使用方式进行详细的介绍。

6.7.1　goto 语句

goto 语句为无条件转移语句，可以使程序立即跳转到函数内部的任意一条可执行语句。goto 关键字后面带一个标识符，该标识符是同一个函数内某条语句的标号。标号可以出现在任何可执行语句的前面，并且以一个冒号“:”作为后缀。一般形式如下：

```
goto 标识符;
```

goto 后的标识符就是要跳转的位置，当然这个标识符要在程序的其他地方给出，但是要在函数内部。函数的内容将会在后面章节介绍，在此有个印象即可。例如：

```
goto Show;
printf("the message before ShowMessage");
Show:
        printf("ShowMessage");
```

上面代码中，goto 后的 Show 为跳转的标识符，而下面的“Show:”代码表示 goto 语句要跳转的位置。这样在上面的语句中第一个 printf 函数不会执行，而会执行第二个 printf 函数。

注意

跳转的方向可以向前，也可以向后；可以跳出一个循环，也可以跳入一个循环。

【例 6.9】 使用 goto 语句从循环内部跳出。（**实例位置：资源包\源码\06\6.9**）

本程序要求在执行循环操作的过程中，当用户输入退出指令后，程序跳转到循环外部显示退出提示的语句之前。

运行程序，显示效果如图 6.12 所示。

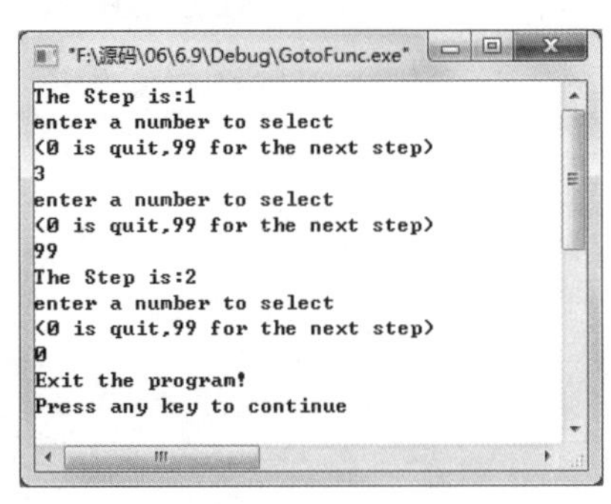

图 6.12 使用 goto 语句从循环内部跳出

程序代码如下：

```
#include<stdio.h>

int main()
{
        int iStep;                                          /*定义变量，表示外部循环步骤*/
        int iSelect;                                        /*保存用户的输入选项*/
        for(iStep=1;iStep<10;iStep++)                       /*外部步骤循环*/
        {
                printf("The Step is:%d\n",iStep);           /*将其循环的步骤号显示*/
                do                                          /*使用 do-while 语句进行循环*/
                {
                        printf("enter a number to select\n");       /*输出提示信息*/
                        printf("(0 is quit,99 for the next step)\n");
                        scanf("%d",&iSelect);               /*用户输入选择*/
                        if(iSelect==0)                      /*判断是否输入的是 0*/
                        {
                                goto exit;                  /*执行 goto 跳转语句*/
                        }
                }
                while(iSelect!=99);                         /*进行判断用户输入*/
```

```
    }
exit:                                                    /*跳转语句执行位置*/
    printf("Exit the program!");                         /*显示程序结束信息*/
    return 0;
}
```

代码分析：

（1）程序运行时，for 循环控制程序步骤。此时循环步骤为 1。信息提示用户输入数字，其中 0 表示退出，99 表示下一个步骤。

（2）在 for 循环中使用 do-while 判断用户输入，当条件为假时，循环结束，执行 for 循环的下一步。假如用户输入数字为 3，既不退出也不进行下一步骤，程序提示用户继续输入数字。当输入数字为 99 时，进行下一步，程序显示提示信息“The step is 2”。

（3）如果用户输入的是 0，那么通过 if 语句进行判断为真，此时 goto 语句将执行跳转操作。其中 exit 为跳转的标识符。循环的外部使用“exit:”表示 goto 跳转的位置。程序输出提示信息表示运行结束。

6.7.2　break 语句

有时会遇到这样的情况，不考虑表达式检验的结果而强行终止循环，这时可以使用 break 语句。break 语句终止并跳出循环，继续执行后面的代码。break 语句的一般形式如下：

```
break;
```

break 语句不能用于循环语句和 switch 语句之外的任何语句中。例如在循环语句中使用 break 语句：

```
while(1)
{
    printf("Break");
    break;
}
```

在代码中，虽然 while 语句是一个条件永远为真的循环，但是在其中使用 break 语句会使得程序流程跳出循环。

注意

这个 break 语句和 switch...case 分支结构中的 break 语句作用是不同的。

【例 6.10】　使用 break 语句跳出循环。（**实例位置：资源包\源码\06\6.10**）

使用 for 语句执行 10 次循环输出的操作，在循环体中判断输出的次数。当循环变量为 5 次时，使用 break 语句跳出循环，终止循环输出操作。

运行程序，显示效果如图 6.13 所示。

图 6.13　使用 break 语句跳出循环

程序代码如下：

```
#include<stdio.h>
```

```
int main()
{
	int iCount;                                         /*循环控制变量*/
	for(iCount=0;iCount<10;iCount++)                    /*执行 10 次循环*/
	{
		if(iCount==5)                                   /*判断条件，如果 iCount 等于 5 跳出*/
		{
			printf("Break here\n");
			break;                                      /*跳出循环*/
		}
		printf("the counter is:%d\n",iCount);           /*输出循环的次数*/
	}
	return 0;
}
```

代码分析：

变量 iCount 在 for 语句中被赋值为 0，因为 iCount<10，则执行 10 次循环。在循环语句中使用 if 语句判断当前 iCount 的值。当 iCount 值为 5 时，if 判断为真，使用 break 语句跳出循环。

6.7.3 continue 语句

在某些情况下，程序需要返回到循环头部继续执行，而不是跳出循环。continue 语句的一般形式如下：

```
continue;
```

其作用就是结束本次循环，即跳过循环体中下面尚未执行的部分，接着执行下一次的循环操作。

注意

continue 语句和 break 语句的区别是：continue 语句只结束本次循环，而不是终止整个循环的执行。而 break 语句则是结束整个循环过程，不再判断执行循环的条件是否成立。

【例 6.11】 使用 continue 结束本次的循环操作。（**实例位置：资源包\源码\06\6.11**）

本实例与使用 break 语句结束循环的实例相似，不同之处在于将使用 break 语句的地方改写成了 continue，因为 continue 语句是结束一次循环，所以剩下的循环还是会继续执行。

运行程序，显示效果如图 6.14 所示。

```
"F:\源码\06\6.11\Debug\Continue.exe"
the counter is:0
the counter is:1
the counter is:2
the counter is:3
the counter is:4
Continue here
the counter is:6
the counter is:7
the counter is:8
the counter is:9
Press any key to continue
```

图 6.14 使用 continue 结束本次的循环操作

程序的代码如下：

```
#include<stdio.h>

int main()
{
	int iCount;                                         /*循环控制变量*/
```

```
    for(iCount=0;iCount<10;iCount++)                    /*执行 10 次循环*/
    {
        if(iCount==5)                                   /*判断条件，如果 iCount 等于 5 跳出*/
        {
            printf("Continue here\n");
            continue;                                   /*跳出本次循环*/
        }
        printf("the counter is:%d\n",iCount);           /*输出循环的次数*/
    }
    return 0;
}
```

代码分析：

通过程序的显示结果可以看到，在 iCount 等于 5 时通过调用 continue 语句，使得当次的循环结束。但是循环本身还没有结束，所以会继续执行。

6.8　实　　战

6.8.1　爱因斯坦阶梯问题

爱因斯坦著名的阶梯问题是这样的：有一条长长的阶梯。如果你每步跨 2 阶，那么最后剩 1 阶；如果你每步跨 3 阶，那么最后剩 2 阶；如果你每步跨 5 阶，那么最后剩 4 阶；如果你每步跨 6 阶，那么最后剩 5 阶；只有当你每步跨 7 阶时，最后才正好走完，一阶也不剩。请问这条阶梯至少有多少阶？（求所有 3 位阶梯数）运行结果如图 6.15 所示。（**实例位置：资源包\源码\06\实战\01**）

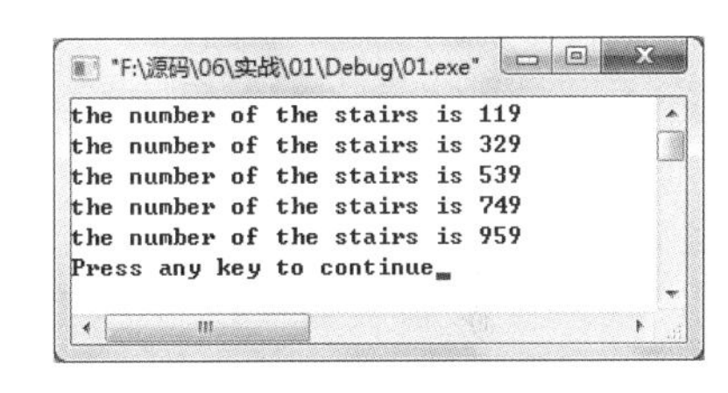

图 6.15　阶梯问题

本实例关键是如何来写 if 语句中的条件，如果这个条件大家能够顺利地写出，那整个程序也基本上完成了。条件如何来写，这主要是根据题意来分析，“每步跨 2 阶，那么最后剩 1 阶……当每步跨 7 阶时，最后才正好走完，一阶也不剩”从这几句可以看出题目的规律就是：总的阶梯数对每步跨的阶梯数取余，得到的结果就是剩余阶梯数，这 5 种情况是&&的关系，也就说必须同时满足。

6.8.2　斐波那契数列

斐波那契数列的特点是：第一、二两个数为 1、1。从第 3 个数开始，该数是前两个数之和。求这个数列的前 30 个元素。运行结果如图 6.16 所示。（**实例位置：资源包\源码\06\实战\02**）

```
"F:\源码\06\实战\02\Debug\02.exe"
       1        1        2        3        5
       8       13       21       34       55
      89      144      233      377      610
     987     1597     2584     4181     6765
   10946    17711    28657    46368    75025
  121393   196418   317811   514229   832040
Press any key to continue
```

图 6.16　斐波那契数列

分析题目中数列的规律，可以用如下等式来表示斐波那契数列：

F1=1　　　　　　　　　　（n=1）
F2=1　　　　　　　　　　（n=2）
…
Fn=Fn-1+Fn-2　　　　　　（n≥3）

这里面将F的下标看成数组的下标即可完成该程序的设计。

6.8.3　银行存款问题

假设银行当前整存零取五年期的年利息为2.5%，现在某人手里有一笔钱，预计在今后的五年当中每年年底取出1000元，到第五年的时候刚好取完，计算在最开始存钱的时候要存多少钱？（**实例位置：资源包\源码\06\实战\03**）

在分析这个取钱和存钱的过程时，可以采用倒推的方法。如果第五年年底连本带利取出1000元，则要先求出第五年年初的存款，然后再递推第四年、第三年……的年初银行存款数：

第五年年初存款=1000/(1+0.025)
第四年年初存款=(第五年年初存款+1000)/(1+0.025)
第三年年初存款=(第四年年初存款+1000)/(1+0.025)
第二年年初存款=(第三年年初存款+1000)/(1+0.025)
第一年年初存款=(第二年年初存款+1000)/(1+0.025)

运行程序，得到效果如图6.17所示。

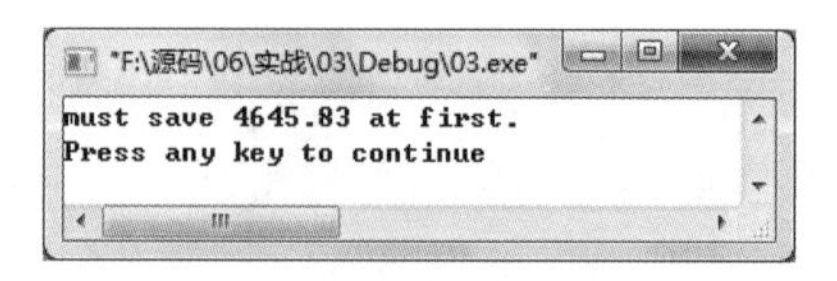

图6.17　银行存款问题

6.8.4　计算学生的最高分

假设一个班中有20个学生，输入某科考试的成绩，然后统计出最高分。程序的运行效果如图6.18所示。（**实例位置：资源包\源码\06\实战\04**）

本程序的解决方法就是首先设置一个初始最大值，然后每次输入一个学生的成绩，与这个最大值进行比较，如果大于初值，则将当前值赋给这个最大值，一直到所有的成绩都读取结束。

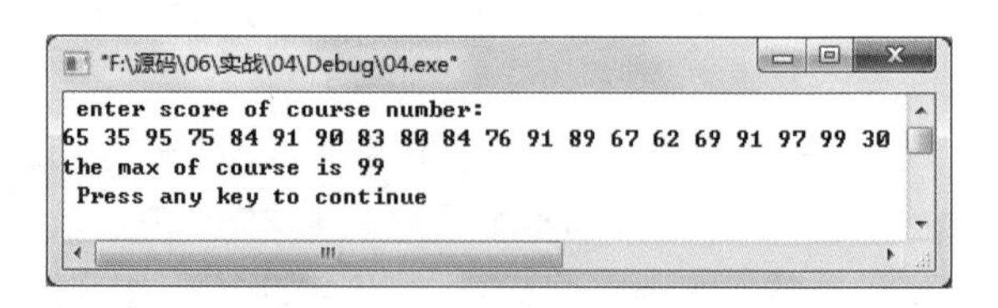

图6.18　计算学生的最高分

6.8.5　统计不及格的人数

结合前面的例子，假设一个班中有20个学生，输入某科考试的成绩，然后统计出该班不及格的学生人数。程序的运行效果如图6.19所示。（**实例位置：资源包\源码\06\实战\05**）

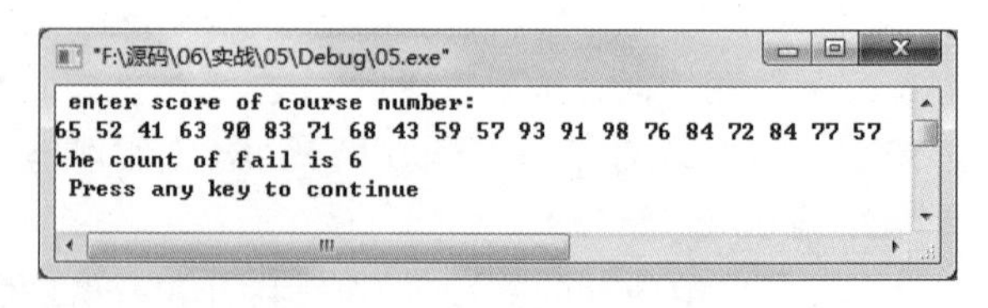

图6.19　统计不及格的人数

第 7 章

数组的应用

（视频讲解：44 分钟）

在编写程序的过程中，经常会遇到使用大量数据的时候，处理每一个数据就要有一个相对应的变量，如果每一个变量都要单独进行定义的话就会变得很烦琐，使用数组就可以解决这种问题。数组将一些有关联的相同的数据类型集合到一个数组变量中，方便数据的存储和使用。

本章致力于使读者掌握一维数组和二维数组的作用，并且能用所学知识解决一些实际的问题。掌握字符数组的使用及相关的操作。通过一维数组和二维数组了解有关多维数组的内容。最后学习数组在排序算法中的应用。

学习摘要：

- **一维数组和二维数组的定义和引用**
- **多维数组的基本知识**
- **数组的排序算法**

视频讲解

动图演示

7.1　一维数组

7.1.1　一维数组的定义和引用

☑　一维数组的定义

一维数组是用以存储一维数列中数据的集合。

一维数组的一般形式如下：

```
类型说明符 数组标识符[常量表达式];
```

- 类型说明符表示数组中所有元素的类型。
- 数组标识符就是这个数组型变量的名称，命名规则与变量名一致。
- 常量表达式定义了数组中存放的数据元素的个数，即数组长度。例如 iArray[5]，数字 5 表示数组中有 5 个元素，下标从 0 开始，到 4 结束。

例如，定义一个数组：

```
int iArray[5];
```

代码中的 int 为数组元素的类型，而 iArray 表示的是数组变量名，括号中的 5 表示的是数组中包含的元素个数。

注意

在数组 iArray[5]中只能使用 iArray[0]、iArray[1]、iArray[2]、iArray[3]、iArray[4]，而不能使用 iArray[5]，若使用 iArray[5]会出现下标越界的错误。

☑　一维数组的引用

数组定义完成后就要使用该数组，可以通过引用数组元素的方式，使用该数组中的元素。

数组元素的一般表示形式如下：

```
数组标识符[下标];
```

例如，引用一个数组变量 iArray 中的第 3 个变量：

```
iArray[2];
```

iArray 是数组变量的名称，2 为数组的下标。有的读者会问："为什么使用第 3 个数组元素，而使用的数组下标是 2 呢？"。在上面介绍过数组的下标是从 0 开始的，也就是说下标为 0 表示的是第一个数组元素。

说明

下标可以是整型常量或整型表达式。

【例 7.1】　使用数组保存数据。（**实例位置：资源包\源码\07\7.01**）

在本实例中，使用数组保存用户输入的数据，然后将数组元素输出。运行程序，在窗体输入 5 个数，可以使用空格分隔。按回车键，将输入的数据存储到数组中，并输出到窗体上，显示效果如图 7.1 所示。

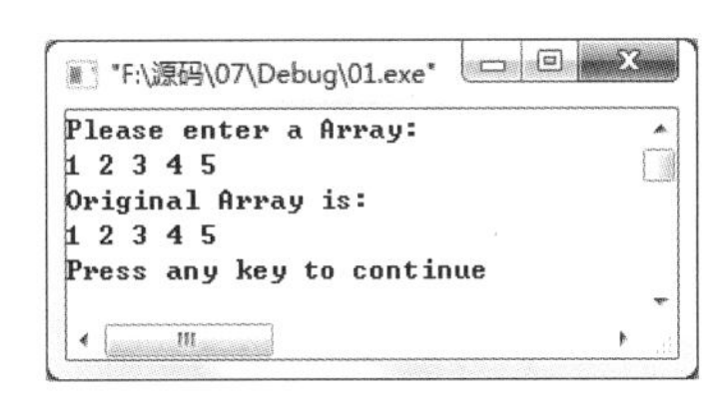

图 7.1　使用数组保存数据

在本实例中，程序定义变量 index 用于控制循环。通过语句"int iArray[5]"定义，该数组有 5 个元素，程序中用到的 iArray[index]就是对数组元素的引用。程序代码如下：

```
#include<stdio.h>

int main()
{
    int iArray[5], index, temp;                     /*定义数组及变量为基本整型*/
    printf("Please enter a Array:\n");

    for (index= 0; index< 5; index++)               /*逐个输入数组元素*/
     {
          scanf("%d", &iArray[index]);
     }

    printf("Original Array is:\n");
    for (index = 0; index< 5; index++)              /*显示数组中的元素*/
     {
          printf("%d ", iArray[index]);
     }
    printf("\n");
     return 0;
}
```

7.1.2　一维数组初始化

一维数组的初始化可以用以下几种方法实现。

（1）在定义数组时直接对数组元素赋初值，例如：

```
int i,iArray[6]={1,2,3,4,5,6};
```

该方法是将数组中的元素值全部放在一对花括号中。通过定义和初始化之后，数组中的元素 iArray[0]=1，iArray[1]=2，iArray[2]=3，iArray[3]=4，iArray[4]=5，iArray[5]=6。

【例 7.2】　初始化一维数组。（**实例位置：资源包\源码\07\7.02**）

在本实例中，对定义的数组变量进行初始化操作，然后隔位输出。运行程序，显示效果如图 7.2 所示。

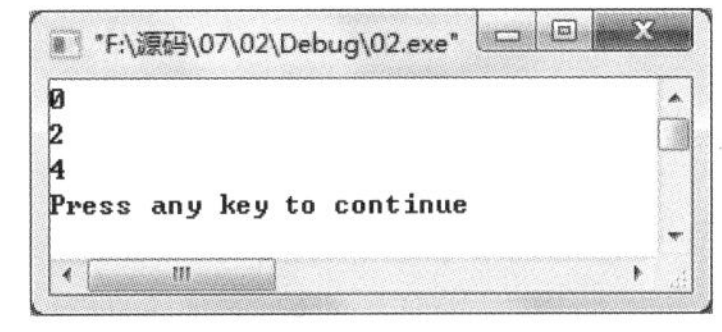

图 7.2　初始化一维数组

实现代码如下：

```
#include<stdio.h>

int main()
{
	int index;                                    /*定义循环控制变量*/
int	iArray[6]={0,1,2,3,4,5};                      /*对数组中的元素赋值*/

	for(index=0;index<6;index+=2)                 /*输出数组中的元素*/
	{
		printf("%d\n",iArray[index]);
	}
	return 0;
}
```

说明

在程序中，定义一个数组变量 iArray 并且对其进行初始化赋值。使用 for 循环输出数组中的元素，在循环中，控制循环变量使其每次循环增量为 2。这样根据下标进行输出时，就会得到隔一个元素输出的效果了。

（2）可以只给一部分元素赋值，未赋值的部分元素值为 0。

第二种为数组初始化的方式是对其中部分元素进行赋值，例如：

```
int iArray[6]={0,1,2};
```

数组变量 iArray 包含 6 个元素，但在初始化的时候只给出了 3 个值。于是数组中前三个元素的值对应括号中给出的值，在数组中没有得到值的元素默认被赋值为 0。

【例 7.3】 赋值数组中的部分元素。（**实例位置：资源包\源码\07\7.03**）

在本实例中，定义数组并且对其进行初始化赋值，但只为其中一部分元素赋值，然后将数组中的所有元素进行输出。观察输出的元素数值。运行程序，显示效果如图 7.3 所示。

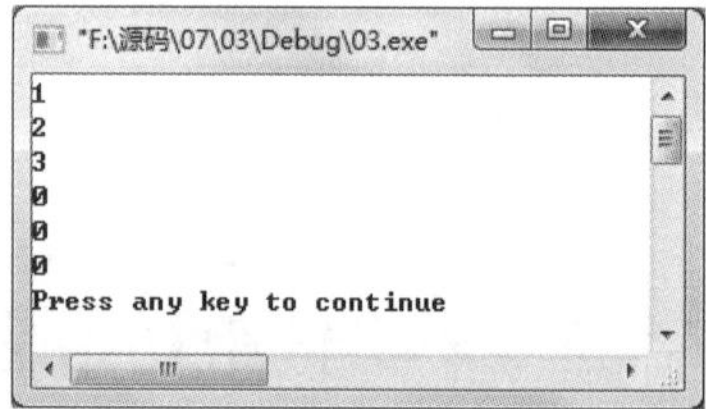

图 7.3　赋值数组中的部分元素

实现代码如下：

```
#include<stdio.h>

int main()
{
	int index;
	int iArray[6]={1,2,3};                        /*对数组中部分元素赋初值*/

	for(index=0;index<6;index++)                  /*输出数组中的所有元素*/
	{
		printf("%d\n",iArray[index]);
	}
```

```
    return 0;
}
```

说明

在程序代码中，可以看到为数组部分元素赋值操作和为数组元素全部赋值的操作是一样的，只不过在括号中给出的元素数值比数组元素数量少。

（3）在对全部数组元素赋初值时，可以不指定数组长度。

之前在定义数组时，都在数组变量后指定了数组的元素个数。C 语言还允许在定义数组时不指定数组长度，例如：

```
int iArray[]={1,2,3,4};
```

像上面的语句，大括号中有 4 个元素，系统就会根据给定的元素值的个数来定义数组的长度，所以该数组变量的长度为 4。

注意

在定义数组时假如定义的长度为 10，就不能使用省略数组长度的定义方式，必须写成：

```
int iArray[10]={1,2,3,4};
```

【例 7.4】 不指定数组的元素个数。（**实例位置：资源包\源码\07\7.04**）

在本实例中，定义数组变量时不指定数组的元素个数，直接对其进行初始化操作，然后将其中的元素值输出显示。运行程序，显示效果如图 7.4 所示。

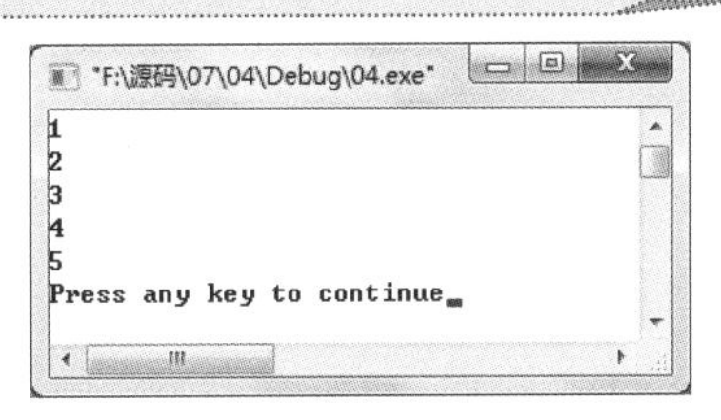

图 7.4　不指定数组的元素个数

实现代码如下：

```
#include<stdio.h>

int main()
{
    int index;
    int iArray[]={1,2,3,4,5};                    /*不指定元素个数进行初始化*/
    for(index=0;index<5;index++)
    {
        printf("%d\n",iArray[index]);            /*使用 for 循环隔位输出数组中的元素*/
    }
    return 0;
}
```

7.1.3　一维数组应用

例如，一个班级会有很多学生的姓名，为了将这些学生的姓名管理起来，可以使用一种方式存储这些姓名。这时就可以使用数组来保存这些学生的姓名，方便进行管理。

【例 7.5】 使用数组保存学生姓名。（**实例位置：资源包\源码\07\7.05**）

在实例中，要使用数组保存学生的姓名，那么数组中的每一个元素都应该是可以保存字符串的类型，这里使用字符指针类型。运行程序，显示效果如图 7.5 所示。

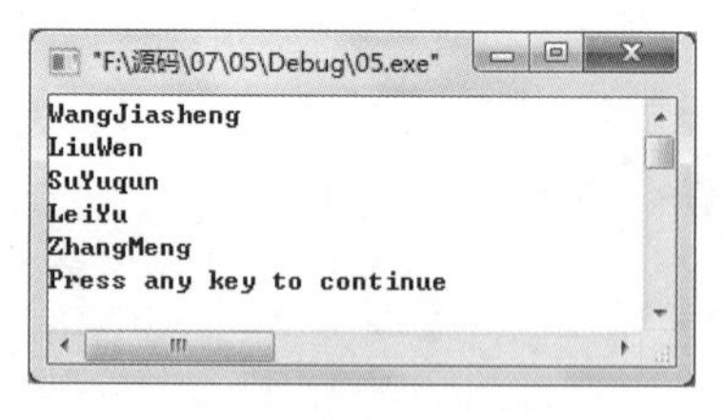

图 7.5 使用数组保存学生姓名

实现代码如下：

```
#include<stdio.h>

int main()
{
	char* ArrayName[5];                          /*字符指针数组*/
	int index;                                   /*循环控制变量*/
	ArrayName[0]="WangJiasheng";                 /*为数组元素赋值*/
	ArrayName[1]="LiuWen";
	ArrayName[2]="SuYuqun";
	ArrayName[3]="LeiYu";
	ArrayName[4]="ZhangMeng";
	for(index=0;index<5;index++)                 /*使用循环显示名称*/
	{
		printf("%s\n",ArrayName[index]);
	}

	return 0;
}
```

在程序中的代码可以看到，“char* ArrayName[5]”定义了一个具有 5 个字符指针元素的数组。然后利用每个元素保存一个学生的姓名，使用 for 循环将其数组中保存的姓名数据输出。

视频讲解

动图演示

7.2 二维数组

7.2.1 二维数组的定义和引用

（1）二维数组的定义

二维数组的定义和一维数组相同，其一般形式如下：

```
数据类型 数组名[常量表达式 1][常量表达式 2];
```

其中，常量表达式 1 被称为行下标，常量表达式 2 被称为列下标。如果有二维数组 array[n][m]，则二维数组的下标取值范围如下：

☑ 行下标的取值范围为 0~n−1。

☑ 列下标的取值范围为 0~m−1。

二维数组的最大下标元素是 array[n-1][m-1]。

例如，定义一个 3 行 4 列的整型数组：

```
int array[3][4];
```

说明了一个 3 行 4 列的数组，数组名为 array，其下标变量的类型为整型。该数组的下标变量共有 3×4 个，即：

array[0][0],array[0][1],array[0][2],array[0][3]

array[1][0],array[1][1],array[1][2],array[1][3]

array[2][0],array[2][1],array[2][2],array[2][3]

在 C 语言中，二维数组是按行排列的，即按行顺次存放。先存放 array[0]行，再存放 array[1]行。每行中有 4 个元素也依次存放。

（2）二维数组的引用

二维数组元素的一般形式如下：

```
数组名[下标][下标];
```

说明

下标可以是整型常量或整型表达式。

例如对一个二维数组的元素进行引用：

```
array[1][2];
```

这行代码表示的是对 array 数组中第 2 行的第 3 个元素进行引用。

注意

不管是行下标或者是列下标，其索引都是从 0 开始的。

这里和一维数组一样要注意下标越界的问题，例如：

```
int array[2][4];
…                                                   /*对数组元素进行赋值*/
array[2][4]=9;                                      /*错误！*/
```

上面这种代码的表示方法是错误的：首先 array 为 2 行 4 列的数组，那么它的行下标的最大值为 1，列下标的最大值为 3，所以 array[2][4]超过了数组的范围，下标越界。

7.2.2　二维数组初始化

二维数组和一维数组一样，也可以在声明变量时对其进行初始化。在给二维数组赋初值时，有以下 4 种情况。

（1）可以将所有数据写在一个大括号内，按照数组元素排列顺序对元素赋值。例如：

```
int array[2][2] = {1,2,3,4};
```

如果大括号内的数据少于数组元素的个数时，系统将默认没被赋值的元素值为 0。

在为所有元素赋初值时，可以省略行下标，但是不能省略列下标。例如：

```
int array[][3] = {1,2,3,4,5,6};
```

系统会根据数据的个数进行分配，一共有 6 个数据，而数组每行分为 3 列，当然可以确定数组为 2 行。

（2）也可以分行给数组元素赋值，例如：

```
int a[2][3] = {{1,2,3},{4,5,6}};
```

（3）在分行赋值时，可以只对部分元素赋值，例如：

```
int a[2][3] = {{1,2},{4,5}};
```

在上行代码中，各个元素的值如下：

a[0][0]的值是 1。

a[0][1]的值是 2。

a[0][2]的值是 0。

a[1][0]的值是 4。

a[1][1]的值是 5。

a[1][2]的值是 0。

说明

还记得在前面介绍一维数组初始化的情况吗？如果只给一部分元素赋值，则未赋值的部分元素值为 0。

（4）二维数组也可以直接对数组元素赋值，例如：

```
int a[2][3];
a[0][0] = 1;
a[0][1] = 2;
```

这种赋值的方式，就是使用数组中引用的元素。

【例 7.6】 使用二维数组保存数据。（**实例位置：资源包\源码\07\7.06**）

本示例将实现为二维数组元素赋值，并显示二维数组的操作。运行程序，显示效果如图 7.6 所示。

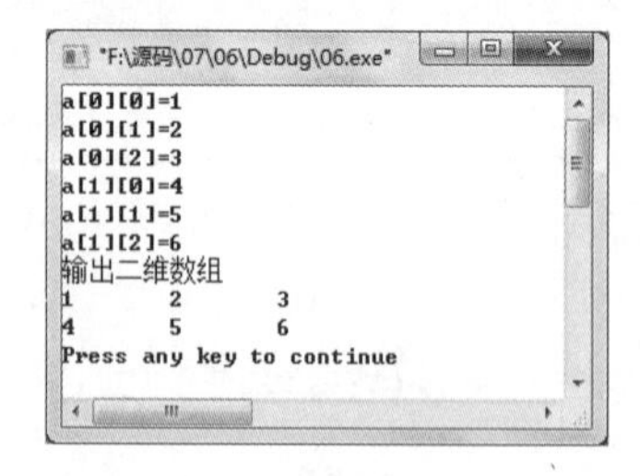

图 7.6 使用二维数组保存数据

实现代码如下：

```
#include<stdio.h>

int main()
{
    int a[2][3];                                        /*定义数组*/
```

```
    int i,j;                                      /*用于控制循环*/

    for(i=0;i<2;i++)                              /*从键盘为数组元素赋值*/
    {
        for(j=0;j<3;j++)
        {
            printf("a[%d][%d]=",i,j);
            scanf("%d",&a[i][j]);                 /*输出数组元素*/
        }
    }
    printf("输出二维数组\n");                      /*信息提示*/
    for(i=0;i<2;i++)
    {
        for(j=0;j<3;j++)
        {
            printf("%d\t",a[i][j]);               /*输出结果*/
        }
        printf("\n");                             /*使元素分行显示*/
    }

    return 0;
}
```

在程序中根据每一次的提示，输入相应数组元素的数据，然后先将这个 2 行 3 列的数组输出。在输出数组元素时，为了使输出的数据容易观察，使用\t 转换字符来控制间距。

7.2.3　二维数组应用

【例 7.7】　任意输入一个 3 行 3 列的二维数组，求各元素之和。（**实例位置：资源包\源码\07\7.07**）

在本实例中，使用二维数组保存一个 3 行 3 列的数组，利用双重循环访问数组中的每一个元素，然后对每个元素进行累加计算。运行程序，显示效果如图 7.7 所示。

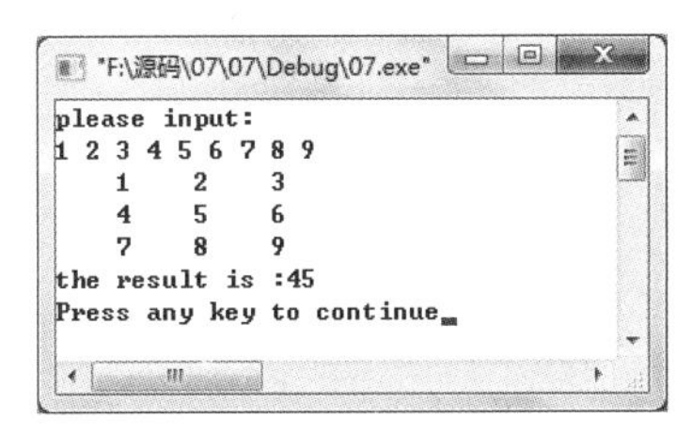

图 7.7　求各元素之和

实现代码如下：

```
#include<stdio.h>
int main()
{
    int a[3][3];                                  /*定义一个 3 行 3 列的数组*/
    int i,j,sum=0;                                /*定义循环控制变量和保存数据变量 sum*/
    printf("please input:\n");
    for(i=0;i<3;i++)                              /*利用循环对数组元素进行赋值*/
    {
        for(j=0;j<3;j++)
        {
            scanf("%d",&a[i][j]);
        }
```

```
	}

	for(i=0;i<3;i++)                                    /*使用循环计算对角线的总和*/
	{
		for(j=0;j<3;j++)
		{
			printf("%5d",a[i][j]);
			sum=sum+a[i][j];                            /*进行数据的累加计算*/
		}
		printf("\n");
	}
	printf("the result is :%d\n",sum);                  /*输出最后的结果*/
	return 0;
}
```

7.3 多维数组

多维数组的定义和二维数组相同，只是下标更多，一般形式如下：

```
数据类型 数组名[常量表达式 1][常量表达式 2]…[常量表达式 n];
```

例如定义多维数组如下：

```
int iArray1[3][4][5];
int iArray2[4][5][7][8];
```

在上面的代码中分别定义了一个三维数组 iArray1 和一个四维数组 iArray2。由于数组元素的位置都可以通过偏移量计算，所以对于三维数组 a[m][n][p]来说，元素 a[i][j][k]所在的位置是从 a[0][0][0]算起，到（i*n*p+j*p+k）个单位的地方。

7.4 数组的排序算法

通过前面的内容，读者已经了解到数组的理论知识，虽然数组是一组有序数据的集合，但是这里的有序指的是，数组元素在数组中所处的位置，而不是根据数组元素的数值大小进行排列的顺序，那么如何才能将数组元素按照数值的大小进行排列呢？可以通过一些排序算法来实现，本节将带领读者了解一下数组的排序算法。

7.4.1 选择法排序

选择排序法是指每次选择所要排序的数组中最大值（最小值）的数组元素，将这个数组元素的值与最前面没有进行排序的数组元素的值互换。

下面以数字 9、6、15、4、2 为例，对这几个数字进行排序，每次交换的顺序如表 7.1 所示。

表 7.1　选择法排序

数组元素 排序过程	元素【0】	元素【1】	元素【2】	元素【3】	元素【4】
起始值	9	6	15	4	2
第 1 次	2	6	15	4	9
第 2 次	2	4	15	6	9
第 3 次	2	4	6	15	9
第 4 次	2	4	6	9	15
排序结果	2	4	6	9	15

由表 7.1 可以发现，在第一次排序过程中，将第一个数字和最小的数字进行了位置互换，而第二次排序过程中，将第二个数字和剩下的数字中最小的数字进行了位置互换，以此类推，每次都将下一个数字和剩余的数字中最小的数字进行位置互换，直到将一组数字按从小到大排序位置。

下面通过实例来看一下，如何通过程序使用选择法实现数组元素的从小到大排序。

【例 7.8】　选择法排序。（**实例位置：资源包\源码\07\7.08**）

在实例中，声明了一个整型数组和两个整型变量，其中整型数组用于存储用户输入的数字，而整型变量用于存储数值最小的数组元素的数值和该元素的位置，然后通过双层循环进行选择法排序，最后将排序好的数组进行输出。运行程序，显示效果如图 7.8 所示。

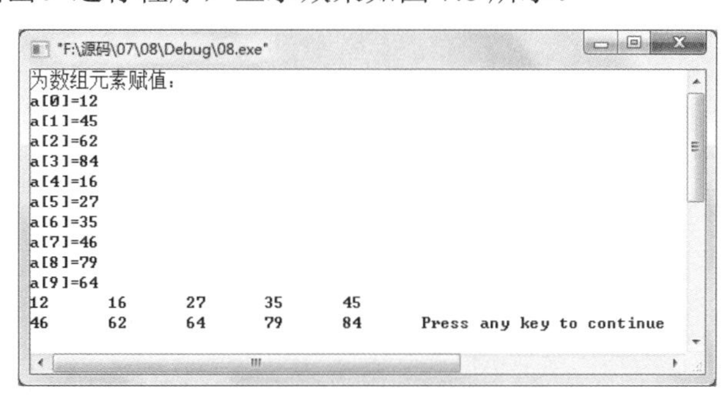

图 7.8　选择法排序

实现过程如下：

（1）声明一个整型数组，并通过键盘为数组元素赋值。

（2）设置一个嵌套循环，第一层循环为前 9 个数组元素，并在每次循环时将对应当前次数的数组元素设置为最小值（例如，当前是第 3 次循环，那么将数组中第 3 个元素，也就是下标为 2 的元素设置为当前的最小值），然后在第二层循环中，循环比较该元素之后的各个数组元素，并将每次比较的结果中较小的数设置为最小值，在第二层循环结束时，将最小值与开始时设置为最小值的数组元素进行互换。当所有循环都完成以后，就将数组元素按照从小到大的顺序重新排列了。

（3）循环输出数组中的元素，并在输出 5 个元素以后进行换行，在下一行输出后面的 5 个元素。

代码如下：

```
#include <stdio.h>
int main()
```

```
{
	int i,j;
	int a[10];
	int iTemp;
	int iPos;
	printf("为数组元素赋值：\n");
	/*从键盘为数组元素赋值*/
	for(i=0;i<10;i++)
	{
		printf("a[%d]=",i);
		scanf("%d", &a[i]);			/*输入数组元素*/
	}

	/*从小到大排序*/
	for(i=0;i<9;i++)				/*设置外层循环为下标 0~8 的元素*/
	{
		iTemp = a[i];				/*设置当前元素为最小值*/
		iPos = i;				/*记录元素位置*/
		for(j=i+1;j<10;j++)			/*内层循环 i+1 到 9*/
		{
			if(a[j]<iTemp)			/*如果当前元素比最小值还小*/
			{
				iTemp = a[j];		/*重新设置最小值*/
				iPos = j;		/*记录元素位置*/
			}
		}
		/*交换两个元素值*/
		a[iPos] = a[i];
		a[i] = iTemp;
	}

	/*输出数组*/
	for(i=0;i<10;i++)
	{
		printf("%d\t",a[i]);			/*输出制表位*/
		if(i == 4)				/*如果是第 5 个元素*/
			printf("\n");			/*输出换行*/
	}

	return 0;					/*程序结束*/
}
```

7.4.2 冒泡法排序

冒泡排序法指的是在排序时，每次比较数组中相邻的两个数组元素的值，将较小的数（从小到大排列）排在较大的数前面。

下面以数字 9、6、15、4、2 为例，对这几个数字进行排序，每次排序的顺序如表 7.2 所示。

表 7.2　冒泡法排序

数组元素 / 排序过程	元素【0】	元素【1】	元素【2】	元素【3】	元素【4】
起始值	9	6	15	4	2
第 1 次	2	9	6	15	4
第 2 次	2	4	9	6	15
第 3 次	2	4	6	9	15
第 4 次	2	4	6	9	15
排序结果	2	4	6	9	15

由表 7.2 可以发现，在第一次排序过程中，将最小的数字移动到第一的位置，并将其他数字依次向后移动，而第二次排序过程中，将从第二个数字开始的剩余数字中选择最小的数字移动到第二的位置，剩余数字依次向后移动，以此类推，每次都将从下一个数字开始的剩余的数字中选择最小的数字，移动到当前剩余数字的最前方，直到将一组数字按从小到大的顺序排序完成为止。

下面通过实例来看一下，如何通过程序使用冒泡法实现数组元素的从小到大排序。

【例 7.9】　冒泡法排序。（**实例位置：资源包\源码\07\7.09**）

在实例中，声明了一个整型数组和一个整型变量，其中整型数组用于存储用户输入的数字，而整型变量则作为两个元素交换时的中间变量，然后通过双层循环进行冒泡法排序，最后将排序好的数组进行输出。运行程序，显示效果如图 7.9 所示。

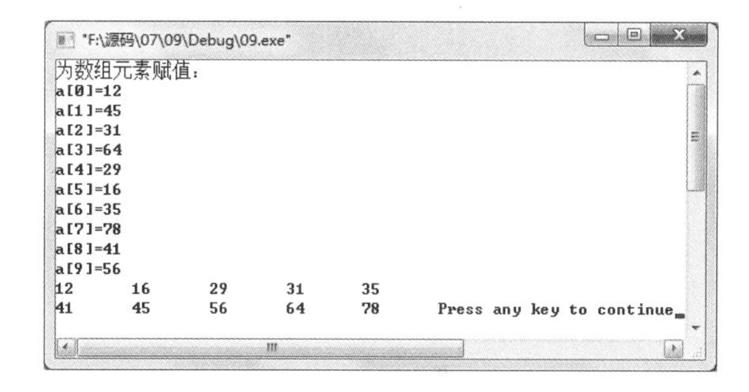

图 7.9　冒泡法排序

实现过程如下：

（1）声明一个整型数组，并通过键盘为数组元素赋值。

（2）设置一个嵌套循环，第一层循环为后 9 个数组元素，然后在第二层循环中，从最后一个数组元素开始向前循环，直到前面第一个没有进行排序的数组元素，循环比较这些数组元素，如果在比较中，后一个数组元素的值小于前一个数组元素的值，则将两个数组元素的值进行互换，当所有循环都完成以后，就将数组元素按照从小到大的顺序重新排列了。

（3）循环输出数组中的元素，并在输出 5 个元素以后进行换行，在下一行输出后面的 5 个元素。

代码如下：

```
#include <iostream.h>
int main()
{
	int i,j;
	int a[10];
	int iTemp;
	printf("为数组元素赋值：\n");
	/*从键盘为数组元素赋值*/
	for(i=0;i<10;i++)
	{
		printf("a[%d]=",i);
```

```
            scanf("%d", &a[i]);
      }

      /*从小到大排序*/
      for(i=1;i<10;i++)                          /*外层循环元素下标为 1~9*/
      {
            for(j=9;j>=i;j--)                    /*内层循环元素下标为 i~9*/
            {
                  if(a[j]<a[j-1])                /*如果前一个数比后一个数大*/
                  {
                        /*交换两个数组元素的值*/
                        iTemp   = a[j-1];
                        a[j-1] = a[j];
                        a[j]     = iTemp;
                  }
            }
      }

      /*输出数组*/
      for(i=0;i<10;i++)
      {
            printf("%d\t",a[i]);                 /*输出制表位*/
            if(i == 4)                           /*如果是第 5 个元素*/
                  printf("\n");                  /*输出换行*/
      }

      return 0;                                  /*程序结束*/
}
```

7.4.3　交换法排序

交换法是将每一位数与其后的所有数一一比较，如果发现符合条件的数据则交换数据。首先，用第一个数依次与其后面的所有数进行比较，当存在比其值大（小）的数，则交换这两个数，继续向后比较其他数直至最后一个数。然后在使用第二个数与其后面的数进行比较，当存在比其值大（小）的数，则交换这两个数，继续向后比较其他数直至最后一个数。以此类推，直至最后一个数比较完成。

下面以数字 9、6、15、4、2 为例，对这几个数字进行排序，每次排序的顺序如表 7.3 所示。

表 7.3　交换法排序

数组元素 排序过程	元素【0】	元素【1】	元素【2】	元素【3】	元素【4】
起始值	9	6	15	4	2
第 1 次	2	9	15	6	4
第 2 次	2	4	15	9	6
第 3 次	2	4	6	15	9
第 4 次	2	4	6	9	15
排序结果	2	4	6	9	15

由表 7.3 可以发现，在第一次排序过程中，将第一个数与后边的数依次进行比较，首先比较 9 和 6，9 大于 6，交换两个数的位置，然后数字 6 成为第一个数字。用 6 和第三个数字 15 进行比较，6 小于 15，保持原来的位置。然后用 6 和 4 进行比较，6 大于 4，交换两个数字的位置。再用当前数字 4 与最后的数字 2 进行比较，4 大于 2，则交换两个数字的位置。从而得到表 7.3 中第一次的排序结果，然后使用相同的方法，从当前第二个数字 9 开始，继续和后边的数字进行比较，如果遇到比当前数字小的数字则交换位置，以此类推，直到将一组数字按从小到大的顺序排序完毕为止。

下面通过实例来看一下，如何通过程序使用交换法实现数组元素的从小到大排序。

【例 7.10】 交换法排序。（**实例位置：资源包\源码\07\7.10**）

在实例中，声明了一个整型数组和一个整型变量，其中整型数组用于存储用户输入的数字，而整型变量则作为两个元素交换时的中间变量，然后通过双层循环进行交换法排序，最后将排序好的数组进行输出。运行程序，显示效果如图 7.10 所示。

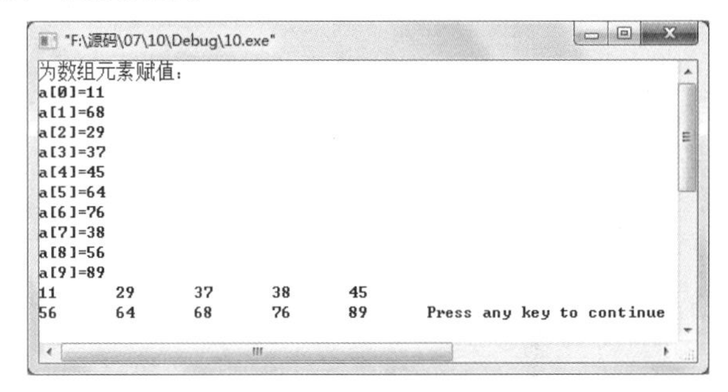

图 7.10　交换法排序

实现过程如下：

（1）声明一个整型数组，并通过键盘为数组元素赋值。

（2）设置一个嵌套循环，第一层循环为前 9 个数组元素，然后在第二层循环中，使用第一个数组元素分别与后边的数组元素依次进行比较，如果后边的数组元素值小于当前数组元素值，则交换两个元素值，然后使用交换后的第一个数组元素继续与后边的数组元素进行比较，直到本次循环结束，将最小的数组元素值交换到第一个数组元素的位置，然后从第二个数组元素开始，继续与后面的数组元素进行比较，以此类推，直到循环结束，就将数组元素按照从小到大的顺序重新排列了。

（3）循环输出数组中的元素，并在输出 5 个元素以后进行换行，在下一行输出后面的 5 个元素。

代码如下：

```
#include <stdio.h>
int main()
{
	int i,j;
	int a[10];
	int iTemp;
	printf("为数组元素赋值：\n");
	/*从键盘为数组元素赋值*/
	for(i=0;i<10;i++)
	{
		printf("a[%d]=",i);
		scanf("%d", &a[i]);
	}

	/*从小到大排序*/
	for(i=0;i<9;i++)					/*外层循环元素下标为 0~8*/
	{
```

```
        for(j=i+1;j<10;j++)                    /*内层循环元素下标为 i+1 到 9*/
        {
            if(a[j] < a[i])                    /*如果当前值比其他值大*/
            {
                /*交换两个数值*/
                iTemp = a[i];
                a[i]   = a[j];
                a[j]   = iTemp;
            }
        }
    }

    /*输出数组*/
    for(i=0;i<10;i++)
    {
        printf("%d\t",a[i]);                   /*输出制表位*/
        if(i == 4)                             /*如果是第 5 个元素*/
            printf("\n");                      /*输出换行*/
    }

    return 0;                                  /*程序结束*/
}
```

7.4.4 插入法排序

插入法较为复杂，它的基本工作原理是，抽出一个数据，在前面的数据中寻找相应的位置插入，然后继续下一个数据，直到完成排序。

下面以数字 9、6、15、4、2 为例，对这几个数字进行排序，每次排序的顺序如表 7.4 所示。

表 7.4 插入法排序

数组元素 / 排序过程	元素【0】	元素【1】	元素【2】	元素【3】	元素【4】
起始值	9	6	15	4	2
第 1 次	9				
第 2 次	6	9			
第 3 次	6	9	15		
第 4 次	4	6	9	15	
排序结果	2	4	6	9	15

由表 7.4 可以发现，在第一次排序过程中，将第一个数取出来并放置在第一个的位置，然后取出第二个数，并使用第二个数与第一个数进行比较，如果第二个数小于第一个数，则将第二个数排在第一个数之前，否则，将第二个数排在第一个数之后。然后取出下一个数，先与排在后面的数字进行比较，如果当前数字比较大，则排在最后；如果当前的数字比较小，还要与之前的数字进行比较，如果当前的数字比前面的数字大，则将当前数字排在比它小的数字和比它大的数字之间，如果没有比当前数字

小的数字，则将当前数字排在最前方。以此类推，不断取出需要排序的数字与排序好的数字进行比较，并插入到相应的位置，直到将一组数字按从小到大的顺序排序完毕为止。

下面通过实例来看一下，如何通过程序使用交换法实现数组元素的从小到大排序。

【例 7.11】 插入法排序。（**实例位置：资源包\源码\07\7.11**）

在实例中，声明了一个整型数组和两个整型变量，其中整型数组用于存储用户输入的数字，而两个整型变量分别作为两个元素交换时的中间变量和记录数组元素的位置，然后通过双层循环进行交换法排序，最后将排序好的数组进行输出。运行程序，显示效果如图 7.11 所示。

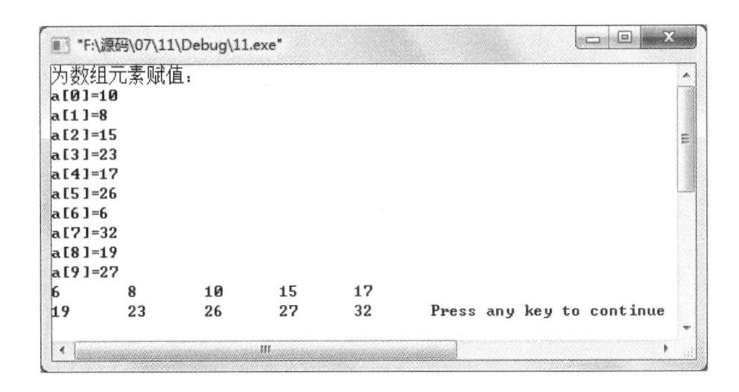

图 7.11　插入法排序

实现过程如下：

（1）声明一个整型数组，并通过键盘为数组元素赋值。

（2）设置一个嵌套循环，第一层循环为后 9 个数组元素，将第二个元素赋值给中间变量，并记录前一个数组元素的下标位置。然后在第二层循环中，首先要判断是否满足循环的条件，允许循环的条件是记录的下标位置必须大于等于第一个数组元素的下标位置，并且中间变量的值小于之前设置下标位置的数组元素。如果满足循环条件，则将设置下标位置的数组元素值赋值给当前的数组元素，然后将记录的数组元素下标位置向前移动一位，继续进行循环判断。内层循环结束以后，将中间变量中保存的数值，赋值给当前记录的下标位置之后的数组元素，继续进行外层循环，将数组中下一个数组元素赋值给中间变量，再通过内层循环进行排序。以此类推，直到循环结束，就将数组元素按照从小到大的顺序重新排列了。

（3）循环输出数组中的元素，并在输出 5 个元素以后进行换行，在下一行输出后面的 5 个元素。

代码如下：

```
#include <stdio.h>
int main()
{
	int i;
	int a[10];
	int iTemp;
	int iPos;
	printf("为数组元素赋值：\n");
	/*从键盘为数组元素赋值*/
	for(i=0;i<10;i++)
	{
		printf("a[%d]=",i);
		scanf("%d", &a[i]);
	}

	/*从小到大排序*/
	for(i=1;i<10;i++)					/*循环数组中元素*/
```

```
	{
		iTemp = a[i];                              /*设置插入值*/
		iPos = i-1;
		while((iPos>=0) && (iTemp<a[iPos]))        /*寻找插入值的位置*/
		{
			a[iPos+1] = a[iPos];                   /*插入数值*/
			iPos--;
		}
		a[iPos+1] = iTemp;
	}

	/*输出数组*/
	for(i=0;i<10;i++)
	{
		printf("%d\t",a[i]);                       /*输出制表位*/
		if(i == 4)                                 /*如果是第 5 个元素*/
			printf("\n");                          /*输出换行*/
	}

	return 0;                                      /*程序结束*/
}
```

7.4.5　折半法排序

折半法排序又称为快速排序，是选择一个中间值 middle，然后把比中间值小的数据放在左边，比中间值大的数据放在右边（具体的实现方法是从两边的数据中找，找到一对后交换位置），然后对两边分别递归的过程。

下面以数字 9、6、15、4、2 为例，对这几个数字进行排序，每次排序的顺序如表 7.5 所示。

表 7.5　插入法排序

数组元素 / 排序过程	元素【0】	元素【1】	元素【2】	元素【3】	元素【4】
起始值	9	6	15	4	2
第 1 次	9	6	2	4	15
第 2 次	4	6	2	9	15
第 3 次	4	2	6	9	15
第 4 次	2	4	6	9	15
排序结果	2	4	6	9	15

由表 7.5 可以发现，在第一次排序过程中，首先获取数组中间元素的值 15，从左右两侧分别取出数组元素与中间值进行比较，如果左侧取出的值比中间值小，则取下一个数组元素与中间值进行比较，如果左侧取出的值比中间值大，则交换两个互相比较的数组元素值；而右侧的比较正好与左侧相反，当右侧取出的值比中间值大时，取前一个数组元素的值与中间值进行比较，如果右侧取出的值比中间值小，则交换两个互相比较的数组元素值。当中间值两侧的数据都比较一遍以后，数组以第一个元素

为起点，以中间值的元素为终点，用上面的比较方法继续进行比较；而右侧以中间值的元素为起点，以数组最后一个元素为终点，用上述方法进行比较。当比较完成以后，继续以减半的方式进行比较，直到将一组数字按从小到大的顺序排序完毕为止。

下面通过实例来看一下，如何通过程序使用交换法实现数组元素的从小到大排序。

【例 7.12】　折半法排序。(**实例位置：资源包\源码\07\7.12**)

在实例中，声明了一个整型数组，用于存储用户输入的数字，再定义一个函数，用于对数组元素进行排序，最后将排序好的数组进行输出。运行程序，显示效果如图 7.12 所示。

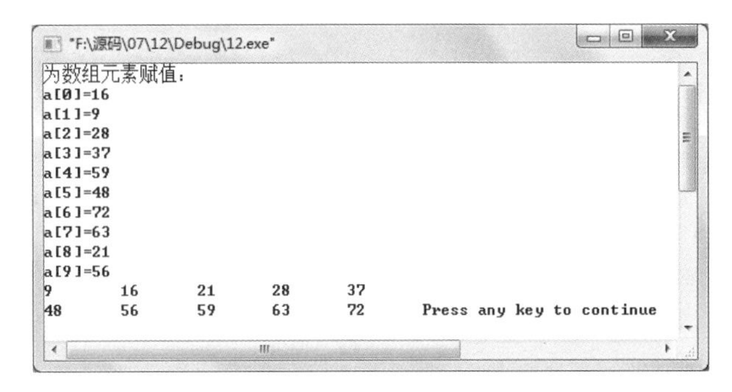

图 7.12　折半法排序

实现过程如下：

（1）声明一个整型数组，并通过键盘为数组元素赋值。

（2）定义一个函数，用于对数组元素进行排序，函数的 3 个参数分别表示递归调用时，数组最开始的元素和最后元素的下标位置以及要排序的数组。声明两个整型变量，作为控制排序算法循环的条件，分别将两个参数赋值给变量 i 和 j，i 表示左侧下标，j 表示右侧下标。首先使用 do-while 语句设计外层循环，条件为 i 小于 j，表示如果两边的下标交错，就停止循环。内层两个循环分别用来比较中间值两侧的数组元素，当左侧的数值小于中间值时，取下一个元素与中间值进行比较，否则退出第一个内层循环；当右侧的数值大于中间值时，取前一个元素与中间值进行比较，否则退出第二个内层循环。然后判断 i 的值是否小于等于 j，如果是，则交换以 i 和 j 为下标的两个元素值，继续进行外层循环。当外层循环结束以后，用从数组第一个元素到以 j 为下标的元素为参数递归调用该函数，同时，用以 i 为下标的数组元素到数组最后一个参数作为参数递归调用该函数，以此类推，直到将数组元素按照从小到大的顺序重新排列为止。

（3）循环输出数组中的元素，并在输出 5 个元素以后进行换行，在下一行输出后面的 5 个元素。

代码如下：

```
#include <stdio.h>

/*声明函数*/
void CelerityRun(int left, int right, int array[]);

int main()
{
	int i;
	int a[10];
	printf("为数组元素赋值：\n");
	/*从键盘为数组元素赋值*/
	for(i=0;i<10;i++)
	{
		printf("a[%d]=",i);
		scanf("%d", &a[i]);
	}
```

```
    /*从小到大排序*/
    CelerityRun(0,9,a);

    /*输出数组*/
    for(i=0;i<10;i++)
    {
        printf("%d\t",a[i]);              /*输出制表位*/
        if(i == 4)                         /*如果是第 5 个元素*/
            printf("\n");                  /*输出换行*/
    }

    return 0;                              /*程序结束*/
}

void CelerityRun(int left, int right, int array[])
{
    int i,j;
    int middle,iTemp;
    i = left;
    j = right;
    middle = array[(left+right)/2];        /*求中间值*/
    do
    {
        while((array[i]<middle) && (i<right))  /*从左找小于中值的数*/
            i++;
        while((array[j]>middle) && (j>left))   /*从右找大于中值的数*/
            j--;
        if(i<=j)                            /*找到了一对值*/
        {
            iTemp = array[i];
            array[i] = array[j];
            array[j] = iTemp;
            i++;
            j--;
        }
    }while(i<=j);                          /*如果两边的下标交错，就停止（完成一次）*/

    /*递归左半边*/
    if(left<j)
        CelerityRun(left,j,array);
    /*递归右半边*/
    if(right>i)
        CelerityRun(i,right,array);
}
```

注意

为了实现折半法排序，需要使用函数的递归，这部分内容将会在后面章节进行介绍，读者可以参考后面的内容进行学习。

7.4.6　排序算法的比较

在前面已经介绍了 5 种排序方法，那么读者在进行数组排序时应该使用哪一种方法呢？这就需要用户根据需要来进行选择。下面来对这 5 种排序方法进行简单的比较。

（1）选择法排序

选择法排序在排序过程中共需进行 n(n−1)/2 次比较，最坏的情况下互相交换 n−1 次。选择法排序简单、容易实现，适用于数量较小的排序。

（2）冒泡法排序

最好的情况下，就是正序，所以只要比较一次就行了；最坏的情况下，就是逆序，要比较 n^2 次才行。冒泡法排序是较稳定的排序方法，当待排序列有序时，效果比较好。

（3）交换法排序

交换法排序和冒泡法情况类似，正序时最快，逆序时最慢，排列有序的数据时效果最好。

（4）插入法排序

此算法需要经过 n−1 次插入过程，如果数据恰好插入到序列的最后端，则不需要移动数据，可节省时间，所以若原始数据基本有序，此算法可有较快的运算速度。

（5）折半法排序

折半法排序对于 n 较大时，是排序速度最快的排序算法，但当 n 很小时，此方法往往比其他排序算法还要慢。另外，折半法排序是不稳定的，对有相同关键字的数据，排序后的结果可能会次序颠倒。

插入法、冒泡法、交换法排序的速度较慢，但参加排序的序列局部或整体有序时，这种排序方法能达到较快的速度。而在这种情况下，折半法排序会显得速度较慢。当 n 较小时，且对稳定性无要求时宜用选择排序法，对稳定性有要求时宜用插入法或冒泡法排序。

7.5　实　　战

7.5.1　选票统计

班级竞选班长，共有 3 个候选人，输入参加选举的人数及每个人选举的内容，输出 3 个候选人最终的得票数及无效选票数。运行结果如图 7.13 所示。（**实例位置：资源包\源码\07\实战\01**）

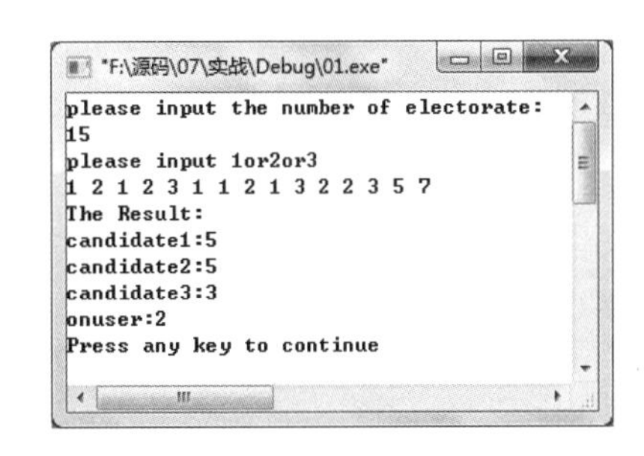

图 7.13　选票统计

本实例是一个典型的一维数组应用，这里需要强调的一点就是，C 语言规定只能逐个引用数组元素而不能一次引用整个数组，在本程序中，这点体现在对数组元素进行判断时，只能通过 for 语句对数组中的元素逐个进行引用。

7.5.2 模拟比赛打分

首先从键盘中输入选手人数，然后输入裁判对每个选手的打分情况，假设裁判有 5 位，在输入完所有数据之后，输出每个选手的总成绩。运行结果如图 7.14 所示。（**实例位置：资源包\源码\07\实战\02**）

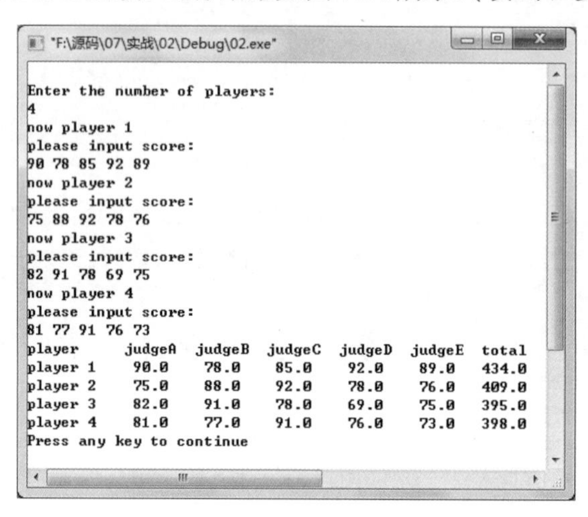

图 7.14　模拟比赛打分

程序中使用了嵌套的 for 循环，外层的 for 循环是控制选手人数变化的，内层 for 循环是控制 5 个裁判打分情况的。这里要注意由于不知道选手的人数，所以存储裁判所打分数的数组的大小是随着选手人数变化的，因为有 5 个裁判，所以当数组下标能被 5 整除时则跳出内层 for 循环，此时计算出的总分是 5 名裁判给一名选手打分的结果，将此时计算出的总成绩存到另一个数组中。输出选手成绩时也是遵循上面规律的。

7.5.3 统计学生成绩

输入学生的学号及语文、数学、英语成绩，输出学生各科成绩信息及平均成绩。运行结果如图 7.15 所示。（**实例位置：资源包\源码\07\实战\03**）

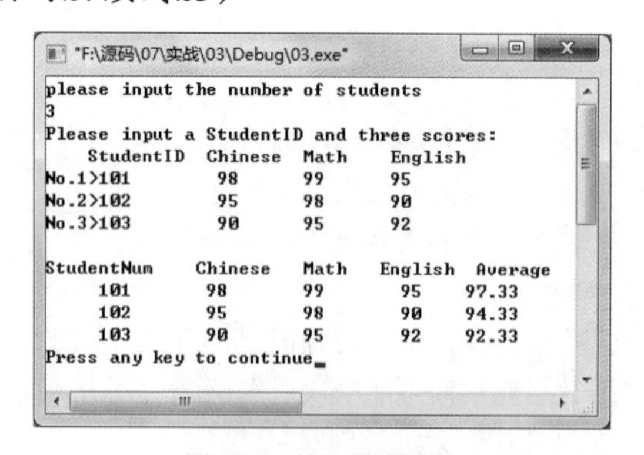

图 7.15　统计学生成绩

7.5.4　矩阵的转置

将一个二维数组的行和列元素互换，存到另一个二维数组中。运行结果如图 7.16 所示。（**实例位置：资源包\源码\07\实战\04**）

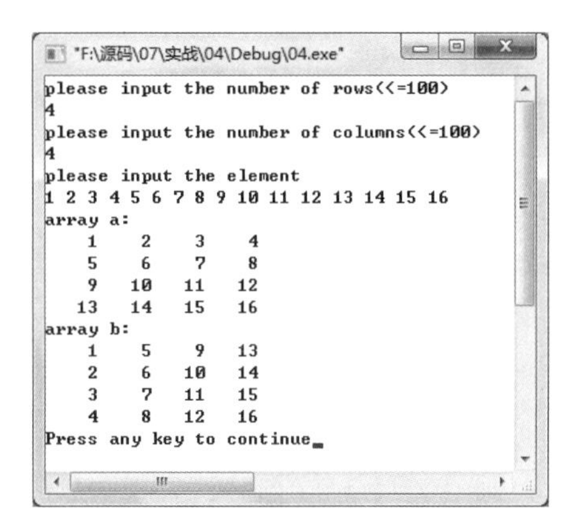

图 7.16　矩阵转置

7.5.5　设计魔方阵

魔方阵就是由自然数组成的方阵，方阵的每个元素都不相等，且每行和每列以及主副对角线上的各元素之和都相等。运行结果如图 7.17 所示。（**实例位置：资源包\源码\07\实战\05**）

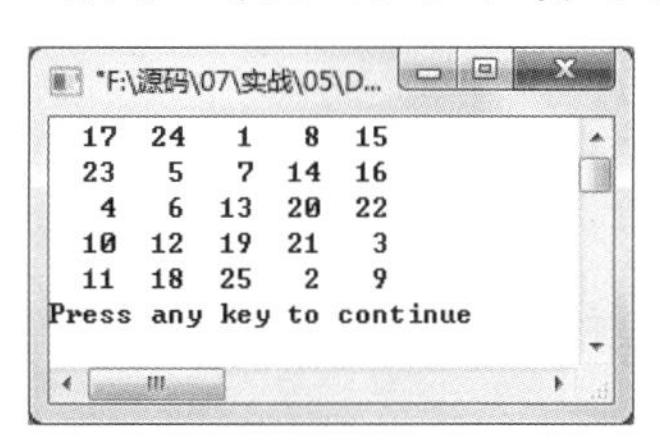

图 7.17　设计魔方阵

第 8 章

字符数组

（视频讲解：47 分钟）

字符及字符串处理操作也是程序设计经常涉及的技术。在 C 语言中没有专门的字符串类型变量来保存一个字符串，需要通过数组和指针的方式来保存或者指向一个字符串。本章将介绍字符数组的相关知识。

学习摘要：

- 字符数组的定义和引用
- 字符串处理的常用函数

8.1 字符数组

视频讲解

动图演示

数组中的元素类型为字符型时称为字符数组。字符数组中的每一个元素可以存放一个字符。字符数组的定义和使用方法与其他基本类型的数组基本相似。

8.1.1 字符数组定义和引用

（1）字符数组的定义

字符数组的定义与其他数据类型的数组定义类似，一般形式如下：

```
char 数组标识符[常量表达式];
```

因为要定义的是字符型数据，所以在数组标识符前所用的类型是 char。后面括号中表示的是数组元素的数量。

例如，定义一个字符数组 cArray：

```
char cArray[5];
```

其中的 cArray 是数组的表示符，而括号中的 5 表示数组中包含 5 个字符型的变量元素。

（2）字符数组的引用

字符数组的引用和其他数据类型的数组引用一样，也是使用下标的形式，例如引用上面定义的数组 cArray 中的元素：

```
cArray[0]='H';
cArray[1]='e';
cArray[2]='l';
cArray[3]='l';
cArray[4]='o';
```

上面的代码依次引用数组中元素，为其进行赋值。

8.1.2 字符数组初始化

在对字符数组进行初始化操作时，有以下几种方法。

☑ 逐个字符赋给数组中各元素

这是最容易理解的初始化字符数组的方式，例如初始化一个字符数组：

```
char cArray[5]={'H','e','l','l','o'};
```

定义包含 5 个元素的字符数组，在初始化的大括号中，每一个字符对应赋值一个数组元素。

【例 8.1】 使用字符数组输出一个字符串。（**实例位置：资源包\源码\08\8.01**）

在本实例中，定义一个字符数组，通过初始化操作保存一个字符串，然后通过循环引用每一个数组元素进行输出操作。运行程序，显示效果如图 8.1 所示。

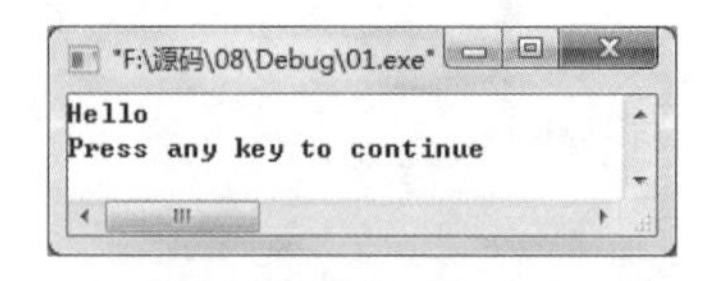

图 8.1　使用字符数组输出一个字符串

实现代码如下：

```
#include<stdio.h>

int main()
{
	char cArray[5]={'H','e','l','l','o'};			/*初始化字符数组*/
	int i;							/*循环控制变量*/
	for(i=0;i<5;i++)					/*进行循环*/
	{
		printf("%c",cArray[i]);				/*输出字符数组元素*/
	}
	printf("\n");						/*输出换行*/
	return 0;
}
```

注意

在代码中，在初始化字符数组时要注意，每一个元素的字符都是使用一对单引号' '进行表示的。在循环中，因为输出的类型是字符型，所以在 printf 中使用的是%c。通过循环变量 i，对数组 cArray[i]中每一个元素进行引用。

☑　如果在定义字符数组时进行初始化，可以省略数组长度

如果初值个数与预定的数组长度相同，在定义时可以省略数组长度，系统会自动根据初值个数确定数组长度。例如，上面初始化字符数组的代码可以写成：

```
char cArray[]={'H','e','l','l','o'};
```

在代码中可以看到定义的 cArray[]中没有给出数组的长度，但是系统会根据初值的个数来确定数组的长度为 5。

☑　利用字符串给字符数组赋初值

通常用一个字符数组来存放一个字符串。例如，用字符串的方式对数组作初始化赋值如下：

```
char cArray[]={"Hello"};
```

或者将“{}”去掉，写成：

```
char cArray[]="Hello";
```

【例 8.2】　使用二维字符数组输出一个钻石形状。（**实例位置：资源包\源码\08\8.02**）

在实例中，定义一个二维数组，并且利用数组的初始化赋值设置钻石形状。运行程序，显示效果

如图 8.2 所示。

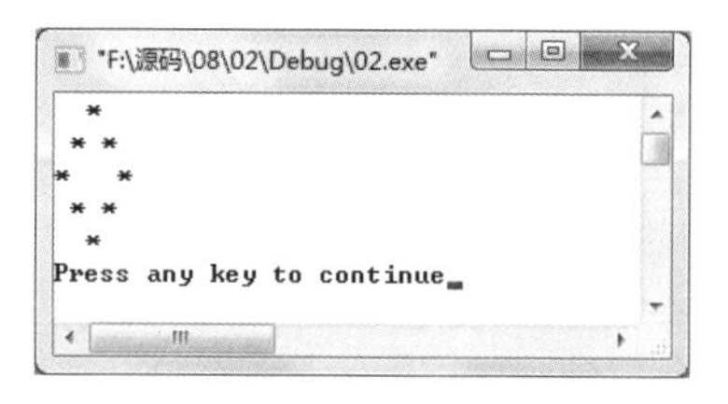

图 8.2　输出一个钻石形状

实现代码如下：

```
#include<stdio.h>

int main()
{
	int iRow,iColumn;                                   /*用来控制循环的变量*/
	char cDiamond[][5]={{' ',' ','*'},                  /*初始化二维字符数组*/
	                    {' ','*',' ','*'},
	                    {'*',' ',' ',' ','*'},
	                    {' ','*',' ','*'},
	                    {' ',' ','*'} };
	for(iRow=0;iRow<5;iRow++)                           /*利用循环进行输出数组*/
	{
		for(iColumn=0;iColumn<5;iColumn++)
		{
			printf("%c",cDiamond[iRow][iColumn]);       /*输出数组元素*/
		}
		printf("\n");                                   /*进行换行*/
	}
	return 0;
}
```

说明

为了方便读者观察字符数组的初始化操作，笔者将每行字符进行对齐。在初始化时，虽然没有给出一行中具体的元素个数，但是通过初始化赋值，可以确定其大小为 5。最后通过双重循环，将所有数组元素输出显示。

8.1.3　字符数组的结束标志

在 C 语言中，使用字符数组保存字符串，也就是使用一个一维数组保存字符串中的每一个字符。此时系统会自动为其添加'\0'作为结束符。

例如，在初始化一个字符数组时：

```
char cArray[]="Hello";
```

字符串总是以'\0'作为串的结束符。因此，当把一个字符串存入一个数组时，也会把结束符'\0'存入数组，并以此作为该字符串结束的标志。

注意

有了'\0'标志后，字符数组的长度就显得不那么重要。当然，在定义字符数组时应估计实际字符串长度，保证数组长度始终大于字符串实际长度。如果在一个字符数组中，先后存放多个不同长度的字符串，则应使数组长度大于最长的字符串的长度。

用字符串方式赋值比用字符逐个赋值要多占一个字节，多占的这个字节用于存放字符串结束标志'\0'。那么上面的字符数组 cArray 在内存中的实际存放情况如图 8.3 所示。

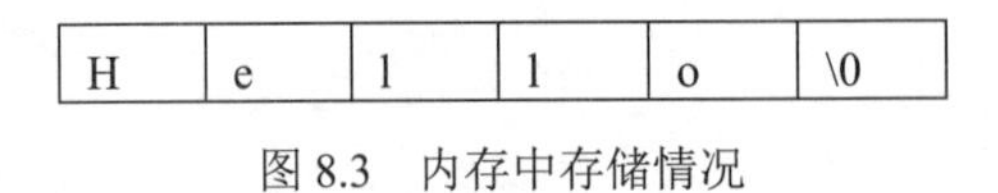

图 8.3　内存中存储情况

'\0'是由 C 编译系统自动加上的，所以上面的赋值语句等价于：

```
char cArray[]={'H','e','l','l','o','\0'};
```

字符数组并不要求最后一个字符为'\0'，甚至可以不包含'\0'。像下面这样写也是正确的：

```
char cArray[5]={'H','e','l','l','o'};
```

不过是否需要加'\0'，完全根据需要决定。但是由于系统对字符串常量自动加一个'\0'，因此，为了使处理方法一致，便于测定字符串的实际长度，以及在程序中做相应的处理，在字符数组中也常常人为地加上一个'\0'。例如：

```
char cArray[6]={'H','e','l','l','o','\0'};
```

8.1.4　字符数组的输入和输出

字符数组的输入和输出有两种方法。

☑　使用格式符%c 进行输入/输出

使用格式符%c，实现字符数组中字符的逐个输入与输出。例如，循环输出字符数组中的元素：

```
for(i=0;i<5;i++)                                   /*进行循环*/
{
    printf("%c",cArray[i]);                        /*输出字符数组元素*/
}
```

其中，变量为循环的控制变量，并且在循环中作为数组的下标，进行循环输出。

☑　使用格式符%s 进行输入/输出

使用格式符%s，将整个字符串依次输入或输出。例如，输出一个字符串：

```
char cArray[]="GoodDay!";                          /*初始化字符数组*/
printf("%s",cArray);                               /*输出字符串*/
```

其中，使用格式符%s 将字符串进行输出，应注意以下几种情况：

- 输出字符不包括结束符'\0'。
- 用%s 格式输出字符串时，printf 函数中的输出项是字符数组名 cArray，而不是数组中的元素名 cArray[0]等。
- 如果数组长度大于字符串实际长度，也只输出到'\0'为止。
- 如果一个字符数组中包含多个'\0'结束字符，则在遇到第一个'\0'时就停止输出。

【例 8.3】　使用两种方式输出字符串。（**实例位置：资源包\源码\08\8.03**）

本实例按照将数组中的元素逐个输出和直接将字符串输出的两种方式输出一个字符串。运行程序，显示效果如图 8.4 所示。

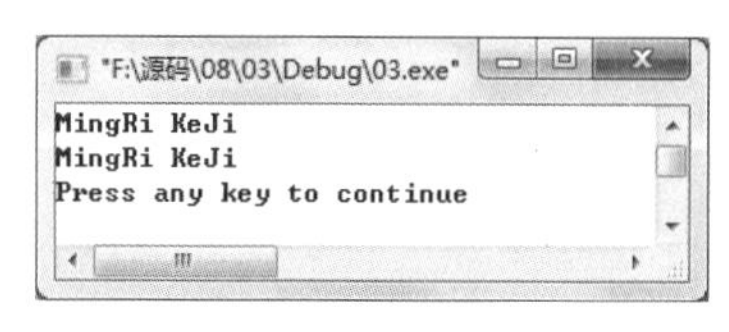

图 8.4　使用两种方式输出字符串

在本实例中，为定义的字符数组进行初始化操作，在输出字符数组中保存的数据时，可以逐个将数组中的元素输出，或者直接将字符串输出。实现代码如下：

```
#include<stdio.h>
int main()
{
    int iIndex;                                     /*循环控制变量*/
    char cArray[12]="MingRi KeJi";                  /*定义字符数组用于保存字符串*/

    for(iIndex=0;iIndex<12;iIndex++)
    {
        printf("%c",cArray[iIndex]);                /*逐个输出字符数组中的字符*/
    }
    printf("\n%s\n",cArray);                        /*直接将字符串输出*/
    return 0;
}
```

在代码中，在对数组中元素逐个输出时，使用的是循环的方式，而直接输出字符串的方式，是利用 printf 函数中的格式符%s 进行输出。要注意，在直接输出字符串时不能使用格式符%c。

8.1.5　字符数组应用

【例 8.4】　计算字符串中有多少个单词。（**实例位置：资源包\源码\08\8.04**）

在本实例中，利用字符数组计算字符串中的单词数。运行程序，显示效果如图 8.5 所示。

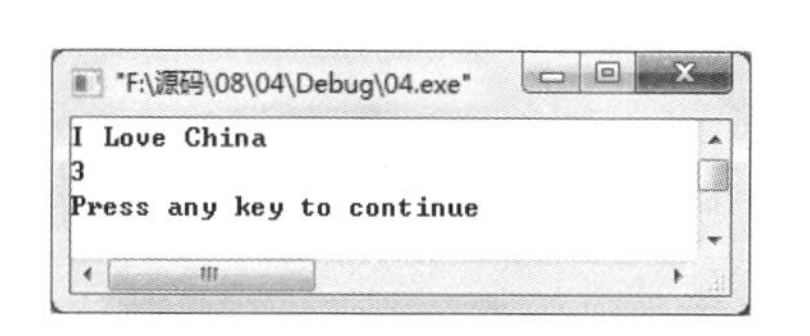

图 8.5　计算字符串中有多少个单词

按照要求，使用 gets 函数将输入的字符串保存在 cString 字符数组中。首先要对输入的字符进行判断，判断在数组中第一个输入的字符，如果是结束符或者空格，那么进行消息提示；如果不是，则说明输入的字符串是正常的，这样就在 else 语句中进行处理。

使用 for 循环进行判断每一个数组中的字符是否为结束符，如果为结束符，则循环结束；如果不为结束符，则在循环语句中判断是否为空格，遇到一个空格则对单词计数变量 iWord 进行自加操作。

实现代码如下：

```
#include<stdio.h>

int main()
{
	char cString[100];                               /*定义保存字符串的数组*/
	int iIndex, iWord=1;                             /*iWord 表示单词的个数*/
	char cBlank;                                     /*表示空格*/
	gets(cString);                                   /*输入字符串*/

	if(cString[0]=='\0')                             /*判断如果字符串为空的情况*/
	{
		printf("There is no char!\n");
	}
	else if(cString[0]==' ')                         /*判断第一个字符为空格的情况*/
	{
		printf("First char just is a blank!\n");
	}
	else
	{
		for(iIndex=0;cString[iIndex]!='\0';iIndex++)     /*循环判断每一个字符*/
		{
			cBlank=cString[iIndex];                  /*得到数组中的字符元素*/
			if(cBlank==' ')                          /*判断是不是空格*/
			{
				iWord++;                         /*如果是则加 1*/
			}
		}
		printf("%d\n",iWord);
	}
	return 0;
}
```

8.2 字符串处理函数

在编写程序时，经常会对字符和字符串进行操作，如转换字符的大小写、求字符串长度等，这些都可以使用字符函数和字符串函数来解决。C 语言标准函数库专门为其提供了一系列处理函数。在编写程序过程中合理有效地使用这些字符串函数，可以提高编程效率的同时提高程序性能。本节将对字符串处理函数进行介绍。

8.2.1 字符串复制

在字符串操作中，字符串复制是比较常用的操作之一。在字符串处理函数中包含 strcpy 函数，该

函数将复制特定长度的字符串到另一个字符串中。其语法格式如下：

```
strcpy(目的字符数组名,源字符数组名);
```

它的功能是把源字符数组中的字符串复制到目的字符数组中。字符串结束标志“\0”也一同复制。

说明

（1）要求目的字符数组应有足够的长度，否则不能全部装入所复制的字符串。

（2）“目的字符数组”必须写成数组名形式，而“源字符数组”可以是字符数组名，也可以是一个字符串常量，这时相当于把一个字符串赋给一个字符数组。

（3）不能用赋值语句将一个字符串常量或字符数组直接赋给一个字符数组。

下面通过实例来介绍一下 strcpy 函数的使用方法。

【例 8.5】 字符串复制。（**实例位置：资源包\源码\08\8.05**）

运行程序，输入目的字符串和源字符串，把源字符串复制到目的字符串上。字符串复制效果如图 8.6 所示。

图 8.6 字符串复制

实例中，在 main 函数体中定义两个字符数组，分别用来存储源字符串和目的字符数组，然后获取用户为两个字符数组赋值的字符串，并分别输出两个字符数组，调用 strcpy 函数将源字符数组中的字符串赋值给目的字符数组，最后输出目的字符数组。代码如下：

```
#include<stdio.h>
#include<string.h>

int main()
{
    char str1[30],str2[30];
    printf("输入目的字符串:\n");
    gets(str1);                                  /*输入目的字符*/
    printf("输入源字符串:\n");
    gets(str2);                                  /*输入源字符串*/

    printf("输出目的字符串:\n");
    puts(str1);                                  /*输出目的字符*/
    printf("输出源字符串:\n");
    puts(str2);                                  /*输出源字符串*/
    strcpy(str1,str2);                           /*调用 strcpy 函数实现字符串复制*/
    printf("调用 strcpy 函数进行字符串拷贝:\n");
    printf("拷贝字符串之后的目的字符串:\n");
    puts(str1);                                  /*输出复制后的目的字符串*/

    return 0;                                    /*程序结束*/
}
```

8.2.2 字符串连接

字符串连接就是将一个字符串连接到另一个字符串的末尾，使其组合成一个新的字符串，在字符串处理函数中，strcat 函数就具有字符串连接的功能。其语法格式如下：

```
strcat(目的字符数组名,源字符数组名);
```

它的功能是把源字符数组中的字符串连接到目的字符数组中字符串的后面，并删去目的字符数组中原有的串结束标志“\0”。

说明

要求目的字符数组应有足够的长度，否则不能装下连接后的字符串。

下面通过实例来介绍一下 strcat 函数的使用方法。

【例 8.6】 字符串连接。（**实例位置：资源包\源码\08\8.06**）

运行程序，输入源字符串和目标字符串，输出两个字符串连接之后的一个字符串。字符串连接效果如图 8.7 所示。

图 8.7 字符串连接

实例中，在 main 函数体中定义两个字符数组，分别用来存储源字符串和目的字符数组，然后获取用户为两个字符数组赋值的字符串，并分别输出两个字符数组，调用 strcat 函数，将源字符数组中的字符串连接到目的字符数组中字符串的后面，最后输出目的字符数组。代码如下：

```
#include<stdio.h>
#include<string.h>

int main()
{
    char str1[30],str2[30];
    printf("输入目的字符串:\n");
    gets(str1);                                 /*输入目的字符*/
    printf("输入源字符串:\n");
    gets(str2);                                 /*输入源字符串*/

    printf("输出目的字符串:\n");
    puts(str1);                                 /*输出目的字符*/
    printf("输出源字符串:\n");
    puts(str2);                                 /*输出源字符串*/
    strcat(str1,str2);                          /*调用 strcat 函数进行字符串连接*/
    printf("调用 strcat 函数进行字符串连接:\n");
    printf("字符串连接之后的目的字符串:\n");
    puts(str1);                                 /*输出连接后的目的字符串*/

    return 0;                                   /*程序结束*/
}
```

字符串复制实质上是用源字符数组中的字符串覆盖目的字符数组中的字符串，而字符串连接则不存在覆盖的问题，只是单纯地将源字符数组中的字符串连接到目的字符数组中的字符串的后面。

8.2.3　字符串比较

字符串比较就是将一个字符串与另一个字符串从首字母开始，按照 ASCII 码的顺序逐个进行比较，在字符串处理函数中，strcmp 函数就具有在字符串间进行比较的功能。其语法格式如下：

```
strcmp(字符数组名 1,字符数组名 2);
```

它的功能是按照 ASCII 码顺序比较两个数组中的字符串，并由函数返回值返回比较结果。

返回值可能出现的情况如下：

☑　字符串 1=字符串 2，返回值为 0。

☑　字符串 1>字符串 2，返回值为一个正数。

☑　字符串 1<字符串 2，返回值为一个负数。

当两个字符串进行比较时，若出现不同的字符，则以第一个不同的字符的比较结果作为整个比较的结果。

下面通过实例来介绍一下 strcmp 函数的使用。

【例 8.7】　字符串比较。（**实例位置：资源包\源码\08\8.07**）

运行程序，分别输入用户名字符串和密码字符串，将根据输入信息进行比较判断。字符串比较效果如图 8.8 所示。

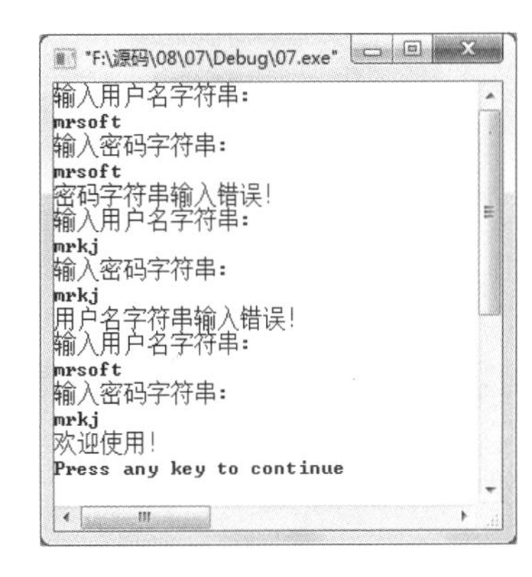

图 8.8　字符串比较

实例中，在 main 函数体中定义 4 个字符数组，分别用来存储用户名、密码和用户输入的用户名及密码字符串，然后分别调用 strcmp 函数比较用户输入的用户名和密码是否正确。代码如下：

```
#include<stdio.h>
#include<string.h>

int main()
{
    char user[20]       = {"mrsoft"};                    /*设置用户名字符串*/
    char password[20] = {"mrkj"};                        /*设置密码字符串*/
    char ustr[20],pwstr[20];
    int i=0;

    while(i < 3)
    {
        printf("输入用户名字符串:\n");
        gets(ustr);                                      /*输入用户名字符串*/
```

```
        printf("输入密码字符串:\n");
        gets(pwstr);                                    /*输入密码字符串*/
        if(strcmp(user,ustr))                           /*如果用户名字符串不相等*/
        {
            printf("用户名字符串输入错误！\n");              /*提示用户名字符串输入错误*/
        }
        else                                            /*用户名字符串相等*/
        {
            if(strcmp(password,pwstr))                  /*如果密码字符串不相等*/
            {
                printf("密码字符串输入错误！\n");            /*提示密码字符串输入错误*/
            }
            else                                        /*用户名和密码字符串都正确*/
            {
                printf("欢迎使用！\n");                    /*输出欢迎字符串*/
                break;
            }
        }
        i++;
    }
    if(i == 3)
    {
        printf("输入字符串错误 3 次！\n");                  /*输入字符串错误 3 次*/
    }

    return 0;                                           /*程序结束*/
}
```

8.2.4 字符串大小写转换

字符串的大小写转换需要使用 strupr 函数和 strlwr 函数。strupr 函数的语法格式如下：

```
strupr(字符串);
```

它的功能是将字符串中的小写字母变成大写字符，其他字母不变。

strlwr 函数的语法格式如下：

```
strlwr(字符串);
```

它的功能是将字符串中的大写字母变成小写字符，其他字母不变。

下面通过实例来介绍一下 strupr 函数和 strlwr 函数的使用方法。

【例 8.8】 字符串大小写转换。（**实例位置：资源包\源码\08\8.08**）

本实例实现将字符串大小写进行转换，并输出。运行程序，字符串大小写转换效果如图 8.9 所示。

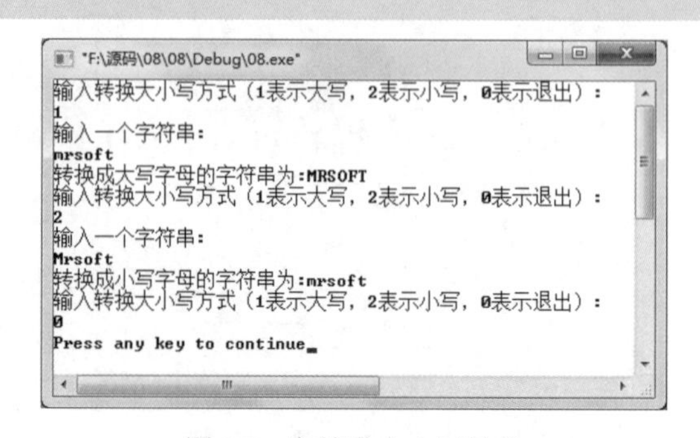

图 8.9　字符串大小写转换

实例中，在 main 函数体中定义两个字符数组，分别用来存储要转换的字符串和转换后的字符串，然后根据用户输入的操作指令，判断调用 strupr 函数或者 strlwr 函数进行大小写转换。代码如下：

```
#include<stdio.h>
#include<string.h>

int main()
{
	char text[20],change[20];
	int num;
	int i=0;

	while(1)
	{

		printf("输入转换大小写方式（1 表示大写，2 表示小写，0 表示退出）:\n");
		scanf("%d", &num);
		if(num == 1)                                          /*如果是转换为大写*/
		{
			printf("输入一个字符串:\n");
			scanf("%s", &text);                               /*输入要转换的字符串*/
			strcpy(change,text);                              /*复制要转换的字符串*/
			strupr(change);                                   /*字符串转换大写*/
			printf("转换成大写字母的字符串为:%s\n",change);    /*输出转换后的字符串*/
		}
		else if(num == 2)                                     /*如果是转换为小写*/
		{
			printf("输入一个字符串:\n");
			scanf("%s", &text);                               /*输入要转换的字符串*/
			strcpy(change,text);                              /*复制要转换的字符串*/
			strlwr(change);                                   /*字符串转换小写*/
			printf("转换成小写字母的字符串为:%s\n",change);    /*输出转换后的字符串*/
		}
		else if(num == 0)                                     /*如果命令字符为 0*/
		{
			break;                                            /*跳出当前循环*/
		}
	}

	return 0;                                                 /*程序结束*/
}
```

8.2.5　获得字符串长度

在使用字符串时，有时需要动态获得字符串的长度，如果通过循环来判断是否含有字符串结束标志'\0'，虽然也能获得字符串的长度，但是实现起来相对烦琐。这时，可以使用 strlen 函数来计算字符串的长度。strlen 函数的语法格式如下：

```
strlen(字符数组名);
```

它的功能是计算字符串的实际长度（不含字符串结束标志'\0'），函数返回值为字符串的实际长度。

下面通过实例来介绍一下 strupr 函数和 strlwr 函数的使用方法。

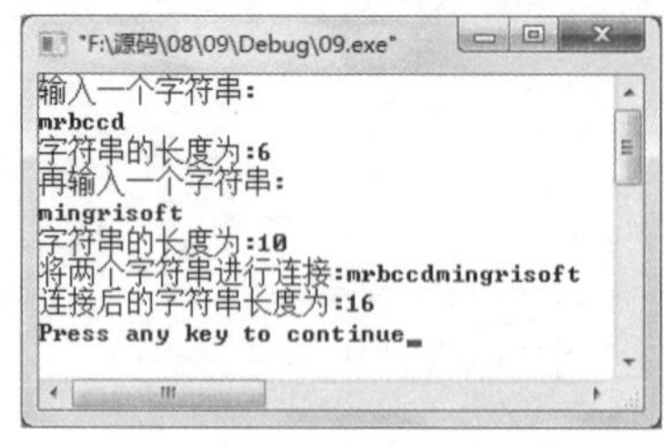

图 8.10　获取字符串长度

【例 8.9】　获取字符串长度。（**实例位置：资源包\源码\08\8.09**）

本实例实现获取输入字符串的长度，并将输入的两个字符串进行连接。运行程序，获取字符串长度效果如图 8.10 所示。

实例中，在 main 函数体中定义两个字符数组，用来存储用户输入的字符串，然后调用 strlen 函数计算字符串长度，调用 strcat 函数将两个字符串连接在一起，并再次调用 strlen 函数计算连接后的字符串长度。代码如下：

```
#include<stdio.h>
#include<string.h>

int main()
{
	char text[50],connect[50];
	int num;

	printf("输入一个字符串:\n");
	scanf("%s", &text);                               /*获取输入的字符串*/
	num = strlen(text);                               /*计算字符串长度*/
	printf("字符串的长度为:%d\n",num);                /*输出字符串长度*/
	printf("再输入一个字符串:\n");
	scanf("%s", &connect);                            /*获取输入的字符串*/
	num = strlen(connect);                            /*计算字符串长度*/
	printf("字符串的长度为:%d\n",num);                /*输出字符串长度*/
	strcat(text,connect);                             /*连接字符串*/
	printf("将两个字符串进行连接:%s\n",text);         /*输出连接后的字符串*/
	num = strlen(text);                               /*计算连接后的字符串长度*/
	printf("连接后的字符串长度为:%d\n",num);          /*输出连接后的字符串*/

	return 0;                                         /*程序结束*/
}
```

8.3　实　　战

8.3.1　统计各种字符个数

输入一组字符，要求分别统计出其中英文字母、数字、空格以及其他字符的个数。运行结果如

图 8.11 所示。（**实例位置：资源包\源码\08\实战\01**）

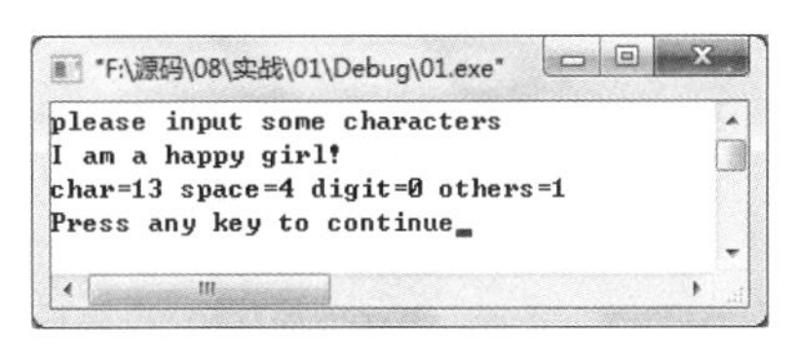

图 8.11　统计字符个数

8.3.2　字符串倒置

本实例实现在屏幕上输入一个字符串，然后将这个字符串逆序输出到屏幕上。例如，输入“Hello world!”，则将字符串倒序输出，运行结果如图 8.12 所示。（**实例位置：资源包\源码\08\实战\02**）

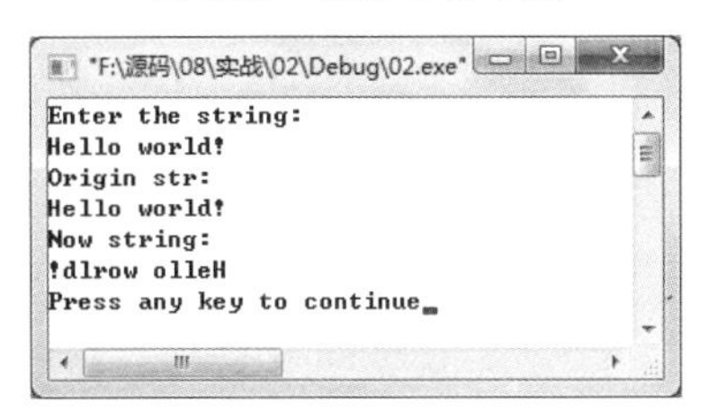

图 8.12　字符串倒置

8.3.3　字符串替换

编程实现将字符串“today is Monday”替换变成“today is Friday”。运行结果如图 8.13 所示。（**实例位置：资源包\源码\08\实战\03**）

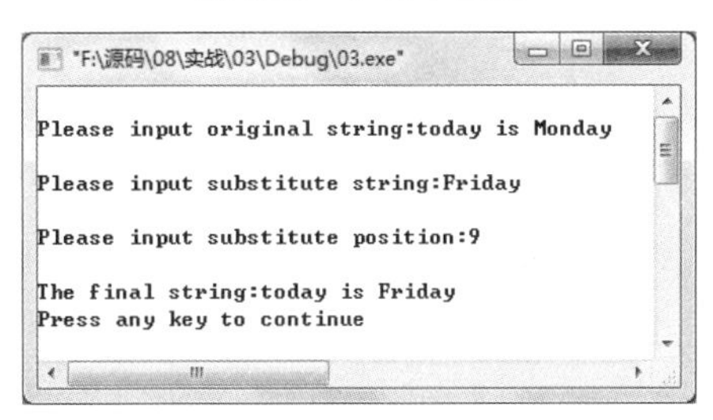

图 8.13　字符串替换

8.3.4　回文字符串

回文字符串就是正读反读都一样的字符串，例如：radar，要求从键盘中输入字符串，判断该字符串是否为回文字符串。运行结果如图 8.14 所示。（**实例位置：资源包\源码\08\实战\04**）

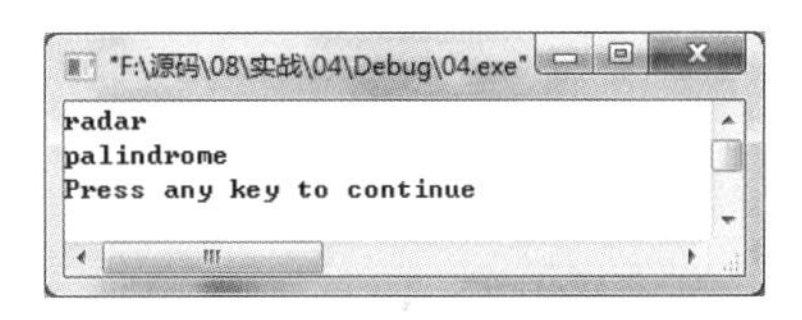

图 8.14　判断是否为回文字符串

8.3.5　字符串加密和解密

为了减小本节实例的规模，在本节实例中要求设计一个加密和解密的算法，在对一个指定的字符串加密之后，利用解密函数能够对密文解密，显示明文信息。加密的方式是：将字符串中每个字符加上它在字符串中的位置和一个偏移值 5。以字符串 mrsoft 为例，第一个字符 m 在字符串中的位置为 0，那么它对应的密文是“'m' + 0 + 5”，即 r。程序运行结果如图 8.15 所示。（**实例位置：资源包\源码\08\实战\05**）

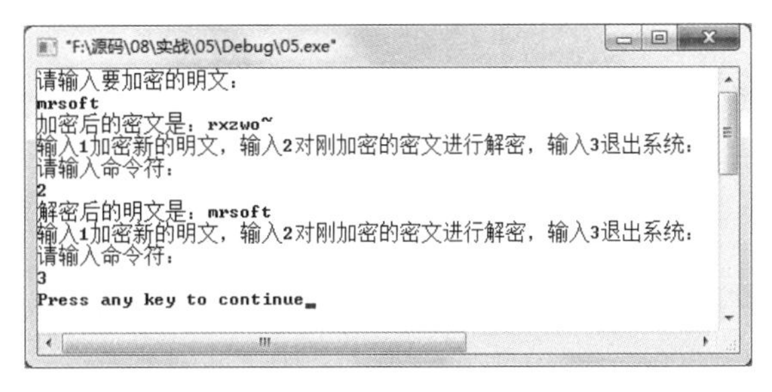

图 8.15　字符串加密解密

第 9 章

函数的引用

（视频讲解：73 分钟）

一个较大的程序一般应分为若干个程序模块，每一个模块用来实现一个特定的功能。所有的高级语言中都会有子程序，使用子程序来实现模块的功能。在 C 语言中，子程序的作用是由函数完成的。

本章致力于使读者了解关于函数的概念，掌握函数的定义和函数的各组成部分。熟悉函数的调用方式，了解内部函数和外部函数的作用范围，区分局部变量和全局变量的不同。最后能使用函数应用于程序中，将程序分成模块。

学习摘要：

- 了解函数的定义
- 熟悉函数的返回语句
- 掌握函数参数的应用
- 学会函数调用
- 了解内部函数和外部函数的概念
- 掌握局部变量和全局变量的使用方式

视频讲解

9.1 函数概述

构成 C 程序的基本单元是函数。函数中包含程序的可执行代码。

每个 C 程序的入口和出口都是位于 main 函数之中。编写程序时，并不会将所有的内容都放在主函数 main 中。为了方便程序的规划、组织、编写和调试，一般的做法是将一个程序划分成若干个程序模块，每一个程序模块都完成一部分功能。这样，不同的程序模块可以由不同的部分来完成，从而可以提高软件开发的效率。

也就是说，主函数可以调用其他函数，其他函数也可以相互调用。在 main 函数中调用其他函数，这些函数执行完毕之后又返回到 main 函数中。通常把这些被调用的函数称作下层函数。函数调用发生时，立即执行被调用的函数，而调用者则进入等待的状态，直到被调用函数执行完毕。函数还有参数和返回值。

例如，在生活中盖一栋楼房，那么在这项工程中，在工程师的指挥下有工人搬运盖楼的材料，有建筑工人建盖楼房，还有工人粉刷涂料。那么编写程序和盖楼的道理是一样的，主函数就像工程师一样，其功能是控制每一步程序的执行；定义的其他函数就像盖楼中的每一道步骤，用以完成自己特殊的功能。

图 9.1 是一个程序的函数调用示意图。

【例 9.1】　在主函数中调用其他函数。（**实例位置：资源包\源码\09\9.01**）

在本实例中，通过定义函数完成某种特定的功能，为了表示函数完成的功能，在这里将功能模块输出显示。希望读者通过这个实例对函数的概念有一个具体的认识。运行程序，显示效果如图 9.2 所示。

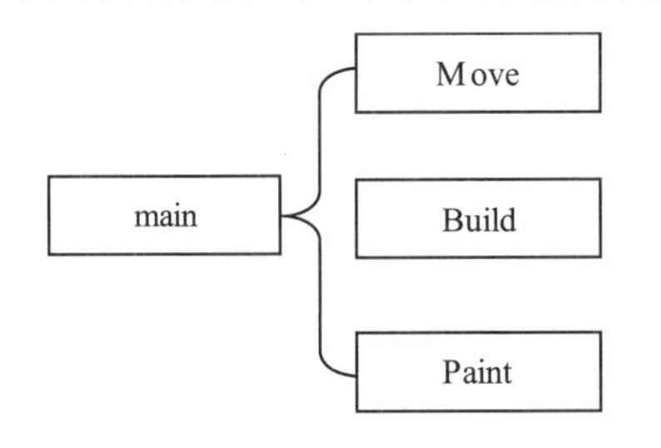

图 9.1　函数调用示意图

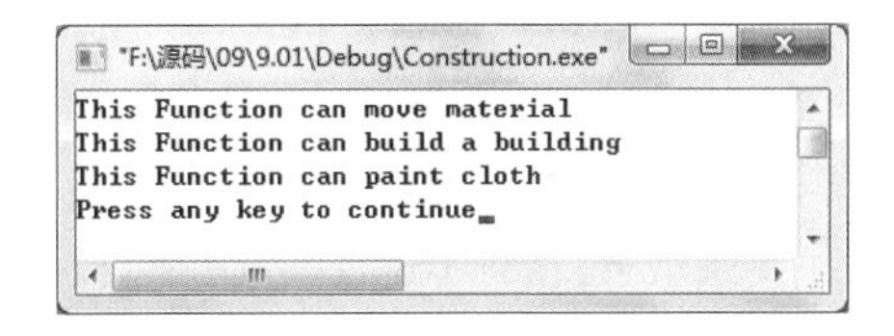

图 9.2　主函数中调用其他函数

实现代码如下：

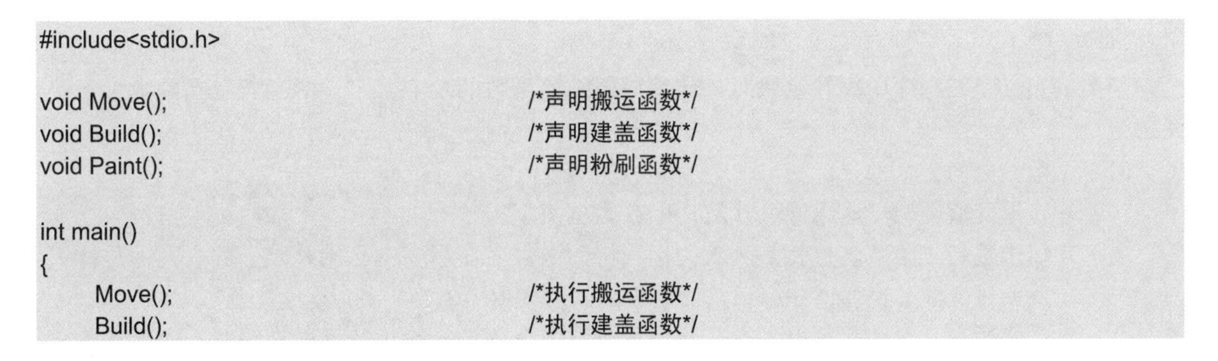

```
#include<stdio.h>

void Move();                                  /*声明搬运函数*/
void Build();                                 /*声明建盖函数*/
void Paint();                                 /*声明粉刷函数*/

int main()
{
	Move();                                   /*执行搬运函数*/
	Build();                                  /*执行建盖函数*/
```

```
    Paint();                                   /*执行粉刷函数*/

    return 0;                                  /*程序结束*/
}

/*执行搬运功能*/
void Move()
{
    printf("This Function can move material\n");
}
/*执行建盖功能*/
void Build()
{
    printf("This Function can build a building\n");
}
/*执行粉刷功能*/
void Paint()
{
    printf("This Function can paint cloth\n");
}
```

在看程序的结果之前，先对程序进行分析和讲解。

☑ 一个源文件由一个或者多个函数组成。一个源程序文件是一个编译单位，即以源程序为单位进行编译，而不是以函数为单位进行编译。

☑ 库函数由C系统提供，用户无须定义，在调用函数之前也不必在程序中做类型说明，只需在程序前包含有该函数原型的头文件即可在程序中直接调用。例如，在上面程序中用于在控制台显示信息的 printf 函数，之前应在程序开始部分包含 stdio.h 这个头文件，又如，要使用其他字符串操作函数 strlen、strcmp 等时，也应在程序开始部分包含 string.h 头文件。

☑ 用户自定义函数，就是用户自己编写的用来实现特定功能的函数，例如，上面程序中的 Move 函数、Build 函数和 Paint 函数都是自定义函数。

☑ 在这个程序中，要使用 printf 函数首先要包含 stdio.h 头文件，之后声明 3 个自定义的函数。然后在主函数 main 中调用这 3 个函数，在主函数 main 外可以看到这 3 个函数的定义。

视频讲解

9.2 函数的定义

函数的定义是在程序中编写函数时，让编译器知道函数的功能。定义的函数包括函数头和函数体两部分。

☑ 函数头分为 3 个部分。
  - 返回值类型。返回值可以是某个 C 数据类型。
  - 函数名。函数名也就是函数的标识符，函数名在程序中必须是唯一的。因为是标识符，所以函数名也要遵守标识符命名规则。
  - 参数表。参数表可以没有变量也可以有多个变量，在进行函数调用时，实际参数将被复

制到这些变量中。

☑　函数体包括局部变量的声明和函数的可执行代码。

在前面的章节中，最常提到的就是 main 函数，下面对其进行介绍。

所有的 C 程序都必须有一个 main 函数。该函数已经由系统声明过了，在程序中只需要定义即可。main 函数的返回值为整型，并可以有两个参数。这两个参数一个是整数，另一个是指向字符数组的指针。虽然在调用时有参数传递给 main 函数，但是在定义 main 函数时可以不带任何参数，在前面的所有实例中都可以看到 main 函数没有带任何的参数。除了 main 函数外，其他函数在定义和调用时，参数都必须是匹配的。

程序中从来不会调用 main 函数，系统在启动过程中运行程序调用 main 函数。当 main 函数结束返回时，系统的结束过程将接受这个返回值。至于启动和结束的过程，程序员不必关心，编译器在编译和连接时会自动进行。不过根据习惯，当程序结束时，应该返回整数值。至于其他的返回值是由程序的要求所决定，通常都表示程序非正常终止。

为了让读者习惯 main 函数的返回值，可以看到本书的所有例子中 main 的定义如下所示：

```
int main()
{
    …                                          /*程序代码*/
    return 0;                                  /*程序结束*/
}
```

9.2.1　函数定义的形式

对于 C 语言的库函数来说，在编写程序时是可以直接调用的，例如 printf 输出函数。而自定义函数，则必须由用户对其进行定义，在其函数的定义中完成函数特定的功能，这样才能被其他函数所调用。

一个函数的定义分为两个部分：函数头和函数体。函数定义的语法格式如下：

```
返回值类型　函数名 (参数列表)
{
    函数体(函数的实现特定功能的过程)
}
```

例如，定义一个函数的代码如下：

```
int AddTwoNumber(int iNum1,int iNum2)          /*函数头部分*/
{
    /*函数体部分，实现函数的功能*/
    int result;                                /*定义整型变量*/
    result = iNum1+iNum2;                      /*进行加法操作*/
    return result;                             /*返回操作结果，结束*/
}
```

通过代码分析一下定义函数的过程。

☑　函数头

函数头是用来标志一个函数代码的开始，这是一个函数的入口处。函数头分成 3 个部分：

➢ 返回值类型。
➢ 函数名。
➢ 参数列表。

在上面的代码中，函数头如图 9.3 所示。

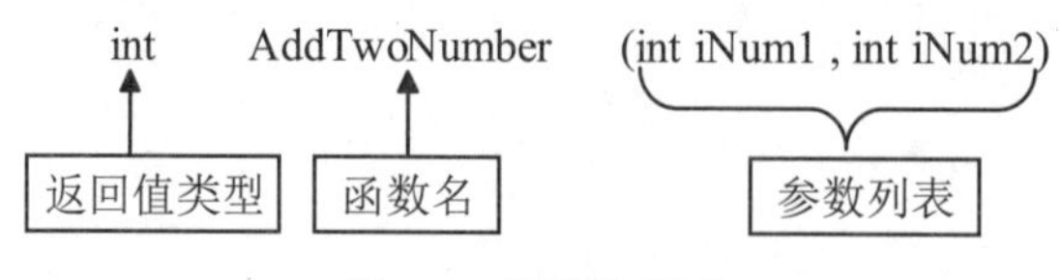

图 9.3　函数头组成

☑ 函数体

函数体位于函数头的下方位置，由一对大括号括起来，大括号决定了函数体的范围。函数要实现的特定功能，都是在函数体这个部分通过代码语句完成的。最后通过 return 语句返回执行的结果。

在上面的代码中，AddTwoNumber 函数的功能是实现两个整数的加法，首先定义一个整数用来保存加法的计算结果，之后利用传递进来的参数进行加法操作，并将结果保存在 result 变量中，最后函数要将得到的结果进行返回。通过这些语句的操作，实现了函数的特定功能。

现在已经了解到，定义一个函数应该使用怎样的语法格式，在定义函数时会有几种特殊的情况，下面针对这些情况进行介绍。

☑ 无参函数

无参函数也就是没有参数的函数，无参函数语法形式如下：

```
返回值类型 函数名()
{
函数体
}
```

通过代码来看一下无参函数。例如，使用上面的语法定义一个无参函数如下：

```
void ShowTime()                                  /*函数头*/
{
    printf("It's time to show yourself!");       /*显示一条信息*/
}
```

☑ 空函数

顾名思义，空函数就是没有什么操作的函数，也没有什么实际作用。空函数既然没有什么实际功能那为什么要存在呢？原因是空函数所处的位置是要放一个函数的，只是这个函数现在还未编好，用这个空函数先占一个位置，以后用一个编好的函数来取代它。

空函数的形式如下：

```
类型说明符 函数名()
{
}
```

例如，定义一个空函数，留出一个位置以后再添加其中的功能：

```
void ShowTime()                                    /*函数头*/
{
}
```

9.2.2　定义与声明

在程序中编写函数时，要先对函数进行声明，然后再对函数进行定义。函数的声明是让编译器知道函数的名称、参数、返回值类型等信息。函数的定义是让编译器知道函数的功能。

函数声明的格式由函数返回值类型、函数名、参数列表和分号 4 部分组成。

```
返回值类型　函数名　(参数列表);
```

此处要注意的是在声明的最后要有分号“;”作为语句的结尾。例如，声明一个函数的代码如下：

```
int ShowNumber(int iNumber);
```

说明

为了使读者能更好地区分函数的声明和定义，笔者通过一个比喻来说明一下。例如，在生活中经常能看到很多电器的宣传广告。通过宣传广告，顾客可以了解到电器的名称和用途等。当顾客了解这个电器之后，就会到商店里看一看这个电器，经过服务人员的介绍，就会知道电器的具体功能和使用方式。函数的声明就相当于电器商品的宣传广告，让顾客了解电器。函数的定义就相当于服务人员介绍电器的具体功能和使用方式。

例如在前面的实例中会看到这样的代码格式，在使用一个函数之前先进行声明。

【例 9.2】　函数的定义与声明。(**实例位置：资源包\源码\09\9.02**)

通过本实例的代码，可以看到函数声明与函数定义的位置，及其在程序中的作用。运行程序，显示效果如图 9.4 所示。

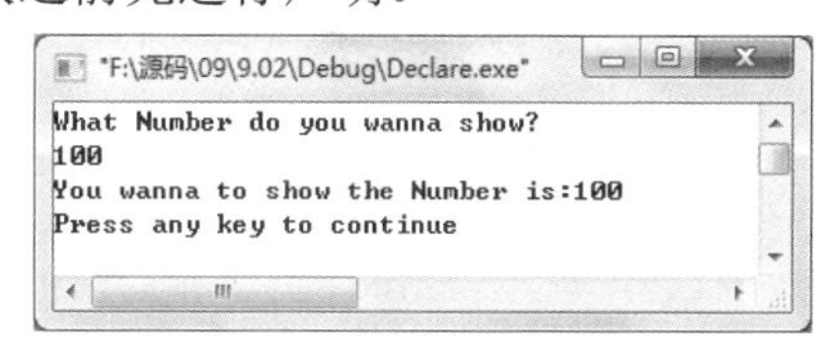

图 9.4　函数的定义与声明

实现代码如下：

```
#include<stdio.h>

/*函数的声明*/
void ShowNumber(int iNumber);

int main()
{
    int     iShowNumber;                              /*定义整型变量*/
    printf("What Number do you wanna show?\n");       /*输出提示信息*/
    scanf("%d",&iShowNumber);                         /*输入整数*/
    ShowNumber(iShowNumber);                          /*调用函数*/
    return 0;                                         /*程序结束*/
}
```

```
/*函数的定义*/
void ShowNumber(int iNumber)
{
	printf("You wanna to show the Number is:%d\n",iNumber);		/*输出整数*/
}
```

代码分析：

（1）观察上面的程序，可以看到在 main 函数的开头进行 ShowNumber 函数的声明，声明的作用是告诉系统函数将在后面进行定义。

（2）main 函数体中，首先定义一个整型的变量 iShowNumber，之后输出一条提示消息。

（3）在消息提示下输入整型变量，然后调用 ShowNumber 函数进行输出操作。在 main 函数的定义之后可以看到 ShowNumber 函数的定义。

注意

如果将函数的定义放在调用函数之前，那么就不需要进行函数的声明。此时函数的定义就包含了函数的声明。例如，将上面的程序改为如下代码：

```
/*函数的定义*/
void ShowNumber(int iNumber)
{
	printf("You wanna to show the Number is:%d\n",iNumber);		/*输出整数*/
}

int main()
{
	int	iShowNumber;							/*定义整型变量*/
	printf("What Number do you wanna show?\n");			/*输出提示信息*/
	scanf("%d",&iShowNumber);						/*输入整数*/
	ShowNumber(iShowNumber);						/*调用函数*/
	return 0;									/*程序结束*/
}
```

视频讲解

9.3 返回语句

在函数的函数体中常常会看到这样一句代码：

```
return 0;
```

这就是返回语句，返回语句有两个主要用途：

☑ 返回语句能立即从所在的函数中退出，返回到调用的程序中去。

☑ 返回语句能返回值，将函数值赋给调用的表达式，当然有些函数也可以没有返回值，例如，返回值类型为 void 的函数就没有返回值。

下面将对这两个用途进行详细的说明。

9.3.1　从函数返回

从函数返回是返回语句的第一个主要用途。在程序中，有两种方法可以终止函数的执行，并返回到调用函数的位置。第一种方法是在函数体中，从第一句一直执行到最后一句，当所有的语句都执行完了，程序遇到结束符号“}”后返回。

【例 9.3】　从函数返回。（**实例位置：资源包\源码\09\9.03**）

在本实例中，通过一个简单的函数，在函数的适当位置进行输出提示信息，进而观察一下有关从函数返回的过程。运行程序，显示效果如图 9.5 所示。

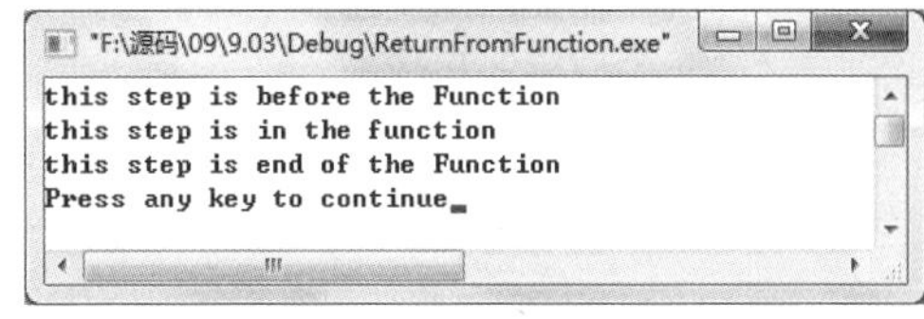

图 9.5　从函数返回

实现代码如下：

```
#include<stdio.h>

int Function();                                    /*声明函数*/

int main()
{
	printf("this step is before the Function\n");      /*输出提示信息*/
	Function();                                    /*调用函数*/
	printf("this step is end of the Function\n");      /*输出提示信息*/
	return 0;
}

int Function()                                     /*定义函数*/
{
	printf("this step is in the function\n");          /*输出提示信息*/
	/*函数结束*/
}
```

代码分析：

（1）在代码中，首先声明使用的函数，然后在主函数中输出提示信息，表示此时程序执行的位置在 main 函数中。

（2）调用 Function 函数，在 Function 函数中通过输出的提示信息，表示此时程序执行的位置在 Function 函数中，执行完 Function 函数中的语句之后就返回到 main 函数中。

（3）返回到 main 中继续执行一条输出语句，显示提示信息，表示此时 Function 函数已经执行完毕。

（4）最后调用 return 函数，程序结束。

9.3.2　返回值

通常，调用者希望能调用其他函数得到一个确定的值，这就是函数的返回值。例如下面代码：

```
int Minus(int iNumber1,int iNumber2)
{
    int iResult;                              /*定义一个整型变量用来存储返回的结果*/
    iResult=iNumber1-iNumber2;                /*进行减法计算，得到计算结果*/
    return result;                            /*return 语句返回计算结果*/
}
int main()
{
    int iResult;                              /*定义一个整型变量*/
    iResult=Minus(9,4);                       /*进行 9-4 的减法计算，并将结果赋值给变量 iResult*/
    return 0;                                 /*程序结束*/
}
```

在上面的代码中，首先定义了一个进行减法操作的函数 Minus，在主函数 main 中通过调用 Minus 函数，将计算结果赋值给变量 iResult。

下面对函数进行一下说明：

☑ 函数的返回值都通过函数中的 return 语句获得，return 语句将被调用函数中的一个确定值返回到调用函数中，例如，上面代码中 Minus 自定义函数就是使用 return 语句，将计算的结果返回到主函数 main 调用处。

说明

return 语句后面的括号是可以省略的，例如 return 0 和 return (0)是相同的，在本书的实例中都将括号进行了省略，所以在此对 return 进行说明。

☑ 函数返回值的类型。既然函数有返回值，那么这个值当然有某一种确定的数据类型，所以应当在定义函数时明确指出函数返回值的类型。例如：

```
int    Max(int iNum1,int iNum2);
double Min(double dNum1,double dNum2);
char   Show(char cChar);
```

☑ 如果函数值的类型和 return 语句中表达式的值的类型不一致，则以函数的返回值类型为准。数值型数据可以自动进行类型转换。即函数定义的返回值类型决定最终返回值的类型。

【例 9.4】 返回值类型与 return 值类型（**实例位置：资源包\源码\09\9.04**）

在本实例中可以看到，自定义的函数返回值类型与最终 return 返回的值类型不一致，但是通过类型转换返回函数定义类型的值。运行程序，显示效果如图 9.6 所示。

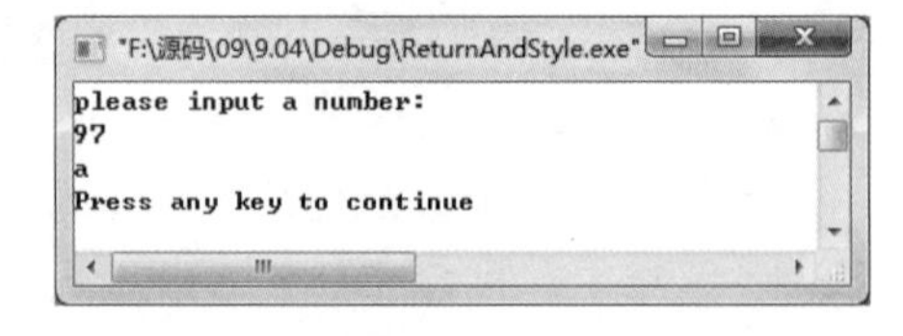

图 9.6 返回值类型与 return 值类型

实现代码如下：

```
#include<stdio.h>

char ShowChar();                              /*函数的声明*/

int main()
```

```
{
    char cResult;
    cResult=ShowChar();
    printf("%c\n",cResult);                  /*将返回的结果进行输出*/
    return 0;                                /*程序结束*/
}

char ShowChar()
{
    int iNumber;                             /*定义整型变量*/
    printf("please input a number:\n");      /*输出提示信息*/
    scanf("%d",&iNumber);                    /*输入一个整型变量*/
    return iNumber;                          /*返回的是整型*/
}
```

代码分析：

（1）在程序的代码中，首先为程序声明一个 ShowChar 函数，在主函数 main 中定义一个字符型的变量 cResult，调用自定义函数 ShowChar 得到返回的值，使用 printf 系统函数将所得到结果输出显示。

（2）在主函数 main 外是 ShowChar 函数的定义，在其函数体中定义的是一个整型变量，通过提示用户输入数据，最后将数据进行返回。

（3）在这里可以看到，虽然在 ShowChar 函数中返回的是 int 型变量，但是由于定义时指定的返回值类型是 char 型，所以返回值是 char 型的值。

9.4　函数参数

视频讲解

在调用函数时，大多数情况下，主调函数和被调用函数之间有数据传递关系，这就是前面提到的有参数的函数形式。函数参数的作用是传递数据给函数使用，函数利用接收的数据进行具体的操作处理。

在定义函数时函数参数的位置在函数名称的后面，如图 9.7 所示。

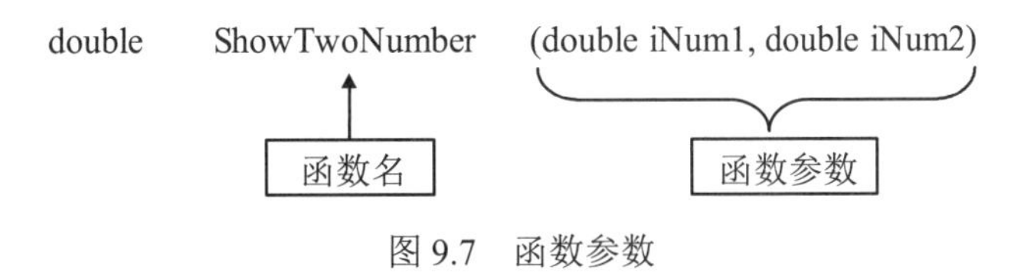

图 9.7　函数参数

9.4.1　形式参数与实际参数

在使用函数时，会经常听到形式参数和实际参数这两种名称。两者都叫作参数，那么它们有什么关系？两者的区别是什么？两种参数各自又起到什么作用？接下来通过两者的名称和作用来进行讲解，再通过一个比喻的讲解使读者深入理解形式参数与实际参数。

☑　通过名称理解

- 形式参数：按照名称进行理解就是形式上存在的参数。

- ➢ 实际参数：按照名称进行理解就是实际存在的参数。

☑ 通过作用理解

- ➢ 形式参数：在定义函数时，函数名后面括号中的变量名称为形式参数。在函数调用之前，传递给函数的值将被复制到这些形式参数中。
- ➢ 实际参数：在调用一个函数时，也就是真正使用一个函数时，函数名后面括号中的参数为实际参数。函数的调用者提供给函数的参数叫作实际参数。实际参数是表达式计算的结果，并且被复制给函数的形式参数。

通过如图 9.8 所示的例子，更好地进行理解。

```
void    Function    (int iNum)
{
…
}
```

例如定义或声明函数，此时函数参数 iNum 为形式参数

```
int    main()
{
    int    iNumber
    Function(97);
    Function(iNumber);
}
```

调用函数，此时的函数参数中的 97 或者变量 iNumber 为实际参数。

图 9.8　形式参数与实际参数

说明

通常形式参数简称为形参，实际参数简称为实参。

下面通过一个比喻来理解形式参数和实际参数。

在生活中，奶瓶是给婴儿喝牛奶时使用的，母亲拿来一袋牛奶，将牛奶放入一个空奶瓶中，然后喂自己的宝宝喝牛奶。函数的作用就相当于完成用奶瓶喝牛奶这个动作，实参相当于母亲拿来的一袋牛奶，形参相当于空的奶瓶。牛奶放入奶瓶这个动作相当于将实参传递给形参，使用灌好牛奶的奶瓶就相当于函数使用参数进行操作。

下面通过一个实例，对形式参数和实际参数进行具体的讲解。

【例 9.5】　形式参数与实际参数的比喻实现。（**实例位置：资源包\源码\09\9.05**）

本实例将上面的比喻进行了实际的模拟，希望读者可以一边进行实际的动手操作，一边通过上面的比喻对形式参数和实际参数加深理解，更好地掌握知识点。运行程序，显示效果如图 9.9 所示。

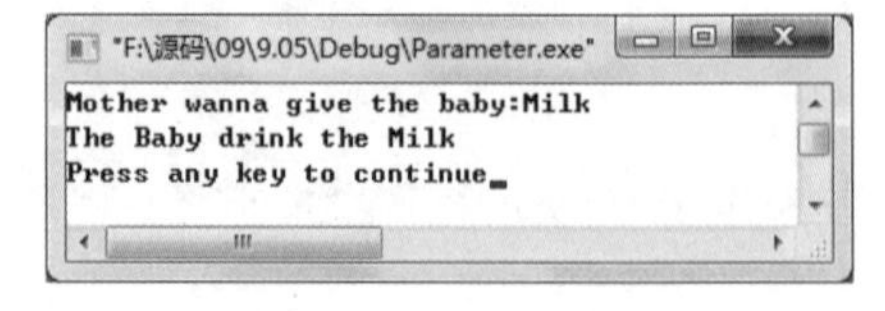

图 9.9　形式参数与实际参数的比喻程序

实现代码如下：

```
#include<stdio.h>
void DrinkMilk(char* cBottle);                          /*声明函数*/

int main()
```

```
{
    char cPoke[]="";                                /*定义字符数组变量*/
    printf("Mother wanna give the baby:");          /*输出信息提示*/
    scanf("%s",&cPoke);                             /*输入字符串*/
    DrinkMilk(cPoke);                               /*将实际参数传递给形式参数*/
    return 0;                                       /*程序结束*/
}

/*喝牛奶的动作*/
void DrinkMilk(char* cBottle)                       /*cBottle 为形式参数*/
{
    printf("The Baby drink the %s\n",cBottle);      /*输出提示，进行喝牛奶动作*/
}
```

代码分析：

（1）首先声明程序中要用到的函数 DrinkMilk，在声明函数时 cBottle 变量称为形式参数，这就相当于之前的空奶瓶。

（2）在主函数 main 中，定义一个字符数组变量 cPoke 用来保存用户输入的字符。

（3）接下来通过 printf 库函数进行显示信息，提示妈妈应该喂孩子吃东西。

（4）使用 scanf 库函数在控制台上输入字符串，将字符串保存在 cPoke 变量中。

（5）cPoke 变量获得数据之后，调用 DrinkMilk 函数，将 cPoke 变量作为 DrinkMilk 函数的参数传递。此时的 cPoke 变量就是实际参数，而传递给的对象就是形式参数。此刻就相当于上面的比喻中，妈妈把牛奶袋打开后，将牛奶放入空奶瓶中。

（6）既然调用 DrinkMilk 函数，程序就会调转到 DrinkMilk 函数的定义处。函数定义的参数 cBottle 为形式参数，不过此时 cBottle 已经得到了 cPoke 变量传递给它的值。这样的话，在下面使用输出语句 printf 输出 cBottle 变量时，显示的数据就是 cPoke 变量保存的数据。此时就相当于比喻中使用装满牛奶的奶瓶喂宝宝喝牛奶一样。

（7）DrinkMilk 函数执行完，回到主函数 main 中，return 语句返回 0，程序结束。此时，宝宝已经喝饱了，妈妈就可以安心地做其他事情。

9.4.2　数组作函数参数

本节将讨论数组作为实参传递给函数的这种特殊情况。因为将数组作为函数参数进行传递的方法，不同于标准的赋值调用的参数传递方法。

当数组作为函数的实参时，只传递数组的地址，而不是将整个数组赋值到函数中去。当用数组名作为实参调用函数时，指向该数组第一个元素的指针就被传递到函数中。

注意

在这里需要记住的是，C 语言中没有任何下标的数组名，是一个指向该数组第一个元素的指针。例如，定义一个具有 10 个元素的整型数组：

```
int Count[10];                                      /*定义整型数组*/
```

其中的代码没有下标的数组名 Count 与指向第一个元素的指针*Count 是相同的。

下面将对使用数组作为函数参数的各种情况进行详细的讲解。

☑ 使用数组元素作为函数参数

由于实参可以是表达式形式，数组元素可以是表达式的组成部分，因此数组元素可以作为函数的实参，与用变量作为函数实参一样，是单向传递。

【例 9.6】 数组元素作为函数参数。（**实例位置：资源包\源码\09\9.06**）

在实例中定义一个数组，然后将赋值后的数组元素作为函数的实参进行传递，当函数的形参得到实参传递的数值后，将形参显示输出。运行程序，显示效果如图 9.10 所示。

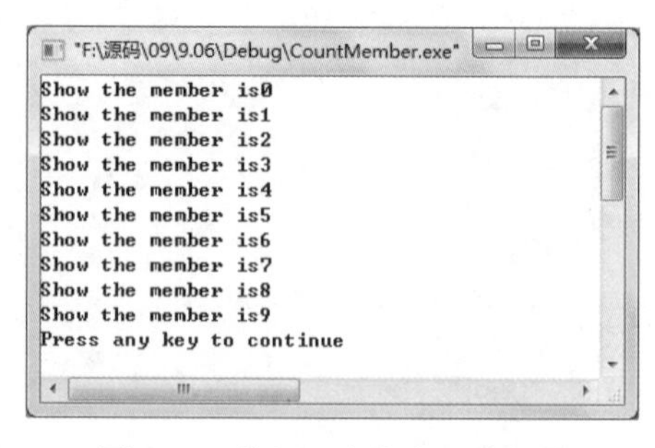

图 9.10 数组元素作为函数参数

实现代码如下：

```
#include<stdio.h>
void ShowMember(int iMember);                        /*声明函数*/

int main()
{
	int iCount[10];                                  /*定义一个整型的数组*/
	int i;                                           /*定义整型变量，用于循环*/
	for(i=0;i<10;i++)                                /*进行赋值循环*/
	{
		iCount[i]=i;                                 /*为数组中的元素进行赋值操作*/
	}
	for(i=0;i<10;i++)                                /*循环操作*/
	{
		ShowMember(iCount[i]);                       /*执行输出函数操作*/
	}
	return 0;
}

void ShowMember(int iMember)                         /*函数定义*/
{
	printf("Show the member is%d\n",iMember);        /*输出数据*/
}
```

代码分析：

（1）在源文件的开始进行函数声明，在主函数 main 的开始处首先定义一个整型的数组和一个整型变量 i，变量 i 用于下面的循环语句。

（2）变量定义完成之后要对数组中的元素进行赋值，在这里使用 for 循环语句，变量 i 作为循环语句的循环条件，并且作为数组的下标，指定数组元素位置。

（3）再进行下一个循环语句，在这个循环语句中调用 ShowMember 函数进行显示数据，其中可以看到变量 i 作为参数中数组的下标，指定要输出的数组元素。

☑　数组名作为函数参数

可以用数组名作为函数参数，此时实参与形参都使用数组名。

【例 9.7】　数组名作为函数参数。(**实例位置：资源包\源码\09\9.07**)

在实例中，通过使用数组名作为函数的实参和形参，实现和上面例 9.6 相同的程序显示结果。运行程序，显示效果如图 9.11 所示。

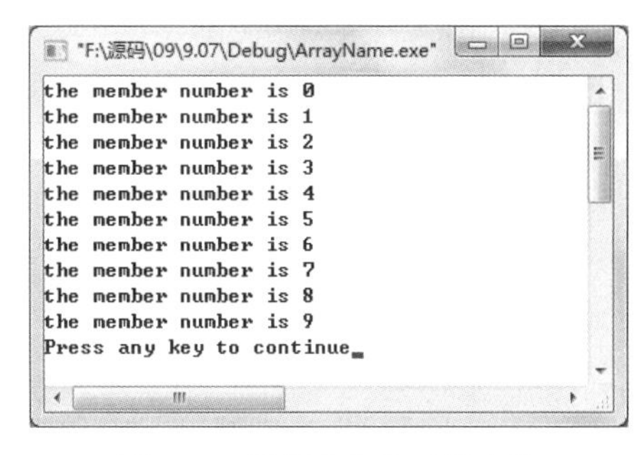

图 9.11　数组名作为函数参数

实现代码如下：

```
#include<stdio.h>

void   Evaluate(int iArrayName[10]);                    /*声明赋值函数*/
void   Display(int iArrayName[10]);                     /*声明显示函数*/

int main()
{
       int iArray[10];                                  /*定义一个具有 10 个元素的整型数组*/

       Evaluate(iArray[10]);                            /*调用函数进行赋值操作，将数组名作为参数*/
       Display(iArray[10]);                             /*调用函数进行赋值操作，将数组名作为参数*/
       return 0;
}
/*数组元素的显示*/
void   Display(int iArrayName[10])
{
       int i;                                           /*定义整型变量*/
       for(i=0;i<10;i++)                                /*执行循环的语句*/
       {                                                /*在循环语句中执行输出操作*/
              printf("the member number is %d\n",iArrayName[i]);
       }
}
/*进行数组元素的赋值*/
void   Evaluate(int iArrayName[10])
{
       int i;                                           /*定义整型变量*/
       for(i=0;i<10;i++)                                /*执行循环语句*/
       {                                                /*在循环语句中执行赋值操作*/
              iArrayName[i]=i;
       }
}
```

代码分析：

(1) 首先对程序中将要使用的函数进行声明操作，在声明语句中可以看到函数参数中是由数组名作为参数名的。

(2) 在主函数 main 中，定义一个具有 10 个元素的整型数组 iArray。

（3）定义整型数组之后，调用 Evaluate 函数，这时可以看到 iArray 作为函数参数传递数组的地址。在 Evaluate 函数的定义中可以看到，通过使用形参 iArrayName 对数组进行了赋值操作。

（4）调用 Evaluate 函数后，整型数组已经被赋值，此时又调用 Display 函数将数组进行输出，可以看到在函数参数中使用的也是数组名称。

☑ 可变长度数组作为函数参数

可以将函数的参数声明成长度可变的数组，在此基础上利用上面的程序进行修改，声明方式的代码如下：

```
void   Function(iint iArrayName[]);                /*声明函数*/

int iArray[10];                                    /*定义整型数组*/
Function(iArray);                                  /*将数组名作为实参进行传递*/
```

在上面的代码中可以看到，在定义和声明一个函数时，将数组作为函数参数，并且没有指明数组此时的大小，这样就将函数参数声明为长度可变的数组。

【例 9.8】 可变长度数组作为函数参数。（**实例位置：资源包\源码\09\9.08**）

在本实例中，对例 9.7 进行修改，使其参数改为可变长度数组，通过两个程序的比较，加深读者印象。运行程序，显示效果如图 9.12 所示。

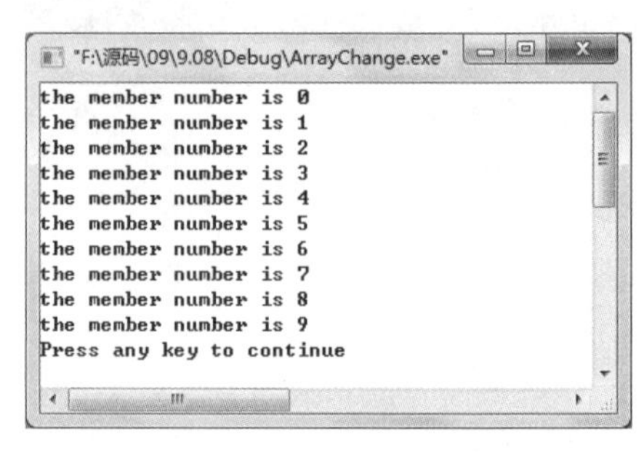

图 9.12 可变长度数组为函数参数

实现代码如下：

```
#include<stdio.h>

void   Evaluate(int iArrayName[]);                 /*声明函数，参数为可变长度数组*/
void   Display(int iArrayName[]);                  /*声明函数，参数为可变长度数组*/

int main()
{
       int iArray[10];                             /*定义一个具有 10 个元素的整型数组*/

       Evaluate(iArray[10]);                       /*调用函数进行赋值操作，将数组名作为参数*/
       Display(iArray[10]);                        /*调用函数进行赋值操作，将数组名作为参数*/
       return 0;
}
/*数组元素的显示*/
void   Display(int iArrayName[])                   /*定义函数，参数为可变长度数组*/
{
       int i;                                      /*定义整型变量*/
       for(i=0;i<10;i++)                           /*执行循环的语句*/
       {                                           /*在循环语句中执行输出操作*/
              printf("the member number is %d\n",iArrayName[i]);
       }
}
/*进行数组元素的赋值*/
```

```
void  Evaluate(int iArrayName[])                     /*定义函数，参数为可变长度数组*/
{
      int i;                                         /*定义整型变量*/
      for(i=0;i<10;i++)                              /*执行循环语句*/
      {                                              /*在循环语句中执行赋值操作*/
            iArrayName[i]=i;
      }
}
```

程序的执行过程与例 9.7 相似，只是在声明和定义函数参数时，使用的是可变长度数组的形式。

☑　指针作为函数参数

最后一种方式，是将一个指针声明为函数参数。前面的讲解中也曾提到，当数组作为函数的实参时，只传递数组的地址，而不是将整个数组赋值到函数中去。当用数组名作为实参调用函数时，指向该数组第一个元素的指针就被传递到函数中。

说明

将一个指针声明为函数参数这种方法，也是 C 语言程序中比较专业的写法。

例如，声明一个函数参数为指针时，传递数组的方法如下：

```
void  Function(int* pPoint);                         /*声明函数*/

int iArray[10];                                      /*定义整型数组*/
Function(iArray);                                    /*将数组名作为实参进行传递*/
```

在上面的代码中可以看到，在声明 Function 函数时，指针作为函数参数。在调用函数时，可以将数组名作为函数的实参进行传递。

【例 9.9】　指针作为函数参数。（**实例位置：资源包\源码\09\9.09**）

在本实例中，还是使用相同功能的实例，在之前实例程序的基础上进行修改，使之满足新的调用情况。运行程序，显示效果如图 9.13 所示。

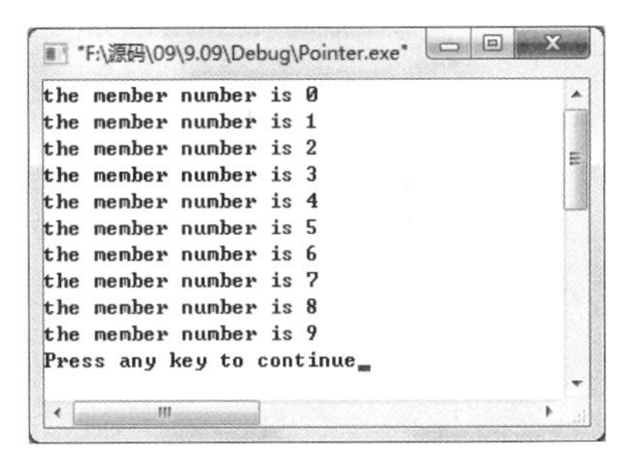

图 9.13　指针作为函数参数

实现代码如下：

```
#include<stdio.h>

void  Evaluate(int* pPoint);                         /*声明函数，参数为可变长度数组*/
void  Display(int* pPoint);                          /*声明函数，参数为可变长度数组*/

int main()
{
      int iArray[10];                                /*定义一个具有 10 个元素的整型数组*/

      Evaluate(iArray);                              /*调用函数进行赋值操作，将数组名作为参数*/
      Display(iArray);                               /*调用函数进行赋值操作，将数组名作为参数*/
```

```
    return 0;
}
/*数组元素的显示*/
void  Display(int* pPoint)                          /*定义函数，参数为可变长度数组*/
{
    int i;                                          /*定义整型变量*/
    for(i=0;i<10;i++)                               /*执行循环的语句*/
    {                                               /*在循环语句中执行输出操作*/
        printf("the member number is %d\n",pPoint[i]);
    }
}
/*进行数组元素的赋值*/
void  Evaluate(int* pPoint)                         /*定义函数，参数为可变长度数组*/
{
    int i;                                          /*定义整型变量*/
    for(i=0;i<10;i++)                               /*执行循环语句*/
    {                                               /*在循环语句中执行赋值操作*/
        pPoint[i]=i;
    }
}
```

代码分析：

（1）在程序的开始处进行声明函数时，将指针作为函数参数。

（2）在主函数 main 中，首先定义一个具有 10 个元素的数组。

（3）将数组名作为 Evaluate 函数的参数。在 Evaluate 函数的定义中，可以看到定义的函数参数也为指针。在 Evaluate 函数体内，通过循环对数组进行赋值操作。可以看到虽然 pPoint 是指针，但也可以使用数组的形式进行表示。

（4）之后在主函数 main 中调用 Display 函数进行显示输出操作。

9.4.3 main 函数的参数

在前面的函数的定义小节中，在讲解函数体时曾提到过主函数 main 的有关内容，在此基础上对 main 函数的参数再进行介绍。

在运行程序时，有时需要将必要的参数传递给主函数，主函数 main 的形式参数如下：

```
main(int argc, char* argv[])
```

两个特殊的内部形参 argc 和 argv 是用来接受命令行实参的，这是只有主函数 main 才能具有的参数。

☑ argc 参数

argc 参数保存命令行的参数个数，是个整型变量。这个参数的值至少是 1，因为至少程序名就是第一个实参。

☑ argv 参数

argv 参数是一个指向字符指针数组的指针，在这个数组里的每一个元素都指向命令行实参。所有

命令行实参都是字符串，任何数字都必须要先由程序转变为适当的格式。

【例 9.10】　main 函数的参数使用。(**实例位置：资源包\源码\09\9.10**)

在本实例中，通过使用 main 函数的参数，将程序的名称进行输入。运行程序，显示效果如图 9.14 所示。

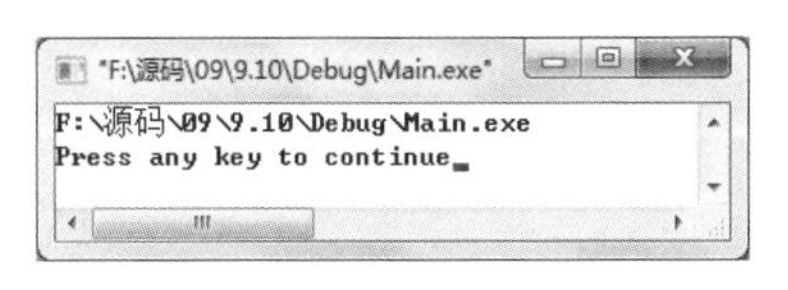

图 9.14　main 函数的参数使用

实现代码如下：

```
#include<stdio.h>

int main(int argc,char* argv[])
{
    printf("%s\n",argv[0]);                    /*输出程序的位置*/
    return 0;                                  /*程序结束*/
}
```

9.5　函数的调用

在生活中，为了能完成某项特殊的工作，需要使用特定功能的工具。首先要去制作这个工具，当这个工具制作完成后，就可以进行使用。函数就像具有某项功能的工具，而使用函数的过程就是函数的调用。

9.5.1　函数调用方式

一种工具不是只有一种使用方式，函数的调用也是一样。函数的调用方式有 3 种情况，即函数语句调用、函数表达式调用、函数参数调用。下面对这 3 种情况进行介绍。

1. 函数语句调用

把函数的调用作为一个语句就叫作函数语句调用。函数语句调用是最常使用的调用函数的方式，如下所示：

```
Display();                                     /*进行显示一条消息*/
```

这个函数的功能就是显示函数内部的一条消息。这时不要求函数带返回值，只要求完成一定的操作。

【例 9.11】　函数语句调用。(**实例位置：资源包\源码\09\9.11**)

本例使用语句调用函数方式，通过调用函数完成显示一条信息的功能，进而观察函数语句调用的使用方式。运行程序，显示效果如图 9.15 所示。

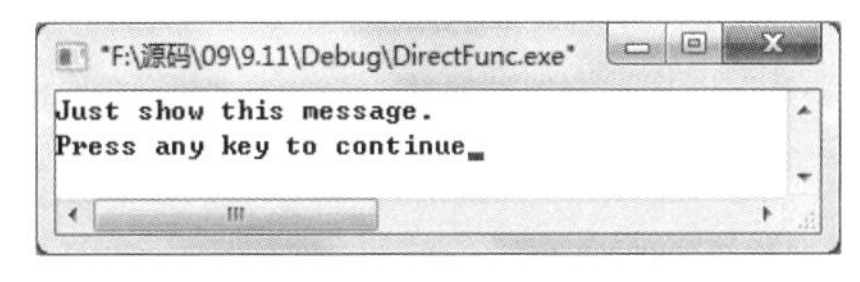

图 9.15　函数语句调用

实现代码如下：

```
#include<stdio.h>

void Display()                              /*定义函数*/
{
    printf("Just show this message.");      /*实现显示一条信息功能*/
}

int main()
{
    Display();                              /*函数语句调用*/
    return 0;                               /*程序结束*/
}
```

说明

在介绍函数的定义与声明时曾进行过说明，如果在使用函数之前定义函数，那么此时的函数定义包含函数声明作用。

2．函数表达式调用

函数出现在一个表达式中，这时要求函数带回一个确定的值，这个值作为参加表达式的运算。代码如下：

```
iResult=iNum3*AddTwoNum(3,5);               /*函数在表达式中*/
```

在这条语句中可以看到，函数 AddTwoNum 的功能是使两个数相加。在表达式中，AddTwoNum 函数将相加的结果与 iNum3 变量进行乘法运算，将得到的结果赋值给 iResult 变量。

【例 9.12】 函数表达式调用。（**实例位置：资源包\源码\09\9.12**）

在本实例中，定义一个函数，函数的功能是进行加法计算，并在表达式中调用该函数，使函数的返回值参加运算得到新的结果。运行程序，显示效果如图 9.16 所示。

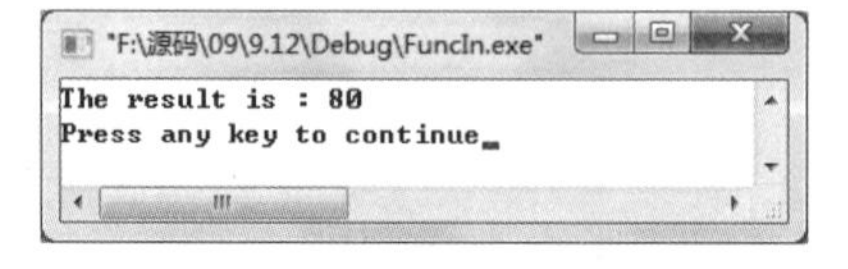

图 9.16 函数表达式调用

实现代码如下：

```
#include<stdio.h>

/*声明函数，函数进行加法计算*/
int AddTwoNum(int iNum1, int iNum2);

int main()
{
    int iResult;                            /*定义变量用来存储计算结果*/
    int iNum3=10;                           /*定义变量，赋值为 10*/
    iResult=iNum3*AddTwoNum(3,5);           /*在表达式中调用 AddTwoNum 函数*/
    printf("The result is : %d\n",iResult); /*将计算结果进行输出*/
    return 0;                               /*程序结束*/
}
```

```
int AddTwoNum(int iNum1, int iNum2)                /*定义函数*/
{
    int iTempResult;                               /*定义整型变量*/
    iTempResult=iNum1+iNum2;                       /*进行加法计算，并将结果赋值给 iTempResult*/
    return iTempResult;                            /*返回计算结果*/
}
```

代码分析：

（1）在程序代码中，先对要使用的函数进行声明操作。

（2）在主函数 main 中，首先定义整型变量 iResult 用来保存计算结果。定义整型变量 iNum3，为其赋值为 10。

（3）接下来在表达式中，调用 AddTwoNum 函数进行数值 3 和 5 的加法运算，并且将函数返回值参加表达式的运算。iNum3 变量乘以函数返回的值，最后将结果赋值给 iResult 变量。

（4）使用 printf 函数将所得到的结果进行输出显示。

3. 函数参数调用

函数调用作为一个函数的实参，将函数返回值作为实参传递到函数中进行使用。

函数出现在一个表达式中，这时要求函数带回一个确定的值，这个值将参加表达式的运算。代码如下：

```
iResult=AddTwoNum(10,AddTwoNum(3,5));              /*函数在参数中*/
```

在这条语句中，函数 AddTwoNum 的功能还是使两个数相加。AddTwoNum 函数将相加的结果作为函数的参数，继续进行计算。

【例 9.13】　函数参数调用。（**实例位置：资源包\源码\09\9.13**）

本实例在前面程序的基础上进行修改，进行一次连续的加法操作。运行程序，显示效果如图 9.17 所示。

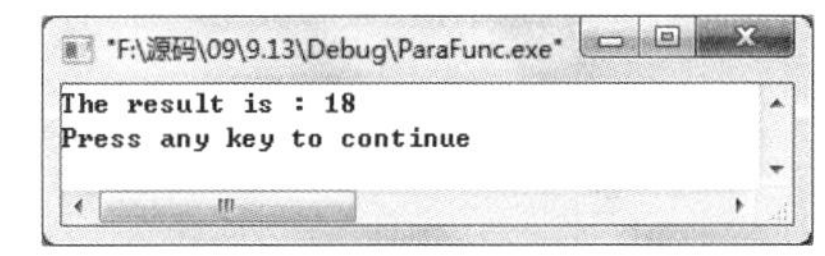

图 9.17　函数参数调用

实现代码如下：

```
#include<stdio.h>

/*声明函数，函数进行加法计算*/
int AddTwoNum(int iNum1, int iNum2);

int main()
{
    int iResult;                                   /*定义变量用来存储计算结果*/

    iResult=AddTwoNum(10,AddTwoNum(3,5));          /*在参数中调用 AddTwoNum 函数*/
    printf("The result is : %d\n",iResult);        /*将计算结果进行输出*/
    return 0;                                      /*程序结束*/
}

int AddTwoNum(int iNum1, int iNum2)                /*定义函数*/
```

```
{
    int iTempResult;                                /*定义整型变量*/
    iTempResult=iNum1+iNum2;                        /*进行加法计算，并将结果赋值给 iTempResult*/
    return iTempResult;                             /*返回计算结果*/
}
```

在程序中可以看到，AddTwoNum 函数作为函数的参数进行加法操作。

9.5.2 嵌套调用

在 C 语言中，函数的定义都是互相平行、独立的，也就是说在定义函数时，一个函数体内不能包含另一个函数的定义，这一点和 Pascal 语言是不同的（Pascal 语言允许在定义一个函数时，在其函数体内包含另一个函数的定义，而这种形式称之为嵌套定义）。例如，下面的代码是错误的：

```
int main()
{
    void  Display()                                 /*错误！不能在函数内进行定义函数*/
    {
        printf("I want to show the Nesting function");
    }
    return 0;
}
```

在上面的代码中可以看到，在主函数 main 中定义一个 Display 函数，目的是输出一句提示。但是 C 语言中是不允许进行嵌套定义的，所以进行编译时就会出现如图 9.18 所示的错误提示。

```
error C2143: syntax error : missing ';' before '{'
```

图 9.18　错误提示

虽然 C 语言不允许进行嵌套定义，但是可以嵌套调用函数，也就是说，在一个函数体内可以调用另外一个函数。例如，使用下面代码进行函数的嵌套调用：

```
void  ShowMessage()                                 /*定义函数*/
{
    printf("The ShowMessage function");
}

void  Display()
{
    ShowMessage();                                  /*正确，在函数体内进行函数的嵌套调用*/
}
```

用一个比喻来理解嵌套过程，一个公司的 CEO 决定要完成某项工作任务，首先要将这项工作任务布置给各个部门经理，然后各部门经理布置给下属的副经理，副经理再布置给下属的职员，职员按照上级的指示进行工作，最后完成了目标。其过程如图 9.19 所示。

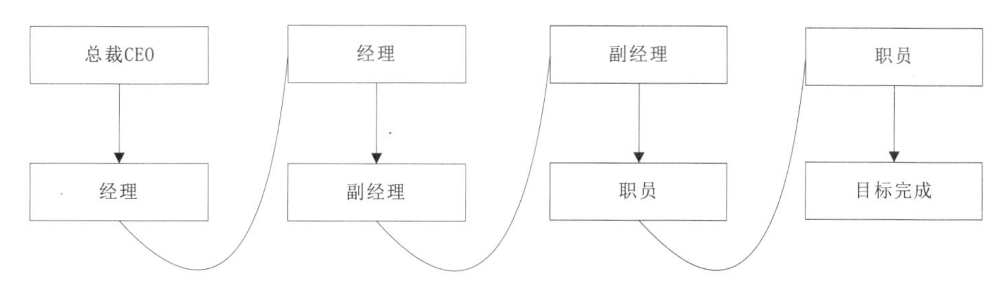

图 9.19　嵌套过程图

【例 9.14】　函数的嵌套调用。(**实例位置：资源包\源码\09\9.14**)

在实例中，利用嵌套函数模拟上述比喻中描述的过程，其中将每一个位置的人要做的事情封装成一个函数，通过调用函数完成最终的目标。运行程序，显示效果如图 9.20 所示。

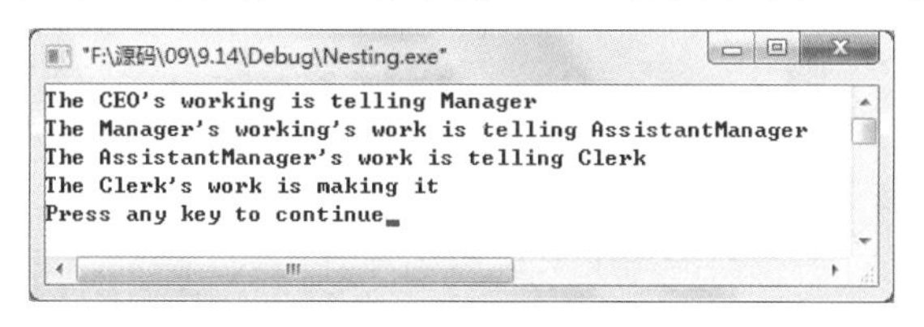

图 9.20　函数的嵌套调用

实现代码如下：

```
#include<stdio.h>

void   CEO();                                    /*声明函数*/
void   Manager();
void   AssistantManager();
void   Clerk();

int main()
{
    CEO();                                       /*调用 CEO 的作用函数*/
    return 0;
}

void   CEO()
{
    /*输出信息，表示调用 CEO 函数进行相应的操作*/
    printf("The CEO's working is telling Manager\n");
    Manager();                                   /*调用 CEO 的功能函数*/
}

void   Manager()
{
    /*输出信息，表示调用 Manager 函数进行相应的操作*/
    printf("The Manager's working's work is telling AssistantManager\n");
    AssistantManager();                          /*调用 CEO 的作用函数*/
}
```

```
void    AssistantManager()
{
        /*输出信息，表示调用 AssistantManager 函数进行相应的操作*/
        printf("The AssistantManager's work is telling Clerk\n");
        Clerk();                                            /*调用 CEO 的作用函数*/
}

void Clerk()
{
        /*输出信息，表示调用 Clerk 函数进行相应的操作*/
        printf("The Clerk's work is making it\n");
}
```

代码分析：

（1）首先在程序中声明将要使用的函数，其中的 CEO 代表公司总裁，Manager 代表经理，AssistantManager 代表副经理，Clerk 代表职员。

（2）main 函数的下面是有关函数的定义。先来看一下 CEO 函数，在这个函数中通过输出一条信息，来表示这个函数的功能和作用。最后在函数体中嵌套调用了 Manager 函数。Manger 函数和 CEO 函数运行的步骤是相似的，只是最后又在其函数体内调用 AssistantManager 函数。在 AssistantManager 函数中又调用了 Clerk 函数。

（3）在主函数 main 中，调用了 CEO 函数，于是程序的整个流程按照步骤（2）进行，直到“return 0”语句返回，程序结束。

9.5.3　递归调用

C 语言的函数都支持递归，也就是说，每个函数都可以直接或者间接地调用自己。所谓的间接调用，是指在递归函数调用的下层函数中再调用自己。递归关系如图 9.21 所示。

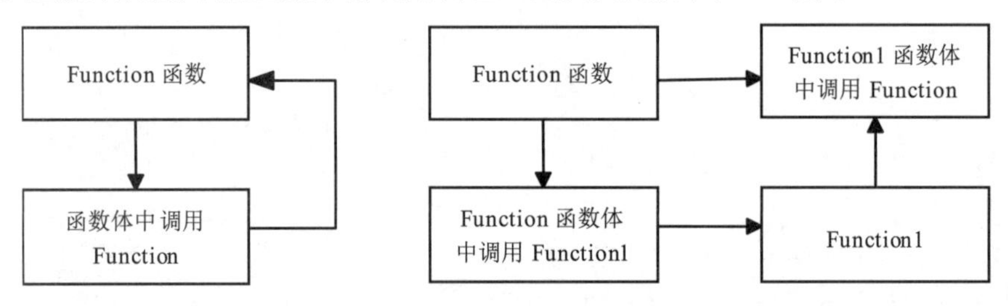

图 9.21　递归调用过程

递归之所以能实现，是因为函数的每个执行过程在栈中都有自己的形参和局部变量的副本，这些副本和该函数的其他执行过程不发生关系。

这种机制是现在大多数程序设计语言实现子程序结构的基础，也使得递归成为可能。假定某个调用函数调用了一个被调用函数，再假定被调用函数又反过来调用了调用函数，那么第二个调用就称为调用函数的递归，因为它发生在调用函数的当前执行过程运行完毕之前。而且，因为这个原先的调用函数、现在的被调用函数在栈中较低的位置，并且有它独立的一组参数和自变量，原先的参数和变量

将不受任何影响，所以递归能正常进行。

【例 9.15】　函数的递归调用。（**实例位置：资源包\源码\09\9.15**）

本实例定义一个字符串数组，为数组赋值为一系列的名称，再通过递归函数的调用，最后实现逆序排列的名单的输出显示。运行程序，显示效果如图 9.22 所示。

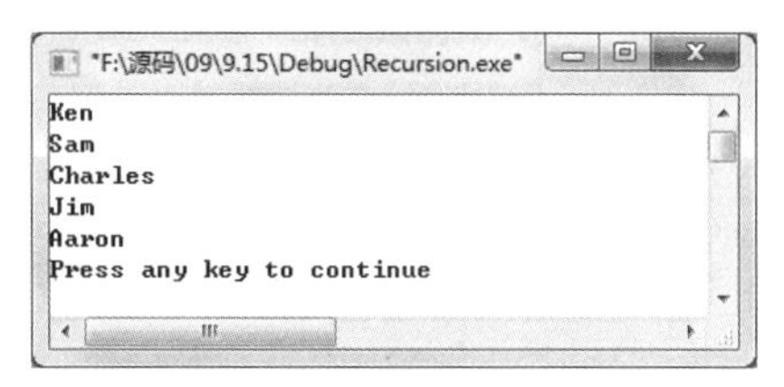

图 9.22　函数的递归调用

实现代码如下：

```
#include<stdio.h>

void DisplayNames(char** cNameArray);                    /*声明函数*/

char* cNames[]=                                          /*定义字符串数组*/
{
	"Aaron",                                             /*为字符串进行赋值*/
	"Jim",
	"Charles",
	"Sam",
	"Ken",
	"end"                                                /*设定结束标志*/
};

int main()
{
	DisplayNames(cNames);                                /*调用递归函数*/
	return 0;
}

void DisplayNames(char** cNameArray)
{
	if(*cNameArray=="end")                               /*判断结束标志*/
	{
		return ;                                         /*函数结束返回*/
	}
	else
	{
		DisplayNames(cNameArray+1);                      /*调用递归函数*/
		printf("%s\n",*cNameArray);                      /*输出字符串*/
	}
}
```

如图 9.23 所示为程序的流程，希望通过程序流程以及后面的讲解，能使读者对程序有更清晰的认识。

递归函数结束
main
DisplayNames(Aaron)
输出 Aaron
DisplayNames(Jim)
输出 Jim
DisplayNames(Charles)
输出 Charles
DisplayNames(end)
返回
DisplayNames(Ken)
输出 Ken
DisplayNames(Sam)
输出 Sam
1 2 3 4 5 6 7 8 9 10 11

图 9.23　程序调用流程图

代码分析：

（1）源文件中首先声明要用到的递归函数，递归函数的参数声明为指针。

（2）定义一个全局字符串数组，并且为其进行赋值。其中的一个字符串数组元素 end 作为字符串数组的结束标志。

（3）在主函数 main 中进行调用递归函数 DisplayNames。

（4）在源文件的下面是有关 DisplayNames 函数的定义。在 DisplayNames 的函数体中，通过一个 if 语句进行判断此时要输出的字符串是否为结束字符，如果是结束标志 end 字符，那么使用 return 语句进行返回。如果不是，执行下面的 else 语句，在语句块中先调用的是递归函数，在函数参数处可以看到，传递的字符串数组元素发生改变，传递下一个数组元素。如果调用递归函数，于是又开始进行判断传递进来的字符串是否为数组的结束标志。最后输出字符串数组的元素。

9.6　内部函数和外部函数

函数是 C 语言程序中的最小单位，往往把一个函数或多个函数保存为一个文件，这个文件称为源文件。定义一个函数，这个函数就要被另外的函数所调用。但当一个源程序由多个源文件组成时，可以指定函数不能被其他文件调用，这样 C 语言又把函数分为内部函数和外部函数两类。

9.6.1　内部函数

定义一个函数，如果希望这个函数只被所在的源文件所使用，称这样的函数为内部函数。内部函数又称为静态函数。使用内部函数，可以使函数只局限在函数所在的源文件中，如果在不同的源文件中有同名的内部函数，这些同名的函数是互不干扰的。

在定义内部函数时，要在函数返回值和函数名前面加上关键字 static 进行修饰：

```
static　返回值类型　函数名　(参数列表);
```

例如，定义一个功能是进行加法运算具有返回值是 int 型的内部函数，代码如下：

```
static int Add(int iNum1,int iNum2);
```

在函数的返回值类型 int 前加上关键字 static，这样就将原来的函数修饰成内部函数。

技巧

使用内部函数的好处是，不同的开发者可以分别编写不同的函数，而不必担心所使用的函数是否会与其他源文件中的函数同名，因为内部函数只可以在所在的源文件中进行使用，所以即使不同源文件有相同的函数名字也没有关系。

【例 9.16】　内部函数的使用。（**实例位置：资源包\源码\09\9.16**）

在本实例中，使用内部函数，通过一个函数对字符串进行赋值，再通过一个函数对字符串进行输出显示。运行程序，显示效果如图 9.24 所示。

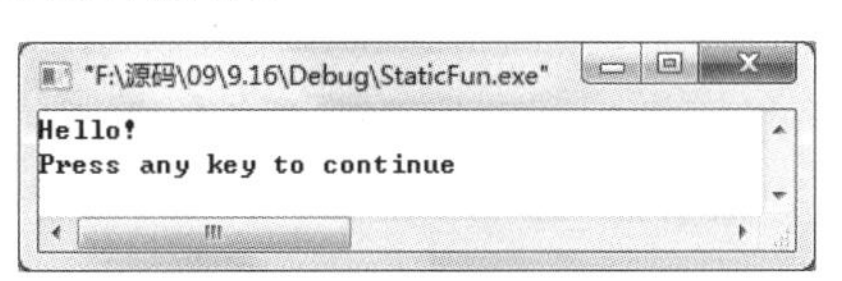

图 9.24　内部函数的使用

实现代码如下：

```
#include<stdio.h>

static char* GetString(char* pString)                    /*定义赋值函数*/
{
    return pString;                                      /*返回字符*/
}

static void ShowString(char* pString)                    /*定义输出函数*/
{
    printf("%s\n",pString);                              /*显示字符串*/
}

int main()
{
```

```
    char* pMyString;                                /*定义字符串变量*/

    pMyString=GetString("Hello!");                  /*调用函数为字符串赋值*/
    ShowString(pMyString);                          /*显示字符串*/
    return 0;
}
```

在程序中，使用 static 关键字进行修饰函数，使其只能在其源文件中进行调用。

9.6.2 外部函数

与内部函数相反就是外部函数，外部函数是可以被其他源文件调用的函数。定义外部函数使用关键字 extern 进行修饰。在使用一个外部函数时，要先用 extern 声明所用的函数是外部函数。

例如，函数头可以写成下面的形式：

```
extern int Add(int iNum1,int iNum2);
```

这样，函数 Add 就可以被其他源文件调用进行加法运算。

注意

C 语言定义函数时，如果不指明函数是内部函数或是外部函数，那么默认将函数指定为外部函数，也就是说定义外部函数时，可以省略关键字 extern。书中的多数实例所使用的函数都为外部函数。

【例 9.17】 外部函数的使用。（**实例位置：资源包\源码\09\9.17**）

在本实例中，使用外部函数完成和例 9.16 使用内部函数完成的相同功能，只是所用的函数不包含在同一个源文件中。运行程序，显示效果如图 9.25 所示。

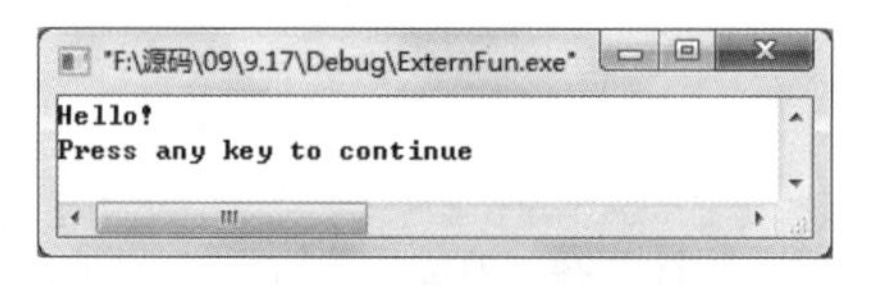

图 9.25 外部函数的使用

实现代码如下：

（1）主函数 main 在源文件 ExternFun.c 中。首先声明两个函数，其中使用 extern 关键字说明函数为外部函数。之后在 main 函数体中调用两个函数，GetString 函数对 pMyString 变量进行赋值，而 ShowString 函数则进行输出变量。

```
/*ExternFun.c*/
#include<stdio.h>

extern char* GetString(char* pString);              /*声明外部函数*/
extern void ShowString(char* pString);              /*声明外部函数*/

int main()
{
    char* pMyString;                                /*定义字符串变量*/
```

```
    pMyString=GetString("Hello!");              /*调用函数为字符串赋值*/
    ShowString(pMyString);                      /*显示字符串*/

    return 0;
}
```

（2）在 ExternFun1.c 源文件中进行对 GetString 函数的定义，通过传入的参数进行返回操作，完成对变量的赋值功能。

```
/*ExternFun1.c*/
extern char* GetString(char* pString)
{
    return pString;                             /*返回字符*/
}
```

（3）ExternFun2.c 源文件是对 ShowString 函数的定义，在函数体中使用 printf 函数对传递进来的参数进行显示。

```
/*ExternFun2.c*/
extern void ShowString(char* pString)
{
    printf("%s\n",pString);                     /*显示字符串*/
}
```

代码分析：

在上面的程序中，可以看到代码和例 9.16 几乎是相同的，但是由于使用 extern 关键字使得函数为外部函数，所以可以将函数放入其他源文件中。

9.7　局部变量和全局变量

视频讲解

在讲解有关局部变量和全局变量的知识之前，先来了解一些有关作用域方面的内容。作用域的作用就是决定程序中的哪些语句是可用的，换句话说，就是决定语句在程序中的可见性。作用域分为局部作用域和全局作用域，那么局部变量就是具有局部作用域的变量，而全局变量就是具有全局作用域的变量。接下来具体地看一下有关局部变量和全局变量的内容。

9.7.1　局部变量

在一个函数的内部定义的变量是局部变量。在之前的实例中绝大多数的变量都是局部变量，这些变量声明在函数内部，无法被别的函数所使用。函数的形式参数也是属于局部变量，作用范围仅限于函数内部的所有语句块。

说明

在语句块内声明的变量仅在该语句块内部起作用，当然也包括嵌套在其中的子语句块。

例如，图 9.26 所示为不同情况下局部变量的作用域范围。

【例 9.18】　局部变量的作用域。（**实例位置：资源包\源码\09\9.18**）

本实例在不同的位置定义一些变量，并通过赋值来表示变量所在的位置，最后输出显示变量值，通过输出的信息来观察局部变量的作用范围。运行程序，显示效果如图 9.27 所示。

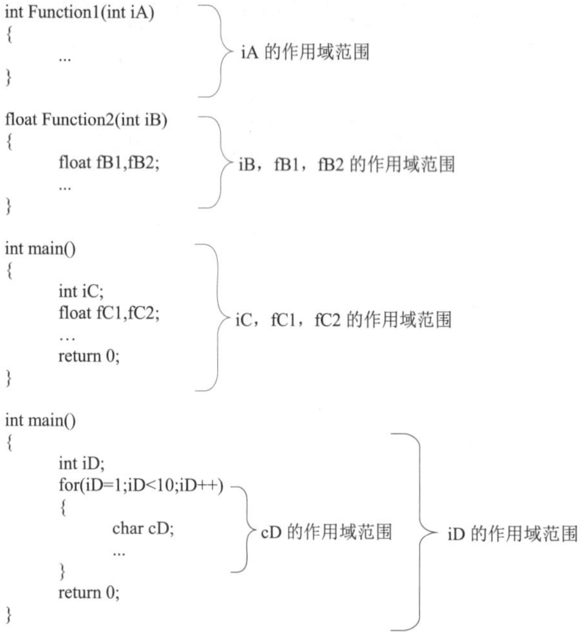

```
int Function1(int iA)
{                                  } iA 的作用域范围
        ...
}

float Function2(int iB)
{
        float fB1,fB2;             } iB，fB1，fB2 的作用域范围
        ...
}

int main()
{
        int iC;
        float fC1,fC2;             } iC，fC1，fC2 的作用域范围
        …
        return 0;
}

int main()
{
        int iD;
        for(iD=1;iD<10;iD++)
        {
                char cD;           } cD 的作用域范围     } iD 的作用域范围
                ...
        }
        return 0;
}
```

图 9.26　局部变量的作用范围

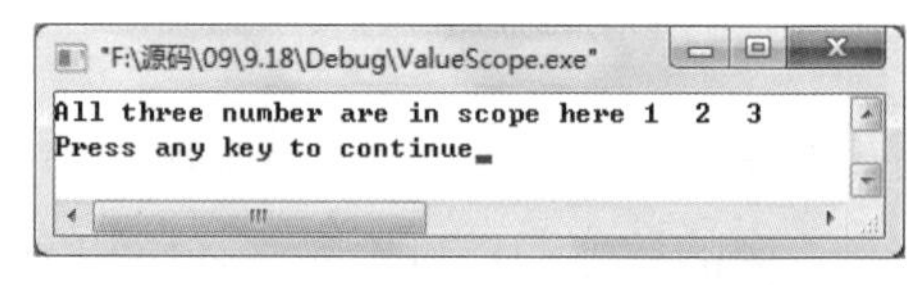

图 9.27　局部变量的作用域

实现代码如下：

```
#include<stdio.h>

int main()
{
	int iNumber1=1;				/*iNumber1 的作用域在整个 main 函数中*/
	if(iNumber1>0)
	{
		int iNumber2=2;			/*iNumber2 的作用域在 if 语句块中*/
		if(iNumber2>0)
		{
			int iNumber3=3;		/*iNumber3 的作用域在 if 语句块中*/
						/*将 3 个都在此作用域的函数进行输出*/
			printf("All three number are in scope here %d	%d	%d\n",
				iNumber1,iNumber2,iNumber3);
		}
	}
	return 0;
}
```

在程序中有 3 个作用域范围，主函数 main 是其中最大的作用域范围，因为定义变量 iNumber1 在

main 函数中，所以 iNumber1 的使用范围是在整个 main 函数体中。而变量 iNumber2 定义在第一个 if 语句块中，所以它的使用范围就是在第一个 if 语句块内。变量 iNumber3 在最内部的嵌套层，所以使用范围只在最里面的 if 语句块中。

从上面的描述中可以看到，一个局部变量的作用范围可以由包含变量的一对大括号所限定，这样就可以更好地观察出局部变量的作用域。

在 C 语言中，位于不同作用域的变量可以使用相同的标识符，也就是可以为变量起相同的名字。此时读者朋友们会不会想到这样一种情况，如果内层作用域中定义的变量和已经声明的某个外层作用域中的变量有相同的名字，在内层中使用这个变量名，那么此时这个变量名表示的是外层变量还是内层变量呢？答案是：内层作用域中的变量将屏蔽外层作用域中的那个变量，直到结束内层作用域的操作为止。这就是局部变量的屏蔽作用。

【例 9.19】　局部变量的屏蔽作用。（**实例位置：资源包\源码\09\9.19**）

在本实例中，在不同的语句块中定义 3 个相同名称的变量，通过输出变量值来演示有关局部变量的屏蔽作用效果。运行程序，显示效果如图 9.28 所示。

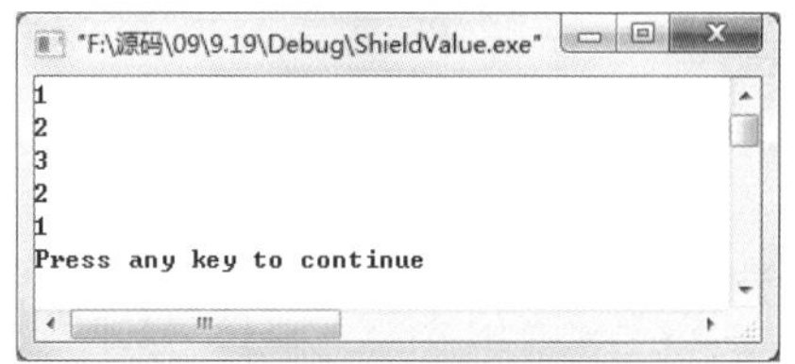

图 9.28　局部变量的屏蔽作用

实现代码如下：

```
#include<stdio.h>

int main()                                  /*主函数 main 中*/
{
    int iNumber1=1;                         /*在第一个 iNumber1 定义位置*/
    printf("%d\n",iNumber1);                /*输出变量值*/
    if(iNumber1>0)
    {
        int iNumber1=2;                     /*在第二个 iNumber1 定义位置*/
        printf("%d\n",iNumber1);            /*输出变量值*/
        if(iNumber1>0)
        {
            int iNumber1=3;                 /*在第三个 iNumber1 定义位置*/
            printf("%d\n",iNumber1);        /*输出变量值*/
        }
        printf("%d\n",iNumber1);            /*输出变量值*/
    }
    printf("%d\n",iNumber1);                /*输出变量值*/
    return 0;
}
```

通过运行程序得到的显示结果进行分析：

（1）在主函数 main 中，定义了第一个整型变量 iNumber1，为其赋值为 1，赋值之后使用 printf 函数输出变量 iNumber1。在程序的运行结果中可以看到，此时 iNumber1 的值为 1。

（2）之后使用 if 语句进行判断，这里使用 if 语句的目的在于划分出一段语句块。因为位于不同作用域的变量可以使用相同的标识符，所以在 if 语句块中也定义一个 iNumber1 变量，并为其赋值为 2。

再次使用 printf 函数输出变量 iNumber1，观察一下程序的运行结果，发现第二个输出的值为 2。此时值为 2 的变量在此作用域中就将值为 1 的变量屏蔽掉了。

（3）在 if 语句中再次进行嵌套，在嵌套语句中定义相同标识符的 iNumber1 变量，为了进行区分将其赋值为 3。调用 printf 函数输出变量 iNumber1，从程序运行的结果可以看出输出的值为 3。由此看出值为 3 的变量将值为 2 与 1 的两个变量都进行屏蔽了。

（4）在最深层嵌套的 if 语句结束之后，使用 printf 函数进行输出，发现此时显示的值为 2。说明此时已经不在值为 3 的变量作用域范围内，而在值为 2 的作用域范围中了。

（5）当 if 语句结束之后，再输出变量值，此时显示的变量值为 1，说明此时已经离开了值为 2 的作用域范围，不再对值为 1 的变量产生屏蔽作用。

9.7.2 全局变量

程序的编译单位是源文件，在上面的介绍中了解到，在函数中定义的变量称为局部变量。如果一个变量在所有函数的外部声明，这个变量就是全局变量。顾名思义，全局变量是可以在程序中的任何位置进行访问的变量。

注意

全局变量不是属于某个函数，而属于整个源文件。但是如果外部文件要使用的话，要用 extern 进行引用修饰。

定义全局变量的作用是增加函数间数据联系的渠道。由于同一个文件中的所有函数都能引用全局变量的值，因此如果在一个函数中改变了全局变量的值，就能影响到其他函数，相当于各个函数间有直接传递通道。

例如在生活中，有一家全国的连锁商店机构，商店所使用的价格是全国统一的。但是全国的不同地方有很多这样的连锁商店，当进行调整价格时，每一个连锁商店的价格都会改变。全局变量就像其中所要设定的价格，而函数就像每一家连锁商店，当全局变量进行修改时，那么函数中的该变量都会被更改。

为了可以使读者更为清楚地掌握其概念，使用下面的实例模拟上面的比喻进行的理解和分析。

【例 9.20】 使用全局变量模拟价格调整。（**实例位置：资源包\源码\09\9.20**）

在本程序中，使用全局变量模拟全国连锁店价格调整，使用函数表示连锁店，并在函数中输出一条消息，表示连锁店中的价格。运行程序，显示效果如图 9.29 所示。

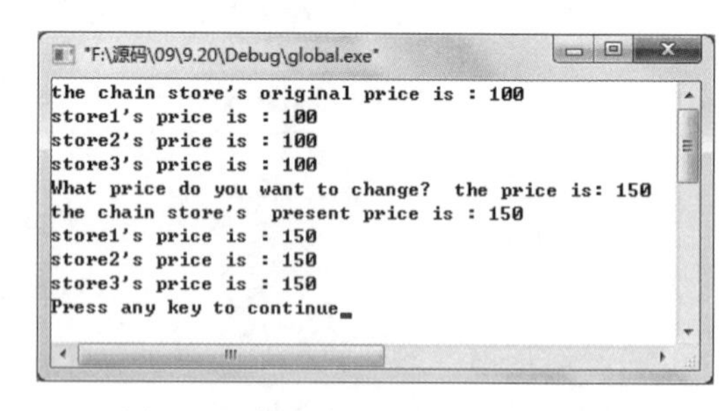

图 9.29 使用全局变量模拟价格调整

实现代码如下：

```
#include<stdio.h>

int iGlobalPrice=100;                                    /*设定商店的初始价格*/
```

```
void Store1Price();                               /*声明函数，代表第一个连锁店*/
void Store2Price();                               /*代表第二个连锁店*/
void Store3Price();                               /*代表第三个连锁店*/
void ChangePrice();                               /*进行更改连锁店的统一价格*/

int main()
{
        /*先显示价格改变之前所有连锁店的价格*/
    printf("the chain store's original price is : %d\n",iGlobalPrice);
    Store1Price();                                /*显示 1 号连锁店的价格*/
    Store2Price();                                /*显示 2 号连锁店的价格*/
    Store3Price();                                /*显示 3 号连锁店的价格*/
        /*调用函数，改变连锁店的价格*/
    ChangePrice();
        /*显示提示，显示修改后的价格*/
    printf("the chain store's   present price is : %d\n",iGlobalPrice);
    Store1Price();                                /*显示 1 号连锁店的现在价格*/
    Store2Price();                                /*显示 2 号连锁店的现在价格*/
    Store3Price();                                /*显示 3 号连锁店的现在价格*/
    return 0;
}
/*定义 1 号连锁店的价格函数*/
void Store1Price()
{
    printf("store1's price is : %d\n",iGlobalPrice);
}
/*定义 2 号连锁店的价格函数*/
void Store2Price()
{
    printf("store2's price is : %d\n",iGlobalPrice);
}
/*定义 3 号连锁店的价格函数*/
void Store3Price()
{
    printf("store3's price is : %d\n",iGlobalPrice);
}
/*定义更改连锁店价格函数*/
void ChangePrice()
{
    printf("What price do you want to change?   the price is: ");
    scanf("%d",&iGlobalPrice);
}
```

代码分析：

（1）在程序中，定义了一个全局变量 iGlobalPrice 来表示所有连锁店的价格，为了可以形成对比，初始化值为 100。定义的一种函数代表连锁店的价格，例如 Store1Price 代表 1 号连锁店，定义的另一种函数的功能是用来改变全局变量的值，也就代表了对所有连锁店进行的调价。

（2）在主函数 main 中，首先是将连锁店的先前价格进行显示，之后通过一条信息提示更改 iGlobalPrice 变量。当全局变量被修改后，将所有连锁店的当前价格再进行输出对比。

（3）通过这个程序的运行结果可以看出，全局变量增加了函数间数据联系的渠道，当修改全局变量时，所有函数中的该变量都会改变。

9.8 函数应用

为了可以快速地编写程序，编译系统都会提供一些库函数，不同的编译系统所提供的库函数可能不完全相同。其中有可能函数名字相同但是实现的功能不同，也有可能实现的功能相同但是函数的名称却不同。ANSI C 标准建议提供的标准库函数包括了目前多数 C 编译系统所提供的库函数，下面就介绍部分常用的库函数。

在程序中经常会使用一些数学的运算法则或者公式，首先介绍有关数学的常用函数。

☑ abs 函数

函数的功能是：求整数的绝对值。函数定义如下：

```
int abs(int i);
```

例如，求一个负数的绝对值的方法如下：

```
int iAbsoluteNumber;                    /*定义整型变量*/
int iNumber = -12;                      /*定义整型变量，为其赋值为-12*/
iAbsoluteNumber=abs(iNumber);           /*将 iNumber 的绝对值赋给 iAbsoluteNumber 变量*/
```

在使用数学函数时，要为程序中添加头文件“#include <math.h>”。

☑ labs 函数

函数的功能是：求长整数数据的绝对值。函数定义如下：

```
long labs(long n);
```

例如，求一个长整型数据的绝对值的方法如下：

```
long lResult;                           /*定义长整型变量*/
long lNumber = -1234567890L;            /*定义长整型变量，为其赋值为-1234567890*/
lResult= labs(lNumber);                 /*将 lNumber 的绝对值赋给 lResult 变量*/
```

☑ fabs 函数

函数的功能是：返回浮点数数据的绝对值。函数定义如下：

```
double fabs(double x);
```

例如，求一个实型数据的绝对值的方法如下：

```
double fFloatResult;                    /*定义实型变量*/
double fNumber = -1234.0;               /*定义实型变量，为其赋值为-1234.0*/
fFloatResult= fabs(fNumber);            /*将 fNumber 的绝对值赋给 fFloatResult 变量*/
```

【例 9.21】　数学库函数使用。（**实例位置：资源包\源码\09\9.21**）

在本实例中，将上述介绍的 3 个库函数放在一起，通过调用函数，观察函数的作用。运行程序，显示效果如图 9.30 所示。

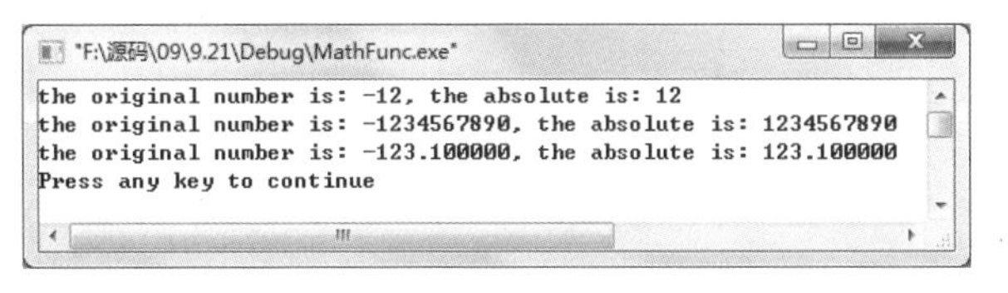

图 9.30　数学库函数使用

实现代码如下：

```
#include<stdio.h>
#include<math.h>                                    /*包含头文件 math.h*/
int main()
{
    int iAbsoluteNumber;                            /*定义整数*/
    int iNumber = -12;                              /*定义整数，为其赋值为-12*/
    long lResult;                                   /*定义长整型*/
    long lNumber = -1234567890L;                    /*定义长整型，为其赋值为-1234567890*/
    double fFloatResult;                            /*定义浮点型*/
    double fNumber = -123.1;                        /*定义浮点型，为其赋值为-123.1*/

    iAbsoluteNumber=abs(iNumber);                   /*将 iNumber 的绝对值赋给 iAbsoluteNumber 变量*/
    lResult= labs(lNumber);                         /*将 lNumber 的绝对值赋给 lResult 变量*/
    fFloatResult= fabs(fNumber);                    /*将 fNumber 的绝对值赋给 fResult 变量*/

    /*输出原来的数字，然后将得到的绝对值进行输出*/
    printf("the original number is: %d, the absolute is: %d\n",iNumber,iAbsoluteNumber);
    printf("the original number is: %ld, the absolute is: %ld\n",lNumber,lResult);
    printf("the original number is: %lf, the absolute is: %lf\n",fNumber,fFloatResult);

    return 0;
}
```

程序代码中通过使用数学函数，求取已经赋值完成的变量，并将得到的数值存储在其他变量中，最后使用输出函数将原来的数值和求取后的数值都进行输出。

☑　sin 函数

sin 函数是正弦函数。函数定义如下：

```
double sin(double x);
```

例如，求正弦值的方法如下：

```
double fResultSin;                      /*定义实型变量*/
double fXsin = 0.5;                     /*定义实型变量，并进行赋值*/
fResultSin = sin(fXsin);                /*使用正弦函数*/
```

☑ cos 函数

cos 函数是余弦函数。函数定义如下：

```
double cos(double x);
```

例如，求余弦值的方法如下：

```
double fResultCos;                                    /*定义实型变量*/
double fXcos = 0.5;                                   /*定义实型变量，为其赋值为 0.5*/
fResultCos = cos(fXcos);                              /*调用余弦函数*/
```

☑ tan 函数

tan 函数是正切函数。函数定义如下：

```
double tan(double x);
```

例如，求正切值的方法如下：

```
double fResultTan;                                    /*定义实型变量*/
double fXtan = 0.5;                                   /*定义实型变量，为其赋值为 0.5*/
fResultTan = tan(fXtan);                              /*调用正切函数*/
```

【例 9.22】 使用三角函数。（**实例位置：资源包\源码\09\9.22**）

本程序中，利用库函数中的数学函数解决有关三角运算的问题。运行程序，显示效果如图 9.31 所示。

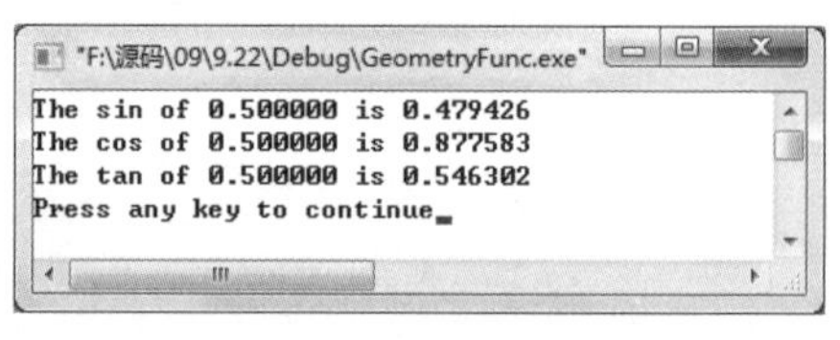

图 9.31 使用三角函数

实现代码如下：

```
#include<stdio.h>
#include<math.h>                                      /*包含头文件 math.h*/

int main()
{
      double fResultSin;                              /*用来保存正弦值*/
      double fResultCos;                              /*用来保存余弦值*/
      double fResultTan;                              /*用来保存正切值*/

      double fXsin =0.5;
      double fXcos = 0.5;
      double fXtan = 0.5;

      fResultSin = sin(fXsin);                        /*调用正弦函数*/
      fResultCos = cos(fXcos);                        /*调用余弦函数*/
      fResultTan = tan(fXtan);                        /*调用正切函数*/
      /*输出运算结果*/
      printf("The sin of %lf is %lf\n", fXsin, fResultSin);
      printf("The cos of %lf is %lf\n", fXcos, fResultCos);
      printf("The tan of %lf is %lf\n", fXtan, fResultTan);
      return 0;
}
```

在使用数学函数时，要先包含头文件 math.h。代码中，先定义用来保存计算结果的变量，之后定义要计算的变量，为了能看出结果的不同，在此将变量都赋值为 0.5。然后通过三角函数得到结果，最后通过输出语句将原值和结果都进行输出显示。

下面要介绍的是另一类常用的函数，有关字符和字符串的函数。

☑　isalpha 函数

函数的功能是：检测字母，如果参数（ch）是字母表中的字母（大写或小写），则返回非零值。需要包含头文件 ctype.h。函数定义如下：

```
int isalpha(int ch);
```

例如，判断输入的字符是否是字母的方法如下：

```
char c;                                   /*定义字符变量*/
scanf("%c", &c);                          /*输入字符*/
isalpha(c);                               /*调用 isalpha 函数判断输入的字符*/
```

☑　isdigit 函数

函数的功能是：检测数字，如果参数（ch）是数字则函数返回非零值，否则返回零。需要包含头文件 ctype.h。函数定义如下：

```
int isdigit(int ch);
```

例如，判断输入的字符是否是数字的方法如下：

```
char c;                                   /*定义字符变量*/
scanf("%c", &c);                          /*输入字符*/
isdigit(c);                               /*调用 isdigit 函数判断输入的字符*/
```

☑　isalnum 函数

函数的功能是：检测字母或数字，如果参数是字母表中的一个字母或是一个数字，则函数返回非零值，否则返回零。需要包含头文件 ctype.h。函数定义如下：

```
int isalnum(int ch);
```

例如，判断输入的字符是否是数字或字母的方法如下：

```
char c;                                   /*定义字符变量*/
scanf("%c", &c);                          /*输入字符*/
isalnum(c);                               /*调用 isalnum 函数判断输入的字符*/
```

【例 9.23】　使用字符函数判断输入字符。（**实例位置：资源包\源码\09\9.23**）

本程序中，通过向控制台输入字符，利用 if 判断语句和字符函数进行判断，输入的是哪一种类型的字符，然后根据字符的不同类型输出提示信息。运行程序，显示效果如图 9.32 所示。

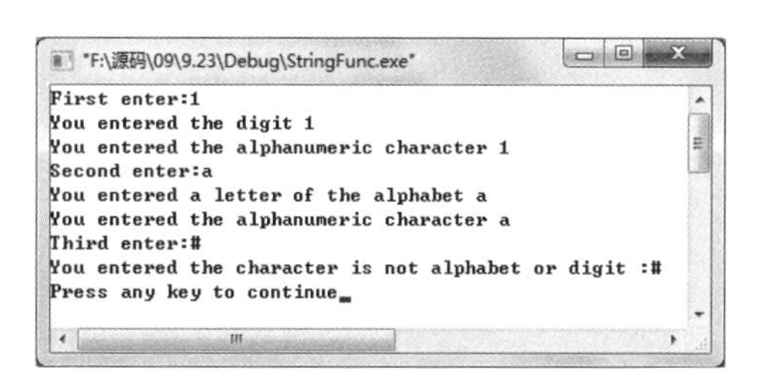

图 9.32　使用字符函数判断输入字符

实现代码如下：

```
#include<stdio.h>
#include<ctype.h>

void SwitchShow(char c);

int main()
{
	char cCharPut;                          /*定义字符变量，用来接收输入的字符*/
	char cCharTemp;                         /*定义字符变量，用来接收回车*/

	printf("First enter:");                 /*消息提示，第一次输入字符*/
	scanf("%c", &cCharPut);                 /*输入字符*/
	SwitchShow(cCharPut);                   /*调用函数进行判断*/
	cCharTemp=getchar();                    /*接收回车*/

	printf("Second enter:");                /*消息提示，进行第二次输入字符*/
	scanf("%c", &cCharPut);                 /*输入字符*/
	SwitchShow(cCharPut);                   /*调用函数判断输入的字符*/
	cCharTemp=getchar();                    /*接收回车 */
	printf("Third enter:");                 /*消息提示，进行第三次输入字符*/
	scanf("%c", &cCharPut);                 /*输入字符*/
	SwitchShow(cCharPut);                   /*调用函数判断输入的字符*/

	return 0;                               /*程序结束*/
}

void SwitchShow(char cChar)
{
	if(isalpha(cChar))                      /*判断是否是字母*/
	{
		printf("You entered a letter of the alphabet %c\n",cChar);
	}

	if(isdigit(cChar))                      /*判断是否是数字*/
	{
		printf("You entered the digit %c\n", cChar);
	}

	if(isalnum(cChar))                      /*判断是否是字母或者是数字*/
	{
		printf("You entered the alphanumeric character %c\n", cChar);
	}
	else                                    /*当字符既不是字母也不是数字时*/
	{
		printf("You entered the character is not alphabet or digit :%c\n", cChar);
	}
}
```

代码分析：

（1）要使用字符函数，先要引入头文件 ctype.h。

（2）程序中，定义的两个字符变量，cCharPut 是用来在程序中接收将要输入的字符，而 cCharTemp 的作用是接收输入完成后回车确定的回车字符。

（3）定义 SwitchShow 函数实现程序中判断字符的功能，这样可以使程序更简洁。在 SwitchShow 函数体中，通过在 if 语句的判断条件中调用字符函数，根据调用字符函数的返回值结果进行判断，传递的字符参数 cChar 是哪一种情况，最后通过在不同情况中的提示信息来表示判断的结果。

（4）在 main 函数中，可以看到其中调用的 getchar 函数的作用是再获取一个字符。在输入字符时，每次输入完毕之后要按回车键进行确定。但是这样的话，回车键就会变成下一次要输入的字符。所以在此调用 getchar 函数将回车的字符进行提取。

说明

读者可以尝试一下将 getchar 那行的代码注释掉，运行程序观察一下结果，会发现其中的第二输入被程序跳过。

9.9　实　　战

9.9.1　递归解决年龄问题

有 5 个人坐在一起，问第 5 个人多少岁？他说比第 4 个人大两岁。问第 4 个人年龄，他说比第 3 个人大两岁。问第 3 个人，他说比第 2 人大两岁。问第 2 个人，他说比第 1 个人大两岁。最后问第 1 个人，他说是十岁。编写程序，当输入第几个人时求出其对应年龄。运行结果如图 9.33 所示。（**实例位置：资源包\源码\09\实战\01**）

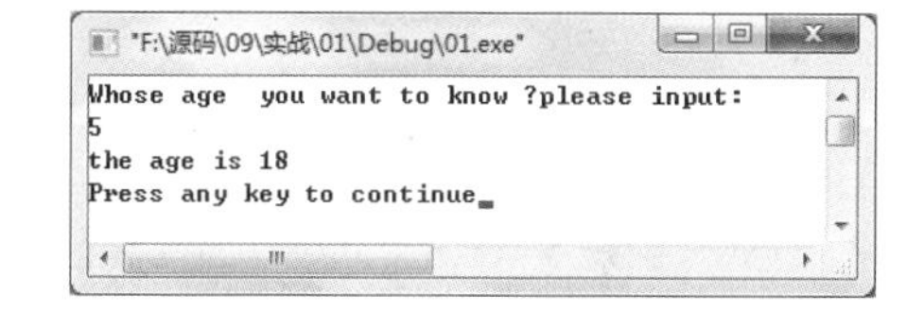

图 9.33　递归解决年龄问题的运行效果

本实例中应用到函数的递归调用，这里详细分析下递归调用的过程。

递归的过程分为两个阶段：第一阶段是“回推”，由题可知，要想求第 5 个人的年龄必须知道第 4 个人的年龄，要想知道第 4 个人的年龄必须知道第 3 个人的年龄……直到需要知道第 1 个人的年龄，这时 age(1)的年龄已知，就不用再推。第二阶段是“递推”，从第 2 个人推出第 3 个人的年龄……一直推到第 5 个人的年龄为止。这里要注意必须有一个结束递归过程的条件，本实例中的条件就是当 n=1 时，f=10，也就是 age(1)=10，否则递归过程会无限制地进行下去。总之递归就是在调用一个函数的过程中又会直接或间接地调用该函数本身。

9.9.2　百钱百鸡问题

中国古代数学家张丘建在他的《算经》中提出了一个著名的“百钱买百鸡问题”：鸡翁一值钱五，

鸡母一值钱三，鸡雏三值钱一，百钱买百鸡，问翁、母、雏各几何？本实例设计一个函数实现百钱百鸡算法，并将结果输出。运行结果如图 9.34 所示。（**实例位置：资源包\源码\09\实战\02**）

图 9.34　百钱百鸡结果

根据题意，设公鸡、母鸡和雏鸡分别为 cock、hen 和 chick，如果一百元全买公鸡那么最多能买 20 只，所以 cock 的取值范围是大于等于 0 小于等于 20；如果全买母鸡那么最多能买 33 只，所以 hen 的取值范围是大于等于 0 小于等于 33；如果全买小鸡那么最多能买 99 只（根据题意小鸡的数量应小于 100 且是 3 的倍数）。在确定了各种鸡的范围后进行穷举并判断，判断的条件有以下 3 点：

（1）所买的 3 种鸡的钱数总和为 100。

（2）所买的 3 种鸡的数量之和为 100。

（3）所买的小鸡数必须是 3 的倍数。

9.9.3　求最大公约数和最小公倍数

本实例设计两个函数，分别计算两个整数的最大公约数和最小公倍数，并在主函数中将结果输出。运行结果如图 9.35 所示。（**实例位置：资源包\源码\09\实战\03**）

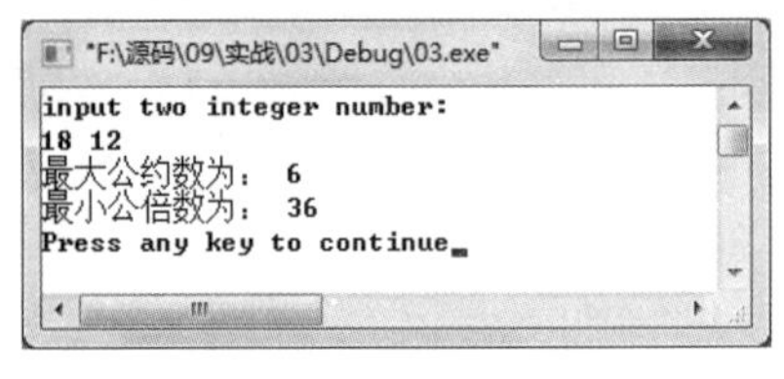

图 9.35　求最大公约数和最小公倍数

9.9.4　求直角三角形斜边长度

本实例实现求直角三角形的斜边长度，运行程序后输入三角形的两个直角边，可输出对应的斜边长度。运行结果如图 9.36 所示。（**实例位置：资源包\源码\09\实战\04**）

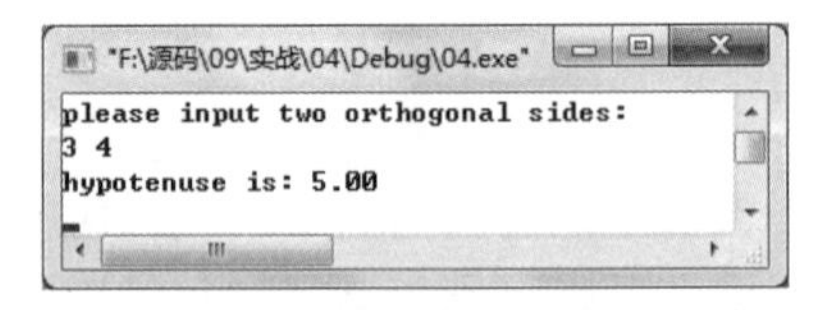

图 9.36　求直角三角形斜边长度

9.9.5　小数分离

利用数学函数实现以下功能：从键盘中输入一个小数，将其分解成整数部分和小数部分并显示在屏幕上。运行结果如图 9.37 所示。（**实例位置：资源包\源码\09\实战\05**）

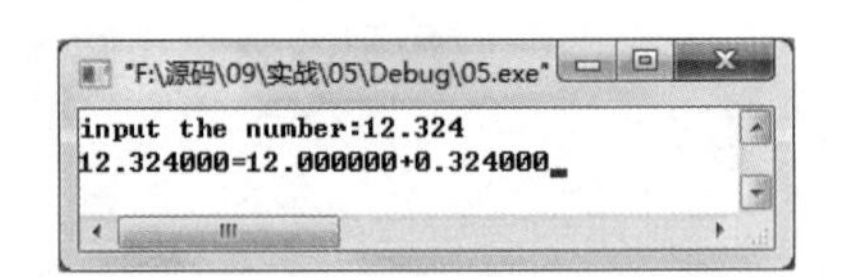

图 9.37　小数分离

第10章

变量的存储类别

（视频讲解：31分钟）

变量的存储类别是指变量在内存中的存储方式，它规定了变量的存在时间，可以引用的范围及其硬件限制等。在C语言中，有4种存储类别：自动类型、外部类型、静态类型和寄存器类型，相应的变量就称为自动变量、外部变量、静态变量和寄存器变量。本章就对这些内容进行介绍。

学习摘要：

- **变量的存储类别**
- **使用 auto 关键字声明自动变量**
- **使用 static 关键字声明静态变量**
- **使用 register 关键字声明寄存器变量**
- **使用 extern 关键字声明外部变量**

10.1　了解变量的存储类型

变量的存储类型决定变量什么时候被分配到指定的内存空间中，以及在什么时候释放存储空间。因此，存储类型就是为变量分配使用内存空间的方式，也可以称为存储方式。变量的存储类型分为两种形式，即动态存储和静态存储。

要理解动态存储和静态存储方式，首先了解一下内存中用户存储空间的基本情况。系统提供给用户的存储空间可以分为 3 个部分，即程序区、静态存储区、动态存储区，如图 10.1 所示。

图 10.1　存储空间的分配情况

其中，程序区用来存放用户要执行的程序段。数据分别放在静态存储区和动态存储区中。

静态存储的变量位于内存的静态存储区，全局变量都保存在静态存储区中，因此，全局变量从程序执行时开始分配存储单元，直到程序终止时，才释放其所占的存储单元。

在动态存储区中存储与堆栈操作相关的数据，堆栈中的数据随着进栈、出栈操作而变化，当变量被弹出堆栈以后，其生存周期也就结束了。在调用函数时，其局部变量也被保存到动态存储区中，当函数执行完毕，返回到主调函数时，变量所占用的空间将被释放，此时局部变量也将消失。由此可见，如果一个函数被调用了两次，其中的变量的存储空间可能为不同的地址。

各存储区所存放的数据内容如下。

☑　静态存储区

存储全局变量。在程序的执行过程中，全局变量占据固定的内存空间，直到程序执行完毕才释放内存。

☑　动态存储区

- 自动变量。在函数调用时分配存储空间，当调用完成释放存储空间。
- 函数调用时现场保护和返回地址。在函数被调用时分配内存空间。
- 函数形参。只有在调用该函数时才能为形参分配内存空间，调用完成以后会将所有的空间释放掉。

10.2　使用 auto 关键字声明自动变量

自动变量的类型说明符为 auto，这是 C 语言中应用最广泛的一种类型。在函数中定义局部变量时，没有被声明为其他类型的变量都是自动变量，也就是说，如果省去类型说明符 auto 的都是默认声明为自动变量。例如：

```
void test(int a)                              /*定义函数 test，变量 a 为形参*/
{
    auto int x,y=5;                           /*定义自动变量 x 和 y*/
```

```
    ...
}
```

在上面的代码中，定义了一个名为 test 的函数，变量 a 为形参，x、y 都是自动类型的变量，给 y 赋值为 5。当执行完 test 函数以后，会将变量 a、x、y 占用的存储单元释放。在实际应用中，关键字 auto 是可以省略的，如果省略了关键字 auto，则默认表示的是 auto 的类型，也是属于动态的存储方式。例如，下面的代码跟上面的代码含义是一样的。

```
void test(int a)                                    /*定义函数 test，变量 a 为形参*/
{
    int x,y=5;                                      /*定义自动变量 x 和 y*/
    ...
}
```

自动变量属于局部变量，它的作用域仅限于定义这个变量的函数或者是符合语句内。自动变量的存储方式属于动态存储方式，当定义该变量的函数被调用以后，系统才会给它分配存储空间，此时生命周期开始，函数调用结束，释放存储单元，生命周期结束。

10.3　使用 static 关键字声明静态变量

在编写程序时，有时需要在调用函数中的某个局部变量以后，这个变量的值不消失，并且保持原值不变，也就是该变量所占用的存储空间不被释放，在下次调用该函数时，变量中的值是上次调用该函数结束时变量的值。这时使用的变量类型是静态变量，使用 static 关键字进行声明，静态变量属于静态存储方式。

定义变量时，使用 static 关键字就可以将变量定义为静态变量，形式如下：

```
static 类型说明符 变量 1,变量 2 …;
```

用 static 关键字声明的外部变量，会得到静态全局变量，或者称为静态外部变量。当用 static 关键字定义内部变量时，会得到静态局部变量，或者称为静态内部变量。

【例 10.1】　下面通过一个例子来理解一下静态变量。（**实例位置：资源包\源码\10\10.1**）

程序的运行结果如图 10.2 所示。

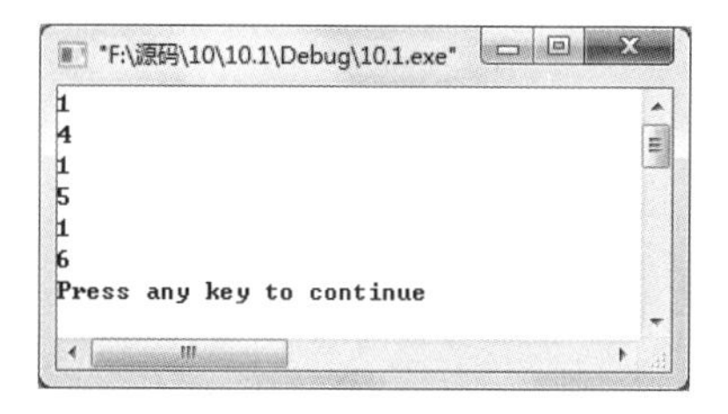

图 10.2　程序运行结果

程序代码如下：

```
#include <stdio.h>
test()
{
    auto int a=0;                               /*定义自动存储类型变量 a*/
    static b=3;                                 /*定义静态存储类型变量 b*/
    a++;                                        /*变量 a 自加 1*/
    b++;                                        /*变量 b 自加 1*/
```

```
    printf("%d\n",a);                              /*输出变量 a 的值*/
    printf("%d\n",b);                              /*输出变量 b 的值*/
}

main()
{
    int i;                                         /*定义整型变量 i，循环计数*/
    for(i=0;i<3;i++)                               /*循环 3 次*/
        test();                                    /*调用自定义函数*/
}
```

在上面的例子中，一共调用 test 函数 3 次。在第一次调用 test 函数时，变量 a 的值是 0，变量 b 的值是 3，调用结束以后，变量 a 的值为 1，变量 b 的值为 4；第二次调用时，变量 a 的值是 0，变量 b 的值是 4，因为 a 是自动变量，函数调用结束以后存储空间的值被释放，因此在第二次调用时，使用的是函数的初值，变量 b 被定义为静态类型的变量，在第一次调用函数以后，变量的值保持不变，在第二次调用时，变量 b 的值就是上次调用结束时的值，因此 b 的值为 4，在第二次调用结束以后，变量 a 的值为 1，变量 b 的值为 5。先后调用 3 次 test 函数，变量 a 和变量 b 的值如图 10.3 所示。

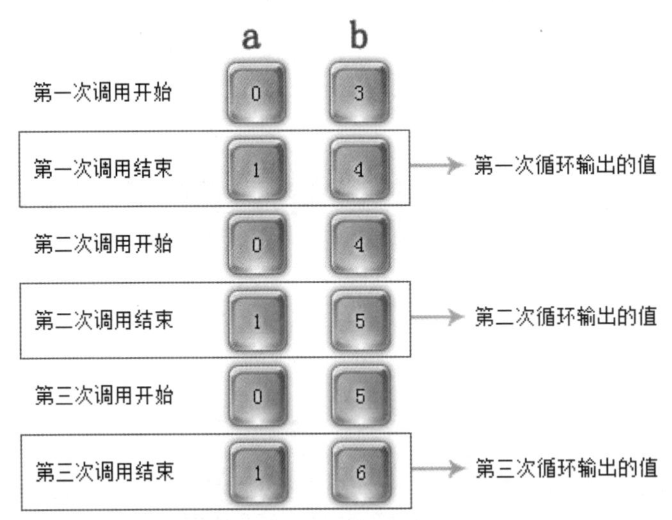

图 10.3　变量 a 和变量 b 的变化过程

你问我答

静态变量与自动变量的区别

（1）静态存储类型的局部变量是在静态存储区内分配存储单元。在程序整个运行期间内都不释放空间。而自动类型的局部变量属于动态存储类型，是在动态存储区内分配存储单元的，函数调用结束后存储单元即被释放。

（2）静态局部变量是在编译时赋初始值，并且只赋一次初值，在以后每次调用函数时，都不再重新为其赋值，只是使用上一次函数被调用结束时变量的值。而自动局部变量的初值不是在编译时赋予的，而是在函数调用时赋予的，每调用一次函数都对变量重新赋一次初值。

（3）如果定义的静态局部变量没有对其进行赋值，则该变量的默认值为 0 或者为空字符串。而对于自动局部变量来说，如果不赋值，则变量的值是一个不确定的值，这是因为在函数被调用时，会为该变量分配一个存储空间，在函数结束时，存储空间被释放。在下次调用该函数时，又会重新分配一个存储空间，这两次分配的存储空间是不一样的，存储空间中的值也是不确定的。

例如，下面的代码：

```
void test()
{
        int a=1
        a=a+1
}
```

这段代码中变量 a 的值是 1，即使多次调用以后，a 的值还是 1。再来看下面的代码：

```
void test()
{
       static a=1
       a=a+1
}
```

上述代码中变量 a 的值是随着调用次数的不同而改变的。如果该函数被调用了 3 次，调用 3 次以后，变量 a 的值变为 4，并且保持不变直到下次再调用这个函数，如图 10.4 所示。

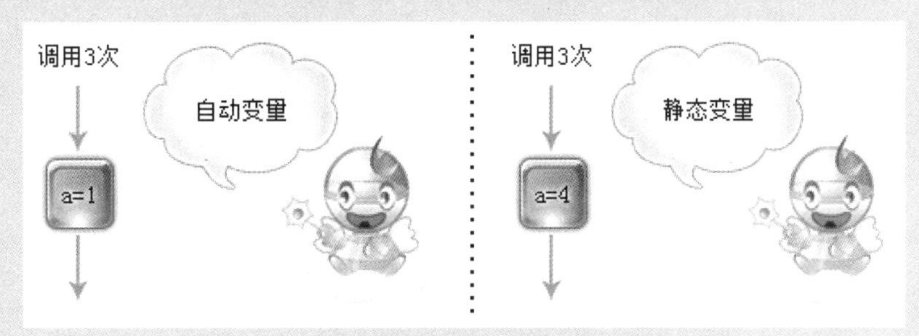

图 10.4　静态变量与自动变量的区别

注意

虽然静态局部变量的值在函数调用结束以后也是保持不变的，但是它不能被其他函数所引用，只能在所在的函数中使用。

10.4　使用 register 关键字声明寄存器变量

计算机如果要对某个变量进行运算时，例如执行累加操作等，此时会由控制器发出指令将内存中的变量的值送到运算器中，在运算器中经过运算，最后将变量的值放回内存中，执行方式如图 10.5

所示。

如果有一些变量需要经常使用，就需要将其存放在寄存器中。CPU 访问寄存器比访问内存要快得多，这样可以减少变量存取时所消耗的时间，提高执行效率。

在 C 语言中提供了 register 寄存器类型的变量，使用时，无须到内存中取数，可以直接从寄存器中取数运算。定义寄存器类型变量的格式如下：

```
register 类型说明符 变量 1,变量 2 …;
```

对于循环次数较多的循环控制变量以及循环体内反复使用的变量，可以将其定义为寄存器变量，这样编译器就可以将变量存储到寄存器当中，提高运算效率。

说明

使用 register 关键定义的变量只是提示编译器将该变量定义为寄存器变量，而不是必须将其设置为寄存器变量，因为计算器中的寄存器数量有限，当没有寄存器可以使用的时候，编译器会将这个变量当作自动变量处理。

【例 10.2】 计算 1~5 的阶乘值。（**实例位置：资源包\源码\10\10.2**）

程序代码如下：

```
int fact(int n)
{
    register int i,f=1;                          /*定义寄存器变量*/
    for (i=1;i<=n;i++)                           /*循环*/
        f=f * i;                                 /*累乘*/
    return(f);                                   /*返回函数值*/
}

main()
{
    int i;                                       /*定义循环计数变量*/
    for(i=1;i<=5;i++)                            /*循环*/
        printf("%d!=%d\n",i,fact(i));            /*输出阶乘的值*/
}
```

程序运行效果如图 10.6 所示。

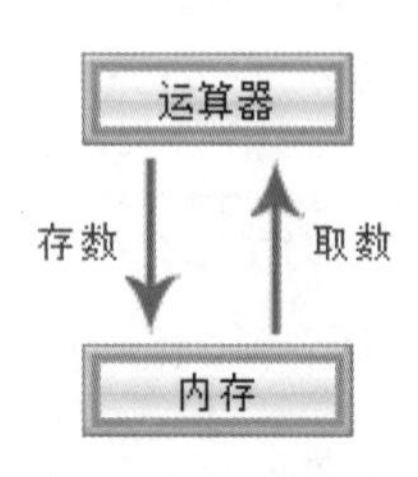

图 10.5　运算操作

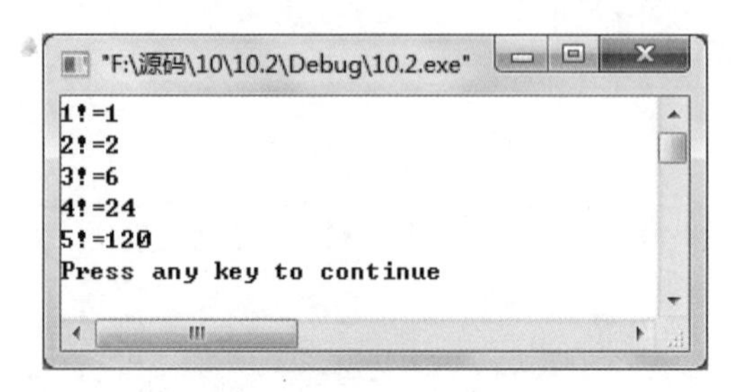

图 10.6　计算 1~5 的阶乘值

注意

（1）寄存器类型变量属于动态存储方式。只有局部变量，才能被定义为寄存器变量。静态存储类型的变量不能被定义为寄存器变量。

（2）将变量定义为寄存器类型以后，就不能对该变量使用取地址（&）的操作。因为寄存器是没有内存地址的。

（3）计算机中寄存器的数目是有限的，不能将所有的变量都定义为寄存器变量。不同的系统对寄存器变量的处理方法也是不同的，有些系统将寄存器变量当作自动变量进行处理，为其分配内存单元。

在实际的应用中 register 类型变量应用的不多，在某些编译系统中会自动地将使用频繁的变量放入到寄存器中，无须编程人员指定。

10.5　使用 extern 关键字声明外部变量

外部变量，也称全局变量，是在函数的外部定义的变量。它的作用域是从变量的定义处开始，到本程序文件的结尾处结束。外部变量可以被其作用域的所有的函数调用。在编译时，编译器将其存储在静态存储区中。

外部变量的声明形式如下：

```
extern 类型说明符 变量 1, 变量 2 …;
```

10.5.1　声明在一个文件中使用的外部变量

下面通过一个例子来介绍，声明在一个文件中的外部变量的使用。

【例 10.3】　求最小值。在程序文件的开始处定义的变量，可以被其后面的所有函数调用。（**实例位置：资源包\源码\10\10.3**）

程序代码如下：

```
#include <stdio.h>

int min(int x,int y)
{
    int z;                                          /*定义局部变量*/
    z = x < y ? x : y;                              /*获取最小值*/
    return(z);                                      /*返回最小值*/
}

main()
{
```

```
    extern int a,b;                              /*外部变量声明*/
    printf("min=%d\n",min(a,b));                 /*输出两个数的最小值*/
}

int a=3,b=5;
```

程序运行效果如图 10.7 所示。

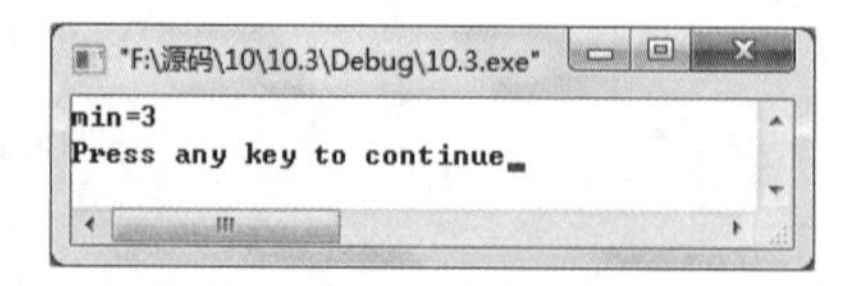

图 10.7　计算最小值

如果变量不是定义在程序文件的开始处，那么它的作用域就是从定义的位置开始，到程序文件的结束为止。如果想被在变量定义以前的函数调用，就需要在变量声明的前面添加 extern 关键字，这样声明的变量就可以被其他的外部函数所调用。

10.5.2　声明在多个文件中使用的外部变量

一般一个 C 语言的程序可以由一个或者多个源程序文件组成。如果程序中包含一个文件，则使用外部变量的时候就像前面一节中介绍的一样。如果程序中包含多个文件，又要使用外部变量，就要使用到本节介绍的内容。

下面介绍如果程序包含多个文件，如何在一个文件中定义一个变量，在其他的程序文件中可以调用。如果在一个文件中定义了一个外部变量 a，在另一个程序文件中再定义一个外部变量 a，就会产生“重复定义”的错误，正确的做法是：在一个文件中声明这个外部变量，然后在另一个文件中使用 extern 关键字对这个变量进行外部变量声明。这样在程序编译连接的时候，编译器就会知道变量 a 是一个已经定义过的外部变量，并且将外部变量 a 的作用域扩大到该文件，并且在该文件中可以合法地使用这个外部变量 a。

接下来通过一个例子来说明，如何在多个文件中使用外部变量。

【例 10.4】　计算乘幂。（**实例位置：资源包\源码\10\10.4**）

本例要实现的功能是，当用户输出两个数字 var 和 p，计算 var^p 的结果。程序中，在 File1.C 文件中声明一个外部变量 var，这个变量用于存储用户输入的基数，在 File2.C 文件中使用 extern 关键字，将其声明为在 File2.C 中可用的外部变量。

File1.C 文件中的代码如下：

```
int var;
main()
{
    int power(int n);                              /*对调用函数做声明*/
```

```
    int result,p;                                      /*定义变量*/
    /*输出文字，提示用户输入两个数，一个是基数，一个是这个基数的乘幂*/
    printf("enter the number var and its power p:\n");
    scanf("%d,%d",&var,&p);                           /*接收用户输入的数字*/
    result=power(p);                                   /*调用过程计算乘幂*/
    printf("%d ** %d = %d\n",var,p,result);           /*输出计算结果*/
    }
```

下面的代码是 File2.C 文件中的代码，在该段代码的开始处就使用 extern 关键字声明了一个外部变量 var，var 变量是在其他的文件中已经声明的变量，因此在此处声明了该变量，也并不会为它分配存储空间。声明以后，原来 var 变量的作用域是 File1.C 文件，现在扩大为 File1.C 和 File2.C 文件。

说明

如果在一个程序中存在 3 个源文件，在一个文件中声明了一个变量，在另外两个文件中都可以使用这个变量，只是在使用前需要使用 extern 关键字将这个变量声明为外部变量。在文件编译连接以后，就会变成一个可执行的目标文件。

File2.C 文件的程序代码如下：

```
extern var;                                   /*声明 var 为定义的一个外部变量*/
power(int n)                                  /*计算乘幂的函数*/
{
    int i,y=1;                                /*定义变量*/
    for(i=0;i<n;i++)                          /*循环*/
        y*=var;                               /*计算乘幂*/
    return(y);                                /*返回函数的计算结果*/
}
```

运行程序，输入两个数 2、4，计算 2^4 的值，程序运行效果如图 10.8 所示。

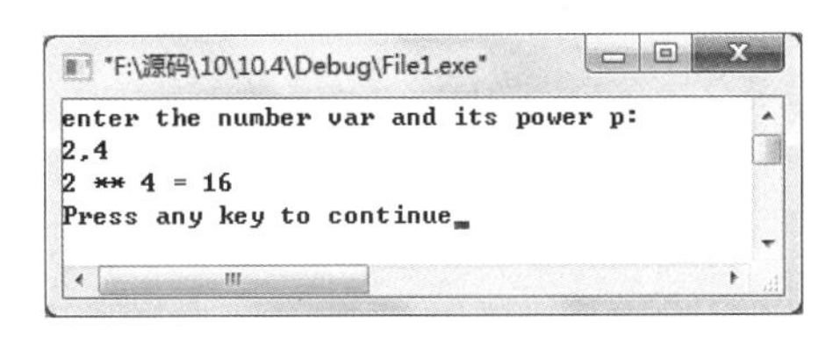

图 10.8　计算乘幂

注意

在开发程序时，一定要慎重使用多文件的外部变量，因为多文件的外部变量是在多个文件中被使用的，在某个文件的函数中被调用一次，变量的值就改变一次，这样就会影响到下一次对该变量的调用。

你问我答

如何判断 extern 声明变量的作用域？

extern 关键字声明的变量既可以将变量的作用域扩展到整个程序文件，又可以将作用域扩展到程序的多个文件中，那么编译器是如何判断变量的作用域呢？

编译器在编译程序的时候，如果遇到 extern 关键字，则首先在当前文件中查找外部变量的定义，如果找到了，就将作用域扩展到当前的文件中，如果没有找到，会在连接时在其他文件中进行查找，如果在连接时找到了该变量，就将变量的作用域扩展到这些文件中，如果找不到，就会弹出错误提示。

10.6　使用 static 关键字声明静态外部变量

在前面介绍了 extern 关键字，用于声明外部变量，被声明的变量可以被当前文件使用，也可以被其他文件中的函数使用。在实际的应用中，有时需要声明一个仅在当前文件中使用的变量，这时就不能使用 extern 关键字来实现了。

在 C 语言中，可以使用 static 关键字来声明一个仅在当前文件中的使用的变量，这个变量仅限于被当前文件中的各个函数调用，不能被其他文件中的函数所调用。例如，下面的代码：

```
File1.C                                   File2.C

static int var;                           exter int var;
main()                                    power(int n)
{                                         {
    ...                                       ...
}                                         }
```

这是前面 extern 声明多文件使用的外部变量中的代码的简化版，在上面的代码中，虽然在 File1.C 中定义了一个变量 var，但是在 File2.C 中是不能调用 File1.C 中的变量 var 的。

在声明外部变量时，像这样使用 static 关键字的变量称为静态外部变量。

注意

并不是说只有在定义外部变量的时候使用 static 关键字，该变量才会被存储到静态存储区中，如果不使用关键字 static 就会将该变量存储到动态存储区中。这两种声明方式都是将变量存储在静态存储区中，只是变量的作用域范围不一样。

视频讲解

10.7　实　　战

10.7.1　婚礼上的谎言

3 对情侣参加婚礼，3 个新郎为 a、b、c，3 个新娘为 x、y、z，有人想知道究竟谁和谁结婚，于是就问新人中的 3 位，得到如下提示：a 说他将和 x 结婚；x 说她的未婚夫是 c；c 说他将和 z 结婚。提问者事后知道他们在开玩笑，说的全是假话，那么究竟谁与谁结婚呢？运行结果如图 10.9 所示。（**实例位置：资源包\源码\10\实战\01**）

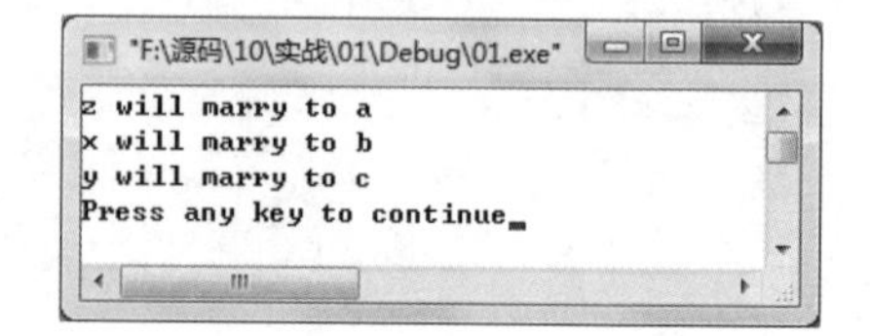

图 10.9　婚礼上的谎言

解决本实例的算法思想如下：

用 a=1 表示新郎 a 和新娘 x 结婚，相反，如果新郎 a 不与新娘 x 结婚则写成 a!=1，根据题意得到如下表达式：

a！=1　a 不与 x 结婚

c！=1　c 不与 x 结婚

c！=3　c 不与 z 结婚

另外，题中隐含的条件为：3 个新郎不能互为配偶，则有“a!=b 且 b!=c 且 a!=c”。穷举所有可能的情况，代入上述表达式进行推理运算。如果假设的情况使上述表达式的结果为真，则假设的情况就是正确的结果。

10.7.2　求新同学的年龄

班里来了一名新同学，很喜欢学数学。同学们问他年龄的时候，他和大家说：“我的年龄的平方是个三位数，立方是个四位数，四次方是个六位数。三次方和四次方正好用遍 0、1、2、3、4、5、6、7、8、9 这 10 个数字，那么大家猜猜我今年多大？”该实例的运行结果如图 10.10 所示。（**实例位置：资源包\源码\10\实战\02**）

首先考虑年龄的范围，因为 17 的四次方是 83521，小于六位，22 的三次方是 10648，大于 4 位，所以年龄的范围即大于等于 18 小于等于 21。然后对 18 到 21 之间的数进行穷举，将计算出的四位数和六位数的每位数字分别存于数组中，再对这 10 个数字进行判断，看有无重复或是否有数字未出现，最后将筛选出的结果输出即可。

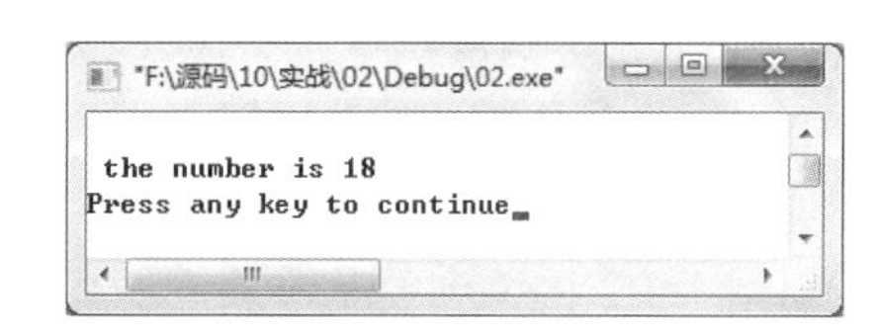

图 10.10　新同学年龄

本实例的技术要点还是在于对数组的灵活应用，即如何将四位数及六位数的每一位存入数组中，并对存入的数据做无重复的判断。

10.7.3　捕鱼和分鱼

A、B、C、D、E 这 5 个人在某天夜里合伙去捕鱼，到第二天凌晨都疲惫不堪，于是各自找地方睡觉。天亮之后，A 第一个醒来，他将鱼分成 5 份，把多余的一条鱼扔掉，拿走自己的一份。B 第二个醒来，也将鱼分为 5 份，把多余的一条扔掉，拿走自己的一份，C、D、E 依次醒来，也按同样的方法拿鱼。问他们合伙至少捕了多少条鱼？程序运行结果如图 10.11 所示。（**实例位置：资源包\源码\10\实战\03**）

根据题意，假设鱼的总数是 x，那么第一次每人分到的鱼的数量可用(x-1)/5 表示，余下的鱼数可用 4*(x-1)/5 表示，将余下的数量重新赋值给 x，依然调用(x-1)/5，如果连续 5 次 x-1 后均能被 5 整除，则说明最初的 x 值便是本题目的解。

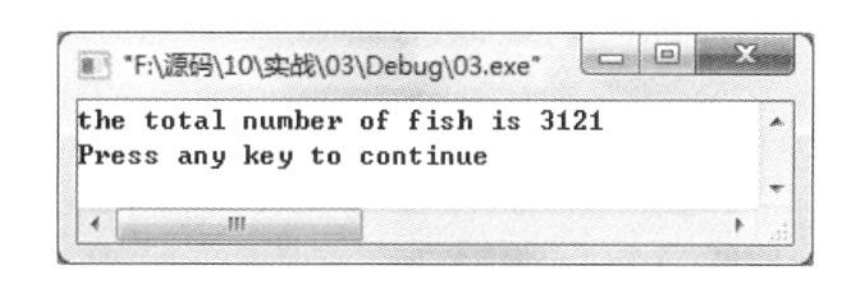

图 10.11　捕鱼和分鱼问题

10.7.4　求邮票总数

集邮爱好者把所有的邮票存放在 3 个集邮册中，在 A 册内存放全部的十分之二，在 B 册内存放全部的七分之几，在 C 册内存放 303 张邮票，问这位集邮爱好者集邮总数是多少？以及每册中各有多少

邮票？运行结果如图 10.12 所示。（**实例位置：资源包\源码\10\实战\04**）

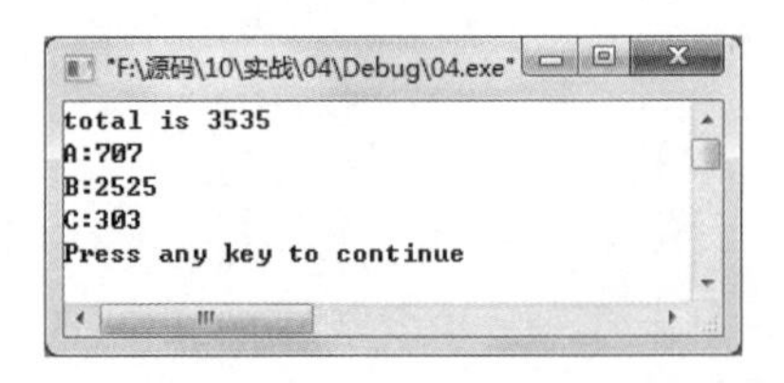

图 10.12　求总数问题

根据题意，可设邮票总数为 sum，B 册内存放全部的 x/7，则可列出：

sum=2*sum/10+x*sum/7+303

经化简可得 sum=10605/(28-5*x)。从化简的等式来看，我们可以确定出 x 的取值范围是从 1 到 5，另外，可以明确就是邮票的数量一定是整数，不可能出现小数或其他值，这就要求 x 必须要满足 10605%(28-5*x)==0 这个条件。

10.7.5　巧分苹果

一家农户以果园为生。一天，父亲推出一车苹果，共 2520 个，准备分给他的 6 个儿子。父亲先按事先写在一张纸上的数字把这堆苹果分完，每个人分到的苹果的个数都不相同。然后他说："老大，把你分到的苹果分 1/8 给老二，老二拿到后，连同原来的苹果分 1/7 给老三，老三拿到后，连同原来的苹果分 1/6 给老四，依此类推，最后老六拿到后，连同原来的苹果分 1/3 给老大，这样，你们每个人分到的苹果就一样多了。"问兄弟 6 人原先各分到多少个苹果？程序运行结果如图 10.13 所示。（**实例位置：资源包\源码\10\实战\05**）

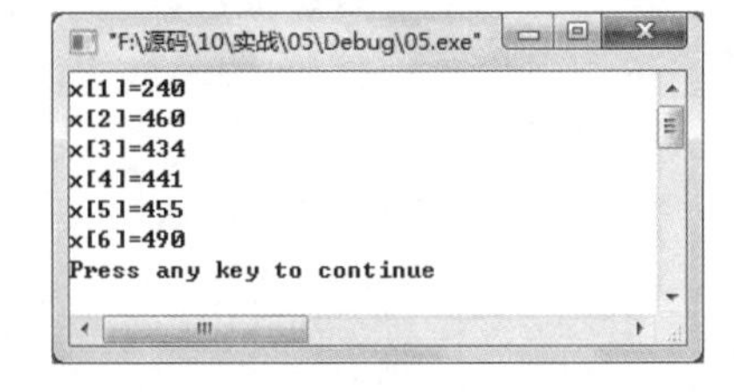

图 10.13　巧分苹果

要解决这个问题首先要分析其中的规律，这里设 xi（i=1、2、3、4、5、6）依次为 6 个兄弟原来分到的苹果数，设 yi=（2、3、4、5、6）为除老大外，其余 5 个兄弟从哥哥那里得到但还未分给弟弟时的苹果数，那么老大是个特例，为 x1=y1。因为苹果的总数是 2520，那么我们可以很容易便知道，6 个人平均每人得到的苹果数 s 应为 420，则可得到如下关系：

y2=x2+(1/8)*y1,

y2*(6/7)=s;

y3=x3+(1/7)*y2,

y3*(5/6)=s;

y4=x4+(1/6)*y3,

y4*(4/5)=s;

y5=x5+(1/5)*y4,

y5*(3/4)=s;

y6=x6+(1/4)*y5,

y6*(2/3)=s;

以上表达式求 s 都是有规律的，对于老大的求法这里单列，即 y1=x1,x1*(7/8)+y6*(1/3)=s;

根据上面分析的内容，我们利用数组便可实现巧分苹果。

第2篇

提高篇

本篇介绍了C语言中的指针，结构体的使用，共用体的综合应用，使用预处理命令，存储管理，链表在C语言中的应用，栈和队列，C语言中的位运算，文件操作技术等内容。学习完本篇，读者能够开发一些中小型应用程序。

第11章

C语言中的指针

（视频讲解：86分钟）

指针是C语言中一个重要的组成部分，是C语言的核心与精髓所在，用好了指针可以在C语言编程中起到事半功倍的效果。指针的应用一方面可以提高程序的效率和执行速度并且通过指针实现动态的存储分配；另一方面可使程序更灵活，便于表示各种数据结构，编写高质量的程序。

学习摘要：

- 了解指针的相关概念
- 掌握数组中应用指针的方法
- 熟悉指向指针的指针的用法
- 学会使用指针变量作函数参数
- 掌握返回指针值的函数的应用
- 了解指针数组作main函数参数的知识

11.1　指针相关概念

指针是 C 语言显著的优点之一，指针使用起来十分灵活而且能提高某些程序的效率，但是指针使用不当，很容易造成系统错误，往往许多程序“挂死”的大部分原因都是由于错误地使用指针。

11.1.1　地址与指针

系统的内存就像是带有编号的小房间，如果想使用内存就需要得到房间编号。定义一个整型变量 i，整型变量需要 4 个字节，所以编译器为变量 i 分配的编号为 1000~1003，如图 11.1 所示。

什么是地址？地址就是内存区中对每个字节的编号，例如图 11.1 中的 1000、1001、1002、1003 就是地址，为了进一步说明变量的存储，来看下图 11.2。

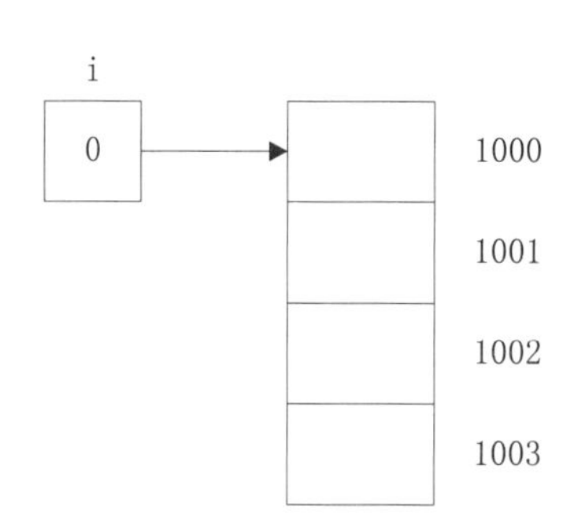

图 11.1　变量在内存中的存储

图 11.2 中的 1000、1004 等就是内存单元的地址，而 0、1 就是内存单元的内容，换种说法就是，基本整型变量 i 在内存中的地址从 1000 开始，因为基本整型占 4 个字节，所以变量 j 在内存中的起始地址从 1004 开始，变量 i 的内容是 0。

那么指针又是什么呢？这里仅将指针看作是内存中的一个地址，多数情况下，这个地址是内存中另一个变量的位置，如图 11.3 所示。

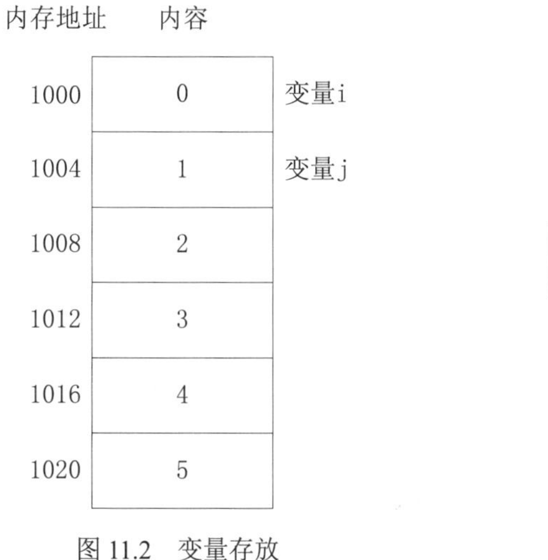

图 11.2　变量存放

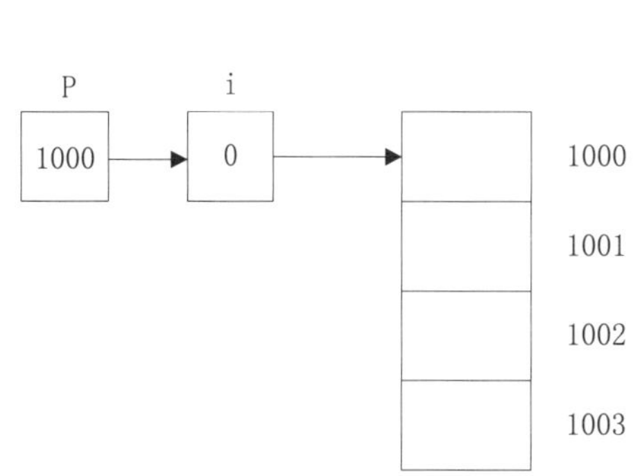

图 11.3　指针

在程序中定义了一个变量，在进行编译时就会在内存中给这个变量分配一个地址，通过访问这个地址可以找到所需的变量，这个变量的地址称为该变量的指针。图 11.3 中的地址 1000 是变量 i 的指针。

11.1.2 变量与指针

变量的地址是变量和指针这两者之间连接的纽带，如果一个变量包含了另一个变量的地址，那么，第一个变量可以说成是指向第二个变量。所谓“指向”就是通过地址来体现的。因为指针变量是指向一个变量的地址，所以将一个变量的地址值赋给这个指针变量后，这个指针变量就“指向”了该变量。例如，将变量 i 的地址存放到指针变量 p 中，p 就指向 i。其关系如图 11.4 所示。

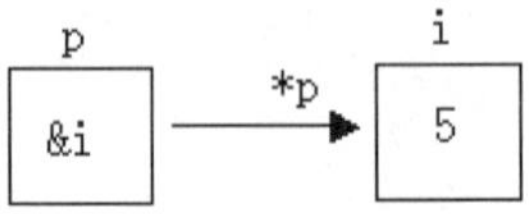

图 11.4　地址与指针

在程序代码中是通过变量名来对内存单元进行存取操作的，但是代码经过编辑后已经将变量名转换为该变量在内存中的存放地址，对变量值的存取都是通过地址进行的。例如，对图 11.1 中所示的变量 i 和变量 j 进行如下操作：

```
i+j;
```

其含义为：根据变量名与地址的对应关系，找到变量 i 的地址 1000，然后从 1000 开始读取 4 个字节数据放到 CPU 寄存器中，再找到变量 j 的地址 1004，从 1004 开始读取 4 个字节的数据放到 CPU 另一个寄存器中，通过 CPU 的加法中断计算出结果。

在低级语言的汇编语言中，都是直接通过地址来访问内存单元，而在高级语言中才使用变量名访问内存单元，但 C 语言作为高级语言却提供了通过地址来访问内存单元的方法。

11.1.3 指针变量

由于通过地址能访问指定的内存存储单元，可以说地址“指向”该内存单元。地址可以形象地称之为指针，意思是通过指针能找到内存单元。一个变量的地址称为该变量的指针。如果有一个变量专门用来存放另一个变量的地址，它就是指针变量。在 C 语言中有专门用来存放内存单元地址的变量类型，就是指针类型。下面将针对如何定义一个指针变量、如何为一个指针变量赋值及如何引用指针变量这 3 个方面来加以介绍。

（1）指针变量的一般形式

如果有一个变量专门用来存放另一个变量的地址，则它称为指针变量。图 11.4 中的 p 就是一个指针变量。如果一个变量包含有指针（指针等同于一个变量的地址），则必须对它做说明。定义指针变量的一般形式如下：

```
类型名 * 变量名;
```

其中，*表示这是一个指针变量，变量名即为定义的指针变量名，类型名表示本指针变量所指向的变量的数据类型。

（2）指针变量的赋值

指针变量同普通变量一样，使用之前不仅要定义，而且必须赋予具体的值。未经赋值的指针变量不能使用。给指针变量所赋的值与给其他变量所赋的值不同，给指针变量赋值只能赋予地址，而不能赋予任何其他数据，否则将引起错误。C 语言中提供了地址运算符&来表示变量的地址。其一般形

式如下：

```
& 变量名;
```

如&a 表示变量 a 的地址，&b 表示变量 b 的地址。给一个指针变量赋值可以有以下两种方法。

定义指针变量的同时就进行赋值：

```
int a;
int *p=&a;
```

定义指针变量之后再赋值：

```
int a;
int *p;
p=&a;
```

注意

须明确这两种赋值语句间的区别，如果在定义完指针变量之后再赋值注意不要加*。

【例 11.1】 从键盘中输入两个数，利用指针的方法将这两个数输出。（**实例位置：资源包\源码\11\11.01**）

程序运行结果如图 11.5 所示。

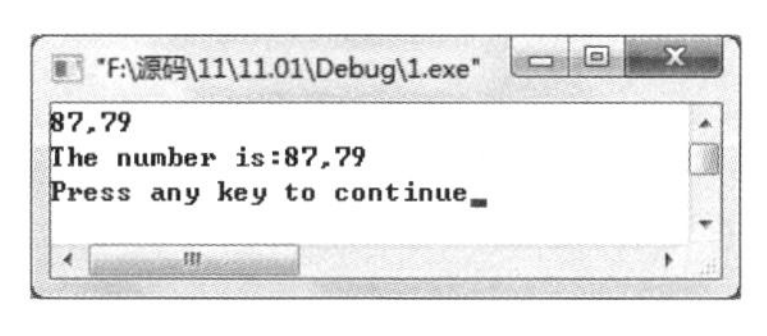

图 11.5　数据输出

实现代码如下：

```
#include<stdio.h>
main()
{
    int a, b;
    int *ipointer1,   *ipointer2;                    /*声明两个指针变量*/
    scanf("%d,%d", &a, &b);                          /*输入两个数*/
    ipointer1 = &a;
    ipointer2 = &b;                                  /*将地址赋给指针变量*/
    printf("The number is:%d,%d\n", *ipointer1, *ipointer2);
}
```

从例 11.1 会发现程序中采用的赋值方式是上面讲的第二种方法，即先定义再赋值。

这里强调一点，不允许把一个数赋予指针变量，如下：

```
int *p;
p=1002;
```

这样写是错误的。

（3）指针变量的引用

引用指针变量是对变量进行间接访问的一种形式。对指针变量的引用形式如下：

```
*指针变量
```

其含义是引用指针变量所指向的值。

【例 11.2】 利用指针变量实现数据输入、输出。（**实例位置：资源包\源码\11\11.02**）

程序运行结果如图 11.6 所示。

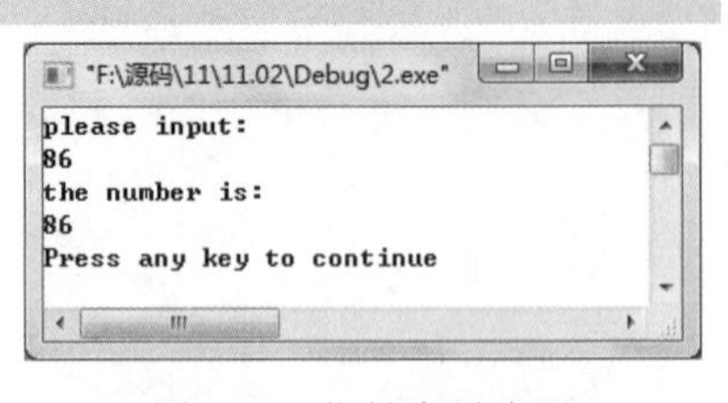

图 11.6 指针变量应用

实现代码如下：

```
#include<stdio.h>
main()
{
	int *p,q;
	printf("please input:\n");
	scanf("%d",&q);                          /*输入一个整型数据*/
	p = &q;                                  /*将变量地址赋给指针变量*/
	printf("the number is:\n");
	printf("%d\n",*p);                       /*输出变量的值*/
}
```

可将上述程序修改成如下形式：

```
#include<stdio.h>
main()
{
	int *p,q;
	p=&q;                                    /*将变量地址赋给指针变量*/
	printf("please input:\n");
	scanf("%d",p);                           /*使用指针进行输入*/
	printf("the number is:\n");
	printf("%d\n",q);                        /*使用变量进行输出*/
}
```

运行结果完全相同。

（4）“&”和“*”运算符

在前面介绍指针变量的过程中用到了两个运算符，分别是“&”和“*”。运算符“&”是一个返回操作数地址的单目运算符，叫作取地址运算符，例如：

```
p=&i;
```

就是将变量 i 的内存地址赋给 p，这个地址是该变量在计算机内部的存储位置。

运算符“*”是单目运算符，叫作指针运算符，作用是返回指定的地址内变量的值，例如，前面提到过 p 中装有变量 i 的内存地址，则：

```
q=*p;
```

就是将变量 i 的值赋给 q，假如变量 i 的值是 5，则 q 的值也是 5。

（5）“&*”和“*&”区别

如果有如下语句：

```
int a;
p=&a;
```

那么通过以上两条语句来分析下“&*”和“*&”之间的区别，“&”和“*”的运算符优先级别相同，按自右而左的方向结合。因此“&*p”先进行*运算，“*p”相当于变量 a；再进行&运算，“&*p”就相当于取变量 a 的地址。“*&a”先计算&运算符，“&a”就是取变量 a 的地址，然后计算*运算，“*&a”就相当于取变量 a 所在地址的值，实际就是变量 a。下面通过两个例子具体进行介绍。

【例 11.3】　“&*”应用。（**实例位置：资源包\源码\11\11.03**）

程序运行结果如图 11.7 所示。

实现代码如下：

```
#include<stdio.h>
main()
{
    long i;
    long *p;
    printf("please input the number:\n");
    scanf("%ld",&i);
    p=&i;
    printf("the result1 is: %ld\n",&*p);                /*输出变量 i 的地址*/
    printf("the result2 is: %ld\n",&i);                 /*输出变量 i 的地址*/
}
```

【例 11.4】　“*&”应用。（**实例位置：资源包\源码\11\11.04**）

程序运行结果如图 11.8 所示。

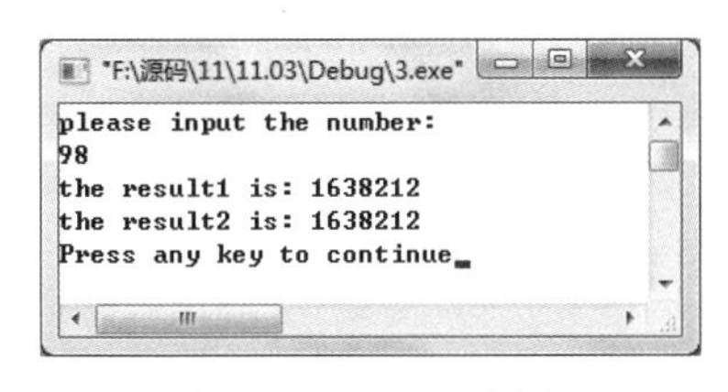

图 11.7　“&*”应用

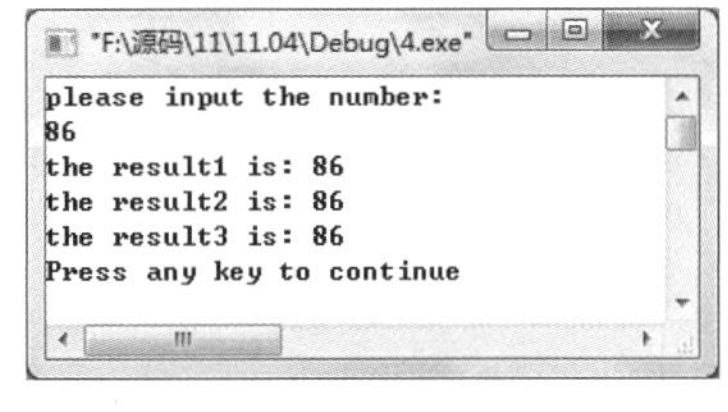

图 11.8　“*&”应用

实现代码如下：

```
#include<stdio.h>
main()
{
    long i;
    long *p;
    printf("please input the number:\n");
    scanf("%ld",&i);
    p=&i;
    printf("the result1 is: %ld\n",*&i);                /*输出变量 i 的值*/
```

```
    printf("the result2 is: %ld\n",i);                    /*输入变量 i 的值*/
    printf("the result3 is: %ld\n",*p);                   /*使用指针形式输出 i 的值*/
}
```

11.1.4　指针自加自减运算

指针的自加自减运算不同于普通变量的自加自减运算，也就是说它并不是简单的加 1 减 1，这里就通过两个例题具体分析下。

【例 11.5】　整型变量地址输出。（**实例位置：资源包\源码\11\11.05**）

程序运行结果如图 11.9 所示。

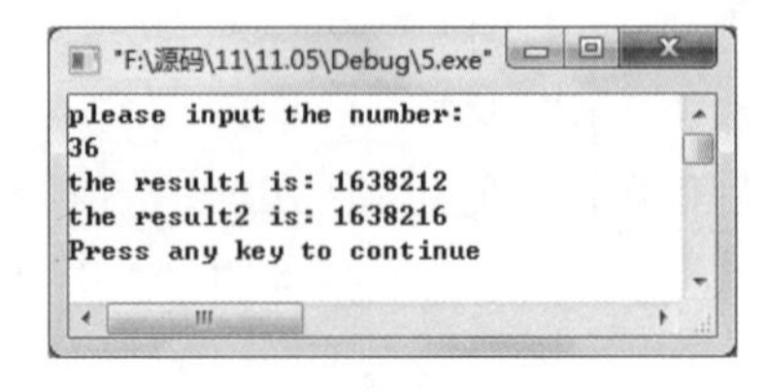

图 11.9　整型变量地址输出

实现代码如下：

```
#include<stdio.h>
main()
{
    int i;
    int *p;
    printf("please input the number:\n");
    scanf("%d",&i);
    p=&i;                                       /*将变量 i 的地址赋给指针变量*/
    printf("the result1 is: %d\n",p);
    p++;                                        /*地址加 1，这里的 1 并不代表一个字节*/
    printf("the result2 is: %d\n",p);
}
```

若将实例 11.5 改成如下形式：

```
#include<stdio.h>
main()
{
    short i;
    short *p;
    printf("please input the number:\n");
    scanf("%d",&i);
    p=&i;                                       /*将变量 i 的地址赋给指针变量*/
    printf("the result1 is: %d\n",p);
    p++;                                        /*地址加 1，这里的 1 并不代表一个字节*/
    printf("the result2 is: %d\n",p);
}
```

则程序运行结果将如图 11.10 所示。

因为基本整型变量 i 在内存中占 4 个字节，指针 p 是指向变量 i 的地址的，这里的 p++不是简单地在地址上加 1，而是指向下一个存放基本整型数的地址，图 11.9 所示的结果是因为变量 i 是基本整型，所以 p++后 p 的值增加 4（4 个字节），图 11.10 所示的结果是因为 i 被定义成了短整型，所以 p++后 p 的值增加了 2（2 个字节）。

指针都按照它所指向的数据类型的直接长度进行增或减。可以将实例 11.5 用图 11.11 来形象地表示。

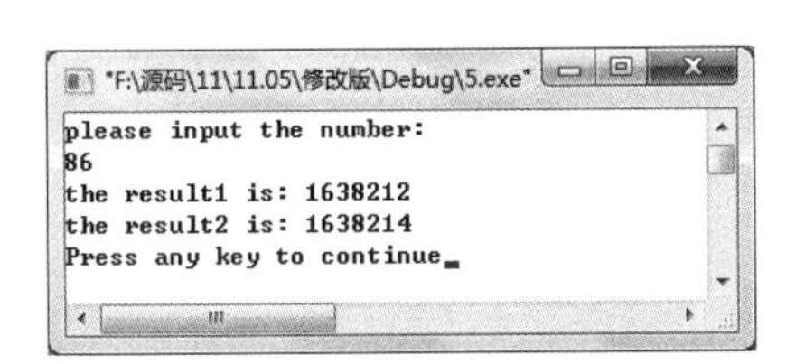

图 11.10　长整型变量地址输出

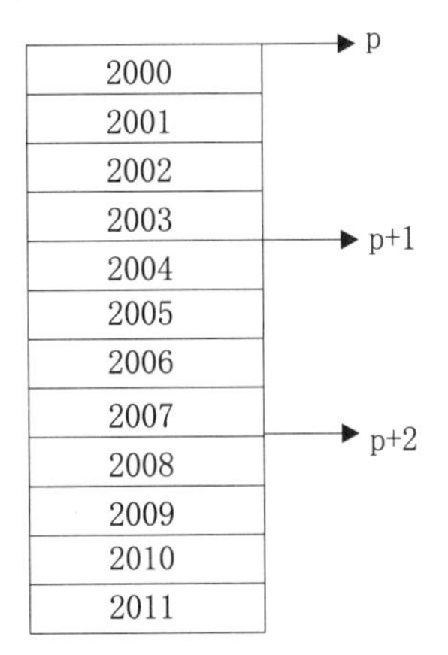

图 11.11　指向整型变量的指针

11.2　数组与指针

系统需要提供一定量连续的内存来存储数组中的各元素，内存都有地址，指针变量就是存放地址的变量，如果把数组的地址赋给指针变量，就可以通过指针变量来引用数组。下面就将介绍如何用指针来引用一维数组及二维数组元素。

11.2.1　一维数组与指针

当定义一个一维数组时，系统会在内存中为该数组分配一个存储空间，其数组的名字就是数组在内存中的首地址。若再定义一个指针变量，并将数组的首地址传给指针变量，则该指针就指向了这个一维数组。

例如：

```
int *p,a[10];
p=a;
```

这里 a 是数组名，也就是数组的首地址，将它赋给指针变量 p，也就是将数组 a 的首地址赋给 p，也可以写成如下形式：

```
int *p,a[10];
p=&a[0];
```

上面这个语句是将数组 a 中的首个元素的地址赋给指针变量 p。由于 a[0]的地址就是数组的首地址，所以两条赋值操作效果完全相同，如实例 11.6。

【例 11.6】　输出数组中的元素。（**实例位置：资源包\源码\11\11.06**）

程序运行结果如图 11.12 所示。

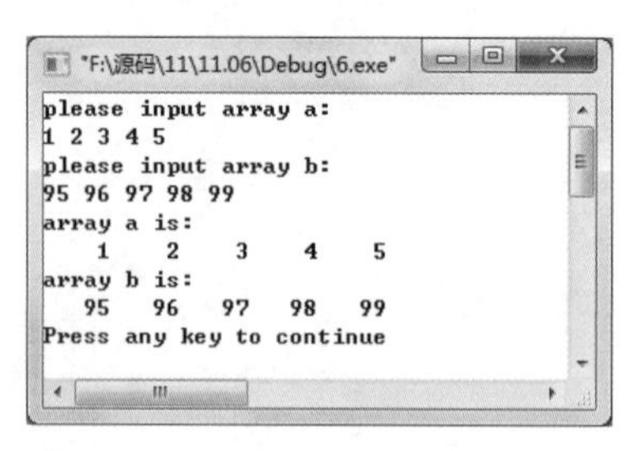

图 11.12　输出数组元素

实现代码如下：

```
#include<stdio.h>
main()
{
	int *p,*q,a[5],b[5],i;                          /*声明变量*/
	p=&a[0];                                        /*指针指向数组首地址*/
	q=b;                                            /*指针指向数组首地址*/
	printf("please input array a:\n");
	for(i=0;i<5;i++)
		scanf("%d",&a[i]);                          /*输入数组 a 元素值*/
	printf("please input array b:\n");
	for(i=0;i<5;i++)
		scanf("%d",&b[i]);                          /*输入数组 b 元素值*/
	printf("array a is:\n");
	for(i=0;i<5;i++)
		printf("%5d",*(p+i));                       /*使用指针输出数组元素值*/
	printf("\n");
	printf("array b is:\n");
	for(i=0;i<5;i++)
		printf("%5d",*(q+i));                       /*使用指针输出数组元素值*/
	printf("\n");
}
```

例 11.6 中有如下两条语句：

```
p=&a[0];
q=b;
```

这两种表示方法都是将数组首地址赋给指针变量。

那么如何通过指针的方式来引用一维数组中的元素，如果有以下语句：

```
int *p,a[5];
p=&a;
```

上面语句将通过以下几方面进行介绍：

p+n 与 a+n 表示数组元素 a[n]的地址，即&a[n]。对整个 a 数组来说，共有 5 个元素，n 的取值为 0~4，则数组元素的地址就可以表示为 p+0~p+4 或 a+0~a+4。

如何来表示数组中的元素用到了前面介绍的数组元素的地址表示方法，用*(p+n)和*(a+n)来表示数组中的各元素。

例 11.6 中的语句：

```
printf("%5d",*(p+i));
```

和语句：

```
printf("%5d",*(q+i));
```

分别表示输出数组 a 和数组 b 中对应的元素。

例 11.6 中使用指针指向一维数组及通过指针引用数组元素的过程，可以通过图 11.13 和图 11.14 来表示。

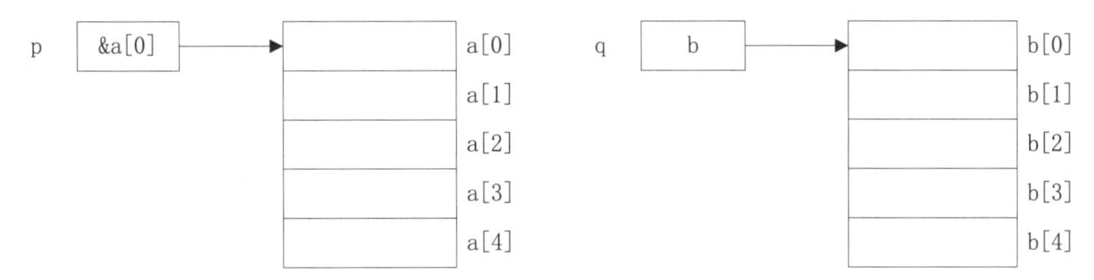

图 11.13　指针指向一维数组

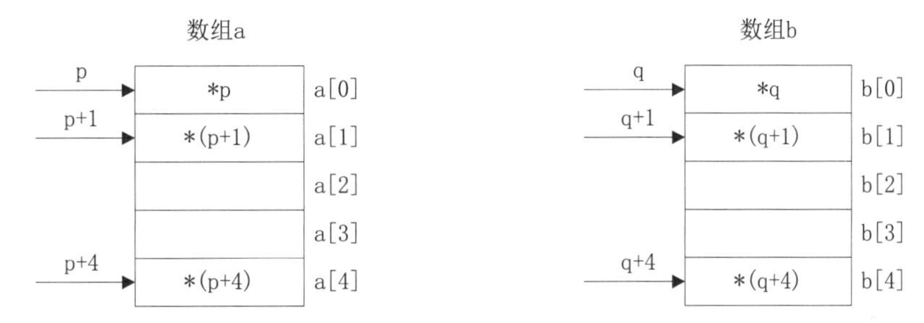

图 11.14　通过指针引用数组元素

前面提到可以用 a+n 表示数组元素的地址，*(a+n)表示数组元素，那么就可以将例 11.6 的程序代码改成如下形式：

```
#include<stdio.h>
main()
{
	int *p,*q,a[5],b[5],i;                      /*声明变量*/
	p=&a[0];                                    /*使指针指向数组首地址*/
	q=b;                                        /*使指针指向数组首地址*/
	printf("please input array a:\n");
	for(i=0;i<5;i++)
		scanf("%d",&a[i]);                      /*输入数组元素值*/
	printf("please input array b:\n");
	for(i=0;i<5;i++)
		scanf("%d",&b[i]);                      /*输入数组元素值*/
	printf("array a is:\n");
	for(i=0;i<5;i++)
		printf("%5d",*(a+i));                   /*输出数组元素值*/
	printf("\n");
```

```
    printf("array b is:\n");
    for(i=0;i<5;i++)
        printf("%5d",*(b+i));                          /*输出数组元素值*/
    printf("\n");
}
```

程序运行的结果同例 11.6 所运行的结果一样。

表示指针的移动可以使用“++”和“--”这两个运算符。利用“++”运算符可将程序改写成如下形式：

```
#include<stdio.h>
main()
{
    int *p,*q,a[5],b[5],i;                             /*声明变量*/
    p=&a[0];                                           /*使指针指向数组首地址*/
    q=b;                                               /*使指针指向数组首地址*/
    printf("please input array a:\n");
    for(i=0;i<5;i++)
        scanf("%d",&a[i]);                             /*输入数组元素值*/
    printf("please input array b:\n");
    for(i=0;i<5;i++)
        scanf("%d",&b[i]);                             /*输入数组元素值*/
    printf("array a is:\n");
    for(i=0;i<5;i++)
        printf("%5d",*p++);                            /*输出数组元素值*/
    printf("\n");
    printf("array b is:\n");
    for(i=0;i<5;i++)
        printf("%5d",*q++);                            /*输出数组元素值*/
    printf("\n");
}
```

还可将上面程序再进一步进行改写，运行结果依旧同例 11.6 的运行结果相同，改写后的程序代码如下：

```
#include<stdio.h>
main()
{
    int *p,*q,a[5],b[5],i;                             /*声明变量*/
    p=&a[0];                                           /*使指针指向数组首地址*/
    q=b;                                               /*使指针指向数组首地址*/
    printf("please input array a:\n");
    for(i=0;i<5;i++)
        scanf("%d",p++);                               /*使用指针输入数组元素值*/
    printf("please input array b:\n");
    for(i=0;i<5;i++)
        scanf("%d",q++);                               /*使用指针输入数组元素值*/
    p=a;                                               /*重新使指针指向数组首地址*/
    q=b;                                               /*重新使指针指向数组首地址*/
    printf("array a is:\n");
```

```
    for(i=0;i<5;i++)
        printf("%5d",*p++);                          /*输出数组元素值*/
    printf("\n");
    printf("array b is:\n");
    for(i=0;i<5;i++)
        printf("%5d",*q++);                          /*输出数组元素值*/
    printf("\n");
}
```

比较上面两个程序会发现，如果在给数组元素赋值时使用了如下语句：

```
printf("please input array a:\n");
    for(i=0;i<5;i++)
        scanf("%d",p++);
    printf("please input array b:\n");
    for(i=0;i<5;i++)
        scanf("%d",q++);
```

而且在输出数组元素时需要使用指针变量，则需加上如下语句；

```
p=a;
q=b;
```

这两个语句的作用是，将指针变量 p 和指针变量 q 重新指向数组 a 和数组 b 在内存中的起始位置。若没有该语句，而直接使用*p++的方法进行输出，则此时将会产生错误。

11.2.2　二维数组与指针

定义一个 3 行 5 列的二维数组，其在内存中的存储形式如图 11.15 所示。

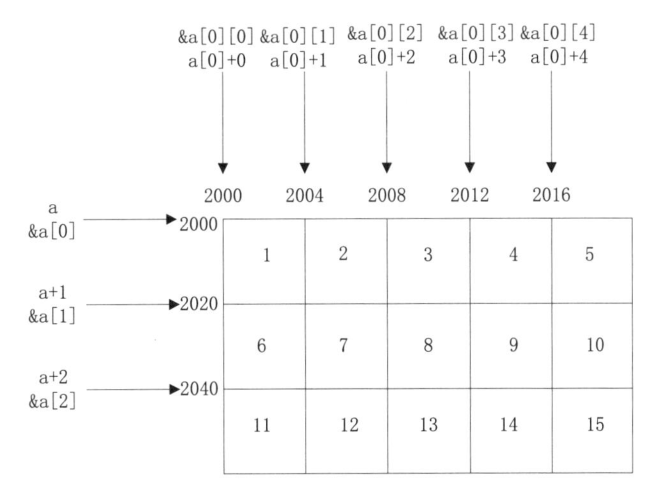

图 11.15　二维数组

从图 11.15 中可以看到几种表示二维数组中元素地址的方法，下面逐一进行介绍。

☑　&a[0][0]既可以看作是数组 0 行 0 列的首地址，同样还可以看作是二维数组的首地址。

☑ &a[m][n]就是第 m 行 n 列元素的地址。

☑ a[0]+n 表示第 0 行第 n 个元素地址。

【例 11.7】 利用指针对二维数组进行输入/输出。（**实例位置：资源包\源码\11\11.07**）

程序运行结果如图 11.16 所示。

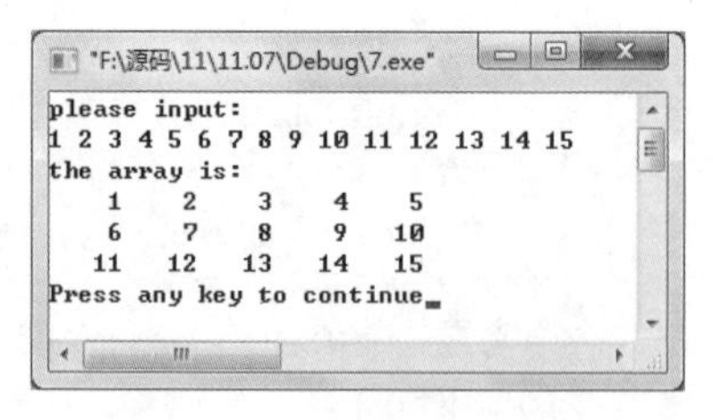

图 11.16 二维数组输入/输出

实现代码如下：

```
#include<stdio.h>
main()
{
	int a[3][5],i,j;
	printf("please input:\n");
	for(i=0;i<3;i++)							/*控制二维数组的行数*/
	{
		for(j=0;j<5;j++)						/*控制二维数组的列数*/
		{
			scanf("%d",a[i]+j);					/*给二维数组元素赋初值*/
		}
	}
	printf("the array is:\n");
	for(i=0;i<3;i++)
	{
		for(j=0;j<5;j++)
		{
			printf("%5d",*(a[i]+j));				/*输出数组中元素*/
		}
		printf("\n");
	}
}
```

在运行结果依然相同的前提下，还可将程序改写成下面这个形式：

```
#include<stdio.h>
main()
{
	int a[3][5],i,j,*p;
	p=a[0];
	printf("please input:\n");
	for(i=0;i<3;i++)							/*控制二维数组的行数*/
	{
		for(j=0;j<5;j++)						/*控制二维数组的列数*/
		{
			scanf("%d",p++);					/*为二维数组中的元素赋值*/
		}
	}
	p=a[0];									/*p 为第一个元素的地址*/
	printf("the array is:\n");
	for(i=0;i<3;i++)
	{
```

```
        for(j=0;j<5;j++)
        {
            printf("%5d",*p++);                    /*输出二维数组中的元素*/
        }
        printf("\n");
    }
}
```

&a[0]是第 0 行的首地址，当然&a[n]就是第 n 行的首地址。

前面讲过了如何利用指针来引用一维数组，这里在一维数组的基础上来介绍一下，如何通过指针来引用一个二维数组中的元素：

((a+n)+m)表示第 n 行第 m 列元素。

*(a[n]+m)表示第 n 行第 m 列元素。

技巧

利用指针引用二维数组关键要记住*(a+i)与 a[i]是等价的。

11.2.3　字符串与指针

访问一个字符串可以通过两种方式：第一种方式就是前面讲过的使用字符数组来存放一个字符串，从而实现对字符串的操作；另一种方法就是下面将要介绍到的使用字符指针指向一个字符串，此时可不定义数组。

【例 11.8】　字符型指针应用。（**实例位置：资源包\源码\11\11.08**）

程序运行结果如图 11.17 所示。

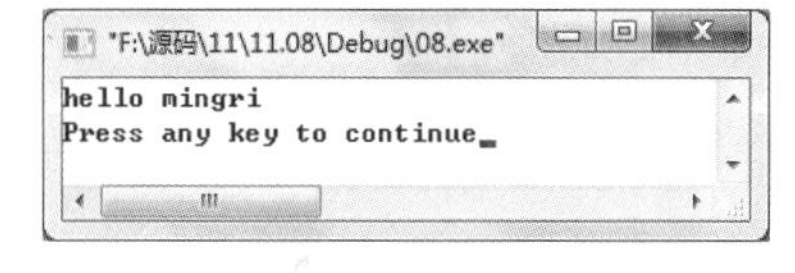

图 11.17　字符型指针

实现代码如下：

```
#include<stdio.h>
main()
{
    char *string="hello mingri";
    printf("%s\n",string);                    /*输出字符串*/
}
```

例 11.8 中定义了字符型指针变量 string，用字符串常量“hello mingri”为其赋初值，注意这里并不是把“hello mingri”这些字符存放到 string 中，只是把这个字符串中的第一个字符的地址赋给指针变量 string，如图 11.18 所示。

语句：

```
char *string="hello mingri";
```

等价于下面两个语句：

```
char *string;
string="hello mingri";
```

【例 11.9】 声明两个字符数组，将 str1 中的字符串复制到 str2 中。（**实例位置：资源包\源码\11\11.09**）

程序运行结果如图 11.19 所示。

实现代码如下：

```
#include<stdio.h>
main()
{
	char str1[]="you are beautiful",str2[30],*p1,*p2;
	p1=str1;
	p2=str2;
	while(*p1!='\0')
	{
		*p2=*p1;
		p1++;                                    /*指针移动*/
		p2++;
	}
	*p2='\0';                                    /*在字符串的末尾加结束符*/
	printf("Now the string2 is:\n");
	puts(str1);                                  /*输出字符串*/
}
```

例 11.9 中定义了两个指向字符型数据的指针变量。首先让 p1 和 p2 分别指向字符串 a 和字符串 b 的第一个字符的地址。将 p1 所指向的内容赋给 p2 所指向的元素，然后 p1 和 p2 分别加 1，指向下一个元素，直到*p1 的值为'\0'为止。这里有一点要注意，就是 p1 和 p2 的值是同步变化的，如图 11.20 所示，当 p1 处在 p11 的位置，那么 p2 就处在 p21 的位置，当 p1 处在 p12 的位置，那么 p2 就处在 p22 的位置。

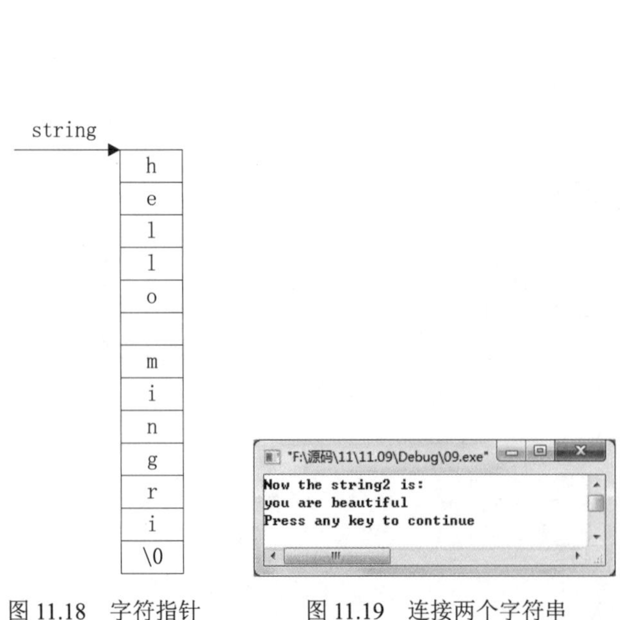

图 11.18　字符指针　　图 11.19　连接两个字符串

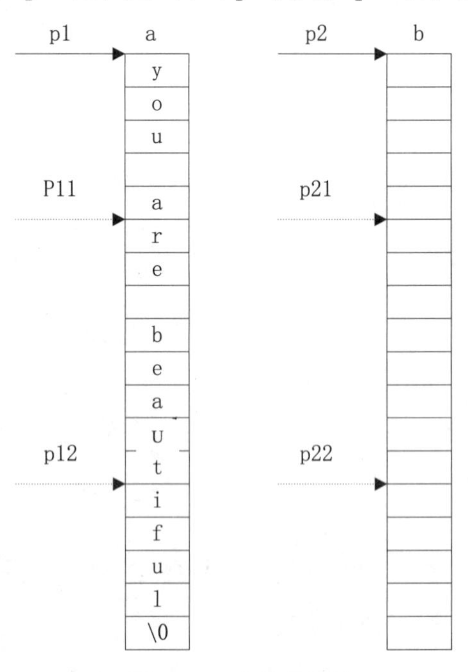

图 11.20　字符串复制

11.2.4　字符串数组与指针

前面讲过了字符数组，这里提到的字符串数组有别于字符数组，字符数组是一个一维数组，而字符串数组是以字符串作为数组元素的数组，可以将其看成一个二维字符数组。下面定义一个简单的字符串数组：

```
char country[5][20]=
{
    "China",
    "Japan",
    "Russia",
    "Germany",
    "Switzerland"
}
```

字符型数组变量 country 被定义为含有 5 个字符串的数组，每个字符串的长度要小于 20（这里要考虑字符串最后的“\0”）。

通过观察上面定义的字符串数组，会发现像 China 和 Japan 这样的字符串其长度仅为 5，加上字符串结束符也仅为 6，而内存中却要给它们分别分配一个 20 字节的空间，这样就会造成资源浪费。为了解决这个问题，可以使用指针数组，每个指针指向所需要的字符常量，这种方法虽然需要在数组中保存字符指针，同样也占用空间，但要远少于字符串数组需要的空间。

那么什么是指针数组？一个数组，其元素均为指针类型数据，称为指针数组，也就是说，指针数组中的每一个元素都相当于一个指针变量。一维指针数组的定义形式如下：

```
类型名 数组名[数组长度];
```

【例 11.10】 使用字符串数组输出 12 个月。（**实例位置：资源包\源码\11\11.10**）

程序运行结果如图 11.21 所示。

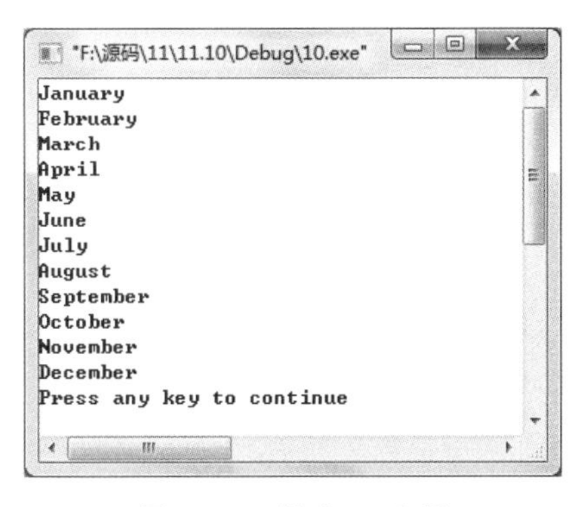

图 11.21　输出 12 个月

实现代码如下：

```
#include<stdio.h>
main()
```

```
{
    int i;
    char *month[]=
    {
            "January",
            "February",
            "March",
            "April",
            "May",
            "June",
            "July",
            "August",
            "September",
            "October",
            "November",
            "December"
    };                                    /*给指针数组中的元素赋初值*/
    for(i=0;i<12;i++)
        printf("%s\n",month[i]);          /*输出指针数组中的各元素*/
}
```

11.3 指向指针的指针

一个指针变量可以指向整型变量、实型变量、字符类型变量，当然也可以指向指针类型变量。当这种指针变量用于指向指针类型变量时，则称之为指向指针的指针变量。这种双重指针如图 11.22 所示。

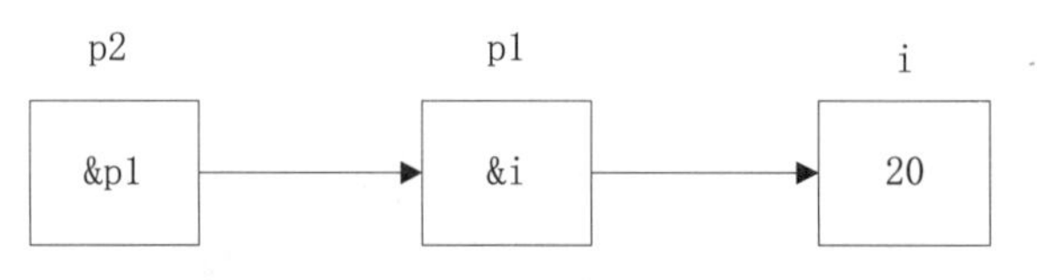

图 11.22 指向指针的指针（一）

整型变量 i 地址是&i，其值传递给指针变量 p1，则 p1 指向 i，同时，将 p1 的地址&p1 传递给 p2，则 p2 指向 p1。这里的 p2 就是前面讲到的指向指针变量的指针变量，即指针的指针。指向指针的指针变量定义如下：

```
类型标识符 **指针变量名;
```

例如：

```
int * *p;
```

其含义为定义一个指针变量 p，它指向另一个指针变量，该指针变量又指向一个基本整型变量。由于指针运算符*是自右至左结合，所以上述定义相当于：

```
int *(*p);
```

既然知道了如何定义指向指针的指针，那么可以将图 11.22 用图 11.23 更形象地表示出来。下面看一下指向指针变量的指针变量在程序中是如何应用的。

【例 11.11】　使用指向指针的指针输出 12 个月。（**实例位置：资源包\源码\11\11.11**）

程序运行结果如图 11.24 所示。

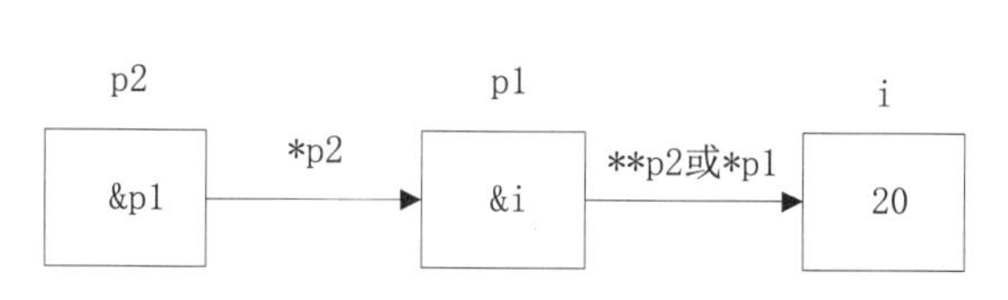

图 11.23　指向指针的指针（二）

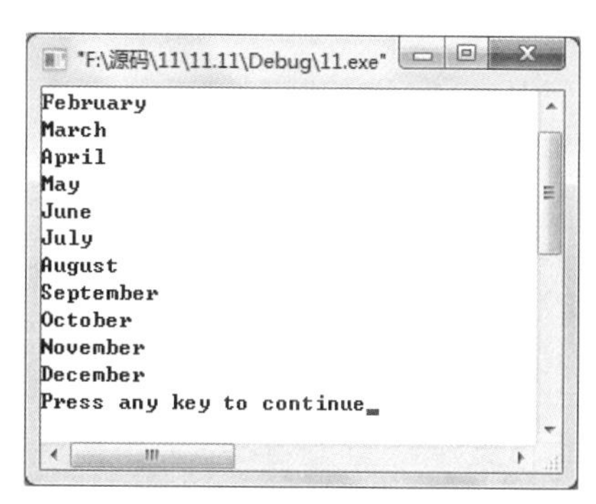

图 11.24　输出 12 个月

实现代码如下：

```
#include<stdio.h>
main()
{
	int i;
	char **p;                                               /*指向指针的指针*/
	char *month[]=
	{
			"January",
			"February",
			"March",
			"April",
			"May",
			"June",
			"July",
			"August",
			"September",
			"October",
			"November",
			"December"
	};                                                      /*给指针数组中的元素赋初值*/
	for(i=0;i<12;i++)
	{
		p=month+i;                                          /*获取指针位置*/
		printf("%s\n",*p);                                  /*输出指针数组中的各元素*/
	}
}
```

【例 11.12】　利用指向指针的指针输出一维数组中是偶数的元素，并统计偶数的个数。（**实例位置：资源包\源码\11\11.12**）

程序运行结果如图 11.25 所示。

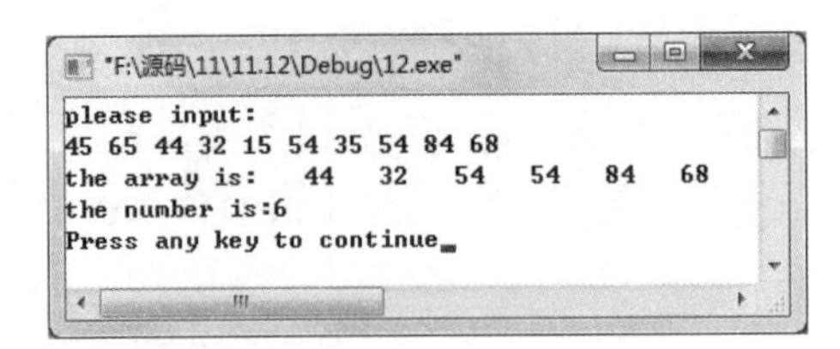

图 11.25　输出偶数

实现代码如下：

```
#include<stdio.h>
main()
{
    int a[10],*p1,**p2,i,n=0;                         /*定义数组、指针、变量等为基本整型*/
    printf("please input:\n");
    for(i=0;i<10;i++)
        scanf("%d",&a[i]);                            /*给数组 a 中各元素赋值*/
    p1=a;                                             /*将数组 a 的首地址赋给 p1*/
    p2=&p1;                                           /*将指针 p1 的地址赋给 p2*/
    printf("the array is:");
    for(i=0;i<10;i++)
    {
        if(*(*p2+i)%2==0)
        {
            printf("%5d",*(*p2+i));                   /*输出数组中的元素*/
            n++;
        }
    }
    printf("\n");
    printf("the number is:%d\n",n);
}
```

该程序中将数组 a 的首地址赋给指针变量 p1，又将指针变量 p1 的地址赋给 p2，要通过这个双重指针变量 p2 访问数组中的元素，就要一层层地来分析。首先看*p2 的含义，*p2 指向的是指针变量 p1 所存放的内容，即数组 a 的首地址，要想取出数组 a 中的元素，就必须在*p2 前面再加一个指针运算符*。

根据前面讲过的指针的用法，还可将程序改写成如下形式：

```
#include<stdio.h>
main()
{
    int a[10],*p1,**p2,n=0;                           /*定义数组、指针等为基本整型*/
    printf("please input:\n");
    for(p1=a;p1-a<10;p1++)                            /*指针 p 从 a 的首地址开始变化*/
    {
        p2=&p1;                                       /*将指针 p1 的地址赋给 p2*/
        scanf("%d",*p2);                              /*通过指针变量给数组元素赋初值*/
    }
    printf("the array is:");
```

```
	for(p1=a;p1-a<10;p1++)
	{
		p2=&p1;                                     /*将 p1 地址赋给 p2*/
		if(**p2%2==0)
		{
			printf("%5d",**p2);                     /*将数组中的元素输出*/
			n++;
		}
	}
	printf("\n");
	printf("the number is:%d\n",n);
}
```

11.4　指针变量作函数参数

通过前面的学习可以知道整型变量、实型变量、字符型变量、数组名和数组元素等均可作为函数参数。此外，指针型变量也可以作为函数参数，本节会具体介绍。

首先通过例 11.13 来看如何使用指针变量来作函数参数。

【例 11.13】　调用自定义函数交换两变量值。(**实例位置：资源包\源码\11\11.15**)

程序运行结果如图 11.26 所示。

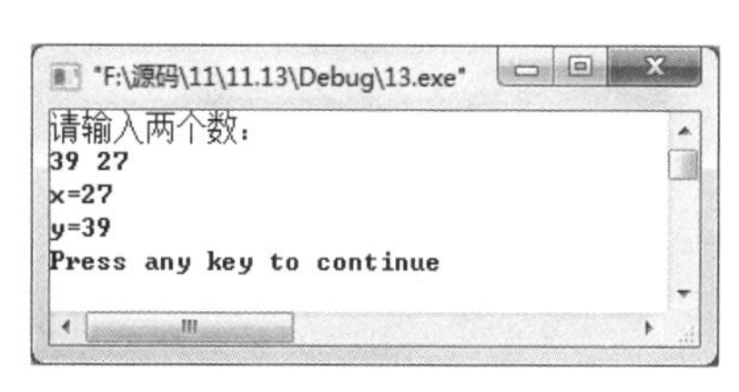

图 11.26　交换两个数

实现代码如下：

```
#include <stdio.h>
void swap(int *a,int *b)                            /*定义交换两变量值的自定义函数*/
{
	int tmp;                                        /*声明变量*/
	tmp=*a;                                         /*将指针指向的值赋给变量*/
	*a=*b;                                          /*改变指针指向的变量值*/
	*b=tmp;                                         /*改变指针指向的变量值*/

}
main()
{
	int x,y;                                        /*声明变量*/
	int *p_x,*p_y;                                  /*声明指针变量*/
	printf("请输入两个数：\n");
	scanf("%d",&x);                                 /*输入一个数给变量*/
	scanf("%d",&y);
	p_x=&x;                                         /*将变量地址保存到指针*/
	p_y=&y;
	swap(p_x,p_y);                                  /*实现交换*/
	printf("x=%d\n",x);                             /*输出结果*/
```

```
    printf("y=%d\n",y);
}
```

swap 函数是用户自定义函数，在 main 函数中调用该函数交换变量 a 和 b 的值，swap 函数的两个形参被传入了两个地址值，也就是传入了两个指针变量，在 swap 函数的函数体内使用整型变量 tmp 作为中间变量，将两个指针变量所指向的数值进行交换。在 main 函数内首先获取输入的两个数值，分别传递给变量 x 和 y，调用 swap 函数将变量 x 和 y 的数值互换。

如果将上面程序改成如下形式：

```
#include <stdio.h>
void swap(int a,int b)
{
    int tmp;                                    /*声明变量*/
    tmp=a;                                      /*交换变量值*/
    a=b;
    b=tmp;

}
void main()
{
    int x,y;
    printf("请输入两个数：\n");
    scanf("%d",&x);                             /*输入值到变量*/
    scanf("%d",&y);
        swap(x,y);
    printf("x=%d\n",x);                         /*输出结果*/
    printf("y=%d\n",y);
}
```

程序运行结果如图 11.27 所示。

程序并没有交换 x 和 y 的值，这涉及值传递概念。

在函数调用过程中，主调用函数与被调用函数之间有一个数值传递过程。

函数调用中发生的数据传递是单向的，只能把实参的值传递给形参，在函数调用过程中，形参的值发生改变，实参的值不会发生变化，所以上面的这段代码同样不能实现 x 和 y 值的互换。

通过指针传递参数可以减少值传递带来的开销，也可以使函数调用不产生值传递。

下面来看下嵌套的函数调用是如何使用指针变量作函数参数的。

【例 11.14】　嵌套的函数调用。（**实例位置：资源包\源码\11\11.14**）

程序运行结果如图 11.28 所示。

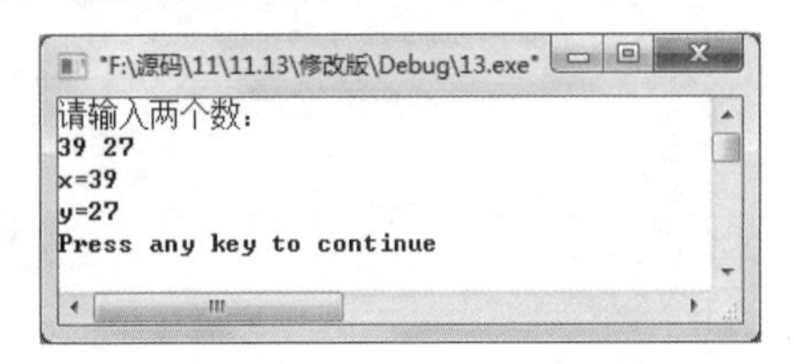

图 11.27　数值未实现交换

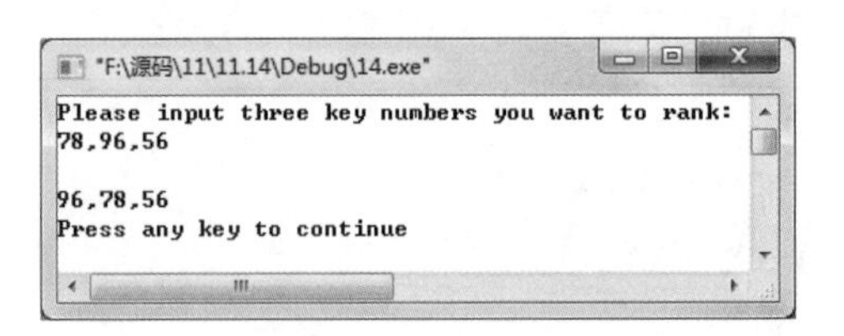

图 11.28　嵌套的函数调用

实现代码如下：

```
#include<stdio.h>
void swap(int *p1, int *p2)                               /*自定义交换函数*/
{
    int temp;
    temp =  *p1;
    *p1 =  *p2;
    *p2 = temp;
}
void exchange(int *pt1, int *pt2, int *pt3)               /*3 个数由大到小排序*/
{
    if (*pt1 <  *pt2)
        swap(pt1, pt2);                                   /*调用 swap 函数*/
    if (*pt1 <  *pt3)
        swap(pt1, pt3);
    if (*pt2 <  *pt3)
        swap(pt2, pt3);
}
main()
{
    int a, b, c,  *q1,  *q2,  *q3;
    puts("Please input three key numbers you want to rank:");
    scanf("%d,%d,%d", &a, &b, &c);
    q1 = &a;                                              /*将变量 a 地址赋给指针变量 q1*/
    q2 = &b;
    q3 = &c;
    exchange(q1, q2, q3);                                 /*调用 exchange 函数*/
    printf("\n%d,%d,%d\n", a, b, c);
}
```

本程序创建了一个自定义函数 swap，用于实现交换两个变量的值。本程序还创建了一个函数 exchange，exchange 函数的作用是将 3 个数由大到小排序，在 exchange 函数中还调用了前面自定义的 swap 函数，这里的 swap 函数和 exchange 函数都是以指针变量作为形参。程序运行时，从键盘中输入 3 个数 a、b、c，分别将 a、b、c 的地址赋给 q1、q2、q3，调用 exchange 函数，将指针变量作为实参，将实参变量的值传递给形参变量，此时 q1 和 pt1 都指向变量 a，q2 和 pt2 都指向变量 b，q3 和 pt3 都指向变量 c，在 exchange 函数中又调用了 swap 函数，当执行 swap(pt1,pt2)时，pt1 也指向了变量 a，pt2 指向了变量 b，这一过程如图 11.29 所示。

C 语言中实参变量和形参变量之间的数据传递是单向的“值传递”方式。指针变量作函数参数也是如此，调用函数不可以改变实参指针变量的值，但可以改变实参指针变量所指变量的值。

前面介绍过了指向数组的指针变量的定义和使用方法，这里介绍使用指向数组的指针变量作函数参数。

下面的实例中，函数的形式参数和实际参数均为指针变量。

【例 11.15】 任意输入 10 个数据，先将这 10 个数据中是奇数的数据输出，再求这 10 个数据中所有奇数之和。（**实例位置：资源包\源码\11\11.15**）

程序运行结果如图 11.30 所示。

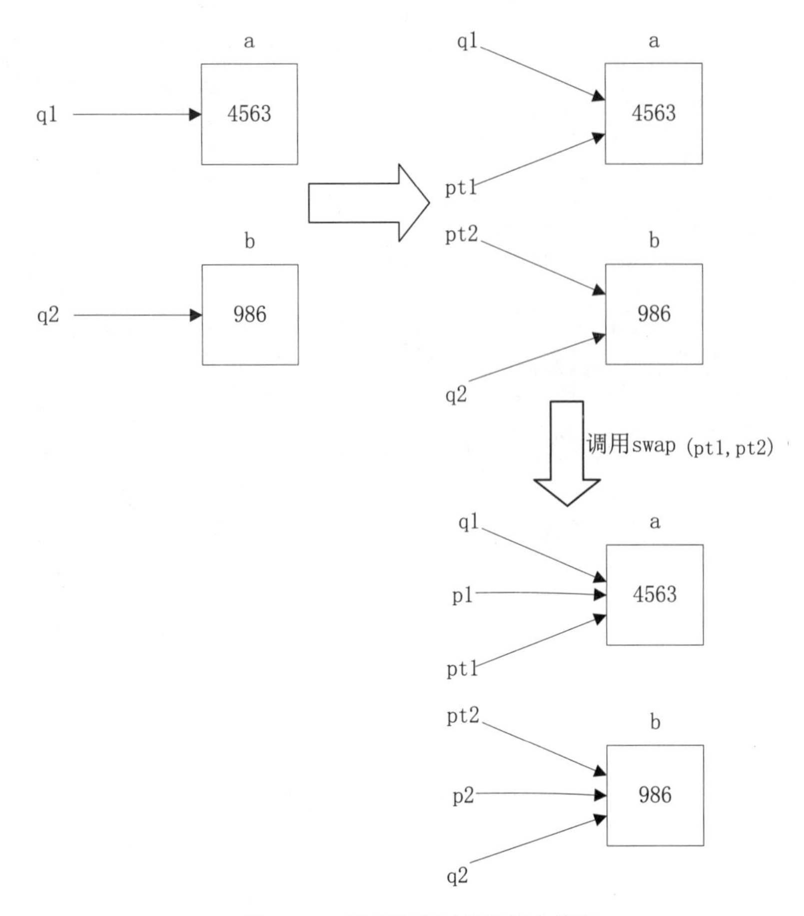

图 11.29　嵌套调用时指针指向情况

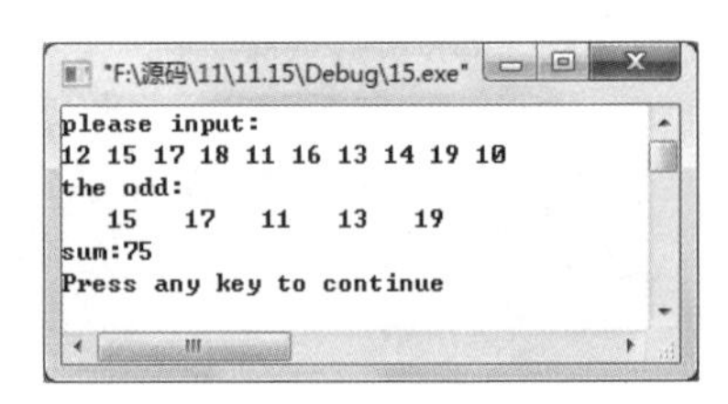

图 11.30　输出奇数

实现代码如下：

```
#include<stdio.h>
void SUM(int *p,int n)                                  /*自定义函数 SUM 查找数组中的奇数并求和*/
{
    int i,sum=0;
    printf("the odd:\n");
    for(i=0;i<n;i++)
        if(*(p+i)%2!=0)                                 /*判断数组中的元素是否为奇数*/
        {
            printf("%5d",*(p+i));
            sum=sum+*(p+i);                             /*累加*/
        }
        printf("\n");
        printf("sum:%d\n",sum);                         /*输出结果*/
}
main()
{
    int *pointer,a[10],i;                               /*定义变量*/
    pointer=a;                                          /*指针指向数组首地址*/
```

```
    printf("please input:\n");
    for(i=0;i<10;i++)
        scanf("%d",&a[i]);                              /*输入元素值*/
    SUM(pointer,10);                                    /*调用 SUM 函数*/
}
```

在自定义函数 SUM 中使用了指针变量作形式参数，在主函数中实际参数 pointer 是一个指向一维数组 a 的指针，虚实结合，被调用函数 SUM 中的形式参数 p 得到 pointer 的值，指向了内存中存放的一维数组。

前面的例子是用一个指向数组的指针变量作函数参数，在 11.3 节介绍过指向指针的指针，这里就来通过一个例子看下如何用指向指针的指针作函数参数。

【例 11.16】　编程实现按字母顺序对英文的 12 个月份进行排序。（**实例位置：资源包\源码\11\11.16**）

程序运行结果如图 11.31 所示。

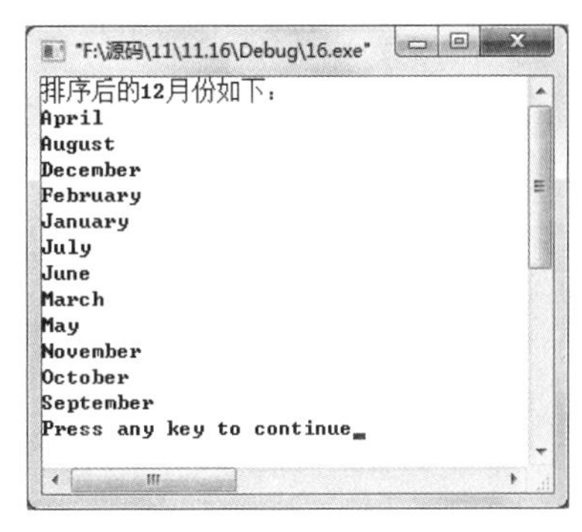

图 11.31　字符串排序

实现代码如下：

```
#include <stdio.h>
#include <string.h>
sort(char *strings[], int n)                            /*自定义排序函数*/
{
    char *temp;
    int i, j;
    for (i = 0; i < n; i++)
    {
        for (j = i + 1; j < n; j++)
        {
            if (strcmp(strings[i], strings[j]) > 0)     /*比较两个字符串的大小*/
            {
                temp = strings[i];
                strings[i] = strings[j];
                strings[j] = temp;                      /*如果前面字符串比后面的大，则互换*/
            }
        }
    }
}
main()
{
    int n = 12;
    int i;
    char **p;                                           /*定义字符型指向指针的指针*/
    char *month[] =
    {
            "January",
            "February",
```

```
                "March",
                "April",
                "May",
                "June",
                "July",
                "August",
                "September",
                "October",
                "November",
                "December"

    };
    p = month;
    sort(p, n);                                          /*调用排序函数*/
    printf("排序后的 12 月份如下：\n");
    for (i = 0; i < n; i++)
        printf("%s\n", month[i]);                        /*输出排序后的字符串*/
}
```

11.5　返回指针值的函数

指针变量也可以指向一个函数。一个函数在编译时被分配给一个入口地址。这个函数入口地址就称为函数的指针。可以用一个指针变量指向函数，然后通过该指针变量调用此函数。

一个函数可以带回一个整型值、字符值、实型值等，也可以带回指针型的数据，即地址。其概念与以前类似，只是带回的值的类型是指针类型而已。返回指针值的函数简称为指针函数。

定义指针函数的一般形式如下：

```
类型名 *函数名(参数表列);
```

例如：

```
int *fun(int x,int y)
```

fun 是函数名，调用它以后能得到一个指向整型数据的指针。x 和 y 是函数 fun 的形式参数，这两个参数也均为基本整型。这个函数的函数名前面有一个*，表示此函数是指针型函数，类型名是 int，表示返回的指针指向整型变量。

【例 11.17】　使用返回指针的函数计算长方形的周长。（**实例位置：资源包\源码\11\11.17**）

程序运行结果如图 11.32 所示。

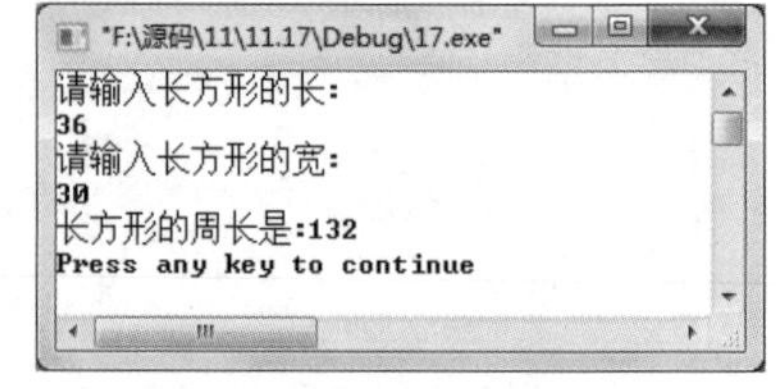

图 11.32　求长方形周长

实现代码如下：

```
#include <stdio.h>
int per(int a,int b);
```

```
void main()
{
    int iWidth,iLength,iResult;                          /*声明变量*/
    printf("请输入长方形的长:\n");
    scanf("%d",&iLength);                                /*输入长度值*/
    printf("请输入长方形的宽:\n");
    scanf("%d",&iWidth);                                 /*输入宽度值*/
    iResult=per(iWidth,iLength);                         /*计算周长*/
    printf("长方形的周长是:");
    printf("%d\n",iResult);
}

int per(int a,int b)                                     /*计算周长的自定义函数*/
{
    return (a+b)*2;                                      /*计算周长*/
}
```

例 11.17 中用前面讲过的方式自定义了一个函数 per，用来求长方形的周长，下面就来看下在例 11.17 的基础上如何使用返回值为指针的函数。

```
#include <stdio.h>
int *per(int a,int b);                                   /*声明指针函数*/
int Perimeter;                                           /*声明全局变量*/
void main()
{
    int iWidth,iLength;
    int *iResult;
    printf("请输入长方形的长:\n");
    scanf("%d",&iLength);
    printf("请输入长方形的宽:\n");
    scanf("%d",&iWidth);
    iResult=per(iWidth,iLength);
    printf("长方形的周长是:");
    printf("%d\n",*iResult);
}

int *per(int a,int b)
{
    int *p;
    p=&Perimeter;
    Perimeter=(a+b)*2;
    return p;
}
```

程序中自定义了一个返回指针值的函数：

```
int * per(int a,int b)
```

将指向存放着所求的长方形周长的变量的指针变量返回。注意这个程序本身并不需要写成这种形式，因为对这种问题像上面这样编写出的程序并不简便，这里这样写只是起到讲解的作用。

视频讲解

11.6 指针数组作 main 函数的参数

在前面讲过的程序中，几乎都会出现 main 函数，main 函数称为主函数，是所有程序运行的入口。main 函数是由系统调用的，当处于操作命令状态下，输入 main 所在的文件名，系统就调用 main 函数，在前面课程的学习中，对 main 函数始终作为主调函数处理，即允许 main 调用其他函数并传递参数。

main 函数的第一行一般形式如下：

```
main()
```

从上面会发现 main 函数是没有参数的，那么到底 main 函数能否有参数呢？实际上 main 函数可以是无参函数也可以是有参的函数。对于有参的形式来说，就需要向其传递参数。下面先看一下 main 函数的带参的形式：

```
main(int argc,char *argv[])
```

从函数参数的形式上看，包含一个整型和一个指针数组。当一个 C 的源程序经过编译、链接后，会生成扩展名为.exe 的可执行文件，这是可以在操作系统下直接运行的文件，对于 main 函数来说，其实际参数和命令是一起给出的，也就是在一个命令行中包括命令名和需要传给 main 函数的参数。命令行的一般形式如下：

```
命令名  参数 1  参数 2...参数 n
```

例如：

```
d:\debug\1 hello hi yeah
```

命令行中的命令就是可执行文件的文件名，如语句中的“d:\debug\1”，命令名和其后所跟参数之间需用空格分隔。命令行与 main 函数的参数存在如下关系：

设命令行为：

```
file happy bright glad
```

其中 file 为文件名，也就是一个由 file.c 经编译、链接后生成的可执行文件 file.exe，其后各跟 3 个参数。以上命令行与 main 函数中的形式参数关系如下：它的参数 argc 记录了命令行中命令与参数的个数（file、happy、bright、glad），共 4 个，指针数组的大小由参数的值决定，即为 char *argv[4]，该指针数组的取值情况如图 11.33 所示。

利用指针数组作 main 函数的形参，可以向程序传送命令行参数。

说明

参数字符串的长度是不定的，并且参数字符串的长度不需要统一，且参数的数目也是任意的，并不规定具体个数。

下面通过例 11.18 具体看下带参的 main 函数如何使用。

【例 11.18】　输出 main 函数参数内容。（实例位置：资源包\源码\11\11.18）

运行结果如图 11.34 所示。

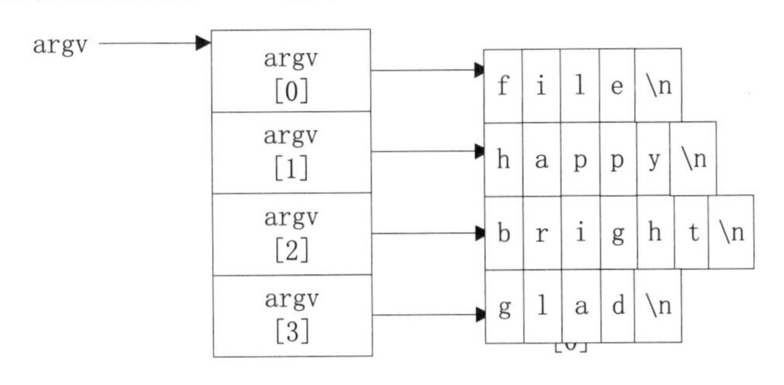

图 11.33　指针数组取值

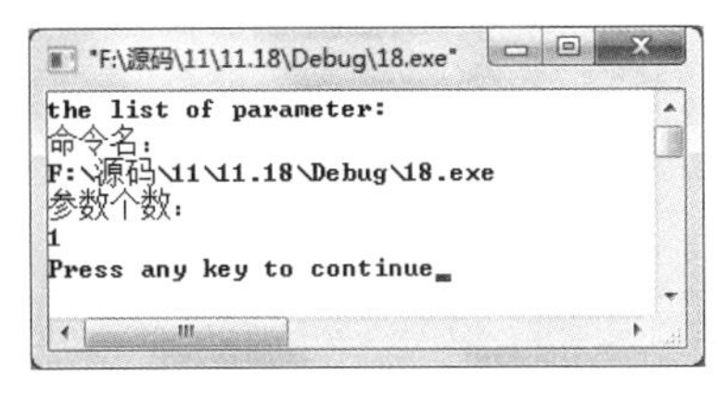

图 11.34　输出 main 函数参数内容

实现代码如下：

```
#include<stdio.h>
main(int argc,char *argv[])                                    /*main 函数为带参函数*/
{
    printf("the list of parameter:\n");
    printf("命令名：\n");
        printf("%s\n",*argv);
    printf("参数个数：\n");
    printf("%d\n",argc);

}
```

11.7　实　　战

视频讲解

11.7.1　查找成绩不及格的学生

有 4 个学生的 4 科考试成绩，找出至少有一科不及格的学生，将成绩列表输出。运行结果如图 11.35 所示。（**实例位置：资源包\源码\11\实战\01**）

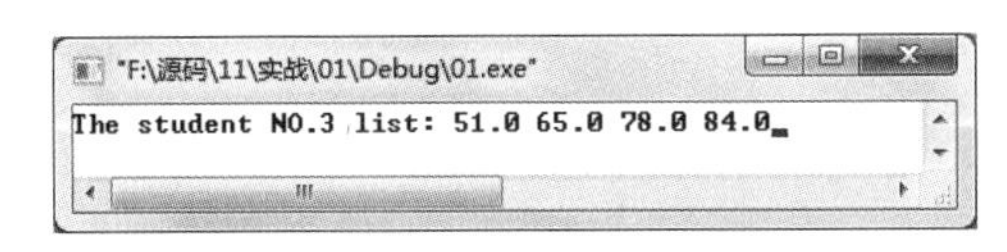

图 11.35　查找成绩不及格的学生

11.7.2　使用指针实现冒泡排序

冒泡排序是 C 语言中比较经典的例子，也是读者应该牢牢掌握的一种算法，下面具体看下如何使用指针变量作函数参数来实现冒泡排序。运行结果如图 11.36 所示。（**实例位置：资源包\源码\11\实战\02**）

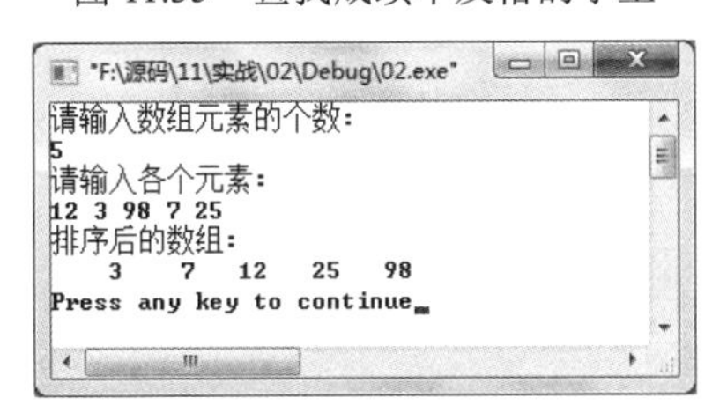

图 11.36　冒泡排序

冒泡排序的基本思想：如果要对 n 个数进行冒泡排序，则要进行 n-1 次比较，在第 1 次比较中要进行 n-1 次两两

比较，在第 j 次比较中要进行 n-j 次两两比较。

11.7.3　输入月份号输出英文月份名

使用指针数组创建一个含有月份英文名的字符串数组，并使用指向指针的指针指向这个字符串数组，实现输出数组中的指定字符串。运行程序后，输入要显示英文名的月份号，将输出该月份对应的英文名。运行结果如图 11.37 所示。（**实例位置：资源包\源码\11\实战\03**）

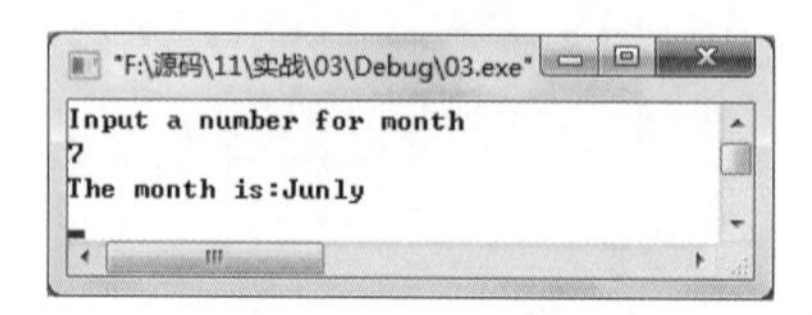

图 11.37　输入月份号输出英文月份名

11.7.4　使用指针插入元素

在有序（升序）的数组中插入一个数，使插入后的数组仍然有序。运行结果如图 11.38 所示。（**实例位置：资源包\源码\11\实战\04**）

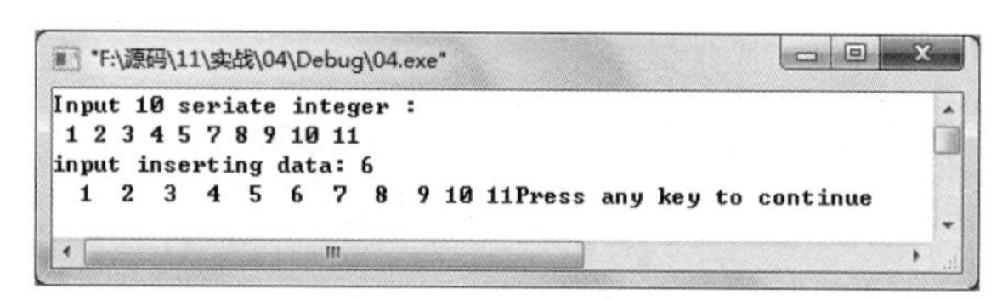

图 11.38　插入元素

11.7.5　使用指针交换两个数组中的最大值

在屏幕上输入两个分别带有 5 个元素的数组，使用指针实现将两个数组中最大值的交换，并输出交换最大值之后的两个数组。程序运行效果如图 11.39 所示。（**实例位置：资源包\源码\11\实战\05**）

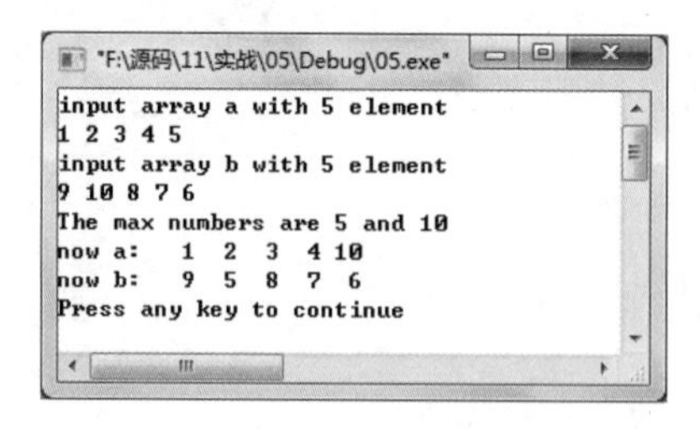

图 11.39　交换两个数组中的最大值

第12章

结构体的使用

（视频讲解：47分钟）

在前面介绍的程序中所用的都是属于基本类型的数据。在编写程序时，简单的变量类型是不能满足程序中各种复杂数据的要求的，所以C还提供了构造类型的数据。构造类型数据是由基本类型按照一定规则组成的。本章致力于使读者了解结构体的概念，掌握如何定义结构体与其使用方式，学会定义结构体数组和结构体指针，以及包含结构的结构，使读者能够使用结构体进行程序设计。

学习摘要：

- **了解结构体基本概念和使用方法**
- **掌握结构体数组的使用方法**
- **掌握结构体指针的使用方法**
- **了解包含结构的结构**

12.1 结 构 体

在此之前所介绍的类型都是基本类型，如整型 int、字符型 char 等，并且介绍了数组这种构造类型，但是数组中的各元素的类型属于同一种类型。

在一些情况下，这些基本的类型是不能满足编写者使用要求的。此时，程序员可以将一些有关的变量组织起来定义成一个结构（structure），这样来表示一个有机的整体，一种新的类型。这样程序就可以像处理内部的基本数据一样来对结构进行各种操作。

12.1.1 结构体类型的概念

结构体是一种构造类型，它是由若干成员组成的。其中的每一个成员可以是一个基本数据类型也可以是一个构造类型。既然结构体是一种新的类型，那么就需要先对其进行构造，这里称这种操作为声明结构体。声明结构体的过程就好比生产商品的过程，只有商品生产出来才可以使用该商品。

假如在程序中就要使用“商品”这样一个类型。那么它具有哪些特点呢？“商品”有形状、颜色、功能、价格、产地和产品标号。那么这个类型就应该是这样，如图 12.1 所示。

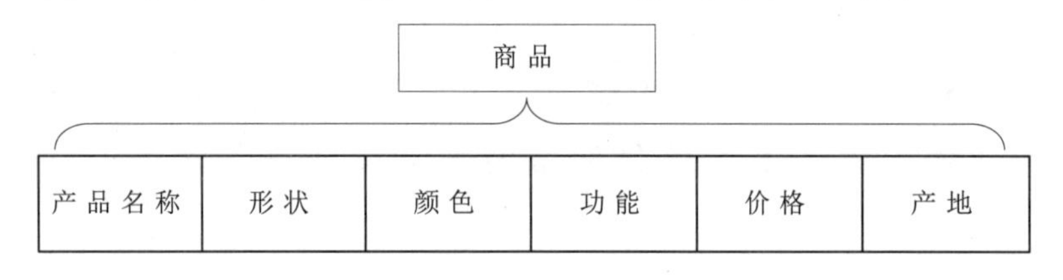

图 12.1 “商品”类型

通过图 12.1 可以看到，“商品”这种类型并不能使用之前学习过的任何一种类型来表示，这时就要自己定义一种新的类型，将这种自己指定的结构称为结构体。

声明结构时使用的关键字是 struct，声明一种结构体的一般形式如下：

```
struct  结构体名
{
      成员表列;
};
```

关键字 struct 表示声明结构，其后的结构体名表示该结构的类型名。大括号中的变量构成结构的成员，也就是一般形式中的成员列表处。

注意

在声明结构时，要注意大括号最后面有一个分号“;”，在编写时千万不要忘记。

例如声明一个结构：

```
struct Product
{
```

```
    char cName[10];                /*产品名称*/
    char cShape[20];               /*形状*/
    char cColor[10];               /*颜色*/
    char cFunc[20];                /*功能*/
    int     iPrice;                /*价格*/
    char cArea[20];                /*产地*/
};
```

上面的代码使用关键字 struct 声明一个名为 Product 的结构类型，在结构体中定义的变量是 Product 结构的成员，这些变量表示产品名称、形状、颜色、功能、价格和产地，可以看到根据结构成员中不同的作用选择与此相对应的类型。

12.1.2　结构体变量的定义

在 12.1.1 节中介绍如何使用 struct 关键字，构造一个新的类型结构来满足程序的设计要求。要使用构造出来的类型才是构造新类型目的。

声明一个结构体表示的是创建一种新的类型名，要用新的类型名再进行定义变量。定义的方式有以下 3 种。

☑　声明结构体类型，再定义变量

像 12.1.1 节中声明的 Product 结构体类型就是先进行声明结构体类型，然后 struct Product 进行定义结构体变量，例如：

```
struct Product product1;
struct Product product2;
```

struct Product 是结构体类型名，而 product1 和 product2 是结构体变量名。既然使用 Product 类型定义变量，那么这两个变量就具有相同的结构。

定义基本类型的变量与定义结构体类型变量不同之处在于，定义结构变量不仅要求指定变量为结构体类型，而且要求指定为某一特定的结构体类型，例如 struct Product。而在定义基本类型的变量时，例如整型变量，只需要指定 int 型即可。

说明

在定义结构体变量后，系统就会为其分配内存单元。内存大小是这样计算的，例如 product1 和 product2 在内存中各占 84 个字节（10+20+10+20+4+20）。

技巧

为了使规模较大的程序更便于修改和使用，常常将结构体类型的声明放在一个头文件中，这样在其他源文件中如果需要使用该结构体类型，则可以用#include 命令将该头文件包含到源文件中。

☑　在声明结构类型的同时定义变量

这种定义变量的方法，一般形式如下：

```
struct 结构体名
{
```

```
    成员列表;
}变量名列表;
```

可以看到在一般形式中，将定义的变量的名称放在声明结构体的末尾处。但是需要注意的是，变量的名称要放在最后的分号前面。

说明

定义的变量不是只能有一个，可以定义多个变量。

例如使用 struct Product 类型名结构体：

```
struct Product
{
    char cName[10];                    /*产品的名称*/
    char cShape[20];                   /*形状*/
    char cColor[10];                   /*颜色*/
    int     iPrice;                    /*价格*/
    char cArea[20];                    /*产地*/
}product1,product2;                    /*定义结构体变量*/
```

这种定义变量的方式与第一种方式相同，即定义了两个 structProduct 类型的变量 product1 和 product2。

☑ 直接定义结构体类型变量

其一般形式如下：

```
struct
{
成员列表
}变量名列表;
```

可以看出这种方式没有给出结构体名称，例如定义变量 product1 和 product2：

```
struct
{
    char cName[10];                    /*产品的名称*/
    char cShape[20];                   /*形状*/
    char cColor[10];                   /*颜色*/
    int     iPrice;                    /*价格*/
    char cArea[20];                    /*产地*/
}product1,product2;                    /*定义结构体变量*/
```

以上就是有关定义结构变量的 3 种方法，那么有关结构体的类型说明如下：

（1）类型与变量是不同的。例如只能对变量进行赋值操作，而不能对一个类型进行操作。这就像使用 int 型定义变量 iInt，可以为 iInt 进行赋值，但是不能为 int 进行赋值。在编译时，对类型是不分配空间的，只对变量分配空间。

（2）其中结构体的成员也可以是结构体类型的变量，例如：

```
struct date                            /*时间结构*/
{
    int year;                          /*年*/
```

```
    int month;                          /*月*/
    int day;                            /*日*/
};

struct student                          /*学生信息结构*/
{
    int num;                            /*学号*/
    char name[30];                      /*姓名*/
    char sex;                           /*性别*/
    int age;                            /*年龄*/
    struct date birthday;               /*出生日期*/
}student1,student2;
```

声明一个时间的结构体类型，其中包括年、月、日。声明一个学生信息的结构类型，并且定义两个结构体变量 student1 和 student2。在 struct student 结构体类型中，可以看到有一个成员是表示学生的出生日期，使用的是 struct date 结构体类型。

12.1.3　结构体变量的引用

定义结构体类型变量以后，当然可以引用这个变量。但是要注意的是，不能直接将一个结构体变量作为一个整体进行输入和输出。例如，不能将 product1 和 product2 进行这样的输出：

```
printf("%s%s%s%d%s",product1);
printf("%s%s%s%d%s",product2);
```

要对结构体变量进行赋值、存取或运算，实质上就是对结构体成员的操作，结构变量成员的一般形式如下：

```
结构变量名.成员名
```

在引用结构的成员时，可以在结构的变量名的后面加上成员运算符“.”和成员的名字。例如：

```
product1.cName="Icebox";
product2.iPrice=2000;
```

上面的赋值语句就是对 product1 结构体变量中的成员 cName 和 iPrice 两个变量进行赋值。

但是如果成员本身又属于一个结构体类型，那应该怎么办呢？这时就要使用若干个成员运算符，一级一级地找到最低一级的成员。只能对最低级的成员进行赋值或存取以及运算操作。例如对上面定义的 student1 变量中的出生日期进行赋值：

```
student1.birthday.year=1986;
student1.birthday.month=12;
student1.birthday.day=6;
```

注意

不能使用 student1.birthday 来访问 student1 变量中的成员 birthday，因为 birthday 本身是一个结构体变量。

使用结构体变量的成员也可以像普通变量一样进行各种运算，例如：

```
product2.iPirce=product1.iPirce+500;
product1.iPirce++;
```

因为“.”运算符的优先级最高，所以 product1.iPirce++是 product1.iPirce 成员进行自加运算，而不是先对 iPrice 进行自加运算。

还可以对结构体变量成员的地址进行引用，也可以对结构体变量的地址进行引用。

```
scanf("%d",&product1.iPrice);                /*输入成员 iPrice 的值*/
printf("%o",&product1);                      /*输出 product1 的首地址*/
```

【例 12.1】 引用结构体变量。（**实例位置：资源包\源码\12\12.01**）

在本实例中声明结构体类型表示商品，然后定义结构体变量，之后对变量中的成员进行赋值，最后将结构体变量中保存的信息进行输出。运行程序，显示效果如图 12.2 所示。

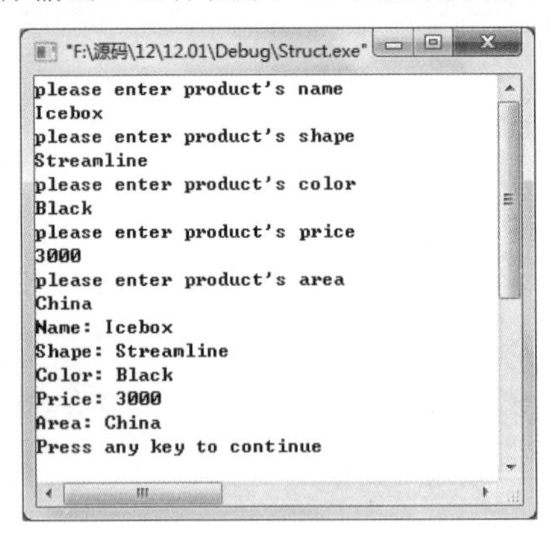

图 12.2 引用结构体变量

实现代码如下：

```
#include<stdio.h>

struct Product                                 /*声明结构*/
{
    char cName[10];                            /*产品的名称*/
    char cShape[20];                           /*形状*/
    char cColor[10];                           /*颜色*/
    int     iPrice;                            /*价格*/
    char cArea[20];                            /*产地*/
};

int main()
{
    struct Product product1;                   /*定义结构体变量*/

    printf("please enter product's name\n");   /*信息提示*/
    scanf("%s",&product1.cName);               /*输出结构成员*/
```

```
    printf("please enter product's shape\n");        /*信息提示*/
    scanf("%s",&product1.cShape);                    /*输出结构成员*/

    printf("please enter product's color\n");        /*信息提示*/
    scanf("%s",&product1.cColor);                    /*输出结构成员*/

    printf("please enter product's price\n");        /*信息提示*/
    scanf("%d",&product1.iPrice);                    /*输出结构成员*/

    printf("please enter product's area\n");         /*信息提示*/
    scanf("%s",&product1.cArea);                     /*输出结构成员*/

    printf("Name: %s\n",product1.cName);             /*将成员变量输出*/
    printf("Shape: %s\n",product1.cShape);
    printf("Color: %s\n",product1.cColor);
    printf("Price: %d\n",product1.iPrice);
    printf("Area: %s\n",product1.cArea);

    return 0;
}
```

代码分析：

（1）在源文件中，先声明结构体变量类型用来表示商品这种特殊的类型，在结构体中定义了有关的成员。

（2）主函数 main 中，使用 struct Product 定义结构体变量 product1。之后根据输出的信息提示，用户输入相应的结构成员数据。输入结构时成员在 scanf 函数中，引用了结构成员变量的地址 &product1.cArea。

（3）当所有的数据都输入完毕后，引用结构体变量 product1 中的成员，使用 printf 函数将其进行输出显示。

12.1.4　结构体类型的初始化

结构体类型和其他的基本类型一样，也可以在定义结构体变量时指定初始值。例如：

```
struct Student
{
    char cName[20];
    char cSex;
    int iGrade;
} student1={"HanXue","W",3};                         /*定义变量并设置初始值*/
```

在初始化时要注意，定义的变量后面使用等号，然后将其初始化的值放在大括号中，并且数据顺序要与结构体的成员列表的顺序一样。

【例 12.2】　结构体类型的初始化操作。（**实例位置：资源包\源码\12\12.02**）

在本实例中，演示了两种初始化结构体的方式，一种是在声明结构时定义变量的同时进行初始化，另一种是在后定义结构体变量时进行初始化。运行程序，显示效果如图 12.3 所示。

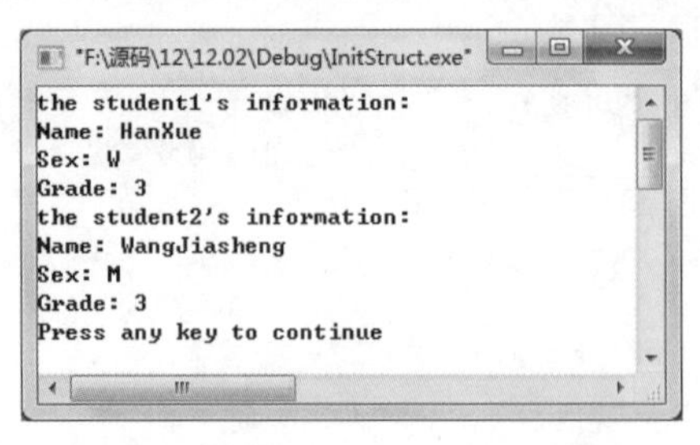

图 12.3　结构体类型的初始化操作

实现代码如下：

```
#include<stdio.h>

struct Student                                          /*学生结构*/
{
    char cName[20];                                     /*姓名*/
    char cSex;                                          /*性别*/
    int iGrade;                                         /*年级*/
} student1={"HanXue",'W',3};                            /*定义变量并设置初始值*/


int main()
{
    struct Student student2={"WangJiasheng",'M',3};     /*定义变量并设置初始值*/

    /*将第一个结构体中的数据输出*/
    printf("the student1's information:\n");
    printf("Name: %s\n",student1.cName);
    printf("Sex: %c\n",student1.cSex);
    printf("Grade: %d\n",student1.iGrade);
    /*将第二个结构体中的数据输出*/
    printf("the student2's information:\n");
    printf("Name: %s\n",student2.cName);
    printf("Sex: %c\n",student2.cSex);
    printf("Grade: %d\n",student2.iGrade);
    return 0;
}
```

代码分析：

（1）在代码中可以看到，声明结构时定义 student1 并且对其进行初始化操作，将要赋值的内容放在后面的大括号中，每一个数据都与结构中成员数据相对应。

（2）在 main 函数中，使用声明的结构体类型 struct Student 定义变量 student2，并且进行初始化的操作。

（3）最后将两个结构变量中的成员进行输出，比较两者的数据不同。

12.2　结构体数组

如果要定义 10 个整型变量，曾学习过可以将这 10 个变量定义成数组的形式。结构体变量中可以存放一组数据，例如一个学生信息有姓名、性别和年级等。如果需要定义 10 个学生的数据时，也可以使用数组的形式，这时称数组为结构体数组。

结构体数组与之前介绍的数组的区别就在于，数组中的元素是根据要求定义的结构体类型而不是基本类型。

12.2.1　定义结构体数组

定义一个结构体数组的方式与定义结构体变量的方法相同，只是结构体变量替换成数组。定义结构体数组的一般形式如下：

```
struct  结构体名
{
      成员列表;
}数组名;
```

例如，定义学生信息的结构体数组，其中包含 5 个学生的信息：

```
struct Student                              /*学生结构*/
{
      char cName[20];                       /*姓名*/
      int iNumber;                          /*学号*/
      char cSex;                            /*性别*/
      int iGrade;                           /*年级*/
} student[5];                               /*定义结构体数组*/
```

这种定义的结构体数组的方式是，声明结构体类型的同时定义结构体数组，可以看到结构体数组和结构体变量的位置是相同的。

就像定义结构体变量一样，定义结构体数组也可以有不同的方式，例如先声明结构体类型再定义结构体数组：

```
struct Student student[5];                  /*定义结构体数组*/
```

或者直接定义结构体数组：

```
struct                                      /*学生结构*/
{
      char cName[20];                       /*姓名*/
      int iNumber;                          /*学号*/
      char cSex;                            /*性别*/
      int iGrade;                           /*年级*/
} student[5];                               /*定义结构体数组*/
```

上面的代码都是定义一个数组，其中的元素为 struct Student 类型的数据，每个数据中又有 4 个成员变量，如图 12.4 所示。

	cName	iNumber	cSex	iGrade
student[0]	WangJiasheng	12062212	M	3
student[1]	YuLongjiao	12062213	W	3
student[2]	JiangXuehuan	12062214	W	3
student[3]	ZhangMeng	12062215	W	3
student[4]	HanLiang	12062216	M	3

图 12.4　结构体数组

数组中的各数据在内存中的存储是连续的，如图 12.5 所示。

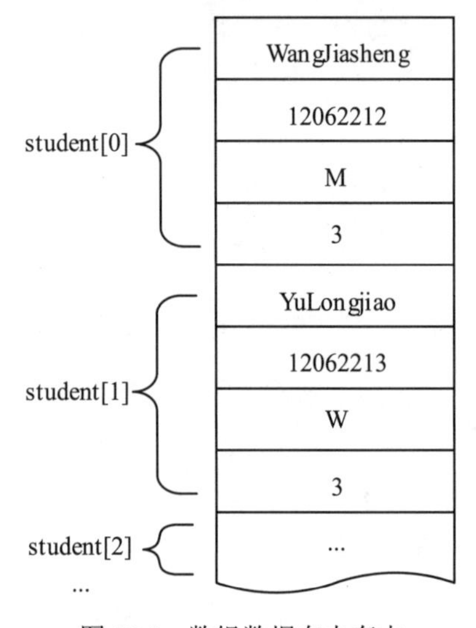

图 12.5　数组数据在内存中

12.2.2　初始化结构体数组

与初始化基本类型的数组相同，也可以为结构体数组进行初始化操作。初始化结构体数组的一般形式如下：

```
struct 结构体名
{
    成员列表;
}数组名={初始值列表};
```

例如为学生信息结构体数组进行初始化操作：

```
struct Student                                  /*学生结构*/
{
    char cName[20];                             /*姓名*/
```

```
    int iNumber;                                /*学号*/
    char cSex;                                  /*性别*/
    int iGrade;                                 /*年级*/
} student[5]={{"WangJiasheng",12062212,'M',3},
          {"YuLongjiao",12062213,'W',3},
          {"JiangXuehuan",12062214,'W',3},
          {"ZhangMeng",12062215,'W',3},
          {"HanLiang",12062216,'M',3}};          /*定义数组并设置初始值*/
```

为数组进行初始化时，最外层的大括号表示所列出的是数组中的元素。因为每一个成员是一个结构类型，所以每一个元素也使用大括号，其中的数据是每一个结构体元素的成员数据。

在定义数组 student 时，也可以不用指定数组中的元素个数。这时编译器会根据数组后面的初始化值列表中给出的元素个数，来确定数组中元素的个数。例如：

```
student[ ]={…};
```

定义结构体数组的方法，可以先进行声明结构体类型，然后再定义结构体数组。同样，为结构体数组进行初始化操作也可以使用同样的方式，例如：

```
struct student[5]={{"WangJiasheng",12062212,'M',3},
          {"YuLongjiao",12062213,'W',3},
          {"JiangXuehuan",12062214,'W',3},
          {"ZhangMeng",12062215,'W',3},
          {"HanLiang",12062216,'M',3}}
```

【例 12.3】　初始化结构体数组，并输出学生信息。（**实例位置：资源包\源码\12\12.03**）

在本实例中，结构体数组通过初始化的方式保存学生信息。输出查看学生的信息，因为所查看的学生信息是一样的，因此可以使用循环操作。运行程序，显示效果如图 12.6 所示。

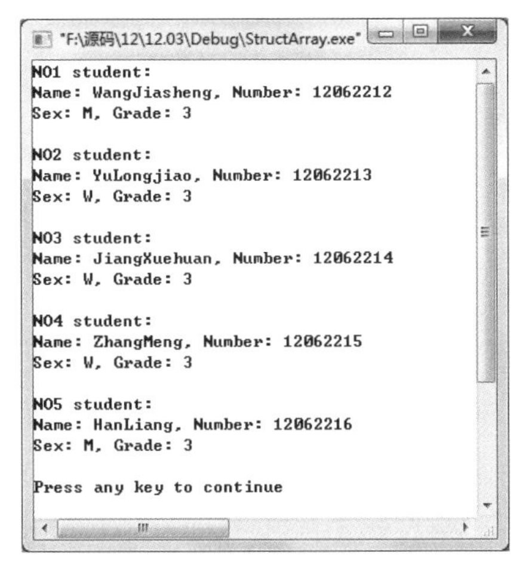

图 12.6　输出学生信息

实现代码如下：

```
#include<stdio.h>
```

```
struct Student                                              /*学生结构*/
{
	char cName[20];                                          /*姓名*/
	int  iNumber;                                            /*学号*/
	char cSex;                                               /*性别*/
	int iGrade;                                              /*年级*/
} student[5]={{"WangJiasheng",12062212,'M',3},
		{"YuLongjiao",12062213,'W',3},
		{"JiangXuehuan",12062214,'W',3},
		{"ZhangMeng",12062215,'W',3},
		{"HanLiang",12062216,'M',3}};                         /*定义数组并设置初始值*/

int main()
{
	int i;                                                   /*循环控制变量*/
	for(i=0;i<5;i++)                                         /*使用 for 进行 5 次循环*/
	{
		printf("NO%d student:\n",i+1);                       /*首先输出学生的名次*/
		/*使用变量 i 作下标，输出数组中的元素数据*/
		printf("Name: %s, Number: %d\n",student[i].cName,student[i].iNumber);
		printf("Sex: %c, Grade: %d\n",student[i].cSex,student[i].iGrade);
		printf("\n");                                        /*空格行*/
	}
	return 0;
}
```

代码分析：

（1）将学生所需要的信息声明 struct Student 结构体类型，同时定义结构体数组 student，并为其初始化数据。要注意的是，所给出数据的类型要与结构体中的成员变量的类型相符合。

（2）定义的数组包含 5 个元素，输出时使用 for 语句进行循环输出操作。其中定义变量 i 为控制循环操作用。因为数组的下标是从 0 开始，所以为变量 i 赋值为 0。

（3）在 for 语句中，先显示每个学生的输出次序，其中因为 i 的初值为 0，所以要加上 1。之后将数组中的元素所表示的数据输出，这时变量 i 作为数组的下标，然后通过结构体成员的引用得到正确的数据，最后将其输出。

视频讲解

12.3 结构体指针

一个指向变量的指针，该指针表示的是变量所占内存中的起始地址。如果一个指针指向结构体变量，那么该指针指向的是结构体变量的起始地址。同样指针变量也可以指向结构体数组中的元素。

12.3.1 指向结构体变量的指针

既然指针指向结构体变量的地址，就可以使用指针来访问结构体中的成员。定义结构体指针的一

般形式如下：

```
结构体类型 *指针名;
```

例如定义一个指向 struct Student 结构类型的名为 pStruct 指针变量如下：

```
struct Student *pStruct;
```

使用指向结构体变量的指针访问成员的方法有两种，pStruct 为指向结构体变量的指针。

第一种方法使用点运算符引用结构成员：

```
(*pStruct).成员名
```

结构体变量可以使用点运算符对其中的成员进行引用。*pStruct 表示的是指向的结构体变量，所以使用点运算符可以引用结构体中的成员变量。

注意

*pStruct 一定要使用括号，因为点运算符的优先级是最高的，如果不使用括号的话，就会先执行点运算然后执行*运算。

例如 pStruct 指针指向了 student1 结构体变量，引用其中的成员：

```
(*pStruct).iNumber=12061212;
```

【例 12.4】 通过指针使用点运算符引用结构体变量的成员。（**实例位置：资源包\源码\12\12.04**）

在本实例中，还使用之前声明过的学生结构。为结构体定义变量初始化赋值，然后使用指针指向该结构变量，最后通过指针引用显示变量中的成员。运行程序，显示效果如图 12.7 所示。

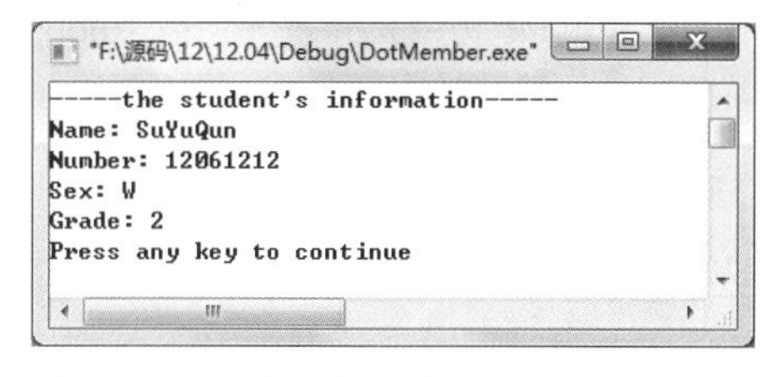

图 12.7　通过指针使用点运算符引用结构体变量的成员

实现代码如下：

```
#include<stdio.h>

int main()
{
    struct Student                                  /*学生结构*/
    {
        char cName[20];                             /*姓名*/
        int iNumber;                                /*学号*/
        char cSex;                                  /*性别*/
        int iGrade;                                 /*年级*/
    }student={"SuYuQun",12061212,'W',2};            /*对结构变量进行初始化*/

    struct Student* pStruct;                        /*定义结构体类型指针*/
    pStruct=&student;                               /*指针指向结构体变量*/
    printf("-----the student's information-----\n");   /*消息提示*/
    printf("Name: %s\n",(*pStruct).cName);          /*使用指针引用变量中的成员*/
```

```
    printf("Number: %d\n",(*pStruct).iNumber);
    printf("Sex: %c\n",(*pStruct).cSex);
    printf("Grade: %d\n",(*pStruct).iGrade);
    return 0;
}
```

代码分析：

（1）首先在程序中声明结构类型，并同时定义变量 student，为变量进行初始化的操作。

（2）定义结构体指针变量 pStruct，然后通过“pStruct=&student;”语句使得指针指向 student 变量。

（3）输出消息提示，之后在 printf 中使用指向结构变量的指针进行引用成员变量，将学生的信息进行输出。

说明

声明结构的位置可以放在 main 函数外也可以放在 main 函数内。

第二种方法是使用指向运算符引用结构成员，一般形式如下：

```
pStruct ->成员名;
```

这种方法使用的是指向运算符，例如使用指向运算符引用一个变量的成员：

```
pStruct->iNumber=12061212;
```

假如 student 为结构体变量，pStruct 为指向结构体变量的指针，可以看出以下 3 种形式的效果是等价的：

```
student.成员名
(*pStruct).成员名
pStruct->成员名
```

注意

在使用->引用成员时，要注意区分以下几种情况：

☑ “pStruct->iGrade”表示指向的结构体变量中成员 iGrade 的值。

☑ “pStruct->iGrade++”表示指向的结构体变量中成员 iGrade 的值，使用后该值加 1。

☑ “++pStruct->iGrade”表示指向的结构体变量中成员 iGrade 的值加 1，计算后再进行使用。

【例 12.5】 使用指向运算符引用对结构体成员。（实例位置：资源包\源码\12\12.05）

在本实例中，定义结构体变量但不为其进行初始化操作，使用指向结构体的指针为其成员进行赋值操作。运行程序，显示效果如图 12.8 所示。

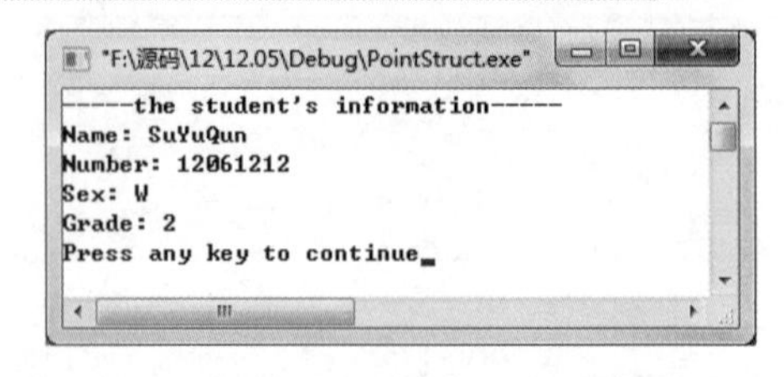

图 12.8 使用指向运算符引用对结构体成员

实现代码如下：

```
#include<stdio.h>
#include<string.h>
```

```
struct Student                                          /*学生结构*/
{
    char cName[20];                                     /*姓名*/
    int  iNumber;                                       /*学号*/
    char cSex;                                          /*性别*/
    int iGrade;                                         /*年级*/
}student;                                               /*定义变量*/

int main()
{
    struct Student* pStruct;                            /*定义结构体类型指针*/
    pStruct=&student;                                   /*指针指向结构体变量*/

    strcpy(pStruct->cName,"SuYuQun");                   /*将字符串常量复制到成员变量中*/
    pStruct->iNumber=12061212;                          /*为成员变量赋值*/
    pStruct->cSex='W';
    pStruct->iGrade=2;

    printf("-----the student's information-----\n");    /*消息提示*/
    printf("Name: %s\n",student.cName);                 /*使用变量直接输出*/
    printf("Number: %d\n",student.iNumber);
    printf("Sex: %c\n",student.cSex);
    printf("Grade: %d\n",student.iGrade);
    return 0;
}
```

代码分析：

（1）在程序中使用了 strcpy 函数将一个字符串常量复制到成员变量中，要使用该函数就要在程序中包含头文件 string.h。

（2）可以看到在为成员赋值时，使用的是指向运算符引用成员变量，在程序的最后使用结构体变量和点运算符直接将成员的数据进行输出。通过输出的结果，可以看到使用指向运算符为成员变量赋值成功。

12.3.2　指向结构体数组的指针

结构体指针变量不但可以指向结构体变量，还可以指向结构体数组，那么此时指针变量的值就是结构体数组的首地址。

结构体指针变量也可以直接指向结构体数组中的元素，这时指针变量的值就是该结构体数组元素的首地址。例如定义一个结构体数组 student[5]，使用结构体指针指向该数组：

```
struct Student* pStruct;
pStruct=student;
```

因为数组不使用下标时表示的是数组的第一个元素的地址，所以指针指向数组的首地址。如果想利用指针指向第三个元素，则在数组名后加上下标，然后在数组名前使用取地址符号&，例如：

```
pStruct=&student[2];
```

【例 12.6】 使用结构体指针变量指向结构体数组。（**实例位置：资源包\源码\12\12.06**）

在本实例中，使用之前声明的学生结构类型，定义结构体数组，并对其进行初始化操作。通过指向该数组的指针，将其中元素的数据进行输出显示。运行程序，显示效果如图 12.9 所示。

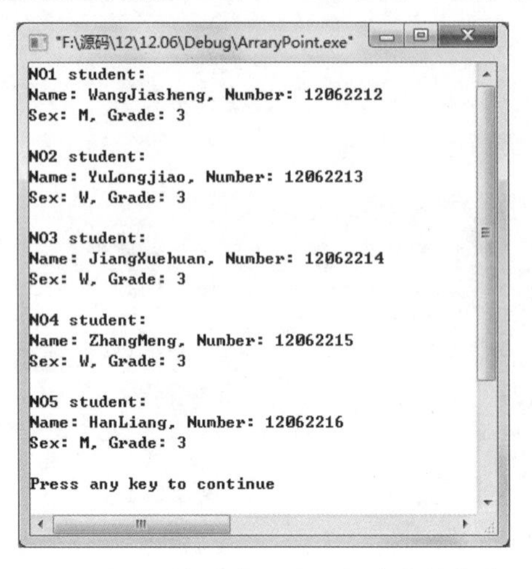

图 12.9 使用结构体指针变量指向结构体数组

实现代码如下：

```
#include<stdio.h>

struct Student                                          /*学生结构*/
{
        char cName[20];                                 /*姓名*/
        int   iNumber;                                  /*学号*/
        char cSex;                                      /*性别*/
        int iGrade;                                     /*年级*/
} student[5]={{"WangJiasheng",12062212,'M',3},
            {"YuLongjiao",12062213,'W',3},
            {"JiangXuehuan",12062214,'W',3},
            {"ZhangMeng",12062215,'W',3},
            {"HanLiang",12062216,'M',3}};               /*定义数组并设置初始值*/

int main()
{
        struct Student* pStruct;
        int index;
        pStruct=student;
        for(index=0;index<5;index++,pStruct++)
        {
            printf("NO%d student:\n",index+1);          /*首先输出学生的名次*/
            /*使用变量 index 做下标，输出数组中的元素数据*/
            printf("Name: %s, Number: %d\n",pStruct->cName,pStruct->iNumber);
            printf("Sex: %c, Grade: %d\n",pStruct->cSex,pStruct->iGrade);
            printf("\n");                               /*空格行*/
        }
```

```
    return 0;
}
```

代码分析：

（1）在代码中定义了一个结构体数组 student[5]，定义结构体指针变量 pStruct 指向该数组的首地址。

（2）使用 for 语句，对数组元素进行循环操作。在循环语句块中，pStruct 刚开始是指向数组的首地址，也就是第一个元素的地址，所以使用 pStruct->引用的是第一个元素中的成员。使用输出函数显示成员变量表示的数据。

（3）当一次循环语句结束之后，循环变量进行自加操作，同时 pStruct 也执行自加运算。这里需要注意，pStruct++所表示的是 pStruct 增加值为一个数组元素的大小，也就是说 pStruct++表示的是数组元素中的第二个元素 student[1]。

注意

(++pStruct)->Number 与(pStruct++)->Number 的不同：前者是先执行++操作，使得 pStruct 指向下一个元素的地址，然后取得该元素的成员值。而后者是先取得当前元素的成员值，然后再使 pStruct 指向下一个元素的地址。

12.3.3　结构体作函数参数

函数是有参数的，可以将结构体变量的值作为一个函数的参数。使用结构体作为函数的参数有 3 种形式：使用结构体变量作为函数的参数；使用指向结构体变量的指针作为函数的参数；使用结构体变量的成员作为函数的参数。

☑　使用结构体变量作为函数的参数

使用结构体变量作为函数的实参时，采取的是值传递的方式，会将结构体变量所占的内存单元的内容全部顺序传递给形参，形参也必须是同类型的结构体变量。例如：

```
void Display(struct Student stu);
```

在形参的位置使用结构体变量，但是函数调用期间，形参也要占用内存单元。这种传递方式在空间和时间上消耗都比较大。

另外根据函数参数传值方式，如果在函数内部修改了变量中成员的值，则改变的值不会返回到主调函数中。

【例 12.7】　使用结构体变量作为函数参数。（**实例位置：资源包\源码\12\12.07**）

在本实例中，声明一个简单的结构类型表示学生成绩，编写一个函数，使得该结构类型变量作为函数的参数。运行程序，显示效果如图 12.10 所示。

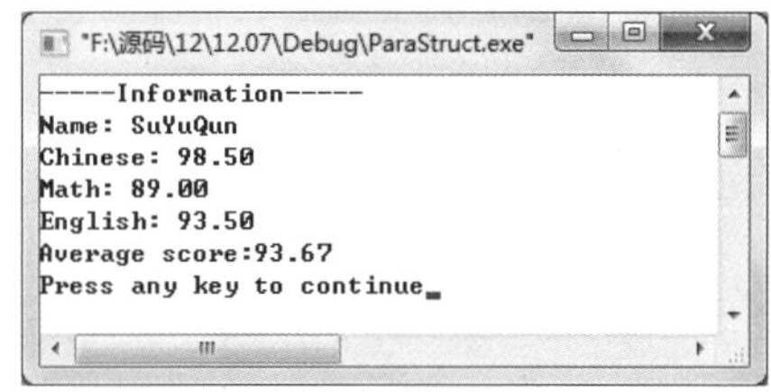

图 12.10　使用结构体变量作为函数参数

实现代码如下：

```
#include<stdio.h>

struct Student                                   /*学生结构*/
```

```
{
    char cName[20];                                 /*姓名*/
    float fScore[3];                                /*分数*/
}student={"SuYuQun",98.5f,89.0,93.5f};             /*定义变量*/

void Display(struct Student stu)                    /*形参为结构体变量*/
{
    printf("-----Information-----\n");             /*提示信息*/
    printf("Name: %s\n",stu.cName);                 /*引用结构成员*/
    printf("Chinese: %.2f\n",stu.fScore[0]);
    printf("Math: %.2f\n",stu.fScore[1]);
    printf("English: %.2f\n",stu.fScore[2]);
    /*计算平均分数*/
    printf("Average score:%.2f\n",(stu.fScore[0]+stu.fScore[1]+stu.fScore[2])/3);
}

int main()
{
    Display(student);                               /*调用函数，结构变量作为实参进行传递*/
    return 0;
}
```

代码分析：

（1）在程序中声明一个简单的结构体表示学生的分数信息，在这个结构体中定义一个字符数组表示名称，还定义了一个实型数组表示 3 个学科的分数。在声明结构的最后同时定义变量，并进行初始化。

（2）之后定义一个名为 Display 的函数，其中用结构体变量作为函数的形式参数。在函数体中，使用参数 stu 引用结构中成员，输出学生的姓名和 3 个学科的成绩，并在最后通过表达式计算出平均成绩。

（3）在主函数 main 中，使用 student 结构体变量作为参数，调用 Display 函数。

☑ 使用指向结构体变量的指针作为函数的参数

在使用结构体变量作为函数的参数时，因为在传值的过程，使得空间和时间的消耗比较大，那有没有一种更好的传递方式呢？有！就是使用结构体变量的指针作为函数的参数进行传递。

在传递结构体变量的指针时，只是将结构体变量的首地址进行传递，并没有将变量的副本进行传递。例如声明一个传递结构体变量指针的函数如下：

```
void Display(struct Student* stu)
```

这样使用形参 stu 指针就可以引用结构体变量中的成员了，这里需要注意的是，因为传递的是变量的地址，如果在函数中改变成员中的数据，那么返回主调用函数时变量会发生改变。

【例 12.8】 使用结构体变量指针作为函数参数。（**实例位置：资源包\源码\12\12.08**）

本实例对例 12.7 做了一点小的改动，其中使用结构体变量的指针作为函数的参数，并且在函数中改动结构体成员的数据。通过前后两次的输出，比较不同。运行程序，显示效果如图 12.11 所示。

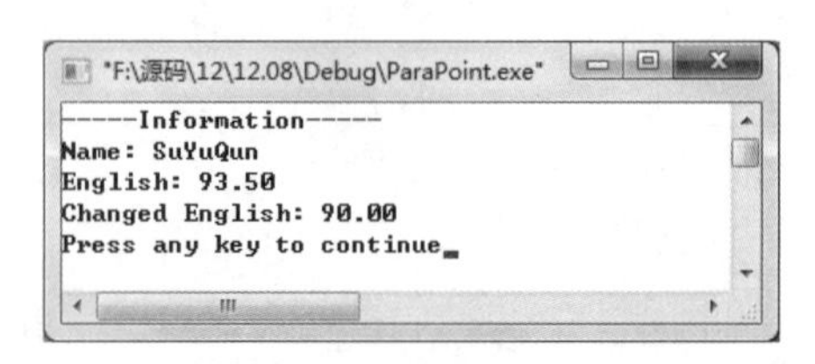

图 12.11 使用结构体变量指针作为函数参数

实现代码如下：

```
#include<stdio.h>

struct Student                                      /*学生结构*/
{
    char cName[20];                                 /*姓名*/
    float fScore[3];                                /*分数*/
}student={"SuYuQun",98.5f,89.0,93.5f};              /*定义变量*/

void Display(struct Student* stu)                   /*形参为结构体变量的指针*/
{
    printf("-----Information-----\n");              /*提示信息*/
    printf("Name: %s\n",stu->cName);                /*使用指针引用结构体变量中的成员*/
    printf("English: %.2f\n",stu->fScore[2]);       /*输出英语的分数*/
    stu->fScore[2]=90.0f;                           /*更改成员变量的值*/
}

int main()
{
    struct Student* pStruct=&student;               /*定义结构体变量指针*/
    Display(pStruct);                               /*调用函数，结构变量作为实参进行传递*/
    printf("Changed English: %.2f\n",pStruct->fScore[2]);  /*输出成员的值*/
    return 0;
}
```

代码分析：

（1）在本实例中，函数的参数是结构体变量的指针，所以在函数体中要通过使用指向运算符“->”进行引用成员的数据。为了简化操作，只将英语成绩进行输出，并且最后更改成员的数据。

（2）在主函数 main 中，先定义结构体变量指针，并将结构体变量的地址传递给指针，将指针作为函数的参数进行传递。函数调用完后，再显示一次变量中的成员数据。通过输出的结果可以看到在函数中通过指针改变成员的值，在返回主调用函数中值发生变化。

说明

程序中为了直观地看出函数传递的参数是结构体变量的指针，所以定义了一个指针变量指向结构体。实际上可以直接传递结构体变量的地址作为函数的参数，如“Display(&student);”。

☑　使用结构体变量的成员作为函数的参数

使用这种方式为函数传递参数与普通的变量作为实参是一样的，是传值方式传递。例如：

```
Display(student.fScore[0]);
```

注意

在传值时，实参要与形参的类型相一致。

12.4　包含结构的结构

在介绍有关结构体变量的定义时，曾经说明结构体中的成员不仅可以是基本类型，也可以是结构体类型。

例如，定义一个学生信息结构体类型，成员包括姓名、学号、性别、出生日期，那么其中成员出生日期就属于一个结构体类型，因为出生日期包括年、月、日这 3 个成员。这样，学生信息这个结构体类型就是包含结构的结构。

【例 12.9】　包含结构的结构。（**实例位置：资源包\源码\12\ 12.09**）

在本实例中，定义两个结构体类型，一个表示日期，一个表示学生的个人信息。其中日期结构体是个人信息结构中的成员。通过使用个人信息结构类型表示学生的基本信息内容。运行程序，显示效果如图 12.12 所示。

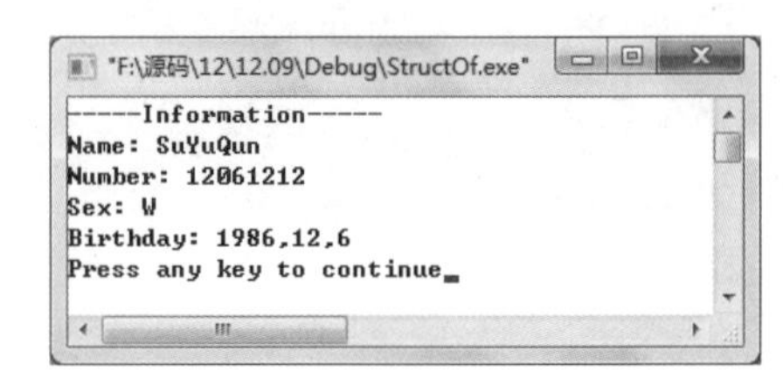

图 12.12　包含结构的结构

实现代码如下：

```
#include<stdio.h>

struct date                                              /*时间结构*/
{
    int year;                                            /*年*/
    int month;                                           /*月*/
    int day;                                             /*日*/
};

struct student                                           /*学生信息结构*/
{
    char name[30];                                       /*姓名*/
    int num;                                             /*学号*/
    char sex;                                            /*性别*/
    struct date birthday;                                /*出生日期*/
}student={"SuYuQun",12061212,'W',{1986,12,6}};           /*为结构变量初始化*/

int main()
{
    printf("-----Information-----\n");
    printf("Name: %s\n",student.name);                   /*输出结构成员*/
    printf("Number: %d\n",student.num);
    printf("Sex: %c\n",student.sex);
    printf("Birthday: %d,%d,%d\n",student.birthday.year,
            student.birthday.month,student.birthday.day);   /*将成员结构体数据输出*/
```

```
    return 0;
}
```

代码分析：

（1）程序中在为包含结构的结构 struct student 类型初始化时要注意，因为出生日期是结构体，所以要再使用大括号将赋值的数据放置在内。

（2）在引用成员结构体变量的成员时，例如 student.birthday.year，其中 student.birthday 表示的是引用 student 变量中的成员 birthday，所以 student.birthday.year 表示的是 student 变量中结构体变量 birthday 的成员 year 变量的值。

视频讲解

12.5　实　　战

12.5.1　找出最高分

通过结构体变量记录学生成绩，比较得到记录中的最高成绩，输出该学生的信息。程序运行效果如图 12.13 所示。（**实例位置：资源包\源码\12\实战\01**）

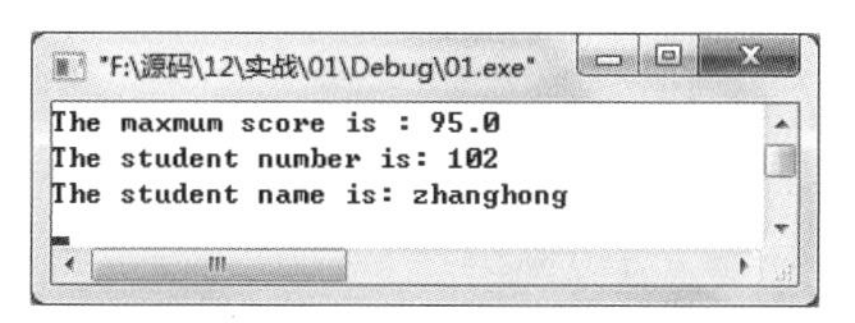

图 12.13　找出最高分

12.5.2　候选人选票程序

设计一个进行候选人的选票程序。假设有 3 个候选人，在屏幕上输入要选择的候选人姓名，有 10 次投票机会，最后输出每个人的得票结果。运行结果如图 12.14 所示。（**实例位置：资源包\源码\12\实战\02**）

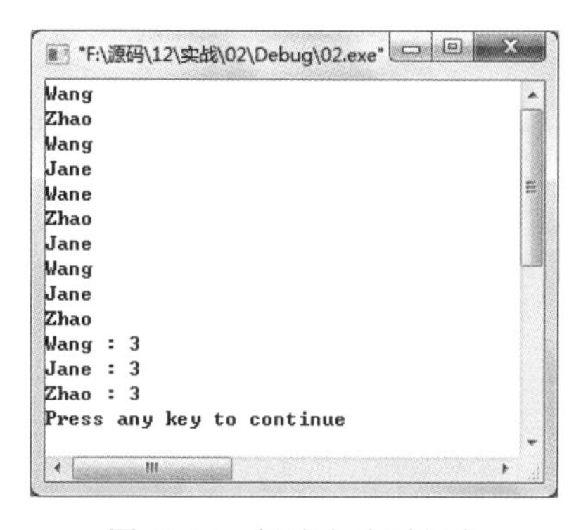

图 12.14　候选人选票程序

12.5.3 求平面上两点的距离

定义一个平面坐标的结构体类型，设计函数求出给定两点间的距离。运行结果如图 12.15 所示。（**实例位置：资源包\源码\12\实战\03**）

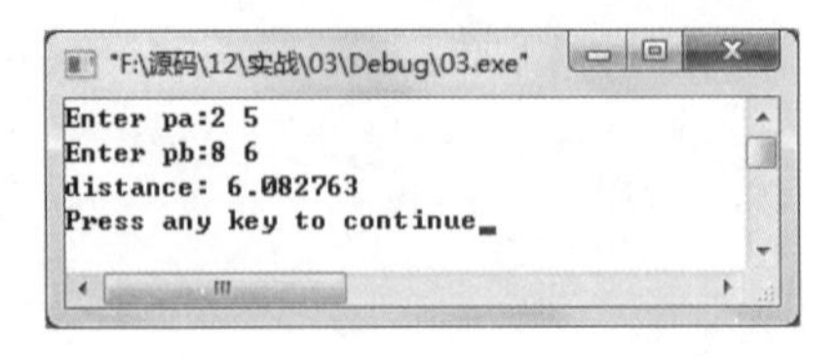

图 12.15 平面上两点的距离

12.5.4 设计通讯录

设计一个通讯录，设定包含姓名和电话两个成员的结构体类型，存储通讯信息，以#结束输入。可对输入的数据进行查询。运行结果如图 12.16 所示。（**实例位置：资源包\源码\12\实战\04**）

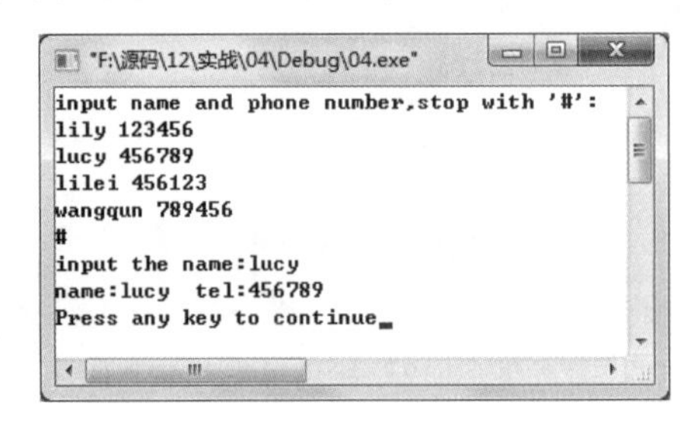

图 12.16 设计通讯录

12.5.5 输出火车票价

设计程序实现输出火车票价。输入目的城市的名称、目的城市到本地距离和票价信息。可根据城市名称查询对应的票价信息。运行结果如图 12.17 所示。（**实例位置：资源包\源码\12\实战\05**）

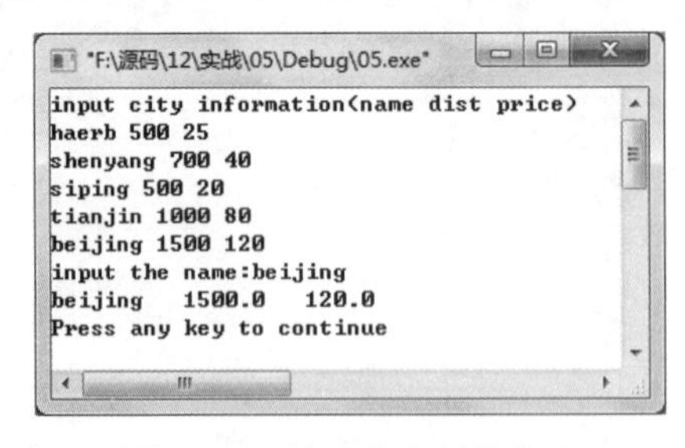

图 12.17 输出火车票价信息

第13章

共用体的综合应用

（视频讲解：21分钟）

在进行编程时，有时需要将几种不同类型的变量存放在同一段内存单元中，这就要应用C语言的共用体。本章将主要介绍共用体类型的基本概念、引用和初始化的方法以及共用体类型的数据特点，并介绍枚举类型的相关知识。

学习摘要：

- **了解共用体的基本概念**
- **掌握共用体的引用和初始化方法**
- **掌握共用体类型的数据特点**
- **熟悉枚举类型的使用**

13.1 共 用 体

共用体看起来很像结构体，不过关键字由 struct 变成了 union。共用体和结构体的区别在于：结构体定义了一个由多个数据成员组成的特殊类型，而共用体定义了一块为所有数据成员共享的内存。

13.1.1 共用体的概念

共用体也称为联合，共用体使几种不同类型的变量存放到同一段内存单元中。所以共用体在同一时刻只能有一个值，它属于某一个数据成员。由于所有成员共用同一块内存，因此共用体的大小就等于最大成员的大小。

定义共用体的类型变量的一般形式如下：

```
union 共用体名
{
    成员列表;
}变量列表;
```

例如定义一个共用体，其中包括的数据成员有整型、字符型和实型：

```
union DataUnion
{
    int iInt;
    char cChar;
    float fFloat;
}variable;                                    /*定义共用体变量*/
```

其中 variable1 为定义的共用体变量，而 union DataUnion 是共用体类型。还可以像结构体一样将类型的声明和变量定义分开：

```
union DataUnion variable;
```

通过上面的例子可以看到，共用体定义变量的方式与结构体定义变量的方式很相似，不过一定要注意的是，结构体变量大小是所包括所有数据成员大小的总和，其中每个成员分别占有自己的内存单元；但是共用体的大小为所包含数据成员中最大内存长度的大小。例如在上面定义的共用体变量 variable 的大小就与 float 类型大小相等。

13.1.2 共用体变量的引用

共用体变量定义完成后，就可以引用其中的成员数据。引用的一般形式如下：

```
共用体变量.成员名;
```

例如，引用前面定义的 variable 变量中的成员数据的方法：

```
variable.iInt;
variable.cChar;
variable.fFloat;
```

注意

不能直接引用共用体变量，如“printf("%d",variable);”。

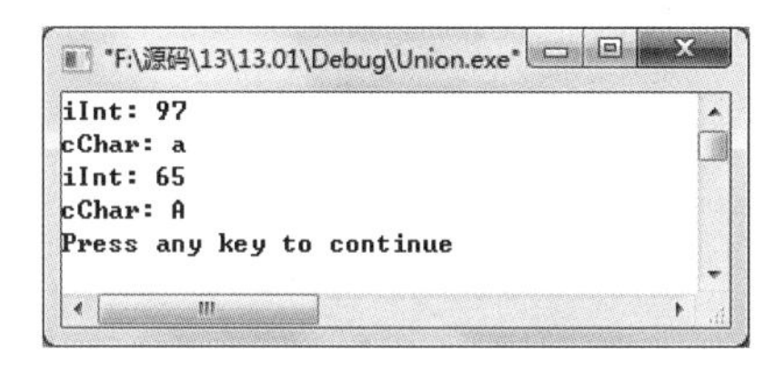

图 13.1　使用共用体变量

【例 13.1】　使用共用体变量。(**实例位置：资源包\源码\13\13.01**)

在本实例中定义共用体变量，通过定义的显示函数，将引用共用体中的数据成员。运行程序，显示效果如图 13.1 所示。

实现代码如下：

```
#include<stdio.h>

union DataUnion                                    /*声明共用体类型*/
{
    int iInt;                                      /*成员变量*/
    char cChar;
};

int main()
{
    union DataUnion Union;                         /*定义共用体变量*/
    Union.iInt=97;                                 /*为共用体变量中成员赋值*/
    printf("iInt: %d\n",Union.iInt);               /*输出成员变量数据*/
    printf("cChar: %c\n",Union.cChar);
    Union.cChar='A';                               /*改变成员的数据*/
    printf("iInt: %d\n",Union.iInt);               /*输出成员变量数据*/
    printf("cChar: %c\n",Union.cChar);
    return 0;
}
```

在程序中改变共用体的一个成员，其他成员也会随之改变。当给某个特定的成员进行赋值时，其他成员的值也会具有一致的含义，这是因为它们的值的每一个二进制位都被新值所覆盖。

13.1.3　共用体变量的初始化

在定义共用体变量时，可以同时对变量进行初始化操作。初始化的值放在一对大括号中。

注意

对共用体变量初始化时，只需要一个初始化值就足够了，其类型必须和共用体的第一个成员的类型相一致。

【例 13.2】 共用体变量的初始化。（**实例位置：资源包\源码\13\13.02**）

在本实例中，在定义共用体变量的同时进行初始化操作，将引用变量的值输出。运行程序，显示效果如图 13.2 所示。

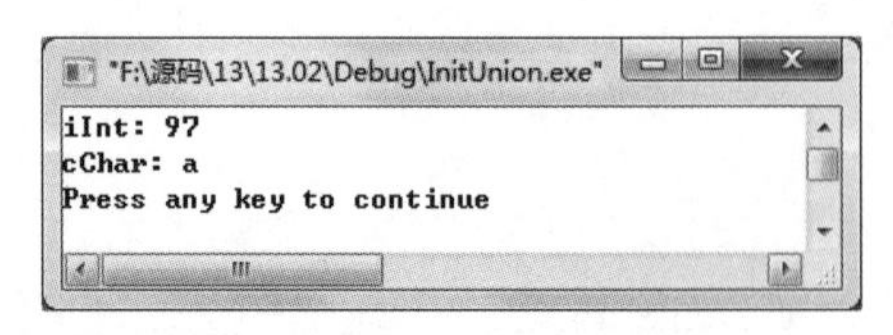

图 13.2 初始化共用体变量

实现代码如下：

```
#include<stdio.h>

union DataUnion                                    /*声明共用体类型*/
{
    int iInt;                                      /*成员变量*/
    char cChar;
};

int main()
{
    union DataUnion Union={97};                    /*定义共用体变量，并进行初始化*/
    printf("iInt: %d\n",Union.iInt);               /*输出成员变量数据*/
    printf("cChar: %c\n",Union.cChar);
    return 0;
}
```

说明

如果共用体的第一个成员是一个结构体类型，则初始化值中可以包含多个用于初始化该结构的表达式。

13.1.4 共用体类型的数据特点

在使用结构体类时，要注意以下一些特点。

- ☑ 同一个内存段可以用来存放几种不同类型的成员，但是在每一次只能存放其中一种类型，而不是同时存放所有的类型。也就是说在共用体中，只有一个成员起作用，其他成员不起作用。
- ☑ 共用体变量中起作用的成员是最后一次存放的成员，在存入一个新的成员后原有的成员就失去作用。
- ☑ 共用体变量的地址和它的各成员的地址都是同一地址。
- ☑ 不能对共用体变量名赋值，也不能企图引用变量名来得到一个值。

视频讲解

13.2 枚举类型

利用关键字 enum 可以声明枚举类型，这也是一种数据类型。使用该类型可以定义枚举类型变量，一个枚举变量包括一组相关的标识符，其中每个标识符都对应一个整数值，称为枚举常量。

例如定义一个枚举类型变量，其中每个标识符都对应一个整数值：

```
enum Colors(Red,Green,Blue);
```

Colors 就是定义的枚举类型变量，在括号中的第一个标识符对应着数值 0，第二个对应于 1，依次类推。

注意

每个标识符都必须是唯一的，而且不能采用关键字或当前作用域内的其他相同的标识符。

在定义枚举类型的变量时，可以对某个特定的标识符指定其对应的整型值，紧随其后的标识符对应的值依次加 1。例如：

```
enum Colors(Red=1,Green,Blue);
```

这样的话，Red 为数值 1，Green 为 2，Blue 为 3。

【例 13.3】　使用枚举类型。（**实例位置：资源包\源码\13\13.03**）

在本实例中，通过定义枚举类型观察其使用方式，其中每个枚举常量在声明的作用域内都可以看作一个新的数据类型。运行程序，显示效果如图 13.3 所示。

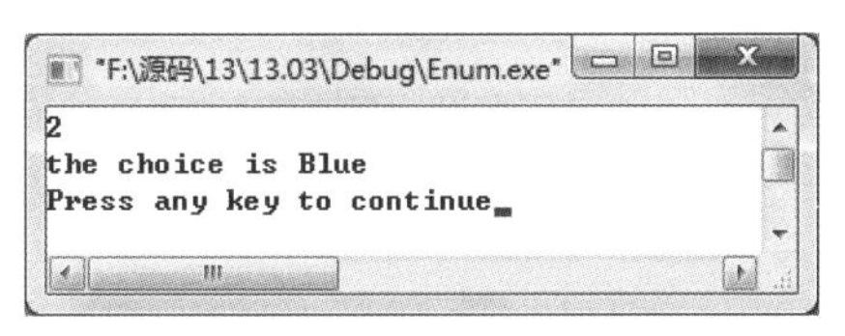

图 13.3　使用枚举类型

实现代码如下：

```
#include<stdio.h>

enum Color{Red=1,Blue,Green} color;                    /*定义枚举变量，并初始化*/
int main()
{
	int icolor;                                        /*定义整型变量*/
	scanf("%d",&icolor);                               /*输入数据*/
	switch(icolor)                                     /*判断 icolor 值*/
	{
	case Red:                                          /*枚举常量，Red 表示 1*/
		printf("the choice is Red\n");
		break;
	case Blue:                                         /*枚举常量，Blue 表示 2*/
		printf("the choice is Blue\n");
		break;
	case Green:                                        /*枚举常量，Green 表示 3*/
		printf("the choice is Green\n");
		break;
	default:
		printf("???\n");
```

```
            break;
    }
    return 0;
}
```

在程序中定义枚举变量在初始化时，为第一个枚举常量赋值为 1。这样 Red 被赋值为 1 后，之后的枚举常量就会依次加 1。通过使用 switch 语句判断输入的数据与这些标识符是否符合，然后执行 case 语句中的操作。

13.3 实　　战

13.3.1 共用体处理任意类型数据

设计一个共用体类型，使其成员包含多种数据类型，根据不同的类型，输出不同的数据。运行效果如图 13.4 所示。（**实例位置：资源包\源码\13\实战\01**）

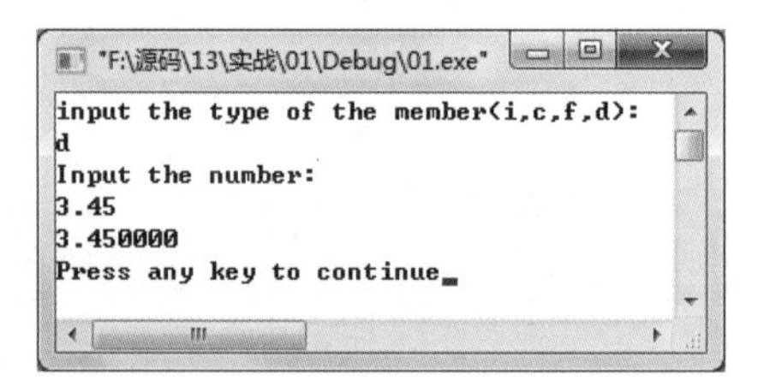

图 13.4　根据数据类型输出

13.3.2 取出整型数据的高字节数据

设计一个共用体，实现提取出 int 变量中的高字节中的数值，并改变这个值，输入十六进制的数。程序运行效果如图 13.5 所示。（**实例位置：资源包\源码\13\实战\02**）

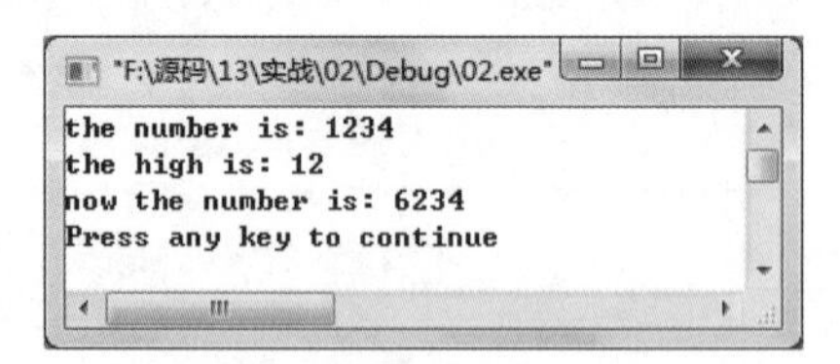

图 13.5　显示高字节位数据

13.3.3 使用共用体存放学生和老师信息

根据输入的职业标识，区分是老师还是学生，然后根据输入的信息，将对应的信息输出。如果是学生则输出学号，如果是老师则输出级别。其中 s 表示学生，t 表示老师。程序运行效果如图 13.6 所示。（**实例位置：资源包\源码\13\实战\03**）

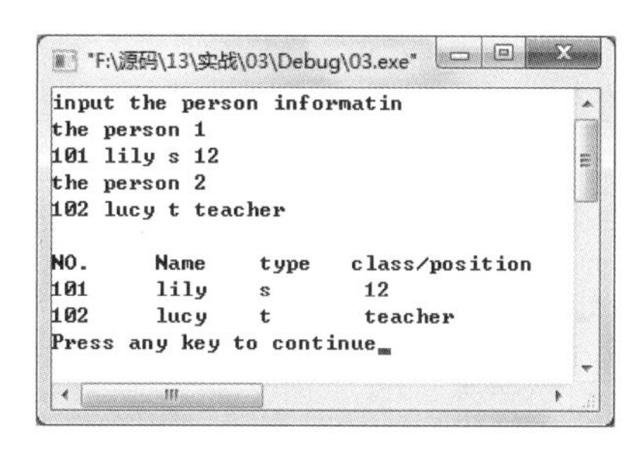

图 13.6　输出学生和老师信息

13.3.4　输出今天星期几

利用枚举类型表示一周的每一天，通过输入数字来输出星期几的英文形式。程序运行效果如图 13.7 所示。（**实例位置：资源包\源码\13\实战\04**）

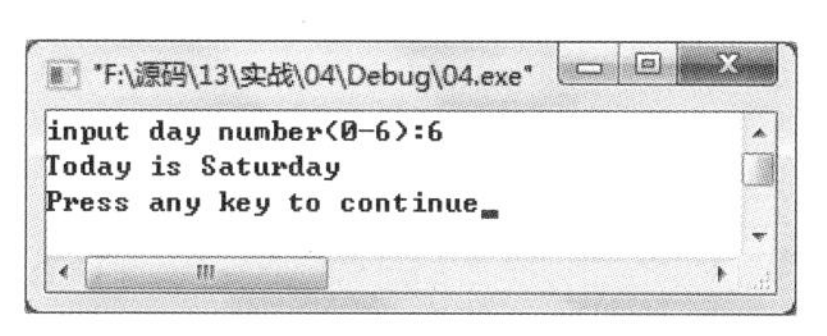

图 13.7　显示星期几

13.3.5　制作花束

有 5 种鲜花分别为百合、玫瑰、康乃馨、郁金香、马蹄莲，现从中任意选择 3 种不同的鲜花组成一束花，输出每种组合的方法，求出共有多少种不同的组成方法。程序运行效果如图 13.8 所示（这里只给出了部分输出结果）。（**实例位置：资源包\源码\13\实战\05**）

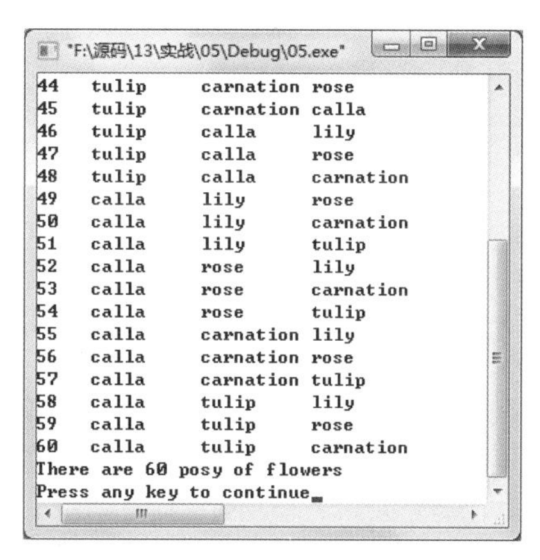

图 13.8　花束组成方法

第14章

使用预处理命令

（视频讲解：54分钟）

预处理功能是C语言特有的功能，可以使用预处理和具有预处理的功能是C语言和其他高级语言的区别之一，预处理程序有许多有用的功能，例如宏定义、条件编译等，使用预处理功能便于程序的修改、阅读、移植和调试，也便于实现模块化程序设计。

学习摘要：

- **掌握宏定义相关内容**
- **掌握文件包含相关内容**
- **掌握条件编译相关内容**

14.1　宏　定　义

在前面的学习中经常遇到用#define 命令定义符号常量的情况，其实使用#define 命令就是要定义一个可替换的宏，宏定义是预处理命令的一种。它提供了一种可以替换源代码中字符串的机制。根据宏定义中是否有参数，可以将宏定义分为不带参数的宏定义和带参数的宏定义两种，下面分别进行介绍。

14.1.1　不带参数的宏定义

宏定义指令#define 用来定义一个标识符和一个字符串，以这个标识符来代表这个字符串，每次在程序中遇到该标识符时就用所定义的字符串替换它。它的作用相当于给指定的字符串起一个别名。

不带参数的宏定义一般形式如下：

```
#define　宏名　字符串
```

☑　#表示这是一条预处理命令。

☑　宏名是一个标识符，必须符合 C 语言标识符的规定。

☑　字符串这里可以是常数、表达式、格式字符串等。

例如：

```
#define PI 3.14159
```

它的作用是在该程序中用 PI 替代 3.14159，在编译预处理时，每当在源程序中遇到 PI 就自动用 3.14159 代替。

使用#define 进行宏定义的好处是需要改变一个常量时只需改变#define 命令行，整个程序的常量都会改变，大大地提高了程序的灵活性。

宏名要简单且意义明确，一般习惯用大写字母表示以便与变量名相区别。

宏定义不是 C 语句，不需要在行末加分号。

宏名定义后，即可成为其他宏名定义中的一部分。例如，下面代码定义了正方形的边长 SIDE、周长 PERIMETER 及面积 AREA 的值。

```
#define   SIDE   5
#define   PERIMETER   4*SIDE
#define   AREA   SIDE*SIDE
```

前面强调过宏替换是以串代替标识符这一点。因此，如果希望定义一个标准的邀请语，可编写如下代码：

```
#define   STANDARD   "You are welcome to join us."
printf(STANDARD);
```

编译程序遇到标识符 STANDARD 时，就用"You are welcome to join us."替换。

对于编译程序，printf 语句如下形式是等效的：

```
printf("possible use of ‘i’ before definition in function main");
```

关于不带参数的宏定义有以下几点要强调一下。

☑ 如果在串中含有宏名，则不进行替换。例如：

```
#include<stdio.h>
#define TEST "this is an example"
main()
{
    char exp[30]="This TEST is not that TEST";                /*定义字符数组并赋初值*/
    printf("%s\n",exp);
}
```

该段代码输入结果如图 14.1 所示。

注意上面程序字符串中的 TEST 并没有用"this is an example"来替换，所以说如果串中含有宏名，则不进行替换。

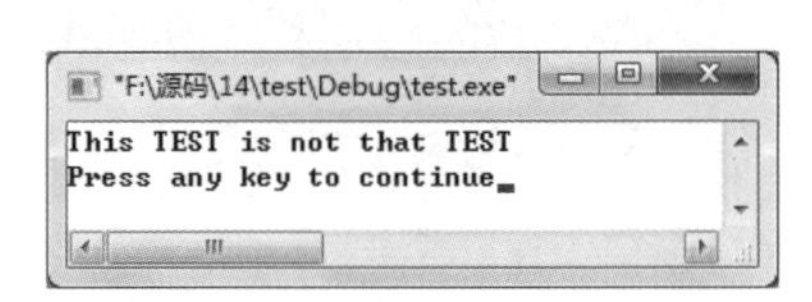

图 14.1　在串中含有宏名

☑ 如果串长于一行，可以在该行末尾用一反斜杠“\”续行。

☑ #define 命令出现在程序中函数的外面，宏名的有效范围为定义命令之后到此源文件结束。

注意

在编写程序时通常将所有的#define 放到文件的开始处或独立的文件中，而不是将它们分散到整个程序中。

☑ 可以用#undef 命令终止宏定义的作用域。

```
#include<stdio.h>
#define TEST "this is an example"
main()
{
    printf(TEST);
#undef TEST
}
```

☑ 宏定义用于预处理命令，它不同于定义的变量，只作字符替换，不分配内存空间。

14.1.2　带参数的宏定义

带参数的宏定义不是简单的字符串替换，还要进行参数替换。一般形式如下：

```
#define 宏名(参数表)字符串
```

【例 14.1】　对两个数实现乘法加法混合运算。（**实例位置：资源包\源码\14\14.1**）

程序运行结果如图 14.2 所示。

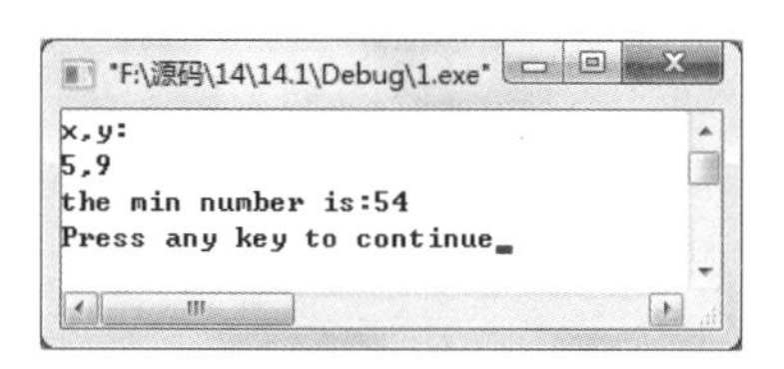

图 14.2　混合运算

程序代码如下：

```
#include<stdio.h>
#define MIX(a,b) ((a)*(b)+(b))                    /*宏定义求两个数的混合运算*/
main()
{
	int x=5,y=9;
	printf("x,y:\n");
	printf("%d,%d\n",x,y);
	printf("the min number is:%d\n",MIX(x,y));       /*宏定义调用*/
}
```

当编译该程序时，由 MIX(a,b)定义的表达式被替换，x 和 y 用作操作数，即 printf 语句被替换后取如下形式：

```
printf("the min number is: %d",((a)*(b)+(b)));
```

用宏替换代替实在的函数的一个好处是增加了代码的速度，因为不存在函数调用。但增加速度也有代价：由于重复编码而增加了程序长度。

对于带参数的宏定义有以下几点需要强调。

☑ 宏定义时参数要加括号，如不加括号，有时结果是正确的，有时结果便是错误的，那么什么时候是正确的，什么时候是错误的，具体说明如下：如例 14.1，当参数 x=10，y=9 时，在参数不加括号的情况下调用 MIX(x,y)，可以输出正确的结果；当 x=10，y=3+4 时，在参数不加括号的情况下调用 MIX(x,y)，则输出的结果是错误的，因为此时调用的 MIX(x,y)执行情况如下：

```
(10*3+4+3+4);
```

此时计算出的结果是 41，而实际上希望得出的结果是 77，所以为了避免出现上面这种情况，在进行宏定义时要在参数外面加上括号。

☑ 宏扩展必须使用括号，来保护表达式中低优先级的操作符，以便确保调用时达到想要的效果。如例 14.1 宏扩展外没有加括号，则调用：

```
5*MIX(x,y)
```

则会被扩展为：

```
5*(a)*(b)+(b)
```

而本意是希望得到：

```
5*((a)*(b)+(b))
```

在编译宏扩展时加上括号就能避免这种错误发生。

- ☑ 对带参数的宏的展开，只是将语句中宏名后面括号内的实参字符串代替#define 命令行中的形参。
- ☑ 在宏定义时，在宏名与带参数的括号之间不可以加空格，否则将空格以后的字符都作为替代字符串的一部分。
- ☑ 在带参宏定义中，形式参数不分配内存单元，因此不必作类型定义。

14.2 #include 指令

在一个源文件中使用#include 指令可以将另一个源文件的全部内容包含进来，也就是将另外的文件包含到本文件之中。#include 使编译程序将另一源文件嵌入带有#include 的源文件，被读入的源文件必须用双引号或尖括号括起来。例如：

```
#include    "stdio.h"
#include    <stdio.h>
```

这两行代码均使用 C 编译程序读入并编译，用于处理磁盘文件库的子程序。

上面给出了双引号和尖括号的形式，这里说下这两者之间的区别：用尖括号时，系统到存放 C 库函数头文件所在的目录中寻找要包含的文件，这种称为标准方式；用双引号时，系统先在用户当前目录中寻找要包含的文件，若找不到，再到存放 C 库函数头文件所在的目录中寻找要包含的文件。通常情况下，如果为调用库函数用#include 命令来包含相关的头文件，则用尖括号，可以节省查找的时间。如果要包含的是用户自己编写的文件，一般用双引号，用户自己编写的文件通常是在当前目录中。如果文件不在当前目录中，双引号可给出文件路径。

将文件嵌入#include 命令中的文件内是可行的，这种方式称为嵌套的嵌入文件，嵌套层次依赖于具体实现，如图 14.3 所示。

【例 14.2】 文件包含应用。（**实例位置：资源包\源码\14\14.2**）

程序运行结果如图 14.4 所示。

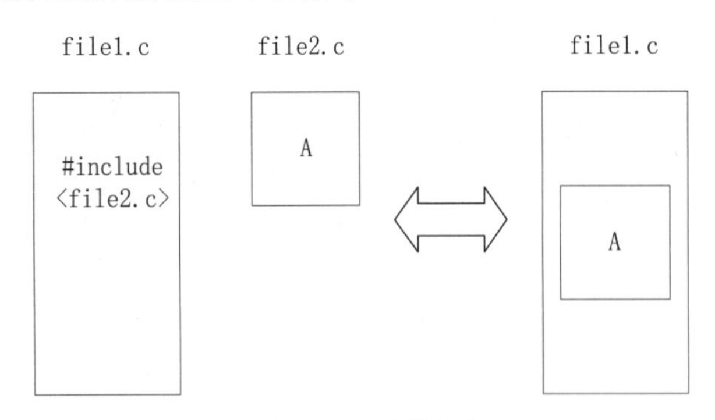

图 14.3 文件包含

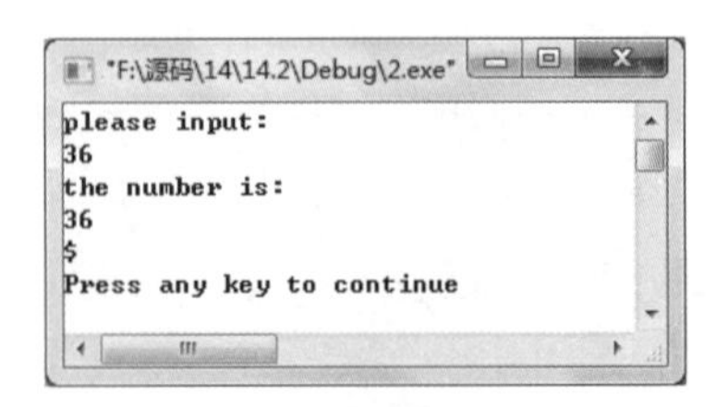

图 14.4 文件包含应用

程序代码如下：

（1）文件 f1.h

```
#define P printf
#define S scanf
```

```
#define D "%d"
#define C "%c"
```

（2）文件 f2.c

```
#include<stdio.h>
#include<f1.h>                                  /*包含文件 f1.h*/
main()
{
      int a;
      P("please input:\n");
      S(D,&a);                                  /*调用 f1 中的宏定义*/
      P("the number is:\n");
      P(D,a);                                   /*调用 f1 中的宏定义*/
      P("\n");
      P(C,a);
      P("\n");
}
```

常用在文件头部的被包含的文件称为标题文件或头部文件，常以.h 为后缀，如本例中的 f1.h。

一般情况下将如下内容放到.h 文件中。

☑　宏定义

☑　结构、联合和枚举声明

☑　typedef 声明

☑　外部函数声明

☑　全局变量声明

使用文件包含为实现程序修改提供了方便，当需要修改一些参数时不必修改每个程序，只需修改一个文件（头部文件）即可。

关于文件包含有以下几点要注意。

☑　一个#include 命令只能指定一个被包含的文件。

☑　文件包含是可以嵌套的，即在一个被包含文件中还可以包含另一个被包含文件。

☑　当在 file1.c 中包含文件 file2.h，那么在预编译后就成为一个文件而不是两个文件，这时如果 file2.h 中有全局静态变量，则该全局变量在 file1.c 文件中也有效，这时不需要再用 extern 声明。

14.3　条 件 编 译

视频讲解

预处理器提供了条件编译功能，一般情况下，源程序中所有的行都参加编译，但是有时希望只对其中一部分内容在满足一定条件时才进行编译，这时就需要使用到一些条件编译命令，使用条件编译，可方便地处理程序的调试版本和正式版本，同时还会增强程序的可移植性。

14.3.1　#if 命令

#if 的基本含义：如果#if 指令后的参数表达式为真，则编译#if 到#endif 之间的程序段，否则跳过

这段程序。#endif 指令用来表示#if 段的结束。

#if 指令的一般形式如下：

```
#if 常数表达式
    语句段;
#endif
```

如果常数表达式为真，则该段程序被编译，否则跳过去不编译。

【例 14.3】　#if 应用。（**实例位置：资源包\源码\14\14.3**）

程序运行结果如图 14.5 所示。

程序代码如下：

```
#include<stdio.h>
#define NUM 50
main()
{
	int i=0;
#if NUM>50                                                    /*判断 NUM 是否大于 50*/
	i++;
#endif
#if NUM==50
	i=i+50;
#endif
#if NUM<50
	i--;
#endif
	printf("Now i is:%d\n",i);
}
```

若将语句：

```
#define NUM 50
```

改为：

```
#define NUM 10
```

则程序运行结果如图 14.6 所示：

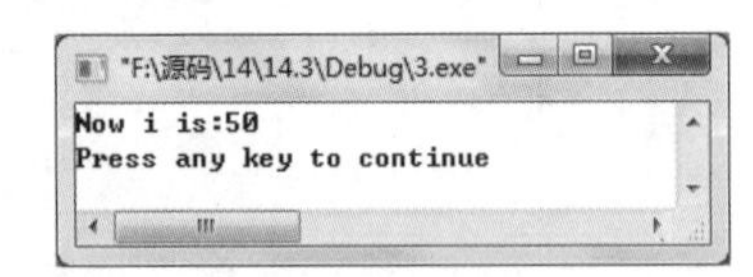

图 14.5　#if 应用

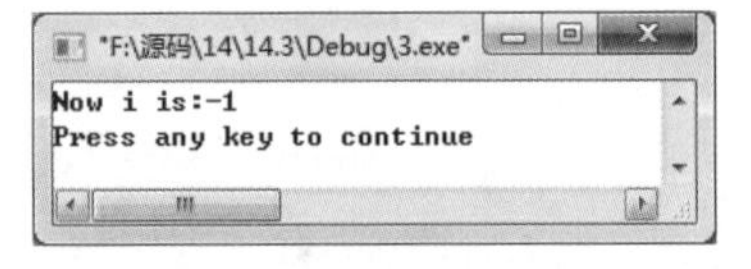

图 14.6　NUM 为 10 时运行结果

同样，如果若将语句：

```
#define NUM 50
```

改为：

```
#define NUM 100
```

则运行结果如图 14.7 所示：

#else 的作用是为#if 为假时提供另一种选择。作用和前面讲过的条件判断中的 else 相近。

【例 14.4】　#else 应用。（**实例位置：资源包\源码\14\14.4**）

程序运行结果如图 14.8 所示。

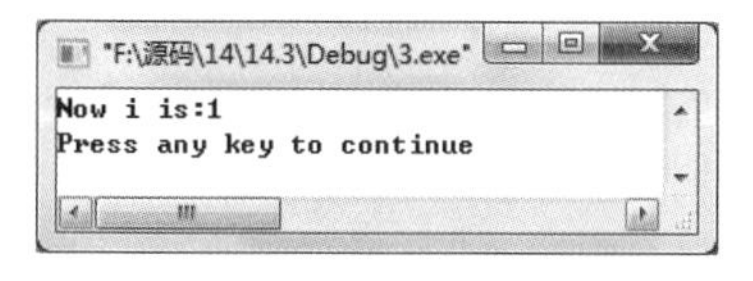

图 14.7　当 NUM 为 100 时运行结果

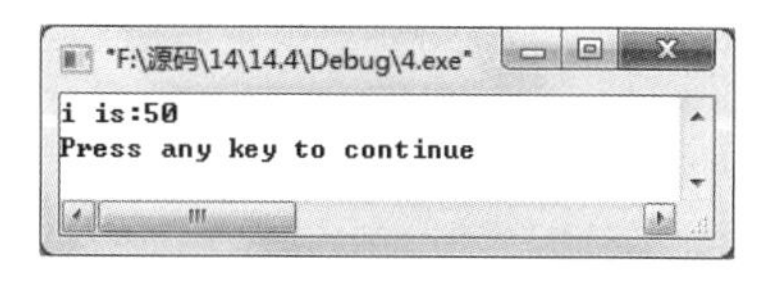

图 14.8　#else 应用

程序代码如下：

```
#include<stdio.h>
#define NUM 50
main()
{
	int i=0;
#if NUM>50
	i++;
#else
#if NUM<50
	i--;
#else
	i=i+50;
#endif
#endif
	printf("i is:%d\n",i);
}
```

#elif 指令用来建立一种“如果…或者如果…”这样阶梯状多重编译操作选择，这与多分支 if 语句中的 else if 类似。

#elif 一般形式如下：

```
#if 表达式
语句段;
#elif 表达式 1
语句段;
#elif 表达式 2
语句段;
…
#elif 表达式 n
语句段;
#endif
```

在运行结果不发生改变的前提下可将例 14.4 改写成例 14.5 中的形式。

【例 14.5】　#elif 应用。（**实例位置：资源包\源码\14\14.5**）

```
#include<stdio.h>
#define NUM 50
```

```
main()
{
    int i=0;
    #if NUM>50
        i++;
    #elif NUM==50
        i=i+50;
    #else
        i--;
    #endif
    printf("i is:%d\n",i);
}
```

程序运行结果如图 14.9 所示。

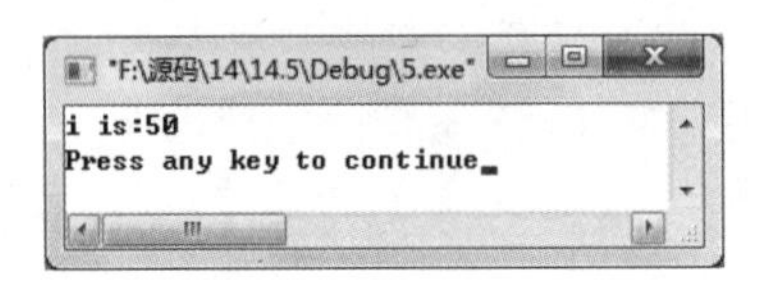

图 14.9　#elif 应用

14.3.2　#ifdef 及#ifndef 命令

前面介绍过的#if 条件编译命令中，需要判断符号常量所定义的具体值，但有的时候，并不需要判断具体值，只是需要知道这个符号常量是否被定义了，这时就不需要使用#if，而采用另一种条件编译的方法，即#ifdef 与#ifndef 命令，它们分别表示“如果有定义”及“如果无定义”。下面就将对这两个命令进行进一步介绍。

#ifdef 的一般形式如下：

```
#ifdef 宏替换名
语句段;
#endif
```

其意义是：如果宏替换名已被定义过，则对语句段进行编译，如果没有定义过，则不对语句段进行编译。

#ifdef 可与#else 连用，构成的一般形式如下：

```
#ifdef 宏替换名
语句段 1;
#else
语句段 2;
#endif
```

其意义是：如果宏替换名已被定义过，则对语句段 1 进行编译；如果没有定义过，则对语句段 2 进行编译。

#ifndef 的一般形式如下：

```
#ifndef 宏替换名
语句段;
#endif
```

其意义是：如果未定义#ifndef 后面的宏替换名，则对语句段进行编译；如果定义过，则不执行语句段。

同样#ifndef 也可以与#else 连用，构成的一般形式如下：

```
#ifndef 宏替换名
语句段 1;
#else
语句段 2;
#endif
```

其意义是：如果未定义#ifndef 后面的宏替换名，则对语句段 1 进行编译；如果定义过，则对语句段 2 进行编译。

【例 14.6】　#ifdef 及#ifndef 具体应用。（**实例位置：资源包\源码\14\14.6**）

程序运行结果如图 14.10 所示。

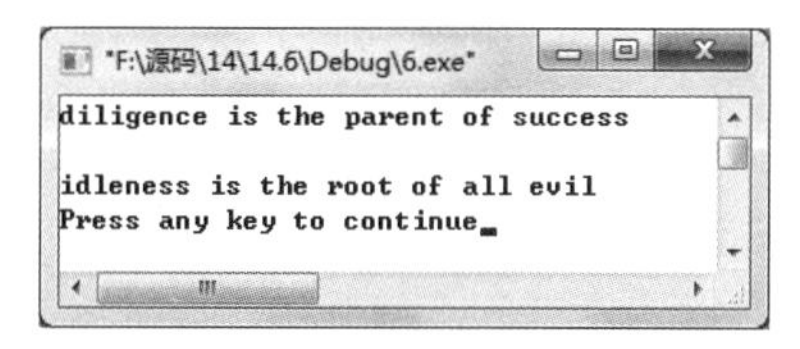

图 14.10　#ifdef 及#ifndef 应用

程序代码如下：

```
#include<stdio.h>
#define STR "diligence is the parent of success\n"
main()
{
    #ifdef STR
        printf(STR);
    #else
        printf("idleness is the root of all evil\n");
    #endif
    printf("\n");
    #ifndef ABC
        printf("idleness is the root of all evil\n");
    #else
        printf(STR);
    #endif
}
```

14.3.3　#undef 命令

在前面讲#define 命令时提到过#undef 命令，使用#undef 命令用来删除事先定义了的宏定义。

#undef 命令的一般形式如下：

```
#undef 宏替换名
```

例如：

```
#define MAX_SIZE 100
char array[MAX_SIZE];
#undef MAX_SIZE
```

上面代码中，首先使用#define 定义标识符 MAX_SIZE，直到遇到#undef 语句之前，MAX_SIZE 的定义都是有效的。

说明

#undef 的主要目的是将宏名仅局限在需要它们的代码段中。

14.3.4　#line 命令

命令#line 改变_LINE_与_FILE_的内容，_LINE_存放当前编译行的行号，_FILE_存放当前编译的文件名。

#line 的一般形式如下：

```
#line 行号["文件名"]
```

其中行号为任一正整数，可选的文件名为任意有效文件标识符。行号为源程序中当前行号，文件名为源文件的名字。命令#line 主要用于调试及其他特殊应用。

【例 14.7】　输出行号。（**实例位置：资源包\源码\14\14.7**）

程序运行结果如图 14.11 所示。

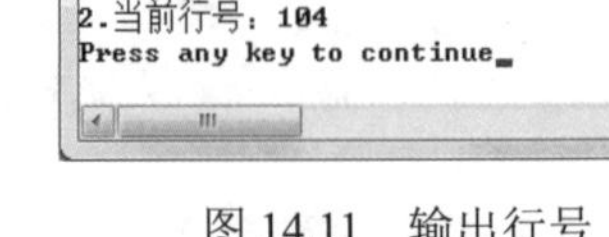

图 14.11　输出行号

程序代码如下：

```
#line 100 "13.7.C"
#include<stdio.h>
main()
{
     printf("1.当前行号：%d\n",__LINE__);
     printf("2.当前行号：%d\n",__LINE__);
}
```

14.3.5　#pragma 命令

1．#pragma 命令

#pragma 命令的作用是设定编译器的状态，或者指示编译器完成一些特定的动作。

#pragma 指令的一般形式如下：

```
#pragma 参数
```

参数可为以下几种情况。

☑ message 参数：该参数能够在编译信息输出窗口中输出相应的信息。

☑ code_seg 参数：设置程序中函数代码存放的代码段。

☑ once 参数：保证头文件被编译一次。

2. 预定义宏名

ANSI 标准说明了以下 5 个预定义宏替换名。

☑ __LINE__：其含义是当前被编译代码的行号。

☑ __FILE__：其含义是当前源程序的文件名称。

☑ __DATE__：其含义是当前源程序的创建日期。

☑ __TIME__：其含义是当前源程序的创建时间。

☑ __STDC__：其含义是用来判断当前编译器是否为标准 C，若其值为 1 表示符合标准 C，否则不是标准 C。

如果编译不是标准的，则可能仅支持以上宏名中的几个，或根本不支持。编译程序有时还提供其他预定义的宏名。

宏名的书写比较特别，书写时字母两边都要有两个下划线。

14.4 实　　战

14.4.1 使用带参数宏求圆面积

计算圆面积的公式为 πR^2，根据这个参数定义求圆面积的宏如下：

```
#define PI 3.14                                   /*定义常数 PI*/
#define Area(r)   PI*r*r                          /*定义带参数的宏*/
```

在这个宏定义中可以看出，这是一个嵌套的定义，首先展开 Area，接着再将其中的 PI 做替换。程序的运行效果如图 14.12 所示。（**实例位置：资源包\源码\14\实战\01**）

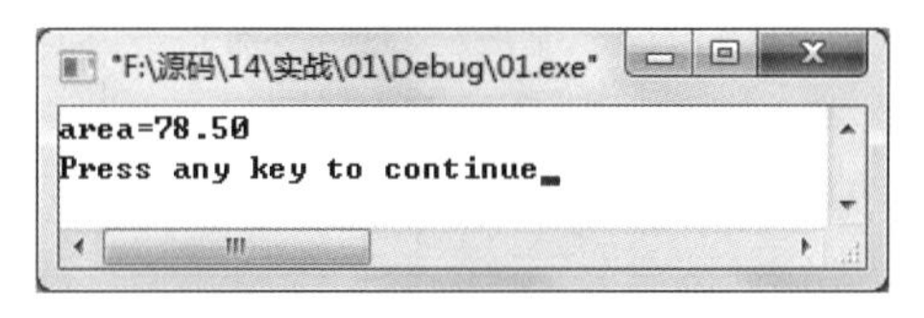

图 14.12　使用带参数的宏求圆面积

14.4.2　利用宏定义求偶数和

本实战实现利用宏定义求 1~100 的偶数和，这里定义了一个宏用来判断一个数是否为偶数。宏定义形式如下：

```
#define EVEN(x) (((x)%2==0)?1:0)
```

在 C 语言中不存在逻辑值，因此自定义宏 TRUE 和 FALSE，表示 1 和 0。

```
#define TRUE 1
#define FALSE 0
```

因此，判断偶数的宏又可以演变为下面的形式：

```
#define EVEN(x) (((x)%2==0)?TRUE:FALSE)
```

运行程序，遍历 1~100 的整数，累加偶数，得出累加和如图 14.13 所示。（**实例位置：资源包\源码\14\实战\02**）

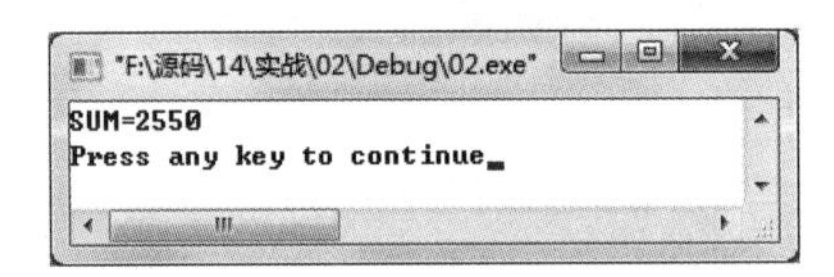

图 14.13　利用宏定义求偶数和

14.4.3　从 3 个数中找出最小数

分别用函数和带参的宏，从 3 个数中找出最小数，本程序中定义了一个宏如下：

```
#define MIN(a,b,c) ((a)>(b)?((b)>(c)?(c):(b)):((a)>(c)?(c):(a)))          /*宏定义找 3 个数中较小数*/
```

先来分析一下这个宏定义，表达式“((a)>(b)?((b)>(c)?(c):(b)):((a)>(c)?(c):(a)))”可以通过空格将比较关系拆分如下：

((a)>(b)　?　((b)>(c)?(c):(b))　:　((a)>(c)?(c):(a))

表达式1　　表达式2　　表达式3

从这里面可以看出，此表达式首先比较 a 和 b 的大小，如果 a 大于 b，则执行表达式 2，比较 b 和 c 的大小，其中如果 c 比较小，则取 c 的值，否则取 b 的值；如果 a 小于 b，则执行表达式 3，比较 a 和 c 的值，其中如果 a 比 c 小则取 a 的值，否则取 c 的值。

运行程序，输入 3 个数，求最小值，效果如图 14.14 所示。（**实例位置：资源包\源码\14\实战\03**）

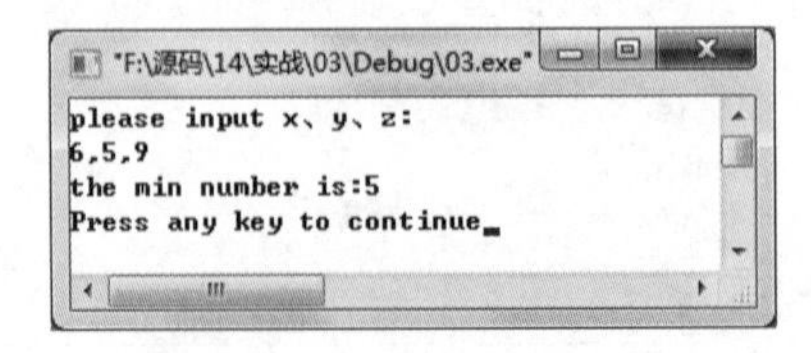

图 14.14　从 3 个数中找出最小数

14.4.4　利用文件包含设计输出模式

在程序设计时需要很多输出格式，如整型、实型及字符型等，在编写程序时会经常使用这些输出格式，如果经常书写这些格式会很烦琐，下面就设计一个头文件，将经常使用的输出模式都写进头文件中，方便代码的编写。

本程序中仅举一个简单的例子，将整型数的输出写入到头文件中，并将这个头文件命名为 format.h。声明整型输出的形式如下：

```
#define INTEGER(d) printf("%4d\n",d)
```

运行程序，提示用户输入一个整数，然后利用自定义的头文件 format.h 输出这个整数，效果如图 14.15 所示。（**实例位置：资源包\源码\14\实战\04**）

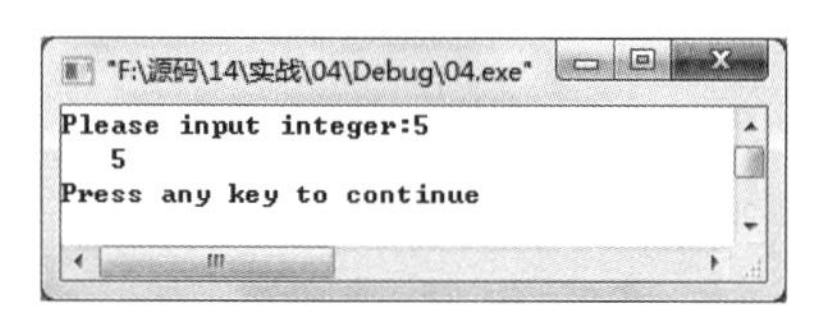

图 14.15　利用文件包含设计输出模式

14.4.5　使用条件编译隐藏密码

一般输入密码时都会用星号*来替代，用以增强安全性。这里设置一个宏 PWD，规定宏体为 1，在正常情况下密码会显示为*的形式，在某些特殊时，也可以显示为字符串。

运行程序，当显示的是密码时，效果如图 14.16 所示。（**实例位置：资源包\源码\14\实战\05**）

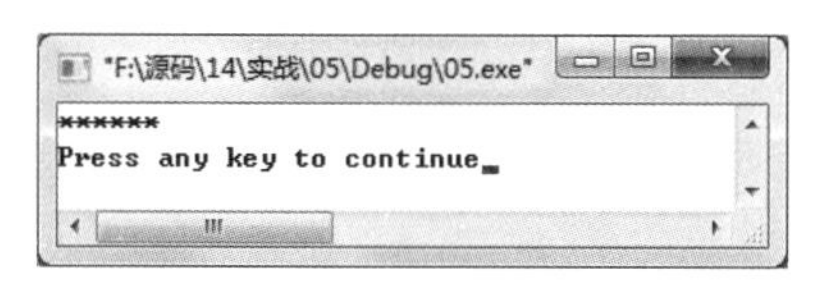

图 14.16　使用条件编译隐藏密码

第15章

存储管理

（视频讲解：31分钟）

程序在运行时，将需要的数据都组织存放在内存空间，以备程序使用。在软件开发的过程中，常常需要动态地分配和撤销内存空间，例如对动态链表中的结点进行插入和删除，这样就要对内存进行管理。

本章致力于使读者了解内存的组织结构，掌握动态管理内存使用的函数，了解内存在什么情况下会丢失。

学习摘要：

- 了解内存组织方式
- 区分堆与栈的不同
- 掌握动态管理所用函数
- 了解内存丢失情况

15.1　内存组织方式

程序存储的概念是当代所有数字计算机的基础，程序的机器语言指令和数据都存储在同一个逻辑内存空间里。内存是按照怎样的方式组织的呢？下面将会进行具体介绍。

15.1.1　内存组织方式

开发人员将程序编写完成之后，程序要先装载到计算机的内核或者半导体内存中，然后再运行程序。程序被组织成以下 4 个逻辑段。

☑　可执行代码。

☑　静态数据。可执行代码和静态数据，存储在固定的内存位置。

☑　动态数据（堆）。程序请求动态分配的内存来自内存池，也就是堆。

☑　栈。局部数据对象、函数的参数以及调用函数和被调用函数的联系放在称为栈的内存池中。

其实，堆和栈可以是被所有同时运行的程序共享的操作系统资源，也可以是使用程序独占的局部资源。

15.1.2　堆管理

堆管理一直都是编程中的一个难题，在 C 语言中也不例外。在内存的全局存储空间中，用于程序动态分配和释放的内存块称为自由存储空间，通常也称之为堆。

在 C 程序中，是用 malloc 函数和 free 函数来从堆中动态地分配和释放内存。

【例 15.1】　在堆中分配内存并释放。（**实例位置：资源包\源码\15\15.1**）

在本实例中，使用 malloc 函数分配一个整型变量的内存空间，在使用完该空间后，使用 free 函数进行释放。

运行程序，显示效果如图 15.1 所示。

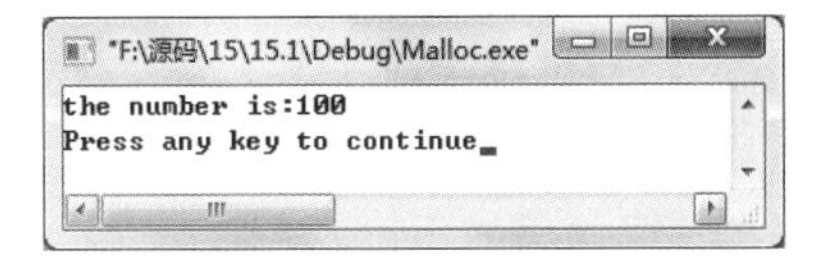

图 15.1　在堆中分配内存并释放

程序代码如下：

```
#include<stdio.h>

int main()
{
	int *pInt;	/*定义整型指针*/
	pInt=(int*)malloc(sizeof(int));	/*分配内存*/

	*pInt=100;	/*使用分配内存*/
	printf("the number is:%d\n",*pInt);	/*输出显示数值*/
	free(pInt);	/*释放内存*/
	return 0;
}
```

15.2 动态管理

15.2.1 malloc 函数

malloc 函数的原型如下：

```
void *malloc(unsigned int size);
```

在 stdlib.h 头文件中包含该函数，其作用是在内存中动态地分配一块 size 大小的内存空间。分配完成后 malloc 函数会返回一个指针，该指针指向分配的内存空间，如果出现错误则返回 NULL。

注意

使用 malloc 函数分配的内存空间是在堆中，而不是在栈中。所以在使用完这块内存之后一定要将其释放掉，释放内存空间使用的函数是 free 函数（下面将会进行介绍）。

例如，使用该函数分配一个整型内存空间：

```
int *pInt;
pInt=(int*)malloc(sizeof(int));
```

首先定义指针 pInt 用来保存分配内存的地址。在使用 malloc 函数分配内存空间时，需要指定具体的内存空间的大小（size），这时调用 sizeof 函数就可以得到指定类型的大小。malloc 成功分配内存空间后会返回一个指针，因为分配的是一个 int 型空间，所以在返回指针时也应该是相对应的 int 型指针，这样的话就要进行强制类型转换。最后将函数返回的指针赋值给指针 pInt，就可以保存动态分配的整型空间地址了。

【例 15.2】 使用 malloc 函数动态分配空间。（**实例位置：资源包\源码\15\15.2**）

运行程序，显示效果如图 15.2 所示。

程序代码如下：

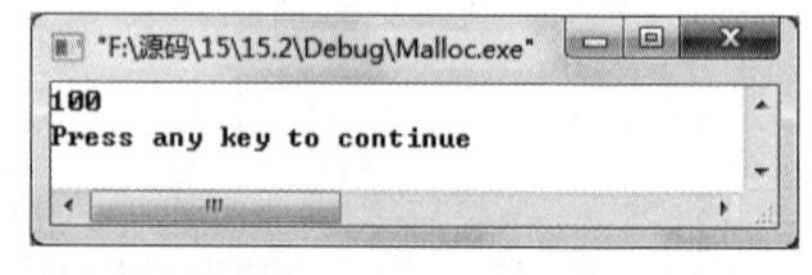

图 15.2 使用 malloc 函数动态分配空间

```
#include<stdio.h>
#include <stdlib.h>

int main()
{
	int* iIntMalloc=(int*)malloc(sizeof(int));			/*分配空间*/
	*iIntMalloc=100;							/*使用该空间保存数据*/
	printf("%d\n",*iIntMalloc);					/*输出数据*/
	return 0;
}
```

代码分析：

在程序中使用 malloc 函数分配了内存空间，通过指向该内存空间的指针，使用该空间保存数据。

最后显示该数据表示保存数据成功。

15.2.2 calloc 函数

calloc 函数的原型如下：

```
void * calloc(unsigned n, unsigned size);
```

使用该函数也要包含头文件 stdlib.h，该函数的功能是在内存中动态分配 n 个长度为 size 的连续内存空间数组。calloc 函数会返回一个指针，该指针指向动态分配的连续内存空间地址。当分配空间错误时，返回 NULL。

例如，使用该函数分配一个整型数组内存空间：

```
int* pArray;                                    /*定义指针*/
pArray=(int*)calloc(3,sizeof(int));             /*分配内存数组*/
```

在上面的代码中 pArray 为一个整型指针，使用 calloc 分配内存数组，在参数中第一个参数表示分配数组中元素的个数，而第二个参数表示元素的类型。最后将返回的指针赋给 pArray 指针变量，pArray 指向的就是该数组的首地址。

【例 15.3】 使用 calloc 函数分配数组内存。（**实例位置：资源包\源码\15\15.3**）

在本实例中，动态分配一个数组。使用循环为数组中的每一个元素进行赋值，再将数组中的元素值进行输出，验证分配内存正确保存了数据。

运行程序，显示效果如图 15.3 所示。

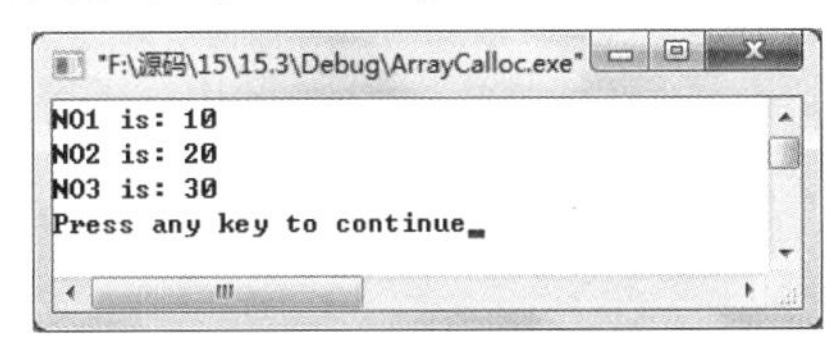

图 15.3 使用 calloc 函数分配数组内存

程序代码如下：

```
#include<stdio.h>
#include <stdlib.h>

int main()
{
	int* pArray;                                /*定义指针*/
	int i;                                      /*循环控制变量*/
	pArray=(int*)calloc(3,sizeof(int));         /*数组内存*/

	for(i=1;i<4;i++)                            /*使用循环对数组进行赋值*/
	{
		*pArray=10*i;                           /*赋值*/
		printf("NO%d is: %d\n",i,*pArray);      /*显示结果*/
		pArray+=1;                              /*移动指针到数组的下一个元素*/
	}
	return 0;
}
```

代码分析：

在代码中可以看到使用 calloc 函数分配一个整型数组空间，数组具有 3 个元素，使用 pArray 得到该空间的首地址，因为首地址即为第一个元素的地址，所以通过该指针可以直接输出第一个元素的数据。通过移动指针指向数组中其他的元素，然后将其显示输出。

15.2.3 realloc 函数

realloc 函数的原型如下：

```
void *realloc(void *ptr, size_t size);
```

首先使用该函数要包含头文件 stdlib.h，其功能是改变 ptr 指针指向的空间 size 的大小。设定的 size 大小可以是任意的，也就是说可以比原来的数值大，也可以比原来的数值小。返回值是一个指向新地址的指针，如果出现错误则返回 NULL。

例如，将一个分配的实型的空间大小改为整型大小：

```
fDouble=(double*)malloc(sizeof(double));
iInt=realloc(fDouble,sizeof(int));
```

其中，fDouble 是指向分配的实型空间，之后使用 realloc 函数改变 fDouble 指向的空间的大小，将其大小设置为整型，然后将改变后的内存空间的地址返回赋值给 iInt 整型指针。

【例 15.4】 使用 realloc 函数重新分配内存。（**实例位置：资源包\源码\15\15.4**）

运行程序，显示效果如图 15.4 所示。

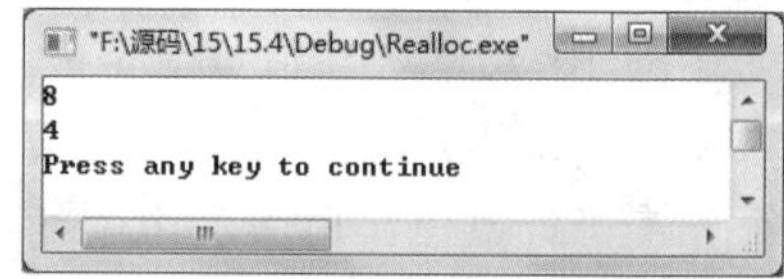

图 15.4　使用 realloc 函数重新分配内存

程序代码如下：

```
#include<stdio.h>
#include <stdlib.h>

int main()
{

    double *fDouble;                                /*定义实型指针*/
    int* iInt;                                      /*定义整型指针*/
    fDouble=(double*)malloc(sizeof(double));        /*使用 malloc 函数分配实型空间*/
    printf("%d\n",sizeof(*fDouble));                /*输出空间的大小*/
    iInt=realloc(fDouble,sizeof(int));              /*使用 realloc 函数改变分配空间大小*/
    printf("%d\n",sizeof(*iInt));
    return 0;
}
```

代码分析：

本实例中，先使用 malloc 函数分配了一个实型大小的内存空间，然后通过 sizeof 函数输出内存空间的大小。之后使用 realloc 函数得到新的内存空间大小。输出新空间的大小，比较两者的数值可以看出新空间与原来的空间大小不一样。

15.2.4　free 函数

free 函数的原型如下：

```
void free(void *ptr);
```

该函数的功能是使用由指针 ptr 指向的内存区，使部分内存区能被其他变量使用。指针 ptr 是最近一次调用 calloc 或 malloc 函数时返回的值。free 函数无返回值。

例如，释放一个分配整型变量的内存空间：

```
free(pInt);
```

代码中 pInt 为一个指向一个整型大小的内存空间，使用 free 函数将其进行释放。

【例 15.5】　使用 free 函数释放内存空间。（**实例位置：资源包\源码\15\15.5**）

在本实例中，将分配的内存进行释放，并且在释放前输出一次内存中保存的数据，释放后再利用指针输出一次，观察两次的结果可以看出调用 free 函数之后，内存被释放。

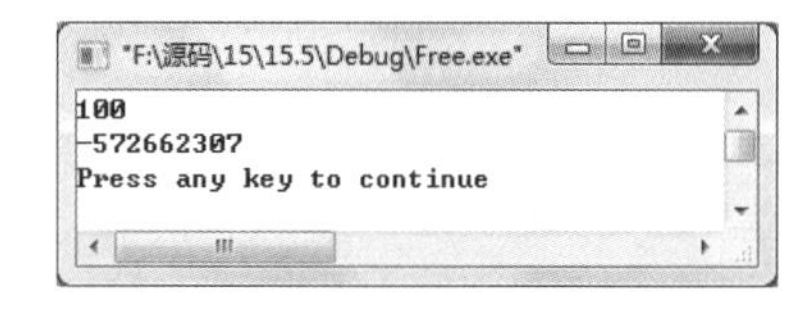

图 15.5　使用 free 函数释放内存空间

运行程序，显示效果如图 15.5 所示。

程序代码如下：

```
#include<stdio.h>
#include<stdlib.h>

int main()
{
	int* pInt;                                  /*整型指针*/
	pInt=(int*)malloc(sizeof(pInt));            /*分配空间整型空间*/
	*pInt=100;                                  /*赋值*/
	printf("%d\n",*pInt);                       /*将值进行输出*/
	free(pInt);                                 /*释放该内存空间*/
	printf("%d\n",*pInt);                       /*将值进行输出*/
	return 0;
}
```

代码分析：

在程序中定义指针 pInt 用来指向动态分配的内存空间，使用新空间保存数据，之后利用指针进行输出。调用 free 函数将其空间释放，当再输出时因为保存数据的空间已经被释放，那么数据肯定就不存在了。

视频讲解

15.3　内 存 丢 失

在使用 malloc 等函数分配内存后，要对其使用 free 函数进行释放。因为内存不进行释放会造成内存遗漏，可能会导致系统崩溃。

因为 free 函数的用处在于实时地执行回收内存的操作，如果程序很简单，那么不用写 free 函数去释放内存也可以，当程序结束之前也不会使用很多的内存，不会降低系统的性能。当程序结束后，操作系统会将完成释放的功能。

但是如果在开发大型程序时，不写 free 函数去释放内存是很严重的。因为很可能在程序中要重复一万次分配 10MB 的内存，那么每次进行分配内存后都使用 free 函数去释放用完的内存空间，那么这个程序只需要使用 10MB 内存就可以运行。但是如果不使用 free 函数，那么程序就要使用 100GB 的内存！因为这其中包括绝大部分的虚拟内存，而由于虚拟内存的操作需要读写磁盘，因此，这样会极大地影响到系统的性能，系统可能因此崩溃。

所以在程序中编写 malloc 分配内存时都对应地写出一个 free 函数进行释放，这是一个良好的编程习惯，这不但体现了在处理大型程序时的必要性，并能在一定程度上体现出程序优美的风格。

但是有些时候，常常会有将内存丢失的情况，例如：

```
pOld=(int*)malloc(sizeof(int));
pNew=(int*)malloc(sizeof(int));
```

这两段代码分别表示：创建了一块内存，并且将内存的地址传给了指针 pOld 和 pNew。此时指针 pOld 和 pNew 分别指向两块内存。如果进行这样的操作：

```
pOld=pNew;
```

那么 pOld 指针就是指向了 pNew 指向的内存地址，这时再进行释放内存操作：

```
free(pOld);
```

这时释放 pOld 所指向的内存空间是原来 pNew 指向的，于是这块空间被释放掉了。但是 pOld 原来指向的那块内存空间还没有被释放，不过因为没有指针指向这块内存，所以这块内存就造成了丢失。

15.4 实　　战

15.4.1　为具有 3 个数组元素的数组分配内存

本程序为一个具有 3 个元素的数组动态分配内存，为元素赋值并将其输出。程序运行效果如图 15.6 所示。（**实例位置：资源包\源码\15\实战\01**）

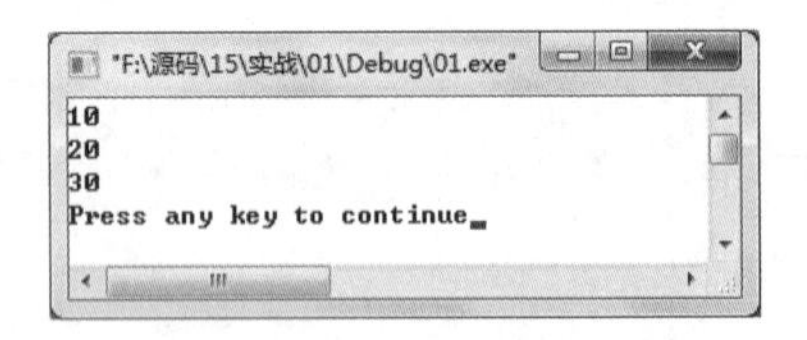

图 15.6　为数组分配内存空间

15.4.2　为二维数组动态分配内存

本程序为二维数组进行动态分配内存空间，并赋值。数组元素的赋值效果如图 15.7 所示。（**实例位置：资源包\源码\15\实战\02**）

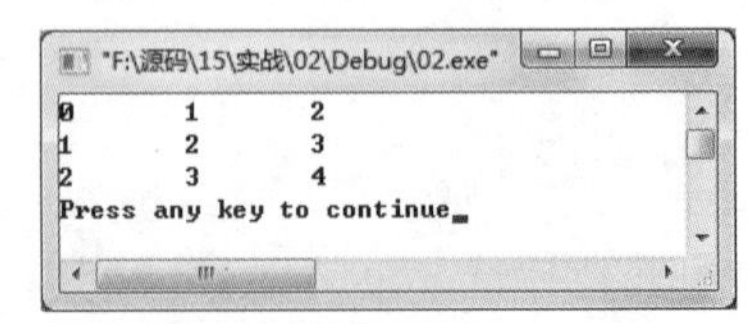

图 15.7　为二维数组动态分配内存

15.4.3　使用 malloc 函数分配内存

malloc 函数的功能是在内存的动态存储区域中动态地分配一个指定长度的连续存储空间。本程序创建了一个结构体类型的指针，其中包含两个成员，一个是整型变量，一个是结构体指针。利用 malloc 函数分配一个结构体的内存空间，然后给这两个成员赋值并显示出来，运行效果如图 15.8 所示。（**实例位置：资源包\源码\15\实战\03**）

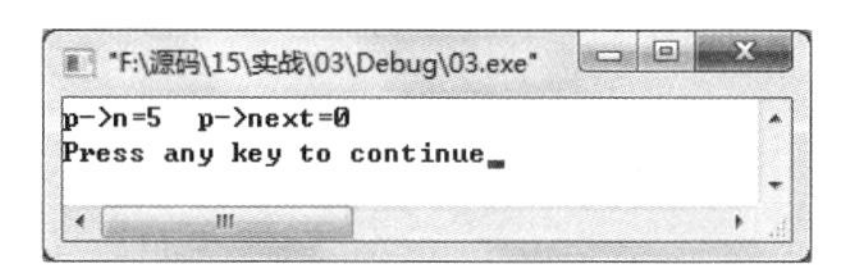

图 15.8　使用 malloc 函数分配内存

15.4.4　调用 calloc 函数动态分配内存

调用 calloc 函数动态分配内存存放若干个数据。该函数返回值为分配域的起始地址，如果分配不成功，则返回值为 0。

本程序利用 calloc 函数分配 5 个整型变量的内存空间，然后录入数据，再将这 5 个数据输出，运行程序，效果如图 15.9 所示。（**实例位置：资源包\源码\15\实战\04**）

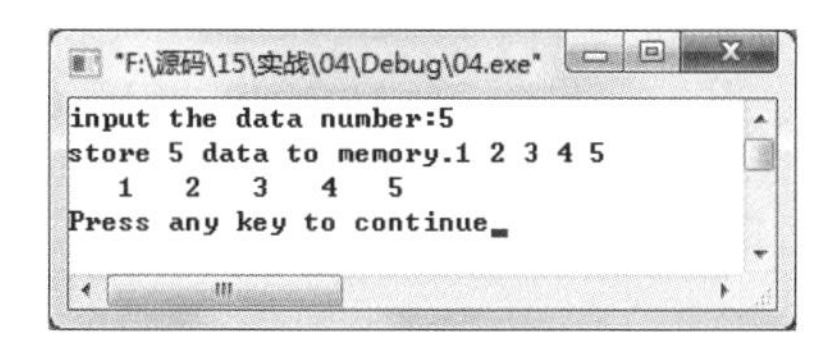

图 15.9　调用 calloc()函数动态分配内存

15.4.5　商品信息的动态存放

动态分配一块内存区域，并存放一个商品信息。首先需要定义一个商品信息的结构体类型，同时声明一个结构体类型的指针，调用 malloc 函数分配空间，地址存放到指针变量中，利用指针变量访问该地址空间中的每个成员数据。

运行程序，执行效果如图 15.10 所示。（**实例位置：资源包\源码\15\实战\05**）

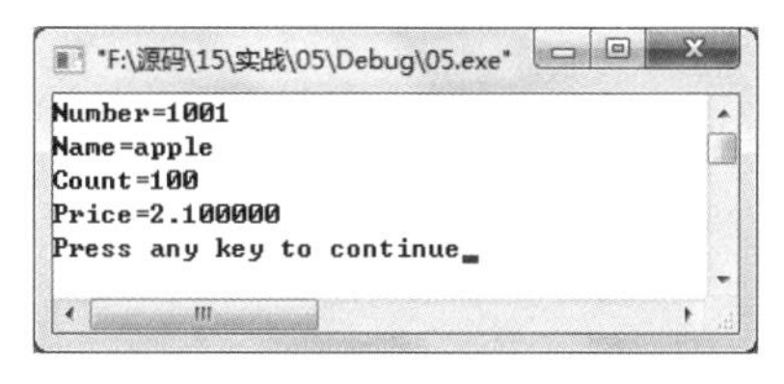

图 15.10　商品信息的动态存放

第16章

链表在C语言中的应用

（视频讲解：43分钟）

链表是一种非常重要的数据结构体，它能够灵活地处理关系数据，在编写程序过程中会经常用到，是构成大量复杂数据结构体和实现复杂算法的基础。链表对于初学者来说是一种比较不好掌握的数据结构体，所以大家在学习的时候，要用心思考，仔细琢磨。本章将介绍链表的基本知识以及相关应用，大家在学习的时候要清晰地了解链表的含义与作用，并通过反复地练习掌握链表的相关操作。

学习摘要：

- 了解链表的基本概念
- 掌握链表相关操作
- 熟悉链表的表现形式

16.1　链　　表

链表在 C 语言中是一种常见的重要的数据结构。它是动态地进行存储分配的一种数据结构，增加了数据操作的灵活性，使对关系数据的操作更加方便。本节将主要介绍链表的一些基本知识，使大家对链表有一个基本的了解。

16.1.1　链表概述

链表是一种常见的数据结构。之前介绍过使用数组存放数据，但是使用数组时要先指定数组中包含元素的个数，即数组的长度。但是如果要向这个数组中加入的元素个数超过了数组的大小时，便不能将内容完全保存。例如定义一个班级的人数，如果小班是 30 人，普通班级是 50 人，定义班级人数时使用的是数组的话，那么要定义数组的个数为最大人数，也就是最少 50 个元素，否则就不满足最大时的情况。这样的存储方式就非常浪费空间。

这时就希望有一种存储方式，其存储元素的个数是不受限定的，当添加元素的时候存储的个数就会随之改变。这种存储方式就是链表。而且相对于数组来说，链表在插入和删除结点时，比数组元素的插入和删除要简单而且消耗更小。

图 16.1 所示为简单链表结构（单向链表）的示意图。

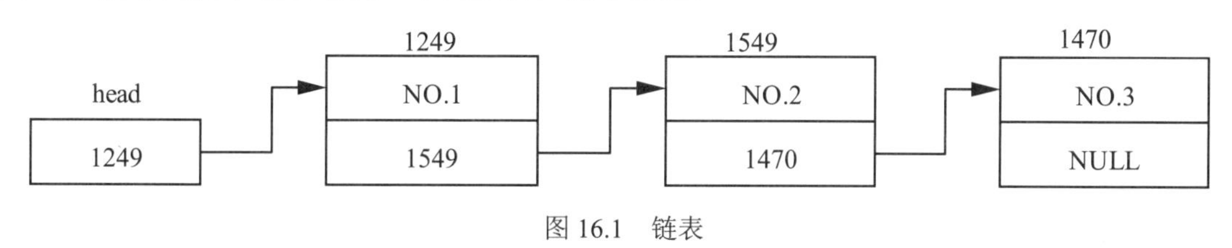

图 16.1　链表

在链表中有一个头指针变量，图 16.1 中 head 表示的就是头指针，在这个指针变量保存一个地址。从图 16.1 中的箭头可以看到该地址为一个变量的地址，也就是说头指针指向一个变量，这个变量称之为元素。在链表中每一个元素包括两个部分：数据部分和指针部分。数据部分用来存放元素所包含的数据，而指针部分就用来指向下一个元素。最后一个元素的指针指向 NULL，表示指向的地址为空，链表到此结束。

从链表的示意图中可以看到 head 头结点指向第一个元素，第一个元素中的指针又指向第二元素，而第二个元素的指针又指向第三个元素的地址，第三个元素的指针就指向空地址。

根据对链表的描述，可以想象到链表就像一个铁链一样，是一环扣一环的。然后通过头指针寻找链表中的元素，这就好比在一个幼儿园中，老师拉着第一个小朋友的手，第一个小朋友又拉着第二个小朋友的手，这样下去在幼儿园中的小朋友就连成了一条线。最后一个小朋友没有拉着任何人，最后他的手是空着的，这就好像是链表中的链尾，而老师就是头指针，通过老师就可以找到这个队伍中的任何一个小朋友。

注意

在链表这种数据结构中，必须利用指针才能实现，所以链表中的结点应该包含一个指针变量来保存下一个结点的地址。

可以将链表一个结点的结构看成是由数据部分和地址部分两部分构成。而这个结构使用结构体来创建是最合适的。一个结构体变量可以包含包括指针类型在内的多个不同数据类型的成员。这样，就可以使用各种数据类型的成员来定义链表的数据部分，使用指针类型成员来存放下一个结点的地址。例如，设计一个链表表示一个班级，其中链表中的结点表示学生，可以使用如下语句来定义一个链表的结点：

```
struct Student
{
    char cName[20];                       /*姓名*/
    int iNumber;                          /*学号*/
    struct Student* pNext;                /*指向下一个结点的指针*/
};
```

可以看到学生的姓名和学号属于数据部分，而 pNext 就是指针部分，用来保存下一个结点的地址。如果要向链表中添加一个结点，操作的过程是怎样的呢？首先来看一组示意图，如图 16.2 所示。

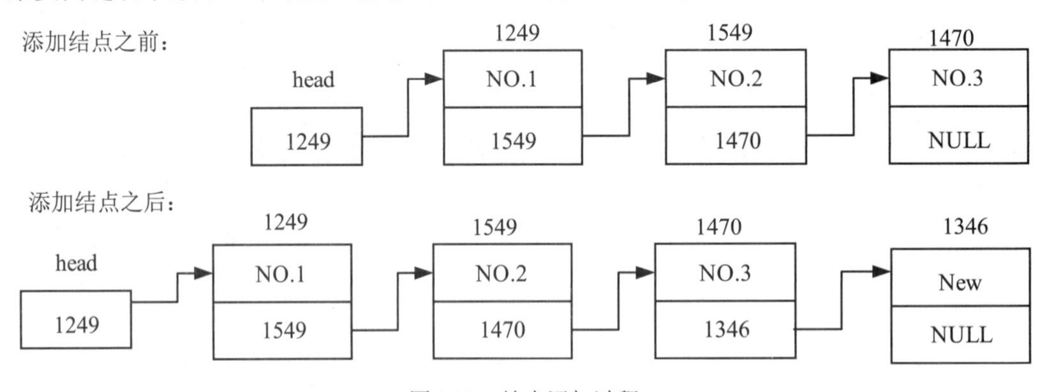

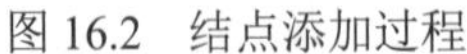
图 16.2　结点添加过程

说明

从链表的结构可以看出，链表不可以随机访问结点，只能通过指向链表表头的指针顺访问相应的结点。

当有新的结点要添加到链表中时，原来最后一个结点的指针将保存新添加的结点地址，而新结点的指针指向空（NULL），当添加完成后，新结点将成为链表中的最后一个结点。从添加的结点过程中就可以看出，不用担心链表的长度会不会超出范围的问题。至于具体的代码内容将会在下面的小节中进行讲述。

16.1.2　静态链表

上面的讲解中只是介绍了定义一个结构体链表结点的类型，并没有实际分配空间，只有定义了变

量才分配内存单元。本小节中将介绍一个简单的链表的创建过程。将链表的所有结点都在程序中通过变量来定义，分配存储空间，不是动态地临时开辟链表的结点，而且用完之后也不能释放，这种链表称为静态链表。

【例 16.1】　建立一个存储 3 个学生信息的简单链表，并输出各结点中的数据。（**实例位置：资源包\源码\16\16.01**）

程序运行效果如图 16.3 所示。

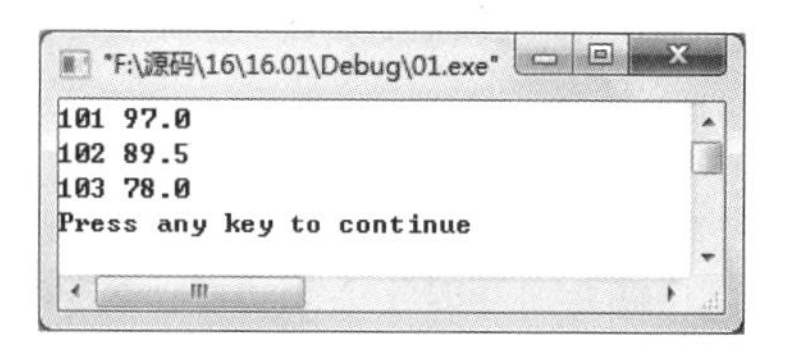

图 16.3　静态链表

实现代码如下：

```
#include<stdio.h>
#define NULL 0
struct Student
{
	int iNumber;                                    /*学号*/
	float score;                                    /*成绩*/
	struct Student *pNext;                          /*指向下一个结点的指针*/
};

int main()
{
	struct Student stu1,stu2,stu3,*head,*p;         /*声明结构体变量*/
	stu1.iNumber=101;stu1.score=97;                 /*对 3 个学生结点数据赋值*/
	stu2.iNumber=102;stu2.score=89.5;
	stu3.iNumber=103;stu3.score=78;
	head=&stu1;                                     /*指定头结点*/
	p=head;                                         /*给指针变量赋值*/
	stu1.pNext=&stu2;                               /*将 stu2 的起始地址赋给 stu1 的 pNext 成员*/
	stu2.pNext=&stu3;                               /*将 stu3 的起始地址赋给 stu2 的 pNext 成员*/
	stu3.pNext=NULL;                                /*将 stu3 的 pNext 成员设置为空，不存放其他地址结点*/
	do{
		printf("%d%5.1f\n",p->iNumber,p->score); /*输出当前 p 指向的结点的数据*/
		p=p->pNext;                             /*p 指向下一个结点*/
	}while(p!=NULL);                                /*当 p 为空时表示链表结束*/


	return 0;
}
```

从上面的实例可以看出，链表中的每个结点都是通过上一个结点的指针域中的地址找到的，使用一个链表结点类型的指针 p 来指向每个结点，输出结点中的数据；使用“p=p->pNext”来获取下一个结点的地址，使指针指向下一个结点。这样依次找到每个结点，从而实现链表的结构。

说明

本节只是为了演示链表的结构特点以及操作方式，其实链表大多情况下是动态存储的，这样才能发挥链表的灵活的优势。在下面的章节中将重点介绍动态链表的应用。

视频讲解

16.2 链表相关操作

通过上面的介绍，大家对链表有了一定的了解。本节结合实例，介绍动态链表的创建、输出、插入和删除等操作，使大家熟悉链表的具体操作过程。这里实现的都是对单向链表的操作。

16.2.1 创建动态链表

所谓的建立动态链表就是指在程序运行过程中从无到有地建立起一个链表，即一个一个地分配结点的内存空间，然后输入结点中的数据并建立结点间的相连关系。

例如，在链表概述中描述过可以将一个班级里的学生作为链表中的结点，然后将所有学生的信息存放在链表结构中。

首先创建结点结构，表示学生：

```
struct Student
{
	char cName[20];                                 /*姓名*/
	int iNumber;                                    /*学号*/
	struct Student* pNext;                          /*指向下一个结点的指针*/
};
```

然后定义一个 Create 函数，用来创建列表。其函数将会返回链表的头指针：

```
int iCount;                                         /*全局变量表示链表长度*/

struct Student* Create()
{
	struct Student* pHead=NULL;                     /*初始化链表头指针为空*/
	struct Student* pEnd,*pNew;
	iCount=0;                                       /*初始化链表长度*/
	pEnd=pNew=(struct Student*)malloc(sizeof(struct Student));
	printf("please first enter Name ,then Number\n");
	scanf("%s",&pNew->cName);
	scanf("%d",&pNew->iNumber);
	while(pNew->iNumber!=0)
	{
		iCount++;
		if(iCount==1)
		{
			pNew->pNext=pHead;                      /*使得指向为空*/
			pEnd=pNew;                              /*跟踪新加入的结点*/
			pHead=pNew;                             /*头指针指向首结点*/
		}
		else
		{
```

```
            pNew->pNext=NULL;                                    /*新结点的指针为空*/
            pEnd->pNext=pNew;                                    /*原来的尾结点指向新结点*/
            pEnd=pNew;                                           /*pEnd 指向新结点*/
        }
        pNew=(struct Student*)malloc(sizeof(struct Student));    /*再次分配结点内存空间*/
        scanf("%s",&pNew->cName);
        scanf("%d",&pNew->iNumber);
    }
    free(pNew);                                                  /*释放没有用到的空间*/
    return pHead;
}
```

Create 函数的功能就是用来创建链表，在 Create 的外部可以看到一个整型的全局变量 iCount，这个变量的作用是表示链表中结点的数量。在 Create 函数中，首先定义需要用到的指针变量，pHead 用来表示头指针，pEnd 用来指向原来的尾结点，pNew 指向表示新创建的结点。

使用 malloc 函数分配内存，先用 pEnd 和 pNew 两个指针都指向这个第一个分配的内存。之后显示提示信息，先输出一个学生的姓名，然后输入学生的学号。使用 while 进行判断，如果学号为 0 时，不执行循环语句。

在 while 循环语句中，iCount++自加操作表示链表中结点的增加。之后要进行判断新加入的结点是否是第一次加入的结点，如果是第一次加入，则执行 if 语句块中的代码，否则执行 else 语句块中的代码。

在 if 语句块中，因为第一次加入结点时，链表中没有结点，所以新结点即为首结点也为最后一个结点，并且要将新加入的结点的指针指向 NULL，即为 pHead 指向。在 else 语句中，实现的是链表中已经有结点存在时的操作。首先将新结点 pNew 的指针指向 NULL，然后将原来最后一个结点的指针指向新结点，最后将 pEnd 指针指向最后一个结点。

这样一个结点创建完之后，要再进行分配内存，然后向其中输入数据，通过 while 语句再次判断输入的数据是否符合结点的要求。当结点不符合要求时，执行下面的代码，调用 free 函数将不符合要求的结点空间进行释放。

这样一个链表就通过动态分配内存空间的方式创建完成了。

16.2.2　输出链表

链表已经被创建出来，构建一个数据结构就是要使用它，可以将保存的信息进行输出显示。接下来介绍如何将链表中的数据显示输出。

```
void Print(struct Student* pHead)
{
    struct Student *pTemp;                                       /*循环所用的临时指针*/
    int iIndex=1;                                                /*表示链表中结点的序号*/

    printf("----the List has %d members:----\n",iCount);         /*消息提示*/
    printf("\n");                                                /*换行*/
    pTemp=pHead;                                                 /*指针得到首结点的地址*/

    while(pTemp!=NULL)
```

```
    {
        printf("the NO%d member is:\n",iIndex);
        printf("the name is: %s\n",pTemp->cName);          /*输出姓名*/
        printf("the number is: %d\n",pTemp->iNumber);      /*输出学号*/
        printf("\n");                                       /*输出换行*/
        pTemp=pTemp->pNext;                                 /*移动临时指针到下一个结点*/
        iIndex++;                                           /*进行自加运算*/
    }
}
```

Print 函数是用来将链表中的数据进行输出的。在函数的参数中，pHead 表示一个链表的头结点。在函数中，定义一个临时的指针 pTemp 用来进行循环操作。定义一个整型变量表示链表中的结点序号。之后将临时指针 pTemp 指针变量保存首结点的地址。

使用 while 语句，将所有的结点中保存的数据都显示输出。当再输出一个结点的内容时，就移动 pTemp 指针变量指向下一个结点的地址。当为最后一个结点时，所拥有的指针指向 NULL，这时循环结束。

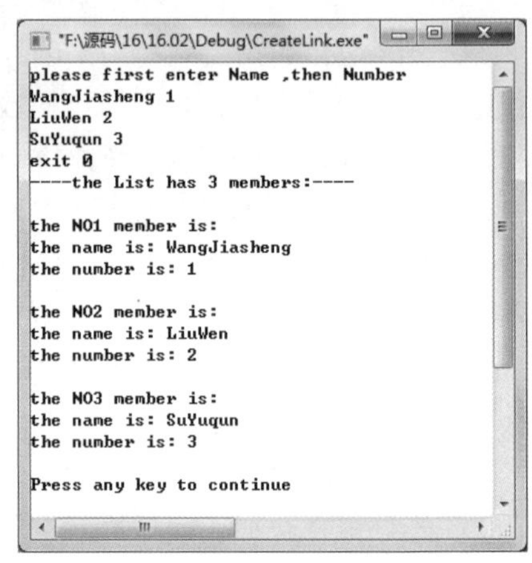

图 16.4　创建链表并将数据输出

【例 16.2】　创建链表并将数据输出运行程序，显示效果如图 16.4 所示。（**实例位置：资源包\源码\16\16.02**）

根据上面介绍有关链表的创建与输出操作，将这些代码将其整合到一起，编写一个包含学生信息的链表结构，并将表中的信息进行输出。

```
#include<stdio.h>
#include<stdlib.h>

struct Student
{
    char cName[20];                                         /*姓名*/
    int iNumber;                                            /*学号*/
    struct Student* pNext;                                  /*指向下一个结点的指针*/
};

int iCount;                                                 /*全局变量表示链表长度*/

struct Student* Create()
{
    struct Student* pHead=NULL;                             /*初始化链表头指针为空*/
    struct Student* pEnd,*pNew;
    iCount=0;                                               /*初始化链表长度*/
    pEnd=pNew=(struct Student*)malloc(sizeof(struct Student));
    printf("please first enter Name ,then Number\n");
    scanf("%s",&pNew->cName);
    scanf("%d",&pNew->iNumber);
    while(pNew->iNumber!=0)
```

```
    {
        iCount++;
        if(iCount==1)
        {
            pNew->pNext=pHead;                                    /*使得指向为空*/
            pEnd=pNew;                                            /*跟踪新加入的结点*/
            pHead=pNew;                                           /*头指针指向首结点*/
        }
        else
        {
            pNew->pNext=NULL;                                     /*新结点的指针为空*/
            pEnd->pNext=pNew;                                     /*原来的尾结点指向新结点*/
            pEnd=pNew;                                            /*pEnd 指向新结点*/
        }
        pNew=(struct Student*)malloc(sizeof(struct Student));     /*再次分配结点内存空间*/
        scanf("%s",&pNew->cName);
        scanf("%d",&pNew->iNumber);
    }
    free(pNew);                                                   /*释放没有用到的空间*/
    return pHead;
}

void Print(struct Student* pHead)
{
    struct Student *pTemp;                                        /*循环所用的临时指针*/
    int iIndex=1;                                                 /*表示链表中结点的序号*/

    printf("----the List has %d members:----\n",iCount);          /*消息提示*/
    printf("\n");                                                 /*换行*/
    pTemp=pHead;                                                  /*指针得到首结点的地址*/

    while(pTemp!=NULL)
    {
        printf("the NO%d member is:\n",iIndex);
        printf("the name is: %s\n",pTemp->cName);                 /*输出姓名*/
        printf("the number is: %d\n",pTemp->iNumber);             /*输出学号*/
        printf("\n");                                             /*输出换行*/
        pTemp=pTemp->pNext;                                       /*移动临时指针到下一个结点*/
        iIndex++;                                                 /*进行自加运算*/
    }
}

int main()
{
    struct Student* pHead;                                        /*定义头结点*/
    pHead=Create();                                               /*创建结点*/
    Print(pHead);                                                 /*输出链表*/
    return 0;                                                     /*程序结束*/
}
```

在 main 函数中，先定义一个头结点指针 pHead，然后调用 Create 函数创建链表，并将链表的头结点返回给 pHead 指针变量。利用得到的头结点 pHead 作为 Print 函数的参数。

16.2.3 链表的插入操作

链表的插入操作可以在链表的头指针位置进行插入，也可以在链表中某个结点的位置进行插入，或者像创建结构时在链表的后面添加结点。虽然有 3 种插入操作，但是其操作的思想都是一样的。下面主要介绍第一种插入方式，在链表的头结点位置进行插入结点，如图 16.5 所示。

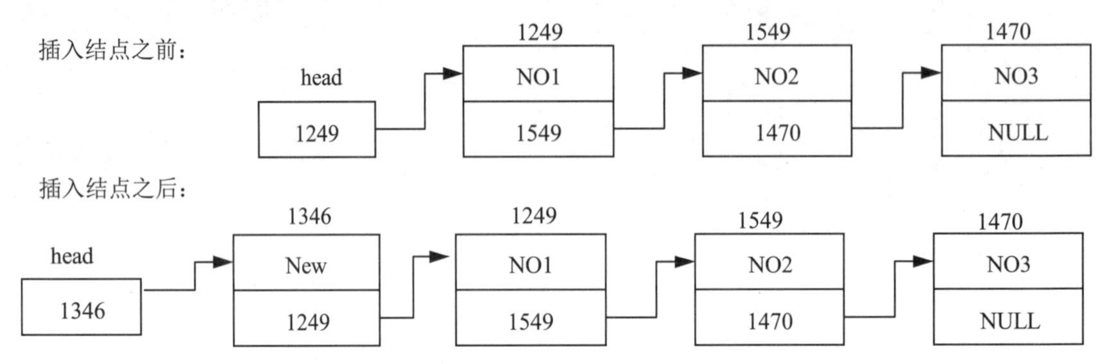

图 16.5　插入结点操作

插入结点的过程就像手拉手的小朋友连成一条线，这时又来了一个小朋友，他要站在老师和一个小朋友的中间，那么老师就要放开原来的小朋友，拉住新加入的小朋友。这个新加入的小朋友就拉住原来的那个小朋友。这样这条连成的线还是连在一起。

设计一个函数用来向链表中添加结点：

```
struct Student* Insert(struct Student* pHead)
{
	struct Student* pNew;	/*指向新分配的空间*/
	printf("----Insert member at first----\n");	/*提示信息*/
	pNew=(struct Student*)malloc(sizeof(struct Student));	/*分配内存空间，并返回指向该内存空间的指针*/

	scanf("%s",&pNew->cName);
	scanf("%d",&pNew->iNumber);

	pNew->pNext=pHead;	/*新结点指针指向原来的首结点*/
	pHead=pNew;	/*头指针指向新结点*/
	iCount++;	/*增加链表结点数量*/
	return pHead;	/*返回头指针*/
}
```

在代码中，为要插入的新结点分配内存，然后向新结点中输入数据。这样一个结点就创建完成，接下来就是将这个结点插入到链表中。首先将新结点的指针指向原来的首结点，保存首结点的地址。然后将头指针指向新结点，这样就完成了结点的连接操作，最后增加链表的结点数量。

修改 main 函数的代码，加入添加结点操作：

```
int main()
{
    struct Student* pHead;                    /*定义头结点*/
    pHead=Create();                           /*创建结点*/
    pHead=Insert(pHead);                      /*插入结点*/
    Print(pHead);                             /*输出链表*/
    return 0;                                 /*程序结束*/
}
```

使用 Insert 函数返回新的头指针。运行程序，显示效果如图 16.6 所示。

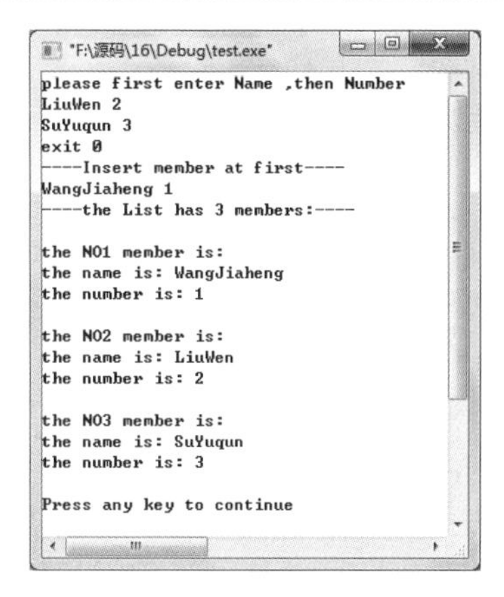

图 16.6　链表插入操作

16.2.4　链表的删除操作

之前的操作都是向链表中添加结点，当希望删除链表中的结点时，应该怎么办呢？还是通过之前小朋友手拉手的比喻进行理解问题。例如队伍中的一个小朋友想离开队伍了，并且保持这个队伍不断开的方法就是，他两边的小朋友将手拉起来就可以了。

例如在一个链表中删除其中的一点，如图 16.7 所示。

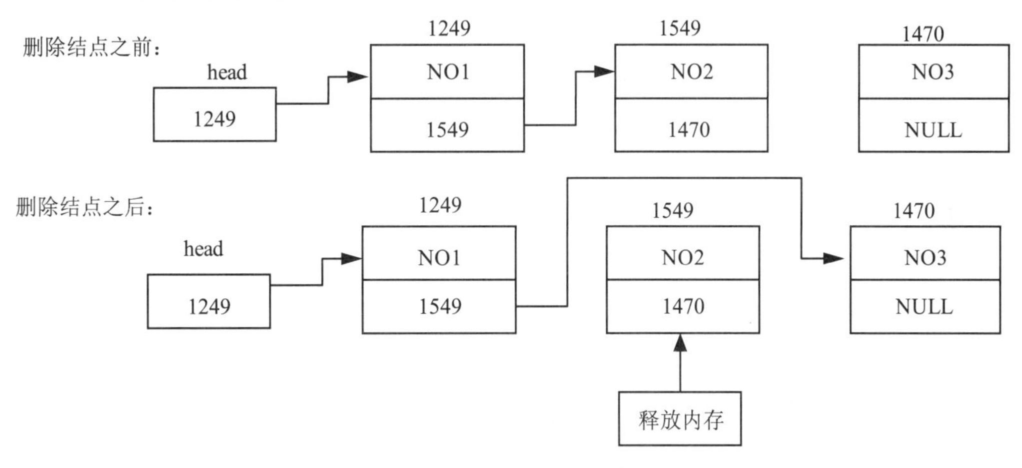

图 16.7　删除结点操作

通过上面的图示可以发现，要删除一个结点首先要找到这个结点的位置，然后将 NO1 结点的指针指向 NO3 结点，最后将 NO2 结点的内存空间释放掉，这样就完成了结点的删除操作。

根据这种思想编写删除链表结点操作的函数。

```
void Delete(struct Student* pHead,int iIndex)     /*pHead 表示头结点，iIndex 表示要删除的结点下标*/
{
    int i;                                        /*控制循环变量*/
    struct Student* pTemp;                        /*临时指针*/
    struct Student* pPre;                         /*表示要删除结点前的结点*/
    pTemp=pHead;                                  /*得到头结点*/
```

```
	pPre=pTemp;

	printf("----delete NO%d member----\n",iIndex);	/*提示信息*/
	for(i=1;i<iIndex;i++)				/*for 循环使得 pTemp 指向要删除的结点*/
	{
		pPre=pTemp;
		pTemp=pTemp->pNext;
	}
	pPre->pNext=pTemp->pNext;			/*连接删除结点两边的结点*/
	free(pTemp);					/*释放掉要删除结点的内存空间*/
	iCount--;					/*减少链表中的元素个数*/
}
```

为 Delete 函数传递两个参数，pHead 表示链表的头指针，iIndex 表示要删除的结点在链表中的位置。定义整型变量 i 用来控制循环的次数，然后定义两个指针，分别用来表示要删除的结点和这个结点之前的结点。

输出一行提示信息表示要进行删除操作，之后利用 for 语句进行循环操作找到要删除的结点，使用 pTemp 保存要删除结点的地址，pPre 保存前一个结点的地址。找到要删除的结点后，连接删除结点两边的结点，并使用 free 函数将 pTemp 指向的内存空间进行释放。

接下来在 main 函数中添加代码执行删除操作，将链表中的第二个结点进行删除。

```
int main()
{
	struct Student* pHead;				/*定义头结点*/
	pHead=Create();					/*创建结点*/
	pHead=Insert(pHead);				/*插入结点*/
	Delete(pHead,2);				/*删除第二个结点的操作*/
	Print(pHead);					/*输出链表*/
	return 0;					/*程序结束*/
}
```

运行程序，通过显示的结果可以看到第二个结点中的数据被删除，显示效果如图 16.8 所示。

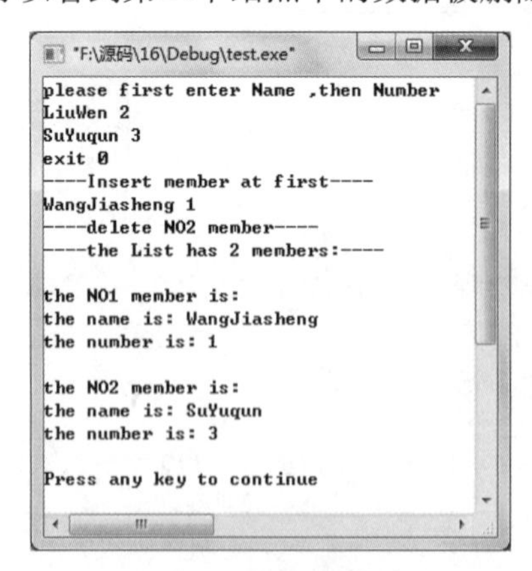

图 16.8　删除结点操作

那么有关链表的操作就讲解到这里，为了方便读者进行阅读程序，笔者将有关链表的相应操作的

完整程序给出，希望读者能从整体上对链表有更好的理解。

【例 16.3】　完整的链表操作代码，运行结果如图 16.8 所示。（**实例位置：资源包\源码\16\16.03**）

```
#include<stdio.h>
#include<stdlib.h>

struct Student
{
	char cName[20];                                          /*姓名*/
	int iNumber;                                             /*学号*/
	struct Student* pNext;                                   /*指向下一个结点的指针*/
};

int iCount;                                                  /*全局变量表示链表长度*/

struct Student* Create()
{
	struct Student* pHead=NULL;                              /*初始化链表头指针为空*/
	struct Student* pEnd,*pNew;
	iCount=0;                                                /*初始化链表长度*/
	pEnd=pNew=(struct Student*)malloc(sizeof(struct Student));
	printf("please first enter Name ,then Number\n");
	scanf("%s",&pNew->cName);
	scanf("%d",&pNew->iNumber);
	while(pNew->iNumber!=0)
	{
		iCount++;
		if(iCount==1)
		{
			pNew->pNext=pHead;                               /*使得指向为空*/
			pEnd=pNew;                                       /*跟踪新加入的结点*/
			pHead=pNew;                                      /*头指针指向首结点*/
		}
		else
		{
			pNew->pNext=NULL;                                /*新结点的指针为空*/
			pEnd->pNext=pNew;                                /*原来的尾结点指向新结点*/
			pEnd=pNew;                                       /*pEnd 指向新结点*/
		}
		pNew=(struct Student*)malloc(sizeof(struct Student));  /*再次分配结点内存空间*/
		scanf("%s",&pNew->cName);
		scanf("%d",&pNew->iNumber);
	}
	free(pNew);                                              /*释放没有用到的空间*/
	return pHead;
}

void Print(struct Student* pHead)
{
```

```
    struct Student *pTemp;                                  /*循环所用的临时指针*/
    int iIndex=1;                                           /*表示链表中结点的序号*/

    printf("----the List has %d members:----\n",iCount);    /*消息提示*/
    printf("\n");                                           /*换行*/
    pTemp=pHead;                                            /*指针得到首结点的地址*/

    while(pTemp!=NULL)
    {
        printf("the NO%d member is:\n",iIndex);
        printf("the name is: %s\n",pTemp->cName);           /*输出姓名*/
        printf("the number is: %d\n",pTemp->iNumber);       /*输出学号*/
        printf("\n");                                       /*输出换行*/
        pTemp=pTemp->pNext;                                 /*移动临时指针到下一个结点*/
        iIndex++;                                           /*进行自加运算*/
    }
}

struct Student* Insert(struct Student* pHead)
{
    struct Student* pNew;                                   /*指向新分配的空间*/
    printf("----Insert member at first----\n");             /*提示信息*/
    pNew=(struct Student*)malloc(sizeof(struct Student)); /*分配内存空间，并返回指向该内存空间的指针*/

    scanf("%s",&pNew->cName);
    scanf("%d",&pNew->iNumber);

    pNew->pNext=pHead;                                      /*新结点指针指向原来的首结点*/
    pHead=pNew;                                             /*头指针指向新结点*/
    iCount++;                                               /*增加链表结点数量*/
    return pHead;
}

void Delete(struct Student* pHead,int iIndex)               /*pHead 表示头结点，iIndex 表示要删除的结点下标*/
{
    int i;                                                  /*控制循环变量*/
    struct Student* pTemp;                                  /*临时指针*/
    struct Student* pPre;                                   /*表示要删除结点前的结点*/
    pTemp=pHead;                                            /*得到头结点*/
    pPre=pTemp;

    printf("----delete NO%d member----\n",iIndex);          /*提示信息*/
    for(i=1;i<iIndex;i++)                                   /*for 循环使得 pTemp 指向要删除的结点*/
    {
        pPre=pTemp;
        pTemp=pTemp->pNext;
    }
    pPre->pNext=pTemp->pNext;                               /*连接删除结点两边的结点*/
    free(pTemp);                                            /*释放掉要删除结点的内存空间*/
    iCount--;                                               /*减少链表中的元素个数*/
```

```
}

int main()
{
    struct Student* pHead;              /*定义头结点*/
    pHead=Create();                     /*创建结点*/
    pHead=Insert(pHead);                /*插入结点*/
    Delete(pHead,2);                    /*删除第二个结点的操作*/
    Print(pHead);                       /*输出链表*/
    return 0;                           /*程序结束*/
}
```

16.3 链表的表现形式

视频讲解

在 16.2 节中介绍了链表的存储结构及基本的应用，但是都是以单向链表为例来介绍的。链式存储结构可以有多种表现形式，如单向链表、循环链表和双向链表。本节将主要讲述这 3 种链表的表现形式。

16.3.1 单向链表

在 16.2 节中都是以单向链表为例来介绍链表结构的，在上面内容中给出了单向链表的示意图，并结合实例介绍了单项链表的创建和输出方法。相信大家对单向链表已经有了一定的了解，下面再来简单回顾一下。

单向链表是有一个表头连接第一个结点，每个结点都有一个数据域和一个指针域，数据域存储结点需要的数据，指针域用于指向下一个结点。最后一个指针为空，表示指向一个空地址，以此来判断链表的结束。

所以单向链表的操作方式是，获取链表的头结点地址，依次找到每个结点，以指针域为空来判断链表是否结束。

16.3.2 循环链表

循环链表是另一种形式的链式存储结构。只是链表中最后一个结点的指针域指向头结点，使链表形成一个环。从表中任一结点出发均可找到表中其他结点，如图 16.9 所示为单向链表的循环链表结构示意图。也可以有双向链表的循环链表。

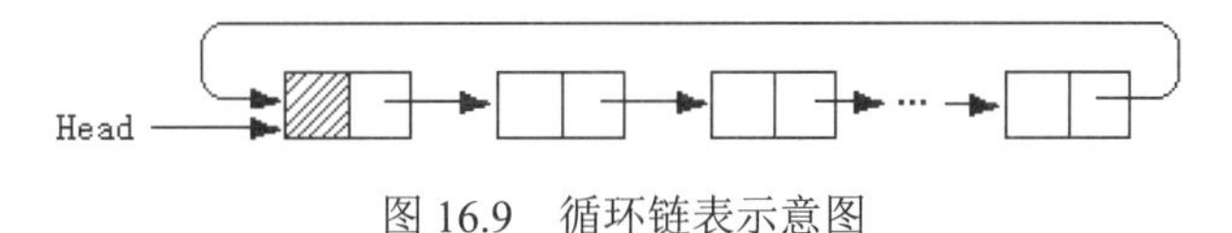

图 16.9 循环链表示意图

循环链表与普通链表的操作基本一致，只是在算法中循环遍历链表结点时，判断条件不再是 p->next 是否为空，而是是否等于链表的头指针。

16.3.3 双向链表

单向链表节点的存储结构只有一个指向直接后继的指针域，所以，从单链表的某个结点出发只能顺着指针查找其他结点。使用双向链表可以避免单链表这种单向性的缺点。

顾名思义，双向链表的结点有两个指针域，一个指向其直接后继，另一个指向其直接前驱，其结构如图 16.10 所示。

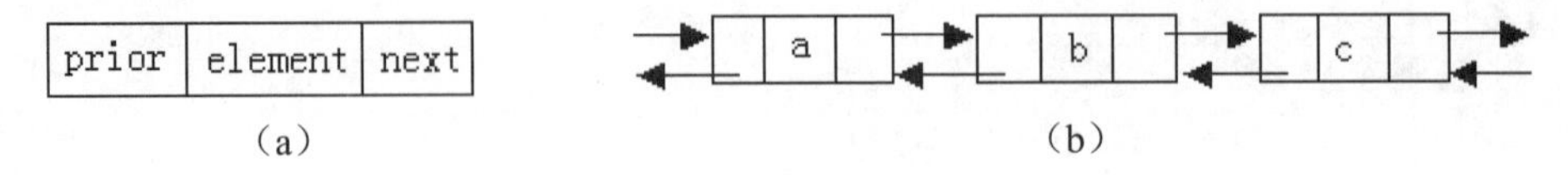

（a）　　　　（b）

图 16.10　双向链表示意图

如图 16.10（a）所示，双向链表包括 3 个域，两个指针域一个数据域。如图 16.10（b）所示，可以看出双向链表的两个指针域分别指向前面的结点和后面的结点。

在 C 语言中双向链表结构体类型可描述如下：

```
typedef struct DulNode
{
      char name[20];                /*数据*/
      struct node *prior;           /*直接前驱指针*/
struct node *next;                  /*直接后继指针*/
}DNode;
```

可以看出双向链表可以从前往后依次查找结点或者从后往前依次查找结点。例如在图 16.10（b）中的结点 b 可以有以下等式：

b->next->prior=b->prior->next=b

通过这个等式可以看出双向链表各结点间关系。在操作的时候算法描述与单项链表的基本相同，但是在插入和删除时，却有很大的不同。双向链表需要同时修改两个方向上的指针。如图 16.11 所示，显示了在双向链表中插入结点的指针修改情况。

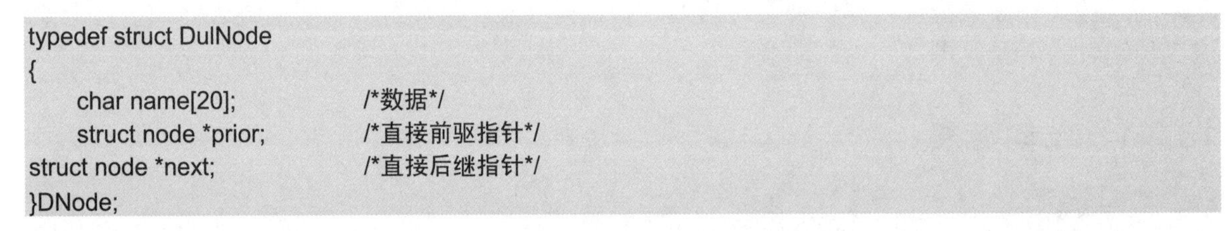

（a）

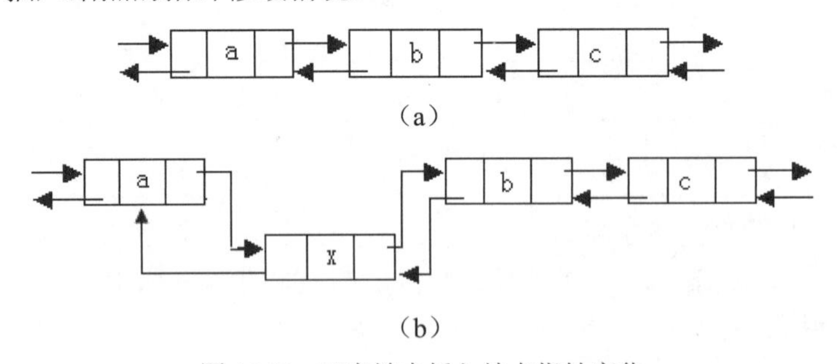

（b）

图 16.11　双向链中插入结点指针变化

例如下面的代码实现在双向链表中插入一个结点。

双向链表的结构定义如下：

```
typedef struct node
{
      char name[20];
```

```
    struct node *prior,   *next;
} stud;                                             /*双向链表的结构定义*/
```

实现插入结点的代码如下：

```
Insert(struct node* pHead,int n)
{    /*在带头结点的双向链表中插入一个结点，pHead 指向头结点，n 为要插入的位置，在第 n 个位置之前插入*/
    struct node *pNew, *p;                          /*指向新分配的空间*/
    int i;
    pNew=(struct node*)malloc(sizeof(struct node));    /*分配内存空间，并返回指向该内存空间的指针*/

    scanf("%s",&pNew->name);                        /*输入要插入的数据*/
    p=pHead;                                        /*指向双向链表的头结点*/
    for(i=0;i<n;i++)                                /*使用 P 指向要插入的位置*/
    {
        p=p->next;
    }
    pNew->prior=p->prior;                           /*新结点的前驱指针*/
    p->prior->next=pNew;                            /*新结点前一个结点的后继指针*/
    pNew->next=p;                                   /*新结点的后继指针*/
    p->prior=pNew;                                  /*新结点的下一个结点的前驱指针*/
    return 0;
}
```

16.4　实　　战

16.4.1　单链表逆置

创建一个单链表，并将链表中的结点逆置，将逆置后的链表输出在窗体上。程序运行效果如图 16.12 所示。（**实例位置：资源包\源码\16\实战\01**）

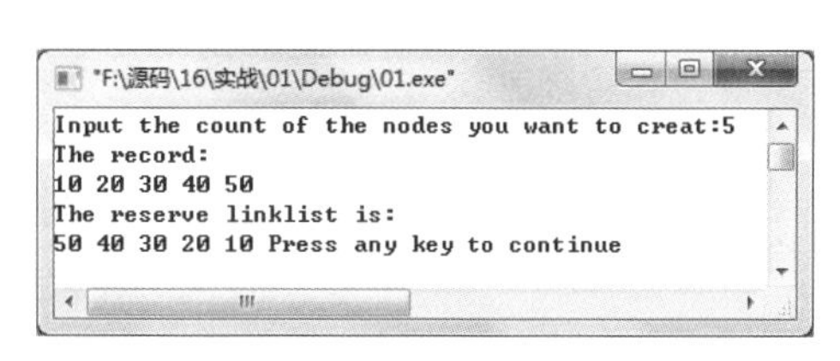

图 16.12　单链表逆置

16.4.2　双向链表逆序输出

创建一个指定结点数的双向链表，并逆序输出双向链表的结点。运行结果如图 16.13 所示。（**实例位置：资源包\源码\16\实战\02**）

```
"F:\源码\16\实战\02\Debug\02.exe"
Input the count of the nodes you want to creat:3
Input the 1 student's name: lily
Input the 2 student's name: lucy
Input the 3 student's name: lilei
The result:   lilei  lucy  lily
Press any key to continue_
```

图 16.13　双向链表逆序输出

16.4.3　连接两个链表

创建两个单向链表，实现将两个链表连接起来，形成一个链表并输出。运行结果如图 16.14 所示。（**实例位置：资源包\源码\16\实战\03**）

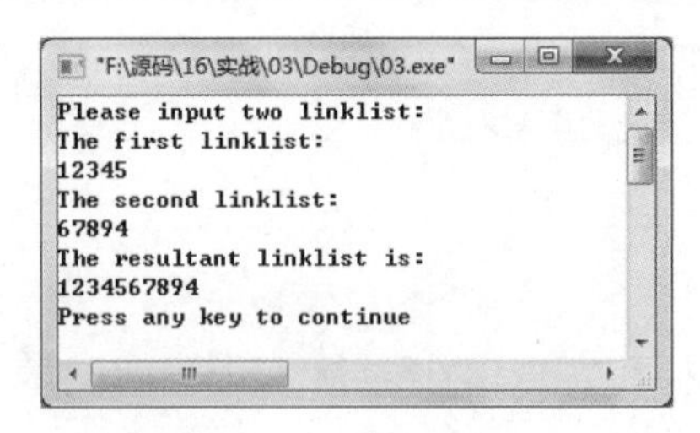

图 16.14　连接两个链表

16.4.4　使用链表实现约瑟夫环

使用循环链表实现约瑟夫环。给定一组编号分别是 1，2，3，4，5，6，7，8，9。报数初始值由用户输入，按照约瑟夫环原理打印输出队列。运行结果如图 16.15 所示。（**实例位置：资源包\源码\16\实战\04**）

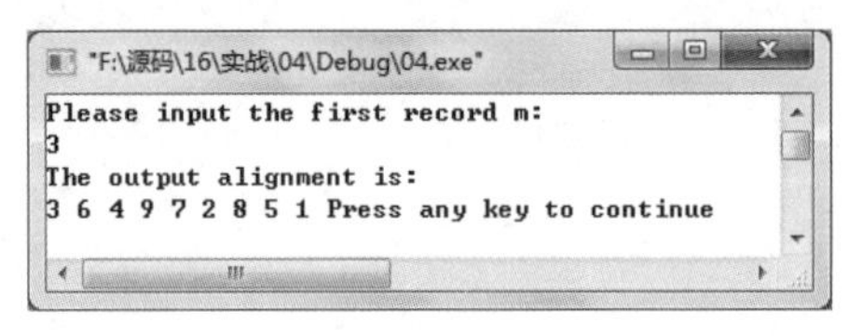

图 16.15　约瑟夫环

约瑟夫环算法是：n 个人围成一圈，每个人都有一个互不相同的密码，该密码是一个整数值，选择一个人作为起点，然后顺时针从 1 到 k（k 为起点人手中的密码值）数数。数到 k 的人退出圈子，然后从下一个人开始继续从 1 到 j（刚退出圈子的人的密码）数数，数到 j 的人退出圈子。重复上面的过程，直到剩下最后一个人。

16.4.5　查找两个链表中的相同元素

创建两个保存学生姓名的链表，设计函数实现找出两个链表中相同的名字，并输出。运行结果如图 16.16 所示。（**实例位置：资源包\源码\16\实战\05**）

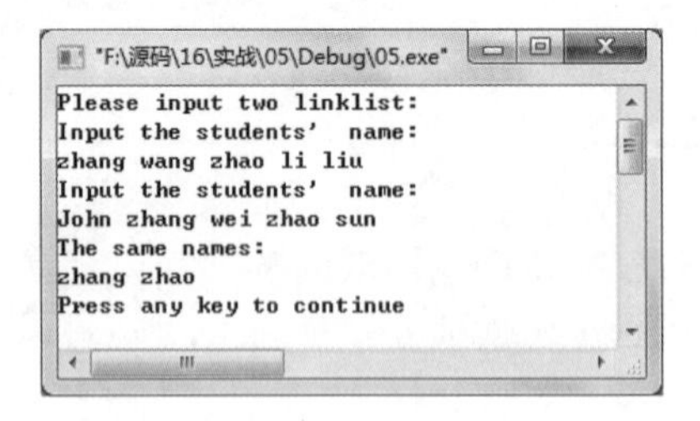

图 16.16　查找两个链表中相同的元素

第17章

栈和队列

（视频讲解：60分钟）

栈和队列是两种比较重要的数据结构，从数据结构和操作角度来看它们是操作受限制的线性表。栈和队列在操作系统、编译原理、大型应用软件系统中得到了广泛的应用。因此在面向对象的程序设计中它们起到了重要的作用。本章将着重讨论栈和队列的定义、表示方法，以及实现方法等。

学习摘要：

- **栈的定义**
- **栈常见的几种基本操作**
- **栈的存储和实现**
- **队列的定义**
- **队列的基本操作**
- **顺序队列、链队列和循环队列的存储和运算**

视频讲解

17.1　栈的定义和几种基本操作

17.1.1　栈的定义

栈（stack，也称堆栈）是限定在表一端进行插入或删除操作的线性表。因此，对于堆栈来说，表尾端有其特殊的含义，称为栈顶（top），栈顶是允许进行插入和删除操作的一端。相应地，表头端称为栈底（bottom）。向这个线性表中插入元素称为入栈，删除元素叫作出栈。

栈是一个后进先出的压入弹出式的数据结构。在程序运行时，每次向栈中压入一个对象，然后栈指针向下移动一个位置。当系统从栈中弹出一个对象时，最近进栈的对象将被弹出，然后栈指针向上移动一个位置。如果栈指针位于栈底，表示栈是空的；如果栈指针指向最下面的数据项后一个位置，表示栈是满的。其过程如图 17.1 所示。

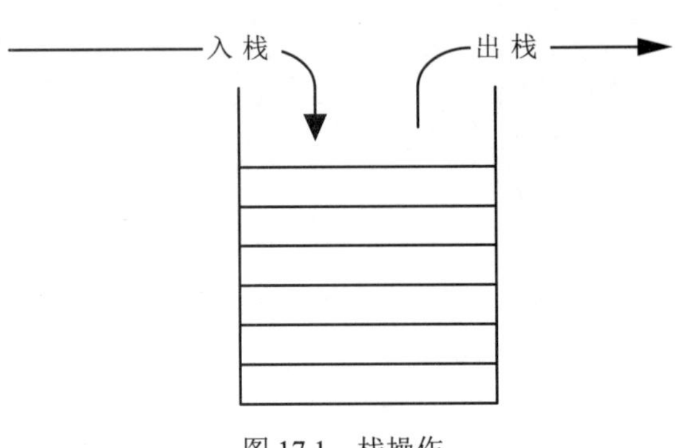

图 17.1　栈操作

程序员经常会利用栈这种数据结构来处理那些最适用后进先出逻辑来描述的编程问题。这里讨论的栈在程序中都会存在，它不需要程序员编写代码去维护，而是由运行时系统自动处理的。所谓的运行时系统维护，实际上就是编译器所产生的程序代码。尽管在源代码中看不到它们，但程序员应该对此有所了解。这个特性和后进先出的特性是栈明显区别于堆的标志。

那么栈是如何工作的呢？例如，当一个函数 A 调用另一个函数 B 时，运行时系统将会把函数 A 的所有实参和返回地址压入到栈中，栈指针将移到合适的位置来容纳这些数据。最后进栈的是函数 A 的返回地址。

当函数 B 开始执行后，系统把函数 B 的自变量压入到栈中，并把栈指针再向下移，以保证有足够的空间来存储函数 B 声明的所有自变量。

当函数 A 的实参压入栈后，函数 B 就在栈中以自变量的形式建立了形参。函数 B 内部的其他自变量也是存放在栈里的。由于这些进栈操作，栈指针已经移到所有这些局部变量之下。但是函数 B 记录了它刚开始的执行时的初始栈指针，以这个指针为参考，用正偏移量或负偏移量来访问栈中的变量。

当函数 B 正准备返回时，系统弹出栈中的所有自变量，这时栈指针移到了函数 B 刚开始执行时的位置。接着，函数 B 返回，系统从栈中弹出返回地址，函数 A 就可以继续执行了。

当函数 A 继续执行时，系统还能从栈中弹出调用者的实参，于是栈指针又回到了调用发生前的位置。

【例 17.1】　栈在函数调用时的操作。（**实例位置：资源包\源码\17\17.1**）

在本实例中，对上面描述栈的操作过程使用实例进行说明。其中函数的名称根据上面描述中所定。通过对该实例更好地理解栈的操作过程。运行程序，显示效果如图 17.2 所示。

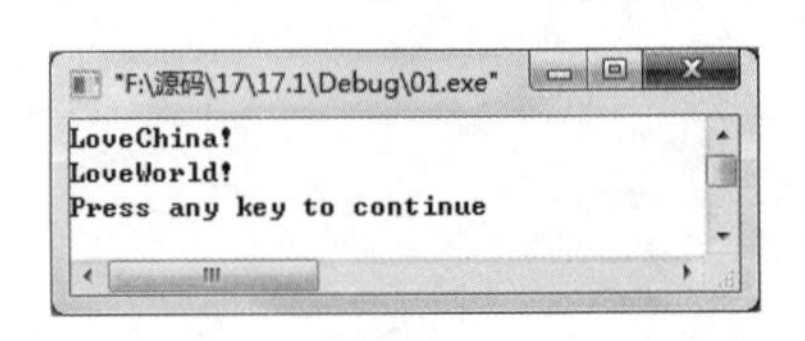

图 17.2　栈在函数调用时的操作

程序代码如下：

```
#include<stdio.h>

void DisplayB(char* string)                          /*函数 B*/
{
    printf("%s\n",string);
}

void DisplayA(char* string)                          /*函数 A*/
{
    char String[20]="LoveWorld!";
    printf("%s\n",string);
    DisplayB(String);                                /*调用函数 B*/
}

int main()
{
    char String[20]="LoveChina!";
    DisplayA(String);                                /*将参数传入函数 A 中*/
    return 0;
}
```

在本程序中，定义函数 A 和 B，其中在函数 A 中再次调用函数 B。根据栈的原理移动栈中指针，进行存储数据。

17.1.2　栈常见的几种基本操作

（1）入栈操作 push(x, s)

它的作用是将数据元素 x 插入到 s 栈的栈顶，相当于在线性表的尾端插入一个新结点，但是要求预留出要插入元素的存储空间。

（2）出栈操作 pop(s)

它的作用是将 s 栈的栈顶元素删除，相当于在线性表中删除尾节点。

（3）判断栈空 empty(s)

它的作用是用于判断栈 s 是否为空的操作，如果栈为空，那么在此执行 pop(s)操作时就出现一个错误，因为这时已经没有元素可以删除，将这种情况称为下溢。

（4）判断栈满 full(s)

它是用于判断堆栈 s 是否已满，即预留的空间已经被元素占满。如果堆栈已经满了，则栈内存储空间全部被占用，再执行入栈运算，就是一个错误。

（5）取栈顶元素 gettop(s)

它的作用是返回栈顶元素。

（6）显示栈中元素 display(s)

它的作用是从栈顶到栈底顺序显示栈中的所有元素，如图 17.3 所示。

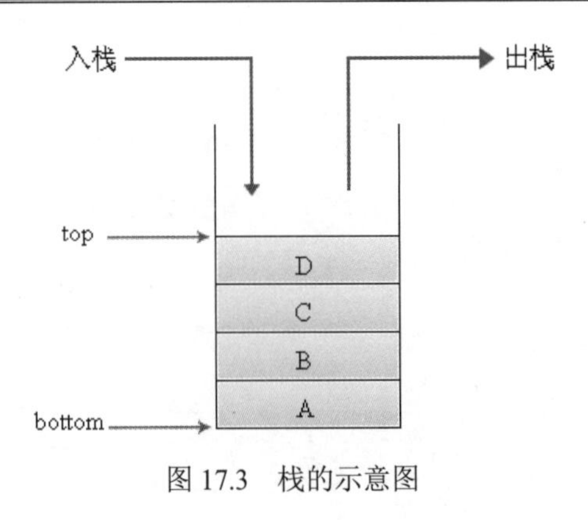

图 17.3　栈的示意图

17.2　栈的存储和实现

跟线性表一样，堆栈也有顺序存储和链式存储两种存储方式，在不同的存储方式下，栈的基本操作的执行过程是不一样的。下面就介绍一下这两种不同的存储方式。

17.2.1　顺序栈

栈也是一种线性结构，其存储方式有顺序存储方式（顺序栈）和链式存储方式（链式栈）。在顺序栈中，使用一个数组存放栈的元素，并用一个栈指针来指向栈顶。

顺序栈的结点的类型形式定义如下：

```
#define Maxsize <允许存放的最大的元素个数>
elementtype stack[Maxsize];
int top;
```

从上面的定义中可以看出，使用数组定义堆栈，top 表示栈顶指针。对于 C 语言来说，下标为 0 的数组元素也可以用来存放数据元素。因此使用下面的方法实现栈。

用 top=-1 表示栈空的初始状态，用一个指针指向栈顶结点在数组中的存储位置。任一结点进栈时，首先执行 top 加 1，使 top 指向进栈结点在数组中的存储位置，然后把结点送到 top 当前的位置上；在执行出栈时，首先 top 所指向的栈顶结点送到接受结点的变量中，然后执行 top 减 1，使 top 指向新的栈顶结点，如果表示栈的数组共有 Maxsize 个元素，则当 top=Maxsize-1 时出现栈满状态。栈满时不能入栈。

下面通过图 17.4 来描述入栈一个元素时栈顶指针的变化情况。

对于入栈操作（push）主要是将一个元素 x 插入到栈 s 中，若栈满则显示相应的信息，否则栈指针 top 增加 1，将 x 赋给栈顶元素。而对于出栈操作（pop）主要是从栈中删除栈顶元素，如果栈空，则显示相应的信息，否则返回栈顶元素，保持栈指针不变。

【例 17.2】　顺序栈基本操作。（**实例位置：资源包\源码\17\17.2**）

创建一个空栈，向其中插入 4 个元素，然后依次显示这些元素。然后利用 pop 函数执行出栈操作，

出栈一个元素，接着显示出栈以后的栈中元素。程序运行效果如图 17.5 所示。

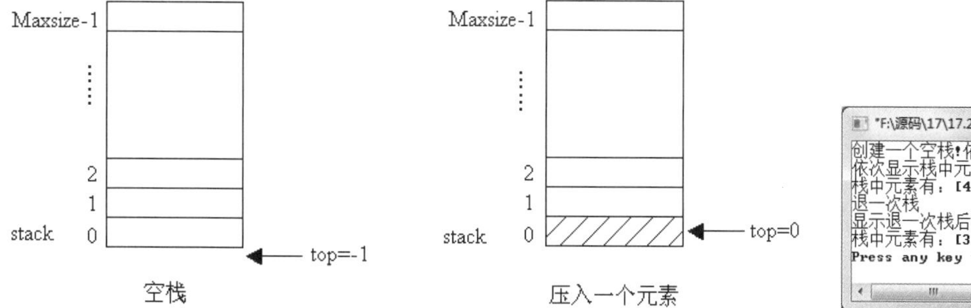

图 17.4　顺序栈的实现

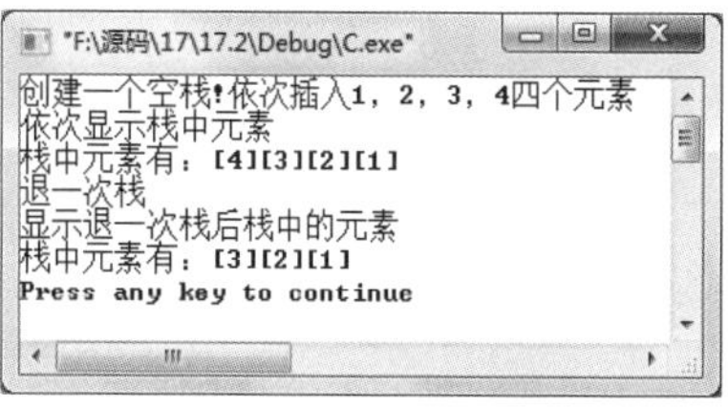

图 17.5　顺序栈的基本操作

程序代码如下：

```
#include <stdlib.h>                                    /*引用头文件*/
#include <stdio.h>                                     /*引用头文件*/
#define Maxsize 50                                     /*定义最大值*/
int stack[Maxsize];                                    /*定义整型数组*/
int top=-1;                                            /*初始化栈顶指针*/

/*入栈*/
void push(int x)
{
    if(top==Maxsize)                                   /*如果栈顶指针为最大值*/
        printf("栈上溢\n");                            /*栈上溢*/
    else                                               /*否则*/
    {
        top++;                                         /*栈顶指针加 1*/
        stack[top]=x;                                  /*给栈顶元素赋值*/
    }
}

/*出栈操作*/
void pop()
{
    if(top==-1)                                        /*如果栈顶指针*/
        printf("栈下溢！\n");                          /*输出“栈下溢”信息*/
    else                                               /*否则*/
        top--;                                         /*栈顶指针减 1*/
}


/*取栈顶元素*/
int gettop()
{
    if(top==-1)                                        /*如果栈顶指针为-1*/
        printf("栈空！\n");                            /*输出栈空*/
    else                                               /*否则*/
```

```
        return(stack[top]);                              /*返回栈顶元素*/
}

/*显示栈中元素*/
void display()
{
    int i;                                               /*定义整型变量*/
    printf("栈中元素有：");                              /*输出提示信息*/
    for(i=top;i>=0;i--)                                  /*循环遍历栈中元素*/
        printf("[%d]",stack[i]);                         /*输出栈中元素*/
    printf("\n");                                        /*输出回行*/
}

/*初始化栈*/
void initstack()
{
    top=-1;                                              /*栈顶指针设置为-1*/
}

/*主函数*/
main()
{
    int i;                                               /*定义整型变量*/
    printf("创建一个空栈!");                             /*输出信息，创建一个空栈*/
    initstack();                                         /*调用初始化函数，创建一个空栈*/
    printf("依次插入 1，2，3，4 四个元素\n");            /*输出提示信息，提示用户输入*/
    for(i=1;i<=4;i++)                                    /*循环*/
        push(i);                                         /*入栈*/
    printf("依次显示栈中元素\n");                        /*输出提示信息*/
    display();                                           /*显示栈中的所有元素*/
    printf("退一次栈\n");                                /*提示信息*/
    pop();                                               /*弹出栈顶元素*/
    printf("显示退一次栈后栈中的元素\n");                /*提示输出栈中元素*/
    display();                                           /*显示栈中的所有元素*/
}
```

17.2.2 链栈

采用链式存储的栈称为链栈，这里采用单链表实现。在链式栈中，用一个单链表存储栈的元素，链表的第一个结点定义为栈顶结点，存放栈顶元素。链栈相比顺序栈的优点是不存在栈满上溢的情况。在这里规定栈的所有操作都是在单链表的表头进行的。可用下列方式来定义栈及相应的指针变量。

```
struct stack_node
{
elemtype data;
struct stack_node *next;
};
```

```
typedef struck stack_node stack_list;
typedef stack_list *slink;
```

图 17.6 所示的是位链栈的示意图。

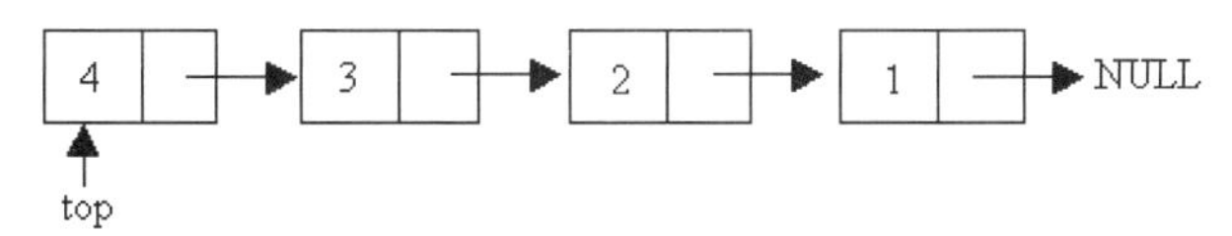

图 17.6　链栈示意图

入栈操作是在栈顶加入新元素，然后将栈顶指针上移，指向新的结点，如图 17.7 所示。

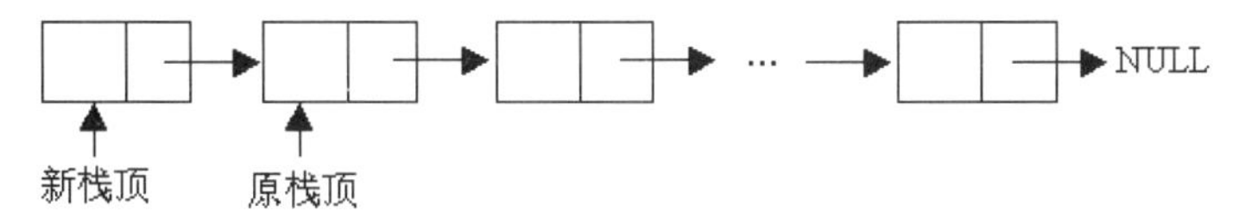

图 17.7　入栈的基本操作

出栈操作也是在栈顶完成的，将栈顶的元素出栈，即释放栈顶元素，并将栈顶指针下移，如图 17.8 所示。

【例 17.3】　链栈的基本操作。（**实例位置：资源包\源码\17\17.3**）

本实例实现了链栈的基本操作，首先向堆栈中压入 4 个元素，然后显示这 4 个元素，接着弹出栈顶元素，再次显示栈中的元素，运行效果如图 17.9 所示。

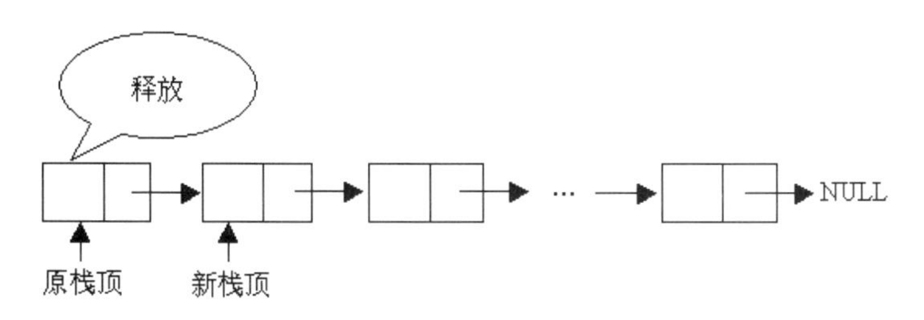

图 17.8　出栈操作

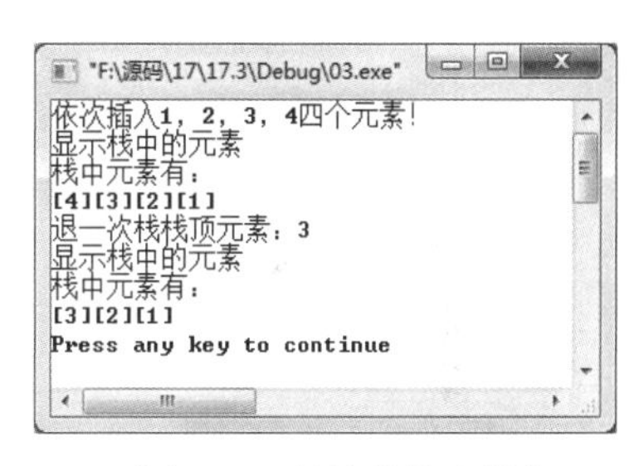

图 17.9　链栈的基本操作

程序代码如下：

```
#include <stdlib.h>                                    /*引用头文件*/
#include <stdio.h>                                     /*引用头文件*/

struct stack_node                                      /*定义结点类型和指针*/
{
int data;
struct stack_node *next;
};
typedef struct stack_node stack_list;
typedef stack_list *slink;

slink top=NULL;                                        /*设置栈顶为空*/
/*入栈操作*/
void push(int x)
```

```
{
    slink new;                                      /*新结点*/
    new= (slink)malloc(sizeof(stack_list));         /*创建新结点*/
    if (!new)                                       /*如果内存分配不成功*/
    {
        printf("内存分配失败! ");                    /*提示内存分配失败*/
        exit(1);                                    /*退出*/
    }
else                                                /*创建新结点*/
    {
        new->data=x;                                /*将数据赋给结点*/
        new->next=top;                              /*栈顶指针上移*/
        top=new;                                    /*将新结点设置为栈顶*/
    }
}

/*出栈操作*/
void pop()
{
    slink p;                                        /*定义栈顶指针变量*/
    p=top;                                          /*将栈顶指针赋给变量*/
    if(top==NULL)                                   /*如果栈顶指针为空*/
        printf("栈下溢！\n");                        /*输出“栈下溢”的信息*/
    else                                            /*否则*/
    {
        p=top;                                      /*将栈顶指针赋给变量 p*/
        top=top->next;                              /*栈顶指针下移*/
        free(p);                                    /*释放变量 p*/
    }
}

/*取栈顶元素*/
int gettop()
{
    int t;                                          /*定义整型变量*/
    if(top!=NULL)                                   /*如果栈顶指针为空*/
    {
        t=top->data;                                /*将栈顶元素赋给变量 t*/
        return t;                                   /*返回 t*/
    }
else                                                /*否则*/
    {
        printf("栈空！\n");                          /*输出信息*/
        return -1;                                  /*返回-1*/
    }
}

/*显示栈中的所有元素*/
void display()
```

```
{
    slink q;                                    /*定义变量 q*/
    printf("栈中元素有：\n");                    /*输出提示信息*/
    q=top;                                      /*将栈顶指针赋给变量 q*/
    while(q!=NULL)                              /*循环*/
    {
        printf("[%d]",q->data);                 /*输出当前元素*/
        q=q->next;                              /*指针下移*/
    }
printf("\n");                                   /*输出回行*/
}

main()
{
    int i;                                      /*定义整型变量 i*/
    printf("依次插入 1，2，3，4 四个元素！\n");   /*输出信息*/
    for(i=1;i<=4;i++)                           /*循环*/
        push(i);                                /*压栈*/
    printf("显示栈中的元素\n");                  /*输出信息，显示栈中元素*/
    display();                                  /*调用过程显示元素*/
    printf("退一次栈");                          /*提示信息，出栈一个元素*/
    pop();                                      /*弹出元素*/
    printf("栈顶元素：%d\n",gettop());           /*输出栈顶元素*/
    printf("显示栈中的元素\n");                  /*提示信息，显示栈中元素*/
    display();                                  /*显示栈中元素*/
}
```

17.3　队列的定义和基本操作

在日常生活中队列很常见，例如，我们经常会排队购物或者交款，排队体现了“先来先服务”（即“先进先出”）的原则。

17.3.1　队列的定义

队列简称队，也是一种运算受限制的线性表，与堆栈不同。它是一种先进先出（first in first out，FIFO）的线性表。它只允许在表的一端进行插入，在另一端进行删除，这和我们日常生活中的排队是一致的，最早进入队列的元素最早离开。在队列中，允许插入的一端叫作队尾（rear），允许删除的一端称为队头（front）。向队列中插入一个新元素称为进队或者入队，新元素进队以后就称为新队的队尾元素；从队列中删除元素称为离队或者出队，元素离队以后，其后继元素就成为队首元素。

图 17.10 所示为队列的示意图。假设队列为 q=（$a_1,a_2,a_3,\cdots,a_n$），那么，a_1 就是队头元素，a_n 就是队尾元素。队列中的元素是按照 $a_1,a_2,a_3,\cdots,a_n$ 的顺序进入的，退出队列也只能按照这个次序依次退出，也就是说，只有在 $a_1,a_2,a_3,\cdots,a_{n-1}$ 都离开队列以后，a_n 才能退出队列。

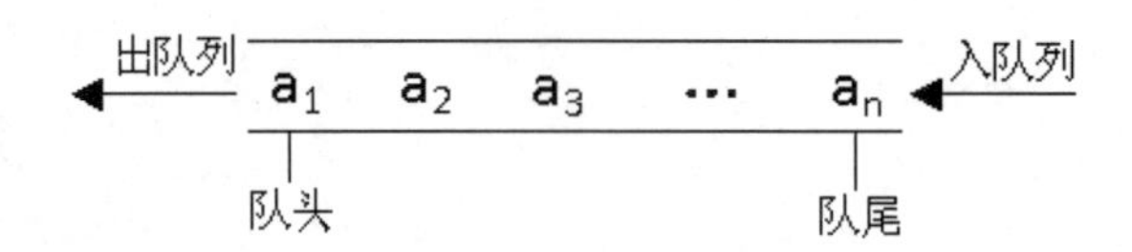

图 17.10　队列的示意图

队列在程序设计中也经常出现。一个比较典型的例子就是操作系统中的作业排队。在允许多道程序运行的计算机系统中，同时有几个作业运行。如果运行的结果都需要通过通道输出，那就要按请求输出的先后次序排队。每当通道传输完毕可以接受新的输出任务时，队头的作业先从队列中退出做输出操作。凡是申请输出的作业都从队尾进入队列。

17.3.2　队列常见的几种基本操作

（1）初始化队列 initqueue(Q)。建立一个新的空队列 Q。

（2）入队列 enqueue(Q,x)。将数据元素 x 插入到队列 Q 中。

（3）出队列 dequeue(Q)。若队列不空，从队首退出一个队列元素。

（4）取队首元素 gethead(Q)。返回当前的队首元素。

（5）判断队列是否为空，empty_queue(Q)。若队列为空，则返回 1，否则返回 0。

（6）显示队列中的元素，display_queue(Q)。从队首到队尾顺序显示队中所有元素。

17.4　队列的存储及运算

17.4.1　顺序队列

队列采用顺序存储结构称为顺序队列。通常用一个向量空间来存放顺序队列的元素。由于队列的队头和队尾的位置是在动态变化的，因此要设两个指针分别指向当前队头元素和队尾元素在向量中的位置。这两个指针分别为队头指针 front 和队尾指针 rear。这两个指针都是整型变量。

顺序队列的数据类型说明如下：

```
#define Maxsize 100
elemType sequeue[Maxsize];
int front, rear;
```

为了实现基本操作，约定头指针 front 总是指向队列中的第一个元素的前一个单元位置，而尾指针 rear 总是指向队列最后一个元素的所在位置。假设 Maxsize=5，队列中可以放入的最多的元素个数是 5 个，即 sequeue[0]至 sequeue[4]。初始化时，头指针和尾指针都指向向量空间下界的下一个位置：rear=front=−1。当 rear=Maxsize−1 时，新元素就不能再加入队列了；当 rear=front 时，表示队列中没有元素，为队空。把上面的各种情况汇总为下面的几个条件，这是实现顺序队列基本操作的重要原则。

（1）队列的初始化条件：rear=front=−1。

（2）队满条件：rear=Maxsize−1。

（3）队空条件：front=rear。

【例 17.4】 顺序队列的基本操作。（**实例位置：资源包\源码\17\17.4**）

下面通过一个例子来演示一下顺序队列的基本操作。首先初始化顺序队列，然后依次向队列中插入 a、b、c、d 这 4 个元素，然后输出队列中的元素。接着出队一个元素，出队以后取队首元素，接着再将队列中的所有元素输出，程序的演示效果如图 17.11 所示。

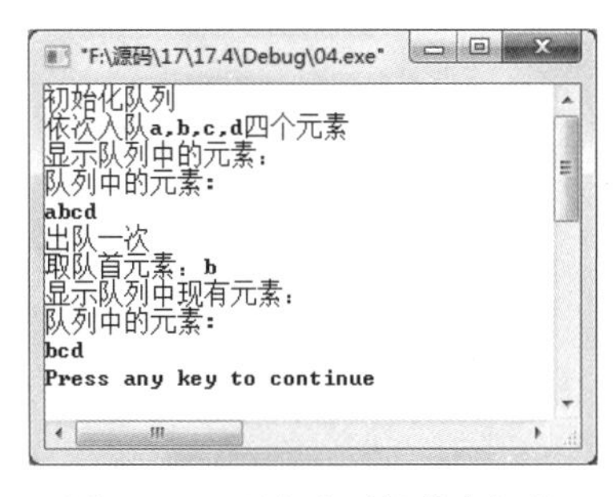

图 17.11 顺序队列的基本操作

程序代码如下：

```
#include <stdlib.h>                                  /*引入头文件*/
#include <stdio.h>                                   /*引入头文件*/
#define Maxsize 50                                   /*设置最大值*/
char sequeue[Maxsize];                               /*声明数组*/
int front,rear;                                      /*声明队列头和队列尾*/

/*初始化队列*/
void initqueue()
{
    front=rear=-1;                                   /*将队列头和队列尾都设置为-1*/
}

/*入队列*/
void enqueue(char x)
{
    if (rear==Maxsize)                               /*如果队列尾为最大值*/
        printf("队列上溢!\n");                        /*队列上溢*/
    else                                             /*否则*/
    {
        rear++;                                      /*队列尾指针后移*/
        sequeue[rear]=x;                             /*向队列中加入新元素*/
    }
}

/*出队列*/
void dequeue()
{
    if(front==rear)                                  /*如果队列头和队列尾相等*/
        printf("队列为空!\n");                        /*提示队列为空*/
    else                                             /*否则*/
        front++;                                     /*队列头加 1*/
}

/*取队首元素*/
char gethead()
{
    if(front==rear)                                  /*如果队列头和队列尾相等*/
```

```
            printf("队列为空\n");                                    /*提示队列为空*/
        else                                                         /*否则*/
            return(sequeue[front+1]);                                /*返回队首元素*/
}

/*显示队列中的元素*/
void display_queue()
{
        int i;                                                       /*定义整型变量*/
        printf("队列中的元素:\n");                                   /*输出提示信息*/
        for(i=front+1;i<=rear;i++)                                   /*循环遍历队列元素*/
            printf("%c",sequeue[i]);                                 /*输出队列元素*/
        printf("\n");                                                /*输出回行*/
}

/*主程序*/
void main()
{
        printf("初始化队列\n");                                       /*输出信息，提示用户要初始化队列*/
        initqueue();                                                 /*初始化队列*/
        printf("依次入队 a,b,c,d 四个元素\n");                        /*输出提示信息*/
        enqueue('a');                                                /*元素 a 入队列*/
        enqueue('b');                                                /*元素 b 入队列*/
        enqueue('c');                                                /*元素 c 入队列*/
        enqueue('d');                                                /*元素 d 入队列*/
        printf("显示队列中的元素：\n");                               /*输出提示信息*/
        display_queue();                                             /*显示队列中的所有元素*/
        printf("出队一次\n");                                         /*输出信息*/
        dequeue();                                                   /*出队一个元素*/
        printf("取队首元素：%c\n",gethead());                         /*取队首元素*/
        printf("显示队列中现有元素：\n");                             /*提示信息*/
        display_queue();                                             /*显示队列中的所有元素*/
}
```

17.4.2　链队列

队列的链式存储结构也是通过由结点构成的单链表实现的，此时只允许在单链表的表首进行删除和在单链表的表尾进行插入，因此需要使用两个指针：队首指针 front 和队尾指针 rear。用 front 指向队首结点的存储位置，用 rear 指向队尾结点的存储位置。用于存储队列的单链表简称链队列。

链队列结点类型的描述如下：

```
struct queue_node
{
        elemtype data;
        struct queue_node *next;
};
typedef struct queue_node queue_list;
```

```
struct queue
{
      queue_list *front;
      queue_list *rear;
};

typedef struct queue linkqueue;
```

图 17.12 所示为链栈的示意图，队列的头指针指向队头结点，队列的尾指针指向尾结点。

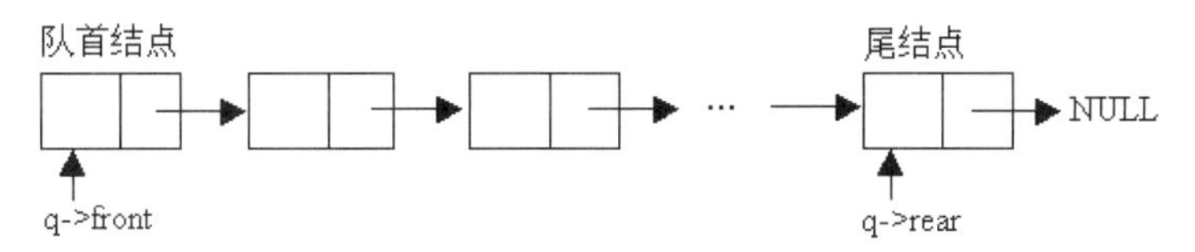

图 17.12　链队列示意图

队列的入队操作是将原队尾指针指向新结点，新结点的指针置空，将队尾指针指向新结点，如图 17.13 所示。

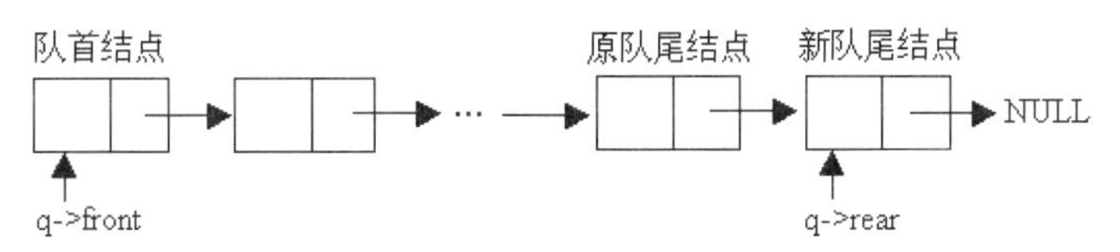

图 17.13　入队操作

队列的出队操作是将原来的队首指针删除，将头指针指向下一个结点，并将原来的头结点从内存中释放掉，如果 17.14 所示。

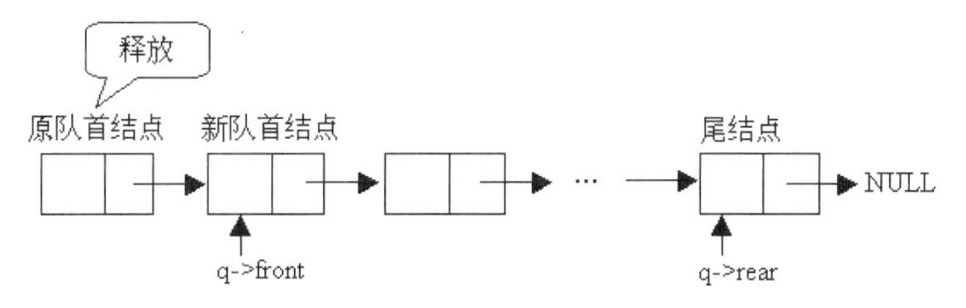

图 17.14　出队操作

17.4.3　循环队列

前面已经介绍了顺序队列的结构，顺序队列在实际的应用中存在一定的问题。例如，当队列中已经有了 Maxsize 个元素时，再有新的元素入队，此时就会产生溢出。但是如果有 Maxsize 次入队操作，有 m（0≤m≤Maxsize）次出队操作，这样队列的首部会空出很多位置，而队尾指针指向队列中的最后一个元素的位置，此时新的数据将无法入队，于是就造成了假溢出。这时就需要对顺序队列进行改进，也就是本节要介绍的循环队列。

循环队列是指将顺序队列的首尾相连，形成一个循环表。当队列的第 Maxsize-1 个位置被占用以后，只要队列的前端还有可以利用的空间，则把新的数据元素加入到队列的第 0 个位置。

图 17.15 所示为循环队列动态变化的示意图。

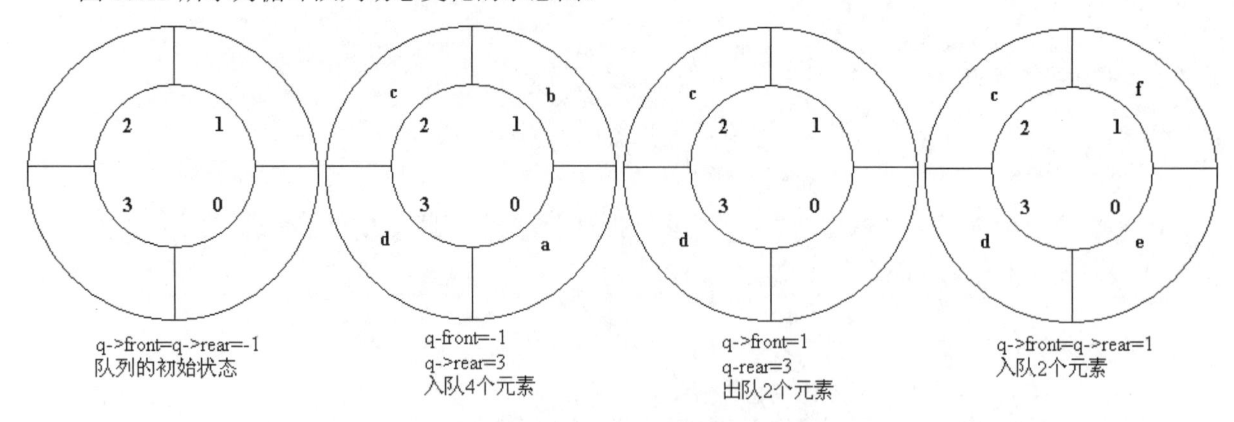

图 17.15　循环队列动态变化过程

从图 17.15 中可以看出，循环队列的队满和队空的判断条件都是：

q->rear==q->front

那么怎么区分这两者呢？在入队时少用一个数据元素空间，以尾指针加 1 等于队首指针作为判断队满的条件，即：

(q->rear+1) mod Maxsize==q->front

其中，mod 为求模运算符。

队空的判断条件仍为：

q->rear==q->front

循环队列的基本操作实际上与顺序队列相似，只不过在判断队满和对空上略有差异。

17.5　实　　战

17.5.1　利用栈实现递归计算多项式

已知一个多项式 $f_n(x)=\begin{cases}1 & 当\,n=0\,时\\ 2x & 当\,n=1\,时\\ 2xf_{n-1}(x)-2(n-1)f_{n-2}(x) & 当\,n>1\,时\end{cases}$，试编写计算 $f_n(x)$值的递归算法。运行结果如图 17.16 所示。（**实例位置：资源包\源码\17\实战\01**）

本题要求用栈及递归的方法来求解多项式的值。

首先介绍一下如何用递归的方法来求解本题。关键是要找出能让递归结束的条件，否则程序将进

入死循环，从题中给的多项式来看 $f_0(x)=1$ 及 $f_1(x)=2x$ 便是递归结束的条件。那么当 $n>1$ 时所对应的函数便是递归计算的公式。

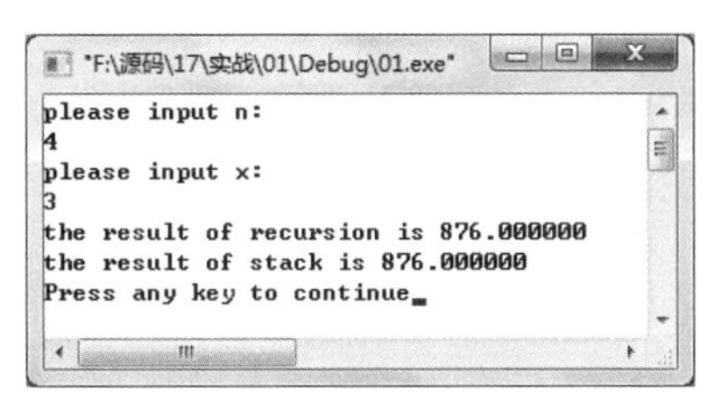

图 17.16　括号匹配检测

下面介绍如何用栈来求该多项式的值，这里利用了栈后进先出的特性将 n 由大到小入栈，再由小到大出栈，每次出栈时求出该数所对应的多项式的值，为求下一个出栈的数所对应的多项式的值做基础。

17.5.2　循环队列的基本操作

本例实现的是循环队列的基本操作，首先将队列进行初始化，然后依次将 a、b、c、d 这 4 个元素入队列，然后显示队列中的元素，接着出队 3 次，显示队列中的元素，再入队 e、f 两个元素，显示队列中的元素，接着再出队 4 次，队列中没有那么多的元素，因此会显示队列为空的信息。运行效果如图 17.17 所示。（**实例位置：资源包\源码\17\实战\02**）

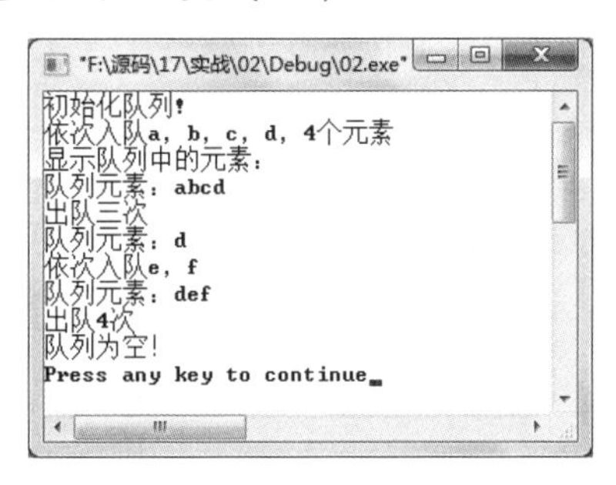

图 17.17　循环队列的基本操作

17.5.3　汉诺塔问题

汉诺塔问题是流传在大梵天（Brahma）庙里面的一个游戏。设有 3 个分别命名为 X、Y、Z 的塔座，在塔座 X 上有 n 个直径各不相同的圆盘，从小到大依次编号为 1，2，3，…，n，如图 17.18 所示。现在要求将 X 塔座上的 n 个圆盘移动到塔座 Z 上，并按照同样的顺序叠放，圆盘移动时必须遵循以下规则：

（1）每次只能移动一个圆盘。

（2）圆盘可以插在 X、Y、Z 中的任一塔座。

（3）任何时候都不能将一个较大的圆盘放在较小的圆盘上。

根据题意，利用堆栈设计程序来实现汉诺塔问题，本程序实现的是具有 3 个圆盘的汉诺塔问题。设计实现的结果如图 17.19 所示。（**实例位置：资源包\源码\17\实战\03**）

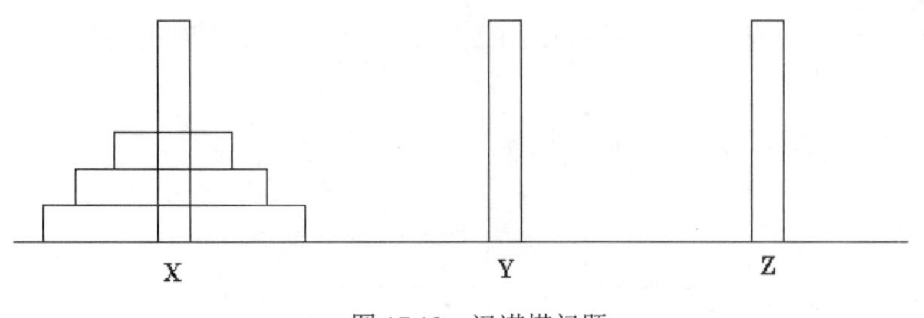

图 17.18　汉诺塔问题

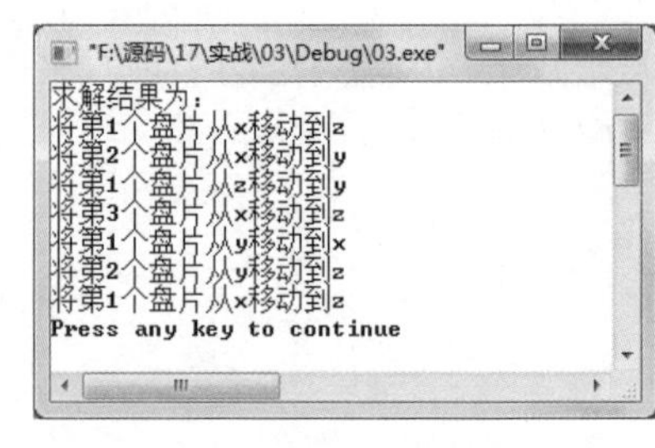

图 17.19　汉诺塔问题的解决办法

17.5.4　机票预售系统

由于售票员键盘操作速度有限，加上售票程序的运行速度有限，当购票乘客过多时，难免会出现排队等候的情况，而乘客人数少时，售票员又无事可做。这里就设计了一个队列程序，来缓冲乘客的排队时间，稳定秩序。（**实例位置：资源包\源码\17\实战\04**）

乘客来购票时，需要填写一个购票卡，按先后次序将购票卡上的信息自动或者人工地添加到一个购票队列中，售票处理程序从队列中依次取出购票卡上的信息，并按要求售票。

运行程序，根据需要输入选择，1 为入队列，即乘客需要购票；2 为出队列，即售票员从队列中取数据。3 为退出程序。

输入 1，输入订票的相关信息，如图 17.20 所示。输入 2，会将入队列的信息输出，如图 17.21 所示。

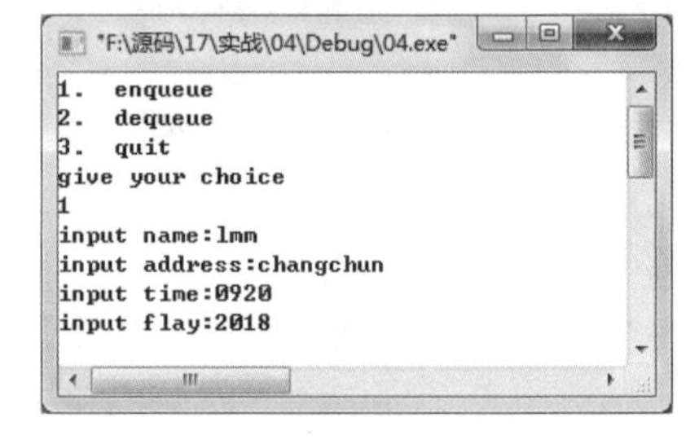

图 17.20　订票

输入 3，退出程序，如图 17.22 所示。

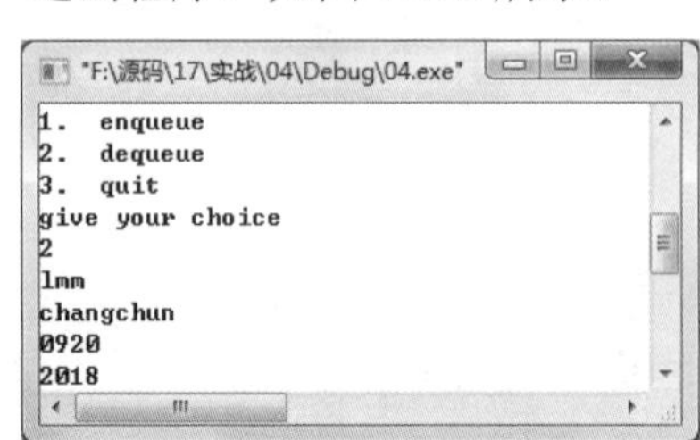

图 17.21　售票

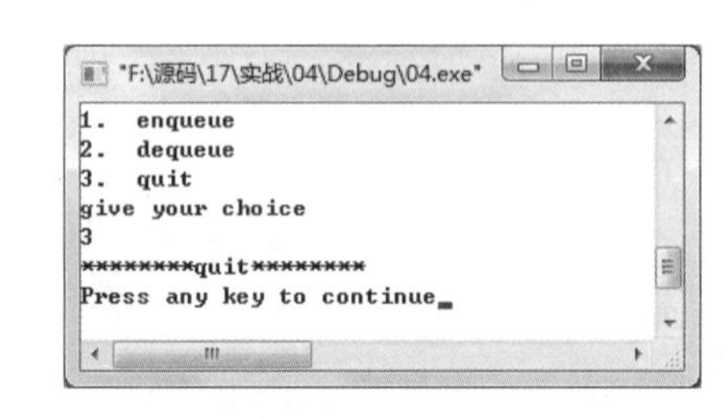

图 17.22　退出程序

17.5.5　链队列的使用

采用链式存储法编程实现元素入队，出队以及将队列中的元素显示出来，要求整个过程以菜单选择的形式实现。运行程序，显示主菜单，在这里选择 1 创建队列，然后创建一个具有 3 个元素的队列，并设置队列的元素分别为 7、8、9，效果如图 17.23 所示。

创建队列以后，通过在主菜单中选择 4，来显示队列中的元素，效果如图 17.24 所示。

在主菜单中选择 2，来向队列中添加元素，添加的元素为 12，然后再将这些元素显示出来，执行效果如图 17.25 所示。

在主菜单中选择 3，即可实现出队操作，此时将队首的元素出队，效果如图 17.26 所示。

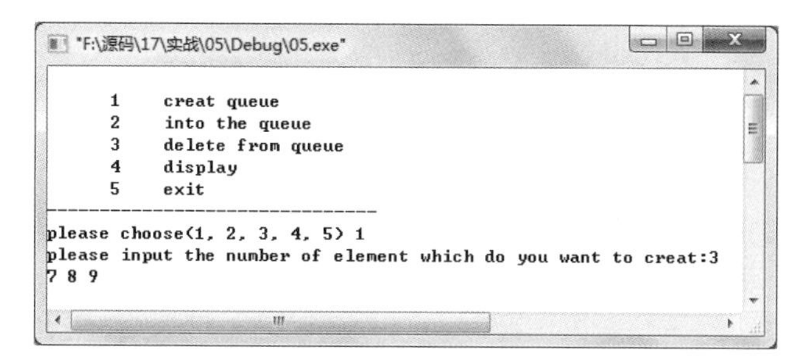

图 17.23　创建队列

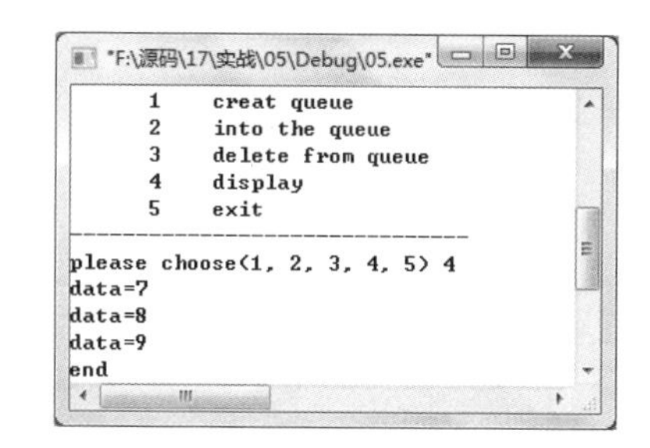

图 17.24　显示队列中元素

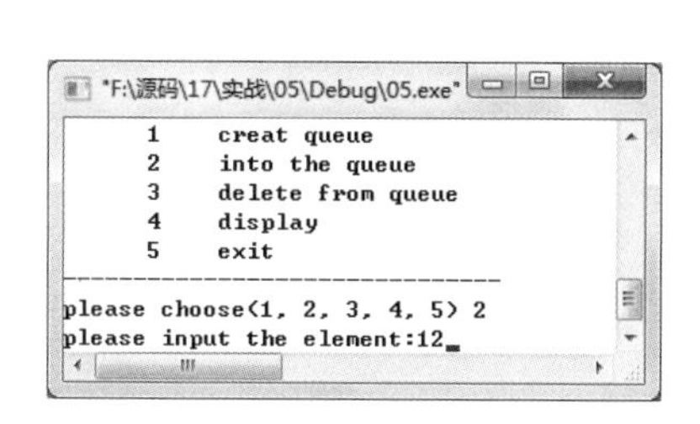

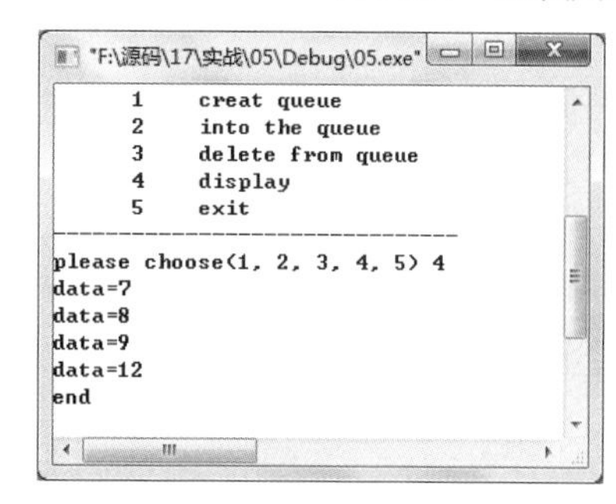

图 17.25　元素入队列队列

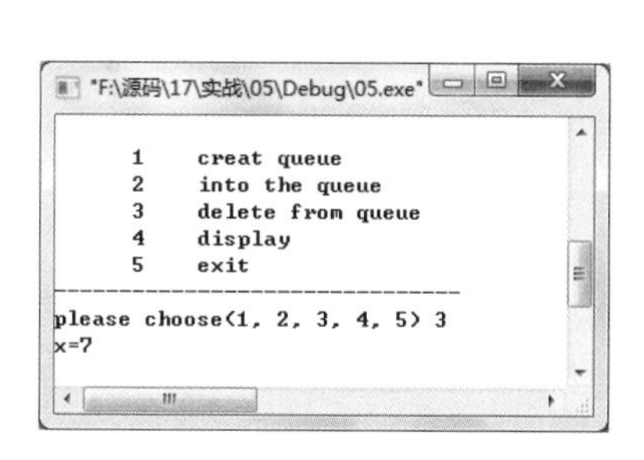

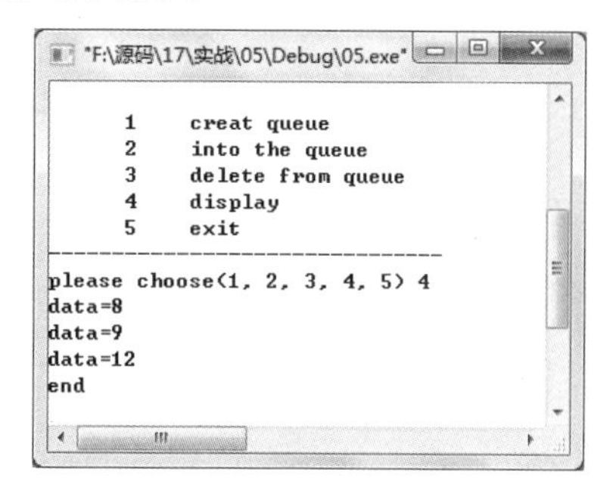

图 17.26　删除队列中元素

队列的链式存储结构是通过由结点构成的单链表实现的，此时只允许在单链表的表首进行删除，在单链表的表尾进行插入，因此需要使用两个指针，即队首指针 front 和队尾指针 rear。用 front 指向队首结点的存储位置，用 rear 指向队尾节点的存储位置。（**实例位置：资源包\源码\17\实战\05**）

第18章

C 语言中的位运算

（视频讲解：51分钟）

C语言可用来代替汇编语言完成大部分编程工作，这也就是说C语言能支持汇编语言做大部分运算，所以C语言完全支持按位运算，这也是C语言的一个特点，也正是这个特点使C语言应用更加广泛。

学习摘要：

- 了解位与字节的关系
- 掌握位运算操作符
- 掌握循环移位
- 熟悉位段的相关知识

18.1　位 与 字 节

在前面章节中讲过数据在内存中是以二进制的形式存放的，下面将具体介绍下位与字节之间的关系。

☑　位：计算机存储数据的最小单位。一个二进制位可以表示两种状态（0 和 1 两种），多个二进制位组合起来便可表示多种信息。

☑　字节：1 个字节通常是由 8 位二进制组成，当然有的计算机系统是由 16 位组成，本书中提到的 1 个字节指的是由 8 位二进制组成的。

因为本书中所使用的运行环境是 Visual C++ 6.0，所以定义一个基本整型数据，它在内存中占 4 个字节，也就是 32 位；如果定义一个字符型，则在内存中占 1 个字节，也就是 8 位。不同的数据类型占用的字节数不同，因此占用的二进制位数也不同。

18.2　位运算操作符

C 语言既具有高级语言的特点，又具有低级语言的功能，它和其他语言不同的是 C 语言完全支持按位运算，它也能像汇编语言一样用来编写系统程序。前面讲过的都是以字节作为基本单位进行运算的，本节将介绍下如何在位一级进行运算，按位运算也就是对字节或字中的实际位进行检测、设置或移位。在介绍之前先来看下 C 语言提供的位运算符，如表 18.1 所示。

表 18.1　位运算符

运　算　符	含　　义	运　算　符	含　　义
&	按位与	^	按位异或
|	按位或	<<	左移
~	取反	>>	右移

18.2.1　与运算符

按位与运算符“&”是双目运算符。其功能是使参与运算的两数各对应的二进制位相与。只有对应的两个二进制位均为 1 时，结果才为 1，否则为 0，如表 18.2 所示。

表 18.2　与运算符

a	b	a&b
0	0	0
0	1	0
1	0	0
1	1	1

例如，89&38 的算式如下：

0 0 0 0 0 0 0 0 0 1 0 1 1 0 0 1 十进制数89
（&）
0 0 0 0 0 0 0 0 0 0 1 0 0 1 1 0 十进制数38
0 0 0 0 0 0 0 0 0 0 0 0 0 0 0 0 十进制数0

通过上面的运算会发现按位与的一个用途就是清零，若想将原数中为 1 的位置为 0，只需将与其进行与操作的数所对应的位置为 0 便可，这样就能实现清零操作。

与操作的另一个用途就是取特定位，可以通过与的方式取一个数中的某些指定位，如果要取 22 的后 5 位则要与后 5 位均是 1 的数与，同样，要取后 4 位就与后 4 位都是 1 的数与即可。

【例 18.1】 任意输入两个数分别赋给 a 和 b，计算 a&b 的值。（**实例位置：资源包\源码\18\18.01**）

程序运行结果如图 18.1 所示。

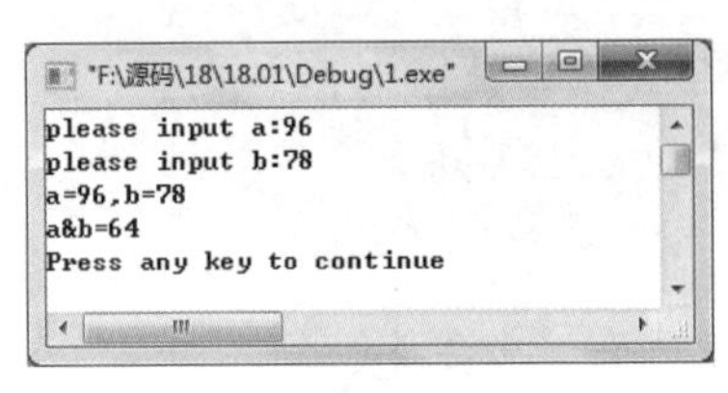

图 18.1 a&b

实例 18.1 的计算过程如下：

0 0 0 0 0 0 0 0 0 1 1 0 0 0 0 0 十进制数96
（&）
0 0 0 0 0 0 0 0 0 1 0 0 1 1 1 0 十进制数78
0 0 0 0 0 0 0 0 0 1 0 0 0 0 0 0 十进制数64

实现代码如下：

```
#include<stdio.h>
main()
{
    unsigned result;                                    /*定义无符号变量*/
    int a, b;
    printf("please input a:");
    scanf("%d",&a);
    printf("please input b:");
    scanf("%d",&b);
    printf("a=%d,b=%d", a, b);
    result = a&b;                                       /*计算与运算的结果*/
    printf("\na&b=%u\n", result);
}
```

18.2.2 或运算符

按位或运算符“|”是双目运算符。其功能是使参与运算的两数各对应的二进制位相或，只要对应的两个二进制位有一个为 1 时，结果就为 1，如表 18.3 所示。

表 18.3　或运算符

a	b	a|b
0	0	0
0	1	1
1	0	1
1	1	1

例如，17|31 的算式如下：

0 0 0 0 0 0 0 0 0 0 0 1 0 0 0 1 十进制数17
(|)
0 0 0 0 0 0 0 0 0 0 0 1 1 1 1 1 十进制数31
0 0 0 0 0 0 0 0 0 0 0 1 1 1 1 1 十进制数31

从上面的式子中可以发现十进制数 17 的二进制数的后 5 位是 10001，而十进制数 31 的后 5 位是 11111，将这两个数或运算之后得的结果是 31，也就是将 17 的二进制数的后 5 位中是 0 的位变成了 1，因此可以总结出这样一个规律，即要想使一个数的后 6 位全为 1，只需和 63 按位或，同理若要使后 5 位全为 1，只需和 31 按位或便可，其他依此类推。

技巧

如果要将某几个位置为 1，只需与这几位是 1 的数进行或操作便可。

【例 18.2】 任意输入两个数分别赋给 a 和 b，计算 a|b 的值。（实例位置：资源包\源码\18\18.02）

程序运行结果如图 18.2 所示。

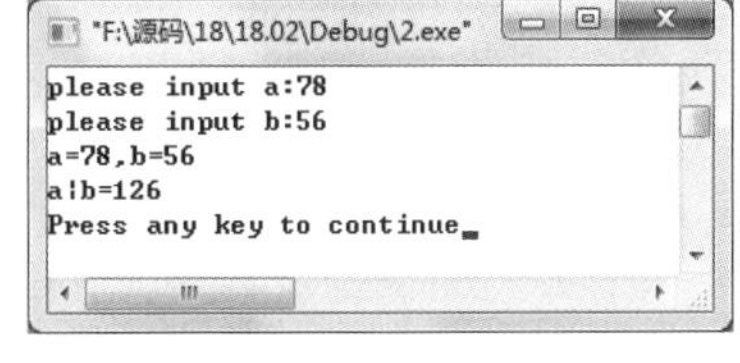

图 18.2　a|b

例 18.2 的计算过程如下（为了方便观察，这里只给出每个数据的后 16 位）：

0 0 0 0 0 0 0 0 0 1 0 0 1 1 1 0　十进制数78
(|)
0 0 0 0 0 0 0 0 0 0 1 1 1 0 0 0　十进制数56
0 0 0 0 0 0 0 0 0 1 1 1 1 1 1 0

实现代码如下：

```
#include<stdio.h>
main()
{
    unsigned result;                                    /*定义无符号变量*/
    int a, b;
    printf("please input a:");
    scanf("%d",&a);
    printf("please input b:");
    scanf("%d",&b);
    printf("a=%d,b=%d", a, b);
    result = a|b;                                       /*计算或运算的结果*/
    printf("\na|b=%u\n", result);
}
```

18.2.3 取反运算符

取反运算符“~”为单目运算符，具有右结合性。其功能是对参与运算的数的各二进制位按位求反，即将 0 变成 1，1 变成 0。

例如，~86 是对 86 进行按位求反，如下所示：

00000000000000000000000001010011

（~）↓

11111111111111111111111110101100

注意

在进行取反运算的过程中，切不可简单地认为一个数取反后的结果就是该数的相反数，即~25 的值是-25，这是错误的。

【例 18.3】 输入一个数赋给变量 a，计算~a 的值。（**实例位置：资源包\源码\18\18.03**）

程序运行结果如图 18.3 所示。

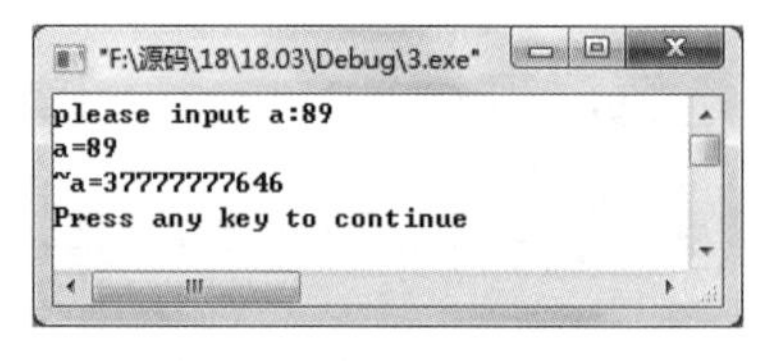

图 18.3 ~a

本实例的执行过程如下：

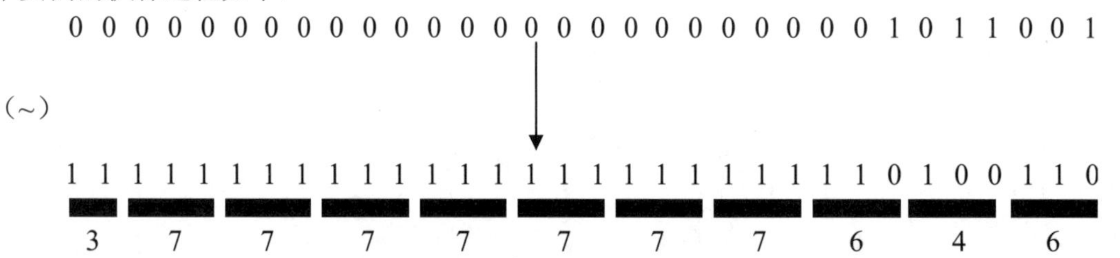

注意

本实例最后是以八进制的形式输出的。

实现代码如下：

```
#include<stdio.h>
main()
{
    unsigned result;                                    /*定义无符号变量*/
    int a;
    printf("please input a:");
    scanf("%d",&a);
```

```
    printf("a=%d", a);
    result = ~a;                                          /*求 a 的反*/
    printf("\n~a=%o\n", result);
}
```

18.2.4　异或运算符

按位异或运算符“^”是双目运算符。其功能是使参与运算的两数各对应的二进制位相异或，当对应的两个二进制位数相异时，结果为 1，否则结果为 0，如表 18.4 所示。

表 18.4　异或运算符

a	b	a^b
0	0	0
0	1	1
1	0	1
1	1	0

例如，107^127 的算式如下：

```
     0 0 0 0 0 0 0 0 0 1 1 0 1 0 1 1  十进制数107
(^)
     0 0 0 0 0 0 0 0 0 1 1 1 1 1 1 1  十进制数127
   ----------------------------------
     0 0 0 0 0 0 0 0 0 0 0 1 0 1 0 0
```

从上面算式可以看出，异或操作的一个主要的用途就是能使特定的位翻转，如果要将 107 的后七位翻转，只需与一个后七位都是 1 的数进行异或操作即可。

异或操作的另一个主要用途就是，在不使用临时变量的情况下实现两个变量值的互换。

例如，x=9，y=4，将 x 和 y 的值互换可用如下方法实现：

x=x^y;

y=y^x;

x=x^y;

其具体运算过程如下：

```
      0 0 0 0 0 0 0 0 0 0 0 0 1 0 0 1 (x)
(^)
      0 0 0 0 0 0 0 0 0 0 0 0 0 1 0 0 (y)
------------------------------------------
      0 0 0 0 0 0 0 0 0 0 0 0 1 1 0 1 (x)
(^)
      0 0 0 0 0 0 0 0 0 0 0 0 0 1 0 0 (y)
------------------------------------------
      0 0 0 0 0 0 0 0 0 0 0 0 1 0 0 1 (y)
(^)
      0 0 0 0 0 0 0 0 0 0 0 0 1 1 0 1 (x)
------------------------------------------
      0 0 0 0 0 0 0 0 0 0 0 0 0 1 0 0 (x)
```

【例 18.4】 输入两个数分别赋给变量 a 和 b，计算 a^b 的值。（**实例位置：资源包\源码\18\18.04**）

程序运行结果如图 18.4 所示。

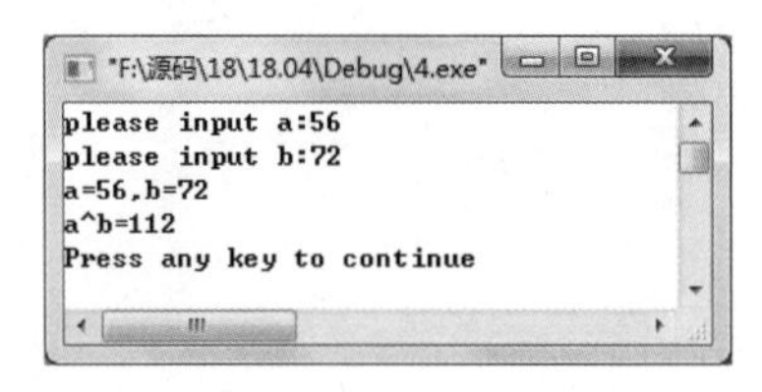

图 18.4 a^b

本实例的执行过程如下：

```
    0 0 0 0 0 0 0 0 0 0 1 1 1 0 0 0   十进制数56
(^)
    0 0 0 0 0 0 0 0 0 1 0 0 1 0 0 0   十进制数72
    -------------------------------
    0 0 0 0 0 0 0 0 0 1 1 1 0 0 0 0
```

技巧

异或运算经常被用到一些比较简单的加密算法中。

实现代码如下：

```
#include<stdio.h>
main()
{
    unsigned result;                                    /*定义无符号数*/
    int a, b;
    printf("please input a:");
    scanf("%d",&a);
    printf("please input b:");
    scanf("%d",&b);
    printf("a=%d,b=%d", a, b);
    result = a^b;                                       /*求 a 与 b 异或的结果*/
    printf("\na^b=%u\n", result);
}
```

18.2.5 左移运算符

左移运算符“<<”是双目运算符。其功能是把<<左边的运算数的各二进位全部左移若干位，由<<右边的数指定移动的位数，高位丢弃，低位补 0。

例如，a<<2 即把 a 的各二进位向左移动两位。假设 a=39，那么 a 在内存中存放情况如图 18.5 所示。

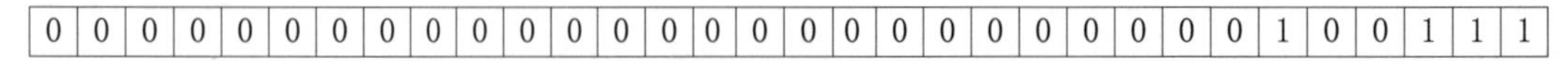

0	0	0	0	0	0	0	0	0	0	0	0	0	0	0	0	0	0	0	0	0	0	0	0	0	0	1	0	0	1	1	1

图 18.5 39 在内存中存储情况

若将 a 左移两位后，则在内存中的存储情况如图 18.6 所示。

0	0	0	0	0	0	0	0	0	0	0	0	0	0	0	0	0	0	0	0	0	0	0	0	1	0	0	1	1	1	0	0

图 18.6 39 左移两位

a 左移两位后由原来的 39 变成了 156。

说明

实际上左移一位相当于该数乘以 2，将 a 左移两位相当于 a 乘以 4，即 39 乘以 4，但这种情况只限于移出位不含 1 的情况，若是将十进制数 64 左移两位则移位后的结果将为 0（01000000->00000000），因为 64 在左移两位时将 1 移出了（注意这里的 64 是假设以一个字节，即 8 位存储的）。

【例 18.5】 将 15 先左移两位，将其左移后的结果输出，再在这个结果的基础上左移 3 位，并将结果输出。（**实例位置：资源包\源码\18\18.05**）

程序运行结果如图 18.7 所示。

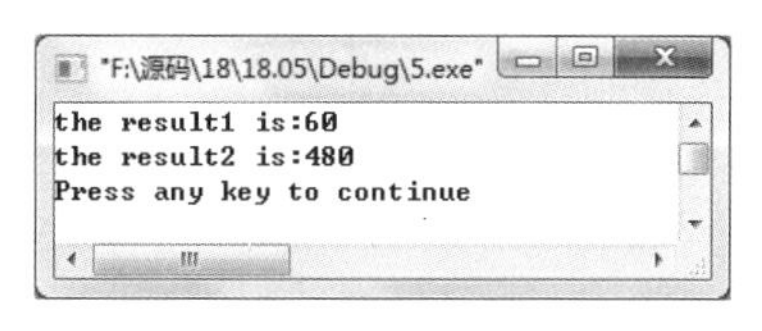

图 18.7 左移运算

本实例的执行过程如下：

15 在内存中存储情况如图 18.8 所示。

0	0	0	0	0	0	0	0	0	0	0	0	0	0	0	0	0	0	0	0	0	0	0	0	0	0	0	0	1	1	1	1

图 18.8 15 在内存中存储情况

15 左移两位后变为 60，其存储情况如图 18.9 所示。

0	0	0	0	0	0	0	0	0	0	0	0	0	0	0	0	0	0	0	0	0	0	0	0	0	0	1	1	1	1	0	0

图 18.9 15 左移两位

60 左移 3 位变成 480，其存储情况如图 18.10 所示。

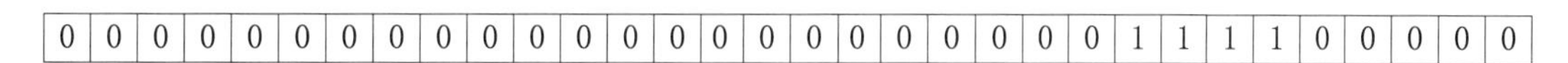

0	0	0	0	0	0	0	0	0	0	0	0	0	0	0	0	0	0	0	0	0	0	0	1	1	1	1	0	0	0	0	0

图 18.10 60 左移 3 位

实现代码如下：

```
#include<stdio.h>
main()
{
    int x=15;
    x=x<<2;                                   /*x 左移 3 位*/
    printf("the result1 is:%d\n",x);          /*输出结果*/
    x=x<<3;                                   /*x 左移两位*/
```

```
    printf("the result2 is:%d\n",x);                          /*输出结果*/
}
```

18.2.6 右移运算符

右移运算符“>>”是双目运算符。其功能是把>>左边的运算数的各二进制位全部右移若干位，>>右边的数指定移动的位数。

例如，a>>2 即把 a 的各二进制位向右移动两位。假设 a=00000110，右移两位后为 00000001。a 由原来的 6 变成了 1。

说明

在进行右移时对于有符号数需要注意符号位问题，当符号位为正数时，最高位补 0，而为负数时，最高位是补 0 或是补 1 取决于编译系统的规定。移入 0 的称为逻辑右移，移入 1 的称为算术右移。

【例 18.6】 将 30 和-30 分别右移 3 位，将所得结果分别输出，再在所得结果的基础上分别右移两位，并将结果输出。（**实例位置：资源包\源码\18\18.06**）

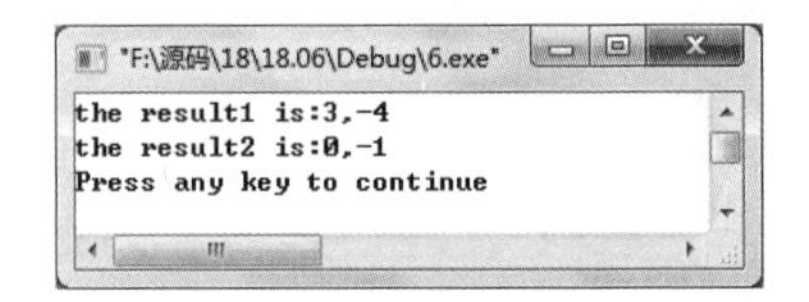

图 18.11　右移运算

程序运行结果如图 18.11 所示。

本实例的执行过程如下：

30 在内存中存储情况如图 18.12 所示。

0	0	0	0	0	0	0	0	0	0	0	0	0	0	0	0	0	0	0	0	0	0	0	0	0	0	0	1	1	1	1	0

图 18.12　30 在内存中的存储情况

-30 在内存中存储情况如图 18.13 所示。

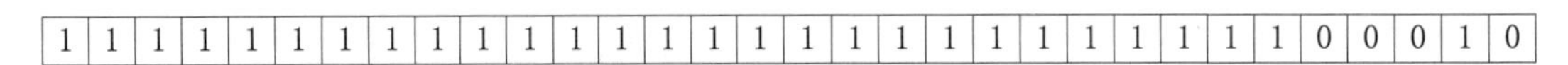

1	1	1	1	1	1	1	1	1	1	1	1	1	1	1	1	1	1	1	1	1	1	1	1	1	1	1	0	0	0	1	0

图 18.13　-30 在内存中的存储情况

30 右移 3 位变成 3，其存储情况如图 18.14 所示。

0	0	0	0	0	0	0	0	0	0	0	0	0	0	0	0	0	0	0	0	0	0	0	0	0	0	0	0	0	0	1	1

图 18.14　30 右移 3 位

-30 右移 3 位变成-4，其存储情况如图 18.15 所示。

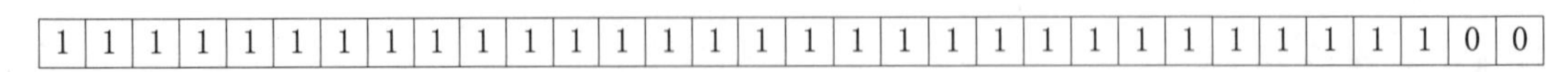

1	1	1	1	1	1	1	1	1	1	1	1	1	1	1	1	1	1	1	1	1	1	1	1	1	1	1	1	1	1	0	0

图 18.15　-30 右移 3 位

3 右移 2 位变成 0，而-4 右移 2 位则变成-1，如图 18.16 所示。

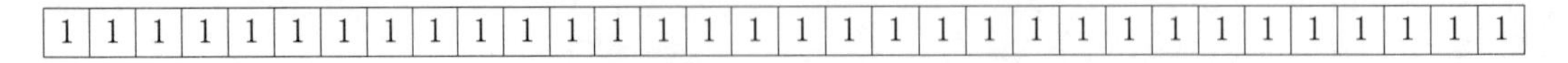

1	1	1	1	1	1	1	1	1	1	1	1	1	1	1	1	1	1	1	1	1	1	1	1	1	1	1	1	1	1	1	1

图 18.16　-4 右移 2 位

实现代码如下：

```
#include<stdio.h>
main()
{
	int x=30,y=-30;
	x=x>>3;                                         /*x 右移 3 位*/
	y=y>>3;                                         /*y 右移 3 位*/
	printf("the result1 is:%d,%d\n",x,y);
	x=x>>2;                                         /*x 右移两位*/
	y=y>>2;                                         /*x 右移两位*/
	printf("the result2 is:%d,%d\n",x,y);
}
```

从上面的过程中可以发现，在 Visual C++ 6.0 中负数进行右移实质上就是算术右移。

18.3　循环移位

视频讲解

前面讲过了向左移位和向右移位，这里将介绍循环移位的相关内容。那么什么是循环移位呢？循环移位就是将移出的低位放到该数的高位或者将移出的高位放到该数的低位。那么该如何来实现这个过程呢？这里先介绍下如何实现循环左移。

循环左移的过程如图 18.17 所示。

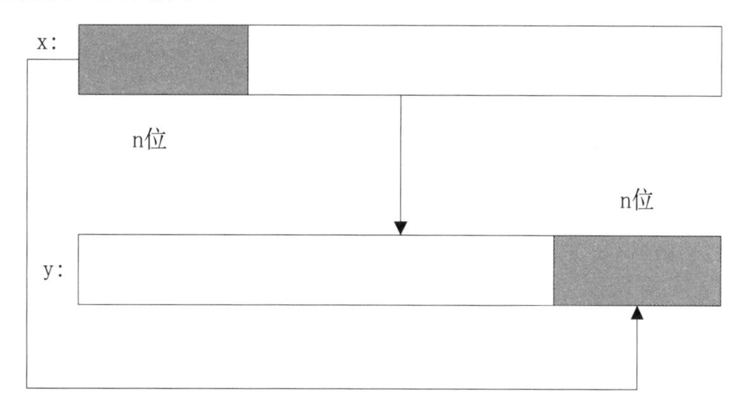

图 18.17　循环左移

实现循环左移的过程如下：

如图 18.17 所示，将 x 的左端 n 位先放到 z 中的低 n 位中。由以下语句实现：

```
z=x>>(32-n);
```

将 x 左移 n 位，其右面低 n 位补 0。由以下语句实现：

```
y=x<<n;
```

将 y 与 z 进行按位或运算。由以下语句实现：

```
y=y|z;
```

【例 18.7】 编程实现循环左移，具体要求如下：首先从键盘中输入一个八进制数，其次再输入要移位的位数，最后将移位的结果显示在屏幕上。（**实例位置：资源包\源码\18\18.07**）

程序运行结果如图 18.18 所示。

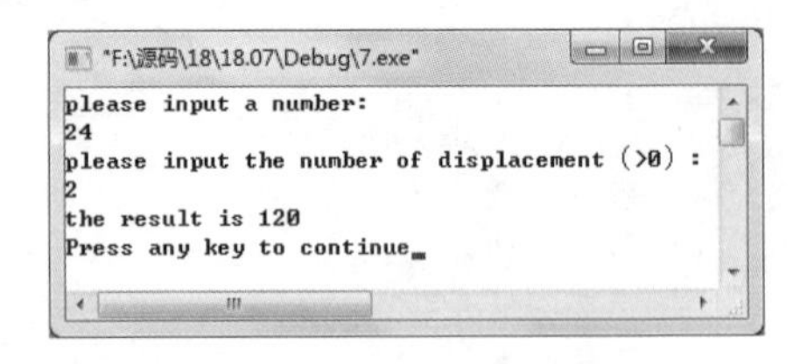

图 18.18　向左循环移两位

本实例的实现代码如下：

```
#include <stdio.h>
left(unsigned value, int n)                                  /*自定义左移函数*/
{
    unsigned z;
    z = (value >> (32-n)) | (value << n);                    /*循环左移的实现过程*/
    return z;
}
main()
{
    unsigned a;
    int n;
    printf("please input a number:\n");
    scanf("%o", &a);                                         /*输入一个八进制数*/
    printf("please input the number of displacement（>0）:\n");
    scanf("%d", &n);                                         /*输入要移位的位数*/
    printf("the result is %o\n", left(a, n));                /*将左移后的结果输出*/
}
```

循环右移的过程如图 18.19 所示。

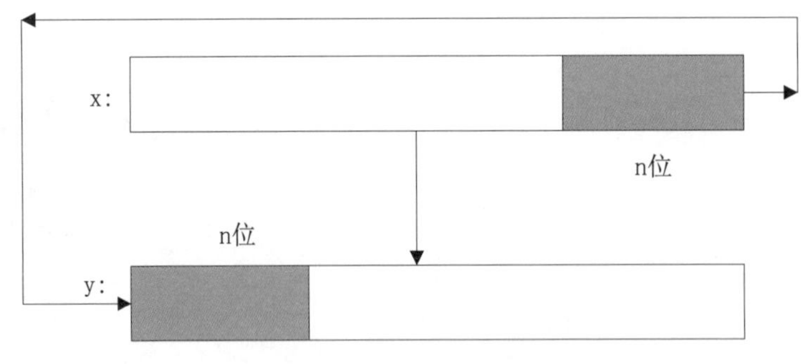

图 18.19　循环右移

如图 18.19 所示，将 x 的右端 n 位先放到 z 中的高 n 位中。由以下语句实现：

```
z=x<<(32-n);
```

将 x 右移 n 位，其左面高 n 位补 0。由以下语句实现：

```
y=x>>n;
```

将 y 与 z 进行按位或运算。由以下语句实现：

```
y=y|z;
```

18.4　位　　段

18.4.1　位段的概念与定义

所谓位段类型，是一种特殊的结构类型，其所有成员均以二进制位为单位定义长度，并称结构中的成员为位段。位段定义的一般形式如下：

```
结构 结构名
{
  类型   变量名 1:长度;
  类型   变量名 2:长度;
  …
  类型   变量名 n:长度;
}
```

一个位段必须被说明为 int、unsigned 或 signed 中的一种。

例如，CPU 的状态寄存器按位段类型定义如下：

```
struct status
    {
     unsigned sign:1;                          /*符号标志*/
     unsigned zero:1;                          /*零标志*/
     unsigned carry:1;                         /*进位标志*/
     unsigned parity:1;                        /*奇偶溢出标志*/
     unsigned half_carry:1;                    /*半进位标志*/
     unsigned negative:1;                      /*减标志*/
   } flags;
```

显然，对 CPU 的状态寄存器而言，使用位段类型仅需 1 个字节即可。

又如：

```
struct packed_data
{
unsigned a:2;
unsigned b:1;
unsigned c:1;
unsigned d:2;
}data;
```

从上面的代码可以发现这里 a、b、c、d 分别占 2 位、1 位、1 位、2 位，如图 18.20 所示。

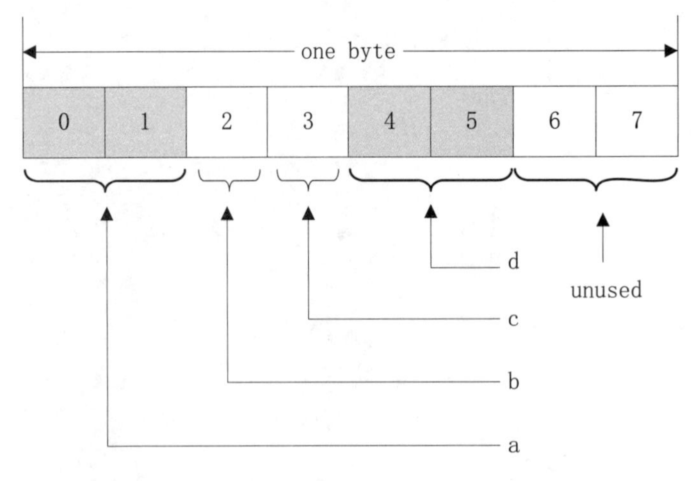

图 18.20　占位情况

18.4.2　位段相关说明

前面介绍了什么是位段，这里针对位段有以下几点要加以说明。

☑　因为位段类型是一种结构类型，所以位段类型和位段变量的定义，以及对位段（即位段类型中的成员）的引用，均与结构类型和结构变量一样。

☑　如果定义一个如下的位段结构：

```
struct attribute
{
unsigned font:1;
unsigned color:1;
unsigned size:1;
unsigned dir:1;
};
```

上面定义的位段结构中，各个位段都只占用 1 个二进制位，如果某个位段需要表示多于两种的状态，也可将该位段设置为占用多个二进制位。如果字体大小有 4 种状态，则可将上面的位段结构改写成如下形式：

```
struct attribute
{
unsigned font:1;
unsigned color:1;
unsigned size:2;
unsigned dir:1;
};
```

☑　某一位段要从另一个字开始存放，可写成如下形式：

```
struct status
  {
unsigned a:1;
```

```
        unsigned b:1;
        unsigned c:1;
        unsigned :0;
        unsigned d:1;
        unsigned e:1;
unsigned f:1
  }flags;
```

原本 a、b、c、d、e、f 这 6 个位段是连续存储在 1 个字节中的。由于加入了 1 个长度为 0 的无名位段，所以其后的 3 个位段，从下一个字节开始存储，一共占用两个字节。

☑　可以使各个位段占满一个字节，也可以不占满一个字节，例如：

```
struct packed_data
{
      unsigned a:2;
      unsigned b:2;
unsigned c:1;
      int i;
}data;
```

存储形式如图 18.21 所示。

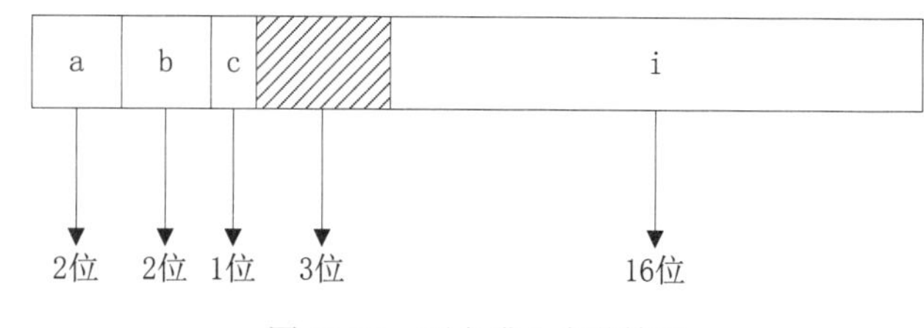

图 18.21　不占满 1 字节情况

☑　1 个位段必须存储在 1 个存储单元（通常为 1 字节）中，不能跨两个存储单元。如果本单元不够容纳某位段，则从下一个单元开始存储该位段。

☑　可以用%d、%x、%u 和%o 等格式字符，以整数形式输出位段。

☑　在数值表达式中引用位段时，系统自动将位段转换为整型数。

18.5　实　　战

18.5.1　不用临时变量交换两个值

为两个变量赋值之后，实现交换两个变量的值并且不使用临时变量。程序运行效果如图 18.22 所示。（**实例位置：资源包\源码\18\实战\01**）

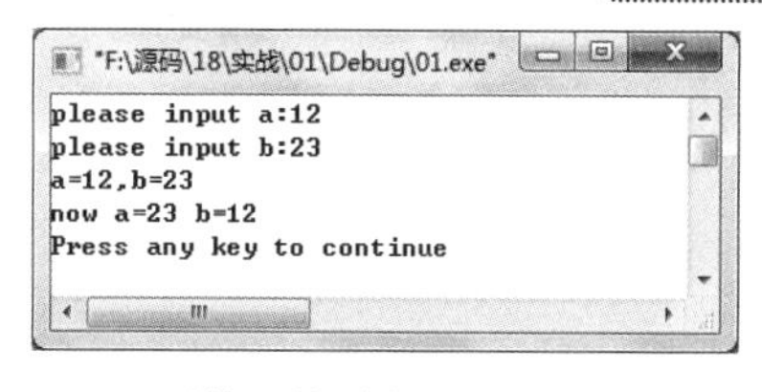

图 18.22　不使用临时变量交换两个变量的值

18.5.2　取一个整数的后 4 位

在屏幕上输入一个八进制数，实现输出其后 4 位。运行结果如图 18.23 所示。（**实例位置：资源包\源码\18\实战\02**）

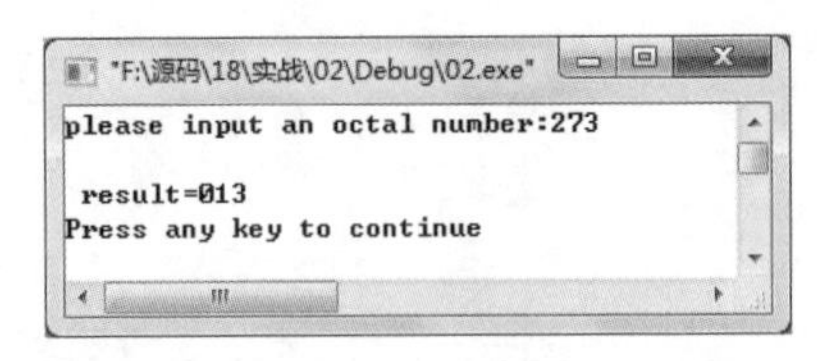

图 18.23　取一个整数的后 4 位

18.5.3　编写循环移位函数

编写一个移位函数，使移位函数既能循环左移又能循环右移。参数 n 大于 0 时表示左移，参数 n 小于 0 时表示右移。例如 n=-4，表示要右移 4 位。运行结果如图 18.24 所示。（**实例位置：资源包\源码\18\实战\03**）

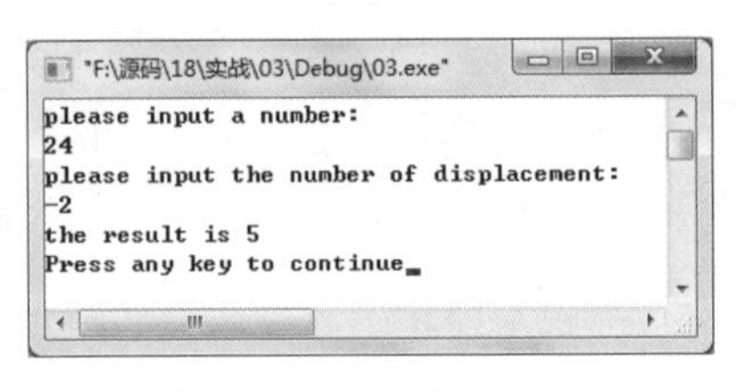

图 18.24　实现循环移位

18.5.4　取出给定 16 位二进制数的奇数位

取出给定的 16 位二进制数的奇数位，构成新的数据并输出。运行结果如图 18.25 所示。（**实例位置：资源包\源码\18\实战\04**）

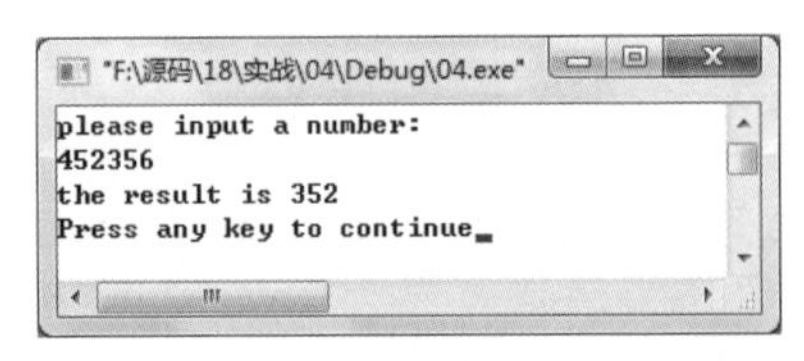

图 18.25　取出给定 16 位二进制数的奇数位

18.5.5　求一个数的补码

在屏幕上输入一个八进制数，求出其补码，并输出结果。运行结果如图 18.26 所示。（**实例位置：资源包\源码\18\实战\05**）

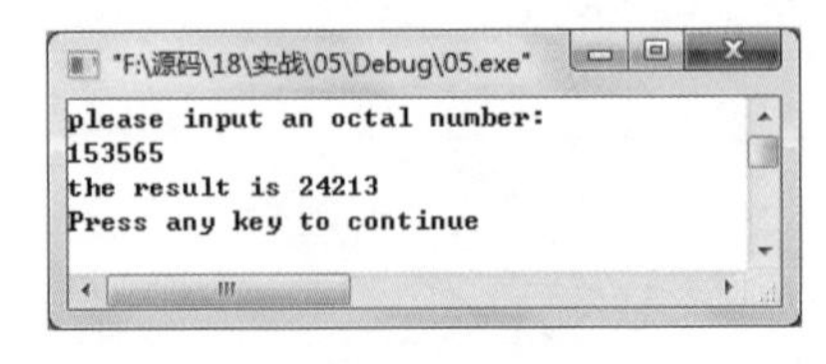

图 18.26　求补码

正数的补码等于该数原码，一个负数的补码等于该数的反码加 1。

第19章

文件操作技术

（视频讲解：71分钟）

文件是程序设计中一个重要的概念，在现代计算机的应用领域中，数据处理是一个重要方面。数据处理往往是要通过文件的形式来完成的，本章就来介绍下如何将数据写入和读出文件。

学习摘要：

- **了解文件的概念**
- **掌握文件的基本操作**
- **掌握文件的不同读写方法**
- **掌握文件的定位**

19.1 文件概述

文件是指一组相关数据的有序集合。这个数据集有一个名称，叫作文件名。通常状况下，使用计算机也就是在使用文件，在前面的程序设计中，我们介绍了输入和输出，即从标准输入设备（键盘）输入，由标准输出设备（显示器或打印机）输出。不仅如此，我们也常把磁盘作为信息载体，用于保存中间结果或最终数据。在使用一些字处理工具时，会利用打开一个文件来将磁盘的信息输入到内存，通过关闭一个文件来实现将内存数据输出到磁盘。这时的输入和输出是针对文件系统，故文件系统也是输入和输出的对象。

所有文件都是通过流进行输入、输出操作。与文本流和二进制流对应，文件可以分为文本文件和二进制文件两大类。

☑ 文本文件，也称为 ASCII 文件。这种文件在保存时，每个字符对应一个字节，用于存放对应的 ASCII 码。

☑ 二进制文件，不是保存 ASCII 码，而是按二进制的编码方式来保存文件内容。

文件可以从不同的角度进行具体的分类。

☑ 从用户的角度（或所依附的介质）看，文件可分为普通文件和设备文件两种。
  - 普通文件是指驻留在磁盘或其他外部介质上的一个有序数据集。
  - 设备文件是指与主机相连的各种外部设备，如显示器、打印机、键盘等。在操作系统中，把外部设备也看作是一个文件来进行管理，把它们的输入、输出等同于对磁盘文件的读和写。

☑ 按文件内容来分源文件、目标文件、可执行文件、头文件、数据文件等。

在 C 语言中，文件操作都是由库函数来完成的。在本章内将介绍主要的文件操作函数。

19.2 文件基本操作

文件的基本操作包括文件的打开和关闭，除了标准的输入、输出文件外，其他所有的文件都必须先打开，再使用。而使用结束后，必须关闭该文件。

19.2.1 文件指针

文件指针是一个指向文件有关信息的指针，这些信息包括文件名、状态和当前位置，它们保存在一个结构体变量中。在使用文件时需要在内存中为其分配空间，用来存放文件的基本信息，该结构体类型是由系统定义的，C 语言规定该类型为 FILE 型，其声明如下：

```
typedef struct
{
```

```
        short level;
        unsigned flags;
        char fd;
        unsigned char hold;
        short bsize;
        unsigned char *buffer;
        unsigned ar *curp;
        unsigned istemp;
        short token;
}FILE;
```

从上面的结构中会发现使用了 typedef 定义了一个 FILE 为该结构体类型，在编写程序时可直接使用上面定义的 FILE 类型来定义变量，注意在定义变量时不用将结构体内容全部给出，只需写成如下形式：

```
FILE *fp;
```

说明 fp 是一个指向 FILE 类型的指针变量。

19.2.2　文件的打开

fopen 函数用来打开一个文件，打开文件的操作就是创建一个流，fopen 函数的原型在 stdio.h 中，其调用的一般形式如下：

```
FILE *fp;
fp=fopen(文件名,使用文件方式);
```

其中，文件名是将要被打开文件的文件名；使用文件方式是指对打开的文件是要进行读还是写。使用文件方式如表 19.1 所示。

表 19.1　使用文件方式

文件使用方式	含　义
"r"（只读）	打开一个文本文件，只允许读数据
"w"（只写）	打开或建立一个文本文件，只允许写数据
"a"（追加）	打开一个文本文件，并在文件末尾写数据
"rb"（只读）	打开一个二进制文件，只允许读数据
"wb"（只写）	打开或建立一个二进制文件，只允许写数据
"ab"（追加）	打开一个二进制文件，并在文件末尾写数据
"r+"（读写）	打开一个文本文件，允许读和写
"w+"（读写）	打开或建立一个文本文件，允许读写
"a+"（读写）	打开一个文本文件，允许读，或在文件末追加数据
"rb+"（读写）	打开一个二进制文件，允许读和写
"wb+"（读写）	打开或建立一个二进制文件，允许读和写
"ab+"（读写）	打开一个二进制文件，允许读，或在文件末追加数据

如果要以只读方式打开文件名为 123 的文本文档文件，应写成如下形式：

```
FILE *fp;
fp=("123.txt","r");
```

如果使用 fopen 函数打开文件成功，将返回一个有确定指向的 FILE 类型指针。若打开失败，则返回 NULL，通常打开失败会有以下几方面原因。

☑ 指定的盘符或路径不存在。

☑ 文件名中含有无效字符。

☑ 以 r 模式打开一个不存在的文件。

19.2.3 文件的关闭

文件在使用完毕后，应使用 fclose 函数将其关闭，fclose 函数和 fopen 函数一样，原型也在 stdio.h 中，调用的一般形式如下：

```
fclose(文件指针);
```

例如：

```
fclose(fp);
```

fclose 函数也带回一个值，当正常完成关闭文件操作时，fclose 函数返回值为 0，否则返回 EOF。

说明

在程序结束之前应关闭所有文件，这样做是为了防止因为没有关闭文件而造成的数据流失。

19.3 文件的读写

打开文件后，即可对文件进行读出或写入的操作。C 语言中提供了丰富的文件操作函数，将在本节中详细介绍。

19.3.1 fputc 函数

fputc 函数的一般形式如下：

```
ch=fputc(ch,fp);
```

该函数作用是把一个字符写到磁盘文件（fp 所指向的是文件）上去。其中 ch 是要输出的字符，它可以是一个字符常量，也可以是一个字符变量。fp 是文件指针变量。当函数输出成功则返回值就是输出的字符；如果输出失败，则返回 EOF。

【例 19.1】 编程实现向 E:\\exp01.txt 中写入“forever…forever……”，以#结束输入。（**实例位置：**

资源包\源码\19\19.1）

当输入图 19.1 所示内容时，则在 E:\\exp01.txt 文件中的内容如图 19.2 所示。

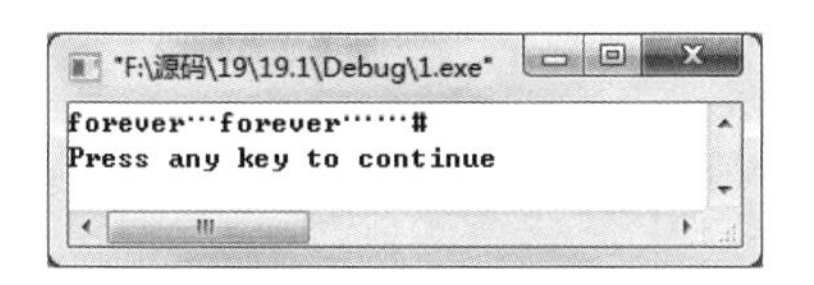

图 19.1　运行界面

图 19.2　文件中的内容

程序代码如下：

```
#include <stdio.h>
main()
{
    FILE *fp;                                           /*定义一个指向 FILE 类型结构体的指针变量*/
    char ch;                                            /*定义变量为字符型*/
    if ((fp = fopen("E:\\exp01.txt", "w")) == NULL)     /*以只写方式打开指定文件*/
    {
        printf("cannot open file\n");
        exit(0);
    }
    ch = getchar();                                     /*getchar 函数带回一个字符赋给 ch*/
    while (ch != '#')                                   /*当输入“#”时结束循环*/
    {
        fputc(ch, fp);                                  /*将读入的字符写到磁盘文件上去*/
        ch = getchar();                                 /*getchar 函数继续带回一个字符赋给 ch*/
    }
    fclose(fp);                                         /*关闭文件*/
}
```

19.3.2　fgetc 函数

fgetc 函数的一般形式如下：

```
ch=fgetc(fp);
```

该函数作用是从指定的文件（fp 指向的文件）读入一个字符赋给 ch。注意该文件必须是以读或读写方式打开。当函数遇到文件结束符时将返回一个文件结束标志 EOF。

【例 19.2】　要求在程序执行前建文件 E:\\exp02.txt，文件内容为“even the wise are not always free from error;no man is wise at all times”，在屏幕中显示出该文件内容。（**实例位置：资源包\源码\19\19.2**）

程序代码如图 19.3 所示。

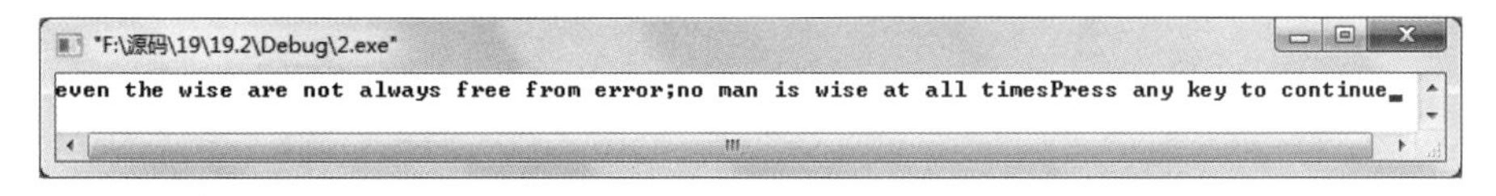

图 19.3　读取磁盘文件

程序代码如下：

```
#include <stdio.h>
main()
{
    FILE *fp;                              /*定义一个指向 FILE 类型结构体的指针变量*/
    char ch;                               /*定义变量及数组为字符型*/
    fp = fopen("E:\\Exp02.txt", "r");      /*以只读方式打开指定文件*/
    ch = fgetc(fp);                        /*fgetc 函数带回一个字符赋给 ch*/
    while (ch != EOF)                      /*当读入的字符值等于 EOF 时结束循环*/
    {
        putchar(ch);                       /*将读入的字符输出在屏幕上*/
        ch = fgetc(fp);                    /*fgetc 函数继续带回一个字符赋给 ch*/
    }
    fclose(fp);                            /*关闭文件*/
}
```

19.3.3 fputs 函数

fputs 函数与 fputc 函数类似，不同的是 fputc 函数每次只向文件中写一个字符，而 fputs 函数每次向文件中写入一个字符串。

fputs 函数的一般形式如下：

```
fputs(字符串,文件指针);
```

该函数的作用是向指定的文件写入一个字符串，其中字符串可以是字符串常量，也可以是字符数组名、指针或变量。

【例 19.3】 向指定的磁盘文件中写入字符串“gone with the wind”。（**实例位置：资源包\源码\19\19.3**）

程序运行界面如图 19.4 所示。

图 19.5 所示为显示写入文件中的内容。

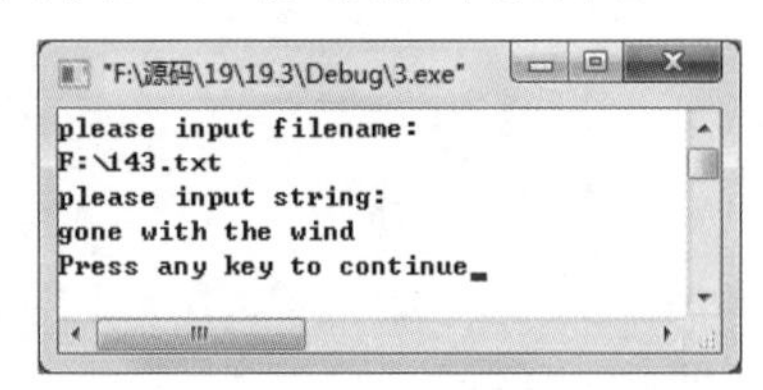

图 19.4 运行界面

图 19.5 写入文件中的内容

程序代码如下：

```
#include<stdio.h>
#include<process.h>
main()
{
    FILE *fp;
    char filename[30],str[30];             /*定义两个字符型数组*/
```

```
    printf("please input filename:\n");
    scanf("%s",filename);                                    /*输入文件名*/
    if((fp=fopen(filename,"w"))==NULL)                       /*判断文件是否打开失败*/
    {
        printf("can not open!\npress any key to continue:\n");
        getchar();
        exit(0);
    }
    printf("please input string:\n");                        /*提示输入字符串*/
    getchar();
    gets(str);
    fputs(str,fp);                                           /*将字符串写入 fp 所指向的文件中*/
    fclose(fp);
}
```

19.3.4　fgets 函数

fgets 函数与 fgetc 函数类似，不同的是 fgetc 函数每次从文件中读出一个字符，而 fgets 函数每次从文件中读出一个字符串。

fgets 函数的一般形式如下：

```
fgets(字符数组名,n,文件指针);
```

该函数的作用是从指定的文件中读一个字符串到字符数组中。n 表示所得到的字符串中字符的个数（包含'\0'）。

【例 19.4】　要求在程序执行前建文件 F:\144.txt，文件内容为“this is an example!”，通过程序读取此磁盘文件中的内容。（**实例位置：资源包\源码\19\19.4**）

程序运行界面如图 19.6 所示。

所要读取的磁盘文件中的内容如图 19.7 所示。

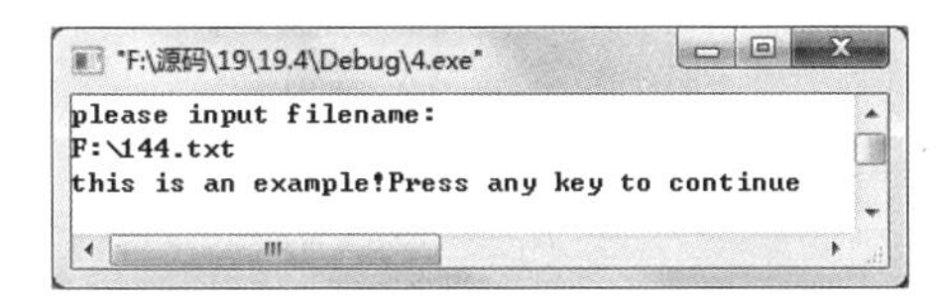

图 19.6　运行界面

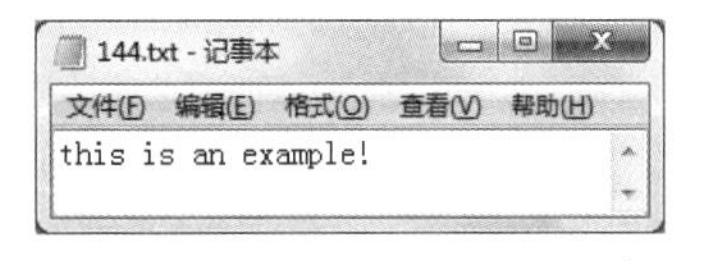

图 19.7　文件中的内容

程序代码如下：

```
#include<stdio.h>
#include<process.h>
main()
{
    FILE *fp;
    char filename[30],str[30];                               /*定义两个字符型数组*/
    printf("please input filename:\n");
    scanf("%s",filename);                                    /*输入文件名*/
```

```
    if((fp=fopen(filename,"r"))==NULL)                          /*判断文件是否打开失败*/
    {
        printf("can not open!\npress any key to continue\n");
        getchar();
        exit(0);
    }
    fgets(str,sizeof(str),fp);                                  /*读取磁盘文件中的内容*/
    printf("%s",str);
    fclose(fp);
}
```

19.3.5　fprintf 函数

前面讲过 printf 函数和 scanf 函数，这两个都是格式化读写函数，本小节要介绍的 fprintf 和 fscanf 函数与 printf 和 scanf 函数作用相似，但是这两个函数和前面讲过的 printf 及 scanf 函数最大的不同就是读写的对象不同，它们读写的对象不是终端而是磁盘文件。

fprintf 函数的一般形式如下：

```
ch=fprintf(文件类型指针,格式字符串,输出列表);
```

例如：

```
fprintf(fp,"%d",i);
```

它的作用是将整型变量 i 的值按%d 的格式输出到 fp 指向的文件上。

【例 19.5】　将数字 88 以字符的形式写到磁盘文件中。（**实例位置：资源包\源码\19\19.5**）

程序运行界面如图 19.8 所示。

88 以字符形式写入磁盘文件中，如图 19.9 所示。

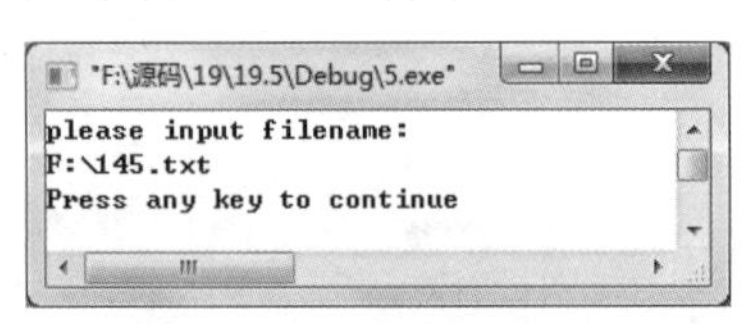

图 19.8　运行界面

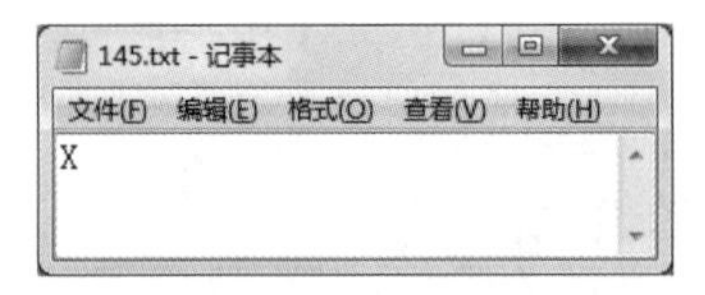

图 19.9　文件中的内容

程序代码如下：

```
#include<stdio.h>
#include<process.h>
main()
{
    FILE *fp;
    int i=88;
    char filename[30];                                  /*定义一个字符型数组*/
    printf("please input filename:\n");
    scanf("%s",filename);                               /*输入文件名*/
    if((fp=fopen(filename,"w"))==NULL)                  /*判断文件是否打开失败*/
```

```
    {
        printf("can not open!\npress any key to continue\n");
        getchar();
        exit(0);
    }
    fprintf(fp,"%c",i);                                  /*将 88 以字符形式写入 fp 所指的磁盘文件中*/
    fclose(fp);
}
```

19.3.6　fscanf 函数

fscanf 函数的一般形式如下：

```
fscanf(文件类型指针,格式字符串,输入列表)
```

例如：

```
fscanf(fp,"%d",&i);
```

它的作用是读入 fp 所指向的文件上的 i 的值。

【例 19.6】　要求在程序执行前建文件 F:\146.txt，文件内容为“abcde”，通过程序将文件中的 5 个字符以整数形式输出。（**实例位置：资源包\源码\19\19.6**）

程序运行界面如图 19.10 所示。

所读取的磁盘文件中的内容如图 19.11 所示。

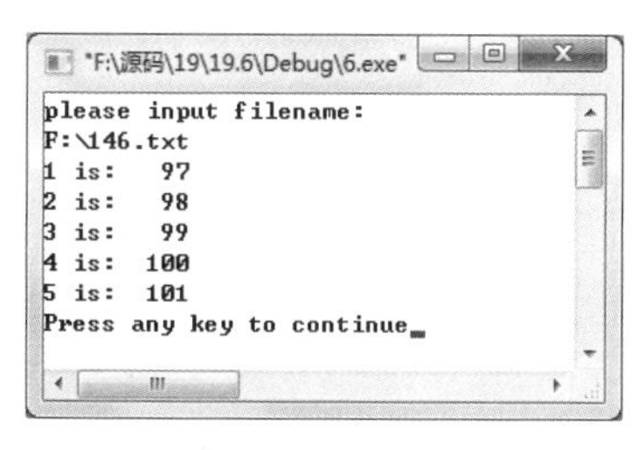

图 19.10　运行界面

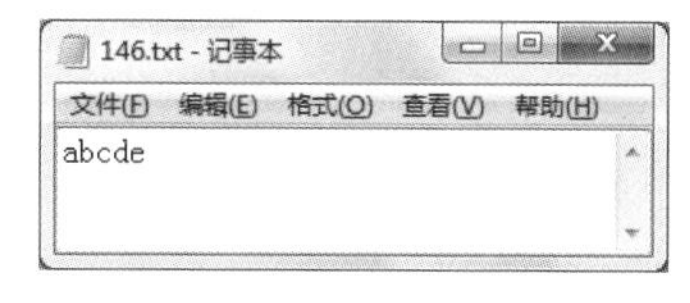

图 19.11　文件中的内容

程序代码如下：

```
#include<stdio.h>
#include<process.h>
main()
{
    FILE *fp;
    char i,j;
    char filename[30];                                  /*定义一个字符型数组*/
    printf("please input filename:\n");
    scanf("%s",filename);                               /*输入文件名*/
    if((fp=fopen(filename,"r"))==NULL)                  /*判断文件是否打开失败*/
    {
```

```
            printf("can not open!\npress any key to continue\n");
            getchar();
            exit(0);
    }
    for(i=0;i<5;i++)
    {
            fscanf(fp,"%c",&j);
            printf("%d is:%5d\n",i+1,j);
    }
    fclose(fp);
}
```

19.3.7　fread 函数和 fwrite 函数

前面介绍的 fputc 和 fgetc 函数每次只能读写文件中的一个字符，但是在编写程序的过程中往往需要对整块数据进行读写，例如对一个结构体类型变量值进行读写，下面就将介绍下实现整块读写功能的 fread 和 fwrite 函数。

fread 函数的一般形式如下：

```
fread(buffer,size,count,fp)
```

该函数的作用是从 fp 所指的文件中读入 count 次，每次读 size 字节，读入的信息存在 buffer 地址中。

fwrite 函数的一般形式如下：

```
fwrite(buffer,size,count,fp);
```

它的作用是将 buffer 地址开始的信息，输出 count 次，每次写 size 字节到 fp 所指的文件中。

☑ buffer：是一个指针。对于 fwrite 函数来说就是要输出数据的地址（起始地址）。对于 fread 函数来说是所要读入的数据存放的地址。

☑ size：要读写的字节数。

☑ count：要进行读写多少个 size 字节的数据项。

☑ fp：文件型指针。

例如：

```
fread(a,2,3,fp);
```

其意义是从 fp 所指的文件中，每次读 2 个字节送入实数组 a 中，连续读 3 次。

```
fwrite(a,2,3,fp)
```

其意义是将 a 数组中的信息每次输出 2 个字节到 fp 所指向的文件中，连续输出 3 次。

【例 19.7】　编程实现将录入的通讯录信息保存到磁盘文件中，在录入完信息后，要将所录入的信息全部显示出来。（**实例位置：资源包\源码\19\19.7**）

程序运行结果如图 19.12 所示。

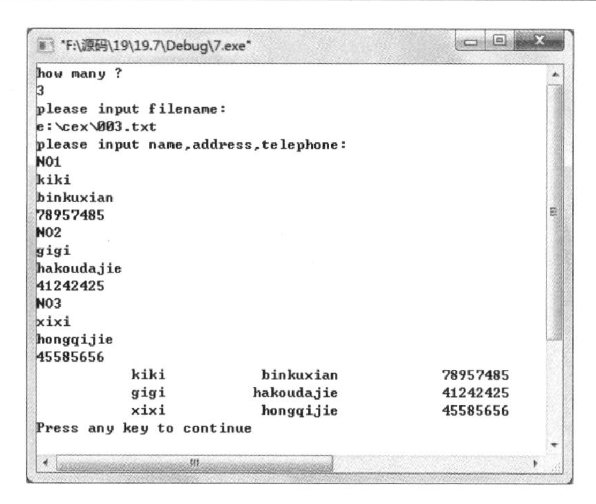

图 19.12　录入并显示信息

程序代码如下：

```
#include <stdio.h>
#include<process.h>
struct address_list                                         /*定义结构体存储信息*/
{
    char name[10];
    char adr[20];
    char tel[15];
} info[100];
void save(char *name, int n)                                /*自定义函数 save*/
{
    FILE *fp;                                               /*定义一个指向 FILE 类型结构体的指针变量*/
    int i;
    if ((fp = fopen(name, "wb")) == NULL)                   /*以只写方式打开指定文件*/
    {
        printf("cannot open file\n");
        exit(0);
    }
    for (i = 0; i < n; i++)
        if (fwrite(&info[i], sizeof(struct address_list), 1, fp) != 1)  /*将一组数据输出到 fp 所指的文件中*/
            printf("file write error\n");                   /*如果写入文件不成功，则输出错误*/
    fclose(fp);                                             /*关闭文件*/
}
void show(char *name, int n)                                /*自定义函数 show*/
{
    int i;
    FILE *fp;                                               /*定义一个指向 FILE 类型结构体的指针变量*/
    if ((fp = fopen(name, "rb")) == NULL)                   /*以只读方式打开指定文件*/
    {
        printf("cannot open file\n");
        exit(0);
    }
    for (i = 0; i < n; i++)
    {
```

```
            fread(&info[i], sizeof(struct address_list), 1, fp);/*从 fp 所指向的文件读入数据存到结构体 address_list 中*/
            printf("%15s%20s%20s\n", info[i].name, info[i].adr,info[i].tel);
        }
        fclose(fp);                                          /*以只写方式打开指定文件*/
}
main()
{
        int i, n;                                            /*变量类型为基本整型*/
        char filename[50];                                   /*数组为字符型*/
        printf("how many ?\n");
        scanf("%d", &n);                                     /*输入人数*/
        printf("please input filename:\n");
        scanf("%s", filename);                               /*输入文件所在路径及名称*/
        printf("please input name,address,telephone:\n");
        for (i = 0; i < n; i++)                              /*输入通讯录信息*/
        {
            printf("NO%d", i + 1);
            scanf("%s%s%s", info[i].name, info[i].adr, info[i].tel);
            save(filename, n);                               /*调用函数 save*/
        }
        show(filename, n);                                   /*调用函数 show*/
}
```

视频讲解

19.4 文件的定位

在对文件进行操作时往往不需要从头开始，只需对其中指定内容进行操作，这时就需要使用文件定位函数来实现对文件的随机读取。本节将介绍 3 种随机读写函数。

19.4.1 fseek 函数

借助缓冲型 I/O 系统中的 fseek 函数可以完成随机读写操作，fseek 函数的一般形式如下：

```
fseek(文件类型指针,位移量,起始点);
```

它的作用是用来移动文件内部位置指针。其中，文件类型指针指向被移动的文件；位移量表示移动的字节数，要求位移量是 long 型数据，以便在文件长度大于 64KB 时不会出错，其中当用常量表示位移量时，要求加后缀 L；起始点表示从何处开始计算位移量，规定的起始点有 3 种：文件首、文件当前位置和文件尾。其表示方法如表 19.2 所示。

表 19.2　起始点

起 始 点	表 示 符 号	数 字 表 示
文件首	SEEK—SET	0
当前位置	SEEK—CUR	1
文件末尾	SEEK—END	2

例如：

```
fseek(fp,-20L,1);
```

表示将位置指针从当前位置向后退 20 个字节。

说明

fseek 函数一般用于二进制文件。在文本文件中由于要进行转换，往往计算的位置会出现错误。

文件的随机读写在移动位置指针之后，即可用前面介绍的任一种读写函数进行读写。

【例 19.8】　向任意一个二进制文件中写入一个长度大于 6 的字符串，然后从该字符串的第 6 个字符开始，输出余下字符。（**实例位置：资源包\源码\19\19.8**）

程序运行结果如图 19.13 所示。

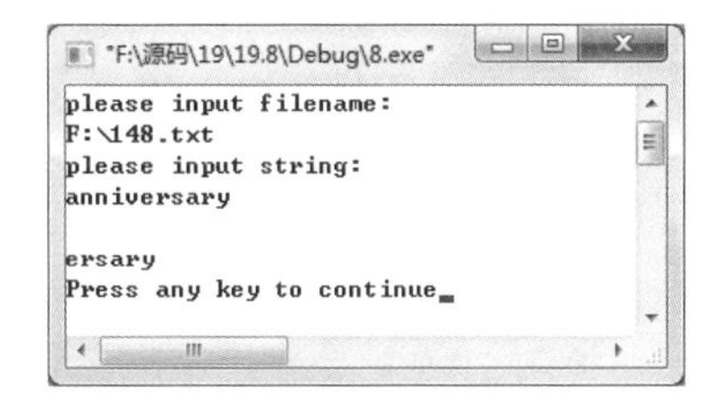

图 19.13　输出余下字符

程序代码如下：

```
#include<stdio.h>
#include<process.h>
main()
{
	FILE *fp;
	char filename[30],str[50];						/*定义两个字符型数组*/
	printf("please input filename:\n");
	scanf("%s",filename);						/*输入文件名*/
	if((fp=fopen(filename,"wb"))==NULL)				/*判断文件是否打开失败*/
	{
		printf("can not open!\npress any key to continue\n");
		getchar();
		exit(0);
	}
	printf("please input string:\n");
	getchar();
	gets(str);
	fputs(str,fp);
	fclose(fp);
	if((fp=fopen(filename,"rb"))==NULL)				/*判断文件是否打开失败*/
	{
		printf("can not open!\npress any key to continue\n");
		getchar();
		exit(0);
	}
	fseek(fp,5L,0);
	fgets(str,sizeof(str),fp);
	putchar('\n');
	puts(str);
	fclose(fp);
}
```

程序中有这样一句代码：

```
fseek(fp,5L,0);
```

这句代码的意思就是将文件指针指向距文件首 5 个字节的位置。也就是指向字符串中的第 6 个字符。

19.4.2 rewind 函数

前面讲过了 fseek 函数，这里将要介绍的 rewind 函数也能起到定位文件指针的作用，从而达到随机读写文件的目的。rewind 函数的一般形式如下：

```
int rewind(文件类型指针);
```

该函数的作用是使位置指针重新返回文件的开头，该函数没有返回值。

【例 19.9】 要求在程序执行前建文件 F:\149.txt，文件内容为“One is not born a genius, one becomes a genius!”，通过 rewind 函数输出两行文件内容。（**实例位置：资源包\源码\19\19.9**）

程序运行结果如图 19.14 所示。

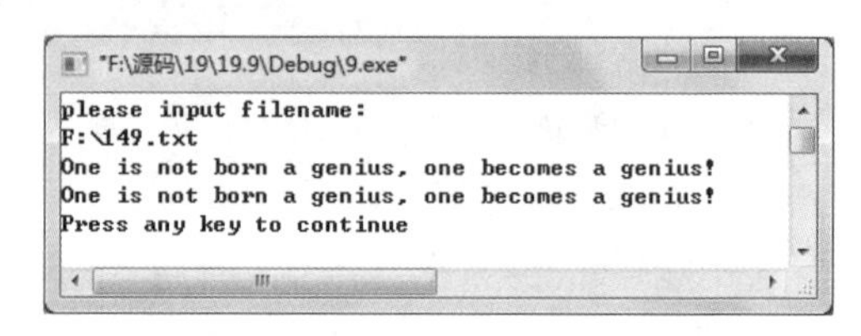

图 19.14 rewind 函数应用

程序代码如下：

```
#include<stdio.h>
#include<process.h>
main()
{
	FILE *fp;
	char ch,filename[50];
	printf("please input filename:\n");
	scanf("%s",filename);                        /*输入文件名*/
	if((fp=fopen(filename,"r"))==NULL)           /*以只读方式打开该文件*/
	{
		printf("cannot open this file.\n");
		exit(0);
	}
	ch = fgetc(fp);
	while (ch != EOF)
	{
		putchar(ch);                             /*输出字符*/
		ch = fgetc(fp);                          /*获取 fp 指向文件中的字符*/
	}
	rewind(fp);                                  /*指针指向文件开头*/
	ch = fgetc(fp);
	while (ch != EOF)
	{
		putchar(ch);                             /*输出字符*/
		ch = fgetc(fp);
	}
```

```
    fclose(fp);                                          /*关闭文件*/
}
```

程序中通过以下 6 行语句输出了第一个“One is not born a genius, one becomes a genius!”。

```
ch = fgetc(fp);
    while (ch != EOF)
    {
        putchar(ch);
        ch = fgetc(fp);
    }
```

在输出了第一个“One is not born a genius, one becomes a genius!”后，文件指针已经移动到了该文件的尾部，使用了 rewind 函数再次将文件指针移到了文件的开始部分，所以当再次使用上面 6 行语句时就出现了第二个“One is not born a genius, one becomes a genius!”。

19.4.3　ftell 函数

ftell 函数的一般形式如下：

```
long ftell(文件类型指针);
```

该函数的作用是得到流式文件中的当前位置，用相对于文件开头的位移量来表示。当 ftell 函数返回值为-1L 时，表示出错。

【例 19.10】　要求在程序执行前建文件 F:\150.txt，文件内容为“One is not born a genius, one becomes a genius!”，通过 ftell 函数求字符串长度。（**实例位置：资源包\源码\ 19\19.10**）

程序运行结果如图 19.15 所示。

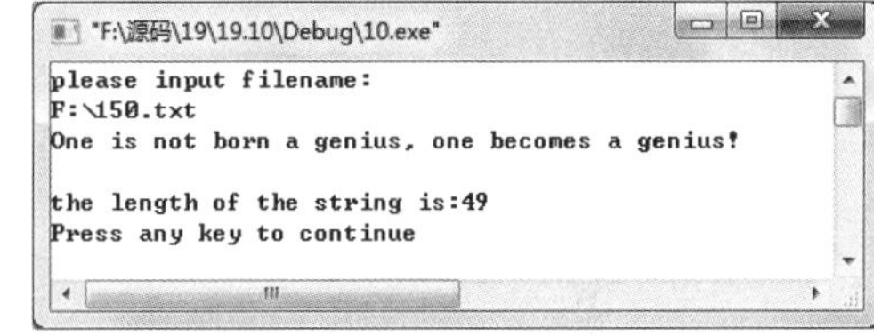

图 19.15　求字符串长度

程序代码如下：

```
#include<stdio.h>
#include<process.h>
main()
{
    FILE *fp;
    int n;
    char ch,filename[50];
    printf("please input filename:\n");
    scanf("%s",filename);                                /*输入文件名*/
    if((fp=fopen(filename,"r"))==NULL)                   /*以只读方式打开该文件*/
    {
        printf("cannot open this file.\n");
        exit(0);
    }
    ch = fgetc(fp);
```

```
    while (ch != EOF)
    {
        putchar(ch);                                    /*输出字符*/
        ch = fgetc(fp);                                 /*获取 fp 指向文件中的字符*/
    }
    n=ftell(fp);
    printf("\nthe length of the string is:%d\n",n);
    fclose(fp);                                         /*关闭文件*/
}
```

在文件定位这一节中主要讲了 fseek、rewind 及 ftell 函数，在编写程序的过程中经常会使用到文件定位函数，例如下面将要介绍的例 19.11，要实现将一个文件中的内容复制到另一个文件中时，就可以使用 fseek 直接将文件指针指向文件尾，这样就可以将另一个文件中的内容，逐个写到该文件中所有内容的后面，从而实现复制操作，当然文件的复制操作还有很多其他方法可以实现，但是这里使用到 fseek 函数会使代码更简洁。

【例 19.11】 新建文件 1，F:\15.1.txt，文件内容为“One is not born a genius,”；文件 2，F:\152.txt，文件内容为“one becomes a genius!”。编程实现将文件 2 中的内容复制到文件 1 中。（**实例位置：资源包\源码\19\19.11**）

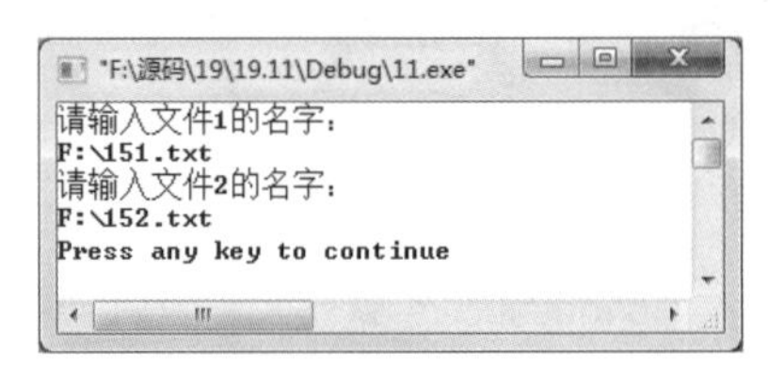

图 19.16 输入要进行复制操作的文件

程序运行结果如图 19.16 所示。

进行复制前两文件中的内容分别如图 19.17 和图 19.18 所示。

进行完复制操作后文件 1 中的内容如图 19.19 所示。

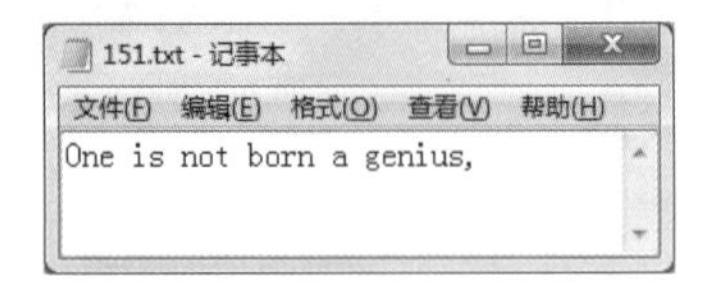

图 19.17 文件 1 中的内容

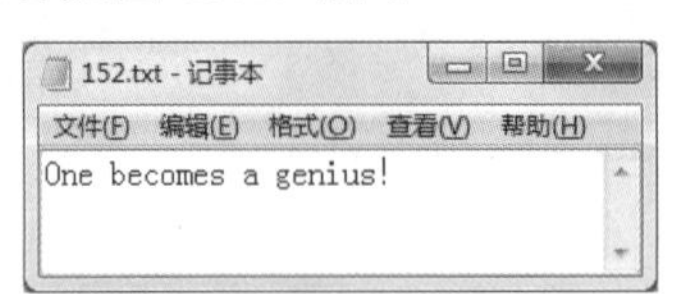

图 19.18 文件 2 中的内容

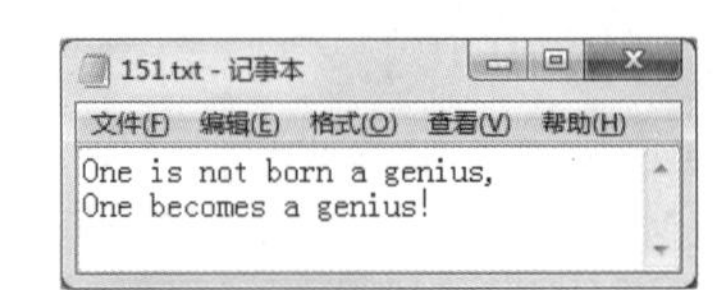

图 19.19 复制操作后文件 1 中的内容

程序代码如下：

```
#include<stdio.h>
#include<process.h>
main()
{
    FILE *fp1,*fp2;
    char ch,filename1[30],filename2[30];
    printf("请输入文件 1 的名字：\n");
    scanf("%s",filename1);
    printf("请输入文件 2 的名字：\n");
    scanf("%s",filename2);
    if((fp1=fopen(filename1,"ab+"))==NULL)
    {
        printf("can not open,press any key to continue\n");
        getchar();
        exit(0);
```

```
    }
    if((fp2=fopen(filename2,"rb"))==NULL)
    {
        printf("can not open,press any key to continue\n");
        getchar();
        exit(0);
    }
    fseek(fp1,0L,2);
    while((ch=fgetc(fp2))!=EOF)
    {
        fputc(ch,fp1);
    }
    fclose(fp1);
    fclose(fp2);
}
```

19.5　实　　战

19.5.1　创建文件

运行创建文件的程序，界面如图 19.20 所示。输入要创建的文件的路径及名称，无论创建成功与否均输出提示信息。（**实例位置：资源包\源码\19\实战\01**）

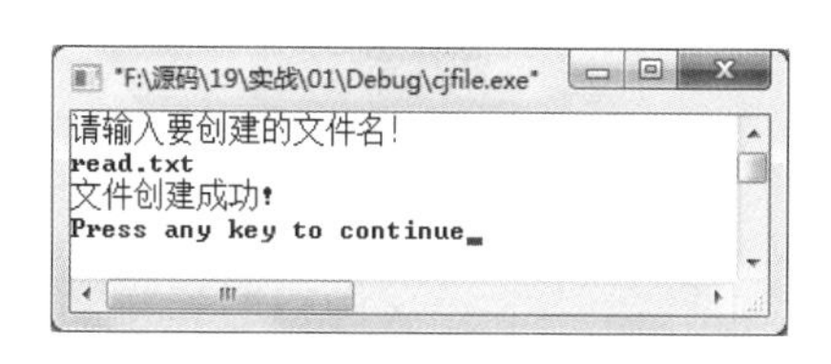

图 19.20　创建文件运行界面

在实现本实例时，首先，定义一个字符数组用来存储所要创建文件的文件名。然后，利用格式输入函数 scanf 输入文件名及路径。再利用 creat 函数创建文件，根据 creat 函数返回的值判断文件是否创建成功。若未成功，则输出创建失败的提示，并跳到输入提示处重新输入。若成功，则输出成功的提示。程序结束。

19.5.2　关闭打开的所有文件

在程序中打开 3 个磁盘上已有的文件，读取文件中的内容并显示在屏幕上，要求调用 fclose 函数依次关闭打开的 3 个文件。运行结果如图 19.21 所示。（**实例位置：资源包\源码\19\实战\02**）

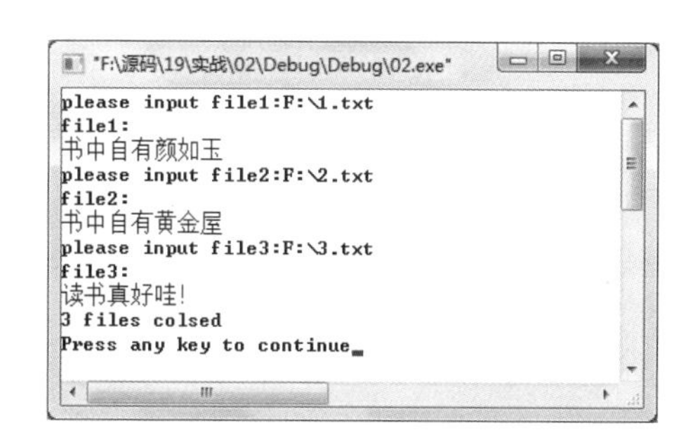

图 19.21　关闭打开的所有文件

19.5.3　删除文件

删除文件是文件基本的操作之一，特别是在程序运行中创建大量的临时文件的时候，如果这些临时文件在程序退出之前不能够由系统自动释放时，就必须手动删除。这时可以利用 C 语言提供的 remove 函数，提供所需删除文件的文件名（包含路径），就可以实现文件删除的功能。

在 DOS 命令行内找到程序的可执行文件所在位置。输入程序名，文件名。提示是否真的删除文件。输入字符 y，删除成功。运行程序如图 19.22 所示。（**实例位置：资源包\源码\19\实战\03**）

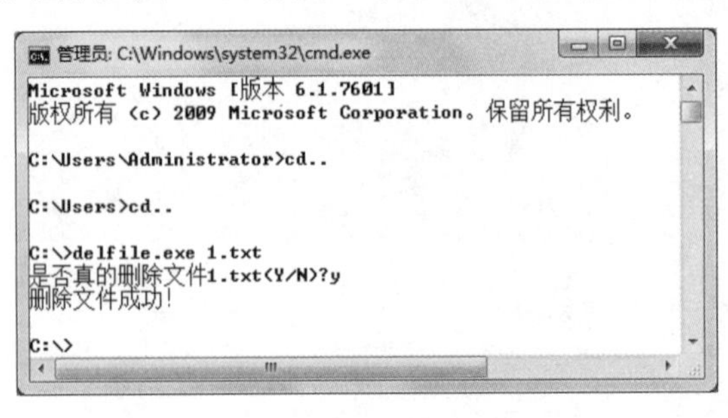

图 19.22　删除文件运行界面

注意

程序运行后，在 Debug 文件夹中生成了 delfile.exe 文件，将此文件复制到 C 盘中，并在 C 盘新建文件 1.txt。之后在开始菜单中输入 cmd，打开 DOS 命令行界面，按图 19.22 所示输入即可实现文件的删除。

本程序的设计思路是：首先判断输入的参数个数，然后提示是否删除文件，输入 y 后进行删除文件，如果删除失败则输出失败的提示。最后结束程序。

在开发本程序的过程中主要用到了函数 remove。下面介绍一下函数 remove 的使用方法。

函数 remove 的函数原型如下：

```
int remove(const char *filename)
```

函数 remove 的功能是删除文件。如果执行成功，返回值为 0；如果失败，返回值为-1。其中，filename 是要删除的文件。

注意

remove 函数在执行删除文件操作时，首先要确定文件存在，其次要关闭所有有关该文件操作的句柄和文件指针；否则删除出错。

19.5.4　重命名文件

用户在使用文件时，有时需要将指定的文件更改文件名或者移动文件到指定的文件夹，这时可以使用 C 语言提供的 rename 函数来实现。（**实例位置：资源包\源码\19\实战\04**）

运行重命名文件的程序，根据提示输入想要更改的文件的名称（包含路径），然后输入更改后的名称。程序会将文件名更改。运行程序如图 19.23 所示。

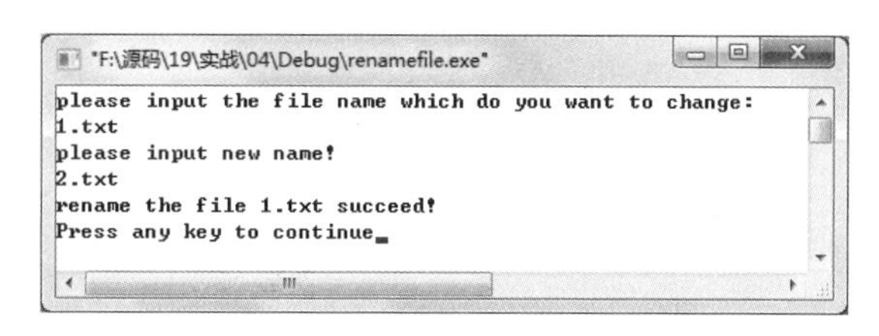

图 19.23　重命名文件运行界面

在源码所在的文件夹中，重命名文件之前如图 19.24 所示，运行程序后实现将 1.txt 重命名为 2.txt，重命名文件之后如图 19.25 所示。

图 19.24　重命名文件之前　　　　图 19.25　重命名文件之后

本程序的设计思路是：首先用函数 fopen 打开想要改名的文件，根据是否打开判断文件是否存在。若不存在输出错误提示，退出程序。若存在关闭文件，输入更改的名称，利用 rename 函数进行更改名称，根据 rename 函数的返回值来判断是否更改成功。输出更改是否成功的提示。

介绍一下重命名文件主要用到的技术。本程序主要用到了函数 rename 的知识。

```
int rename (const char *oldname, const char *newname);
```

该函数有两个参数，oldname 为需要重命名的文件名（即原文件名），newname 是为文件新设置的文件名（即新文件名）。它的功能是将文件重命名。如果重命名成功，函数 rename 的返回值为 0；如果重命名失败，函数返回值为非零。

注意

函数 rename 执行时，首先要保证需要重命名的文件存在，其次命名后的文件不能与已有的文件同名，否则函数执行失败。

如果 rename 函数执行失败，其返回值为非零，这时不能判断函数执行失败的原因，可以查看全局变量 errno 的值检测可能的出错原因。当 errno 的值为 EACCESS 时表示要重命名的文件拒绝访问；当 errno 的值为 ENOENT 时表示文件未找到；当 errno 的值为 EXDEV 时表示文件不能从一个磁盘移动到另一个磁盘。

19.5.5　文件加密

运行文件加密程序，根据提示输入要加密的文件名，然后输入密码，最后输入加密后的文件名，程序会对文件进行加密。程序的运行界面如图 19.26~图 19.28 所示。（**实例位置：资源包\源码\19\实战\05**）

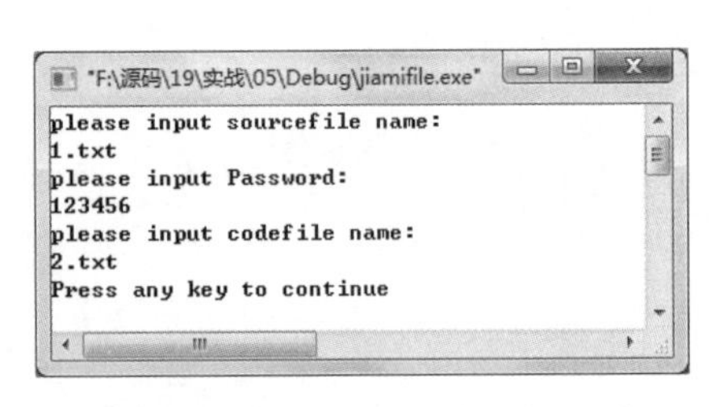

图 19.26　文件加密程序运行界面

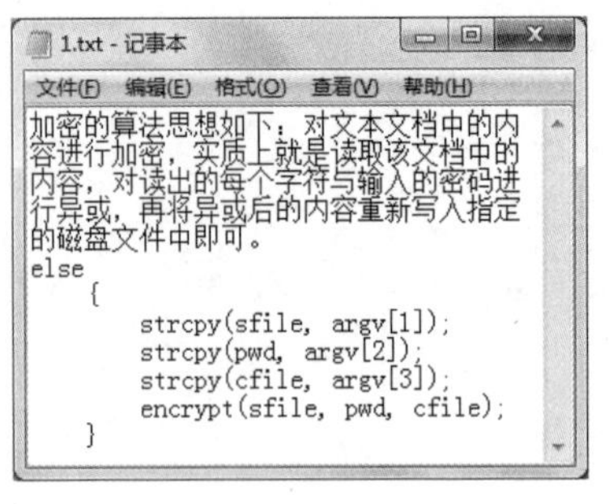

图 19.27　要加密的文件 1.txt 的内容

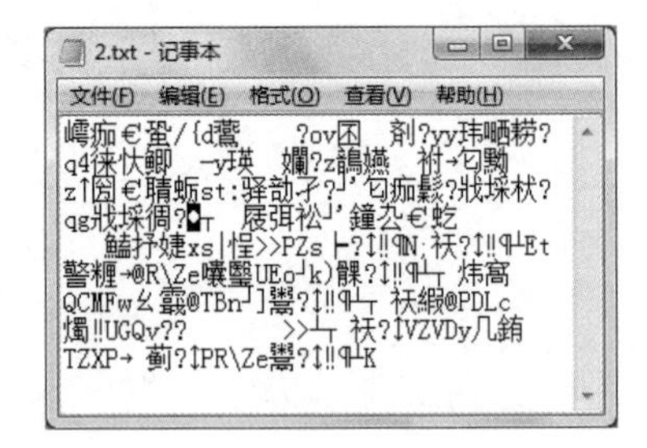

图 19.28　加密后的文件 2.txt 的内容

加密的算法思想如下：对文本文档中的内容进行加密，实质上就是读取该文档中的内容，对读出的每个字符与输入的密码进行异或，再将异或后的内容重新写入指定的磁盘文件中即可。

首先介绍一下文件加密主要用到的技术。本程序主要用到函数 fopen 和函数 feof 的知识。下面对这些知识点做一下讲解。

（1）fopen 函数

函数 fopen 的原型如下：

```
FILE *fopen(const char *path, const char *mode)
```

该函数有两个参数，path 为所需打开文件的文件名及其路径的字符串。mode 是指定用户使用文件的方式，为读、写或者追加。字符'r'表示打开现有文件进行读操作，字符'w'表示打开新文件并输出，字符'a'表示打开文件进行追加操作，用字符'r+'表示打开现有文件进行读写操作，用字符'w+'表示打开新文件进行读写操作，用字符'a+'表示打开文件进行读和追加操作。

函数 fopen 的功能是以指定的方法打开某个文件。函数返回的是 FILE 结果的指针，也就是文件指针，程序可以利用文件指针进行输入和输出的操作。如果函数不能打开指定的文件，将返回 NULL。

（2）feof 函数

函数 feof 的原型如下：

```
int feof(FILE *stream)
```

该函数只有一个参数，stream 是要进行操作的文件指针，它的作用是判断文件指针是否到达文件末尾。如果指定的文件指针位于文件结尾，函数 feof 返回一个非零值，如果未达到文件结尾，函数返回 0。

函数 feof 还可以跟函数 fgetc 一起使用来获取整个文件的长度，或者判断未读取文件的长度。

当使用的文件指针来源于一个不存在的文件时，使用 feof 函数判断会发现返回值是 0，也就是说未到达文件尾部，而实际上是不正确的，这时可以通过查看全局变量 errno 来检测可能出错的情况。

第3篇

项目篇

本篇通过一个完整的图书管理系统，运用软件工程的设计思想，让读者学习如何进行软件项目的实践开发。书中按照“需求分析→系统设计→数据库设计→基本程序开发流程→项目主要功能模块的实现”的流程进行介绍，带领读者亲身体验开发项目的全过程。

第20章

图书管理系统（MySQL）

（视频讲解：32 分钟）

通过前面章节的学习，读者应该对C语言的基本概念和知识点有了一定了解，本章就是在前面学习的基础上，通过一个图书管理系统来对前面学过的知识加以巩固。图书管理系统是一个结合MySQL数据库设计而成的一个数据库管理系统，它可以对图书信息进行添加、删除、修改、查询等操作。本实例将综合地应用到前面学过的很多内容，本章将详细介绍该程序的开发过程。

学习摘要：

- **在实际应用中了解开发环境**
- **了解数据库的设计**
- **掌握C语言开发数据库程序的流程**
- **掌握C语言操作MySQL数据库**
- **掌握各个模块的设计过程**

20.1　概　　述

20.1.1　需求分析

目前，图书市场日益激烈的竞争，迫使图书企业希望采用一种新的管理方式来加快图书流通信息的反馈速度，而计算机信息技术的发展为图书管理注入了新的生机。通过对市场的调查得知，一款合格的图书信息管理系统必须具备以下 3 个特点。

☑　能够对图书信息进行集中管理。

☑　能够大大提高用户的工作效率。

☑　能够对图书的部分信息进行查询。

一个图书管理系统最重要的功能是管理图书，包括图书的增加、删除、修改、查询等功能。

20.1.2　开发工具选择

本系统前台采用 Microsoft 公司的 Visual C++ 6.0 和 Visual Studio 2017 作为主要的开发工具；数据库选择 MySQL 5.5 数据库系统，该系统在安全性、准确性和运行速度方面都占有一定优势。

20.2　系 统 设 计

20.2.1　系统目标

根据上面的需求分析，得出该图书管理系统要实现的以下功能。

☑　录入图书信息。

☑　实现删除功能，即输入图书号删除相应的记录。

☑　实现查找功能，即输入图书号或图书名查询该书相关信息。

☑　实现修改功能，即输入图书号或图书名修改相应信息。

☑　添加会员信息，只有会员才可借书。

☑　实现借书功能，即输入图书号及会员号进行借书。

☑　实现还书功能，还书时也同样需输入图书号及会员号。

☑　保存添加的图书信息。

☑　保存添加的会员信息。

20.2.2　系统功能结构

系统功能结构图如图 20.1 所示。

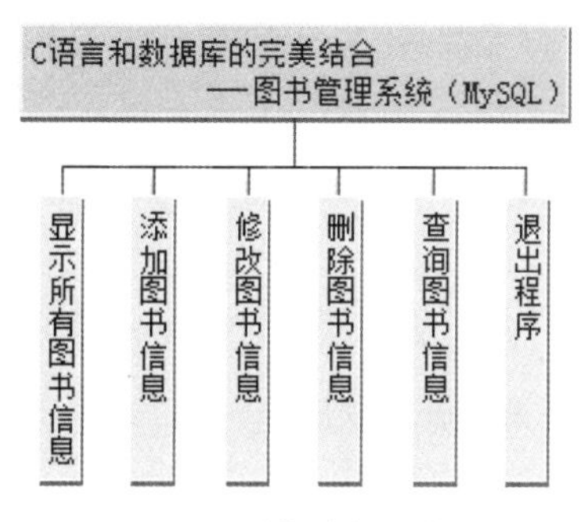

图 20.1　系统功能结构图

20.2.3 开发及运行环境

☑ 系统开发平台：Visual C++ 6.0/Visual Studio 2017
☑ 数据库管理平台：MySQL 5.5
☑ 运行平台：Windows 7/8/10
☑ 分辨率：最佳效果 1024×768

20.3 数据库设计

数据库的设计在管理系统开发中占有十分重要的地位，一个好的数据库是一个成功的系统的关键，所以，要根据系统的信息量设计合适的数据库。下面介绍创建数据库和数据表的过程。

20.3.1 创建数据库

使用 SQL 语句创建数据库，这里使用的是 create 语句，其语法形式如下：

```
CREATE {DATABASE | SCHEMA} [IF NOT EXISTS] db_name
    [create_specification [, create_specification] ...]
```

本程序中，创建一个名为 db_books 的数据库，SQL 语句如下：

```
create database db_books;
```

在 MySQL 的命令行客户端中，执行的效果如图 20.2 所示。

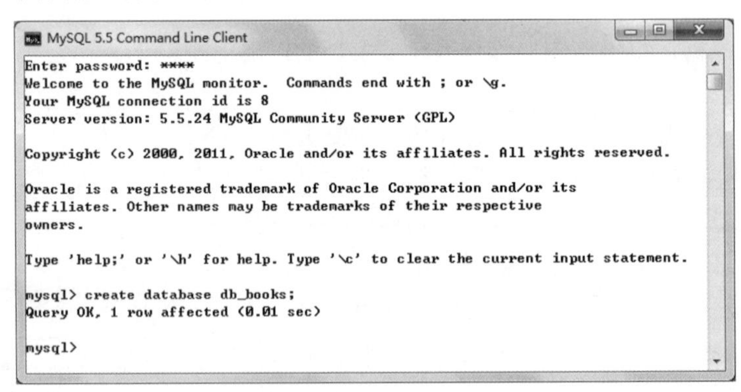

图 20.2　创建 db_books 数据库

创建完成数据库以后使用 use 语句来改变当前的数据库，本程序中，使用的 SQL 语句如下：

```
use db_books;
```

在 MySQL 命令行客户端，执行上述 SQL 语句的效果如图 20.3 所示。

使用 use 语句，可以改变当前的数据库。在进入到 db_books 数据库中以后，就需要创建数据表，在创建数据表时，需要使用 create table 语句。在本例中使用的创建数据表的代码如下：

```
create table tb_book(
ID char(10) NOT NULL,
bookname char(50) NOT NULL,
author char(50) NOT NULL,
bookconcern char(100) NOT NULL,
PRIMARY KEY (ID)
) ENGINE = MYISAM;
```

在上述创建语句中，创建了 4 个字段，分别是 ID（编号）、bookname（图书名）、author（作者）、bookconcern（出版社）。其中，字段 ID 是主键，这些字段都不能为空。

在 MySQL 的命令行客户端中，使用 create table 语句成功创建数据表的执行效果如图 20.4 所示。

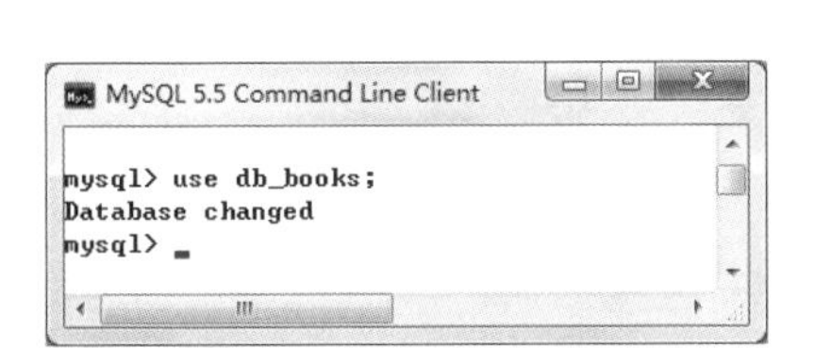

图 20.3　创建并使用数据库

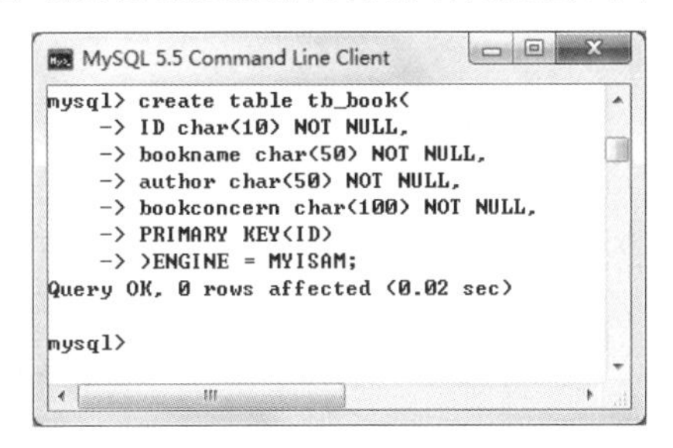

图 20.4　成功创建数据表

20.3.2　数据表结构

为了便于读者更好地学习，下面给出图书表的数据表结构，图书表用来保存图书信息的。图书表的结构如表 20.1 所示。

表 20.1　tb_books 的表结构

字　段　名	数 据 类 型	长　　度	是 否 为 空	是 否 主 键	描　　述
ID	char	10	否	是	图书编号
bookname	char	50	否	否	图书名
author	char	50	否	否	作者
bookconcern	char	100	否	否	出版社

20.4　C 语言开发数据库程序的流程

刚刚接触 MySQL 的用户，如果想用 C 语言连接 MySQL，往往会是一件很麻烦的事情，下面就整理一下 C 语言开发数据库的流程。

MySQL 为 C 语言提供了连接数据库的 API，要想正常使用这些 API，需要做以下两件事情：

（1）包含这些 API 的声明文件，即 mysql.h。

（2）让编译器找到这些 API 的可执行程序，即 DLL 库。

下面介绍一下详细的步骤。

1. 在 C 语言中引入头文件

```
#include <windows.h>
#include <mysql.h>
```

下面解决让编译器找到 mysql.h 的问题。需要在编译环境中做如下的设置：在 Visual C++ 6.0 中，选择“工具”→“选项”命令，如图 20.5 所示。

图 20.5　选择菜单命令

在打开的“选项”对话框中选择“目录”选项卡，在“目录”下拉列表框中选择 Include files 选项，在“路径”列表框中添加本地安装 MySQL 的 include 目录路径，如图 20.29 所示。默认的路径应该在 C:\Program Files\MySQL\MySQL Server 5.5\include。

通过上述设置，编译器就可以知道 MySQL 的 API 接口中有哪些函数，以及函数的原型是怎样的。在编译时，所编写的程序已经能够通过编译（compile）这步了。

2. 引入库函数

经过上一步的设置，程序已经可以编译通过了，但是编译通过并不等于可以生成可执行文件，还需要告诉编译器这些 API 函数的可执行文件在哪个 DLL 文件（libmysql.dll）中。

在界面中选择“工具”→“选项”命令，在弹出的“选项”对话框中选择“目录”选项卡，在“目录”下拉列表框中选择 Include files 选项。添加本地安装的 MySQL 的 Lib 目录路径。默认的安装路径是 C:\Program Files\MySQL\MySQL Server 5.5\lib。设置完成的效果如图 20.7 所示。

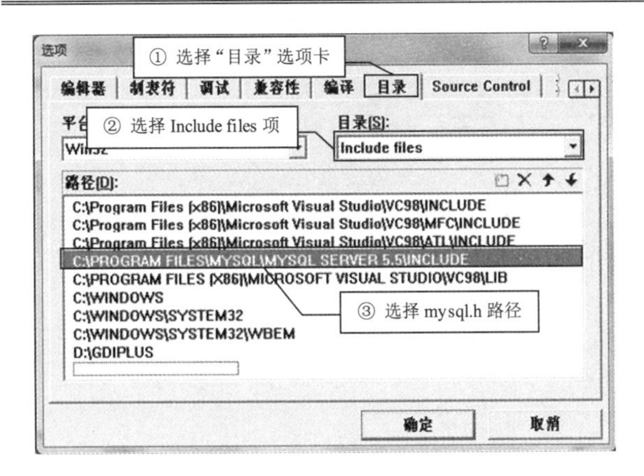

图 20.6　添加 mysql.h 文件

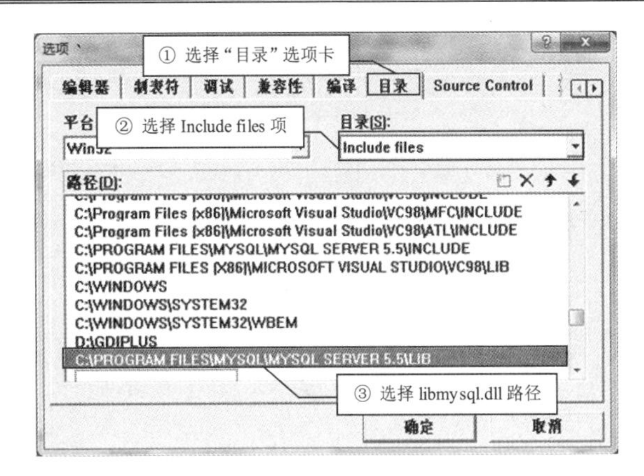

图 20.7　引用库

单击“确定”按钮，关闭“选项”对话框。选择“工程”→“设置”命令，如图 20.8 所示。

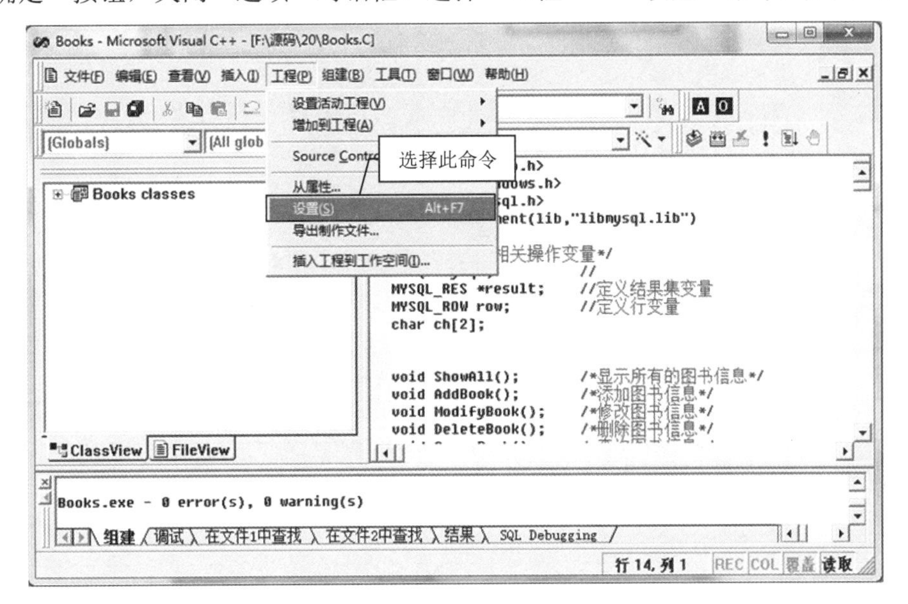

图 20.8　选择“设置”命令

下面添加 libmysql.lib 到工程中。完成上述步骤，将弹出 Project Settings 对话框，在该对话框中选择“连接”选项卡。在“对象/库模块”文本框的末尾添加 libmysql.lib，如图 20.9 所示。

说明

最好将 libmysql.lib 以及 libmysql.dll 文件复制到工程的目录下。

在程序中需要添加的代码如下：

```
#include <windows.h>
#include <mysql.h>
#pragma comment(lib,"libmysql.lib")
```

设置好环境以后，剩下的就是编写程序代码了，代码将在后面的部分进行详细的介绍。

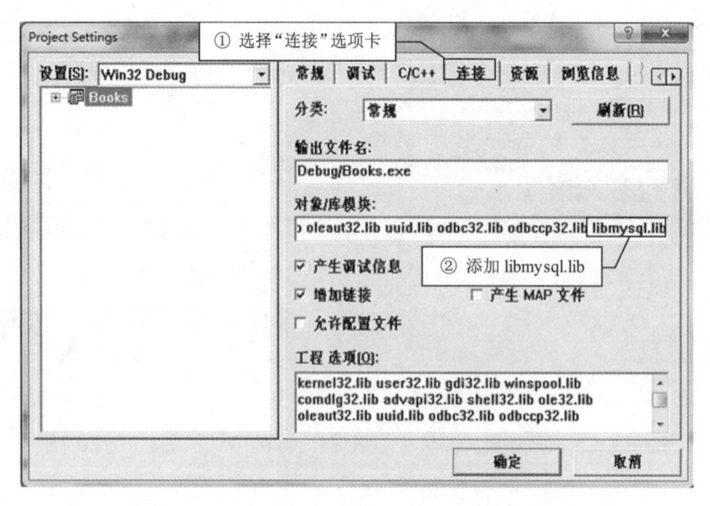

图 20.9 添加 libmysql.lib 到工程中

20.5 C 语言操作 MySQL 数据库

20.5.1 MySQL 常用数据库操作函数

MySQL 常用的数据库操作函数如表 20.2 所示。

表 20.2 MySQL 常用数据库操作函数

函　　数	描　　述
mysql_affected_rows	返回上次 UPDATE、DELETE 或 INSERT 查询更改/删除/插入的行数
mysql_autocommit	切换 autocommit 模式，ON/OFF
mysql_change_user	更改打开连接上的用户和数据库
mysql_charset_name	返回用于连接的默认字符集的名称
mysql_close	关闭服务器连接
mysql_commit	提交事务
mysql_connect	连接到 MySQL 服务器。该函数已不再被重视，使用 mysql_real_connect 取代
mysql_create_db	创建数据库。该函数已不再被重视，使用 SQL 语句 CREATE DATABASE 取而代之
mysql_data_seek	在查询结果集中查找属性行编号
mysql_debug	用给定的字符串执行 DBUG_PUSH
mysql_drop_db	撤销数据库。该函数已不再被重视，使用 SQL 语句 DROP DATABASE 取而代之
mysql_dump_debug_info	让服务器将调试信息写入日志
mysql_eof	确定是否读取了结果集的最后一行。该函数已不再被重视，可以使用 mysql_errno 或 mysql_error 取而代之
mysql_errno	返回上次调用的 MySQL 函数的错误编号
mysql_error	返回上次调用的 MySQL 函数的错误消息

续表

函　数	描　述
mysql_escape_string	用在 SQL 语句中，对特殊字符进行转义处理
mysql_fetch_field	返回下一个表字段的类型
mysql_fetch_field_direct	给定字段编号，返回表字段的类型
mysql_fetch_fields	返回所有字段结构的数组
mysql_fetch_lengths	返回当前行中所有列的长度
mysql_fetch_row	从结果集中获取下一行
mysql_field_seek	将列光标置于指定的列
mysql_field_count	返回上次执行语句的结果列的数目
mysql_field_tell	返回上次 mysql_fetch_field 所使用字段光标的位置
mysql_free_result	释放结果集使用的内存
mysql_get_client_info	以字符串形式返回客户端版本信息
mysql_get_client_version	以整数形式返回客户端版本信息
mysql_get_host_info	返回描述连接的字符串
mysql_get_server_version	以整数形式返回服务器的版本号
mysql_get_proto_info	返回连接所使用的协议版本
mysql_get_server_info	返回服务器的版本号
mysql_info	返回关于最近所执行查询的信息
mysql_init	获取或初始化 MySQL 结构
mysql_insert_id	返回上一个查询为 AUTO_INCREMENT 列生成的 ID
mysql_kill	杀死给定的线程
mysql_library_end	最终确定 MySQL C API 库
mysql_library_init	初始化 MySQL C API 库
mysql_list_dbs	返回与简单正则表达式匹配的数据库名称
mysql_list_fields	返回与简单正则表达式匹配的字段名称
mysql_list_processes	返回当前服务器线程的列表
mysql_list_tables	返回与简单正则表达式匹配的表名
mysql_more_results	检查是否还存在其他结果
mysql_next_result	在多语句执行过程中返回/初始化下一个结果
mysql_num_fields	返回结果集中的列数
mysql_num_rows	返回结果集中的行数
mysql_options	为 mysql_connect 设置连接选项
mysql_ping	检查与服务器的连接是否工作，如有必要重新连接
mysql_query	执行指定为“以 Null 终结的字符串”的 SQL 查询
mysql_real_connect	连接到 MySQL 服务器
mysql_real_escape_string	考虑到连接的当前字符集，为了在 SQL 语句中使用，对字符串中的特殊字符进行转义处理
mysql_real_query	执行指定为计数字符串的 SQL 查询
mysql_refresh	刷新或复位表和高速缓冲

续表

函　　数	描　　述
mysql_reload	通知服务器再次加载授权表
mysql_rollback	回滚事务
mysql_row_seek	使用从 mysql_row_tell 返回的值，查找结果集中的行偏移
mysql_row_tell	返回行光标位置
mysql_select_db	选择数据库
mysql_server_end	最终确定嵌入式服务器库
mysql_server_init	初始化嵌入式服务器库
mysql_set_server_option	为连接设置选项（如多语句）
mysql_sqlstate	返回关于上一个错误的 SQLSTATE 错误代码
mysql_shutdown	关闭数据库服务器
mysql_stat	以字符串形式返回服务器状态
mysql_store_result	检索完整的结果集至客户端
mysql_thread_id	返回当前线程 ID
mysql_thread_safe	如果客户端已编译为线程安全的，返回 1
mysql_use_result	初始化逐行的结果集检索
mysql_warning_count	返回上一个 SQL 语句的告警数

20.5.2　连接 MySQL 数据

MySQL 提供的 mysql_real_connect 函数用于数据库连接，其语法形式如下：

```
MYSQL * mysql_real_connect(MYSQL * connection,
                           const char * server_host,
                           const char * sql_user_name,
                           const char * sql_password,
                           const char *db_name,
                           unsigned int port_number,
                           const char * unix_socket_name,
                           unsigned int flags
        );
```

参数说明如表 20.3 所示。

表 20.3　mysql_real_connect 函数的参数说明

参　　数	描　　述
connection	必须是已经初始化的连接句柄结构
server_host	可以是主机名，也可以是 IP 地址，如果仅仅连接到本机，可以使用 localhost 来优化连接类型
sql_user_name	MySQL 数据库的用户名，默认情况下是 root
sql_password	root 账户的密码，默认情况下是没有密码的，即为 NULL

续表

参　　数	描　　述
db_name	要连接的数据库，如果为空，则连接到默认的数据库 test 中
port_number	经常被设置为 0
unix_socket_name	经常被设置为 NULL
flags	这个参数经常被设置为 0

mysql_real_connect 函数在本程序中应用的代码如下：

```
/*连接数据库*/
MYSQL mysql;
if(!mysql_real_connect(&mysql,"127.0.0.1","root","1234","db_books",0,NULL,0))
{
    printf("\n\t Can not connect db_books!\n");
}
else
{
    /*数据库连接成功*/
}
```

在上述代码的链接操作中，&mysql 是一个初始化连接句柄；127.0.0.1 是本机名；root 是 MySQL 数据库的账户；123 是 root 账户的密码；db_books 是要连接的数据库，其他参数均为默认设置。

20.5.3　查询图书表记录

1．mysql_query 函数

MySQL 提供的 mysql_query 函数用于执行 SQL 语句，执行指定为“以 Null 终结的字符串”的 SQL 查询。

2．SELECT 子句

SELECT 子句是 SQL 的核心，在 SQL 语句中用的最多的就是 SELECT 语句了。SELECT 语句用于查询数据库并检索与指定内容相匹配的数据。

SELECT 子句的语法格式如下：

```
SELECT [DISTINCT|UNIQUE](*,columnname[AS alias],…)
FROM tablename
[WHERE conditions]
[GROUP BY group_by_list]
[HAVING search_conditions]
[ORDER BY columname[ASC | DESC]]
```

参数说明：

☑　[DISTINCT|UNIQUE]可删除查询结构中的重复列表。

☑　columnname 参数为所要查询的字段名称，[AS alias]子句为查询字段的别名；*表示查询所有

字段。

☑ FROM tablename 参数用于指定检索数据的数据源表的列表。

☑ [WHERE conditions]子句是一个或多个筛选条件的组合，这个筛选条件的组合将使得只有满足该条件的记录才能被这个 SELECT 语句检索出来。

☑ [GROUP BY group_by_list]，GROUP BY 子句将根据参数 group_by_list 提供的字段将结果集分成组。

☑ [HAVING search_conditions]，HAVING 子句是应用于结果集的附加筛选。

☑ [ORDER BY columnname[ASC | DESC]]子句用来定义结果集中的记录排行的顺序。

由上面的 SELECT 语句的结构可知，SELECT 语句包含很多子句。执行 SELECT 语句时，DBMS 的执行步骤如下：

☑ 执行 FROM 子句，根据 FROM 子句中的表创建工作表，如果 FROM 子句中的表超过两张，DBMS 会对这些表进行交叉连接。

☑ 如果 SELECT 语句后有 WHERE 语句，DBMS 会将 WHERE 列出的查询条件作用在由 FROM 子句生成的工作表上。DBMS 会保存满足条件的记录，删除不满足条件的记录。

☑ 如果有 GROUP BY 子句，DBMS 会将查询结果生成的工作表进行分组。其中每个组都使 group_by_list 字段具有相同的值。DBMS 将分组后的结果重新返回到工作表中。

☑ 如果有 HAVING 字段，DBMS 将执行 GROUP BY 子句后的结果进行搜索，保留符合条件的记录，删除不符合条件的记录。

☑ 在 SELECT 子句的结果表中，删除不在 SELECT 子句后面的列，如果 SELECR 子句后包含 UNIQUE 关键字，DBMS 将删除重复的行。

☑ 如果包含 ORDER BY 子句，DBMS 会将查询结果按照指定的表达式进行排序。

☑ 对于嵌入式 SQL，使用游标将查询结果传递给宿主程序。

下面讲解一下两种查询情况。

（1）查询所有记录

利用 SELECT 子句获得数据表中所有列和所有行。也就是说原表和结果表是相同的。SELECT * 是可以编写的最简单的 SQL 语句。SELECT 子句和 FROM 子句在任何 SQL 语句中都是必需的，所有其他子句的使用则是任意的。使用 SELECT *可以按照表格中显示所有这些列的顺序来显示它们，其中*代表数据表中的所有字段。

例如，下面的代码实现在 tb_book 数据表中查询所有记录：

```
/*数据库连接成功*/
if(mysql_query(&mysql,"select * from tb_book"))
{    /*如果查询失败*/
     printf("\n\t Query tb_book failed !\n");
}
else
{
     /*查询成功*/
}
```

（2）查询指定条件的记录

查询指定条件的记录就是条件查询。条件指定了必须存在什么或必须满足什么要求。数据库搜索每一个记录以确定条件是否为 TRUE。如果记录满足指定的条件，那么查询结果就将返回它。WHERE 子句的条件部分语法如下：

```
WHERE<search_condition>
```

其中，search_condition 为查询条件。对于简单的检索来说，WHERE 子句的使用格式如下：

```
<column name><comparison operator><another named column or a value>
```

本实例查询的是学号为 ID001 的学生信息，WHERE 子句为：

```
where 学号='ID001'
```

where 是关键字，学号为检索的列的名称，比较运算符“=”表示它必须包含所指定的那个值，而指定的值就是 ID001。要注意在使用串文字值作为搜索条件时，这个值必须包括在单引号中，结果就会像单引号中列出的那样，准确地解释这个值。相反，如果目标字段只包括数字，则不需要使用单引号。当然使用单引号也不会出现错误。

如果本实例的查询条件为“年龄=13”，在一般的情况下数据表中存储的年龄信息都为数字，可以使用指定数值的检索条件来搜索这个字段，不需要使用单引号。但是如果表中包含了字母的记录，则查询结果会返回一条错误信息。因此，只要不是将列定义为数字字段，那么总是应该使用单引号。

例如，下面的代码即为查询 tb_book 数据表中编号为 2 的图书记录。

```
if(mysql_query(&mysql," select * from tb_book where id= 2"))
{    /*如果查询失败*/
     printf("\n Query tb_book failed!\n");
}
else
{
     /*查询成功获得结果集*/
}
```

20.5.4　插入图书表记录

插入图书记录同样使用 mysql_query 函数和 INSERT INTO 语句来实现。mysql_query 函数在前面已经做了详细的介绍，这里不做过多的介绍，本节仅介绍 INSERT INTO 语句。

INSERT INTO 语句用于向数据库中插入数据，其语法格式如下：

```
INSERT INTO <table name> VALUES ([column value],…,[last column value])
```

参数说明。

☑　<table name>：指出插入记录的表名。

☑　([column value],…,[last column value])：指出插入的记录。

20.5.5　修改图书表记录

修改图书表记录是通过 mysql_query 函数和 UPDATE 语句实现的。通过 UPDATE 语句可以实现更改一列的数据的功能。UPDATE 语句的语法格式如下：

```
UPDATE
{<table name | view name>}
SET
{     <column name>=<expression>|DEFAULT|NULL
      [...,<last column name>=<last expression>]
      [WHERE <search condition>]
}
```

参数说明。

☑　table name：需要更新的表的名称。如果该表不在当前服务器或数据库中，或不为当前用户所有，这个名称可用链接服务器、数据库和所有者名称来限定。

☑　view name：要更新的视图的名称。通过 view name 来引用的视图必须是可更新的。

☑　column name：含有要更改数据的列的名称。column name 必须驻留于 UPDATE 子句中所指定的表或视图中。标识列不能进行更新。如果指定了限定的列名称，限定符必须同 UPDATE 子句中的表或视图的名称相匹配。例如，下面的内容有效：

```
UPDATE authors
    SET authors.au_fname = 'Annie'
    WHERE au_fname = 'Anne'
```

☑　expression：对字段要赋予的变量或表达式。

☑　DEFAULT：指定使用对列定义的默认值替换列中的现有值。如果该列没有默认值并且定义为允许空值，这也可用来将列更改为 NULL。

```
printf("\t BookName:");
scanf("%s",&bookname);                                   /*输入图书名*/
sql = "update tb_book set bookname= '";
strcat(dest1,sql);
strcat(dest1,bookname);

printf("\t Author:");
scanf("%s",&author);                                     /*输入作者*/
strcat(dest1,"', author= '");
strcat(dest1,author);                                    /*追加 sql 语句*/

printf("\t Bookconcern:");
scanf("%s",&bookconcern);                                /*输入图书单价*/
strcat(dest1,"', bookconcern = '");
strcat(dest1,bookconcern);                               /*追加 SQL 语句*/

strcat(dest1,"' where id= ");
```

```
strcat(dest1,id);

if(mysql_query(&mysql,dest1)!=0)
{
    fprintf(stderr,"\t Can not modify record!\n",mysql_error(&mysql));
}
    else
{
    printf("\t Modify success!\n");
}
```

20.5.6　删除图书表记录

删除图书表中的记录是通过使用 mysql_query 函数和 DELETE 语句来实现的。要删除某条图书信息，可以在 DELETE 语句的 WHERE 条件中指定要删除记录信息的条件，即可实现删除单条记录的功能。

DELETE 语句的语法格式如下：

```
DELETE from <table name>
[WHERE <search condition>]
```

参数说明。

<search condition>：指定删除行的限定条件。在这里按条件查询的结果只可以是一条记录。

例如，tb_Student 表中学号列的值是唯一的，删除学号为 001108 的记录的代码如下：

```
USE DB_SQL
DELETE FROM tb_Student
WHERE  学号  = '001108'
```

例如，在图书管理系统程序中用于实现删除数据库中数据的代码如下：

```
scanf("%s",id);                                         /*输入图书编号*/
sql = "select * from tb_book where id=";
strcat(dest,sql);
strcat(dest,id);                                        /*将图书编号追加到 SQL 语句后面*/
sql = "delete from tb_book where ID= ";
printf("%s",dest1);
strcat(dest1,sql);
strcat(dest1,id);

if(mysql_query(&mysql,dest1)!=0)
{
    fprintf(stderr,"\t Can not delete \n",mysql_error(&mysql));
}
else
{
    printf("\t Delete success!\n");
}
```

20.6 文件引用

在图书信息管理系统中需要应用一些头文件，这些头文件可以帮助程序更好地运行。头文件的引用是通过#include 命令来实现的，下面即为本程序中所引用的头文件：

```
#include <stdio.h>                                /*输入/输出函数*/
#include <windows.h>                              /*包含了其他 windows 头文件*/
#include <mysql.h>                                /*MySQL 数据库头文件*/
#pragma  comment(lib,"libmysql.lib")              /*引用 libmysql.lib 库*/
```

20.7 变量和函数定义

在编写程序之前需要首先声明一些变量，这些变量都是在程序中进行数据库操作时需要用到的，声明形式如下：

```
/*定义数据库相关操作变量*/
MYSQL mysql;                                      /*定义 mysql 对象*/
MYSQL_RES *result;                                /*定义结果集变量*/
MYSQL_ROW row;                                    /*定义行变量*/
char ch[2];                                       /*定义字符变量*/
```

在本程序中使用了几个自定义的函数，这些函数的功能及声明形式如下：

```
void ShowAll();                                   /*显示所有的图书信息*/
void AddBook();                                   /*添加图书信息*/
void ModifyBook();                                /*修改图书信息*/
void DeleteBook();                                /*删除图书信息*/
void QueryBook();                                 /*查询图书信息*/
```

20.8 主要功能模块设计

20.8.1 显示主菜单信息

程序运行起来，首先进入到主功能菜单的选择界面，在这里展示了程序中的所有功能，以及如何调用相应的功能等，用户可以根据需要输入想要执行的功能，然后进入到子功能中去，运行效果如图 20.10 所示。

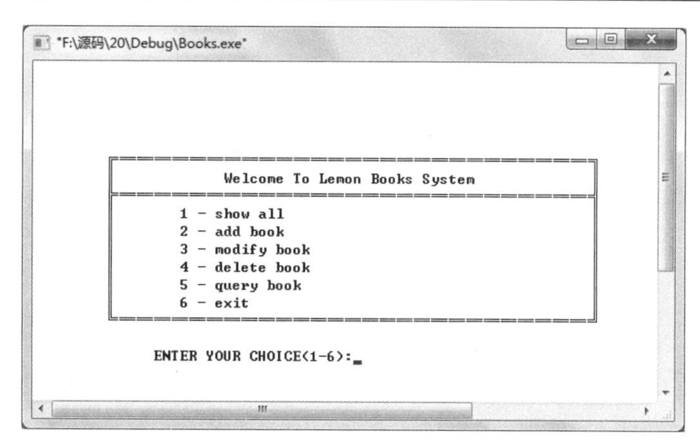

图 20.10　显示主菜单信息

图 20.10 所示的界面效果是通过在 main 函数中调用自定义过程 showmenu 函数实现的，在这个函数中主要使用了 printf 函数在控制台输出文字和特殊的符号。

程序代码如下：

```
void showmenu()
{
    system("cls");                                              /*清屏*/
    printf("\n\n\n\n\n");
    printf("\t ┌──────────────────────────────────────┐ \n");
    printf("\t │       Welcome To Lemon Books System  │ \n");
    printf("\t ├──────────────────────────────────────┤ \n");
    printf("\t │ \t 1 - show all                  │ \n");
    printf("\t │ \t 2 - add book                  │ \n");
    printf("\t │ \t 3 - modify book               │ \n");
    printf("\t │ \t 4 - delete book               │ \n");
    printf("\t │ \t 5 - query book                │ \n");
    printf("\t │ \t 6 - exit                      │ \n");
    printf("\t └──────────────────────────────────────┘ \n");
    printf("\n              ENTER YOUR CHOICE(1-6):");
}
```

showmenu 函数必须在被调用时才能执行，在本程序中 showmenu 函数的调用是在主函数 main 中实现的。

在 main 函数中，首先调用 showmenu 函数来显示主功能菜单，然后根据用户输入的数字执行相应的操作，在 main 函数中使用了 while 语句，用于判断输入的 n 值，然后使用 switch 语句根据不同的 n 值执行不同的操作。本程序中不同数字代表的功能如表 20.4 所示。

表 20.4　主菜单中的各个数字所表示的功能

编　　号	功　　能	编　　号	功　　能
1	显示所有的记录信息	4	删除图书信息
2	添加图书信息	5	查询图书信息
3	修改图书信息	6	退出

main 函数的程序代码如下：

```
int main()                                          /*显示主菜单*/
{
    int n;                                          /*定义变量存储用户输入的编号*/
    mysql_init(&mysql);                             /*初始化 mysql 结构*/

    showmenu();                                     /*显示菜单*/

    scanf("%d",&n);                                 /*输入选择功能的编号*/
    while(n)
    {
        switch(n)
        {
        case 1:
            ShowAll();                              /*调用显示所有图书数据的过程*/
            break;
        case 2:
            AddBook();                              /*添加图书信息*/
            break;
        case 3:
            ModifyBook();                           /*修改图书信息*/
            break;
        case 4:
            DeleteBook();                           /*删除图书信息*/
            break;
        case 5:
            QueryBook();                            /*查询图书信息*/
            break;
        case 6:
            exit(0);                                /*退出*/
        default:break;
        }
        scanf("%d",&n);
    }
}
```

20.8.2 显示所有图书信息

在主菜单中选择功能菜单 1，然后按回车键即可显示出当前数据库中的所有的图书信息，如图 20.11 所示。

要想显示图书表中的所有的图书信息，首先需要连接到数据库中，如果数据库连接成功就继续查询数据表，如果数据库连接不成功，则结束过程。

如果查询数据表成功，则判断结果集是否为空；如果查询数据表失败，则提示查询错误，结束过程。

如果查询得到的结果集为空，则提示没有找到数据，结束过程；如果查询到的结果集不为空，则显示查询结果数据。

显示所有图书信息的流程图如图 20.12 所示。

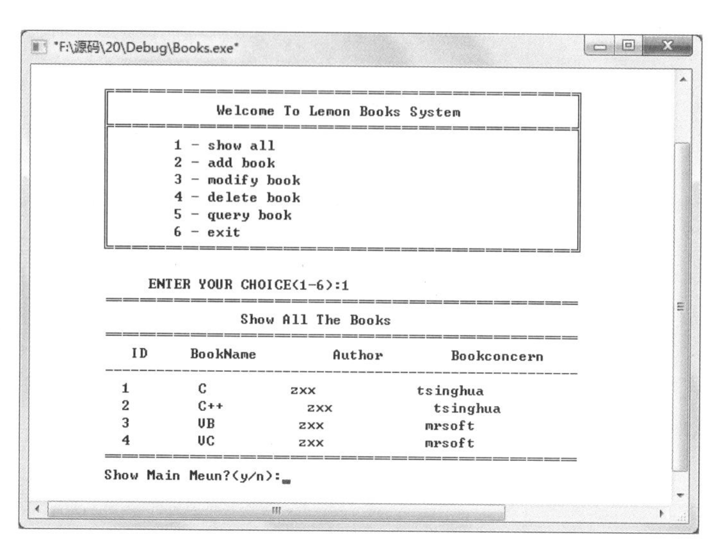

图 20.11　显示图书信息

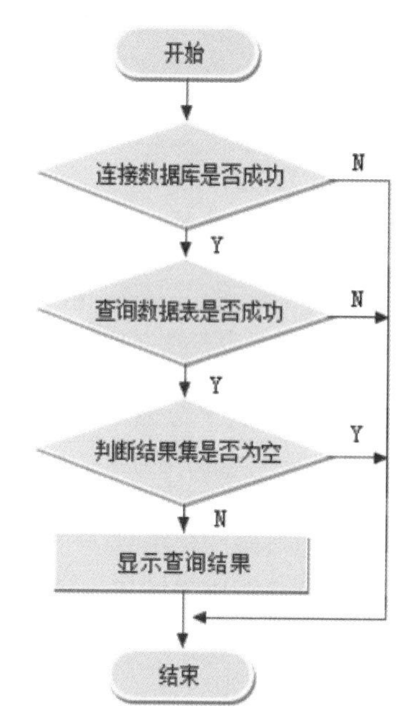

图 20.12　显示所有图书记录

程序代码如下：

```
void ShowAll()                                          /*调用显示所有图书数据的过程*/
{
    /*连接数据库*/
    if(!mysql_real_connect(&mysql,"127.0.0.1","root","1234","db_books",0,NULL,0))
    {
        printf("\n\t Can not connect db_books!\n");
    }
    else
    {
        /*数据库连接成功*/
        if(mysql_query(&mysql,"select * from tb_book"))
        {   /*如果查询失败*/
            printf("\n\t Query tb_book failed !\n");
        }
        else
        {
            result=mysql_store_result(&mysql);          /*获得结果集*/
            if(mysql_num_rows(result)!=NULL)
            {  /*有记录的情况，只有有记录取数据才有意义*/
                printf("\t ════════════════════════════════════════ \n");
                printf("\t               Show All The Books              \n");
                printf("\t ════════════════════════════════════════ \n");
                printf("\t    ID      BookName          Author        Bookconcern     \n");
                printf("\t -------------------------------------------------------- \n");
                while((row=mysql_fetch_row(result)))     /*取出结果集中记录*/
```

```
                    {    /*输出这行记录*/
                        fprintf(stdout,"\t    %s       %s          %s              %s    \n",row[0],row[1],row[2],row[3]);
                    }
                    printf("\t ════════════════════════════════════════════ \n");
                }
                else
                {
                    printf("\n\t No record !\n");
                }
                mysql_free_result(result);                /*释放结果集*/
            }
            mysql_close(&mysql);                          /*释放连接*/
        }
        inquire();                                        /*询问是否显示主菜单*/
}
```

在上述代码中使用到了一个自定义的函数 inquire，用于在程序执行完毕以后询问用户是否返回到主程序菜单中。用户如果要想显示主菜单，就输入 y 或者 Y，否则就结束程序的执行，程序的执行流程图如图 20.13 所示。

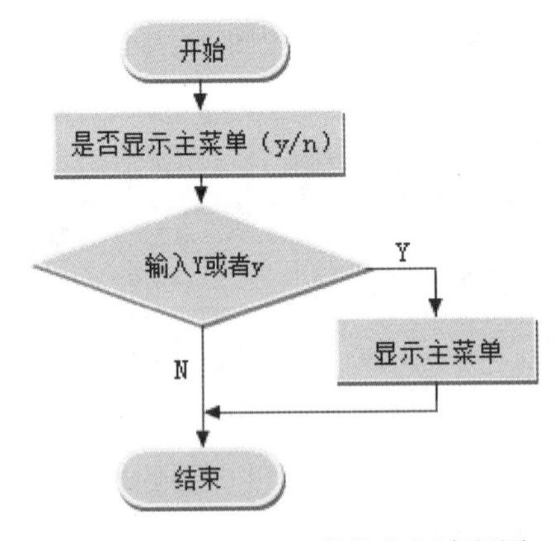

图 20.13　inquire()函数的执行流程图

程序代码如下：

```
void inquire()                                        /*询问用户是否显示主菜单*/
{
    printf("\t Show Main Meun?(y/n):");
    scanf("%s",ch);
    if(strcmp(ch,"Y")==0||strcmp(ch,"y")==0)          /*判断是否要显示查找到的信息*/
    {
        showmenu();                                   /*显示菜单*/
    }
    else
    {
        exit(0);
    }
}
```

20.8.3　添加图书信息

在主功能菜单中输入编码 2 就可以进入到添加图书的模块中，进入到添加图书模块中首先会弹出添加图书的表头，并提示用户输入 ID，即图书的编号，程序的运行效果如图 20.14 所示。

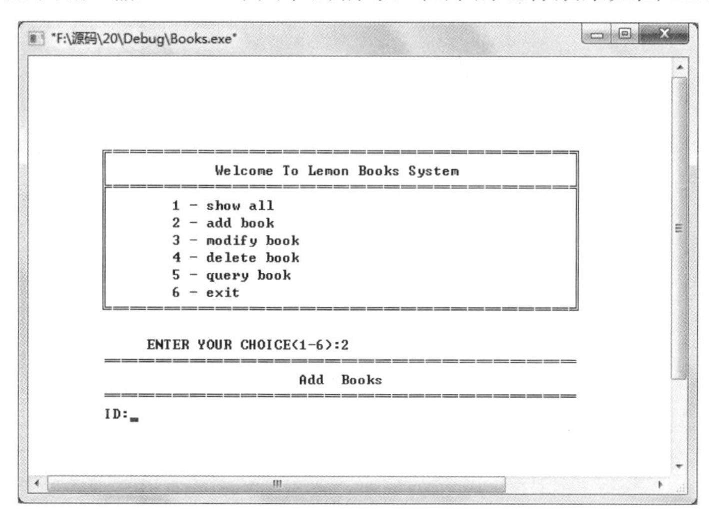

图 20.14　输入图书编号

实现上述功能的代码如下：

```
/*数据库连接成功，插入数据*/
printf("\t ──────────────────────────────────────── \n");
printf("\t                    Add   Books            \n");
printf("\t ──────────────────────────────────────── \n");
if(mysql_query(&mysql,"select * from tb_book"))
    {    /*如果查询失败*/
printf("\n\t Query tb_book failed!\n");
}
else
{
    result=mysql_store_result(&mysql);              /*获得结果集*/
    rowcount=mysql_num_rows(result) ;               /*获得行数*/
    row=mysql_fetch_row(result);                    /*获取结果集的行*/

    printf("\t ID:");
    scanf("%s",id);                                 /*输入图书编号*/
```

注意

上述代码为截取代码并不是完整代码。

接着，输入图书的编号、作者、出版社。如果插入成功，则显示插入成功的提示信息，程序的执行效果如图 20.15 所示。

添加成功以后，返回到主菜单，可以通过功能菜单 1，显示所有的图书信息，可以看到新添加的图书记录，如图 20.16 所示。

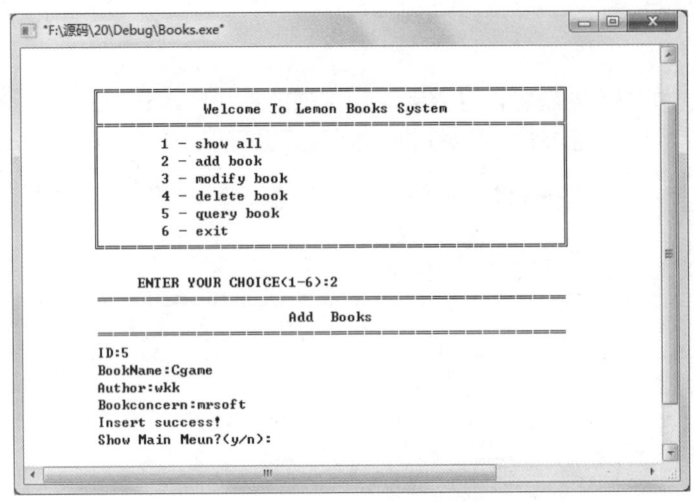

图 20.15　成功添加一条数据

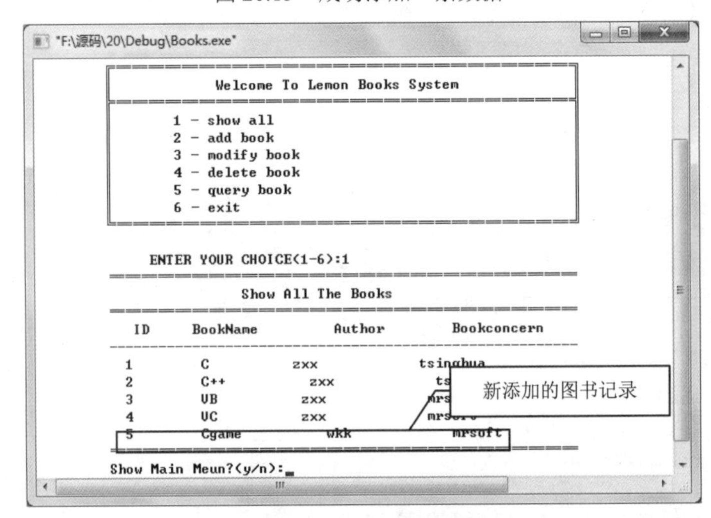

图 20.16　显示新添加的图书信息

在实现数据添加操作时，首先会判断用户输入的编号在数据库中是否存在（判断的方法将在接下来进行介绍），如果不存在相同的记录，则可以继续输入数据。在数据的添加过程中，每添加一个字段就将其追加到插入操作的 SQL 语句的末尾，这里使用的是 strcat 函数。最后执行 SQL 语句向数据库中插入数据。

程序代码如下：

```
printf("\t BookName:");
scanf("%s",&bookname);                                    /*输入图书名*/
sql="insert into tb_book (ID,bookname,author,bookconcern) values(";
strcat(dest,sql);
strcat(dest,"'");
strcat(dest,id);
strcat(dest,"', '");
```

```
strcat(dest,bookname);                              /*将图书编号追加到 SQL 语句后面*/

printf("\t Author:");
scanf("%s",&author);                                /*输入作者*/
strcat(dest,"', '");
strcat(dest,author);

printf("\t Bookconcern:");
scanf("%s",&bookconcern);                           /*输入出版社*/
strcat(dest,"', '");
strcat(dest,bookconcern);
strcat(dest,"')");

if ( mysql_query(&mysql,dest)!=0)
{
    fprintf(stderr,"Can not insert record!",mysql_error(&mysql));
}
else
{
    printf("\t Insert success!\n");                 /*插入成功*/
}
```

如果用户输入的编号在数据库中已经存在，程序会提示用户该记录已经存在，按任意键继续，然后返回到主功能菜单，用户可以显示所有的记录，以查看哪些记录编号没有被使用，程序执行效果如图 20.17 所示。

在实现上述功能时，首选判断数据表中是否存在数据，如果数据表不为空，那么判断当前输入的编号在数据库中是否存在，如果存在，则提示已经存在该记录，并退出插入操作。

在判断数据库中是否存在相同编号的记录时，使用的循环语句遍历数据集中的所有记录，并取出 ID 字段与当前输入的 ID 相比较，如果相同则退出，否则继续。

在比较的过程中有一点需要注意，在循环的过程中使用的是 do-while 循环，这样循环会先执行一次，如果使用 while 循环，会将第一条记录忽略。

你问我答

do-while 和 while 的区别

while 语句和 do-while 语句类似，都是要判断循环条件是否为真，如果为真则执行循环体，否则退出循环。

while 语句和 do-while 语句的区别在于 do-while 语句是先执行一次循环体，然后再判断。因此 do-while 语句至少要执行一次循环体。而 while 是先判断后执行，如果条件不成立不满足，则一次循环体也不执行。

执行比较操作的程序代码如下：

```
if(mysql_num_rows(result)!=NULL)
{
```

```
    /*判断输入的编号是否存在*/
    do
    {   /*存在相同编号*/
        if(!strcmp(id,row[0]))
        {
            printf("\n\t the record is existing,press any to continue!\n");
            getch();
            mysql_free_result(result);                          /*释放结果集*/
            mysql_close(&mysql);                                /*释放连接*/
            inquire();                                          /*询问是否显示主菜单*/
            return;
        }
    }while(row=mysql_fetch_row(result));
}
```

添加图书信息的程序执行流程图如图 20.18 所示。

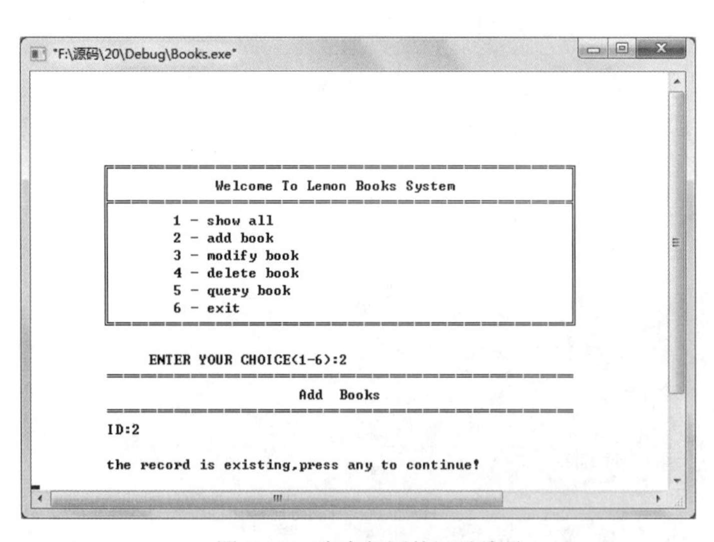

图 20.17　存在相同的记录编号

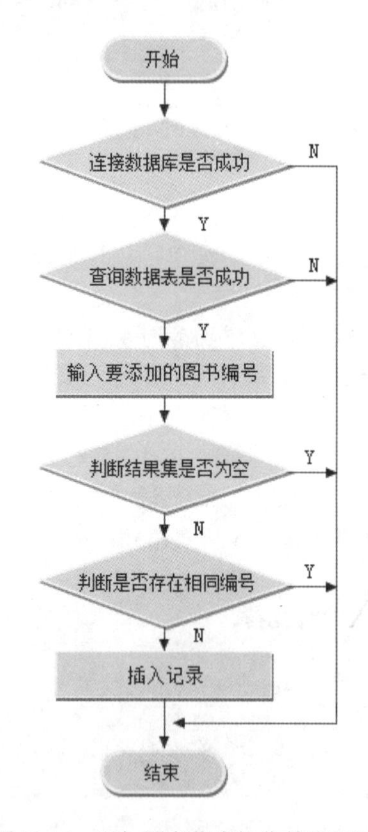

图 20.18　添加图书信息操作的流程图

20.8.4　修改图书信息

在程序的使用过程中，如果发现某些记录有错误，可以通过修改图书信息模块来修改，在主功能菜单中选择功能编号 3，即可进入到修改图书信息功能模块中。进入以后，程序会提示，输入要修改的

图书记录的编号，用户可以输入要修改的记录编号。例如，输入 9，然后按回车键，程序会判断该记录是否存在，如果不存在，则提示没有找到，说明在数据库中不存在用户输入的编号的记录信息，如图 20.19 所示。

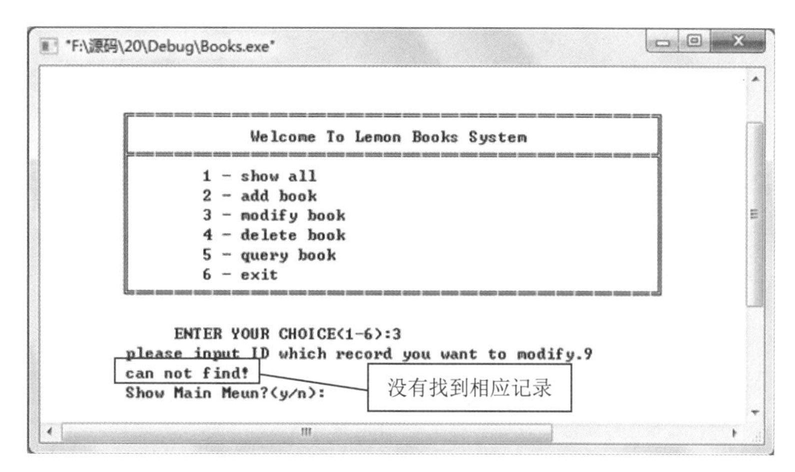

图 20.19　没有找到用户要修改的记录

上述功能是通过执行 SQL 语句实现的，当用户输入要修改图书的编号以后，程序将这个编号追加到 SQL 语句中，然后利用 mysql_query 函数执行 SQL 语句，并判断结果集是否为空，如果结果集为空，则说明数据库中没有用户输入的图书记录，否则，如果结果集不为空，则进行修改。

没有查询到相应图书记录的程序代码如下：

```
printf("\t please input ID which record you want to modify.");

scanf("%s",id);                                    /*输入图书编号*/
sql = "select * from tb_book where id=";
strcat(dest,sql);
strcat(dest,id);                                   /*将图书编号追加到 SQL 语句后面*/

/*查询该图书信息是否存在*/
if(mysql_query(&mysql,dest))
{
    printf("\n   Query tb_book failed! \n");       /*如果查询失败*/
}
else
{
    result=mysql_store_result(&mysql);             /*获得结果集*/
    if(mysql_num_rows(result)!=NULL)
    {
        /*此处省略若干代码*/
    }
    else
    {
        printf("\t can not find!\n");
    }
}
```

如果输入的编号在数据库中没有，用户可以通过功能菜单 1 来显示一下数据库中的所有数据，显示方法在前面已经介绍过了。

在查看数据库中的信息时，发现编号为 3 的记录中，作者应为 mr，在录入时写成了 zxx，需要对该记录进行修改，如图 20.20 所示。

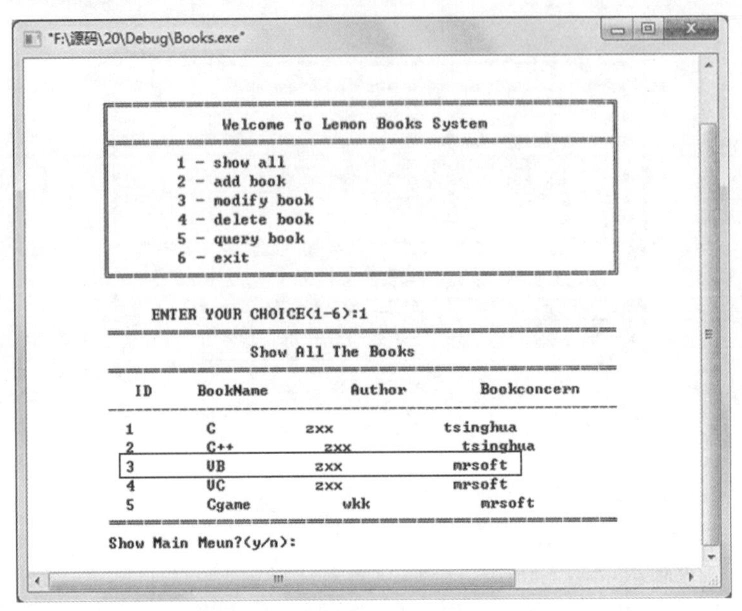

图 20.20　查看数据库中要修改的数据

返回到主菜单，进入到修改图书功能模块，输入要修改的图书的编号 3，按回车键之后，程序会查询数据库，如果查询到相应编号的记录，则提示用户已经找到，是否显示该数据，如果输入 y 或者 Y，即可显示出该记录数据，如图 20.21 所示。

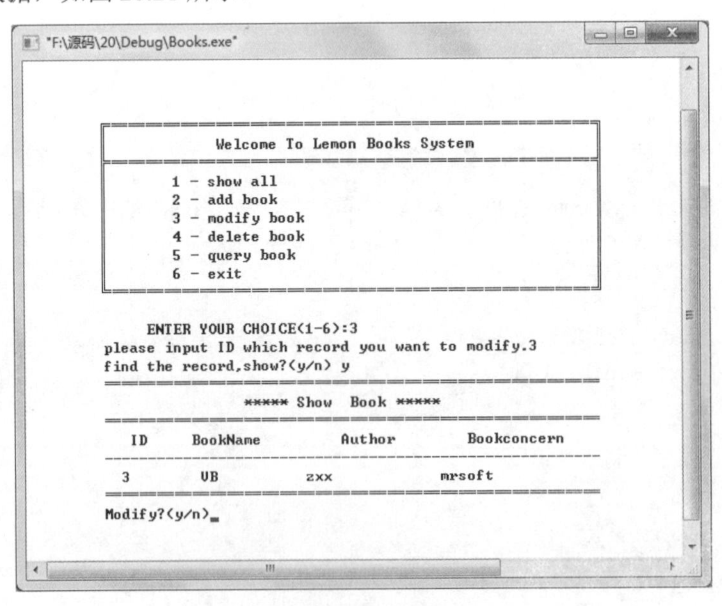

图 20.21　显示要修改的记录

显示要修改记录的程序代码如下：

```
printf("\t find the record,show?(y/n) ");
scanf("%s",ch);
if(strcmp(ch,"Y")==0||strcmp(ch,"y")==0)                    /*判断是否要显示查找到的信息*/
{
    printf("\t ══════════════════════════════════════ \n");
    printf("\t                ***** Show   Book *****              \n");
    printf("\t ══════════════════════════════════════ \n");
    printf("\t    ID      BookName          Author          Bookconcern        \n");
    printf("\t ------------------------------------------------------------ \n");
    while((row=mysql_fetch_row(result)))                    /*取出结果集中记录*/
    {   /*输出这行记录*/
        fprintf(stdout,"\t    %s        %s          %s            %s    \n",row[0],row[1],row[2],row[3]);
    }
    printf("\t ══════════════════════════════════════ \n");
}
printf("\t Modify?(y/n)");
scanf("%s",ch);
```

说明

如果不想显示要查询的图书信息，可以输入 n 或 N，跳过上述代码段中的 if 语句，直接输出是否修改的提示信息。

在程序提示是否修改时，输入 y，进入修改状态，根据程序的提示，逐一输入要修改的信息，输入完成以后，程序提示修改成功，如图 20.22 所示。

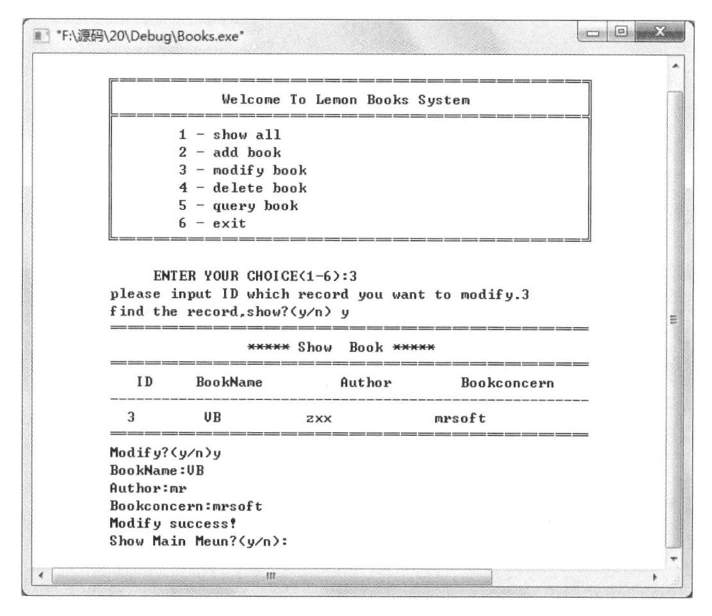

图 20.22　输入修改的新记录

修改完成以后，返回到主功能菜单，显示所有的数据，在所有的图书信息中可以看到已经修改完成的数据信息，如图 20.23 所示。

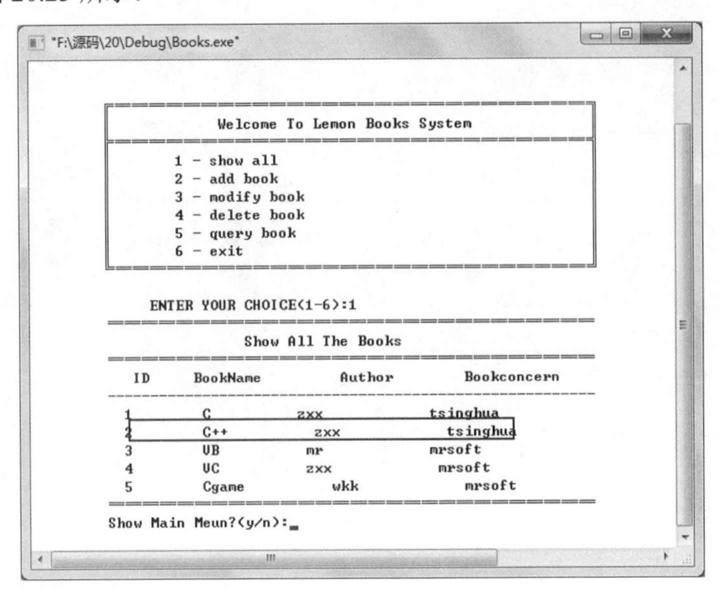

图 20.23　修改完成的数据

图书信息修改的操作同样是通过执行 SQL 语句来实现的，当用户同意修改该数据以后，程序会发出提示信息，要求用户输入图书名、作者、出版社。并将这些字段追加到 SQL 语句的末尾，然后利用 mysql_query 函数执行这个 SQL 语句。

执行此功能的程序代码如下：

```
printf("\t Modify?(y/n)");
scanf("%s",ch);
if (strcmp(ch,"Y")==0||strcmp(ch,"y")==0)                    /*判断是否需要录入*/
{
      printf("\t BookName:");
      scanf("%s",&bookname);                                  /*输入图书名*/
      sql = "update tb_book set bookname= '";
      strcat(dest1,sql);
      strcat(dest1,bookname);

      printf("\t Author:");
      scanf("%s",&author);                                    /*输入作者*/
      strcat(dest1,"', author= '");
      strcat(dest1,author);                                   /*追加 SQL 语句*/

      printf("\t Bookconcern:");
      scanf("%s",&bookconcern);                               /*输入图书单价*/
      strcat(dest1,"', bookconcern = '");
      strcat(dest1,bookconcern);                              /*追加 SQL 语句*/

      strcat(dest1,"' where id= ");
```

```
    strcat(dest1,id);

    if(mysql_query(&mysql,dest1)!=0)
    {
        fprintf(stderr,"\t Can not modify record!\n",mysql_error(&mysql));
    }
    else
    {
        printf("\t Modify success!\n");
    }
}
```

注意

这里只能对这几个字段进行修改，不能对编号 ID 字段进行修改。

执行完上述操作，也就完成了图书信息的修改操作，其执行流程图如图 20.24 所示。

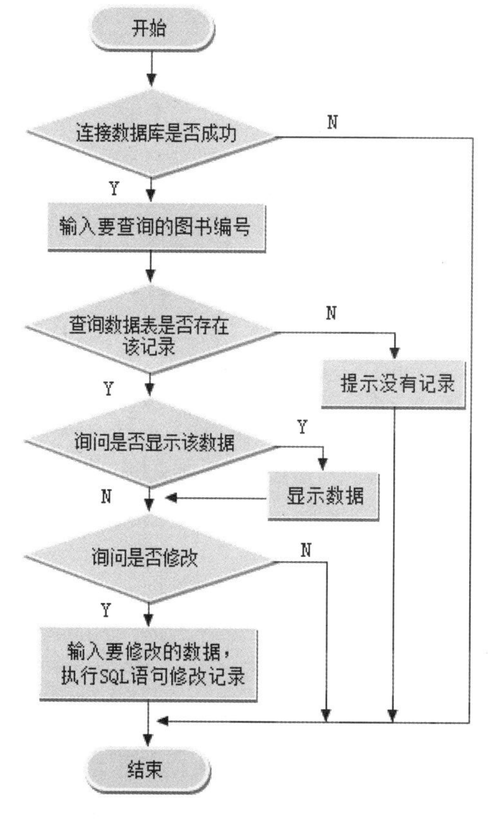

图 20.24　修改图书信息的流程图

修改图书信息的完整的程序代码如下：

```
void ModifyBook()                                        /*修改图书信息*/
{
    char id[10];                                         /*结果集中的行数*/
```

```
char *sql;
char dest[100] ={"    "};
char dest1[100] ={"    "};

char *bookname;
char *author;
char *bookconcern;

if (!mysql_real_connect(&mysql,"127.0.0.1","root","1234","db_books",0,NULL,0))
{
    printf("\t Can not connect db_books!\n");
}
else
{
    /*数据库连接成功*/
    printf("\t please input ID which record you want to modify.\n");
    scanf("%s",id);                                          /*输入图书编号*/
    sql = "select * from tb_book where id=";
    strcat(dest,sql);
    strcat(dest,id);                                         /*将图书编号追加到 SQL 语句后面*/

    if(mysql_query(&mysql,dest))                             /*查询该图书信息是否存在*/
    {    /*如果查询失败*/
        printf("\n   Query tb_book failed! \n");
    }
    else
    {
        result=mysql_store_result(&mysql);                   /*获得结果集*/
        if(mysql_num_rows(result)!=NULL)
        {
            /*有记录的情况，只有有记录取数据才有意义*/
            printf("\t find the record,show?(y/n)\n");
            scanf("%s",ch);
            if(strcmp(ch,"Y")==0||strcmp(ch,"y")==0)         /*判断是否要显示查找到的信息*/
            {
                printf("\t ════════════════════════════════════════ \n");
                printf("\t               ***** Show   Book *****               \n");
                printf("\t ════════════════════════════════════════ \n");
                printf("\t   ID      BookName         Author        Bookconcern       \n");
                printf("\t ------------------------------------------------------------ \n");
                while((row=mysql_fetch_row(result)))         /*取出结果集中的记录*/
                {    /*输出这行记录*/
                    fprintf(stdout,"\t    %s      %s        %s          %s    \n",row[0],row[1],row[2],row[3]);
                }
                printf("\t ════════════════════════════════════════ \n");
                printf("\t Modify?(y/n)\n");
                scanf("%s",ch);
```

```
                    if (strcmp(ch,"Y")==0||strcmp(ch,"y")==0)          /*判断是否需要录入*/
                    {
                        printf("\t BookName:");
                        scanf("%s",&bookname);                         /*输入图书名*/
                        sql = "update tb_book set bookname= '";
                        strcat(dest1,sql);
                        strcat(dest1,bookname);

                        printf("\t Author:");
                        scanf("%s",&author);                           /*输入作者*/
                        strcat(dest1,"', author= '");
                        strcat(dest1,author);                          /*追加 SQL 语句*/

                        printf("\t Bookconcern:");
                        scanf("%s",&bookconcern);                      /*输入图书单价*/
                        strcat(dest1,"', bookconcern = '");
                        strcat(dest1,bookconcern);                     /*追加 SQL 语句*/

                        strcat(dest1,"' where id= ");
                        strcat(dest1,id);

                        if(mysql_query(&mysql,dest1)!=0)
                        {
                            fprintf(stderr,"\t Can not modify record!\n",mysql_error(&mysql));
                        }
                        else
                        {
                            printf("\t Modify success!\n");
                        }
                    }
                }
            }
            else
            {
                printf("can not find!\n");
            }
        }
        mysql_free_result(result);                                     /*释放结果集*/
    }
    mysql_close(&mysql);                                               /*释放连接*/
    inquire();                                                         /*询问是否显示主菜单*/
}
```

20.8.5　删除图书信息

在主功能菜单中选择功能菜单 4，即可进入到删除图书信息模块中，进入到该模块以后，程序会提示输入要删除的图书编号，这里输入编号9，程序查询数据库中是否存在该图书编号，如果不存在该编号，则弹出提示信息，提示没有找到该记录，程序的运行效果如图20.25所示。

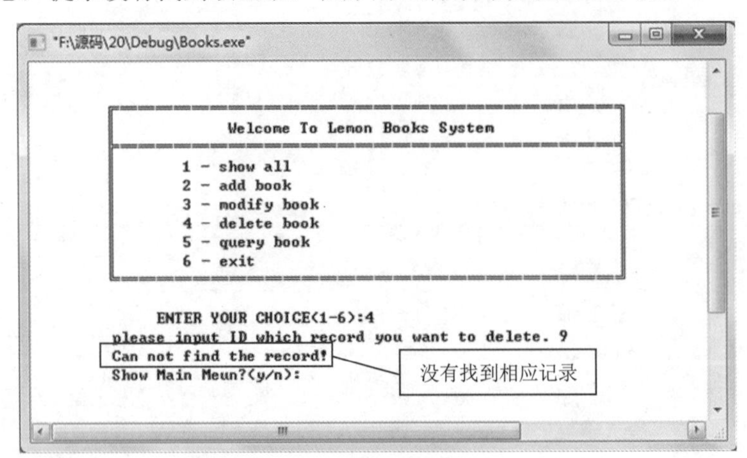

图20.25　没有找到要删除的图书信息

在实现上述功能时，程序首先要求用户输入要删除的图书编号，并将这个编号追加到SQL语句中，利用SQL语句查询数据库中的记录，如果没有查询到，则提示用户没有找到，程序代码如下：

```
printf("\t please input ID which record you want to delete. ");
scanf("%s",id);                                                  /*输入图书编号*/
sql = "select * from tb_book where id=";
strcat(dest,sql);
strcat(dest,id);                                                 /*将图书编号追加到 SQL 语句后面*/

/*查询该图书信息是否存在*/
if(mysql_query(&mysql,dest))
{    /*如果查询失败*/
     printf("\n Query tb_book failed! \n");
}
else
{
     result=mysql_store_result(&mysql);                          /*获得结果集*/
     if(mysql_num_rows(result)!=NULL)
     {
         /*此处省略若干代码*/
     }
     else
     {
          printf("\t Can not find the record!\n");               /*输出没有找到该记录*/
     }
}
```

如果没有找到要删除的信息，可以返回到主功能菜单中，通过功能菜单项1来查询数据库中的所有的图书信息，如图20.26所示。在这个表中可以看出要查找的图书记录的编号为5。

找到要删除的记录编号以后，返回到删除图书信息模块中，输入要删除的图书记录编号5，程序会

在数据库中查找该记录，如果找到会提示已经找到，是否显示该记录，用户输入 y 或者 Y，即可显示该条记录，如图 20.27 所示。

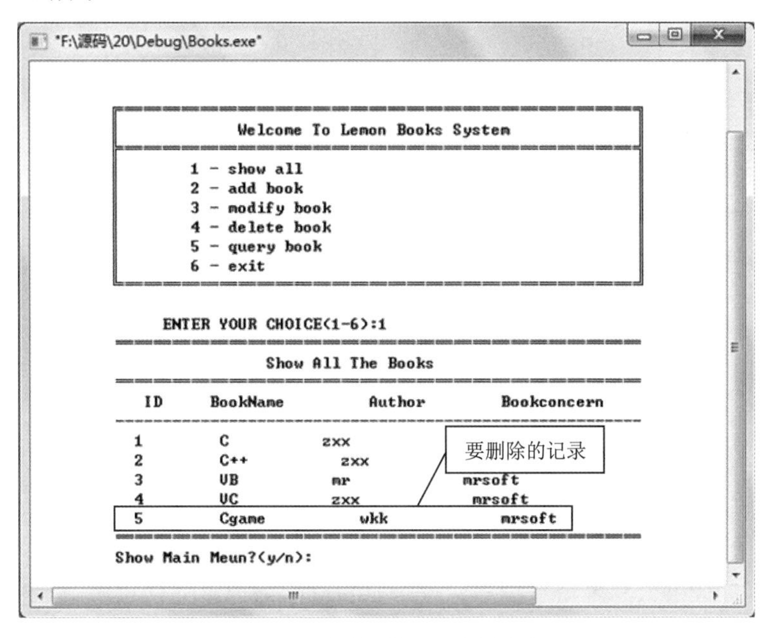

图 20.26　显示数据库中的图书信息

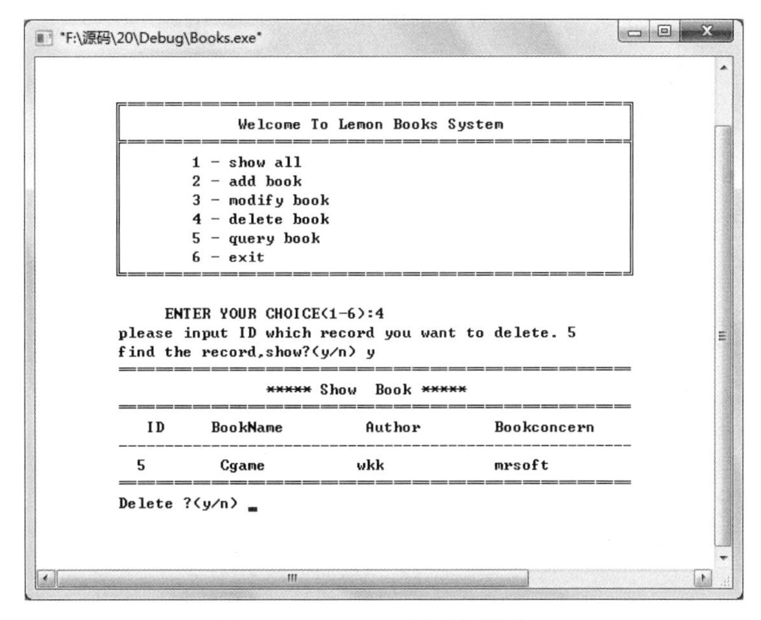

图 20.27　显示要删除的图书信息

当程序在数据库中找到要删除的图书记录以后，会提示用户是否显示，如果要显示该记录，则输入 y，程序利用 strcmp 函数判断输入的字符，如果是 y，则利用 printf 函数以及 fprintf 函数将图书记录输出。并在输出之后，提示用户是否删除该记录。如果用户不需要显示要删除的记录，程序会直接询问是否删除。程序代码如下：

```
printf("\t find the record,show?(y/n) ");
scanf("%s",ch);
if(strcmp(ch,"Y")==0||strcmp(ch,"y")==0)                    /*判断是否要显示查找到的信息*/
{
    printf("\t ══════════════════════════════════════════════ \n");
    printf("\t                 ***** Show   Book *****              \n");
    printf("\t ══════════════════════════════════════════════ \n");
    printf("\t    ID      BookName         Author         Bookconcern     \n");
    printf("\t ------------------------------------------------------------ \n");
    while((row=mysql_fetch_row(result)))                    /*取出结果集中记录*/
    {   /*输出这行记录*/
        fprintf(stdout,"\t    %s         %s            %s              %s\n",row[0],row[1],row[2],row[3]);
    }
    printf("\t ══════════════════════════════════════════════ \n");
}

    printf("\t Delete ?(y/n) ");
    scanf("%s",ch);
```

在显示了要删除的图书信息以后，程序会提示是否删除该记录。如果用户选择不删除，则结果过程，返回到主菜单。如果用户选择删除记录，程序会通过 SQL 语句将该记录删除，并输出提示信息，执行效果如图 20.28 所示。

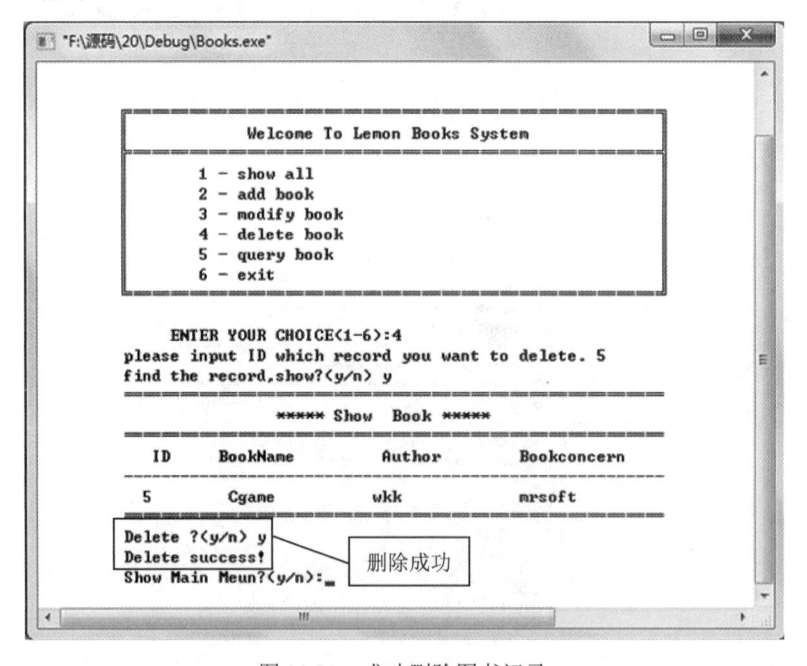

图 20.28　成功删除图书记录

删除记录以后，通过主功能菜单中的显示所有图书功能，查询该图书记录是否已经从数据库中删除。从图 20.29 中可以看出编号为 5 的图书记录已经删除。

图书记录的删除同样是通过 SQL 来实现的。程序代码如下：

```
printf("\t Delete ?(y/n) ");
scanf("%s",ch);
if (strcmp(ch,"Y")==0||strcmp(ch,"y")==0)                    /*判断是否需要录入*/
{
sql = "delete from tb_book where ID= ";
    printf("%s",dest1);
    strcat(dest1,sql);
    strcat(dest1,id);

    if(mysql_query(&mysql,dest1)!=0)
    {
        fprintf(stderr,"\t Can not delete \n",mysql_error(&mysql));
    }
    else
    {
        printf("\t Delete success!\n");
    }
```

整个图书信息删除功能的程序流程图如图 20.30 所示。

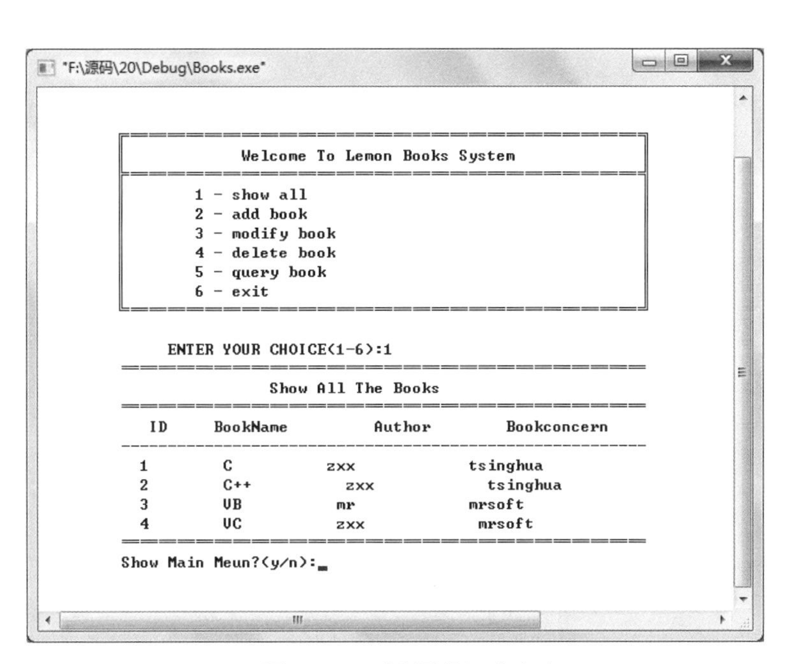

图 20.29　删除图书记录以后

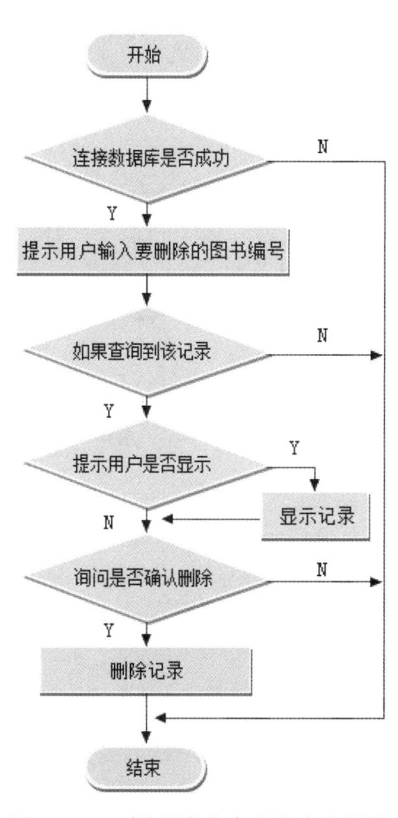

图 20.30　删除图书信息的基本流程图

完整的删除图书信息的程序代码如下：

```
void DeleteBook()                                            /*删除图书信息*/
{
```

```
char id[10];                                                    /*结果集中的行数*/
char *sql;
char dest[100] ={"    "};
char dest1[100] ={"    "};
if(!mysql_real_connect(&mysql,"127.0.0.1","root","1234","db_books",0,NULL,0))
{
    printf("\t Can not connect db_books!\n");
}
else
{
    printf("\t please input ID which record you want to delete.\n");
    scanf("%s",id);                                             /*输入图书编号*/
    sql = "select * from tb_book where id=";
    strcat(dest,sql);
    strcat(dest,id);                                            /*将图书编号追加到 SQL 语句后面*/

    /*查询该图书信息是否存在*/
    if(mysql_query(&mysql,dest))
    {    /*如果查询失败*/
        printf("\n Query tb_book failed! \n");
    }
    else
    {
        result=mysql_store_result(&mysql);                      /*获得结果集*/
        if(mysql_num_rows(result)!=NULL)
        {  /*有记录的情况，只有有记录取数据才有意义*/
            printf("\t find the record,show?(y/n)\n");
            scanf("%s",ch);
            if(strcmp(ch,"Y")==0||strcmp(ch,"y")==0)            /*判断是否要显示查找到的信息*/
            {
                printf("\t ══════════════════════════════════════ \n");
                printf("\t             ***** Show   Book *****              \n");
                printf("\t ══════════════════════════════════════ \n");
                printf("\t      ID        BookName          Author        Bookconcern       \n");
                printf("\t ---------------------------------------------------------- \n");
                while((row=mysql_fetch_row(result)))            /*取出结果集中记录*/
                {    /*输出这行记录*/
                    fprintf(stdout,"\t     %s       %s          %s            %s     \n",row[0],row[1],row[2],row[3]);
                }
                printf("\t ══════════════════════════════════════ \n");
            }

                printf("\t Delete ?(y/n)\n");
                scanf("%s",ch);
                if (strcmp(ch,"Y")==0||strcmp(ch,"y")==0)       /*判断是否需要录入*/
                {
                    sql = "delete from tb_book where ID= ";
                    printf("%s",dest1);
                    strcat(dest1,sql);
```

```
                        strcat(dest1,id);
                        printf("%s",dest1);

                        if(mysql_query(&mysql,dest1)!=0)
                        {
                            fprintf(stderr,"\t Can not delete \n",mysql_error(&mysql));
                        }
                        else
                        {
                            printf("\t Delete success!\n");
                        }
                    }
                }
                else
                {
                    printf("\t Can not find the record!\n");
                }
            }
            mysql_free_result(result);                                    /*释放结果集*/
        }
        mysql_close(&mysql);
        inquire();                                                        /*询问是否显示主菜单*/
}
```

20.8.6　查询图书信息

查询图书信息的功能在前面的几节中或多或少都有些涉及，这里就不做过多的介绍。在查询图书信息时，首先需要从主功能菜单中进入到查询图书信息的模块中。主要通过在主功能菜单中选择菜单项编号 5 来实现，进入到查询图书信息模块以后，程序会提示用户输入要查询的图书的编号，如果输入的编号在数据库中没有，则提示没有找到如图 20.31 所示。

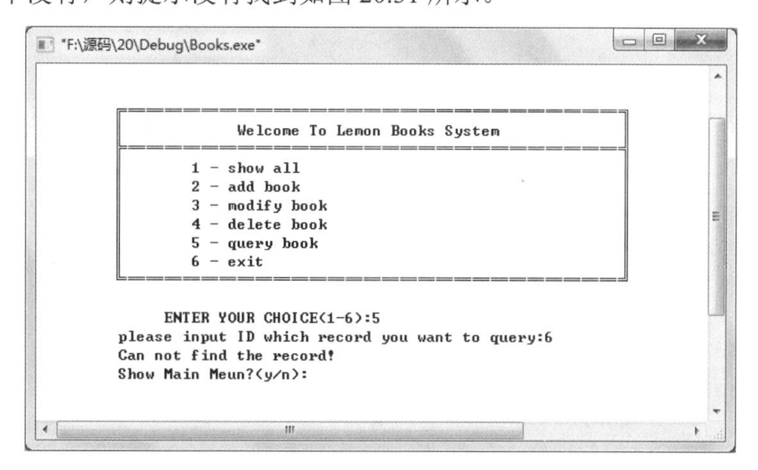

图 20.31　没有找到要查询的图书记录

如果输入的图书编号在数据库中已经找到，则直接显示该条记录，如图 20.32 所示。

查询图书信息的程序流程图如图 20.33 所示。

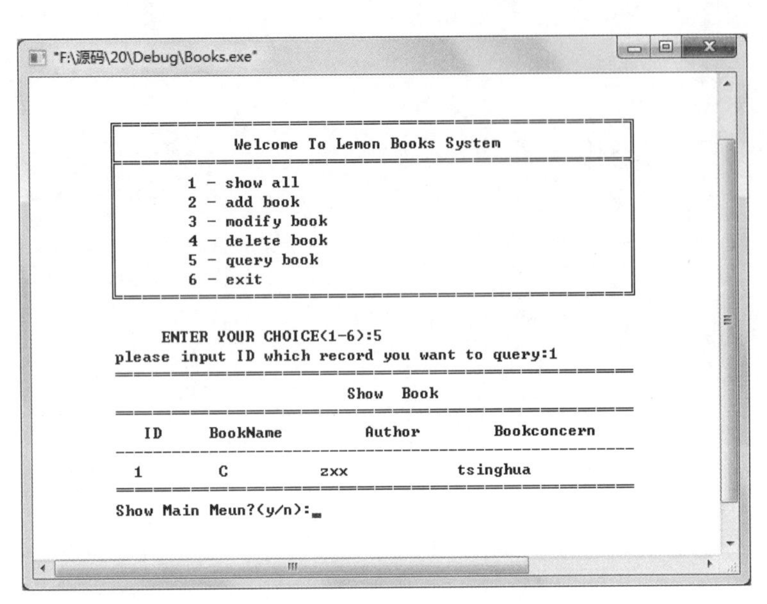

图 20.32　显示已经查询到的记录

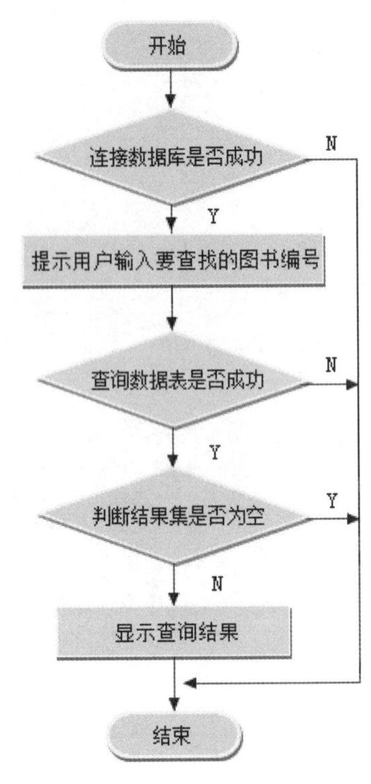

图 20.33　查询图书信息

完整的查询图书记录的程序代码如下：

```
void QueryBook()                                        /*查询图书信息*/
{
    char id[10];                                        /*结果集中的行数*/
    char *sql;
    char dest[100] ={"   "};

    if(!mysql_real_connect(&mysql,"127.0.0.1","root","1234","db_books",0,NULL,0))
    {
        printf("\t Can not connect db_books!\n");
    }
    else
    {
        printf("\t please input ID which record you want to query:");
        scanf("%s",id);                                 /*输入图书编号*/
        sql = "select * from tb_book where id=";
        strcat(dest,sql);
        strcat(dest,id);                                /*将图书编号追加到 SQL 语句后面*/

        if(mysql_query(&mysql,dest))
        {   /*如果查询失败*/
            printf("\n Query tb_book failed!\n");
        }
```

```
        else
        {
            result=mysql_store_result(&mysql);                  /*获得结果集*/
            if(mysql_num_rows(result)!=NULL)
            {   /*有记录的情况，只有有记录取数据才有意义*/
                printf("\t ══════════════════════════════════════════ \n");
                printf("\t                       Show   Book              \n");
                printf("\t ══════════════════════════════════════════ \n");
                printf("\t    ID      BookName        Author       Bookconcern     \n");
                printf("\t ---------------------------------------------------------- \n");
                while((row=mysql_fetch_row(result)))            /*取出结果集中记录*/
                {   /*输出这行记录*/
                    fprintf(stdout,"\t    %s      %s       %s        %s    \n",row[0],row[1],row[2],row[3]);
                }
                printf("\t ══════════════════════════════════════════ \n");
            }
            else
            {
                printf("\t Can not find the record!\n");
            }
            mysql_free_result(result);                          /*释放结果集*/
        }
        mysql_close(&mysql);                                    /*释放连接*/
    }
    inquire();                                                  /*询问是否显示主菜单*/
}
```

软件开发微视频讲堂

C语言从入门到精通

（微视频精编版）

明日科技　编著

清華大學出版社
北　京

内 容 简 介

本书浅显易懂，实例丰富，详细介绍了 C 语言开发需要掌握的各类实战知识。

全书共两册，上册为核心技术篇，下册为强化训练篇。核心技术篇共 20 章，包括初识 C 语言，掌握 C 语言数据类型，表达式与运算符，数据输入、输出函数，设计选择/分支结构程序，循环控制，数组的应用，字符数组，函数的引用，变量的存储类别，C 语言中的指针，结构体的使用，共用体的综合应用，使用预处理命令，存储管理，链表在 C 语言中的应用，栈和队列，C 语言中的位运算，文件操作技术和图书管理系统等。通过学习，读者可快速开发出一些中小型应用程序。强化训练篇共 18 章，通过大量源于实际生活的趣味案例，强化上机实践，拓展和提升 Java 开发中对实际问题的分析与解决能力。

本书除纸质内容外，配书资源包中还给出了海量开发资源库，主要内容如下：

☑ 微课视频讲解：总时长 16 小时，共 199 集
☑ 实例资源库：881 个实例及源码详细分析
☑ 模块资源库：15 个经典模块开发过程完整展现
☑ 项目案例资源库：15 个企业项目开发过程完整展现
☑ 测试题库系统：616 道能力测试题目
☑ 面试资源库：371 个企业面试真题

本书可作为软件开发入门者的自学用书或高等院校相关专业的教学参考书，也可供开发人员查阅、参考使用。

图书在版编目（CIP）数据

C 语言从入门到精通：微视频精编版 / 明日科技编著. —北京：清华大学出版社，2019(2021.1重印)
（软件开发微视频讲堂）
ISBN 978-7-302-50690-4

Ⅰ. ①C… Ⅱ. ①明… Ⅲ. ①C 语言-程序设计 Ⅳ. ①TP312.8

中国版本图书馆 CIP 数据核字（2018）第 163117 号

责任编辑： 贾小红
封面设计： 魏润滋
版式设计： 文森时代
责任校对： 马军令
责任印制： 宋林

出版发行： 清华大学出版社
网 址：http://www.tup.com.cn，http://www.wqbook.com
地 址：北京清华大学学研大厦 A 座　　邮 编：100084
社 总 机：010-62770175　　邮 购：010-62786544
投稿与读者服务：010-62776969，c-service@tup.tsinghua.edu.cn
质量反馈：010-62772015，zhiliang@tup.tsinghua.edu.cn
印 装 者： 三河市君旺印务有限公司
经 销： 全国新华书店
开 本： 203mm×260mm　　**印 张：** 38.5　　**字 数：** 1055 千字
版 次： 2019 年 10 月第 1 版　　**印 次：** 2021 年 1 月第 2 次印刷
定 价： 99.80 元（全 2 册）

产品编号：079162-01

前　言

Preface

C 语言是 Combined Language（组合语言）的简称，它作为一种计算机设计语言，具有高级语言和汇编语言的特点，受到广大编程人员的喜爱。C 语言的应用非常广泛，既可以用于编写系统应用程序，也可以作为编写应用程序的设计语言，还可以具体应用到有关单片机以及嵌入式系统的开发。这就是大多数学习者学习编写程序都选择 C 语言的原因。

本书内容

本书分为上、下两册，上册为 C 语言核心技术篇，下册为 C 语言强化训练篇。

C 语言核心技术分册共 20 章，提供了从入门到编程高手所必备的各类 C 语言核心知识，大体结构如下图所示。

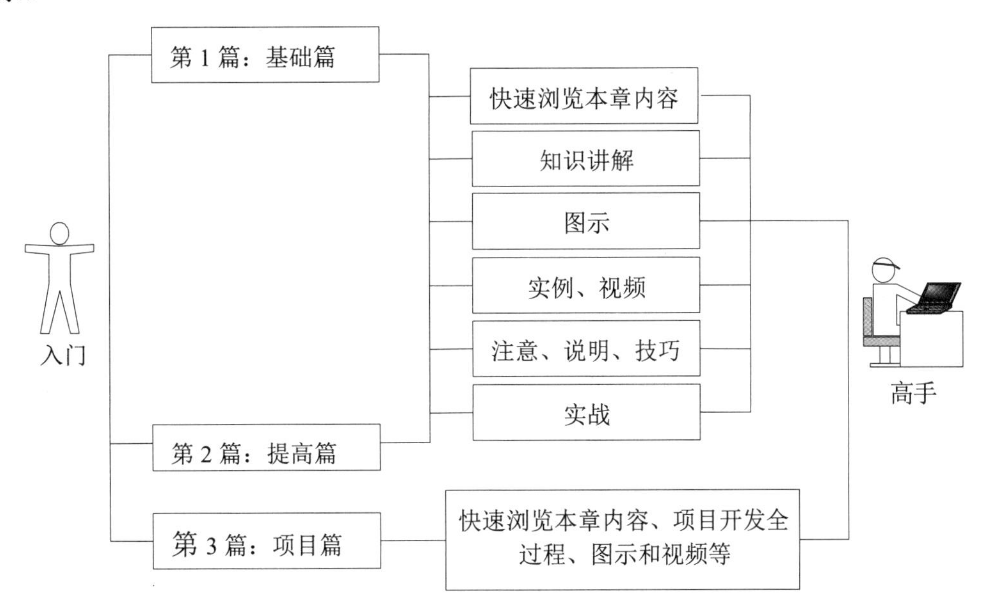

基础篇：包括初识 C 语言，掌握 C 语言数据类型，表达式与运算符，数据输入、输出函数，设计选择/分支结构程序，循环控制，数组的应用，字符数组，函数的引用，变量的存储类别等内容，结合大量的图示、实例、视频和实战等，读者可快速掌握 C 语言，为以后编程奠定坚实的基础。

提高篇：包括 C 语言中的指针，结构体的使用，共用体的综合应用，使用预处理命令，存储管理，链表在 C 语言中的应用，栈和队列，C 语言中的位运算，文件操作技术等内容。学习完本篇，读者应能够开发一些中小型应用程序。

项目篇：通过一个完整的项目——图书管理系统，学习软件工程的设计思想，进行软件项目的实践开发。书中按照“需求分析→系统设计→数据库设计→基本程序开发流程→项目主要功能模块的实现”的流程进行介绍，带领读者亲身体验开发项目的全过程。

C 语言强化训练分册共 18 章，通过 290 多个来源于实际生活的趣味案例，强化上机实战，拓展和提升读者对实际问题的分析与解决能力。

本书特点

☑ **深入浅出，循序渐进**。本书以初、中级程序员为对象，先从 C 语言基础学起，再学习 C 语言中的结构体、共用体、文件操作等高级技术，最后学习开发一个完整项目。讲解过程中步骤详尽，版式新颖，读者在阅读时一目了然，可快速掌握书中内容。

☑ **实例典型，轻松易学**。通过例子学习是最好的学习方式，C 语言核心技术分册共有 170 多个应用实例，通过“一个知识点、一个例子、一个结果、一段评析，一个综合应用”的模式，透彻详尽地讲述了实际开发中所需的各类知识。为了便于读者阅读程序代码，书中几乎每行代码都提供了注释。

☑ **微课视频，可听可看**。为便于读者直观感受程序开发的全过程，大部分章节都配备了教学微视频，这些微课可听可看，能快速引导初学者入门，感受编程的快乐和成就感，进一步增强学习的信心。

☑ **动图学习，简洁高效**。本书将 C 语言学习中不易理解的重难点知识制成了各类动图，用图形、漫画等趣味手段来传递那些不好用语言文字描述的知识点，趣味性更强，用时更短，学习效率更高。

☑ **强化训练，实战提升**。软件开发学习，实战才是硬道理。C 语言核心技术分册中每章都提供了 5 个实战练习，强化训练分册中更是给出了 270 多个源自生活的真实案例。应用编程思想来解决这些生活中的难题，不但能锻炼动手能力，还可以快速提升实战技巧。如果在实现过程中遇到问题，可以从资源包中获取相应实战的源码，进行解读。

☑ **精彩栏目，贴心提醒**。本书根据需要在各章安排了很多“注意”“说明”“技巧”等小栏目，让读者可以在学习过程中更轻松地理解相关知识点及概念，更快地掌握个别技术的应用技巧。C 语言强化训练分册中，更设置了“▷①②③④⑤⑥”栏目，读者每亲手完成一次实战练习，即可涂上一个序号。通过反复实践，可真正实现强化训练和提升。

☑ **紧跟潮流，支持 VS**。很多人学习 C 语言的人员都是用 Visual Studio 作为开发工具，本书资源包中提供了支持 VC++ 6.0 和最新的 Visual Studio 2017 两套代码，读者可以根据自身需求选择使用。

本书资源

为帮助读者学习，本书配备了长达 16 个小时（共 199 集）的微课视频讲解。除此以外，还为读者提供了“Visual C++开发资源库”系统，以全方位地帮助读者快速提升编程水平和解决实际问题的能力。

本书和 Visual C++开发资源库配合学习的流程如图所示。

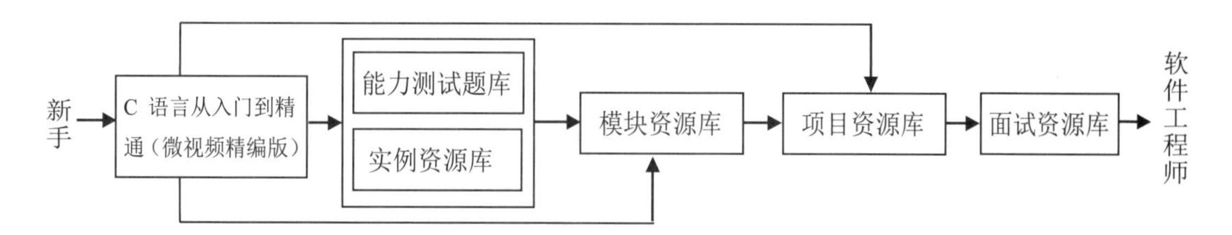

Visual C++开发资源库系统的主界面如图所示。

通过实例资源库中的大量热点实例和关键实例，读者可巩固所学知识，提高编程兴趣和自信心。

通过能力测试题库，读者可对个人能力进行测试，检验学习成果。数学逻辑能力和英语基础较为薄弱的读者，还可以利用资源库中大量的数学逻辑思维题和编程英语能力测试题，进行专项强化提升。

本书学习完毕后，读者可通过模块资源库和项目资源库中的 30 个经典模块和项目，全面提升个人综合编程技能和解决实际开发问题的能力，为成为 C 语言软件开发工程师打下坚实基础。

面试资源库中提供了大量国内外软件企业的常见面试真题，同时还提供了程序员职业规划、程序员面试技巧、企业面试真题汇编和虚拟面试系统等精彩内容，是程序员求职面试的绝佳指南。

读者对象

- ☑ 初学编程的自学者
- ☑ 编程爱好者
- ☑ 大中专院校的老师和学生
- ☑ 相关培训机构的老师和学员
- ☑ 做毕业设计的学生
- ☑ 初、中级程序开发人员
- ☑ 程序测试及维护人员
- ☑ 参加实习的“菜鸟”程序员

读者服务

学习本书时，请先扫描封底的权限二维码（需要刮开涂层）获取学习权限，然后即可免费学习书中的所有线上线下资源。本书所附赠的各类学习资源，读者可登录清华大学出版社网站（www.tup.com.cn），在对应图书页面下获取其下载方式。也可扫描图书封底的“文泉云盘”二维码，获取其下载方式。

为了方便解决本书疑难问题，读者朋友可加我们的企业 QQ：4006751066（可容纳 10 万人），也可以登录 www.mingrisoft.com 留言，我们将竭诚为您服务。

致读者

本书由明日科技 C 语言程序开发团队组织编写，明日科技是一家专业从事软件开发、教育培训以及软件开发教育资源整合的高科技公司，其编写的教材既注重选取软件开发中的必需、常用内容，又注重内容的易学、方便以及相关知识的拓展，深受读者喜爱。其编写的教材多次荣获“全行业优秀畅销品种”“中国大学出版社优秀畅销书”等奖项，多个品种长期位居同类图书销售排行榜的前列。

在编写本书的过程中，我们始终本着科学、严谨的态度，力求精益求精，但错误、疏漏之处在所难免，敬请广大读者批评指正。

感谢您购买本书，希望本书能成为您编程路上的领航者。

“零门槛”编程，一切皆有可能。

祝读书快乐！

编　者

2019 年 6 月

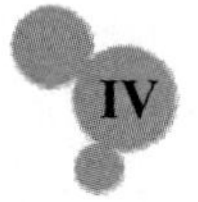

目录

Contents

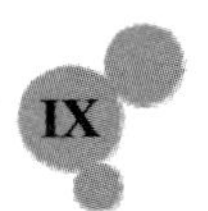

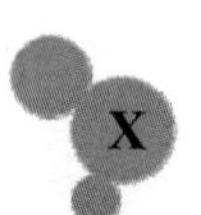

第 1 章　掌握 C 语言数据类型

本章训练任务对应上册第 2 章掌握 C 语言数据类型部分。

重点练习内容：

1. 熟悉改变C语言控制台输出不同颜色的文字和背景。
2. 熟悉使用键盘上的字符输出文字、图案等效果。
3. 熟练使用printf()函数。
4. 熟悉键盘上没有的特殊字符的输出和使用。
5. 熟悉使用字符输出常用软件的主界面、验证界面。
6. 熟悉使用字符输出生活中看到的一些应用场景。

应用技能拓展学习

1. 利用特殊字符编码输入特殊符号

编程时经常要输入一些特殊符号，如公式、图标等。有些输入法提供了非常好的特殊符号输入功能，但如果恰好没安装相应输入法，该如何输出这些特殊符号呢？

下面介绍使用 ASCII 字符编码输入特殊符号的方法。部分 ASCII 特殊字符的编码对照表如表 1.1 所示。

表 1.1　部分 ASCII 特殊字符编码表

特殊符号	十进制编码	特殊符号	十进制编码	特殊符号	十进制编码
☺	1	§	21	(	40
♥	3	■	22	)	41
◆	4	↑	24	*	42
♣	5	↓	25	✚	43
♂	11	→	26	,	44
♀	12	←	27	-	45
♫	14	▲	30	/	47
☼	15	▼	31	0	48
►	16	!	33	1	49
◄	17	#	35	2	50
↕	18	$	36	3	51
‼	19	%	37	4	52
¶	20	&	38	5	53

续表

特殊符号	十进制编码	特殊符号	十进制编码	特殊符号	十进制编码
6	54	<	60	\	92
7	55	=	61	]	93
8	56	>	62	︿	94
9	57	?	63	_	95
:	58	@	64	、	96
;	59	[	91	△	127

例如，要输入“☼”，需要查到该符号的十进制编码“15”，然后编写如下代码：

```
int chr = 15;
printf("%c\n",chr);
```

输出结果为：

```
☼
```

要输出多个特殊字符，代码如下：

```
int chr1 = 1, chr2 = 3, chr3 = 14, chr4 = 16, chr5 = 20, chr6 = 21;
printf("%c %c %c %c %c %c\n",chr1, chr2, chr3, chr4, chr5, chr6);
```

输出结果为：

```
☺ ♥ ♫ ► ¶ §
```

2．让 C 语言控制台输出色彩斑斓的文字和背景

（1）改变文字颜色。

编程世界是一个多彩世界，使用 C 语言代码也可以输出色彩斑斓的文字。下面使用开发环境输出多彩文字，代码如下：

```
#include <stdio.h>
#include <windows.h>
int color(int c)
{
    SetConsoleTextAttribute(GetStdHandle(STD_OUTPUT_HANDLE),c); //更改文字颜色
    return 0;
}
int main()
{
    color(12);
    printf("Do one thing at a time, and do well\n");
    color(10);
```

```
    printf("Believe in yourself.\n");
    color(13);
    printf("Knowledge is power.\n");
    return 0;
}
```

代码运行结果如图 1.1 所示。

下面来具体介绍一下上述代码。首先引用了 windows.h 函数库，然后定义了一个函数 color()。

```
int color(int c)
{
    SetConsoleTextAttribute(GetStdHandle(STD_OUTPUT_HANDLE),c); //更改文字颜色
    return 0;
}
```

其中，参数 c 是一个 0～15 的数值，代表着不同的颜色值，如图 1.2 所示。

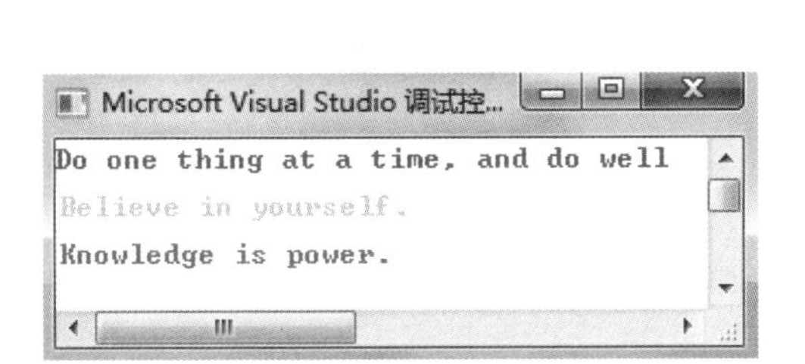

图 1.1　输出多彩文字

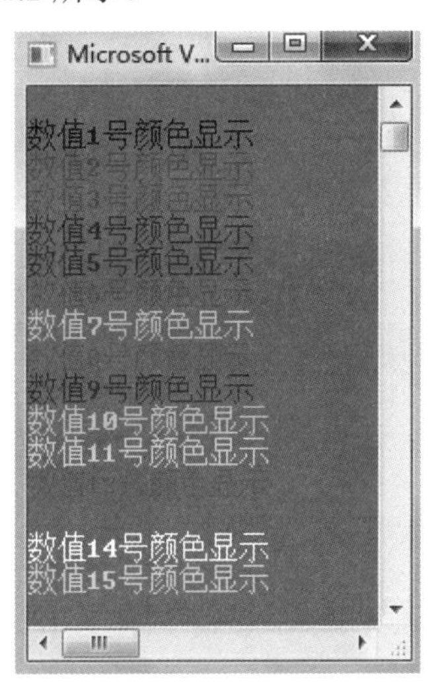

图 1.2　0～15 数值颜色显示

还可以使用 windows.h 函数库中的 system()函数来改变字体颜色，但只能改变一种字体颜色。语法格式如下：

```
system("color 字体颜色数值");        //字体颜色数值为十六进制 0~9、a~f（a 是数值 10，f 是数值 15）
```

例如，输出一段文字，代码如下：

```
#include <stdio.h>
#include <windows.h>
int main()
{
    system("color c");
    printf("Do one thing at a time, and do well\n");
```

```
    system("color a");
    printf("Believe in yourself.\n");
    system("color d");
    printf("Knowledge is power.\n");
    return 0;
}
```

代码运行结果如图 1.3 所示。可以看出，最终的文字颜色是数值 d（13）。因此该方法只能改变一种文字颜色。

（2）改变背景颜色。

使用 C 语言代码也可以改变控制台的背景颜色。例如：

```
#include <stdio.h>
#include <windows.h>
int main()
{
    system("color 9c");
    printf("勇往直前，从不放弃\n");
    return 0;
}
```

代码运行结果如图 1.4 所示。

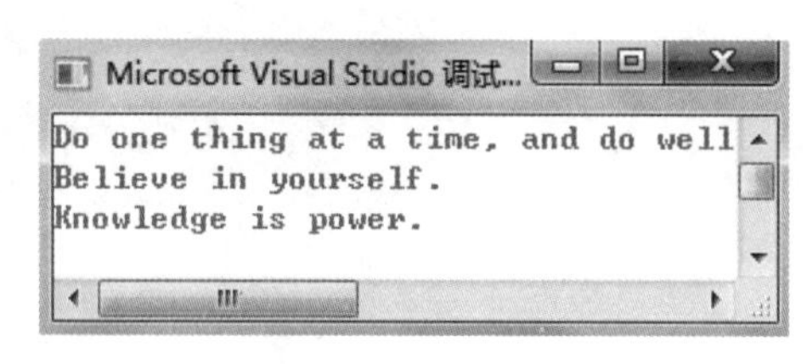

图 1.3　输出一段文字

图 1.4　改变背景颜色

改变背景颜色，同样要用到 windows.h 函数库中的 system()函数，语法格式如下：

```
system("color C1C2");            //颜色数值为 0~9、a~f
```

☑　C1 是背景颜色数值，数值可以是 0～9、a～f。

☑　C2 是文字颜色数值，数值可以是 0～9、a～f。

3．使用运算符进行基本的数学运算

C 语言中的算术运算符主要有+（加号）、-（减号）、*（乘号）、/（除号）和%（求余）。各运算符的功能及使用方式如表 1.2 所示。

表 1.2　C 语言中算术运算符的功能及使用方式

运 算 符	说　明	实　例	结　果
+	加	12.45f + 15	27.45
-	减	4.56 - 0.16	4.4

续表

运　算　符	说　　明	实　　例	结　　果
*	乘	5L * 12.45f	62.25
/	除	7 / 2	3
%	取余	12 % 10	2

使用这些运算符可以对任意数字做计算，例如：

```
#include <stdio.h>
int main()
{
    int number1 = 23;
    int number2 = 7;
    printf("number1 与 number2 的和是：%d\n" ,number1 + number2);         //计算和
    printf("number1 与 number2 的差是：%d\n", number1-number2);           //计算差
    printf("number1 与 number2 的乘积是：%d\n", number1 * number2);       //计算乘积
    printf("number1 与 number2 的商是：%d\n", number1 / number2);         //计算商
    printf("number1 与 number2 取余是%d\n", number1 % number2);           //计算余数
    return 0;
}
```

程序输出结果如下：

```
number1 与 number2 的和是：30
number1 与 number2 的差是：16
number1 与 number2 的乘积是：161
number1 与 number2 的商是：3
number1 与 number2 取余是 2
```

4．常用转义字符

转义字符是一种具有特定含义的字符常量，以反斜线“\”开头，后跟一个或几个字符，主要用来表示那些用一般字符不便于表示的控制代码。

例如，“\n”是一个转义字符，其含义是回车换行。下面输出两句诗：

```
printf("唧唧复唧唧\n 木兰当户织");
```

输出结果为：

```
唧唧复唧唧
木兰当户织
```

如果代码中的“\”本身只表示普通字符，系统会怎么处理呢？

```
printf("C:\mingri\name");//程序会将普通字符“\name”理解成转义字符“\n”和普通字符“ame”
```

输出结果为：

```
C:mingri
ame
```

C语言中常用的转义字符及其含义如表1.3所示。

表1.3　常用的转义字符及其含义

转义字符	描　　述	转义字符	描　　述
\　（在行尾时）	续行符	\n	换行
\\	反斜杠符号	\v	纵向制表符
\'	单引号	\t	横向制表符
\"	双引号	\r	回车
\a	响铃	\f	换页
\b	退格（Backspace）	\oyy	八进制数yy代表的字符。例如：\o12代表换行
\e	转义	\xyy	十进制数yy代表的字符。例如：\x0a代表换行
\000	空	\other	其他的字符以普通格式输出

5. printf()函数扩展应用

printf()函数很强大，可以根据用户需要进行各种输出。语法格式如下：

```
printf(格式控制,输出列表);
```

☑ 格式控制：用双引号括起来的字符串，也称为转换控制字符串。包括格式字符和普通字符。
  - 格式字符：以“%”字符开头，用于格式说明，即将数据转换为指定格式输出。
  - 普通字符：需要原样输出的字符，包括双引号内的逗号、空格和换行符。

☑ 输出列表：进行输出的数据，可以是变量或表达式。

下面看一下使用printf()函数输出换行、字符、字符串、数值、特殊符号的方式。

（1）输出换行、字符、字符串。

输出字符，需要使用字符控制符号%c。输出字符串，需要用双引号将字符串括起来，或者使用控制符号%s。例如：

```
printf("\n");                                           //输出换行
printf(" ");                                            //输出一个空格
char n='a';                                             //输出单个字符
printf("%c",n);
a
printf("天才就是百分之一的灵感加百分之九十九的汗水!");      //输出中文字符串
天才就是百分之一的灵感加百分之九十九的汗水!
printf("There is but one secret to sucess---never give up!");   //输出英文字符串
There is but one secret to sucess---never give up!
printf("1234567890");                                   //输出数字字符串
1234567890
char name[5]="Lucy";                                    //将字符串赋给字符数组
printf("%s", name);
Lucy
char *name="Lucy";                                      //将字符串赋给字符指针
printf("%s", name);
Lucy
```

（2）输出数值类型，需要使用格式控制符号。例如：

```
int num=520;
printf("%d",num);                    //输出整数数值
520
float height=1.8f;
printf("%f", height);                //输出浮点数值
1.8
printf("%d",3+2);                    //可以包含运算表达式，输出运算结果（整数输出）
5
printf("%f",10.0f/3.0f);             //可以包含运算表达式，输出运算结果（浮点数输出）
3.333333
int age=26;
printf("我的年龄是：%d 岁",age);     //字符串和数值一起输出
我的年龄是 26 岁
```

（3）输出特殊符号。

在当前输入法下找到特殊符号界面，在 printf()函数中直接插入特殊符号。例如：

```
//输出输入法的特殊符号
printf("△▽○◇□☆♀♂※▇§卍▲▼●◆■★↖↗↙↘");
```

输出结果为：

```
△▽○◇□☆♀♂※▇§卍▲▼●◆■★↖↗↙↘
```

如图 1.5 所示为搜狗输入法下的特殊符号界面。

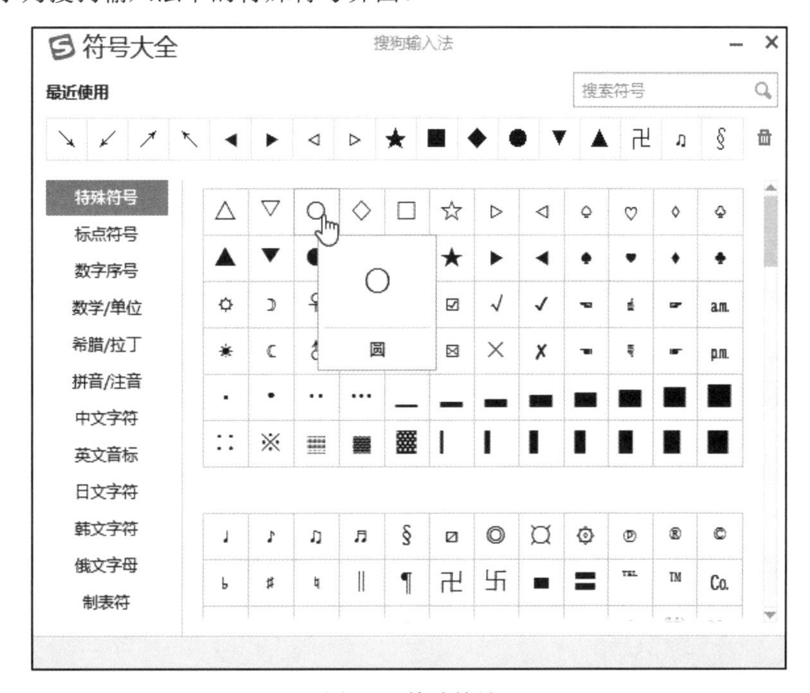

图 1.5　特殊符号

实战技能强化训练

训练一：基本功强化训练

1. 输出人生真谛 ▷①②③④⑤⑥

编写程序，输出如图 1.6 所示文字内容。（提示：使用 printf()函数和颜色函数）

2. 输出乔布斯语录 ▷①②③④⑤⑥

苹果公司的创始人乔布斯在 2005 年给斯坦福大学做毕业演讲时提到过他最喜欢的一句话：“Stay hungry. Stay foolish.” 编写一个程序，输出该条语录的英文和中文，实现效果如图 1.7 所示。（提示：使用 printf()函数和颜色函数）

人生有两条路
一条用心走，叫作梦想
一条用脚走，叫作现实

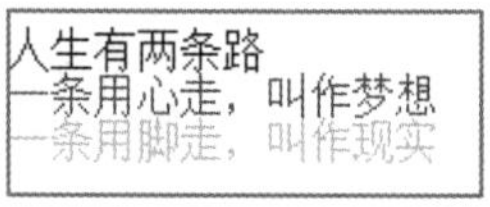

图 1.6　输出人生真谛

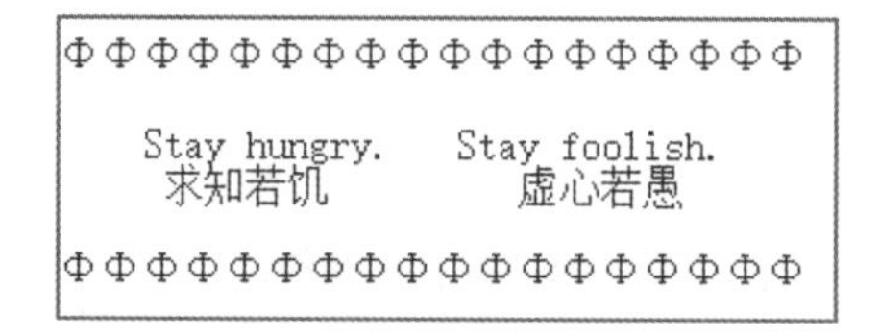

图 1.7　输出乔布斯语录

3. 输出软件菜单信息 ▷①②③④⑤⑥

编写一个程序，使用 printf()输出省会城市空气质量发布程序的主界面菜单信息，并打印输出。实现效果如图 1.8 所示。（提示：使用 printf()函数和颜色函数）

4. 输出特殊符号☆※¤卍●Φ ▷①②③④⑤⑥

编写程序时经常需要添加特殊符号。例如一个程序菜单，如果没有图标，往往感觉效果一般，如果菜单前加一些小图标，会增色不少。编写程序，利用特殊字符编码为菜单添加小图标，如图 1.9 所示。（提示：使用 printf()函数）

省会城市空气质量发布程序
优秀空气质量城市排名
图表分析城市空气质量
退出程序

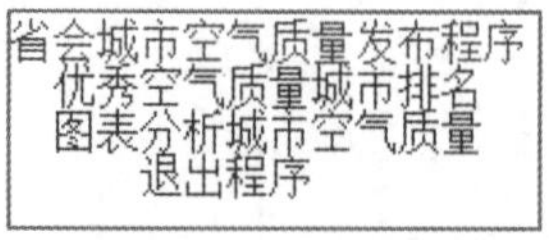

图 1.8　菜单信息

图 1.9　添加小图标

5. 输出快递封签　▷①②③④⑤⑥

如图 1.10 所示为快递公司贴封快递的封签，编写一个程序，完成如下任务（不能使用循环语句）：

（1）输出带有“明日科技”的快递封签，如图 1.11 所示；

（2）输出双行排列的快递封签，如图 1.12 所示。

（提示：使用 printf()函数）

图 1.10　快递封签

```
明日科技  明日科技  明日科技  明日科技
```

图 1.11　输出快递封签（1）

```
        撕毁无效
请当面确认物品数量及外观
        撕毁无效
请当面确认物品数量及外观
        撕毁无效
请当面确认物品数量及外观
        撕毁无效
请当面确认物品数量及外观
```

图 1.12　输出快递封签（2）

6. 输出俞敏洪语录　▷①②③④⑤⑥

编写一个程序，输出俞敏洪的语录“既靠天，也靠地，还靠自己”，实现效果如图 1.13 所示。

7. 输出个人信息　▷①②③④⑤⑥

编写一个程序，输出你的姓名、年龄、身高、体重，实现效果如图 1.14 所示。

（提示：使用 printf()函数）

```
>|o|o|o|o|o|o|o|o|o|o|o|o|o|o|o|o|o|o|<
     既靠天，也靠地，还靠自己
>|o|o|o|o|o|o|o|o|o|o|o|o|o|o|o|o|o|o|<
```

图 1.13　输出俞敏洪语录

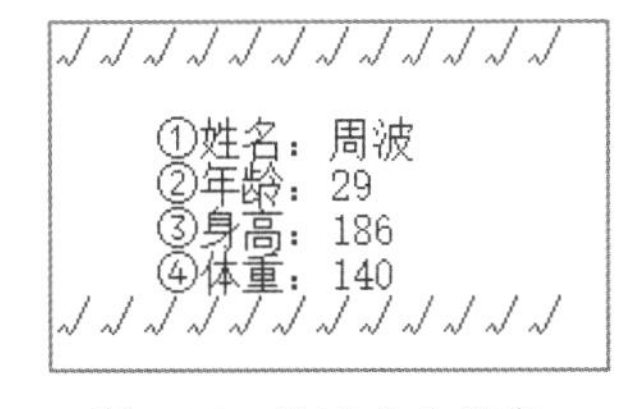

图 1.14　输出个人信息

8. 输出《三十六计》中的计策　▷①②③④⑤⑥

编写一个程序，输出《三十六计》中的计策，实现效果如图 1.15 所示。

（提示：使用 printf()函数）

图 1.15　输出《三十六计》中的计策

9．输出微信个性签名　▷①②③④⑤⑥

微信提供了设置属于自己的个性签名功能，每个人都可以设置属于自己的个性签名，请应用 printf() 函数，在 IDLE 窗口中输出如图 1.16 所示的个性签名。

再小的努力，乘以365都很明显

图 1.16　输出微信个性签名

10．输出计算机时代的无形之王——丹尼斯·里奇的传奇　▷①②③④⑤⑥

丹尼斯·里奇（Dennis Ritchie）是计算机时代的无形之王，计算机网络技术的奠定者，也是 C 语言之父、UNIX 之父。1973 年，结束了失败的 Multics 项目后，闲来无聊，丹尼斯·里奇和肯·汤姆森想玩模拟在太阳系航行的电子游戏——Space Trave。当时的机器没有操作系统，于是二人一起开发了 C 语言，并用 C 语言开发了 UNIX 操作系统，从而拉开了程序开发时代的序幕。请编写一个程序，输出 C 语言之父——丹尼斯·里奇的传奇人生吧，实现效果如 1.17 所示。（提示：使用 printf() 函数）

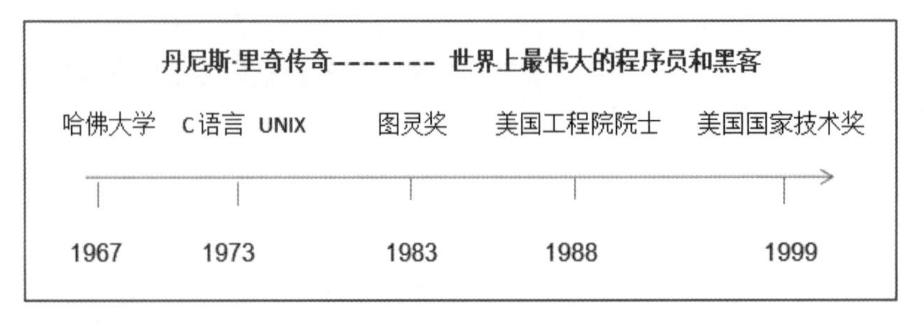

图 1.17　输出计算机时代的无形之王

训练二：实战能力强化训练

11．输出绕口令　▷①②③④⑤⑥

编写一个程序，使用 printf()函数输出绕口令《化肥》内容，实现效果如图 1.18 所示。

12．输出《水浒传》中的梁山好汉　▷①②③④⑤⑥

编写一个程序，输出《水浒传》中的梁山好汉，实现效果如图 1.19 所示。（提示：使用 printf()函数和颜色函数）

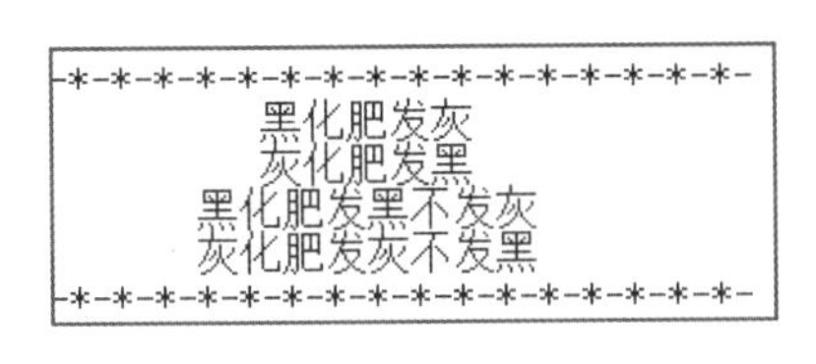

图 1.18　输出绕口令

图 1.19　输出梁山好汉

13. 输出“情人节快乐”　▷①②③④⑤⑥

每年的阳历 2 月 14 日，阴历七月初七，被设定为情人节。情人节是关于爱、浪漫以及花、巧克力、贺卡的节日，男女在这一天互换礼物用以表达爱意或友好。下面输出如图 1.20 所示的“情人节快乐”图形。（提示：使用 printf()函数和颜色函数）

图 1.20　输出“情人节快乐”

14. 搜狐邮箱登录界面　▷①②③④⑤⑥

输出如图 1.21 所示的搜狐邮箱登录界面，实现效果如图 1.22 所示。（提示：使用 printf()函数）

登录搜狐邮箱
请输入您的邮箱
请输入您的密码
忘记密码
登 录
还没有搜狐闪电邮？现在注册

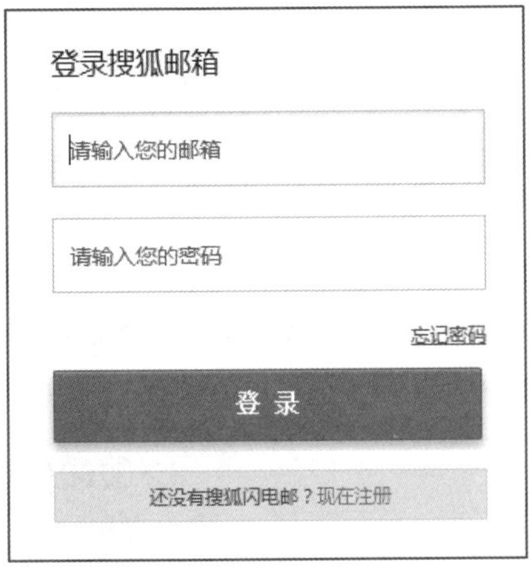

图 1.21　搜狐邮箱登录界面

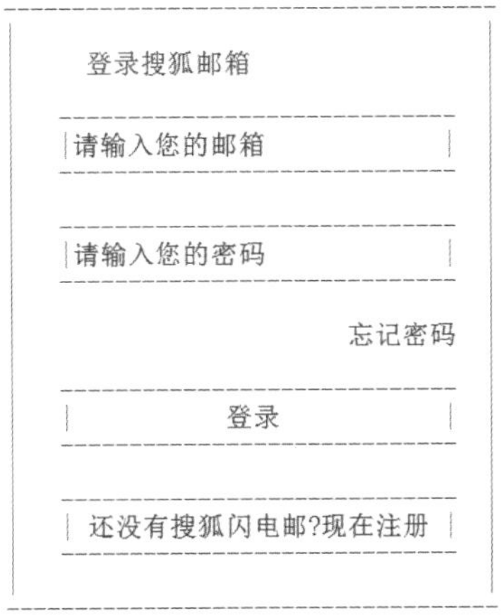

登录搜狐邮箱
请输入您的邮箱
请输入您的密码
忘记密码
登录
还没有搜狐闪电邮?现在注册

图 1.22　实现效果

15. 输出轨道交通充值信息 ▷①②③④⑤⑥

编程输出长春轨道交通充值信息，实现效果如图 1.23 所示。

```
              长春轨道交通
===========================================
车站名称：东环城路
设备编号：02390704
票卡编号：03104890010014699002
车票类型：本机构卡（TRANSPORTATIONCARD）
充值时间：2018-10-03 11:32:15
交易前金额：19.50元
充值金额（现金）：100.00元
充值后金额：119.50元
```

图 1.23 输出轨道交通充值信息

16. 输出马云“新名片” ▷①②③④⑤⑥

在控制台上输出马云的“新名片”，实现效果如图 1.24 所示，也可以尝试输出属于自己的名片。（提示：使用 printf()函数）

```
马云老师                                      阿里巴巴集团
Jack Ma

* 中国浙江杭州佬
* 阿里巴巴001号员工         * 乡村教师代言人
* 阿里巴巴合伙人            * 桃花源生态保护基金会联席主席
* 阿里巴巴一号公益志愿者    * TNC（大自然保护协会）全球董事
* 阿里巴巴脱贫基金主席      * 联合国青年创业和小企业特别顾问
* 马云公益基金会创始人      * 联合国世界妇女峰会联席会议联合主席
```

图 1.24 马云“新名片”

17. 输出对联字符画 ▷①②③④⑤⑥

编写一个程序，输出如图 1.25 所示的对联。对联上下联为“足不出户一台电脑打天下，窝宅在家两只巧手定乾坤”，横批为“我是宅神”。

18. 世界上最好的六个医生 ▷①②③④⑤⑥

编写程序，换行输出世界上最好的六个医生：1.阳光；2.休息；3.锻炼；4.饮食；5.自信；6.朋友。实现效果如图 1.26 所示。（提示：使用 printf()函数和颜色函数）

19. 用符号恶搞小伙伴 ▷①②③④⑤⑥

输出几个小符号，恶搞一下小伙伴，效果如图 1.27 所示。（提示：使用 printf()函数和颜色函数）

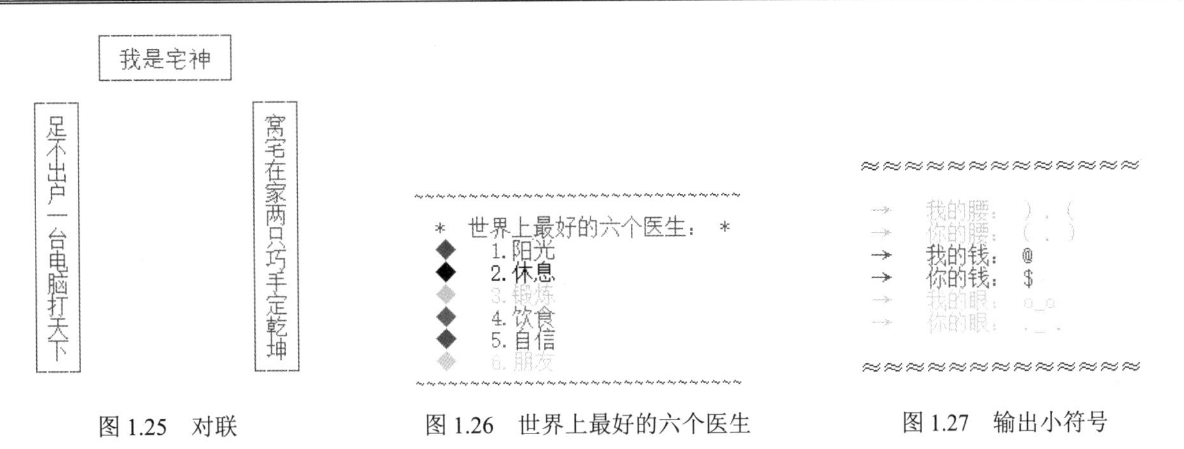

图 1.25　对联　　图 1.26　世界上最好的六个医生　　图 1.27　输出小符号

20. 模拟登录界面程序

▷①②③④⑤⑥

登录界面（见图 1.28）是软件开发中经常要实现的界面，下面只使用键盘上的字母和符号，输出如图 1.29 所示效果。（提示：使用 printf()函数）

图 1.28　图片参考

图 1.29　登录界面

第 2 章　表达式与运算符

本章训练任务对应上册第 3 章表达式与运算符部分。

重点练习内容：

1．掌握一些数学库中的函数，例如abs()、cos()、sin()等。
2．掌握随机函数rand()。
3．掌握if语句的用法。
4．掌握while语句的用法。

应用技能拓展学习

1．abs()函数

abs()是 C 语言函数库 math.h 的内置函数，用于返回数字的绝对值。例如：

```
int x;                                                    /*定义变量 x 为基本整型*/
printf("please input a number:\n");                      /*双引号内普通字符原样输出并换行*/
scanf("%d", &x);                                          /*从键盘中输入数值并赋值给 x*/
printf("number: %d ,absolute value: %d ", x, abs(x));     /*调用 abs()函数求出绝对值*/
printf("\n");
```

运行结果如下：

```
please input a number:
-9856
number: -9856 ,absolute value: 9856
```

2．cos()函数

cos()是 C 语言函数库 math.h 的内置函数，用于获取给定值的余弦值。例如：

```
double x;                                               /*定义变量 x 为双精度*/
printf("please input a number:\n");                     /*双引号内普通字符原样输出并换行*/
scanf("%lf", &x);                                       /*从键盘中输入数值并赋值给 x*/
printf("The cosine of %lf is %lf\n ", x, cos(x));       /*调用 cos()函数求出余弦值*/
```

运行结果如下：

```
please input a number:
0.5
The cosine of 0.5 is 0.877538
```

3. pow()函数

pow()是 C 语言函数库 math.h 的内置函数，用于求出 x 的 y 次幂的值。语法格式如下：

```
double pow ( double x, double y );
```

☑ x、y：双精度数。

```
double a = 3, b = 5, c;                 /*为变量赋初值*/
c = pow(a, b);                          /*求 a 的 b 次幂*/
printf("%lf\n", c);
```

运行结果如下：

```
243.0000
```

4. sin()函数

sin()是 C 语言函数库 math.h 的内置函数，用于计算给定值的正弦值。例如：

```
double x;                                    /*定义变量 x 为双精度实数*/
printf("please input a number:\n");          /*双引号内普通字符原样输出并换行*/
scanf("%lf", &x);                            /*从键盘中输入数值并赋值给 x*/
printf("The sin of %lf is %lf\n", x, sin(x)); /*调用 sin()函数求出给定值的正弦值*/
```

运行结果如下：

```
please input a number:
0.5
The sin of 0.5 is 0.479426
```

5. sqrt()函数

sqrt()是 C 语言函数库 math.h 的内置函数，用于计算给定值的平方根。语法格式如下：

```
double sqrt ( double x ) ;
```

☑ x：要取平方根的双精度数。

```
double x;                                    /*定义变量 x 为双精度实数*/
printf("please input a number:\n");          /*双引号内普通字符原样输出并换行*/
scanf("%lf", &x);                            /*从键盘中输入数值并赋值给 x*/
printf("开方得：%lf\n", sqrt(x));             /*调用 sqrt()函数求出给定值的平方根*/
```

运行结果如下：

```
please input a number:
25.0000
开方得：5.000000
```

6. tan()函数

tan()是 C 语言函数库 math.h 的内置函数，用于求出给定值的正切值。例如：

```
double x;                                   /*定义变量 x 为双精度实数*/
printf("please input a number:\n");         /*双引号内普通字符原样输出并换行*/
scanf("%lf", &x);                           /*从键盘中输入数值并赋值给 x*/
printf("它的正切值是:%lf\n", tan(x));        /*调用 tan()函数求出给定值的正切值*/
```

运行结果如下：

```
please input a number:
0.5
它的正切值是：0.546302
```

7. acos()函数

acos()函数用于取给定值的反余弦值。语法格式如下：

```
double acos ( double x ) ;
```

☑ 参数 x：要取反余弦的双精度数。

acos 函数返回给定值的反余弦值。例如：

```
double x;                                           /*定义变量 x 为双精度实数*/
printf("请输入一个值:\n");                            /*双引号内普通字符原样输出并换行*/
scanf_s("%lf", &x);                                 /*从键盘中输入数值并赋值给 x*/
printf("值为%lf  的反余弦值是  %lf\n", x, acos(x));    /*调用 acos()函数求出给定值的反余弦值*/
```

运行结果如下：

```
请输入一个值:
0.6
值为 0.600000  的反余弦值是  0.927295
```

8. asin()函数

asin()函数用于求出给定值的反正弦值。语法格式如下：

```
double asin( double x ) ;
```

☑ x：要取反正弦的双精度数。

asin()函数返回给定值的反正弦值。例如：

```
double x;                                        /*定义变量 x 为双精度实数*/
printf("请输入一个值:\n");                         /*双引号内普通字符原样输出并换行*/
scanf_s("%lf", &x);                              /*从键盘中输入数值并赋值给 x*/
printf("值为%lf 的正余弦值是 %lf\n", x, asin(x));   /*调用 asin()函数求出给定值的反正弦值*/
```

运行结果如下：

```
请输入一个值:
0.5
值为 0.500000 的反正弦值是 0.523599
```

9. atan()函数

atan()函数用于求出给定值的反正切值。语法格式如下：

```
double atan( double x ) ;
```

☑ x：双精度弧度值。

atan()函数返回给定值的反正切值。例如：

```
double x;                                        /*定义变量 x 为双精度实数*/
printf("请输入一个值:\n");                         /*双引号内普通字符原样输出并换行*/
scanf_s("%lf", &x);                              /*从键盘中输入数值并赋值给 x*/
printf("值为%lf 的反正切值是 %lf\n", x, atan(x));   /*调用 atan()函数求出给定值的反正切值*/
```

运行结果如下：

```
请输入一个值:
0.5
值为 0.500000 的反正切值是 0.463648
```

10. exp()函数

exp()函数用于求双精度数的指数函数值。语法格式如下：

```
double exp( double x ) ;
```

☑ x：要求指数的双精度数。

exp()函数返回双精度数的指数函数值。例如：

```
double m = 4, n;               /*为变量赋初值*/
n = exp(m);                    /*求 m 的双精度数的指数函数值*/
printf("%lf\n", n);
```

运行结果如下：

```
54.598150
```

11．fabs()函数

fabs()函数用于求浮点数的绝对值。语法格式如下：

```
double fabs ( double x ) ;
```

☑ x：要求绝对值的双精度数。

fabs()函数返回双精度实数的绝对值。例如：

```
double x;                                        /*定义变量 x 为双精度实数*/
printf("请输入一个值:\n");                        /*双引号内普通字符原样输出并换行*/
scanf_s("%lf", &x);                              /*从键盘中输入数值并赋值给 x*/
printf("值为%lf 的绝对值是 %lf\n", x, fabs(x));    /*调用 fabs()函数求出输入双精度实数的绝对值*/
```

运行结果如下：

```
请输入一个值:
-3.1415926
值为-3.141593 的绝对值是 3.141593
```

12．rand()函数

rand()是函数库 stdlib.h 的内置函数，用于生成一个随机数。例如：

```
int i;                                           /*定义变量*/
printf("Five random numbers from 0 to 99\n");
for (i = 0; i < 5; i++)
    printf("%d ", rand() % 100);                 /*循环输出随机数*/
```

运行结果如下：

```
Five random numbers from 0 to 99
41 67 34 0 69
```

13．if 条件判断的使用

if 语句是一个重要语句，可以让程序在某个条件成立的情况下执行某段程序。语法格式如下：

```
if (表达式)
{
    语句组;
}
```

有分支结构的 if 语句，语法格式如下：

```
if (表达式 1)
{
    语句组 1;
}
else if (表达式 2)
{
```

```
    语句组 2;
}
…
else if(表达式 n)
{
    语句组 n;
}
else
{
    语句组 n+1;
}
```

例如，如果扫支付宝花呗红包中了 9.18 元，去吃麻辣烫；如果中了 5.18 元，去吃馄饨；如果没中大包，就回家喝粥。用 C 代码表示如下：

```
if (bonus == 9.18f)
{
    printf("吃麻辣烫！");
}
else if (bonus == 5.18f)
{
    printf ("吃馄饨！");
}
else
{
    printf ("回家喝粥");
}
```

如果 bonus 的值为 9.18，则输出：

```
吃麻辣烫!
```

如果 bonus 的值为 5.18，则输出：

```
吃馄饨!
```

如果 bonus 的值既不是 9.18 也不是 5.18，则输出：

```
回家喝粥
```

14. 循环的使用

循环语句可以让一段代码反复执行。循环语句分为 3 种：while 语句、do…while 语句和 for 语句。while 循环是最简单的循环。while 循环语句的语法格式如下：

```
while(表达式)
{
    语句组;
}
```

例如，计算 5 的阶乘（1×2×3×4×5）的值，代码如下：

```
int i = 1;
```

```
int sum = 1;
while (i <= 5)
{
    sum *= i;
    i++;
}
```

执行完之后，sum 的值为 120。

do 是 C 语言关键字，必须与 while 配对使用。循环语句中的表达式与 while 语句中表达式相同，但特别值得注意的是 do...while 语句后要有分号“;”。do...while 循环语句的语法格式如下：

```
do
{
    语句组;
}while(表达式);
```

同样计算 5 的阶乘的值，如果使用 do…while 语句编写，则代码如下：

```
int i = 1;
int sum = 1;
do
{
    sum *= i;
    i++;
} while (i <= 5);
```

执行完之后，sum 的值也是 120。

for 循环语句的语法略微复杂，语法格式如下：

```
for(表达式 1; 表达式 2; 表达式 3)
{
    语句组;
}
```

☑ 表达式 1：该表达式通常是一个赋值表达式。

☑ 表达式 2：该表达式是一个判断表达式，作为循环的条件。

☑ 表达式 3：该表达式在每次循环结束之后执行。

☑ 语句组：语句组可以是一行或多行语句。

因为很多循环逻辑都可以写在 for 循环的 3 个表达式中，所以 for 循环内的语句组可以非常简洁。同样计算 5 的阶乘的值，如果使用 for 语句编写，则如下：

```
int i;
int sum = 1;
for (i = 1; i <= 5; i++)
{
    sum *= i;
}
```

执行完之后，sum 的值也是 120。

实战技能强化训练

训练一：基本功强化训练

1．人生路程计算器　▷①②③④⑤⑥

英国专家们曾提出了这样两个问题：一个人一生大约能走多少路？每天大约步行多远？经过研究和计算得出一个确定的结论：居住在现代城市中的人一生中大约步行 80500 千米。如果按人的平均寿命 70 岁计算，一年 365 天，编写一个程序，计算现代的城市人如果一生步行 80500 千米，那么需要每天走多少千米？（提示：使用运算符）

2．勾股定理　▷①②③④⑤⑥

已知有一个直角三角形，它的两个直角边边长分别是 6 和 8，利用勾股定理来求出斜边的长度。实现的效果如图 2.1 所示。（提示：使用 pow()、sqrt()函数）

3．将高速铁路速度单位从 km/h 转换为 m/s　▷①②③④⑤⑥

世界上第一条高速铁路是 1964 年建成通车的日本新干线，设计速度为 200km/h，所以高速铁路的初期速度标准就是 200km/h。后来随着技术进步，高速铁路的速度越来越快。目前我国运行中的高速铁路的速度已经达到了 350km/h。请编写一个程序，将用户输入的高速铁路速度单位从 km/h 转换为 m/s，输出结果如图 2.2 所示。（提示：使用运算符）

4．实现连加计算　▷①②③④⑤⑥

编写一个小程序，可以根据用户输入的 3 个数字进行相加计算，如分别输入 3、5、12，则输出计算结果 20。每个数组需要分别输入，不可以一起输入，如第一次要求输入第一个数字，按 Enter 键后要求输入第二个数字，按 Enter 键后再输入第三个数字，输完第三个数字按 Enter 键输出计算结果。运行结果如图 2.3 所示。

```
☆ ☆ ☆ ☆ ☆ ☆ ☆ ☆ ☆ ☆ ☆ ☆ ☆
     此直角三角形的斜边是10
☆ ☆ ☆ ☆ ☆ ☆ ☆ ☆ ☆ ☆ ☆ ☆ ☆
```

图 2.1　直角三角形斜边长

```
-------------------------
 请输入速度：100
 100.00km/h=27.78m/s
-------------------------
```

图 2.2　km/h 转换为 m/s

图 2.3　连加计算

5．三个人竞猜游戏　▷①②③④⑤⑥

编写一个程序，首先随机产生一个大奖数字（100 以内），存在程序的变量中。然后要求各位选手输入各自猜测的数字并输出，最后一人输入完成后，输出大奖数字，谁输入的数字接近大奖数字，谁就赢得大奖。实现效果如图 2.4 所示。（提示：使用随机函数、if 语句）

6．计算圆锥的体积　▷①②③④⑤⑥

圆锥也称为圆锥体，是三维几何体的一种，一种圆锥所占空间大小，叫作这个圆锥的体积。圆锥的体积公式为

$$V=\frac{Sh}{3}=\frac{\pi r^2 h}{3}$$

其中：S 是底面积，h 是高，r 是底面半径。编写一个程序，用户输入底面半径和高，计算出圆锥体的体积（π 取 3.14），程序的运行结果如图 2.5 所示。（提示：使用运算符）

```
随机大奖已经产生，下面各位选手开始输入竞猜数字：
请输入您竞猜的数字：30
请输入您竞猜的数字：56
请输入您竞猜的数字：99
下面公布竞猜大奖的数字：35
赢得大奖的是第1位竞猜者
```

图 2.4　竞猜游戏

```
        圆锥体体积计算
*********************************
 请输入圆锥体的底面半径:8
 请输入圆锥体的高:12
 所求圆锥体的体积为：803.84
```

图 2.5　圆锥的体积

7．计算本周的平均温度　▷①②③④⑤⑥

表 2.1 是某城市 7 月某一周的最高气温统计表，试着编写一个程序，计算本周的最高平均温度，并同去年同期气温比较，计算提高了多少度（可以为负值）。（提示：使用运算符）

表 2.1　7 月某周气温

日　期	2 日	3 日	4 日	5 日	6 日	7 日	8 日	去年本周平均温度
气温/℃	24	24	23	26	28	28	21	23

8．虚度多少秒　▷①②③④⑤⑥

高尔基说过，世界上最快而又最慢，最长而又最短，最平凡而又最珍贵，最轻易被人忽略而又最令人后悔的就是时间。一年大概有 3.156×10^7 秒，编写一个程序，输入你的年龄，算一算你已经过了多少小时，多少分，多少秒。

9．输出 2018 年天猫双十一总成交量　▷①②③④⑤⑥

2018 年天猫“双十一”全球狂欢节落幕已久，根据阿里巴巴公布的数据来看，2018 年“双十一”

全体的成交额达到了 2135 亿元，远超过了 2017 年的 1682 亿元，创造了中国乃至全球的商业的新传奇。尝试输出如图 2.6 所示的效果（选择输入法的符号大全，使用特殊符号“■”）。（提示：使用 printf()函数）

10. 输出情侣牵手字符画　▷①②③④⑤⑥

利用输入法的特殊字符，输出如图 2.7 所示的情侣牵手字符画。（提示：使用 printf()函数）

图 2.6　天猫“双十一”成交量

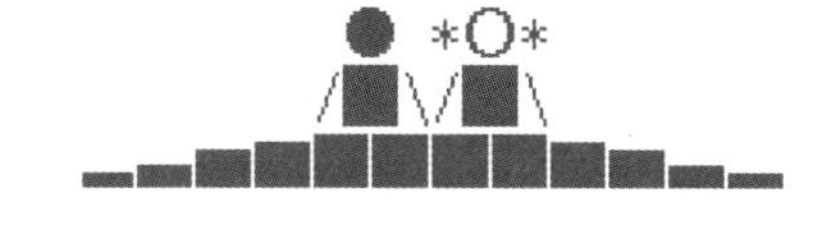

图 2.7　情侣牵手字符画

训练二：实战能力强化训练

11. 俄罗斯世界杯抽签　▷①②③④⑤⑥

为了保证比赛的公平公正，避免人为的幕后操作。抽签在体育竞技中非常常见。编写一个程序，为 2018 年俄罗斯世界杯决赛阶段比赛的第一档球队（以目前国际足联发布的国家队排名为准，见图 2.8）进行抽签分组，即将 8 支球队抽签分到 A、B、C、D、E、F、G、H8 个小组，作为种子队。分组效果如图 2.9 所示。（提示：使用颜色函数和 puts()函数）

FIFA/Coca-Cola World Ranking

All confederations　UEFA　CONMEBOL　CONCACAF　CAF　AFC　OFC

1	Belgium	1727	1733	0	
2	France	1726	1732	0	
3	Brazil	1676	1669	0	
4	Croatia	1634	1635	0	
5	England	1631	1619	0	
6	Portugal	1614	1616	1	
7	Uruguay	1609	1617	-1	
8	Switzerland	1599	1598	0	

图 2.8　国际足联发布的国家队排名

```
俄罗斯世界杯第一档球队分组抽检结果:
[A, B, C, D, E, F, G, H]
[Croatia, England, Belgium, Portugal, Switzerland, Uruguay, France, Brazil]
```

图 2.9　分组效果

12．模拟掷骰子游戏 ▷①②③④⑤⑥

骰子，中国民间桌上用来投掷的博具，早在战国时期就有。最常见的骰子是六面骰，它是一颗正立方体，上面分别有1～6个孔，对应数字的1～6，如图2.10所示为骰子点数。编写一个程序，模拟掷骰子游戏。即1～6个数分别对应骰子的1～6点，每运行一次程序，随机产生1个1～6的数字，程序的实现结果如图2.11所示。（提示：使用随机函数）

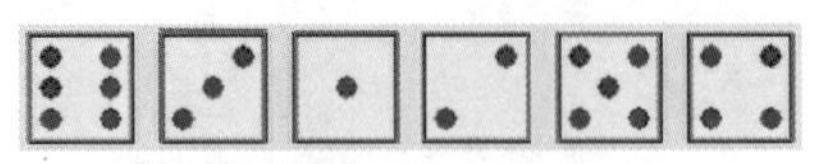

图2.10　骰子点数

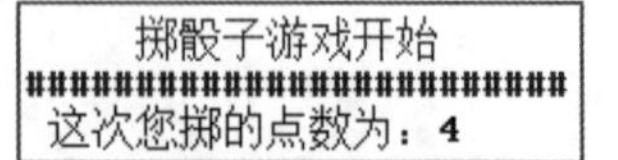

图2.11　实现效果

13．微信充值话费 ▷①②③④⑤⑥

微信是我们生活中必不可少的手机软件，可以帮助我们解决很多生活问题。例如我们出差在外手机欠费，这个时候可以用微信进行充值，微信手机充值界面如图2.12所示。编写一个程序，实现效果如图2.13所示。

图2.12　微信手机充值

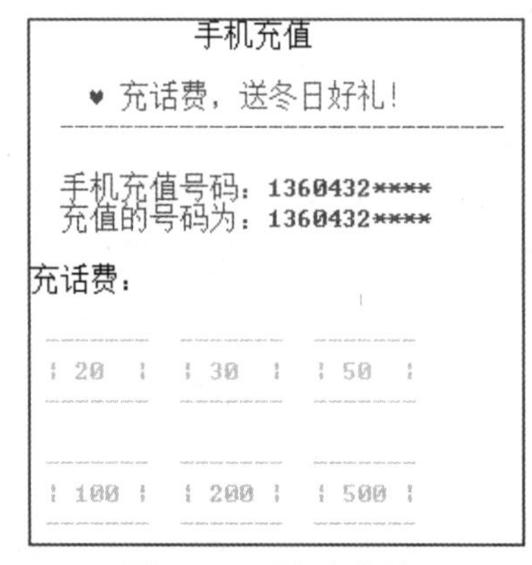

图2.13　手机充值效果

14．支付宝年账单来了，请签收 ▷①②③④⑤⑥

使用算术运算符编写一个显示支付宝年账单的代码：将12个月花费额度相加，运行结果如图2.14所示。（提示：使用运算符）

图2.14　支付宝账单

15. 模拟支付宝蚂蚁庄园的饲料产生过程 ▷①②③④⑤⑥

蚂蚁庄园是支付宝推出的网络公益活动，网友可以通过使用支付宝付款来领取鸡饲料，使用鸡饲料喂鸡之后，可以获得鸡蛋，通过鸡蛋可以进行爱心捐赠。下面模拟蚂蚁庄园一日产生的鸡饲料数量（提示：完成一次支付产生 180g），编写程序计算一共产生多少鸡饲料。运行结果如图 2.15 所示。

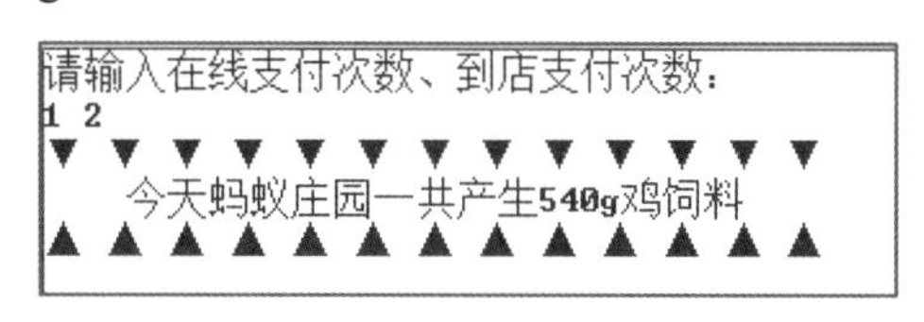

图 2.15　蚂蚁庄园产生饲料

16. 输出艺术团表演的节目单 ▷①②③④⑤⑥

编写一个程序，输出艺术团的表演节目单，运行效果如图 2.16 所示。（提示：使用运算符和颜色函数）

晚会节目单

1. 开场歌舞《万紫千红中国年》　表演：凤凰传奇

~~~~~~

2. 魔术　李宁、胡凯伦

~~~~~~

3. 舞蹈《欢乐的日子》　“小白桦”俄罗斯民族舞蹈团

~~~~~~

4. 小品《真假老师》　贾玲、张小斐、许君聪、何欢

~~~~~~

5. 歌曲《赞赞新时代》　李易峰、景甜、江疏影

~~~~~~

6. 小品《学车》　蔡明、潘长江、贾冰

~~~~~~

图 2.16　输出表演节目单

17. 输出肯德基一天售出汉堡包的数量和金额 ▷①②③④⑤⑥

肯德基是人们非常喜欢去的场所，因为在那里环境干净、食物快捷……情人节这一天，肯德基某连锁店光是汉堡包就销售了 5532 个，假设每个汉堡包的单价是 15.5 元，那么这些汉堡包一共卖了多少钱呢？编写一个程序，输出这天的汉堡包数量以及帮助店员计算这天的销售金额，输出效果如图 2.17 所示。（提示：使用运算符和颜色函数）

18. 计算身体质量指数（BMI） ▷①②③④⑤⑥

身体质量指数（Body Mass Index，BMI），是目前国际上常用的衡量人体胖瘦程度以及是否健

康的一个标准，如图 2.18 所示，给出身体胖瘦指标。BMI 计算公式为 BMI=体重（kg）/身高（m）的平方，编写一个程序，用户输入身高和体重，算出用户的 BMI 值。（提示：使用运算符和颜色函数）

```
请输入售出汉堡的数量:
5532
一天总计销售了5532个汉堡
全天售出的总金额为:85746.00元
```

图 2.17　肯德基一天销售汉堡包的数量和金额

BMI	健康情况
BMI<18.5	轻体重
18.5<BMI<23.99	健康体重
24<BMI<28	超重
28<BMI<32	肥胖
BMI>32	非常肥胖

图 2.18　BMI 表

19．请客买单　▷①②③④⑤⑥

某男生要出国留学，为了和国内的最好的朋友道别，组织了一次聚会，请朋友吃火锅，吃完之后，他去买单，卖家给他一张结账清单。编写一个程序，用来输出结账清单并且算出一共应付多少钱，最终的运行效果如图 2.19 所示。

```
==================================================
              海底捞火锅（活力城店）
                    预结算
   桌号：18
--------------------------------------------------
 人数：2

 开台时间：2019-07-03 11:25:31

 结账时间：2019-07-03 12:17:19

 服务员：管理员

 收银员：管理员

--------------------------------------------------
 品名          单价        数量        总额
 菌汤火锅       25           1          25
 新西兰羊肉     44           1          44
 精品肥牛       58           1          58
 招牌虾滑       52           1          52
 油豆皮         18           1          18
 青菜合盘       18           1          18
 金针菇         10           1          10
 小酥肉         28           1          28
 捞派捞面        7           1           7
 小料            9           2          18
 经典大麦啤酒   14           4          56
--------------------------------------------------
 原价合计：          334
 应付合计：          334
--------------------------------------------------
 应付                                 334

 现金                                 334
                  欢迎惠顾!
==================================================
```

图 2.19　预结算清单

20．输出百度网盘登录界面简图 ▷①②③④⑤⑥

云存储早已进入我们的生活，常见的云存储之一是百度云存储。如图 2.20 所示是百度网盘登录界面，请仿照该界面样式，用 C 语言代码输出如图 2.21 所示的界面简图。

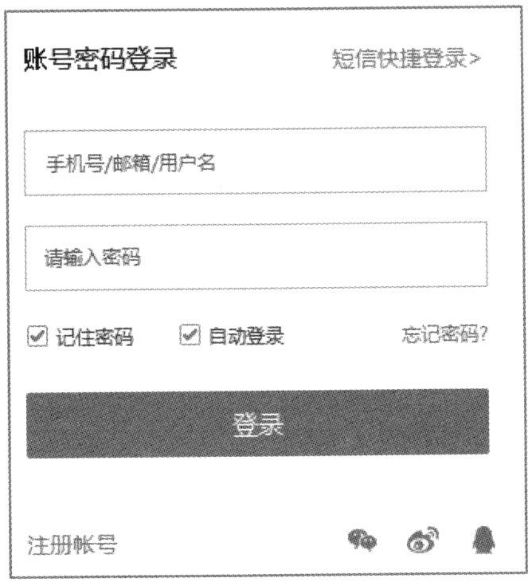

图 2.20　百度网盘登录界面

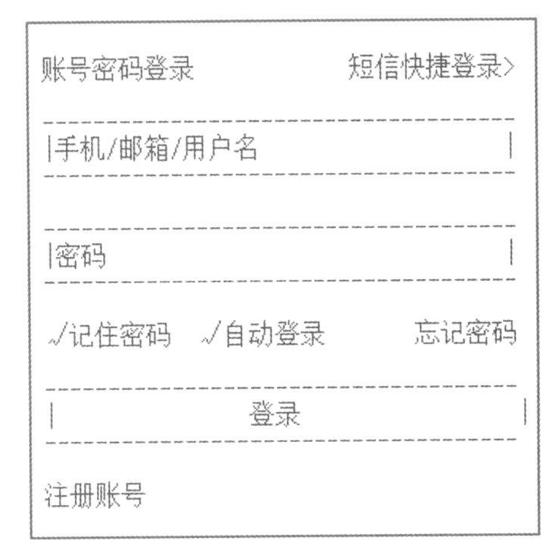

图 2.21　仿照百度网盘登录界面

第 3 章　数据输入、输出函数

本章训练任务对应上册第 4 章数据输入、输出函数部分。

重点练习内容：

1. 掌握一些验证函数。
2. 掌握文件打开函数。
3. 掌握文件关闭函数。
4. 掌握文件输出流函数。
5. 掌握文件定位函数。
6. 了解几种排序的方法。

应用技能拓展学习

1．isalpha()函数

isalpha ()函数是 C 语言函数库 ctype.h 的内置函数，用来判断输入的字符是否为英文字母。例如：

```
char ch;
printf("\ninput a character:");                    /*输入一个字符*/
scanf("%c", &ch);
if(isalpha(ch))                                    /*判断输入字符是否是英文字母*/
    printf("%c is alpha.", ch);
else
    printf("%c is not alpha.", ch);
```

运行结果如下：

```
input a character:c
c is alpha.
```

2．ispunct()函数

ispunct ()函数是 C 语言函数库 ctype.h 的内置函数，用来判断输入的字符是否为标点符号。例如：

```
char ch;
printf("\ninput a character:");                    /*输入一个字符*/
scanf( "%c",&ch);
if(ispunct(ch))                                    /*判断输入字符是否是标点符号*/
```

```
    printf("%c is punct.",ch);
else
    printf("%c is not punct.",ch);
```

运行结果如下：

```
input a character:,
, is punct.
```

3. isspace()函数

isspace ()函数是 C 语言函数库 ctype.h 的内置函数，用来判断输入的字符是否为空格。例如：

```
char ch;
printf("\ninput a character:");                /*输入一个字符*/
scanf("%c",&ch);
if(isspace(ch))                                /*判断输入字符是否是空白字符*/
    printf("%c is space.",ch);
else
    printf("%c is not space.",ch);
```

运行结果如下：

```
input a character: a
a is not space.
```

4. islower()函数

islower ()函数是 C 语言函数库 ctype.h 的内置函数，用来判断输入的字符是否为小写字母。例如：

```
char ch;
printf("\ninput a character:");                /*输入一个字符*/
scanf("%c", &ch);
if(islower(ch))                                /*判断输入字符是否是英文小写字母*/
    printf("%c is lower alpha.", ch);
else
    printf("%c is not lower alpha.", ch);
```

运行结果如下：

```
input a character: a
a is lower alpha.
```

5. isupper()函数

isupper ()函数是 C 语言函数库 ctype.h 的内置函数，用来判断输入的字符是否为大写字母。例如：

```
char ch;
printf("\ninput a character:");                /*输入一个字符*/
scanf("%c", &ch);
```

```
if(isupper(ch))                                     /*判断输入字符是否是大写字母*/
    printf("%c is upper.", ch);
else
    printf("%c is not upper.", ch);
```

运行结果如下：

```
input a character: A
A is upper.
```

6. tolower()函数

tolower ()函数是 C 语言函数库 ctype.h 的内置函数，用来把大写字母转换为小写字母，不是大写字母的不变。例如：

```
char ch1, ch2;
printf("\ninput a character:");                     /*输入一个字符*/
scanf("%c", &ch1);
ch2 = tolower(ch1);                                  /*转换为小写*/
printf("transform %c to %c.", ch1, ch2);
```

运行结果如下：

```
input a character: A
transform A to a.
```

7. toupper()函数

toupper ()函数是 C 语言函数库 ctype.h 的内置函数，用于把小写字母转换为大写字母，不是小写字母的不变。例如：

```
char ch1, ch2;
printf("\ninput a character:");                     /*输入一个字符*/
scanf("%c", &ch1);
ch2 = toupper(ch1);                                  /*转换为大写*/
printf("transform %c to %c.", ch1, ch2);
```

运行结果如下：

```
input a character: a
transform a to A.
```

8. fopen()函数

fopen()函数是 C 语言函数库 stdio.h 的内置函数，用来打开一个文件。注意，打开文件的操作就是创建一个流。例如：

```
FILE *fp;
fp=fopen("test.txt","r");
```

上述代码以只读方式打开文件名为 test 的文本文件。

9．fclose()函数

fclose()函数是 C 语言函数库 stdio.h 的内置函数，用来关闭文件。例如：

```
fclose(fp);
```

正常关闭文件操作后，fclose()函数返回值为 0，否则返回 EOF。

10．fprintf()函数

fprintf()函数是 C 语言函数库 stdio.h 的内置函数，用于以格式化形式将一个字符串写给指定的流。例如：

```
FILE *fp;                                              //定义一个指向 FILE 类型结构体的指针变量
int i = 88;                                            //定义整型数据
char filename[30];                                     //定义一个字符型数组，用来存储文件名
printf("请输入文件路径及文件名:\n");                     //提示信息
scanf("%s", filename);                                 //输入文件路径及文件名
if((fp = fopen(filename, "w")) == NULL)                //判断文件打开失败
{
    printf("不能打开文件\n 请按任意键结束\n");           //输出打开失败提示
    getchar();                                         //读取任意键
    exit(0);                                           //退出程序
}
    fprintf(fp, "%c", i);                              //将 88 以字符的形式写入 fp 所指的磁盘文件中
    fclose(fp);                                        //关闭文件
```

运行结果如下：

```
请输入文件路径及文件名:
f:\write.txt
```

在 F 盘中找到 write.txt 文件，内容是：

```
X
```

11．fscanf()函数

fscanf()函数是 C 语言函数库 stdio.h 的内置函数，用于从流中格式化输入内容。例如：

```
FILE *fp;                                              //定义一个指向 FILE 类型结构体的指针变量
char j;                                                //定义字符变量
int i;
char filename[30];                                     //定义一个字符型数组，用来存储文件名
printf("请输入文件路径和文件名:\n");                     //提示信息
scanf("%s", filename);                                 //输入文件路径及文件名
if((fp = fopen(filename, "r")) == NULL)                //判断文件打开失败
{
    printf("文件打开失败\n 请按任意键结束\n");           //输出打开失败提示
    getchar();                                         //读取任意键
    exit(0);                                           //退出程序
```

```
}
for(i = 0; i < 5; i++)                          //循环遍历每个字符
{
    fscanf(fp, "%c", &j);                       //读取字符
    printf("%d 的答案是:%5c\n", i + 1, j);      //输出字符
}
fclose(fp);                                     //关闭程序
```

在磁盘中创建一个 read.txt 文件，内容如下：

```
ABCBD
```

运行结果如下：

```
请输入文件路径和文件名:
f:\read.txt
1 的答案是:      A
2 的答案是:      B
3 的答案是:      C
4 的答案是:      B
5 的答案是:      D
```

12．fseek()函数

fseek()函数是 C 语言函数库 stdio.h 的内置函数，用于在流上重新定位文件结构的位置。示例：

```
FILE *fp;                                       //定义一个指向 FILE 类型结构体的指针变量
char filename[30], str[50];                     //定义两个字符型数组
printf("请输入文件名（包括路径）:\n");          //提示信息
scanf("%s", filename);                          //输入文件名
if((fp = fopen(filename, "wb")) == NULL)        //判断文件是否打开失败
{
    printf("打开文件失败\n 请按任意键结束\n");  //输出打开失败提示
    getchar();                                  //读取任意键
    exit(0);                                    //退出程序
}
printf("请输入完整数据:\n");                    //提示信息
getchar();                                      //读取任意键
gets(str);                                      //输入字符串
fputs(str, fp);                                 //将字符串写入 fp 所指向的文件中
fclose(fp);
if((fp = fopen(filename, "rb")) == NULL)        //判断文件是否打开失败
{
    printf("打开文件失败\n 请按任意键结束\n");
    getchar();                                  //读取任意键
    exit(0);                                    //退出程序
}
fseek(fp, 7L, 0);                               //移动的位数
fgets(str, sizeof(str), fp);                    //读取字符串
putchar('\n');                                  //换行输出
printf("定位到后四位数据是：%s\n", str);        //输出信息
fclose(fp);
```

运行结果如下：

```
请输入文件名（包括路径）:
f:\good.txt
请输入完整数据:
136****8900

定位到后四位数据是：8900
```

13. 选择法排序

选择法排序指每次选择所要排序的数组中的最大值（由小到大排序则选择最小值）的数组元素，将这个数组元素的值与最前面没有进行排序的数组元素的值互换。以数字 9、6、15、4、2 为例，采用选择法实现数字按从小到大进行排序，每次交换的顺序如图 3.1 所示。

从图 3.1 可以发现，在第一次排序过程中将第一个数字和最小的数字进行了位置互换；而第二次排序过程中，将第二个数字和剩下的数字中最小的数字进行了位置互换；依此类推，每次都将下一个数字和剩余的数字中最小的数字进行位置互换，直到将一组数字按从小到大排序。

14. 冒泡法排序

冒泡法排序指的是在排序时，每次比较数组中相邻的两个数组元素的值，将较小的数（从小到大排列）排在较大的数前面。下面仍以数字 9、6、15、4、2 为例，采用冒泡法对这几个数字进行从小到大的排序，每次排序的顺序如图 3.2 所示。

从图 3.2 可以发现，在第一次排序过程中将最小的数字移动到第一的位置，并将其他数字依次向后移动；而第二次排序过程中，从第二个数字开始的剩余数字中选择最小的数字并将其移动到第二的位置，剩余数字依次向后移动；依此类推，每次都将剩余数字中的最小数字移动到当前剩余数字的最前方，直到将一组数字按从小到大排序为止。

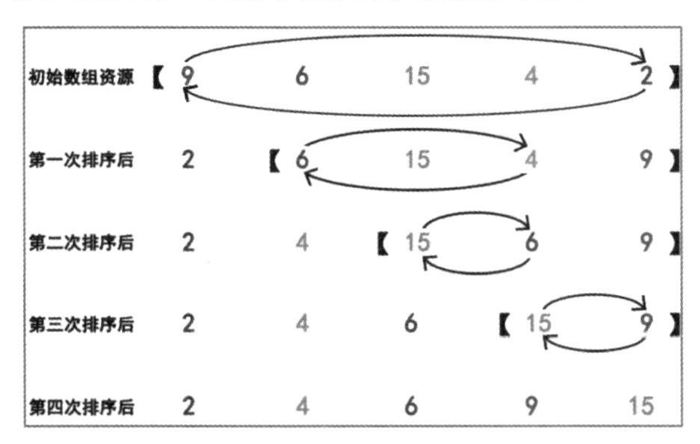

图 3.1　选择法排序示意图

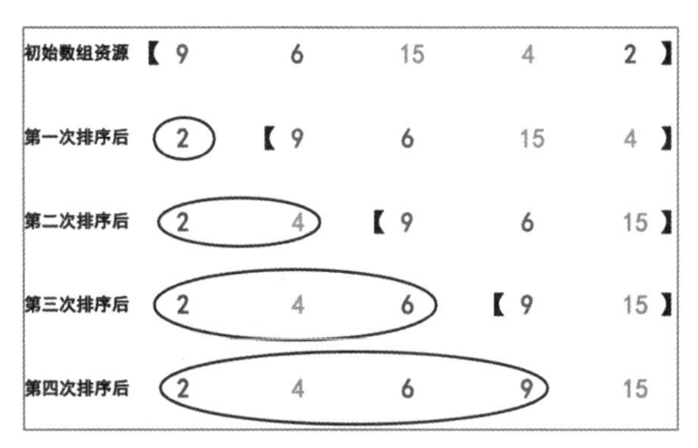

图 3.2　冒泡法排序示意图

15. 交换法排序

交换法排序是将每一位数与其后的所有数一一比较，如果发现符合条件的数据则交换数据。

下面以数字 9、6、15、4、2 为例，采用交换法实现数字按从小到大进行排序，每次排序的结果如图 3.3 所示。

初始数组资源	【 9	6	15	4	2 】
第一次排序后	2	【 9	15	6	4 】
第二次排序后	2	4	【 15	9	6 】
第三次排序后	2	4	6	【 15	9 】
第四次排序后	2	4	6	9	15

图 3.3　交换法排序示意图

可以发现，在第一次排序过程中将第一个数与后边的数依次进行比较。首先比较 9 和 6，9 大于 6，交换两个数的位置，然后数字 6 成为第一个数字；用 6 和第三个数字 15 进行比较，6 小于 15，保持原来的位置；然后用 6 和 4 进行比较，6 大于 4，交换两个数字的位置；再用当前数字 4 与最后的数字 2 进行比较，4 大于 2，则交换两个数字的位置，从而得到图 3.3 中第一次的排序结果。然后使用相同的方法，从当前第二个数字 9 开始，继续和后面的数字进行比较，如果遇到比当前数字小的数字则交换位置，依此类推，直到将一组数字按从小到大排序为止。

实战技能强化训练

训练一：基本功强化训练

1．输出长春地铁 1 号线运行线路图　▷①②③④⑤⑥

编写程序，输出长春地铁 1 号线的运行线路图，实现效果如图 3.4 所示。（提示：使用 puts()函数）

```
北环城路    一匡街    胜利公园    解放大路    工农广场    卫星广场    华庆路
|......................|......................|...........|...............
    庆丰路  长春北站      人民广场       东北师大     繁荣路  市政府       红嘴子
```

图 3.4　1 号线运行线路图

2．输出中英文的“时间不等人”　▷①②③④⑤⑥

输出中英文的“时间不等人”及“Time and tide wait for no man”，实现效果 3.5 所示。（提示：使用 puts()函数）

时间不等人。
Time and tide wait for no man.

图 3.5　实现效果

3. 输出《静夜思》诗句　▷①②③④⑤⑥

编写程序，在控制台上输出李白的《静夜思》，实现效果如图 3.6 所示。（提示：使用 puts()函数和颜色函数）

4. 程序员的自白　▷①②③④⑤⑥

热爱文学的小张想在控制台上输出一副对联，效果如图 3.7 所示。小张该如何编写代码？（提示：使用 puts()函数和颜色函数）

5. 送你一个“火柴人”　▷①②③④⑤⑥

编写程序，在控制台上显示如图 3.8 所示的效果。（提示：使用 printf()函数）

图 3.6　《静夜思》

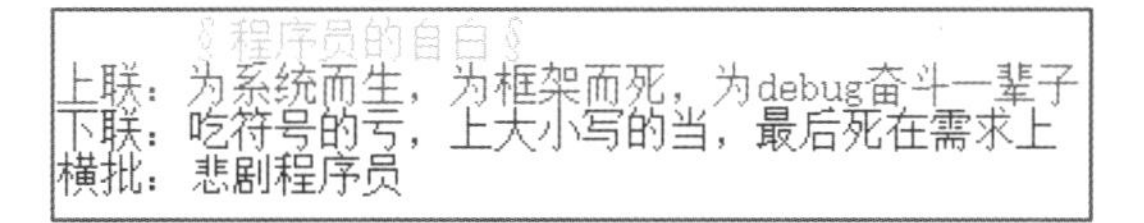

图 3.7　程序员的自白

图 3.8　火柴人

6. 我的日历　▷①②③④⑤⑥

如图 3.9 所示是我的日历界面，编写一个程序，输出如图 3.10 所示的我的日历（图标可以使用键盘上的*、#、@等符号，字体大小不考虑）。（提示：使用 printf()函数）

图 3.9　我的日历

图 3.10　实现效果

7. 淘宝查询导航　▷①②③④⑤⑥

淘宝网由阿里巴巴集团在 2003 年 5 月创立。它拥有近 5 亿的注册用户数，每天有超过 6000 万的固定访客，同时每天的在线商品数已经超过了 8 亿件，平均每分钟售出 4.8 万件商品。目前已经成为世界范围的电子商务交易平台之一。编写程序，输出如 3.11 所示的搜索查询界面，最终的实现效果如 3.12 所示。

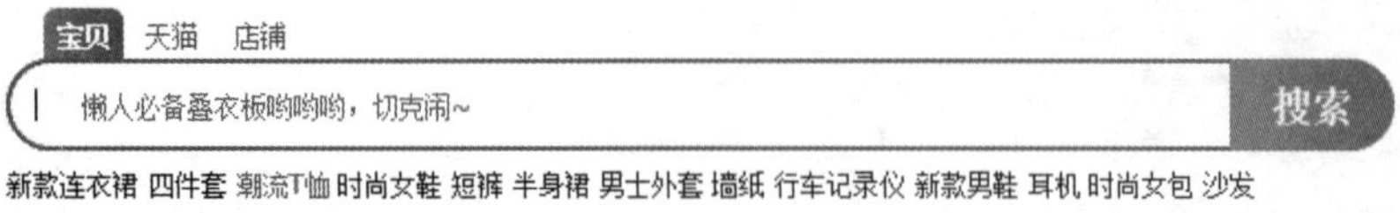

图 3.11　淘宝搜索查询界面

图 3.12　模拟淘宝搜索查询界面

8．输出俞敏洪出版的图书信息　▷①②③④⑤⑥

编写一个程序，输出俞敏洪出版的《愿你的青春不负梦想》的图书信息。实现效果如图 3.13 所示。（提示：使用 printf()函数）

图 3.13　输出图书信息

9．输出明日学院欢迎信息及网址　▷①②③④⑤⑥

编写一个程序，输出明日学院欢迎信息及网址，并借助键盘上的“+”“-”符号装饰输出的文字信息，实现效果如图 3.14 所示。

10．轻松背单词的主界面　▷①②③④⑤⑥

编写一个程序，输出如图 3.15 所示的轻松背单词的主界面。

图 3.14　明日学院欢迎信息及网址

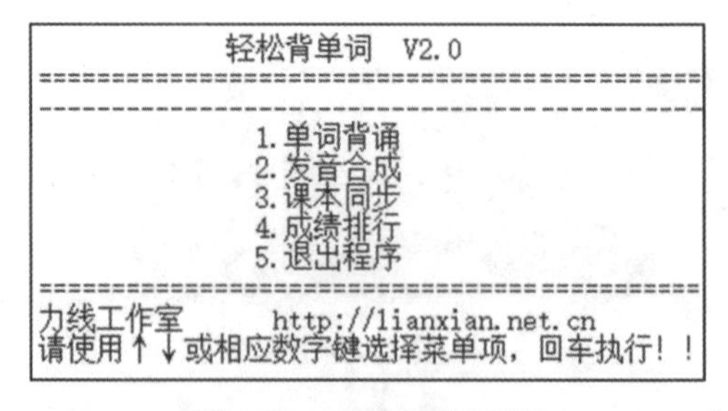

图 3.15　轻松背单词界面

训练二：实战能力强化训练

11．模拟缴纳电费　▷①②③④⑤⑥

编写一个程序，先模拟输出如图 3.16 所示的电费账单，然后要求用户输入缴费金额（大于 574 元），输出当前账户电费余额，输出结果如图 3.17 所示。（提示：使用运算符和 printf()函数）

12．秘密电文　▷①②③④⑤⑥

为了防止敌方获取我方机密，需要以数字代替我方文件中的字母，即用字母的 ASCII 码值替换字母。编写一个程序，输入一个字母后，输出该字母对应的 ASCII 码值，实现效果如图 3.18 所示。

图 3.16　电费账单

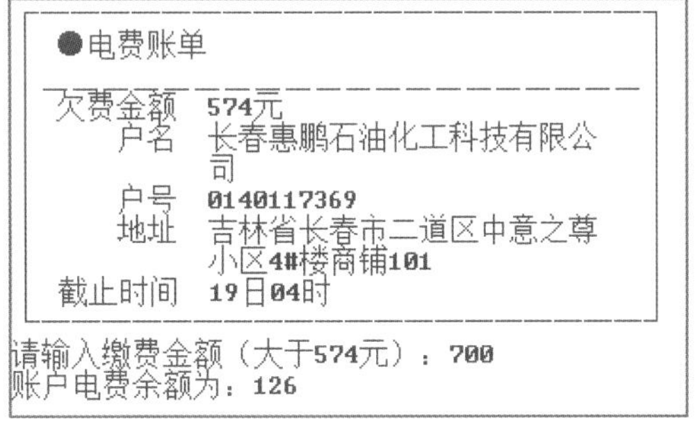

图 3.17　C 语言模拟电费账单

图 3.18　秘密电文

13．挑战 10 秒，买多少送多少　▷①②③④⑤⑥

如图 3.19 所示为商场挑战 10 秒的界面，使用改变字体颜色代码和 printf()函数输出如图 3.19 所示的界面，最终的实现效果如图 3.20 所示。

图 3.19　参考图片

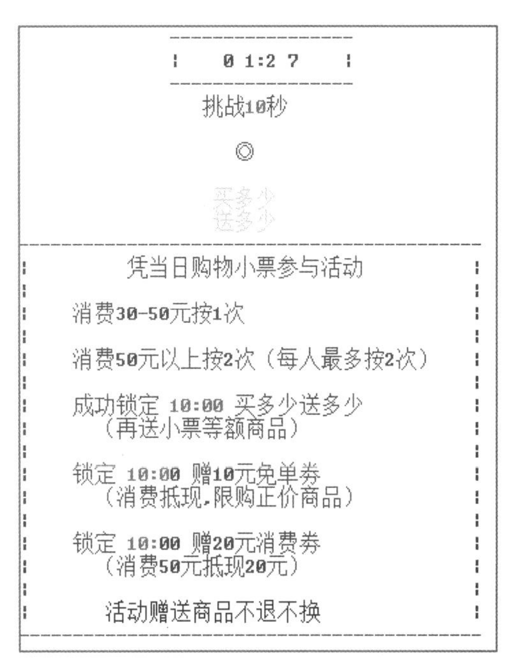

图 3.20　实现效果

14．字母大小写的秘密 ▷①②③④⑤⑥

使用 getchar()函数输入一个小写字母，输出对应的大写字母，实现效果如图 3.21 所示。（提示：使用运算符和 printf()函数）

15．模拟用户登录 ▷①②③④⑤⑥

利用 gets()函数输入用户账号、密码，并且用 puts()函数输出对应的用户账号和密码，运行显示结果如图 3.22 所示。

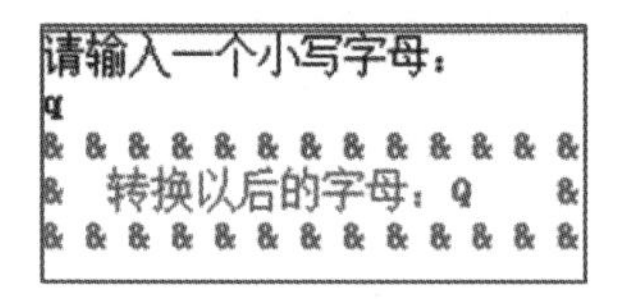

图 3.21　字母大小写的秘密

图 3.22　模拟用户登录

16．模拟 12306 查询界面 ▷①②③④⑤⑥

输出如图 3.23 所示的 12306 查询界面，实现效果如图 3.24 所示。（提示：使用 puts()函数）

图 3.23　12306 查询界面

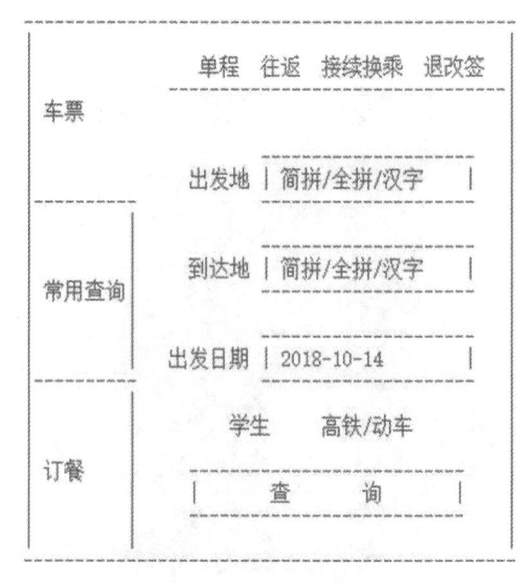

图 3.24　C 语言实现购票界面

17. 输出商品标价签　▷①②③④⑤⑥

购物是生活中不可或缺的一部分，在商场购物时，物品上都会有商品标价签，让顾客更能详细了解商品信息。如图 3.25 所示是某商品的商品标价签，试着编程输出如 3.26 所示商品标价签。（不考虑背景颜色、图标背景图片、文字颜色大小以及整体结构完全一致）

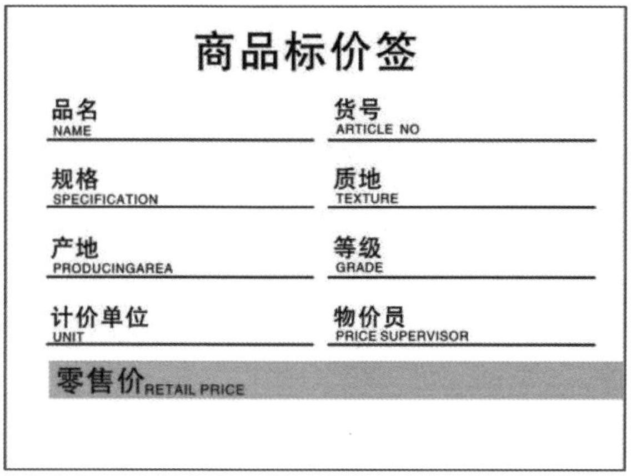

商品标价签
品名 NAME　货号 ARTICLE NO
规格 SPECIFICATION　质地 TEXTURE
产地 PRODUCINGAREA　等级 GRADE
计价单位 UNIT　物价员 PRICE SUPERVISOR
零售价 RETAIL PRICE

图 3.25　商品标价签

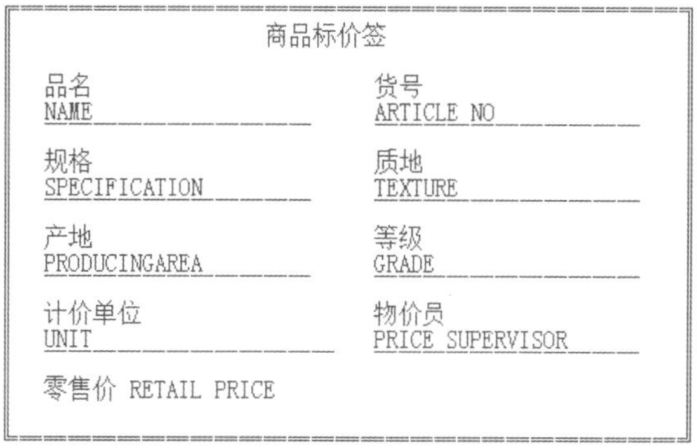

商品标价签
品名 NAME　货号 ARTICLE NO
规格 SPECIFICATION　质地 TEXTURE
产地 PRODUCINGAREA　等级 GRADE
计价单位 UNIT　物价员 PRICE SUPERVISOR
零售价 RETAIL PRICE

图 3.26　C 语言实现标价签

18. 输出虚线方格　▷①②③④⑤⑥

编写一个程序，输出如图 3.27 所示的虚线方格，颜色可以是绿色，也可以使用其他颜色。（提示：使用颜色函数和 puts()函数）

19. 输出彩色数字　▷①②③④⑤⑥

编程输出如图 3.28 所示的彩色数字，点阵用特殊符号“*”或者“□”都可以，文字颜色按实际颜色输出。

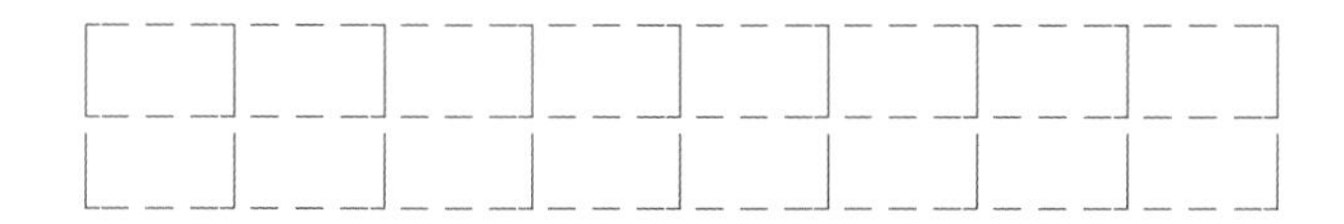

图 3.27　输出虚线方格

图 3.28　输出彩色数字

20. 移动互联界面登录　▷①②③④⑤⑥

为了让用户体验更好，开发者越来越重视软件 UI 的设计。参照如图 3.29 所示的参考图片，试着编程画出如图 3.30 所示的简图。不考虑背景颜色、图标、文字颜色、文字大小，也不用考虑结构的完全一致。（提示：使用 puts()函数）

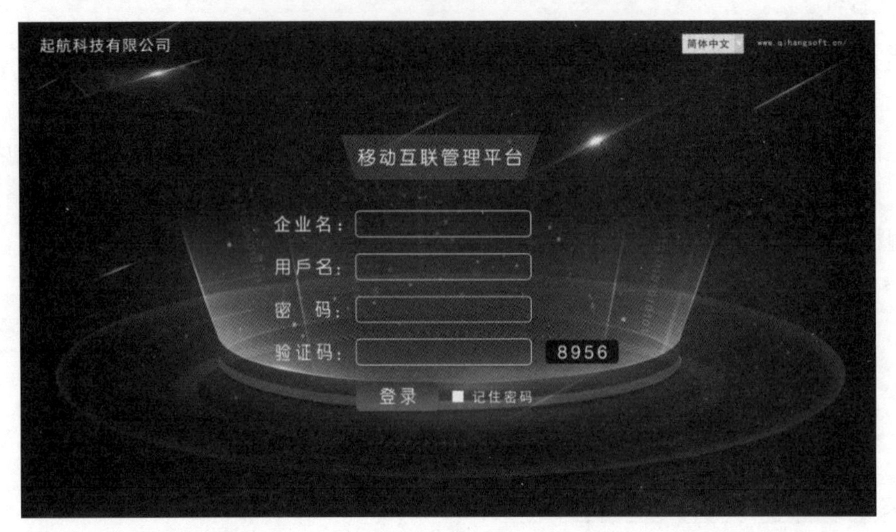

图 3.29　参考图片

图 3.30　实现效果

第4章　设计选择、分支结构程序

本章训练任务对应上册第5章设计选择/分支结构程序部分。

重点练习内容：

1. 掌握获取时间函数。
2. 掌握日期和时间转换函数。
4. 掌握字符串操作函数。
5. 熟悉字符映射的特殊字符。

应用技能拓展学习

1. time()函数

time()是C语言函数库time.h的内置函数，用于获取当前时间或者设置时间。例如：

```
#include <stdio.h>
#include <time.h>
void main()
{
    time_t now;                                  /*声明 time_t 类型变量*/
    time(&now);                                  /*获取当前系统日期与时间*/
    printf("现在的时间是:%s", ctime(&now));       /*输出当前系统日期与时间*/
}
```

运行结果如下：

```
现在的时间是:Mon Dec   3 13:49:02 2018
```

2. localtime()函数

localtime()是C语言函数库time.h的内置函数，用于获取时间结构体的系统时间。例如：

```
#include <stdio.h>
#include <time.h>
void main()
{
    struct tm * tmpointer;                       /*tm 结构指针*/
    time_t secs;                                 /*声明 time_t 类型变量*/
    time(&secs);                                 /*获取系统日期与时间*/
```

```
    tmpointer = localtime(&secs);                                /*获取当地日期时间*/
    /*输出本地时间*/
    printf("当前的时间是: %d-%d-%d %d:%d:%d", tmpointer->tm_mon, tmpointer->
        tm_mday, tmpointer->tm_year + 1900, tmpointer->tm_hour, tmpointer->
        tm_min, tmpointer->tm_sec);
}
```

运行结果如下：

```
当前时间是: 11-3-2018 13:55:10
```

3. asctime()函数

asctime()是 C 语言函数库 time.h 的内置函数，用于将给定日期和时间转换成 ASCII 码。例如：

```
#include <stdio.h>
#include <string.h>
#include <time.h>
int main()
{
    struct tm t;                                  /*声明结构体变量*/
    char s[50];
    t.tm_sec = 14;                                /*秒*/
    t.tm_min = 13;                                /*分*/
    t.tm_hour = 20;                               /*时*/
    t.tm_mday = 6;                                /*日*/
    t.tm_mon = 6;                                 /*月*/
    t.tm_year = 118;                              /*年*/
    t.tm_wday = 3;                                /*星期*/
    t.tm_yday = 0;                                /*不必显示*/
    t.tm_isdst = 0;
    strcpy(s, asctime(&t));                       /*转换 ASCII 码*/
    printf("时间是：%s\n", s);
    return 0;
}
```

运行结果如下：

```
时间是：Wed Jul   6 20:13:14 2018
```

4. strcpy()函数

strcpy()是 C 语言函数库 string.h 的内置函数，用于把源字符数组中的字符串复制到目的字符数组中。例如：

```
char s[11];                                       /*声明字符数组*/
char *s1 = "mingrisoft";                          /*声明字符串*/
stpcpy(s, s1);                                    /*复制字符串*/
printf("%s\n", s);                                /*输出字符数组*/
```

运行结果如下：

```
mingrisoft
```

5．strcat()函数

strcat()是 C 语言函数库 string.h 的内置函数，用于将一个字符串连接到另一个字符串末尾，组合成一个新的字符串。例如：

```
char a[30] = "good";                                  /*声明要连接的目标字符串*/
char b[] = " luck!";                                  /*声明连接的字符串*/
printf("之前字符串 :%s\n", a);                          /*输出之前的字符串*/
printf("连接之后字符串 :%s\n", strcat(a, b, 6));         /*输出连接后的字符串*/
```

运行结果如下：

```
之前字符串 :good
连接之后字符串 :good luck!
```

6．strupr()函数

strupr()是 C 语言函数库 string.h 的内置函数，可以将字符串中的小写字母变成大写字母，其他字母不变。例如：

```
char s[20] = "NO parking!";                         /*声明字符串*/
printf("原字符串：%s\n", s);                          /*转换前的字符*/
printf("转换之后的字符串：%s\n", strupr(s));            /*转换为大写字符*/
```

运行结果如下：

```
原字符串：NO parking!
转换之后的字符串：NO PARKING!
```

7．strlwr()函数

strlwr()是 C 语言函数库 string.h 的内置函数，可以将字符串中的大写字母变成小写字母，其他字母不变。例如：

```
char s[10] = "NEveR";                               /*声明字符串*/
printf("原字符串：%s\n", s);                          /*转换前的字符*/
printf("转换之后的字符串：%s\n", strlwr(s));            /*转换为小写字符*/
```

运行结果如下：

```
原字符串 NEveR
转换之后的字符串 never
```

8．利用字符映射表输入特殊符号

编程时经常需要输入一些特殊符号，如公式、图标等。多数输入法都提供了特殊符号输入功能，但如果未安装这些输入法，该怎么输入特殊符号呢？下面介绍利用字符映射表输入特殊符号的方法。

按 Win+R 键（见图 4 .1），调出运行窗口，输入 charmap（见图 4.2），打开字符映射表，如图 4.3 所示。字符映射表中有很多键盘上找不到的字符，包括高级数学运算符、科学记数法、货币符号以及其他语言中的常用字符，非常好用。

图 4.1　按 Win+R 键

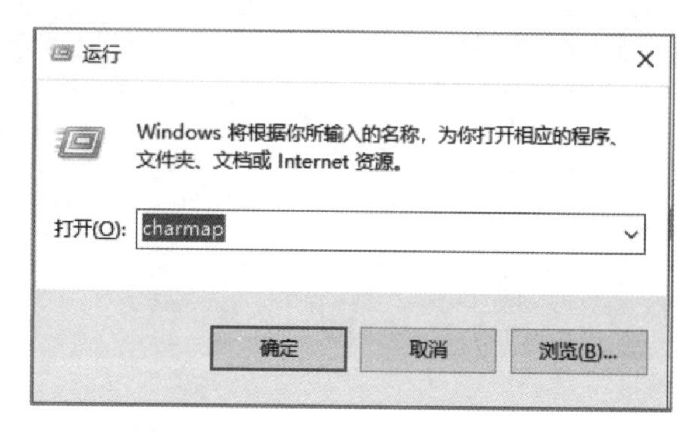

图 4.2　在运行窗口中输入 charmap

注意，不同的键盘上，Win 键的表示符号不太相同。常见的 Win 键符号如图 4.4 所示。

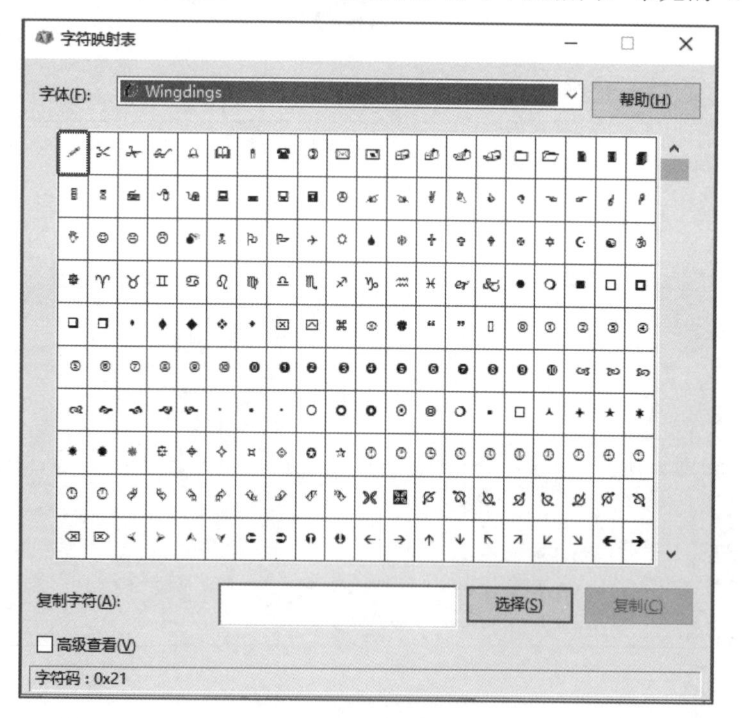

图 4.3　字符映射表

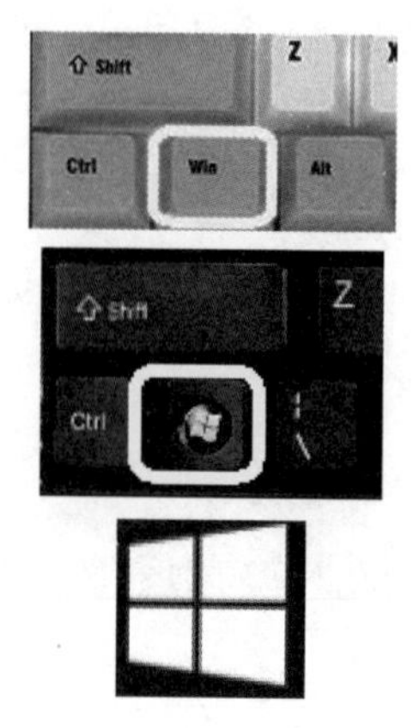

图 4.4　常见的 Win 键

使用字符映射表插入特殊符号的方法如下。

（1）选择要插入的特殊字符，该符号将放大显示，同时右下角显示其字符码，如图 4.5 所示。这

里，!的字符码为 0x21。如果未显示字符码，可在图标附近移动鼠标，字符码就会显示出来。

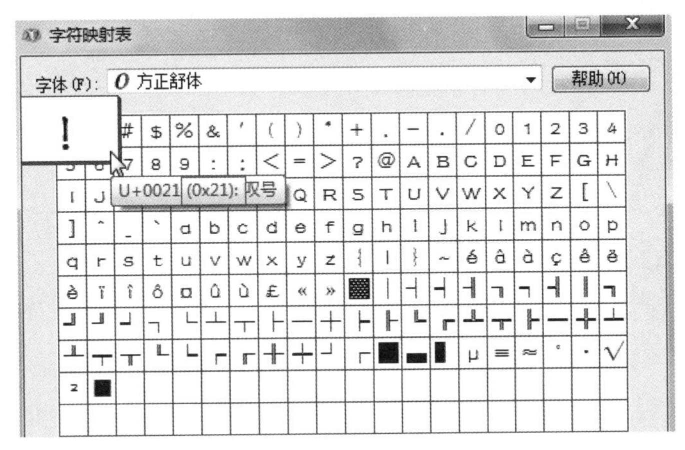

图 4.5　选择特殊符号

（2）编写代码，在!字符码的 0x 和 21 之间加入 f0，即 0xf021，然后直接输出。代码如下：

```
int chr = 0xf021;                          //0xf021 是 16 进制数
printf("%c",chr);
```

运行结果如下：

```
!
```

实战技能强化训练

训练一：基本功强化训练

1. CocaCola 还是 coffee，要喝什么　　▷①②③④⑤⑥

编写程序实现选择喝 CocaCola 还是喝 coffee 的功能，提示数字 1 代表喝 CocaCola，数字 2 代表喝 coffee。运行结果如图 4.6、图 4.7 所示。（提示：使用 if 语句）

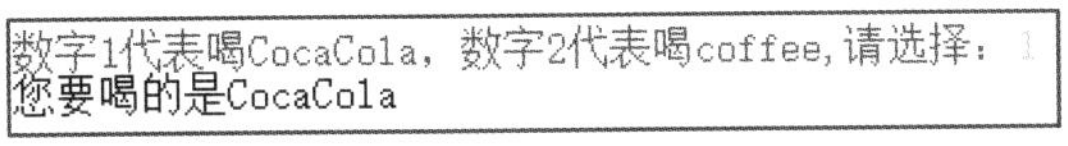

```
数字1代表喝CocaCola，数字2代表喝coffee,请选择：1
您要喝的是CocaCola
```

图 4.6　选择喝 CocaCola

```
数字1代表喝CocaCola，数字2代表喝coffee,请选择：2
您要喝的是coffee
```

图 4.7　选择喝 coffee

2. 绿灯亮了，可以通过路口了　　▷①②③④⑤⑥

利用 if...else 语句判断是否为绿灯，如果为绿灯，则显示车辆可以正常行驶，实现效果如图 4.8、图 4.9 所示。（提示：使用 if...else 语句）

```
数字1表示绿灯，请输入现在交通灯的状态：1
交通灯目前为绿灯，车辆可以正常行驶
```

图 4.8　绿灯通过

```
数字1表示绿灯，请输入现在交通灯的状态：2
交通灯目前不是绿灯，车辆减速并停车等待
```

图 4.9　不是绿灯等待

3．放假安排

▷①②③④⑤⑥

使用 if 嵌套实现判断，外层 if 语句判断是否为周末，里层 if 语句判断周六、周日每天的活动，效果如图 4.10、图 4.11 所示。（提示：使用 if 语句嵌套）

4．等你的季节

▷①②③④⑤⑥

利用 switch 语句的多路开关模式实现输入月份，就会自动显示这个月份是哪个季节，实现效果如图 4.12、图 4.13 所示。（提示：使用 switch 语句）

```
请选择星期几:
6
和朋友去长城
```

图 4.10　星期六安排

```
请选择星期几:
2
工作
```

图 4.11　星期二安排

```
请输入现在的月份:
4
4月是春季
我在这儿等着你回来。
```

图 4.12　4 月份的季节

```
请输入现在的月份:
3
3月是春季
我在这儿等着你回来。
```

图 4.13　3 月份的季节

5．不再烦心数学题

▷①②③④⑤⑥

编写程序代码，求解下面的分段函数：

$$b=\begin{cases}3a\ (a<50)\\6a+60\ (50\leqslant a<500)\\9a-90(a\geqslant 500)\end{cases}$$

根据输入的 a 判断 b 的结果，运行效果如图 4.14、图 4.15、图 4.16 所示。（提示：使用 if...else if 语句嵌套）

```
请输入a的值是：20
b=60(a<50时)
```

图 4.14　a 小于 50

```
请输入a的值是：100
b=660(a>=50且a<500时)
```

图 4.15　a 大于 50 且小于 500

```
请输入a的值是：550
b=4860(a>=500时)
```

图 4.16　a 大于 500

6．判断一年各月的天数

▷①②③④⑤⑥

编写一段代码，运行程序后，在控制台中可以按序输出一年里 1～12 月各月份的天数。实现效果如图 4.17、图 4.18 所示。（提示：使用 switch 语句的多路开关模式）

```
enter the month you want to know the days
5
2019.5 has 31 days
```

图 4.17　5 月份的天数

```
enter the month you want to know the days
7
2019.7 has 31 days
```

图 4.18　7 月份的天数

7．商品竞猜游戏　　▷①②③④⑤⑥

猜商品的价格，并提示竞猜的结果，利用 if…else if 语句实现，然后利用 printf()函数显示相应的信息，运行结果如图 4.19、图 4.20、图 4.21 所示。

```
please enter a number:
101
the number is big
```

图 4.19　价格猜大了

```
please enter a number:
50
the number is small
```

图 4.20　价格猜小了

```
please enter a number:
97
You have guessed it
```

图 4.21　价格猜对了

8．输出美团外卖订单金额　　▷①②③④⑤⑥

利用三目运算输出美团外卖订单，满足 15 元就免费配送，否则就要加上 5 元的配送费，运行程序，如图 4.22 所示是餐费小于 15 元的结果，如图 4.23 所示是餐费大于 15 元的结果。（提示：使用条件运算符）

```
您的订单餐费是:
13
您的订单共计18元，请支付
```

图 4.22　小于 15 元费用

```
您的订单餐费是:
20
您的订单共计20元，请支付
```

图 4.23　大于 15 元费用

9．判断闰年　　▷①②③④⑤⑥

能被 4 整除但不能被 100 整除，或者能被 400 整除的年份即为闰年。编写程序，根据输入的年份判断是否为闰年。运行效果如图 4.24、图 4.25 所示。（提示：使用 if…else if 语句）

10．自助支付服务　　▷①②③④⑤⑥

使用 if 和 else..if 语句来实现自助服务，运行效果如图 4.26 所示。（提示：使用 if…else if 语句）

```
请输入年份:
2020
2020 是闰年
```

图 4.24　是闰年

```
请输入年份:
2022
2022 不是闰年
```

图 4.25　不是闰年

```
本店支持以下自助支付方式:
1、网络支付
2、银行卡支付
3、现金支付
请输入数字选择支付方式
^_^ ^_^ ^_^ ^_^ ^_^ ^_^ ^_^
1
请用微信或支付宝扫描对应二维码以完成支付
```

图 4.26　自助服务

训练二：实战能力强化训练

11．胜负之争　　▷①②③④⑤⑥

任意输入 3 个整数，编程实现对这 3 个整数进行由小到大排序并将排序后的结果显示在屏幕上。

运行结果如图 4.27 所示。（提示：使用 if 语句）

12. 微信小程序，该玩哪个游戏 ▷①②③④⑤⑥

利用 if 语句判断输入数值，输出对应的微信小程序的游戏，运行程序，结果如图 4.28 所示。（提示：使用 if…else if 语句）

```
please input a,b,c:
50
80
30
这三个数从小到大的顺序是:
30,50,80
```

图 4.27　3 个数从小到大排序

```
1代表跳一跳，2代表好友画我，3代表头脑王者，请选择：
1
您现在选择的是数值1
所以您要玩“跳一跳”游戏
```

图 4.28　选择要玩的游戏

13. 快速检查字符类型 ▷①②③④⑤⑥

要求用户输入一个字符，通过对 ASCII 值范围的判断，输出判断的结果。运行结果如图 4.29、图 4.30、图 4.31 所示。（提示：使用 if…else if 语句）

```
请输入一个字符:
g
输入的字符是小写字母
```

图 4.29　输入小写字母

```
请输入一个字符:
G
输入的字符是大写字母
```

图 4.30　输入大写字母

```
请输入一个字符:
4
输入的是数字
```

图 4.31　输入数字

14. 判断是否为酒后驾车 ▷①②③④⑤⑥

国家质量监督检验检疫局发布的《车辆驾驶人员血液、呼气酒精含量阈值与检验》中规定：车辆驾驶人员每 100ml 血液中的酒精含量小于 20mg 不构成饮酒驾驶行为；酒精含量大于或等于 20mg、小于 80mg 为饮酒驾车；酒精含量大于或等于 80mg 为醉酒驾车。编写程序，判断是否为酒驾。运行结果如图 4.32、图 4.33 所示。（提示：使用 if…else if 语句）

```
为了您和他人的安全，严禁酒后驾车
请输入每100毫升血液的酒精含量：
10

您还不构成饮酒行为，可以开车，但要注意安全！
```

图 4.32　不构成酒驾行为

```
为了您和他人的安全，严禁酒后驾车
请输入每100毫升血液的酒精含量：
90

已经达到醉酒驾驶标准，千万不要开车！
```

图 4.33　已经达到醉酒驾车标准

15. 输出抽奖结果 ▷①②③④⑤⑥

公司年会抽奖：

（1）“1”代表“一等奖”，奖品是“42 寸彩电”；

（2）“2”代表“二等奖”，奖品是“微波炉”；

（3）“3”代表“三等奖”，奖品是“加湿器”；

（4）“4”代表“安慰奖”，奖品是“16GB U 盘”。

根据控制台输入的奖号，输出与该奖号对应的奖品。运行结果如图 4.34 所示。（提示：使用 if 语句）

16．用户拨打 10086 那些事儿　▷①②③④⑤⑥

模拟场景：李四给 10086 移动客服中心打电话，如果李四不是移动电话的用户，则提示“暂时无法提供服务”；如果李四是移动的用户，客服中心则会提示“查询话费请拨 1，人工服务请拨 0”，在李四输入 1 之后，显示话费余额。运行结果如图 4.35 所示。（提示：使用 switch 语句）

```
请输入中的几等奖：1
奖品是42寸彩电
```

图 4.34　抽奖结果

```
你好，欢迎致电中国移动，客服为您提供以下服务：查询话费请拨1，人工服务请拨0:
1
您的话费余额为9.89元
```

图 4.35　拨打 10086

17．校园网资费　▷①②③④⑤⑥

小明卖校园网，收费标准是 1 元一天，如果购买时间超过 30 天，就按每天（包括 30 天）0.75 元收费，否则就按原价收费，购买者输入自己想买的天数，计算应该付给小明多少钱。运行效果如图 4.36、图 4.37 所示。（提示：使用条件运算符）

```
输入要买校园网的天数：25
-*-*-*-*-*-*-*-*-*-*-*-*-*-*
     所花费用是：25
-*-*-*-*-*-*-*-*-*-*-*-*-*-*
```

图 4.36　25 天应付费用

图 4.37　40 天应付费用

18．输出玫瑰花语　▷①②③④⑤⑥

女生都喜欢玫瑰花，因为每种玫瑰花都代表着不同的含义，例如：红玫瑰代表“我爱你、热恋，希望与你泛起激情的爱”；白玫瑰代表“纯洁、谦卑、尊敬，我们的爱情是纯洁的”；粉玫瑰代表“初恋，喜欢你那灿烂的笑容”；蓝玫瑰代表“憨厚、善良”。编写程序，选择对应的玫瑰，输出对应的花语，运行结果如图 4.38 和图 4.39 所示。（提示：使用 if...else if 语句）

图 4.38　输出白玫瑰花语

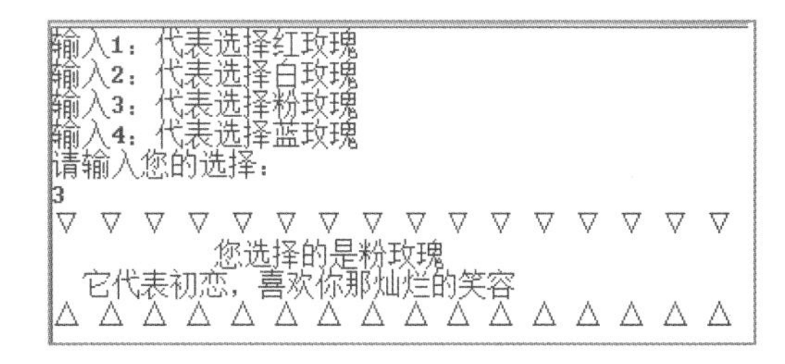

图 4.39　输出粉玫瑰花语

19．京东商城支付成功界面 ▷①②③④⑤⑥

如图 4.40 所示为京东商城支付成功界面。编写程序，首先提示用户输入支付金额（输入 80～200 的数字），然后输出包含刚输入金额的支付成功界面。支付成功界面实现效果如图 4.41 所示。

图 4.40　京东支付成功界面

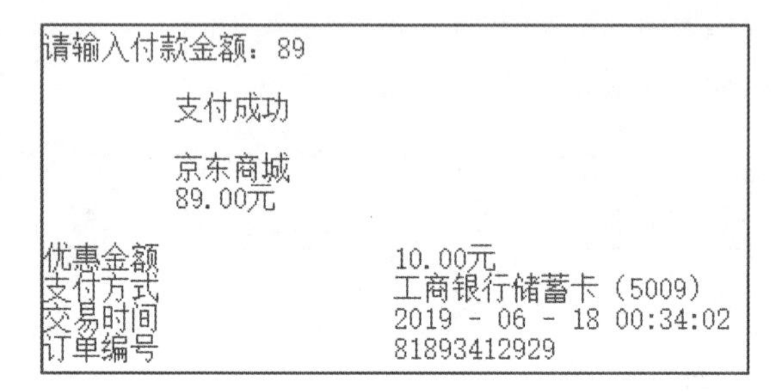

图 4.41　C 语言实现支付界面

20．吃粽子 ▷①②③④⑤⑥

粽子有甜的有咸的，甜粽子价钱有 5 元的和 10 元的，咸粽子价钱有 4 元的和 12 元的，写程序根据输入的价钱和口味判断并打印出能吃到哪种粽子。如图 4.42 输入“1”和“6”，输出“5 元的甜粽子”。（提示：使用 if…else if 语句嵌套）

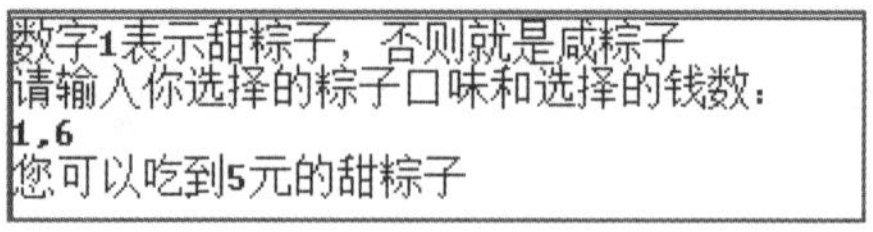

```
数字1表示甜粽子，否则就是咸粽子
请输入你选择的粽子口味和选择的钱数：
1,6
您可以吃到5元的甜粽子
```

图 4.42　选择粽子口味

第5章　循环控制

本章训练任务对应上册第6章循环控制部分。

重点练习内容：

1. 了解EasyX图形库插件。
2. 安装EasyX图形库。
3. 熟练使用putpixel()画点函数。
4. 熟练使用line()画线函数。

应用技能拓展学习

1. EasyX图形库简介

EasyX是一款简单、易用的图形库，可以免费试用，其官网地址为http://www.easyx.cn，可在其中下载最新版的EasyX。

EasyX图形库可应用于Visual C++ 6.0（VC++ 6.0）或者Visual Studio（VS）的不同版本。可以帮助C语言初学者快速上手图形和游戏编程。例如可以用VS+ EasyX画一架飞机、一个跑步的人物，也可以编写俄罗斯方块、贪吃蛇、飞机大战等小游戏。

除了EasyX以外，其他比较常用的图形库还有OpenGL和QT。OpenGL是目前应用最广泛的图形库，对应的主流语言包括C++、Java、JavaScript、C#和Objective-C。但OpenGL和QT这两种图形库的绘图过于复杂，对数学的要求很高，不适合初学者。

早期开发C语言时，使用的是Turbo C环境。尽管Turbo C环境很落后，但它的图形库却十分优秀。现在编译C语言程序主要使用的是VC++ 6.0或VS，可以使用VC/VS开发平台和Turbo C图形库，于是就有了EasyX库。

2. EasyX图形库的下载与配置

要想在VS上应用EasyX绘图，首先需要下载并且配置EasyX图形库。

下载EasyX安装包的步骤如下。

（1）在浏览器地址栏中输入https://www.easyx.cn/，进入EasyX官网，单击下载按钮，如图5.1所示。

图 5.1　下载 EasyX 安装包

（2）双击下载好的安装包，单击“下一步”按钮，进行安装，如图 5.2 所示。

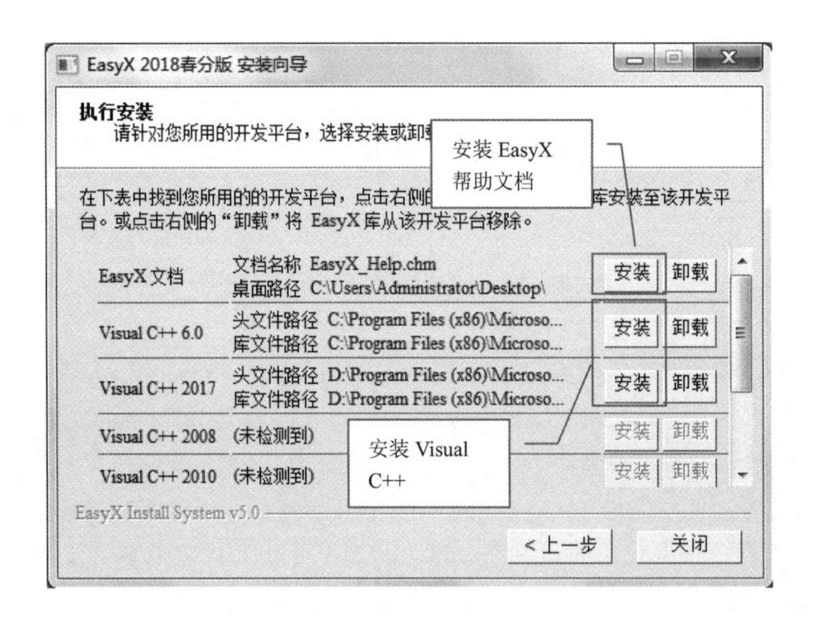

图 5.2　安装 EasyX

安装向导会自动搜索本地安装的 VC/VS 版本，直接单击“安装”按钮，相关头文件会自动导入到相关头文件目录中，然后单击“关闭”按钮，即可完成 EasyX 的安装。

说明：EasyX 帮助文档对 EasyX 图形库的学习很有帮助，可以通过帮助文档查询一些常用的绘图函数，如图 5.3 所示。

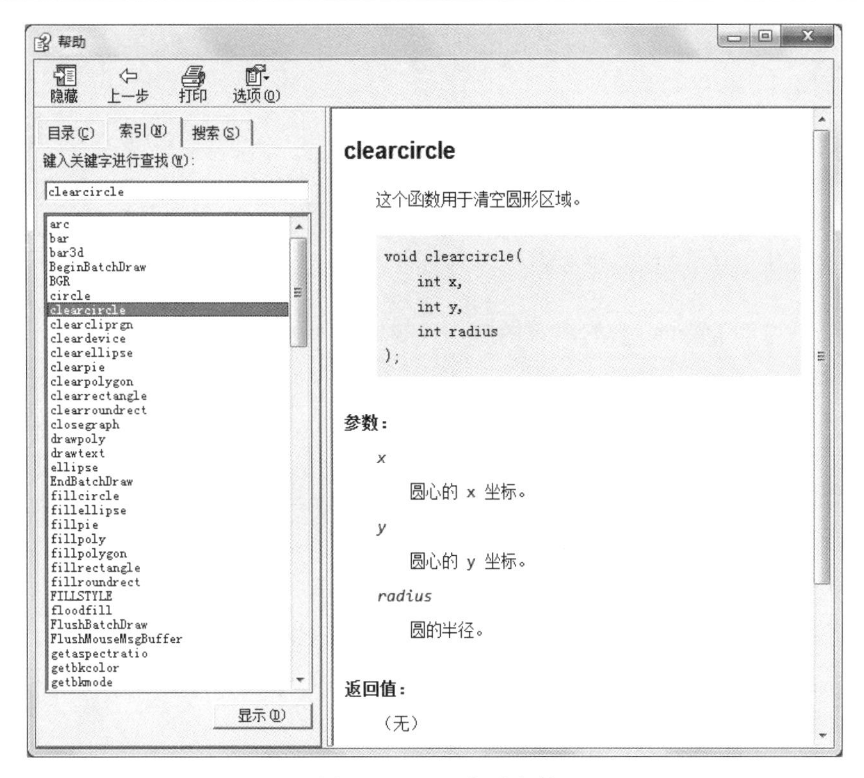

图 5.3　EasyX 帮助文档

3．putpixel()函数

putpixel ()是 C 语言函数库 graphics.h 的内置函数，用于在指定坐标画一个 color 所确定颜色的点。使用 putpixel ()函数前需要用到第三方插件 EasyX，一般格式如下：

```
putpixel(int x, int y, COLORREF color);
```

☑　x：点的 x 坐标。
☑　y：点的 y 坐标。
☑　color：点的颜色。

下面来看一个例子。

```
#include <graphics.h>
#include <conio.h>
int main()
{
    int gdriver, i;                        /*清屏*/
    gdriver = DETECT;
    initgraph(640, 480);                   /*初始化图形界面*/
    for (i = 5; i <= 100; i++)
        putpixel(5, i, YELLOW);
    _getch();
```

```
    closegraph();                    /*退出图形界面*/
    return 0;
}
```

运行结果如图 5.4 所示。

4. line()函数

line()是 C 语言函数库 graphics.h 的内置函数，一般格式如下：

```
line(int x1,int y1,int x2,int y2);
```

- ☑ x1：直线的起始点的 x 坐标。
- ☑ y1：直线的起始点的 y 坐标。
- ☑ x2：直线的终止点的 x 坐标。
- ☑ y2：直线的终止点的 y 坐标。

下面来看一个例子。

```
#include <graphics.h>
#include <conio.h>
int main()
{
    int gdriver, i;                  /*清屏*/
    gdriver = DETECT;
    initgraph(640, 480);             /*初始化图形界面*/
    for (i = 5; i <= 600; i++)
        line(i, 300, 10, 300);
    getch();
    closegraph();                    /*退出图形界面*/
    return 0;
}
```

运行结果如图 5.5 所示。

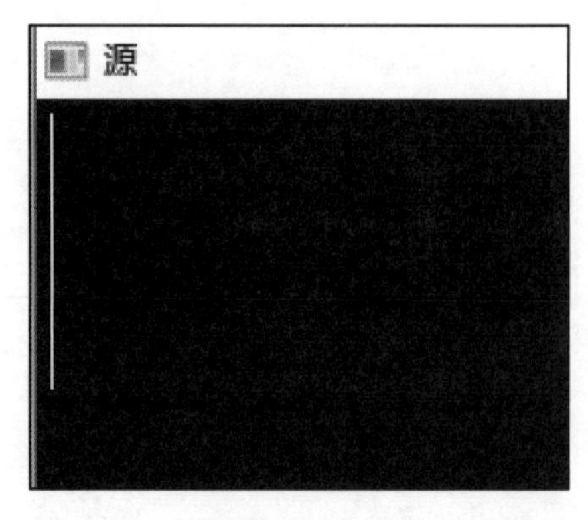

图 5.4　画点图案

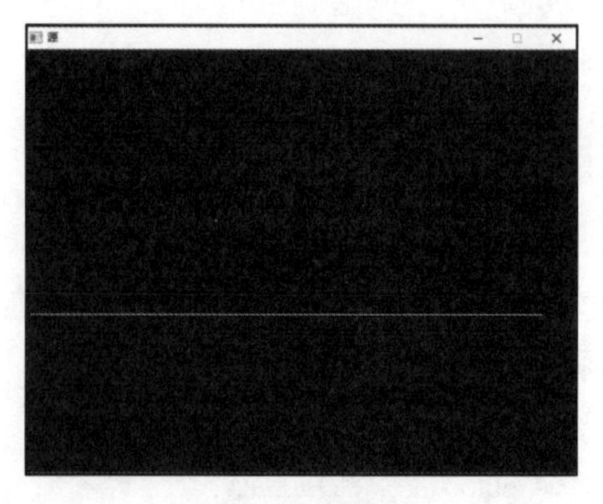

图 5.5　画线效果

实战技能强化训练

训练一：基本功强化训练

1. 猴子分桃问题 ▷①②③④⑤⑥

海滩上有一堆桃子，5 只猴子来分。第一只猴子把这堆桃子平均分为 5 份，多了一个，这只猴子把多的一个吃掉，拿走了一份。第二只猴子把剩下的桃子又平均分为 5 份，又多了一个，它同样把多的一个吃掉，拿走了一份，第三、第四、第五只猴子都是这样做的。问海滩上原来最少有多少个桃子。（提示：使用 for、if 语句）

2. 显示游戏菜单 ▷①②③④⑤⑥

利用 while 循环语句将菜单进行循环输出，这样可以使用户更为清楚地知道每一选项所对应的操作。实现效果如图 5.6 所示。（提示：使用 while、switch 语句）

3. 小球离地有多远 ▷①②③④⑤⑥

一个球从 80 米高度自由落下，每次落地后反弹的高度为原高度的一半，第六次小球反弹多高？要求使用 for 循环语句计算小球反弹高度。实现效果如图 5.7 所示。（提示：使用 for 语句）

4. 猜数字游戏 ▷①②③④⑤⑥

编写一个猜数字的小游戏，随机生成一个 1～10（包括 1 和 10）的数字作为基准数，玩家每次通过键盘输入一个数字，如果输入的数字和基准数相同，则成功过关，否则重新输入。效果如图 5.8 所示。（提示：使用 while 与 if...else if 语句）

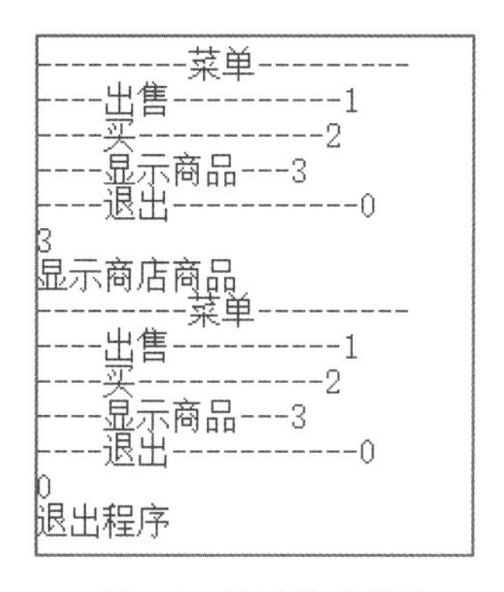

图 5.6 显示游戏菜单

图 5.7 小球离地有多远

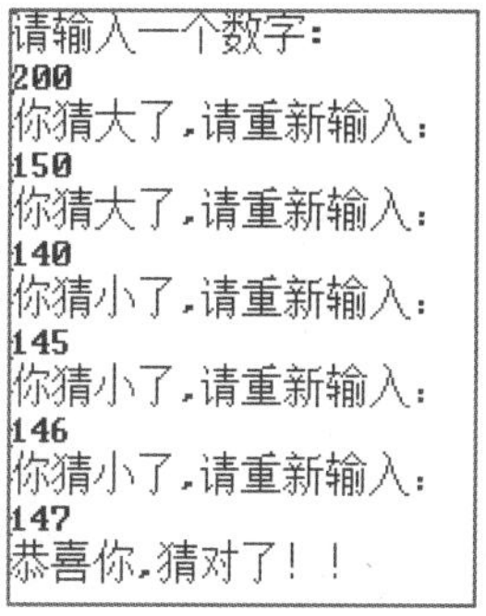

```
请输入一个数字:
200
你猜大了,请重新输入:
150
你猜大了,请重新输入:
140
你猜小了,请重新输入:
145
你猜小了,请重新输入:
146
你猜小了,请重新输入:
147
恭喜你,猜对了！！
```

图 5.8 猜数字游戏

5．婚礼上的谎言

▷①②③④⑤⑥

3 对情侣参加婚礼，3 个新郎为 A、B、C，3 个新娘为 X、Y、Z，有人想知道究竟谁和谁结婚，于是就问新人中的 3 位，得到如下的提示：A 说他将和 X 结婚；X 说她的未婚夫是 C；C 说他将和 Z 结婚。这人事后知道他们在开玩笑，说的全是假话，那么究竟谁与谁结婚呢？编写程序，运行结果如图 5.9 所示。（提示：使用 for 和 if 语句）

6．阿姆斯特朗数

▷①②③④⑤⑥

阿姆斯特朗数也就是俗称的水仙花数，是指一个 3 位数，其各位数字的立方和等于该数本身。例如 153 是一个阿姆斯特朗数，因为 $153=1^3+5^3+3^3$。编程求出 100～1000 内所有阿姆斯特朗数。结果如图 5.10 所示。

```
Z 将嫁给 A
X 将嫁给 B
Y 将嫁给 C
```

图 5.9　婚礼上的谎言

```
100~1000内的阿姆斯特朗数为：
 153  370  371  407
```

图 5.10　阿姆斯特朗数

7．绘制表格

▷①②③④⑤⑥

利用 putpixel()函数在屏幕中绘制表格图案。运行结果如图 5.11 所示。（提示：使用 EasyX 插件的 graphics.h 函数库）

8．绘制彩带

▷①②③④⑤⑥

利用 line()函数在屏幕中绘出彩带，要求采用正弦及余弦函数绘出两条相互交错的彩带，彩带在绘出的过程中颜色要求不断变化。运行结果如图 5.12 所示。（提示：使用 EasyX 插件的 graphics.h 函数库）

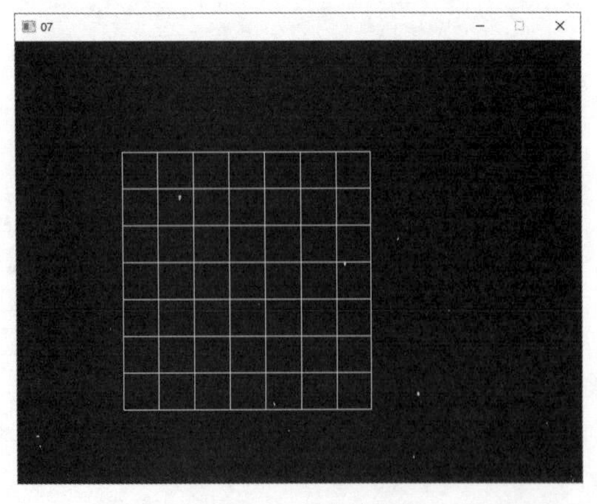

图 5.11　绘制表格

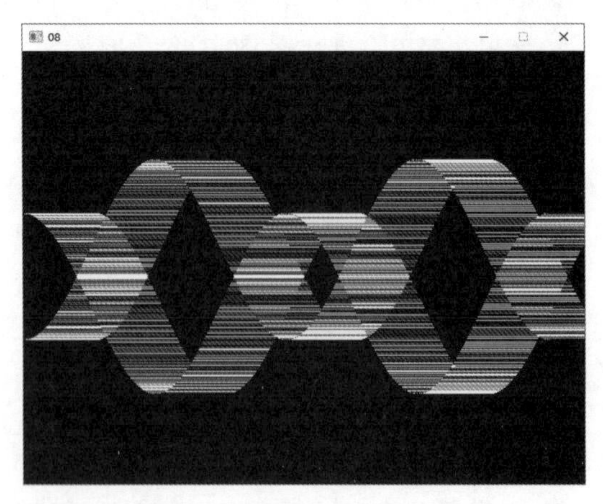

图 5.12　绘制彩带图案

9．输出金字塔形状　　▷①②③④⑤⑥

利用循环嵌套输出金字塔形状。显示一个三角形要考虑 3 点：首先要控制输出三角形的行数，其次控制三角形的空白位置，最后是将三角形进行显示。实现效果如图 5.13 所示。（提示：使用循环嵌套）

10．模拟客车的承载量　　▷①②③④⑤⑥

一辆客车只能承载 25 人，如果超过 25 人，司机就会拒绝载客。运行结果如图 5.14 所示。

```
    *
   ***
  *****
 *******
*********
```

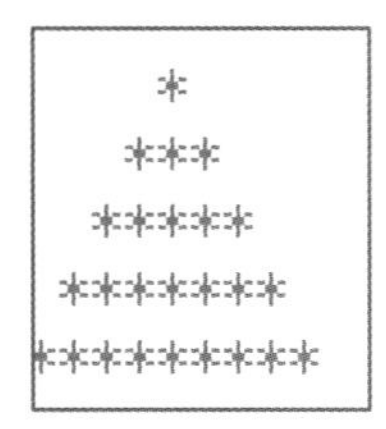

图 5.13　输出金字塔形状

```
20
还能承载 5 人,
还能承载 4 人,
还能承载 3 人,
还能承载 2 人,
还能承载 1 人,
还能承载 0 人,
座位已满，不能再承载了。
```

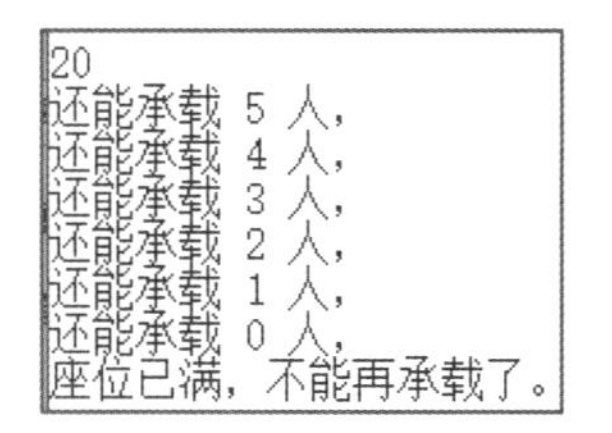

图 5.14　客车承载人数运行图

训练二：实战能力强化训练

11．模拟手机分期付款　　▷①②③④⑤⑥

输入手机全款钱数，减掉首付 300 元，剩下的钱分 6 个月分期付款。已知 6 个月分期付，每个月的利息是 0.6%，计算每个月需要还多少钱？程序运行结果如图 5.15 所示。（提示：使用 for 语句）

12．农夫卖西瓜　　▷①②③④⑤⑥

有一个农夫，需要卖 1020 个西瓜，他每天可卖当天西瓜数量的一半少 2 个，问卖完这些西瓜共需要多少天？

农夫卖西瓜主要的解题思路是：用 while 语句循环，剩余的数量=原来数量/2-2，且每次循环，天数都要自增加 1，直到西瓜的数量为 0，跳出循环，输出天数，最终实现的效果如图 5.16 所示。（提示：使用 while 语句）

```
请输入你想买的手机价格：2699
手机的总价格是：2699.0元.
首付300之后还剩2399.0元
将所剩2399.0元分6期付款：
从我买手机开始，接下来的6个月每月需要还414.4元钱
```

图 5.15　分期付每个月要还的钱数

```
☆ ☆ ☆ ☆ ☆ ☆ ☆ ☆ ☆ ☆
  这些西瓜，一共卖8天
☆ ☆ ☆ ☆ ☆ ☆ ☆ ☆ ☆ ☆
```

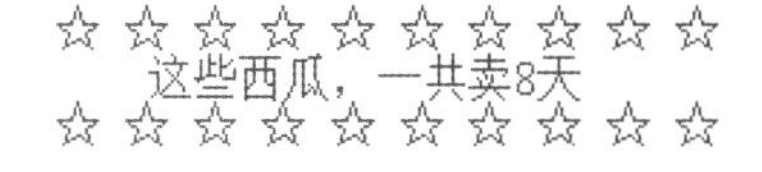

图 5.16　农夫卖西瓜

13．星座大揭秘　　▷①②③④⑤⑥

一共有 12 个星座，一年有 12 个月，也就是说每个月对应一个星座。编写程序，只要输入出生的

月份，就可以知道自己是什么星座的，还可以知道自己的幸运数字，实现的效果如图 5.17 所示。（提示：使用 switch…case 语句）

14．点亮西安大雁塔　▷①②③④⑤⑥

利用 while 语句与 for 语句嵌套实现统计西安大雁塔上的灯的数量。假如一共有 8 层塔，每层需要的灯数是下一层的 2 倍，一共有 765 盏灯，计算第一层和第八层各自需要几盏灯。运行结果如图 5.18 所示。

```
请输入你的出生月份:
7
你的星座是巨蟹座
幸运数是2
```

图 5.17　星座大揭秘

```
------------------------
  第一层一共有3个
  第八层一共有384个
------------------------
```

图 5.18　灯的数量

15．模拟“跳一跳”小游戏的加分块　▷①②③④⑤⑥

“跳一跳”是微信推出的小游戏。游戏中，玩家停留在不同的加分块上可以额外加分。例如，在中心可增加 2 分，在音乐盒子上可增加 30 分，在微信支付块上可增加 10 分。编写程序，模拟“跳一跳”小游戏的加分块，运行结果如图 5.19 所示。（提示：使用 while 和 if…else if 语句）

16．选票统计　▷①②③④⑤⑥

班级竞选班长，共有 3 个候选人，输入参加选举的人数及每个人选举的内容，输出 3 个候选人最终的得票数及无效选票数。运行效果如图 5.20 所示。（提示：使用 for 和 if…else if 语句）

```
---------------跳一跳--------------
欢迎回来，请开始游戏……
请输入（1:中心 2:音乐块 3:微信支付块）:
2
您选择的是音乐块。
您的分数为：30
请输入（1:中心 2:音乐块 3:微信支付块）:
1
您选择的是中心。
您的分数为：32
请输入（1:中心 2:音乐块 3:微信支付块）:
4
对不起，您输入的有误
```

图 5.19　模拟“跳一跳”小游戏的加分块

```
输入参加选举的人数:
15
please input 1 or 2 or 3
1 2 3 2 2 3 3 5 6 1 1 2 2 3 1
选票结果:
候选人1:4
候选人2:5
候选人3:4
无效票:2
```

图 5.20　选票统计

17．银行名称中英文对照　▷①②③④⑤⑥

如图 5.21 所示是各大银行的标志。使用 C 语言来实现银行名称中英文对照，运行结果如图 5.22 所示。（提示：使用 do...while 与 switch 语句）

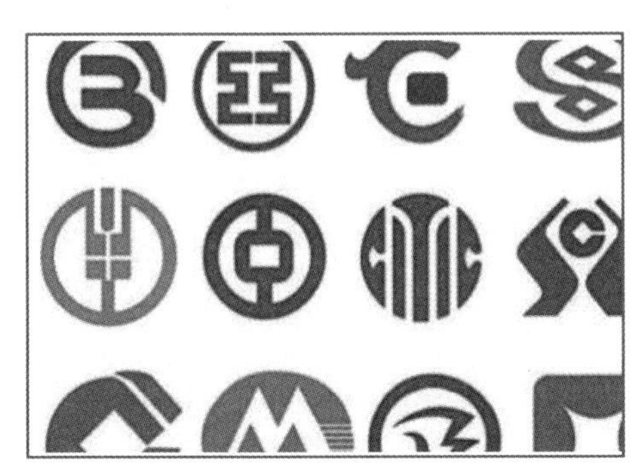

图 5.21　各大银行的标志

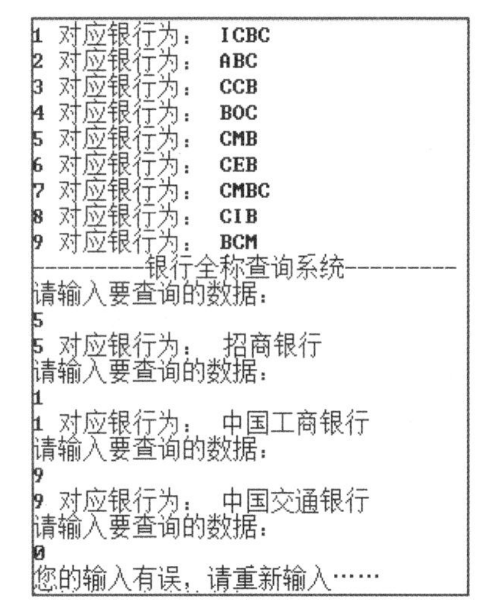

```
1 对应银行为：  ICBC
2 对应银行为：  ABC
3 对应银行为：  CCB
4 对应银行为：  BOC
5 对应银行为：  CMB
6 对应银行为：  CEB
7 对应银行为：  CMBC
8 对应银行为：  CIB
9 对应银行为：  BCM
---------银行全称查询系统---------
请输入要查询的数据：
5
5 对应银行为：  招商银行
请输入要查询的数据：
1
1 对应银行为：  中国工商银行
请输入要查询的数据：
9
9 对应银行为：  中国交通银行
请输入要查询的数据：
0
您的输入有误，请重新输入……
```

图 5.22　银行名称中英文对照

18．剧院卖票　▷①②③④⑤⑥

某剧院发售演出门票，演播厅观众席有 4 行，每列有 10 个座位。为了不影响观众视角，在发售门票时，屏蔽掉最左一列和最右一列的座位。编写程序，模拟售票情况，运行结果如图 5.23 所示。（提示：使用 continue 语句）

19．模拟 10086 查询功能　▷①②③④⑤⑥

10086 是中国移动的客户服务热线，用户可以拨打 10086 查询自己的手机号码的套餐情况，编写程序，模拟 10086 查询功能，运行结果如图 5.24 所示。（提示：使用 while 与 if…else if 语句）

```
这场电影售票情况如下：
第 1 行第 2列 已经售出
第 1 行第 3列 已经售出
第 1 行第 4列 已经售出
第 1 行第 5列 已经售出
第 1 行第 6列 已经售出
第 1 行第 7列 已经售出
第 1 行第 8列 已经售出
第 1 行第 9列 已经售出
第 2 行第 2列 已经售出
第 2 行第 3列 已经售出
第 2 行第 4列 已经售出
第 2 行第 5列 已经售出
第 2 行第 6列 已经售出
第 2 行第 7列 已经售出
第 2 行第 8列 已经售出
第 2 行第 9列 已经售出
第 3 行第 2列 已经售出
第 3 行第 3列 已经售出
第 3 行第 4列 已经售出
第 3 行第 5列 已经售出
第 3 行第 6列 已经售出
第 3 行第 7列 已经售出
第 3 行第 8列 已经售出
第 3 行第 9列 已经售出
第 4 行第 2列 已经售出
```

图 5.23　剧院卖票

```
———————10086查询功能——————
输入1，查询当前余额
输入2，查询当前剩余流量
输入3，查询当前剩余通话
输入0，退出自助查询系统！请输入：
1
当前余额为：999元
请输入：
2
当前剩余流量为：5G
请输入：
3
当前剩余通话为：189分钟
请输入：
0
退出自助查询系统！
```

图 5.24　模拟 10086 查询功能

20．微信支付 ▷①②③④⑤⑥

微信支付是大家比较常用的支付方式，请编写一个程序，输出如图 5.25 所示的微信支付周末摇摇乐，最终的实现效果如 5.26 所示。不考虑背景、字体大小。

图 5.25　微信支付

图 5.26　C 语言实现微信支付

第 6 章　数组的应用

学习指南

本章训练任务对应上册第 7 章数组的应用部分。

重点练习内容：

1. 熟悉异常终止进程函数。
2. 熟悉随机数发生器函数。
3. 熟悉初始化随机数发生器函数。
4. 熟悉system()函数。

应用技能拓展学习

1. abort()函数

abort()函数用于写一个终止信息到 stderr，并异常终止程序。语法格式如下：

```
void abort(void);
```

abort()函数没有参数，也没有返回值。

下面使用 abort()函数异常终止一个进程，并输出信息 abnormal program termination。代码如下：

```
#include <stdio.h>
#include <stdlib.h>
int main()
{
    printf("Calling abort()\n");            /*输出提示信息*/
    abort();                                /*终止程序*/
    printf("It is noneffective\n");         /*此行将不执行*/
    return 0;
}
```

运行结果如图 6.1 所示。

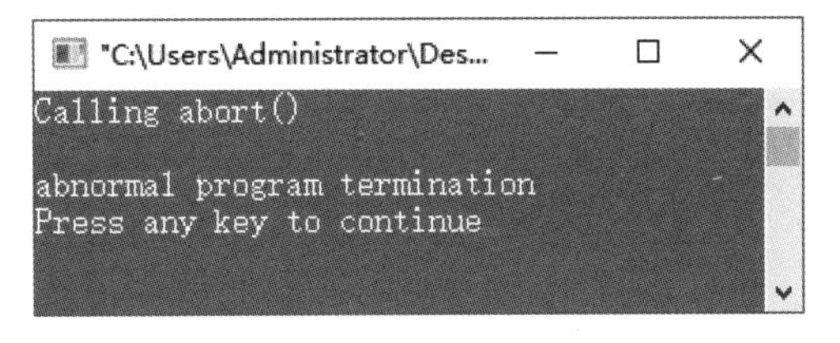

图 6.1　异常终止进程函数

2. rand()函数

rand()函数用于生成一个随机数。语法格式如下：

```
void rand(void);
```

rand()函数没有参数，返回值为产生的随机整数。

下面使用 rand()函数产生 5 个随机数。代码如下：

```
#include <stdlib.h>
#include <stdio.h>
int main(void)
{
    int i;                                              /*定义变量*/
    printf("Five random numbers from 0 to 99\n");
    for (i = 0; i < 5; i++)
        printf("%d ", rand() % 100);                    /*循环输出随机数*/
    return 0;
}
```

运行结果如下：

```
Five random numbers from 0 to 99
41 67 34 0 69
```

3. srand()函数

srand()函数用于初始化随机数发生器，语法格式如下：

```
void srand(unsigned seed);
```

☑ seed：设置随机时间的种子，其值为整数。

srand()函数没有返回值。例如：

```
#include <stdlib.h>
#include <stdio.h>
#include <time.h>
int main(void)
{
    int i;                                              /*定义变量*/
    time_t t;
    srand((unsigned) time(&t));                         /*初始化随机数发生器*/
    printf("Five random numbers from 0 to 99\n");       /*输出提示信息*/
    for(i=0; i<5; i++)
        printf("%d ", rand() % 100);                    /*循环输出随机数*/
    printf("\n");
    return 0;
}
```

运行结果如图 6.2 所示。

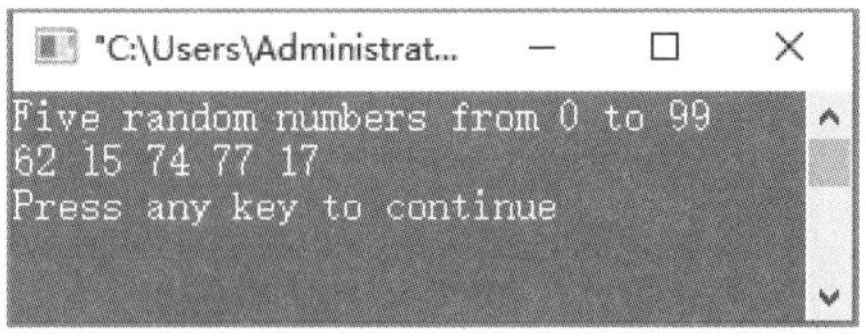

```
"C:\Users\Administrat...
Five random numbers from 0 to 99
62 15 74 77 17
Press any key to continue
```

图 6.2　使用 srand()函数初始化随机数发生器

4．system()函数

system()函数用于发出一个 DOS 命令。语法格式如下：

```
int system(char *command);
```

☑　command：需要执行的 DOS 命令。

system()函数执行成功返回 0，否则返回-1。例如：

```
#include <stdio.h>
#include <stdlib.h>
int main(void)
{
    printf("About to spawn command.com and run a DOS command\n");
    system("dir");                    /*执行 DOS 命令*/
    return 0;
}
```

运行结果如图 6.3 所示。

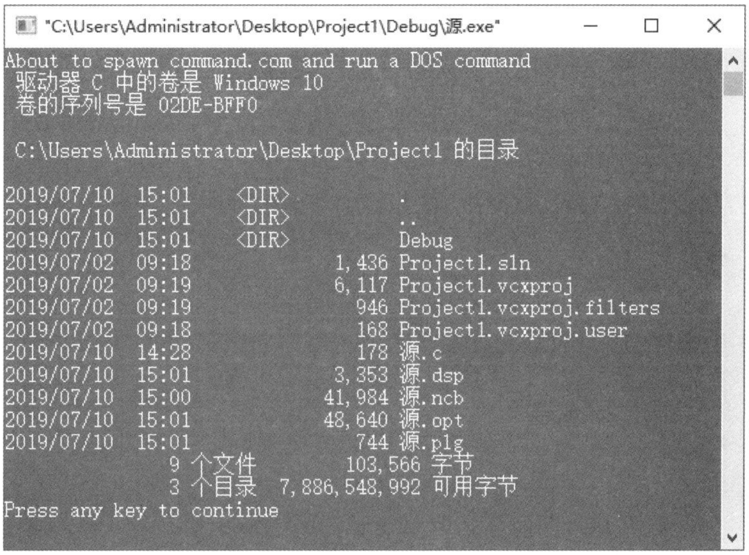

```
"C:\Users\Administrator\Desktop\Project1\Debug\源.exe"
About to spawn command.com and run a DOS command
 驱动器 C 中的卷是 Windows 10
 卷的序列号是 02DE-BFF0

 C:\Users\Administrator\Desktop\Project1 的目录

2019/07/10  15:01    <DIR>          .
2019/07/10  15:01    <DIR>          ..
2019/07/10  15:01    <DIR>          Debug
2019/07/02  09:18             1,436 Project1.sln
2019/07/02  09:19             6,117 Project1.vcxproj
2019/07/02  09:19               946 Project1.vcxproj.filters
2019/07/02  09:18               168 Project1.vcxproj.user
2019/07/10  14:28               178 源.c
2019/07/10  15:01             3,353 源.dsp
2019/07/10  15:00            41,984 源.ncb
2019/07/10  15:01            48,640 源.opt
2019/07/10  15:01               744 源.plg
               9 个文件        103,566 字节
               3 个目录  7,886,548,992 可用字节
Press any key to continue
```

图 6.3　使用 system()函数执行 DOS 命令

实战技能强化训练

训练一：基本功强化训练

1. 管理 QQ 好友 ▷①②③④⑤⑥

如图 6.4 所示为作者的 QQ 好友联系人列表，编写一个程序，用数组存储好友姓名（如编辑张震岳），其他信息不用输入。然后输出所有的联系人姓名，输出效果如图 6.5 所示。（提示：使用一维数组）

图 6.4　QQ 好友信息

```
***我的好友***
编辑张震岳,周音讯,李国庆,李永民,温瑞安,司机帮,张老师,客服
```

图 6.5　输出 QQ 好友

2. 平安夜卖苹果 ▷①②③④⑤⑥

一家人平安夜分苹果卖，父亲推出一车苹果，一共是 2520 个，准备分给他的 6 个儿子。父亲先按事先写在纸上的数字把这堆苹果分完，每个人拿到的苹果数量都不同。然后他说：“老大，把你分到的苹果分 1/8 给老二；老二拿到后，连同原来的苹果分 1/7 给老三；老三拿到后，连同原来的苹果分 1/6 给老四，依此类推，最后老六拿到后，连同原来的苹果分 1/3 给老大，这样，你们每个人分到的苹果就一样多了。”那么，兄弟 6 人原来各分到多少苹果？用代码计算一下。运行结果如图 6.6 所示。（提示：使用一维数组及引用一维数组）

3．杨辉三角问题　▷①②③④⑤⑥

打印杨辉三角形（要求打印 10 行），运行效果如图 6.7 所示。（提示：使用二维数组）

1

1　1

1　2　1

1　3　3　1

1　4　6　4　1

1　5　10 10　5　1

……

```
x[1]=240
x[2]=460
x[3]=434
x[4]=441
x[5]=455
x[6]=490
```

图 6.6　原来的分苹果结果

```
1
1  1
1  2  1
1  3  3  1
1  4  6  4  1
1  5  10  10  5  1
1  6  15  20  15  6  1
1  7  21  35  35  21  7  1
1  8  28  56  70  56  28  8  1
1  9  36  84 126 126  84  36  9  1
```

图 6.7　打印杨辉三角

4．十二星座速配　▷①②③④⑤⑥

十二星座速配：从分数大小比较（利用插入排序法）巨蟹座与哪个星座匹配，匹配分数如下（星座名/速配值）。

白羊座/50；金牛座/90；双子座/70；巨蟹座/80；狮子座/75；处女座/89；天秤座/55；天蝎座/100；射手座/40；摩羯座/60；水瓶座/45；双鱼座/99。效果如图 6.8 所示。（提示：插入法排序）

5．斐波那契数列　▷①②③④⑤⑥

斐波那契数列的特点是第一、二两个数为 1，1。从第三个数开始，该数是前两个数之和。求这个数列的前 30 个元素。程序运行效果如图 6.9 所示。（提示：使用一维数组及引用一维数组）

```
巨蟹座与哪个星座匹配，匹配分数由低到高如下：
40      45      50      55      60
70      75      80      89      90
99      100
```

图 6.8　星座速配

```
     1       1       2       3       5
     8      13      21      34      55
    89     144     233     377     610
   987    1597    2584    4181    6765
 10946   17711   28657   46368   75025
121393  196418  317811  514229  832040
```

图 6.9　斐波那契数列

6．玩数独游戏　▷①②③④⑤⑥

一个 3×3 的网格，将从 1～9 的数字放入方格，达到能够使得每行每列以及每个对角线的值相

加都相同（提示：矩阵中心的元素为 5）。运行效果如图 6.10 所示。（提示：使用二维数组及引用二维数组）

7. 输出电视剧的收视率 ▷①②③④⑤⑥

利用数组输出如图 6.11 所示的电视剧的收视率。（提示：使用字符数组）

```
a[0][0]=6
a[0][1]=7
a[0][2]=2
a[1][0]=1
a[1][1]=5
a[1][2]=9
a[2][0]=8
a[2][1]=3
a[2][2]=4
输出二维数组:
6          7          2
1          5          9
8          3          4
```

图 6.10　玩数独游戏

```
《Give up,hold on to me》                       收视率：1.4%
《The private dishes of the husbands》          收视率：1.343%
《My father-in-law will do martial arts》       收视率：0.92%
《Distant distance》                            收视率：0.394%
```

图 6.11　输出电视剧的收视率

8. 巧排螺旋数阵 ▷①②③④⑤⑥

螺旋数阵指的是将连续自然数 1,2,3,4，…，$n\times(n-1)$，$n\times n$，共 $n\times n$ 个数，按由小到大、由外到内、顺时针或逆时针方向，排成一个 $n\times n$ 的螺旋形状的方阵。程序运行结果如图 6.12 所示。（提示：使用字符数组、二维数组）

```
输入行数n（1到19）：10

选择螺旋方向：1.顺时针 2.逆时针：1
          顺时针方向螺旋阵

  1   2   3   4   5   6   7   8   9  10
 36  37  38  39  40  41  42  43  44  11
 35  64  65  66  67  68  69  70  45  12
 34  63  84  85  86  87  88  71  46  13
 33  62  83  96  97  98  89  72  47  14
 32  61  82  95 100  99  90  73  48  15
 31  60  81  94  93  92  91  74  49  16
 30  59  80  79  78  77  76  75  50  17
 29  58  57  56  55  54  53  52  51  18
 28  27  26  25  24  23  22  21  20  19

输入行数n（1到19）：
```

图 6.12　螺旋数阵

训练二：实战能力强化训练

9．百灯判熄　▷①②③④⑤⑥

有100盏灯，编号为1～100，分别由100个开关进行控制，开始时全是将灯开着的，然后进行如下的操作：首先将凡是1的倍数的开关进行反向操作，然后再将2的倍数的开关进行反向操作，再将3的倍数的开关进行反向操作……依次直到最后对100的倍数的开关进行反向操作。问：最后为熄灭状态的灯的编号是多少。程序运行结果如图6.13所示。

图6.13　百灯判熄结果图

10．CET6考试成绩输出　▷①②③④⑤⑥

大学英语六级考试，又称CET6，是由国家统一组织的评定应试人员英语能力的全国性考试。如图6.14所示是几位大学生的英语六级考试成绩，请将某一位同学的成绩存储到数组中，然后用成绩报告单形式输出这位同学的成绩，如图6.15所示。（提示：使用一维数组）

姓名	学校	考试级别	准考证号	总分	听力	阅读	综合	写作
李友	北京师范大学	六级	340123090901	636	215	255	115	51
张弛	北京理工大学	六级	550123090901	629	212	260	107	50
牛顿	北京邮电大学	六级	110423090901	541	174	203	111	55
马晓慧	北京林业大学	六级	320123090901	476	134	179	114	49

图6.14　CET6考试成绩信息

图6.15　输出成绩报告单

11．统计各数字出现的次数　▷①②③④⑤⑥

用户可以输入0～9任意的10个元素，然后统计这10个元素各数字出现的次数，运行结果如图6.16所示。（提示：使用一维数组）

12．2018年主要汽车集团全球销量排名　▷①②③④⑤⑥

如图6.17所示是2018年主要汽车集团全球的汽车销量，编写一个程序，利用冒泡法将表中的销售量进行从小到大排序。（提示：使用冒泡排序）

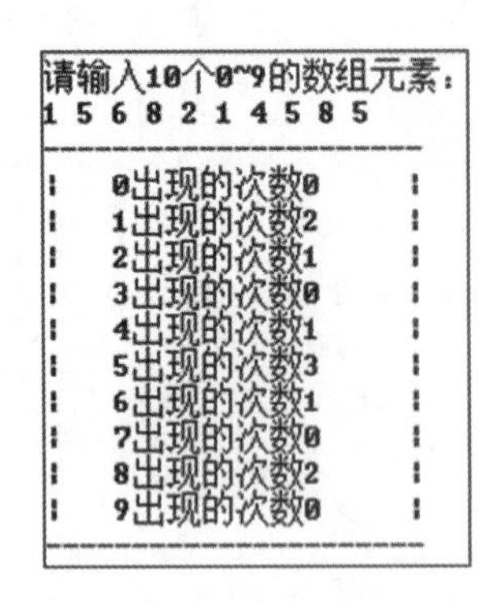

图 6.16　数字出现的次数统计

厂商	2018年销量
丰田	10520655
福特	5734306
通用	8786987
现代起亚	7507945
菲亚特	4840664
本田	5262125
铃木	3213143
雪铁龙	4125683
大众	10830625
雷诺日产	10360992

图 6.17　2018 年主要汽车集团全球的汽车销量

13．猜数四问　▷①②③④⑤⑥

猜数四问作为一个很经典的算法问题，这里我们将其扩展至 1～80 这 80 个数。读者在心中选择一个 1～80 的数，然后依次输入这个数在如下 4 张表中出现的次数，计算机就会输出读者心中所选择的数。程序运行结果如图 6.18 所示。（提示：使用 static 修饰一维数组）

```
表1                                   表2
  1  2  2  4  5  5  7  8  8             3  4  5  6  6  7  7  8  8
 10 11 11 13 14 14 16 17 17            12 13 14 15 15 16 16 17 17
 19 20 20 22 23 23 25 26 26            21 22 23 24 24 25 25 26 26
 28 29 29 31 32 32 34 35 35            30 31 32 33 33 34 34 35 35
 37 38 38 40 41 41 43 44 44            39 40 41 42 42 43 43 44 44
 46 47 47 49 50 50 52 53 53            48 49 50 51 51 52 52 53 53
 55 56 56 58 59 59 61 62 62            57 58 59 60 60 61 61 62 62
 64 65 65 67 68 68 70 71 71            66 67 68 69 69 70 70 71 71
 73 74 74 76 77 77 79 80 80            75 76 77 78 78 79 79 80 80
表3                                   表4
  9 10 11 12 13 14 15 16 17            27 28 29 30 31 32 33 34 35
 18 18 19 19 20 20 21 21 22            36 37 38 39 40 41 42 43 44
 22 23 23 24 24 25 25 26 26            45 46 47 48 49 50 51 52 53
 36 37 38 39 40 41 42 43 44            54 54 55 55 56 56 57 57 58
 45 45 46 46 47 47 48 48 49            58 59 59 60 60 61 61 62 62
 49 50 50 51 51 52 52 53 53            63 63 64 64 65 65 66 66 67
 63 64 65 66 67 68 69 70 71            67 68 68 69 69 70 70 71 71
 72 72 73 73 74 74 75 75 76            72 72 73 73 74 74 75 75 76
 76 77 77 78 78 79 79 80 80            76 77 77 78 78 79 79 80 80

键入你猜想的数依次在表1、表2、表3和表4中出现的次数：0 2 1 0
你猜想的数是：15
```

图 6.18　猜数四问

14．高三模拟考试成绩排名　▷①②③④⑤⑥

高考对于学生来说，是一个里程碑，也可以看作是一种特殊的成人仪式。能够在高考的竞争中有所收获，一定要克服各种困难！而克服困难的过程，是对自信力、学习力、自控力、总结反思力、毅力的极好磨炼和发展。可以说，三年寒窗，除了优秀的成绩，收获强大的学习能力、综合素质和心理素质才是最宝贵的财富。可以说，没有比高考更能磨炼一个人的各种素质了。如图 6.19 所示是某学校

高三模拟考试部分学生的成绩，请编写一个程序，用选择法排序将这些成绩按照从高到低排序。（提示：使用一维数组）

1	序号	姓名	班级	语文	数学	英语	理综	总分	全级名次
2	001	宋永欣	2	125	132	128	256		
3	002	朱力璇	2	132	123	135	232		
4	003	杜媛	1	132	141	132	263		
5	004	马上宁	1	123	122	140	238		
6	005	栗怡	1	134	138	135	263		
7	006	贾患英	3	111	126	122	243		
8	007	朱雅宁	4	128	135	141	278		
9	008	杨研	5	123	122	132	213		
10	009	赫宁	3	126	142	122	279		
11	010	金芬	4	129	133	137	273		
12	011	秦斐	2	122	106	132	220		

图 6.19　学生模拟考试成绩单

15．2018 年亚洲城市 GDP 排名　▷①②③④⑤⑥

2018 年，我国有 11 个城市 GDP 超过 1 万亿人民币，如图 6.20 所示。请编写一个程序，使用插入法将我国超过万亿的前 6 个城市的 GDP 排行输出出来。

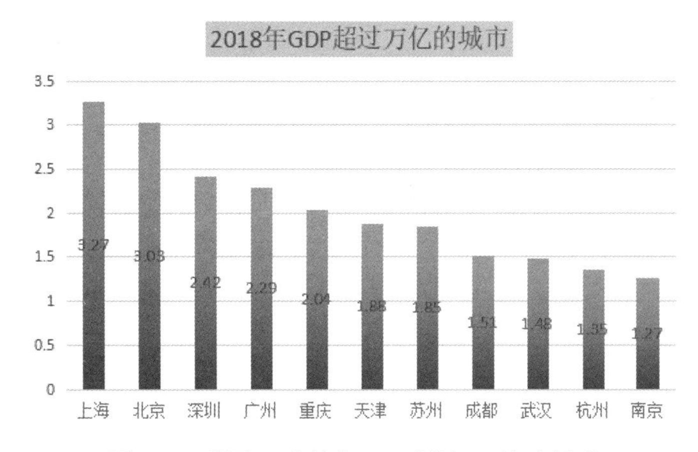

图 6.20　我国 11 个城市 GDP 超过 1 万亿人民币

第 7 章　字 符 数 组

本章训练任务对应上册第 8 章字符数组部分。

重点练习内容：

1. 熟悉英文字母验证函数。
2. 熟悉字母或数字验证函数。
3. 熟悉标点符号验证函数。
4. 熟悉验证空格函数。

应用技能拓展学习

以下函数包含在 ctype.h 函数库中。

1. isalpha()函数

isalpha()函数是英文字母验证函数，语法格式如下：

```
int isalpha(int ch);
```

☑　ch：待检查的字符。

当待检查字符不是英文字母时，isalpha()函数返回 0，否则返回非 0。

例如，在 A、B、C、D 4 个选项中选择正确答案（假定答案是 C），代码如下：

```
#include <stdio.h>
#include <ctype.h>
int main()
{
	char c;                                          //定义输入答案字符变量
	printf("请选择您的答案：\n");                     //提示
	scanf("%c",&c);                                  //输入字符
	if(isalpha(c))                                   //判断字符为英文字母
	{
		printf("您选择的答案是：%c    选择格式正确\n",c);   //提示
		if (c=='C')                              //判断选择答案为 C
		{
		printf("您的答案是正确的 \n");                //提示
		}
		else                                     //判断选择答案不为 C
```

```
        {
            printf("但是您的答案是错误的\n");                //提示
        }
    }
    else                                                 //判断字符不是英文字母
    {
        printf("您选择答案不符合要求\n");                //提示
    }
    return 0;
}
```

运行结果如图 7.1~图 7.3 所示。

```
请选择您的答案：
A
您选择的答案是：A    选择格式正确
但是您的答案是错误的
```

图 7.1　输入 A

```
请选择您的答案：
C
您选择的答案是：C    选择格式正确
您的答案是正确的
```

图 7.2　输入 C

```
请选择您的答案：
3
您选择答案不符合要求
```

图 7.3　输入 3

2. isalnum()函数

isalnum()是字母或数字验证函数，语法格式如下：

```
int isalnum(int ch);
```

☑　ch：待检查的字符。

当待检查字符不是字母或数字时，isalnum()函数返回 0，否则返回非 0。

例如，快递收费标准为 2 千克以内 12 元，超过 2 千克，每千克收取 2 元。代码如下：

```
#include <stdio.h>
#include <ctype.h>
int main()
{
    char num;                                                    //定义变量
    int weight,money;
    printf("请输入货物重量：");                                  //提示
    scanf("%c",&num);                                            //输入字符
    if (isalnum(num))                                            //判断是否为数字或字母
    {
        weight = num - '0';                                      //将数字字符转化为数值
        money = weight < 2 ? 12 : 12+(weight - 2) * 2;           //计算快递费
        printf("用快递将%d 千克重的货物邮走，所花%d 元。\n",weight,money);   //输出信息

    }
    else                                                         //判断不是数字或字母
    {
        printf("输入的格式不正确\n");                            //输出提示
    }
    return 0;
}
```

运行结果如图 7.4 和图 7.5 所示。

```
请输入货物重量：6
用快递将6千克重的货物邮走，所花20元。
```

图 7.4　超过 2 千克快递费

```
请输入货物重量：、
输入的格式不正确
```

图 7.5　错误输出格式

3. ispunct()函数

ispunct()函数是标点符号验证函数，语法格式如下：

```
int ispunct(int ch);
```

☑　ch：待检查的字符。

待检查字符不是标点符号时，ispunct()函数返回 0，否则返回非 0。

例如，判断标识符是否为以下画线开头，代码如下：

```
#include <stdio.h>
#include <ctype.h>
int main()
{
    char symbol;                                    //定义变量
    printf("请输入定义的标识符：");                 //提示
    scanf("%c",&symbol);                            //输入标识符
    if (ispunct(symbol))                            //判断是字符标点符号
    {
        if (symbol=='_')                            //判断是_
        {
            printf("标识符以_开头，符合标识符\n");  //提示
        }
        else                                        //没有_
        {
            printf("标识符没有以_开头\n");          //提示
        }
    }
    else                                            //判断不是标点符号
    {
        printf("标识符中不含字符");
    }
    return 0;
}
```

运行结果如图 7.6～图 7.8 所示。

```
请输入定义的标识符：_hello
标识符以_开头，符合标识符
```

图 7.6　以_开头标识符

图 7.7　不以_开头标识符

图 7.8　不含字符标识符

4．isspace()函数

isspace()是验证空格函数，语法格式如下：

```
int isspace(int ch)
```

☑　ch：待检查的字符。

当待检查字符不是空白字符时，isspace()函数返回 0，否则返回非 0。

例如，为了美观，会在换行时空出空格。编写代码，判断是否输入内容符合格式，代码如下：

```
#include <stdio.h>
#include <ctype.h>
int main()
{
    char sym;                                   //定义变量
    printf("请换行输入内容：");                  //提示
    scanf("%c",&sym);                           //输入内容
    if (isspace(sym))                           //判断是否为空格
    {
        printf("段前空格，格式正确\n");          //提示格式正确

    }
    else                                        //判断不为空格
    {
        printf("格式不正确 需要段前空格\n");     //提示格式不正确
    }
    return 0;
}
```

运行结果如图 7.9 和图 7.10 所示。

```
请换行输入内容：  I am a student
段前空格，格式正确
```

图 7.9　格式正确句子

```
请换行输入内容：I am a student
格式不正确 需要段前空格
```

图 7.10　格式错误句子

实战技能强化训练

训练一：基本功强化训练

1．注册明日学院 VIP 账号　　▷①②③④⑤⑥

判断注册的明日学院账号是否符合要求，运行结果如图 7.11 所示。（提示：使用 strlen()函数）

2. 对对联 ▷①②③④⑤⑥

编写程序，输出一个上联，用户对出下联后，一起输出上联和下联，实现效果如图 7.12 所示。

3. 打印象棋口诀 ▷①②③④⑤⑥

下象棋前，需要先了解一下象棋口诀：马走日，象走田，车走直路炮翻山，士走斜线护将边，小卒一去不回还。利用字符串拼接函数输出象棋口诀，效果如图 7.13 所示。（提示：使用字符串连接函数）

```
请输入您想注册的明日学院账号：
mingrikeji
注册成功
```

图 7.11　注册账号

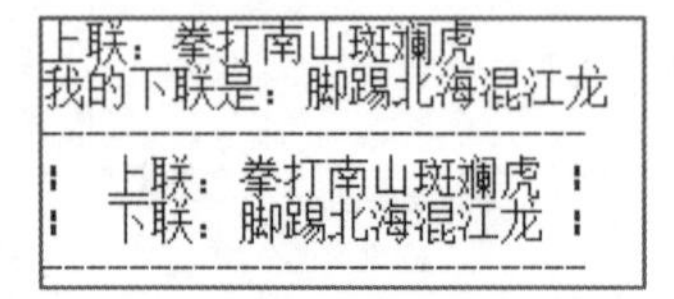

图 7.12　对对联

图 7.13　打印象棋口诀

4. 符号表情大全 ▷①②③④⑤⑥

网络聊天中，巧妙运用表情符号，可以增加趣味性，促进交流。使用标点符号也能拼出表情，如图 7.14 所示是手机端的部分表情。编写程序，判断用户输入的是否是标点符号，运行效果如图 7.15、图 7.16 所示。（提示：使用 ispunct()函数）

5. 谁被@了 ▷①②③④⑤⑥

微信时代，@人和被@是常有的事。在微信群里，要是找某个人有急事，就会@他。编写程序，输出被@的列表，效果如图 7.17 所示。（提示：使用字符串连接函数）

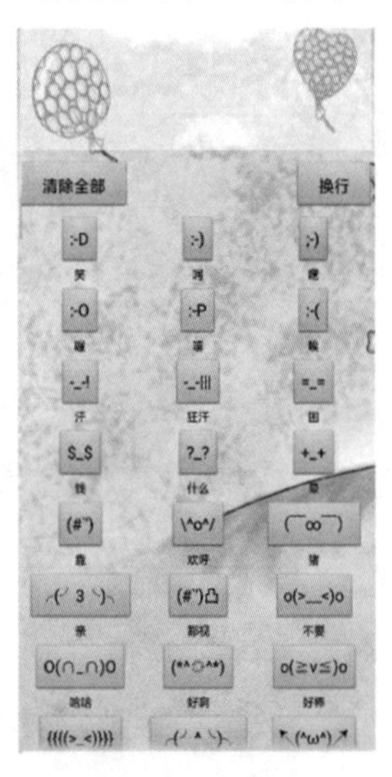

图 7.14　表情

图 7.15　正确表情

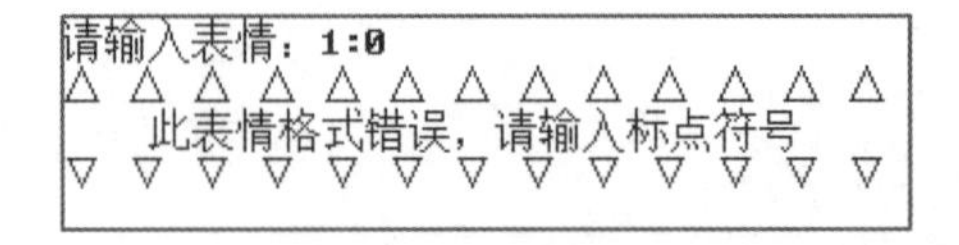

图 7.16　错误表情

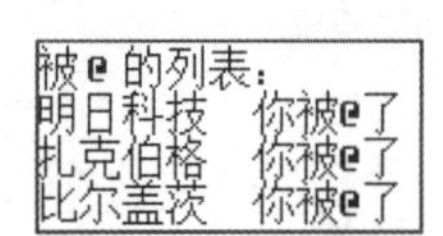

图 7.17　被@的列表

6．音量效果　▷①②③④⑤⑥

在 Windows 操作系统中，可以手动调整计算机的音量，如图 7.18 所示。编写程序输出如图 7.19 所示的音量效果图。

7．判断车牌号的归属地　▷①②③④⑤⑥

利用字符串比较函数判断车牌号的归属地，运行结果如图 7.20 所示。（提示：使用字符串比较函数）

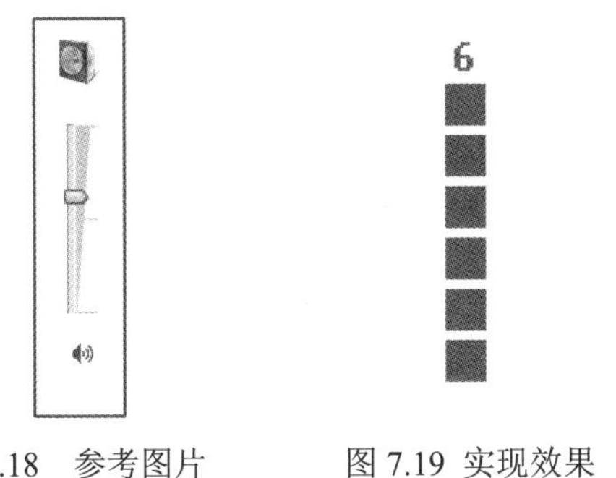

图 7.18　参考图片　　图 7.19 实现效果

```
车牌号归属地查询：

津 A · 12345 这个车牌号的归属地是：天津
沪 A · 23456 这个车牌号的归属地是：上海
京 A · 34567 这个车牌号的归属地是：北京
```

图 7.20　车牌号归属地查询

8．对号入座　▷①②③④⑤⑥

编写程序，判断客户订餐时输入的座位号是否是数字，运行结果如图 7.21、图 7.22 所示。（提示：使用 isalnum()函数）

```
请输入您的位置号：\
------------------------------------------------
|   对不起，您输入的座位号格式不正确   |
|          不能找到您的位置            |
------------------------------------------------
```

图 7.21　错误位置号

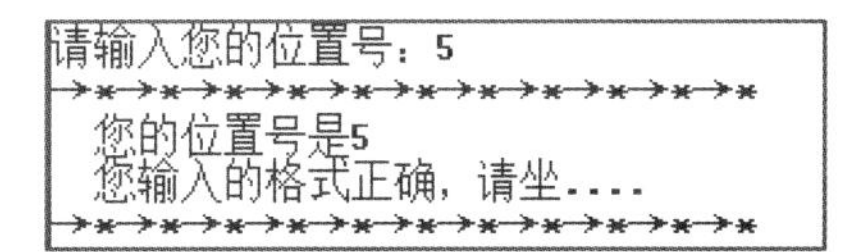

图 7.22　对号入座

训练二：实战能力强化训练

9．模拟键盘打字　▷①②③④⑤⑥

使用键盘打字通常有两种方法，一是拼音输入，一是五笔输入。拼音输入法，在键盘中按英文字母，来拼出汉字。使用键盘输入拼汉字的首字母，使用 isalpha()函数判断输入的是否为英文字母。效果如图 7.23、图 7.24 所示。（提示：使用 isalpha 函数）

```
请开始您的拼音输入法打字：m
* * * * * * * * * * * * * * * * * * * * * * *
*   您输入的拼音首字母是：m    格式正确    *
* * * * * * * * * * * * * * * * * * * * * * *
```

图 7.23　格式正确

```
请开始您的拼音输入法打字：1
≈ ≈ ≈ ≈ ≈ ≈ ≈ ≈ ≈ ≈ ≈ ≈ ≈ ≈ ≈ ≈ ≈ ≈
    您输入的拼音首字母是：1    格式错误
≈ ≈ ≈ ≈ ≈ ≈ ≈ ≈ ≈ ≈ ≈ ≈ ≈ ≈ ≈ ≈ ≈ ≈
```

图 7.24　错误格式

10．查看星座 ▷①②③④⑤⑥

某大学寝室住着 4 位女生，她们的名字保存在一个数组中，星座保存在另一个数组中。编写程序，输出 4 位美女的名字及对应的星座。运行效果如图 7.25 所示。

```
 4位美女的名字是:
-----------------------------
邓婉婷,李韵寒,韩静琪,彭怜菡
-----------------------------
 对应的星座是:
*****************************
射手座,巨蟹座,处女座,双子座
*****************************
```

图 7.25　查看星座

11．淘宝网店客服中心 ▷①②③④⑤⑥

电商竞争越来越激烈，为更好地服务用户，解决售前、售后和快递中的各种问题，很多网店都建立了客服中心，如图 7.26 所示。编写程序，用列表 list 存储客服分类，如售前、售后和查件，用列表 service 存储客服人员，然后输出如图 7.27 所示的客服中心界面。

12．输出菱形图案 ▷①②③④⑤⑥

编写程序，用数组输出如图 7.28 所示的菱形图案。

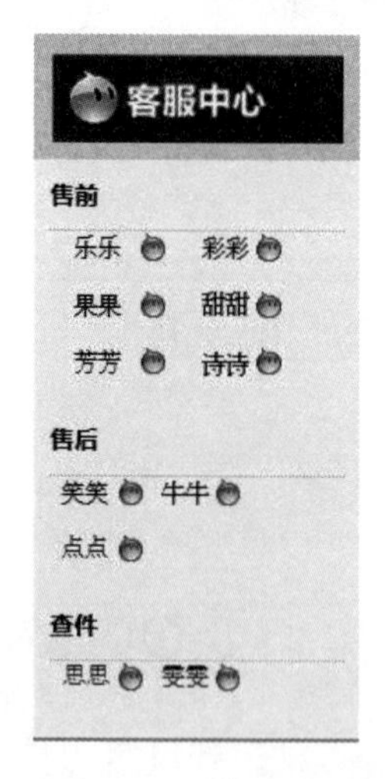

图 7.26　客服中心界面

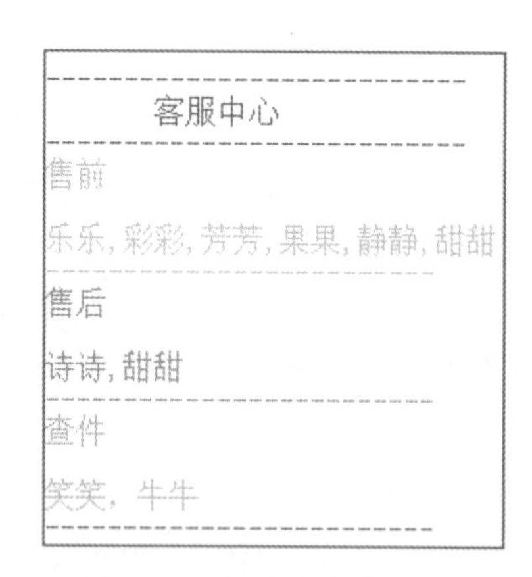

图 7.27　C 语言客服中心界面

图 7.28　输出菱形图案

13．模拟机场航站楼航空公司指引图 ▷①②③④⑤⑥

重庆江北国际机场 T2 航站楼航空公司登记指引如图 7.29 所示。编写程序，用一个列表存储各岛的航空公司信息，用另一个列表存储各岛的名称，如“A 岛”。然后输出各岛航空公司出发的竖版指

引图，如图 7.30 所示。

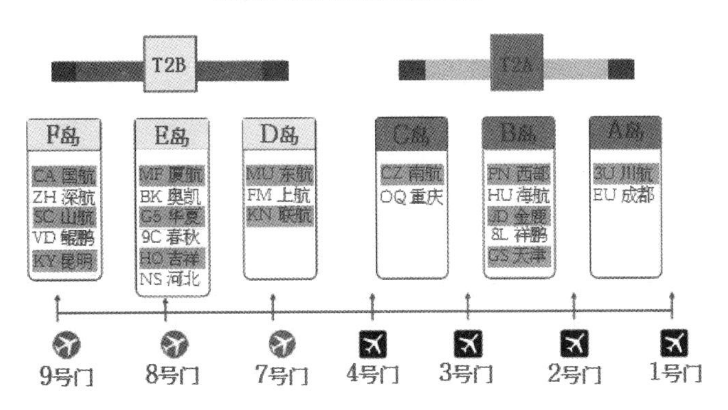

图 7.29 重庆江北国际机场 T2 航站楼航空公司登机指引

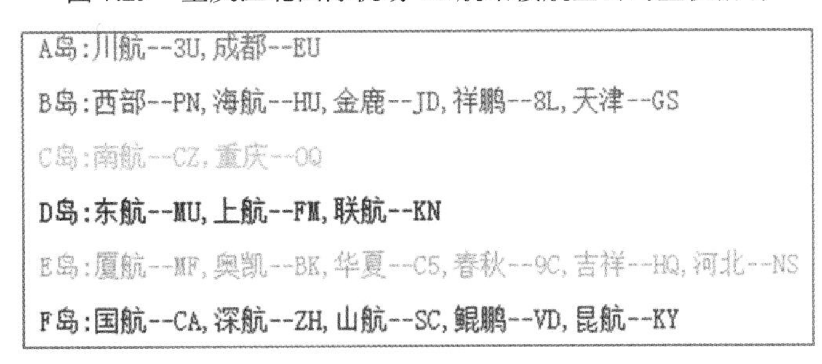

A岛:川航--3U,成都--EU

B岛:西部--PN,海航--HU,金鹿--JD,祥鹏--8L,天津--GS

C岛:南航--CZ,重庆--OQ

D岛:东航--MU,上航--FM,联航--KN

E岛:厦航--MF,奥凯--BK,华夏--C5,春秋--9C,吉祥--HQ,河北--NS

F岛:国航--CA,深航--ZH,山航--SC,鲲鹏--VD,昆航--KY

图 7.30 输出重庆江北国际机场 T2 航站楼航空公司登机指引

14. 更新招牌 ▷①②③④⑤⑥

一名秀才进京赶考，途中饿了，看见一家包子铺，招牌上写着“包子一元一个”。秀才对老板说，你这牌子有问题呀。老板惊讶，我这哪有问题呀。秀才提起笔，往招牌上一点，就变成了“包子一元十个”。老板大惊，秀才说，你改一下招牌，改成“包子壹圆壹个”，就没问题了。于是老板连夜修改了招牌。

编写程序，使用字符串复制函数来更新一下包子铺招牌。实现效果如图 7.31 所示。

```
原来的招牌内容是:
------------------------------
    包子一元一个
------------------------------
经过处理之后的招牌内容是:
-*-*-*-*-*-*-*-*-*-*-*-*-*-*-*
    包子壹圆壹个
-*-*-*-*-*-*-*-*-*-*-*-*-*-*-*
```

图 7.31 更新招牌

15. 输出酒店预订界面简图 ▷①②③④⑤⑥

如图 7.32 所示是某网站酒店系统的预订界面，试编程画出这个界面的简图。不考虑背景颜色、图

标背景图片以及文字颜色和大小。程序的输出效果如图 7.33 所示。

图 7.32　酒店预订界面

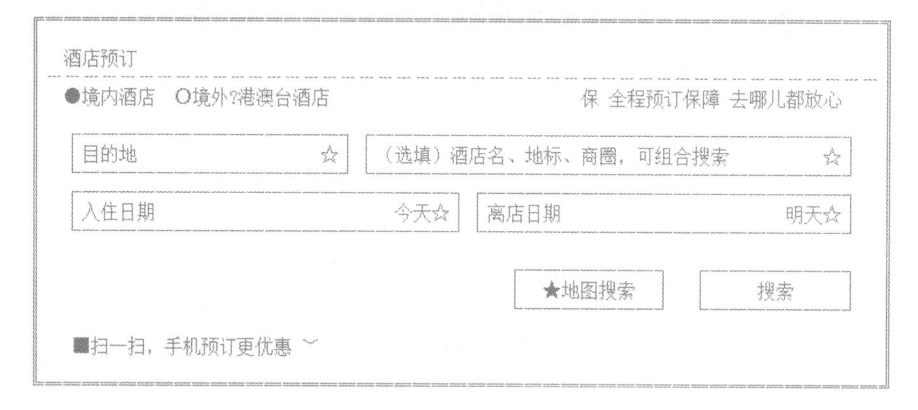

图 7.33　酒店预订界面简图

第 8 章　函数的引用

本章训练任务对应上册第 9 章函数的引用部分。

重点练习内容：

1. 熟悉绘制矩形框函数。
2. 熟悉绘制椭圆函数。
3. 熟悉圆弧线函数。
4. 熟悉绘制填充矩形函数等。

应用技能拓展学习

以下函数包含在 graphics.h 函数库中，需要用到第三方插件 EasyX，其具体安装参见第 5 章。

1．rectangle()函数

rectangle()函数用于绘制矩形框，语法格式如下：

```
rectangle(int x1, int y1, int x2, int y2);
```

该函数可以(x1, y1)为左上角，(x2, y2)为右下角，绘制一个矩形框。

2．ellipse()函数

ellipse()函数用于绘制椭圆，语法格式如下：

```
ellipse(int x, int y, int stangle, int endangle, int xradius,int yradius);
```

该函数以(x, y)为中心，xradius, yradius 为 x 轴和 y 轴半径，从角 stangle 开始，到 endangle 结束，绘制一段椭圆线。当 stangle=0，endangle=360 时，将绘制出一个完整的椭圆。

3．arc()函数

arc()是绘制圆弧线函数，语法格式如下：

```
arc(int x, int y, int stangle, int endangle, int radius);
```

该函数以(x,y)为圆心，radius 为半径，从角 stangle 开始，到 endangle 结束，绘制一段圆弧线。从 x 轴正向开始逆时针旋转一周为 0°~360°。

4. circle()函数

circle()是绘制空心圆函数，语法格式如下：

```
circle(int x, int y, int radius);
```

该函数将以(x, y)为圆心，radius 为半径，绘制一个圆。
绘制空心圆的方法有很多，最常使用的就是 circle()函数。

5. solidrectangle()函数

solidrectangle()是绘制填充矩形函数，语法格式如下：

```
solidrectangle(int x1,int y1,int x2,int y2);
```

该函数将以(x1, y1)为左上角，(x2, y2)为右下角，绘制一个实心的矩形。

6. setlinestyle()函数

设定线型函数为 setlinestyle()，语法格式如下：

```
setlinestyle(int   linestyle, unsigned   upattern, int   thickness);
```

☑ linestyle：线的形状。常见的线形如表 8.1 所示。

表 8.1 线形

符 号 常 数	数　　值	含　　义
SOLID_LINE	0	实线
DOTTED_LINE	1	点线
CENTER_LINE	2	中心线
DASHED_LINE	3	点画线
USERBIT_LINE	4	用户定义线

☑ upattern：linestyle 为 USERBIT_LINE 时需要设置。linestyle 为其他线形时，uppattern 取 0。
☑ thickness：线的宽度，可取值如表 8.2 所示。

表 8.2 thickness 取值

符 号 常 数	数　　值	含　　义
NORM_WIDTH	1	一点宽
THIC_WIDTH	3	三点宽

7. 设置颜色函数

EasyX 中可以设置绘制的颜色，相应的颜色设置函数包括以下 4 个。

☑ setlinecolor(c)：设置线条颜色。

☑ setfillcolor(c)：设置填充颜色。

☑ setbkcolor(c)：设置背景颜色。

☑ setcolor(c)：设置前景颜色。

颜色的设置可以使用常量，颜色的常量值如表 8.3 所示。

表 8.3　颜色的常量值

颜色常数	数值	含义	颜色常数	数值	含义
BLACK	0	黑色	DARKGRAY	8	深灰
BLUE	1	蓝色	LIGHTBLUE	9	深蓝
GREEN	2	绿色	LIGHTGREEN	10	淡绿
CYAN	3	青色	LIGHTCYAN	11	淡青
RED	4	红色	LIGHTRED	12	淡红
MAGENTA	5	洋红	LIGHTMAGENTA	13	淡洋红
BROWN	6	棕色	YELLOW	14	黄色
LIGHTGRAY	7	淡灰	WHITE	15	白色

除了可以使用颜色常量设置颜色外，也可以通过 RGB 三原色的值进行更多颜色的设定，形式为 RGB(r, g, b)。其中 r、g、b 分别表示红色、绿色和蓝色，范围都是 0～255。例如，RGB(0,0,0)表示黑色，RGB(255,255,255)表示白色，RGB(255,0,0)表示红色。

可通过 Word、PowerPoint 等办公软件的颜色设置，查看 RGB 配色，如图 8.1 所示。

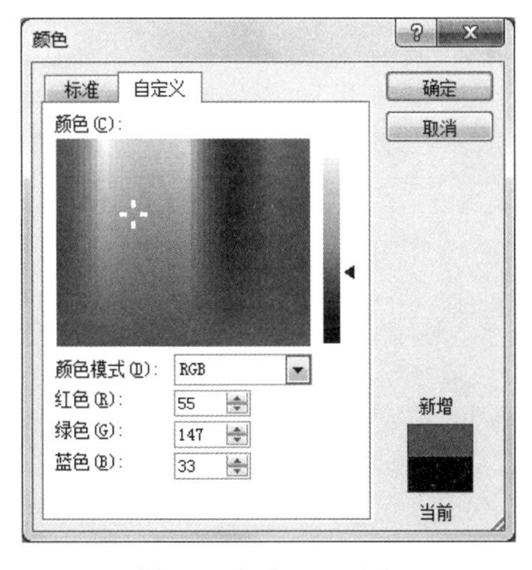

图 8.1　查看 RGB 配色

8．模式的初始化

显示器适配器不同，图形分辨率通常也不相同。即使是同样的显示器适配器，在不同模式下分辨率也不同。因此，在作图之前，需要根据显示器种类将其设置成为某种图形模式。设置图形模式之前，计算机系统默认屏幕为文本模式，此时所有的图形函数均不能工作。

设置屏幕为图形模式，可使用 initgraph()函数，语法格式如下：

```
initgraph(int *gdriver, int *gmode, char *path);
```

☑ gdriver：图形驱动器，是一个整型值。常用的有 EGA、VGA、PC3270 等。如果不知道当前计算机的图形显示器适配器种类，也不用急。Turbo C 提供了一种简单方法，即用 gdriver=DETECT 语句后再跟 initgraph()函数，就能自动检测显示器硬件并初始化图形界面。

☑ gmode：图形显示模式。不同的图形驱动程序有不同的图形显示模式，一个图形驱动程序下有几种图形显示模式。

☑ path：图形驱动程序所在的目录路径。如果驱动程序在用户当前目录下，该参数可以为空。

退出图形状态函数为 closegraph()，语法格式如下：

```
closegraph(void);
```

使用 closegraph()函数后，可退出图形状态，进入文本状态，并释放用于保存图形驱动程序和字体的系统内存。

实战技能强化训练

训练一：基本功强化训练

1．模拟 12306 抢票系统　▷①②③④⑤⑥

利用全局变量模拟 12306 抢票系统，效果如图 8.2 所示。（提示：定义全局变量）

```
始发地：上海　目的地：长春　时间：2019年7月10日16：20出发
3个城市剩余的票数分别为：
上海的12306系统剩余票数：99张
北京的12306系统剩余票数：99张
深圳的12306系统剩余票数：99张
我抢到一张票数之后剩余票数：98
我抢到一张票之后3个城市剩余的票数分别为：
上海的12306系统剩余票数：98张
北京的12306系统剩余票数：98张
深圳的12306系统剩余票数：98张
```

图 8.2　模拟 12306 抢票系统

2. 光阴如梭，请珍惜时间　▷①②③④⑤⑥

编写程序，输入任意年月日，计算这是这一年的第几天。例如，输入“2019 02 03”，则提示这是第 2019 年的第 34 天，实现效果如图 8.3 所示。（提示：自定义一个判断闰年的函数，自定义一个计算该年第几天的函数）

3. 为和尚写诗　▷①②③④⑤⑥

自定义一个 poetry()函数，为和尚写一首诗，效果如图 8.4 所示。（提示：定义诗句函数）

图 8.3　珍惜时间

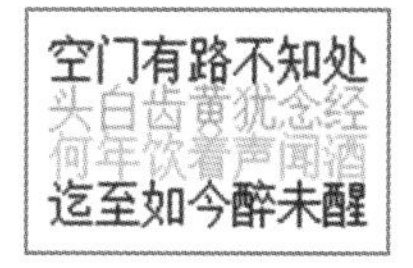

图 8.4　为和尚写诗

4. 爱我中华　▷①②③④⑤⑥

使用绘制图形函数，绘制如图 8.5 所示的红色五角星。（提示：使用 EasyX 图形库）

5. 一棵松树的梦　▷①②③④⑤⑥

在源文件中定义一个全局变量 pinetree，并为它赋值。再定义一个 christmastree()函数，在函数里面定义名称为 pinetree 的局部变量，并输出。最后在主函数中调用 christmastree()函数，并输出全局变量 pinetree 的值，效果如图 8.6 所示。

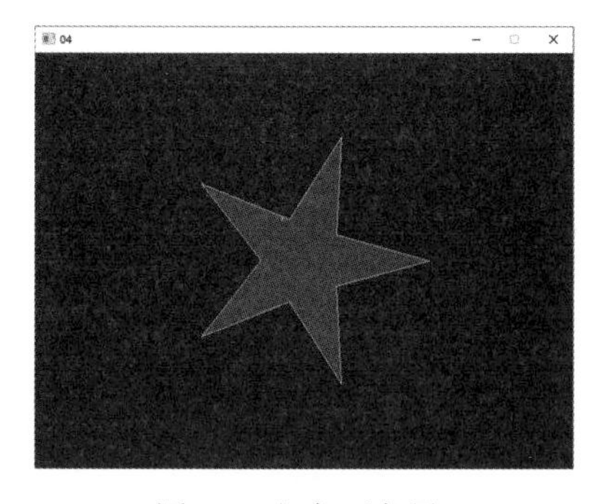

图 8.5　红色五角星

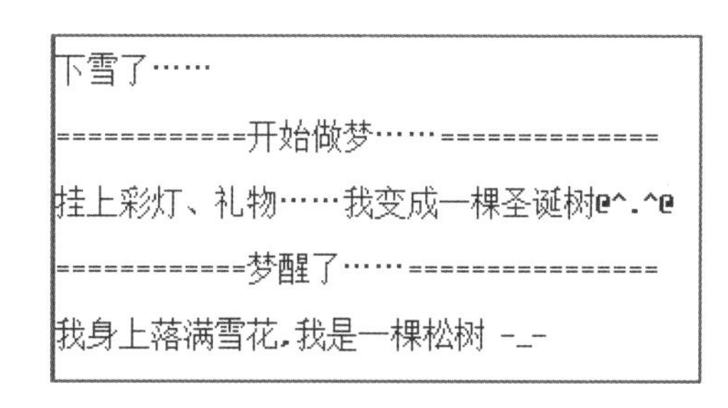

图 8.6　一棵松树的梦

6. 判断回文数　▷①②③④⑤⑥

回文，是指顺着读和倒着读是一样的内容，如“雾锁山头山锁雾”“天连水尾水连天”等都是回

文。编写函数，判断字符串是否为回文，若是回文返回 1，否则返回 0。程序运行效果如图 8.7、图 8.8 所示。（提示：自定义一个判断回文数的函数）

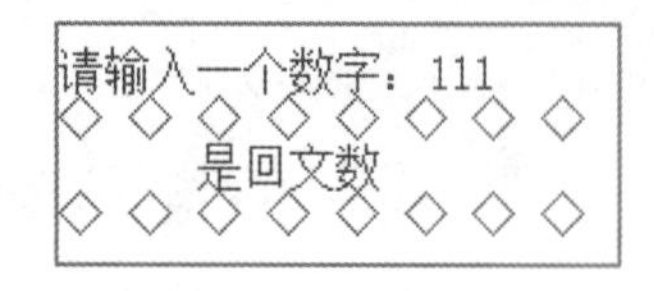

图 8.7　是回文数

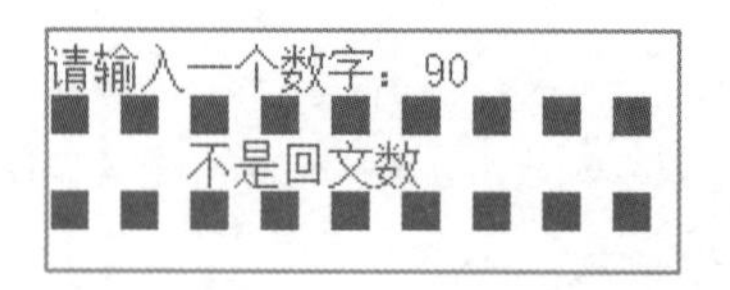

图 8.8　不是回文数

7．确定女主角　▷①②③④⑤⑥

某导演有一个剧本，需要找演员来演对应的角色。利用函数的实参和形参知识来编写代码，实现为剧本选女主的功能。运行结果如图 8.9 所示。

8．图形时钟　▷①②③④⑤⑥

在屏幕中以图形的方式绘制时钟，要求时针、分针、秒针随时间的变化而变化。运行结果如图 8.10 所示。（提示：使用 EasyX 图形库）

```
导演选定女主角是：钱多多
→*→*→*→*→*→*→*→*→*→*→*
      钱多多开始参演李美丽角色
→*→*→*→*→*→*→*→*→*→*→*
```

图 8.9　确定女主角

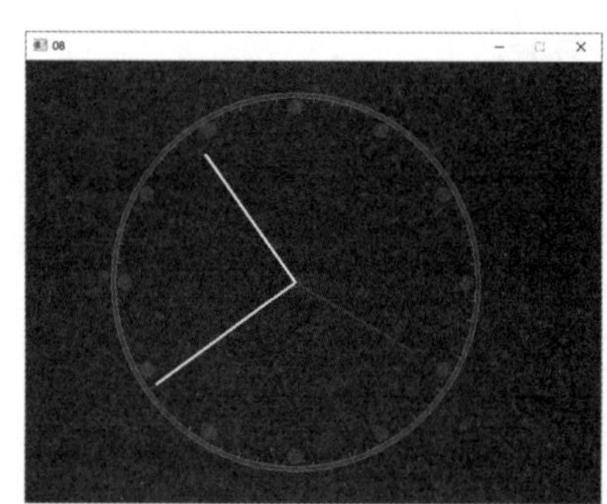

图 8.10　模拟时钟

训练二：实战能力强化训练

9．为 C 语言归类　▷①②③④⑤⑥

在腾讯课堂上寻找对应课程进行学习时，需要逐个分类向下查找。例如，C 语言属于“IT→互联网→编程语言→C”分类。利用函数嵌套找到 C 语言课程，实现结果如图 8.11 所示。（提示：使用函数的嵌套）

10．你输入，我来变　▷①②③④⑤⑥

编写一个函数，把输入的字母变成大写形式。例如，输入 gobigorgohome，输出的内容将为 GOBIGORGOHOME，实现效果如图 8.12 所示。（提示：自定义改成大写字母函数）

```
（1）找到IT分类
（2）IT分类中找到互联网分类
（3）互联网分类中找到编程语言分类
（4）编程语言分类找到C语言课程
```

图 8.11　找到 C 语言课程

```
输入一个字符串:
gobigorgohome
转换成大写字母的字符串为:GOBIGORGOHOME
```

图 8.12　输出大写字母

11．递归求年龄　▷①②③④⑤⑥

甲、乙、丙、丁、戊 5 人坐在一起聊天，互相猜年龄。戊说，我比丁大 2 岁。丁说，我比丙大 2 岁。丙说，我比乙大 2 岁。乙说，我比甲大 2 岁。甲说，我 10 岁。使用递归调用编写程序，求戊的年龄。运行结果如图 8.13 所示。

12．两元店广告词　▷①②③④⑤⑥

编写函数，模拟两元店的广告词：“2 块钱，你买不了吃亏，买不了上当，买啥啥便宜，你往前走，别回头，买不买都过来看一看，本店商品一律 2 元”。实现效果如图 8.14 所示。

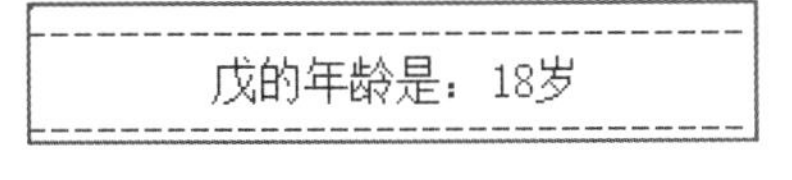

```
------------------------------
     戊的年龄是：18岁
------------------------------
```

图 8.13　年龄结果

```
★★★★★★★★★★★★★★★★★★
  2块钱，你买不了吃亏，买不了上当，买啥啥便宜，
  你往前走，别回头，买不买都过来看一看，本店商品一律2元
★★★★★★★★★★★★★★★★★★
```

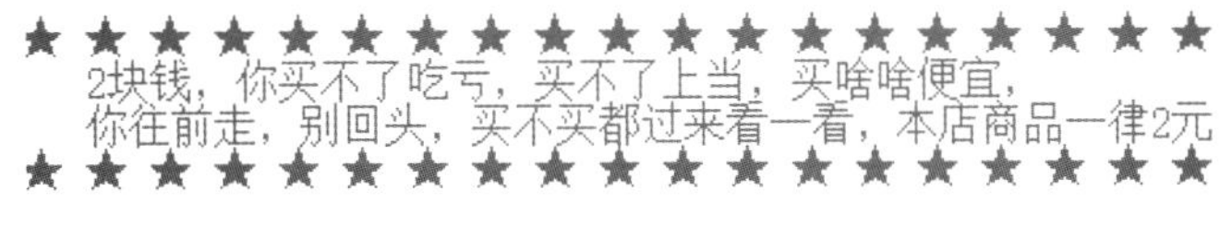

图 8.14　两元店广告词

13．将美元兑换成人民币　▷①②③④⑤⑥

美元与人民币之间的汇率经常浮动。编写程序，将美元转换为人民币（假设 1 美元等于 6.28 元人民币），效果如图 8.15 所示。（提示：自定义一个将美元兑换成人民币的函数）

14．太阳花图案　▷①②③④⑤⑥

在屏幕中绘制由直线和正方形组成的图形。要求画 4 个正方形，旋转角度自定，在绘好的 4 个正方形中的空白处绘制出彩色的直线。图案效果如图 8.16 所示。（提示：使用 EasyX 图形库）

```
您要兑换的美元金额：500

* * * * * * * * * * * * * * * * *
*  兑换成人民币金额是：3140.00  *
* * * * * * * * * * * * * * * * *
```

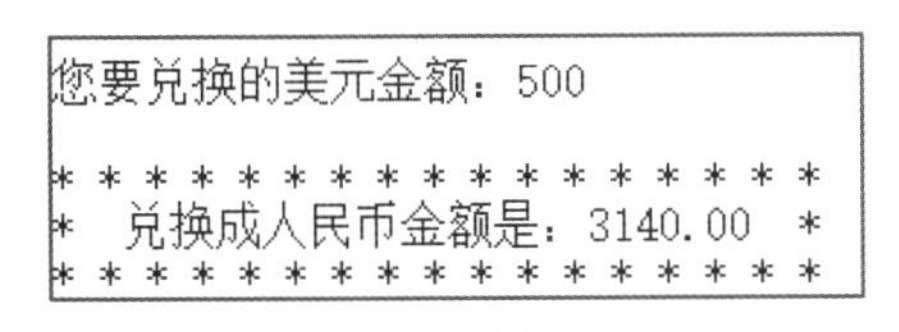

图 8.15　将美元兑换成人民币

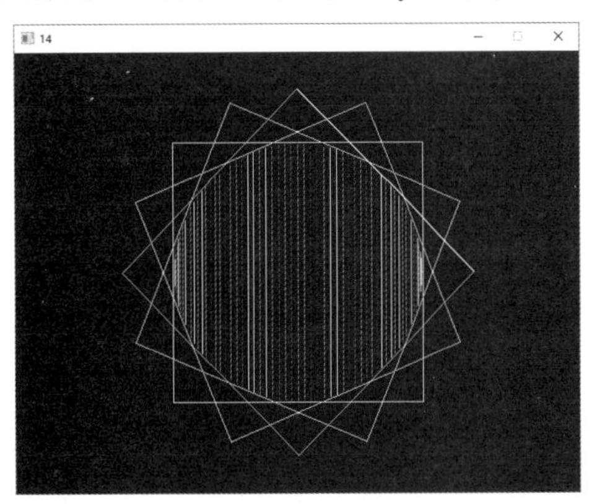

图 8.16　太阳花图案

15．你的体温正常吗？ ▷①②③④⑤⑥

编写程序，判断输入的体温值是否是正常体温。当体温值位于 36℃～37.3℃，显示体温正常，如图 8.17 所示；当体温值大于 37.3℃时，显示体温不正常，如图 8.18 所示。（提示：使用函数做参数）

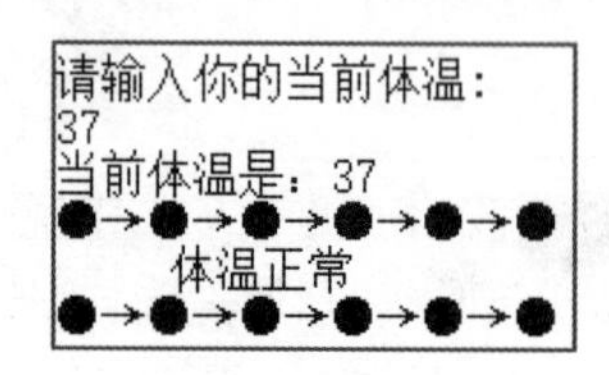

图 8.17　体温正常

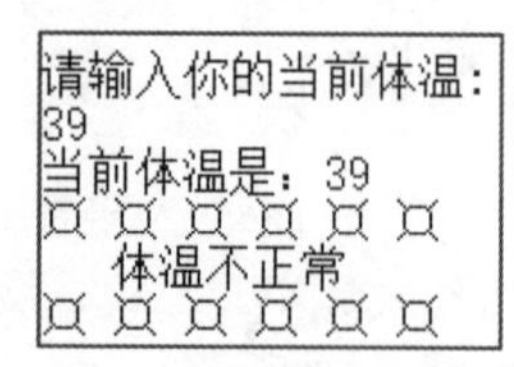

图 8.18　体温不正常

第 9 章　变量的存储类别

本章训练任务对应上册第 10 章变量的存储类别部分。

重点练习内容：

1. 熟悉算法的概念。
2. 了解算法的特性。
3. 熟悉用自然语言描述算法。
4. 熟悉掌握使用流程图描述算法。
5. 熟悉掌握使用N-S图描述算法。

应用技能拓展学习

1. 算法的概念

很多人认为算法只存在于数学家或计算机专业人士的脑海中，其实不然，算法无处不在，只是由于它不是看得见、摸得着的具体物体，所以人们常常忽略它的存在。

算法其实就是为解决一个问题而采取的方法和步骤。例如，洗脸可以简单分成如下几步：

（1）将清水倒入盆中；

（2）挤上洗面奶，清洗脸部；

（3）用水洗净脸上的洗面奶；

（4）用毛巾擦干脸。

以上这 4 步就称之为解决洗脸这个问题的算法。

著名科学家沃思提出一个公式：

数据结构+算法=程序

在计算机程序设计中，数据结构是操作的对象，算法是对对象进行加工处理，用以得到程序的运行结果，程序中的操作语句，实际上就是算法的体现。

如若将计算机程序比喻成有生命的人，那数据结构是人的躯体，算法是人的灵魂。只有躯体与灵魂的相互结合才能组成一个完完整整的有生命有思想的人，因此算法具有程序的灵魂之说。

2. 算法特性 1——有穷性

一个算法在执行有限步骤后在有限时间内能够实现的，就称该算法具有有穷性。有的算法在理论上满足有穷性的，在有限的步骤后能够完成，但是计算机可能实际上会执行一天、一年、十年等。算法的核心就是速度，否则，这个算法也就没有意义了，总而言之，有穷性没有特定的限度，取决于人们的需要。

3．算法特性 2——确定性

一个算法中的每一个步骤的表述都应该是确定的，没有歧义的语句。在人们的日常生活中，遇到歧义性语句，可以根据常识、语境等理解，然而还有可能理解错误。计算机不比人脑，不会根据算法的意义来揣测每一个步骤的意思，所以算法的每一步都要有确定的含义。

4．算法特性 3——有零个输入或多个输入

一个程序中的算法和数据是相互联系的，算法中需要输入的是数据的量值。输入可以是多个也可以是零个，其实零个输入并不是这个算法没有输入，而是这个输入没有直观显现出来，隐藏在算法本身当中。

5．算法特性 4——有一个输出或多个输出

输出就是算法实现所得到的结果，是算法经过数据加工处理后得到的结果。没有输出的算法是没有意义的。有的算法输出的是数值，有的是图形，有的输出并不是那么显而易见。

6．算法特性 5——可行性

算法的可行性就是指每一个步骤都能够有效执行，并且得到确定的结果，且能够用来方便解决一类问题。

7．算法的表示方式 1——自然语言

用自然语言表示算法就是用日常生活中使用的语言来描述算法的步骤，自然语言通俗易懂，但是在描述上容易出现歧义性。此外，用自然语言描述计算机程序中的分支和多重循环等算法，容易出现错误，描述不清。因此，只有在较小的算法中应用自然语言描述，方便简单。

8．算法的表示方式 2——流程图

流程图是使用一些图框来表示各种操作的。如表 9.1 所示为一些常见的流程图符号，其中，起止框用来标识算法的开始和结束；判断框的作用是对一个给定的条件进行判断，根据给定的条件是否成立来决定如何执行后续操作；连接点是将画在不同地方的流程线连接起来。

表 9.1　流程图符号

程　序　框	名　　称	功　　能
	起止框	表示算法的开始或结束
	输入/输出框	表示算法中的输入或输出
	判断框	表示算法的判断
	处理框	表示算法中变量的计算或赋值
或	流程线	表示算法的流向
	注释框	表示算法的注释
	连接点	表示算法流向出口或入口的连接点

编写程序时，为了满足某些需求，会强制程序在某些地方跳转，即进行控制转移，这样使得程序的可读性降低，使本身让人望而生畏的算法更加复杂、难于理解。为了改善此问题，人们规定了 3 种基本控制结构，作为设计和理解算法的基本单元（好比一栋大楼中的几个单元）。

☑　顺序结构

顺序结构是最简单的线性结构，各操作按照出现的先后顺序依次执行。如图 9.1 所示，执行完 A 指定的操作后，接着执行 B 指定的操作。整个结构中只有一个入口点 A 和一个出口点 B。

☑　选择结构

选择结构也称为分支结构，必须包含一个判断框。如图 9.2 所示的选择结构，首先判断给定的条件 P 是否成立，如果成立，执行 A 语句，否则执行 B 语句。如图 9.3 所示的选择结构，首先判断给定的条件 P 是否成立，如果成立，执行 A 语句，否则什么也不做。

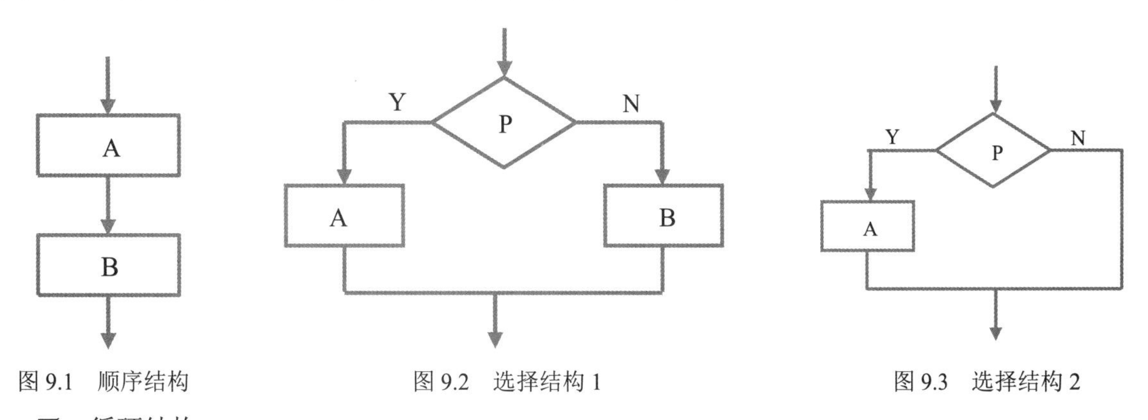

图 9.1　顺序结构　　图 9.2　选择结构 1　　图 9.3　选择结构 2

☑　循环结构

循环结构中，会反复执行一系列操作，直到条件不成立时才终止循环。按照判断条件出现的位置，可将循环结构分为当型循环结构和直到型循环结构。

当型循环如图 9.4 所示。首先判断条件 P 是否成立，如果成立，执行 A 语句；执行完 A 语句后，再判断条件 P 是否成立，如果成立，接着执行 A 语句；如此反复，直到条件 P 不成立为止，此时不执行 A 语句，跳出循环。

直到型循环如图 9.5 所示。首先执行 A 语句，然后判断条件 P 是否成立，如果成立则再次执行 A

语句；然后继续判断条件 P 是否成立，如果成立，接着再执行 A 语句；如此反复，直到条件 P 不成立，此时不执行 A 语句，跳出循环。

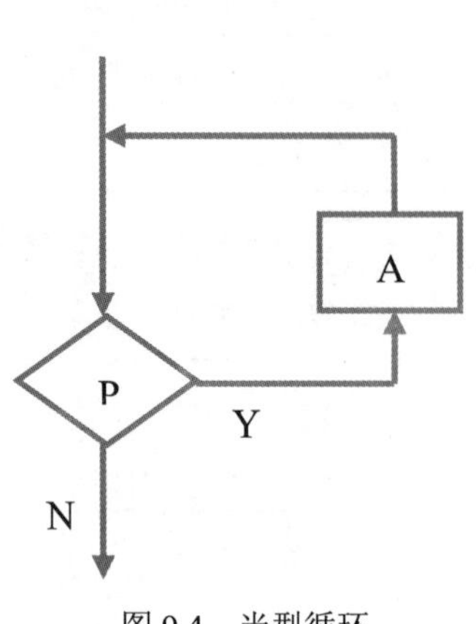

图 9.4　当型循环

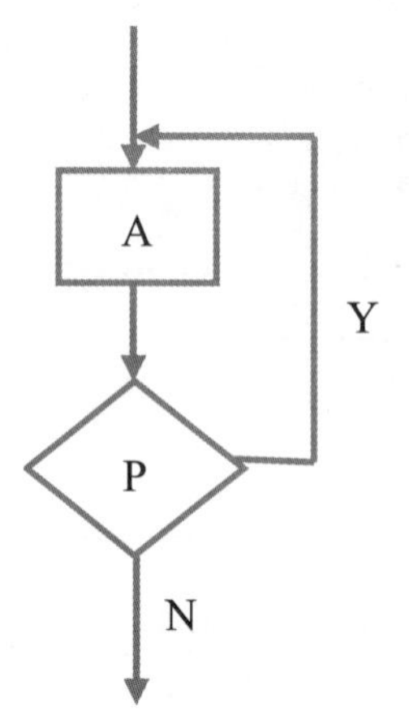

图 9.5　直到型循环

9．算法的表示方式 3——N-S 图

N-S 图是另一种算法表示法，是由美国人 I. Nassi（I・纳斯）和 B・Shneiderman（B・施内德曼）共同提出。其根据是：既然任何算法都是由顺序结构、选择结构以及循环结构这 3 种结构组成，则各基本结构之间的流程线就是多余的，因此去掉了所有的流程线，将全部的算法写在一个矩形框内。N-S 图也是算法的一种结构化描述方法，同样也有 3 种基本结构。

☑　顺序结构：N-S 流程图如图 9.6 所示。

☑　选择结构：N-S 流程图如图 9.7 所示。

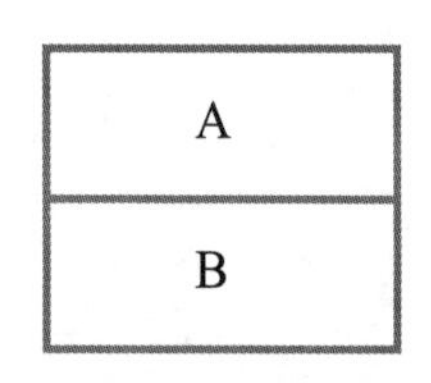

图 9.6　顺序结构

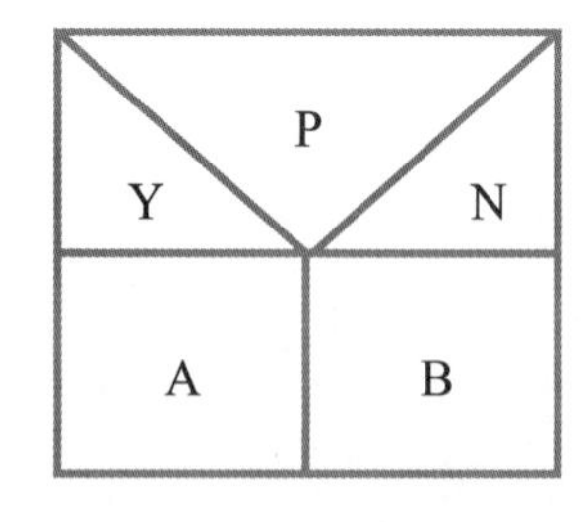

图 9.7　选择结构

☑　循环结构：当型循环的 N-S 流程图如图 9.8 所示；直到型循环的 N-S 图如图 9.9 所示。

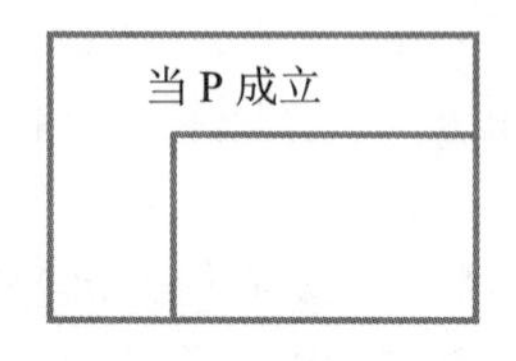

图 9.8　当型循环

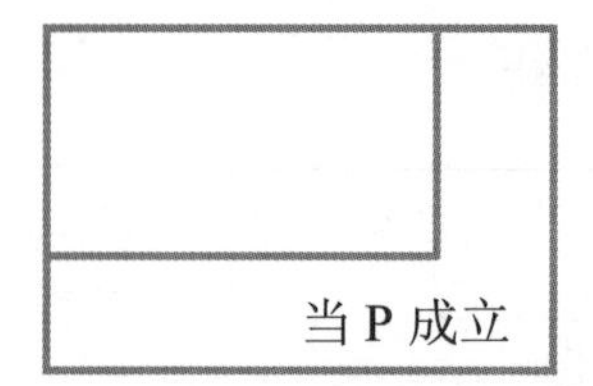

图 9.9　直到型循环

实战技能强化训练

训练一：基本功强化训练

1. 剩余停车位　▷①②③④⑤⑥

停车场共有 30 个停车位，进入 4 辆车之后，停车场还剩多少停车位？

先创建 park()函数，在 park()函数中定义一个 static 型的整型变量 count，表示停车位的数量，在其中对变量进行减 1 操作，表示每次进入 1 辆车，停车位就会少 1，利用 printf()函数输出剩余车位信息；然后在主函数 main()中调用 4 次 park()函数，表示进入停车站 4 辆车。实现的效果如图 9.10 所示。（提示：使用 static 变量）

2. 聚划算抢购　▷①②③④⑤⑥

狂欢节“珀莱雅”品牌化妆品参加聚划算抢购，护肤套装 0 点开始抢购买一送一（送同款），限购 88 套，也就是前 88 名，才有机会得到买一送一的优惠。

使用 static 变量，来模拟聚划算珀莱雅套装抢购，实现的效果如图 9.11 所示。（提示：使用 static 变量，使用 windows.h 函数库中的带颜色函数）

3. 大象装进冰箱里　▷①②③④⑤⑥

将下面使用自然语言描述的把大象装进冰箱里的步骤，使用流程图表示出来。

（1）把冰箱门打开。

（2）把大象放进冰箱里。

（3）把冰箱门关上。

4. 双击屏幕——点亮小红心　▷①②③④⑤⑥

抖音、火山、快手等都是比较流行的短视频 APP，主播的收入来源就是视频有多少颗红心被点亮。点亮的红心数越多，主播的分成就越多，因此通常会听到主播说“双击屏幕，点亮小红心”。

编写程序，用 static 变量来计算点亮红心数量，运行效果如图 9.12 所示。（提示：使用 static 变量，使用 windows.h 函数库中的带颜色函数）

```
剩余的停车位是:29
剩余的停车位是:28
剩余的停车位是:27
剩余的停车位是:26
```

图 9.10　剩余停车位

```
3  2   1
开始抢购:
还剩余87套
还剩余86套
还剩余85套
还剩余84套
 .....
```

图 9.11　聚划算抢购

```
双击屏幕,点亮小红心...
点亮小红心的数量是: 1
点亮小红心的数量是: 2
点亮小红心的数量是: 3
点亮小红心的数量是: 4
点亮小红心的数量是: 5
```

图 9.12　点亮小红心

5. 农夫与羊、狼和白菜的故事 ▷①②③④⑤⑥

一名农夫要将一只狼、一只羊和一袋白菜运到河对岸。农夫的船很小，每次只能载下农夫本人和一样东西。农夫不能把羊和白菜留在岸边，因为羊会把白菜吃掉；也不能把狼和羊留在岸边，因为狼会吃掉羊。那么，农夫该怎样将这 3 样东西安然无恙地送过河呢？画出实现这个过程的流程图。

6. 捕鱼分鱼 ▷①②③④⑤⑥

A、B、C、D、E 5 个人在某天夜里合伙去捕鱼，到第二天凌晨时都疲惫不堪，于是各自找地方睡觉。第二天，A 第一个醒来，他将鱼分成 5 份，把多余的一条鱼扔掉，拿走自己的一份。B 第二个醒来，也将鱼分为 5 份，把多余的一条扔掉，拿走自己的一份。C、D、E 依次醒来，也按同样的方法拿鱼。问他们最开始共捕了至少多少条鱼？程序运行结果如图 9.13 所示。（提示：使用 static 变量）

7. 危险报警 ▷①②③④⑤⑥

编写程序，输出文字“Dangerous situation appears！Dangerous situation appears！Dangerous situation appears！”然后发出警报声，实现效果如图 9.14 所示。

```
卍→卍→卍→卍→卍→卍→卍→卍→卍→卍→卍
      鱼的总数是3121
卍→卍→卍→卍→卍→卍→卍→卍→卍→卍→卍
```

图 9.13 捕鱼数量

```
Dangerous situation appears!
Dangerous situation appears!
Dangerous situation appears!
```

图 9.14 危险报警

8. 输出田字格、三线格 ▷①②③④⑤⑥

编写一个程序，分别输出田字格、三线格，如图 9.15 所示，颜色可以是绿色，也可以使用其他颜色。（提示：使用 windows.h 函数库中的带颜色函数）

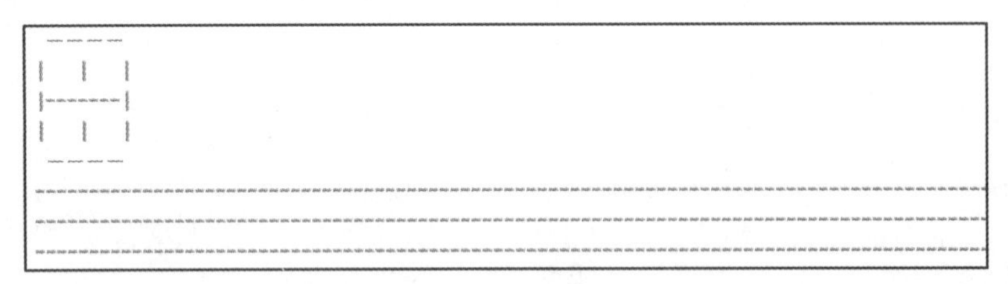

图 9.15 输出田字格、三线格

训练二：实战能力强化训练

9. 输出微信支付凭证 ▷①②③④⑤⑥

编写程序，输出如图 9.16 所示的微信支付凭证，不考虑文字大小，图标可以不输出。最终的实现

效果如图 9.17 所示。

图 9.16　微信支付凭证

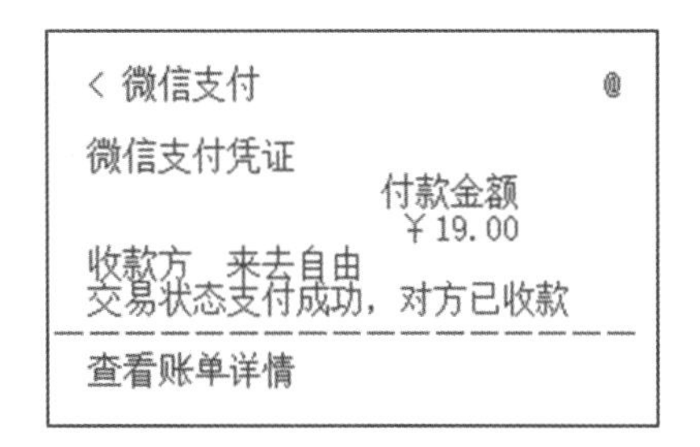

图 9.17　C 语言支付凭证

10.《小星星》乐谱　▷①②③④⑤⑥

儿子：“爸爸，你会唱《小星星》吗？”
老爸：“会啊。”
儿子：“那你知道《小星星》的乐谱吗？”
老爸：“……”
请帮帮可怜的父亲，用 C 语言代码帮他输出一段《小星星》的简谱，实现效果如 9.18 所示。

```
1 1|5 5|6 6|5- |4 4|3 3|2 2|1- |
```

图 9.18　《小星星》乐谱

11. 手机账单提醒　▷①②③④⑤⑥

如图 9.19 所示为手机账单提醒，尝试使用 printf()函数输出手机账单提醒，程序实现效果如图 9.20 所示。

图 9.19　手机账单提醒

```
        账单提醒
----------------------
    月份  2018年10月
  手机号  13069104589
账单时间  10月1日-10月31日
本期消费  13.00元
月固定费  13.00元
```

图 9.20　C 语言账单提醒

12. 填写验证码　▷①②③④⑤⑥

交易或者修改用户信息时，经常需要通过手机验证码进行验证，如图 9.21 所示。编写一个程序，

输出一个填写验证码界面，实现效果如图 9.22 所示即可。

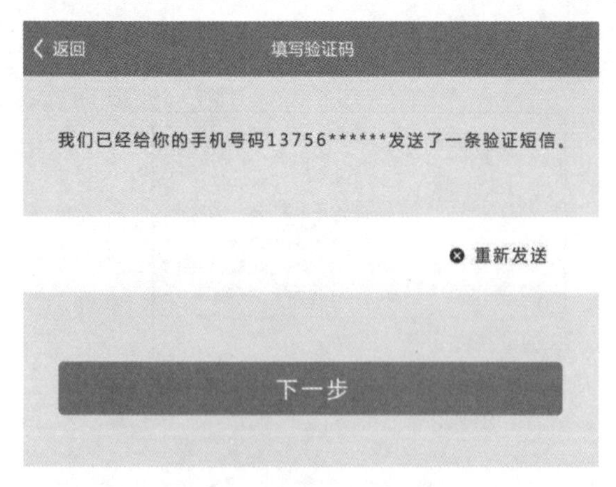

图 9.21　填写验证码界面

图 9.22　C 语言填写验证码界面

13．微博话题榜　▷①②③④⑤⑥

输出如图 9.23 所示的微博话题榜，实现效果如图 9.24 所示。

我的话题	
#签到领红包#	61.8亿
#熊猫守护者#	53亿
#黑黑二十四小时#	4216.7万
#二十四小时#	70.9亿
#谢娜的红包#	4.2亿
#长春微视点#	5.9亿

图 9.23　微博话题榜

```
我的话题
------------------------------------------
# 签到领红包 #              61.8亿
# 熊猫守护者 #                53亿
# 黑黑二十四小时 #        4216.7万
# 二十四小时 #              70.9亿
# 谢娜的红包 #               4.2亿
# 长春微视点 #               5.9亿
```

图 9.24　C 语言微博话题榜单

14．展示优惠券　▷①②③④⑤⑥

如图 9.25 所示为某一电商平台的优惠券，请编写一个程序，要求商家输入优惠券金额后，输出一个相似的优惠券（文字大小不用考虑，线条细节不用考虑）。（提示：使用 if 语句）

图 9.25　电商平台优惠券

15. 丰巢快递滞留提醒　▷①②③④⑤⑥

经常网购的人可能会遇到这样的情况，快递柜中的物品如果没有及时取出，即将出现滞留的情况时，物流公司会自动发送即将滞留提醒短信。如图 9.26 所示是作者收到的物品即将滞留短信。请编写一个程序，模拟丰巢快递柜物品即将滞留，实现效果如图 9.27 所示。（提示：使用 windows.h 函数库中的带颜色函数）

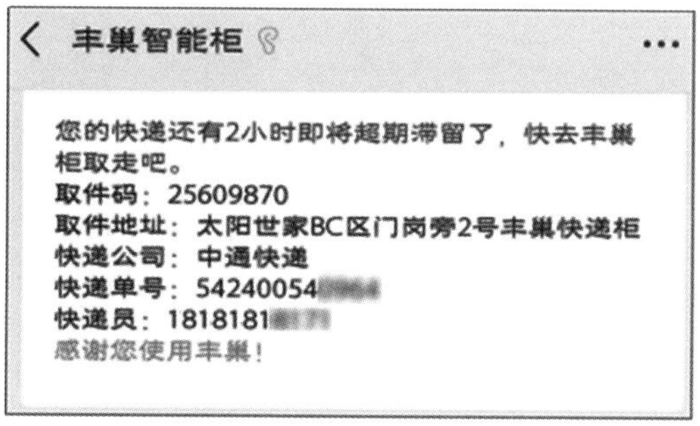

丰巢智能柜

您的快递还有2小时即将超期滞留了，快去丰巢柜取走吧。
取件码：25609870
取件地址：太阳世家BC区门岗旁2号丰巢快递柜
快递公司：中通快递
快递单号：54240054
快递员：1818181
感谢您使用丰巢！

图 9.26　丰巢快递滞留提醒

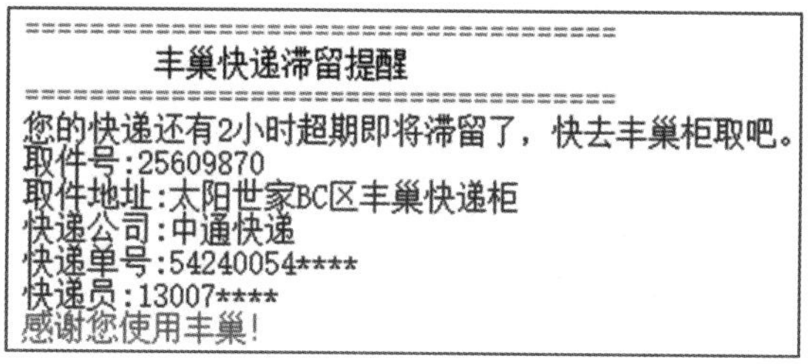

```
====================================
         丰巢快递滞留提醒
====================================
您的快递还有2小时超期即将滞留了，快去丰巢柜取吧。
取件号:25609870
取件地址:太阳世家BC区丰巢快递柜
快递公司:中通快递
快递单号:54240054****
快递员:13007****
感谢您使用丰巢!
```

图 9.27　C 语言实现效果

第 10 章　C 语言中的指针

本章训练任务对应上册第 11 章 C 语言中的指针部分。

重点练习内容：

1. 了解动态规划算法的基本思想。
2. 了解贪心算法的基本思想。
3. 了解回溯法的基本思想。
4. 了解分支限界算法的基本思想。
5. 了解分治算法的基本思想。

应用技能拓展学习

1. 贪心算法

贪心算法的思想非常简单，算法效率也很高，在一些问题的解决上有着明显的优势。

来看一个贪心算法的经典案例——找零钱的问题。假设有 3 种硬币，面值分别是 1 元、5 角和 1 角。各自数量不限。现在要给一位顾客找 2 元 7 角，如何才能让找出的硬币个数最少呢？多数人会不假思索地找出 2 枚 1 元的、1 枚 5 角的和 2 枚一角的。这其实就是在下意识中使用了贪心算法，即每一步尽量使用面值最大的硬币。仔细分析，我们找硬币的思路如下：

（1）首先找到面值不超过 2 元 7 角的最大硬币，也就是 1 元。

（2）从 2 元 7 角中减去 1 元，还剩 1 元 7 角。再找一个面值不超过 1 元 7 角的最大硬币，还是 1 元。

（3）从 1 元 7 角中再减去 1 元，还剩 7 角。再找一个面值不超过 7 角的最大硬币，也就是 5 角。

（4）从 7 角中减去 5 角，还剩 2 角。再找一个面值不超过 2 角的最大硬币，是 1 角。

（5）从 2 角中减去 1 角，还剩 1 角。再找一个面值不超过 1 角的最大硬币，就是 1 角。

这个找钱过程就是一种典型的贪心算法。不难看出，贪心算法总是做出当前看来最好的选择，并不是从整体最优上考虑的，也就是说它所做出的选择只是在某种意义上的局部最优选择。

2. 回溯法

回溯法是一个类似枚举的搜索尝试过程。它按选优条件向前不断搜索，以达到目标。搜索到某一步时，如果发现原先选择并不优或达不到目标，就会退回一步重新选择。这种走不通就退回再走的算法称为回溯法，满足回溯条件的某个状态点称为回溯点。许多复杂的、规模较大的问题都可以使用回溯法解决，因此回溯法有“通用解题法”之称。

回溯法可以系统地搜索某个问题的所有解。在确定了解空间的组织结构后，首先从开始节点（即根节点）开始，以深度优先的方式对整个解空间进行搜索。此时开始节点成为活节点和当前的扩展节点，向下进行纵深搜索。移动到一个新节点后，新节点成为当前活节点和扩展节点。如果当前扩展节点不能再向纵深移动，此活节点将变为死节点，此时进行回溯移动，移动到最近的活节点，并将此活节点变为当前扩展节点。这就是回溯法的基本思想。

回溯法在求解问题时，以深度优先，且只要搜索到一个解就会结束。比较典型的应用是八皇后问题，即在一个 8×8 格的国际象棋上摆放 8 个皇后，使其不能互相攻击，即任意两个皇后都不能处于同一行、同一列或同一斜线上，求解有多少种摆法。

3．分支限界法

分支限界法类似于回溯法，但求解目标不同。回溯法求解整个解空间中的所有解，而分支限界法求解满足约束条件的一个解，或某种意义下的最优解。因此，两者对解空间的搜索方式也不相同。

分支限界法使用广度优先方式进行搜索，搜索时在扩展节点处，先生成其所有的子节点，然后再从当前活节点的列表中选择下一个扩展节点。为了加快搜索进程，在每一处活节点都会计算一个函数值，也就是限界，然后根据这个限界从当前活节点列表中选择一个最有利的活节点作为扩展节点，使搜索朝着解空间中最优解的分支前进，尽快找出一个最优解。这就是分支限界法的基本操作思想。

比较典型的应用是求最小重量机器设计问题。假设某机器由 n 个部件组成，每种部件都可以从 m 个不同供应商处购得。设 w_{ij} 是从供应商 j 处购得的部件 i 的重量，c_{ij} 是相应的价格，求总价格不超过 c 的最小重量机器设计。

4．分治算法

分治算法的基本思想是：将一个难以直接解决的大问题，分割成一些规模较小的相同问题，以便各个击破，分而治之。即将一个 n 规模的问题分解成 k 个规模较小的子问题。这些子问题相互独立，而且子问题除了问题规模比原问题小外，其他都与原问题相同。这样，采用递归方式即可解决这些子问题，然后将这些子问题的解合并，就可以得到原问题的解。

数学中，我们都学过的求幂问题和求阶乘问题就可以采用分治算法进行求解。

5．动态规划算法

动态规划算法和分治算法的不同之处在于分解后的子问题相互不独立。如果使用分治法去解这类问题，分解得到的子问题数目会很多，且有些子问题被重复计算了多次。如果可以保存已经解决过的子问题的解，在需要时再找出已经求解的答案，这样就免去了大量的重复计算。

为了达到这一目的，可以用一个表来记录所有已经解决的子问题的答案。这样不管计算过的子问题在后面的求解过程中是否被用到，都会被记录。这就是动态规划算法的思想。

下面来看动态规划算法的典型应用——求最大子段和。给定 n 个整数（可能为负整数）组成的序列 $a_1, a_2, \cdots, a_n$，求该序列子段和的最大值。当所有整数均为负数时，定义其最大子段和为 0。代码如下：

```
#include <stdio.h>
#include <stdlib.h>
/*best_i 代表最大子段和的起始下标，best_j 代表最大子段和的终点下标*/
int max_sum(int a[], int n, int* best_i, int* best_j) {
    int i, j;                                    /*i、j 为当前子段和的起点和终点下标*/
    int this_sum[100];
    int sum[100];
    int max = 0;
    this_sum[0] = 0;
    sum[0] = 0;
    *best_i = 0;
    *best_j = 0;
    i = 1;
    for (j = 1; j <= n; j++)
    {
        if (this_sum[j - 1] >= 0)                /*判断是否是负数*/
            this_sum[j] = this_sum[j - 1] + a[j];
        else                                     /*如果是负数，子段从新开始*/
        {
            this_sum[j] = a[j];
            i = j;
        }
        /*如果子段和数组前一个大于下一个元素*/
        if (this_sum[j] <= sum[j - 1])
            sum[j] = sum[j - 1];                 /*对当前子段和赋值*/
        else
        {
            sum[j] = this_sum[j];
            *best_i = i;
            *best_j = j;
            max = sum[j];
        }
    }
    return max;
}
int main()
{
    int i, j, n, a[100], t;
    printf("请输入数列的个数(<99):\n");
    scanf_s("%d", &n);
    printf("请输入数列元素:\n");
    for (i = 1; i <= n; i++)
        scanf_s("%d", &a[i]);
    i = j = 1;
    t = max_sum(a, n, &i, &j);
    printf("最大子段和是 ：%d\n", t);
    printf("子段起点是： %d\n", i);
    printf("子段结束点： %d\n", j);
```

```
    system("PAUSE");
    return 0;
}
```

运行结果如下：

```
请输入数列的个数(<99):
4
请输入数列元素:
-6
2
6
-5
最大子段和是 ：8
子段起点是：  2
子段结束点：  3
```

实战技能强化训练

训练一：基本功强化训练

1．究竟答案在哪儿　▷①②③④⑤⑥

Z 同学是班里写得最好的同学，大家都喜欢参考他的答案。一天，A 同学找 Z 同学：把作业借我参考一下。Z 回答说：标准答案在 Y 那里，Y 说答案是 10。模拟如上场景，输出标准答案，运行结果如图 10.1 所示。（提示：利用指针将答案输出）

```
--------------------------
        答案是10
--------------------------
```

图 10.1　答案

2．棋盘覆盖问题　▷①②③④⑤⑥

在一个 $2^k \times 2^k$ 个方格组成的棋盘中，恰有一个方格与其他方格不同，称该方格为一特殊方格，且称该棋盘为一特殊棋盘。显然，棋盘上出现特殊方格的位置有 4^k 种情况。棋盘号从 3 开始，特殊方格为 0。如图 10.2 所示。（提示：使用分治算法）

3．寻找“,”的位置　▷①②③④⑤⑥

使用指针寻找字符串"Life is brief, and then you die, you know？"中","的位置。运行结果如图 10.3 所示。

```
请输入棋盘的宽度：9
棋盘的初始坐标为（0, 0）
请输入特殊格的坐标：5 5

3   3   4   4   8   8   9   9   0
3   2   2   4   8   7   7   9   0
5   2   6   6   10  10  7   11  0
5   5   6   1   1   10  11  11  0
13  13  14  1   18  18  19  19  0
13  12  14  14  18  0   17  19  0
15  12  12  16  20  17  17  21  0
15  15  16  16  20  20  21  21  0
0   0   0   0   0   0   0   0   0
```

图 10.2　特殊方格

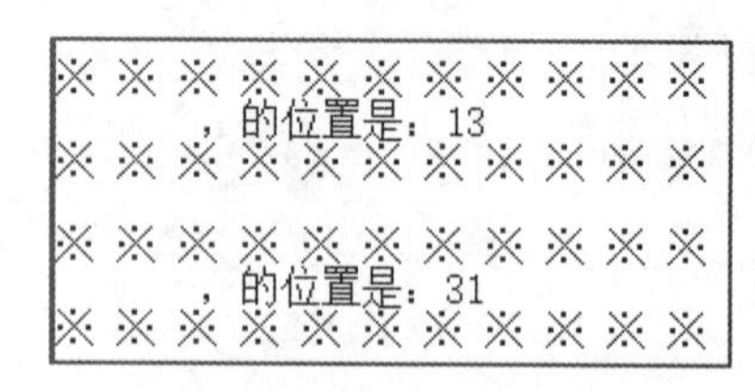

图 10.3　逗号的位置

4．计算水对杯子的压强　▷①②③④⑤⑥

如果杯子的底面积是 60 cm^2，杯子装上 8 cm 高的水，杯子和水的总质量为 0.6 kg，（水的密度是 $1.0\times10^3 kg/m^3$，重力加速度 g 的值取 10 m/s^2），利用*&输出计算水对杯子产生压强的大小。运行结果如图 10.4 所示。（提示：压强=水密度×重力加速度×水的高度）

5．呐喊 2022 冬季奥运会口号　▷①②③④⑤⑥

利用两种方式输出字符串，第一种是采用 for 循环遍历字符数组，输出字符串；第二种是利用指针直接输出字符串，运行效果如图 10.5 所示。

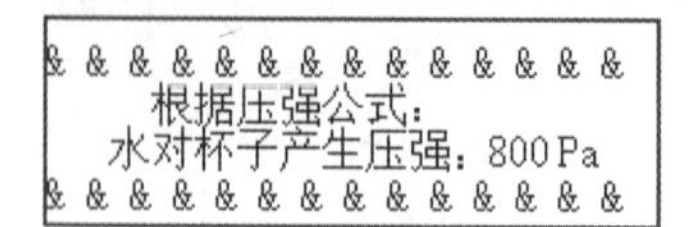

图 10.4　压强结果

图 10.5　输出字符串

6．统计单词数量　▷①②③④⑤⑥

利用指针，统计“I have a dream.”中的单词个数。运行结果如图 10.6 所示。

7．计算公路的长度　▷①②③④⑤⑥

某工程队修一条公路，第一天修 600 米，第二天修全长的 20%，第三天修全长的 25%，这三天共修了全长的 75%，求这条公路全长多少米，编写程序计算并输出此公路全长变量的内存地址。运行结果如图 10.7 所示。（提示：使用&*来输出公路的长度）

```
¤ ¤ ¤ ¤ ¤ ¤ ¤ ¤ ¤ ¤ ¤ ¤
       一共有4个单词
¤ ¤ ¤ ¤ ¤ ¤ ¤ ¤ ¤ ¤ ¤ ¤
```

图 10.6　统计单词数量

图 10.7　公路长度

训练二：实战能力强化训练

8．模拟淘宝买衣服　▷①②③④⑤⑥

小红想要在淘宝上买件衣服，因为她有某卖家的优惠券，所以联系客服找她想要买的衣服。于是客服给她一个链接，找到衣服的价格是 559 元；模拟场景找到衣服价格。运行效果如图 10.8 所示。（提示：使用 int **p）

9．语文古诗词填空　▷①②③④⑤⑥

某语文考试卷上有这样一道填空题：春眠不觉晓，处处闻啼鸟，__________，花落知多少。本实战利用指针将答案输出在控制台上，效果如图 10.9 所示。

10．小猪渡河　▷①②③④⑤⑥

9 只小猪渡河，他们找来一支能载 3 只猪的木筏，如果只有一只猪会划船，至少几次能全部渡过河？本实战要求利用*&输出结果。效果如图 10.10 所示。

图 10.8　衣服的价格

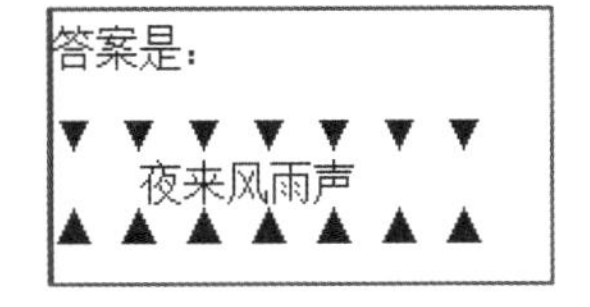

图 10.9　语文古诗词填空

```
会划船的猪每次只能载2只猪过去
会划船的猪一直在船上
因此至少4次能全部渡过河
```

图 10.10　小猪渡河

11．模拟电影院售票　▷①②③④⑤⑥

本例要求用指针求出剩余的电影票数（提示：1 表示有座，0 表示没座，统计 1 的数量就是剩余的电影票数），电影院售票情况如图 10.11 所示。

效果如图 10.12 所示。

0	1	1	0
1	1	1	1
1	0	1	1
1	1	1	1

图 10.11　电影院售票情况

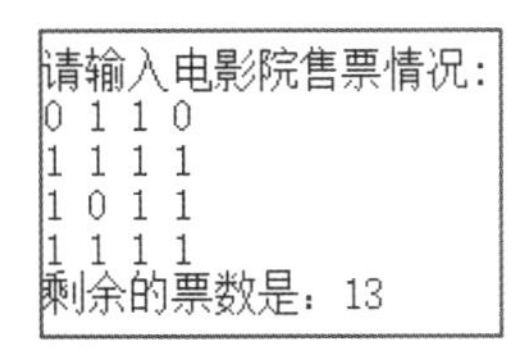

图 10.12　电影票剩余票数统计

12．班级最佳座位　▷①②③④⑤⑥

一个班级会有很多座位，通常第 2～4 排是班级最佳的座位，本实战就来输出班级第 2 排的座位号码，结果如图 10.13 所示。

13．灯泡亮了 ▷①②③④⑤⑥

假设数字 0 表示灯泡没亮，数字 1 表示灯泡亮着，有 6 个灯泡排列成一行组成一个一维数组 a{1,0,0,1,0,0}，查找倒数第一个亮着的灯泡位置，并显示该灯泡前一个灯泡是否亮着。效果如图 10.14 所示。（提示：利用指针自减）

```
请输入班级座位号:
12 23 33 45 67
34 55 66 77 89
33 90 20 37 46
29 36 67 78 89
36 56 48 84 97
第2排座位号是:
   34   55   66   77   89
```

图 10.13　班级最佳座位

```
0表示灯灭，1表示灯亮
倒数第一个亮着的灯泡是:倒数第3个
前一个灯泡没亮
```

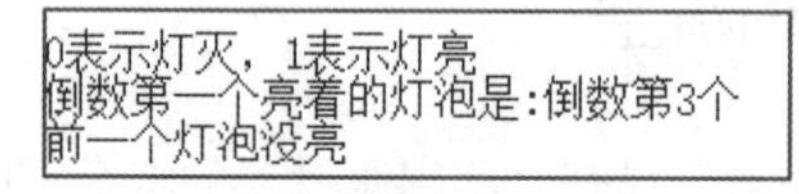

图 10.14　灯泡亮了

14．背记对应 1～12 月份的英文单词 ▷①②③④⑤⑥

使用指针数组创建一个含有月份英文名的字符串数组，并使用指向指针的指针指向这个字符串数组，实现输出数组中的指定字符串。运行程序后，输入要显示英文名的月份号，将输出该月份对应的英文名。运行结果如图 10.15 所示。

15．使用指针连接两个字符串 ▷①②③④⑤⑥

实现将两个已知的字符串连接，放到另外一个字符串数组中。并将连接后的字符串输出到屏幕上。程序运行效果如图 10.16 所示。（提示：使用#define 预处理）

```
※ ※ ※ ※ ※ ※ ※ ※ ※
    请输入一个月份：7
※ ※ ※ ※ ※ ※ ※ ※ ※

◇ ◇ ◇ ◇ ◇ ◇ ◇ ◇ ◇
   对应月份的单词是:July
◇ ◇ ◇ ◇ ◇ ◇ ◇ ◇ ◇
```

图 10.15　背记月份的单词

```
输入第一组：one world
输入第二组： one dream
********************************
   结果：one world one dream
********************************
```

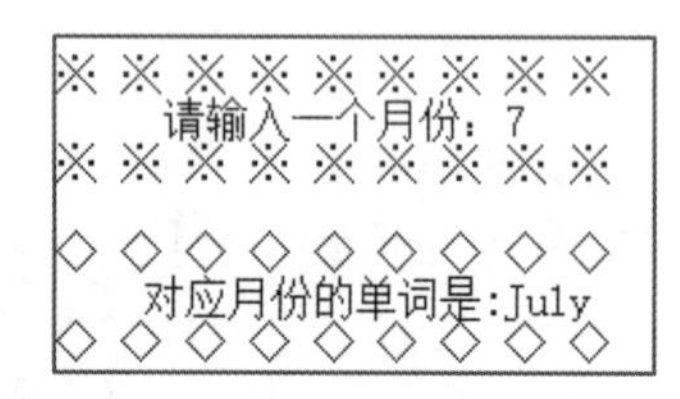

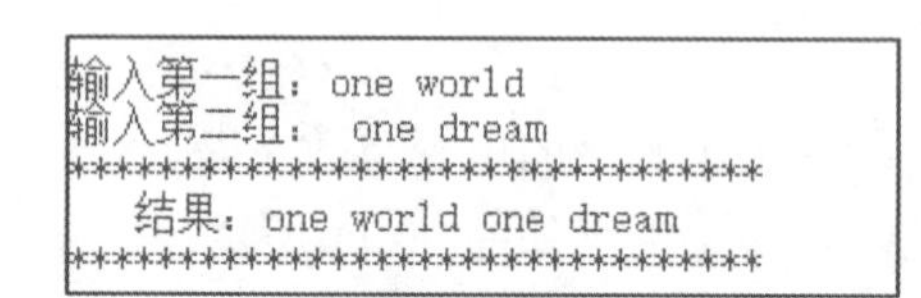

图 10.16　连接两个字符串

第 11 章　结构体的使用

本章训练任务对应上册第 12 章结构体的使用部分。

重点练习内容：

1. 了解sizeof关键字。
2. 了解Sleep()函数。
3. 了解_kbhit()函数。

应用技能拓展学习

1. sizeof 函数

在 C 语言中，sizeof() 函数用于判断数据类型长度，语法格式如下：

```
sizeof (类型说明符)
sizeof  表达式
```

sizeof() 函数可返回一个对象或类型所占的内存字节数。例如：

```
int i;
sizeof(i);              //正确，表示表达式的长度
sizeof i;               //正确，表示表达式的长度
sizeof(int);            //正确，表示类型说明符的长度
sizeof int;             //错误
```

sizeof() 计算对象的大小，也是转换成对对象类型的计算。也就是说，同类型的不同对象其 sizeof 值是一致的。sizeof 对一个表达式求值，编译器会根据表达式最终结果的类型来确定其大小，一般不会对表达式进行计算。例如：

```
sizeof(2);              //2 的类型为 int，所以等价于 sizeof(int);
sizeof(2+3.14);         //3.14 的类型为 double，2 也会被提升成 double 类型，所以等价于 sizeof(double);
```

sizeof() 的计算发生在编译时刻，所以可当作常量表达式使用。例如：

```
char ary[sizeof(int)*10];          //ok
```

例如：

```
char ary[10];                      //定义数组
printf("%d\n", sizeof(ary));       //ok.输出 10
```

还可以使用 sizeof() 求解指针变量。

```
char* cc = "abc";
int* ii;
char * ss;
char** ccc = &cc;
void(*ff)();        //函数指针
sizeof(cc);         //结果为 4
sizeof(ii);         //结果为 4
sizeof(ss);         //结果为 4
sizeof(ccc);        //结果为 4
sizeof(ff);         //结果为 4
```

2. Sleep()函数

Sleep()函数可使计算机程序（进程、任务或线程）进入休眠，使其在一段时间内处于非活动状态。当函数设定的计时器到期，或者接收到信号、程序发生中断，都会导致程序继续执行。

Sleep() 在头文件 windows.h 中，语法格式如下：

```
Sleep(时间);
```

Sleep() 的时间，以毫秒为单位。所以，如果想让函数滞留 1 秒，代码如下：

```
Sleep(1000);
```

Linux 中，sleep() 中的 s 不大写。

sleep()单位为秒，usleep()里面的单位是微秒。在内核中，sleep 的实现是由 pause 函数和 alarm 函数两个实现的。例如：

```
#include<windows.h>
#include<stdio.h>
int main()
{
    int a;
    a = 1000;
    printf("明日");
    Sleep(a);          /* VC/VS 使用 Sleep*/
    printf("科技");    /*输出“明日”和“科技”之间会间隔 1000ms，即 1s，Sleep()的单位为 ms*/
    return 0;
}
```

3. kbhit()函数

kbhit() 用于检查当前是否有键盘输入。若有，则返回一个非 0 值，否则返回 0。语法格式如下：

```
int kbhit(void);
```

要使用 kbhit()， C++中应包含头文件 include <conio.h>。C 语言中，头文件 include <conio.h>可以

加，也可以不加。

例如，在屏幕上输出 Hello World，如果没有键盘输入，就一直输出，直到用户按 Esc 键结束。其 C 语言代码如下：

```
#include<stdio.h>
#include<stdlib.h>
int main()
{
    char ch = 0;
    while (ch != 27)
    {
        printf("Hello World\n");
        if (_kbhit())
            ch = _getch();
    }
    printf("End!\n");
    system("pause");
    return 0;
}
```

C++代码如下：

```
#include<conio.h>
#include<iostream>
using namespace std;
int main()
{
    while (!_kbhit())                    //当没有键按下
    {
        cout << "无键按下" << endl;
    }
    cout << "有键按下" << endl;        //有键按下时输出
    system("pause");
}
```

实战技能强化训练

训练一：基本功强化训练

1. 找出高考最高分　▷①②③④⑤⑥

通过结构体变量记录学生成绩，比较得到记录中的最高成绩，输出该学生的信息。运行结果如图 11.1 所示。

2. 新员工入职信息 ▷①②③④⑤⑥

某公司招来一位新职员，公司规定员工必须有自己的工位号和所属部门，公司部门主管为了给新员工做工牌，他需要知道员工所有信息，利用结构体类型指针编写程序将新员工所有信息输出。运行效果如图 11.2 所示。

3. 输出手机基本信息 ▷①②③④⑤⑥

利用结构体输出手机的基本信息，包括手机名称、官方报价、主屏尺寸、CPU 型号以及电池容量等信息，运行结果如图 11.3 所示。

```
--------------------------------
  最高分是: 720.0
  最高分学生的学号: 101
  最高分学生的姓名: 李明
--------------------------------
```

图 11.1　最高分学生信息

```
-----the  information-----
姓名: 李阳
职工号: 14
部门: 开发部
```

图 11.2　新员工信息

```
产品名称:vivo NEX 双面屏
官方报价:4998元
主屏尺寸:6.39寸
CPU型号:高通 骁龙845
电池容量:3500mAh
```

图 11.3　手机基本信息

4. 直线精美图案 ▷①②③④⑤⑥

在屏幕中绘出直线组成的精美图案，要求从屏幕的主对角线开始沿顺时针方向画彩色直线直到屏幕的副对角线，再从副对角线开始沿逆时针方向逐次去掉刚才所画的彩色直线。运行结果如图 11.4 所示。（提示：使用 Sleep()）

5. 打印某月销售明细 ▷①②③④⑤⑥

利用结构体数组打印出某月的商品销售情况，包括商品编号、商品名称以及销售数量，效果如图 11.5 所示。

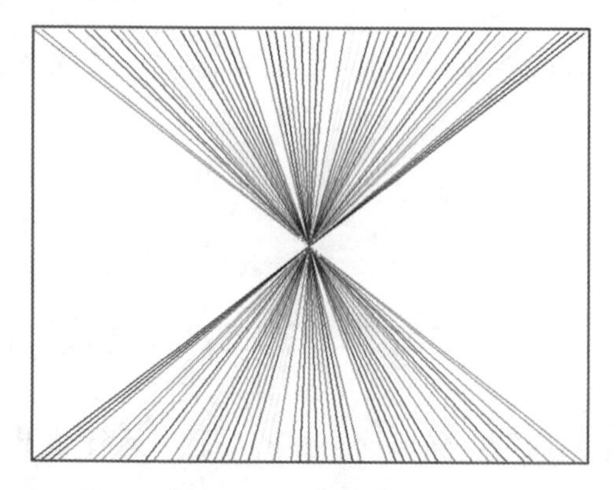

图 11.4　直线精美图案

```
5月份的商品销售明细如下：
商品编号: T0001  商品名称: 笔记本电脑  销售数量: 2台

商品编号: T0002  商品名称: 华为荣耀6X  销售数量: 10台

商品编号: T0003  商品名称: iPad  销售数量: 2台

商品编号: T0004  商品名称: 华为荣耀V9  销售数量: 20台

商品编号: T0005  商品名称: MacBook  销售数量: 5台
```

图 11.5　打印销售明细

6. 候选人得票统计　　▷①②③④⑤⑥

设计一个进行候选人的选票程序。假设有 3 个候选人，在屏幕上输入要选择的候选人姓名，有 10 次投票机会，最后输出每个人的得票结果。运行结果如图 11.6 所示。

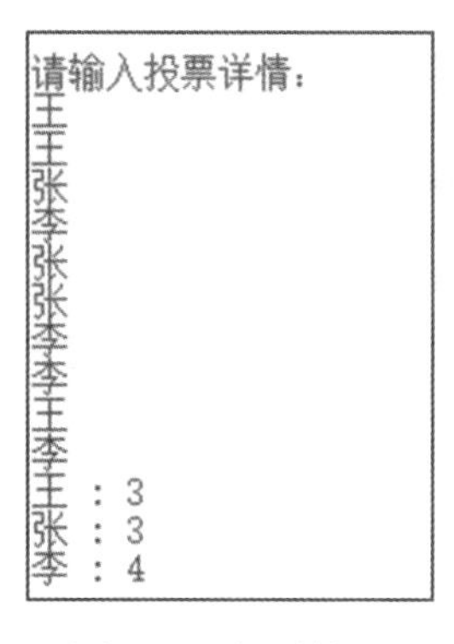

图 11.6　得票统计

7. 无人商店产品基本信息　　▷①②③④⑤⑥

我们定义一个结构体数组来输出无人商店产品基本信息，效果如图 11.7 所示。

```
第1种产品:
名字是: 康师傅方便面,单价是: 2.50元

第2种产品:
名字是: 农夫山泉,单价是: 2.00元

第3种产品:
名字是: 玉米肠,单价是: 3.00元

第4种产品:
名字是: 可比克薯片,单价是: 3.00元

第5种产品:
名字是: 蒙牛核桃奶,单价是: 2.50元
```

图 11.7　无人商店产品信息

训练二：实战能力强化训练

8. 身份证信息　　▷①②③④⑤⑥

结构体指针变量输出身份证信息，效果如图 11.8 所示。

9．一起找相同　▷①②③④⑤⑥

实现比较两个有序数组中的元素，输出两个数组中第一个相同的元素值，程序运行效果如图 11.9 所示。（提示：使用指针和 sizeof）

```
第1 个人:
姓名: 王囧, 出生日期: 19991212
性别: 男, 地址: 吉林省长春市

第2 个人:
姓名: 李果, 出生日期: 19940505
性别: 女, 地址: 河北省北京市

第3 个人:
姓名: 张多, 出生日期: 20001111
性别: 男, 地址: 山东省济南市

第4 个人:
姓名: 赵紫轩, 出生日期: 19900306
性别: 女, 地址: 辽宁省大连市

第5 个人:
姓名: 钱小欠, 出生日期: 19920506
性别: 男, 地址: 江苏省苏州市
```

图 11.8　身份证信息

```
The elements of array a:
1  3  5  7  9  11  13  15
The elements of array b:
2  4  6  8  11  15  17
The first element in both arrays is 11
```

图 11.9　相同元素

10．用键盘画图　▷①②③④⑤⑥

要求用上、下、左、右键来画图，按回车键实现光标垂直下移一行且不画图，当按一次空格键后再按上、下、左、右键，此时进行的是清除刚才所画的图像，再次按空格键表示退出清除功能，当程序处于画图功能时按 Esc 键便可退出程序，当处于清除功能时，需先退出清除状态，再按 Esc 键方可退出。运行结果如图 11.10 所示。（提示：使用_kbhit()）

11．输出电脑组成设备　▷①②③④⑤⑥

下面利用结构体嵌套找到电脑能够使用的零件，电脑的内置设备包括 CPU、主板、显卡；外置设备包括鼠标、键盘、显示器。运行结果如图 11.11 所示。

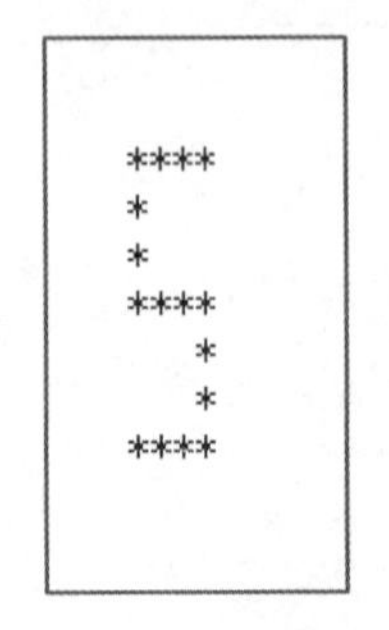

图 11.10　用键盘画图

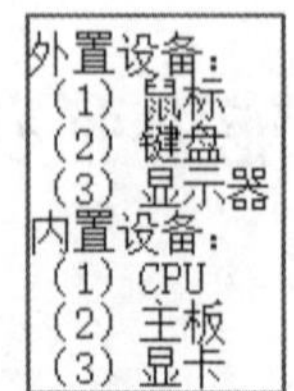

图 11.11　输出电脑设备

12．“双十一”促销销量前 5 名的产品　▷①②③④⑤⑥

某网站“双十一”做促销活动，利用结构体数组编写程序将销量前 5 名信息输出，销量前 5 名的产品及销售数量如图 11.12 所示。运行效果如图 11.13 所示。

产品	销量
面膜	1458792365
洁面	325656550
洗发露	324655854
护发素	256897412
卸妆膏	155655655

图 11.12　“双十一”销量

```
NO1 Brand:
品牌名是：面膜，销量：1458792365

NO2 Brand:
品牌名是：洁面，销量：325656550

NO3 Brand:
品牌名是：洗发露，销量：324655854

NO4 Brand:
品牌名是：护发素，销量：256897412

NO5 Brand:
品牌名是：卸妆膏，销量：155655655
```

图 11.13　“双十一”销售量

13．模拟 12306 订票　▷①②③④⑤⑥

张伟过年回家，在 12306 订票官网上抢完票，之后在火车站取票，利用结构体类型指针编写程序输出票上的信息。运行效果如图 11.14 所示。

14．跳动的小球　▷①②③④⑤⑥

在屏幕中演示小球跳动的过程。运行结果如图 11.15 所示。（提示：使用 Sleep()）

```
姓名：张伟
票价：285元
乘车区间：长春-北京
车次：D74
开车时间：2019年7月20日09:08开
```

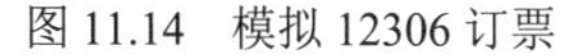

图 11.14　模拟 12306 订票

图 11.15　跳动的小球

15．中国大学排名前 10 名　▷①②③④⑤⑥

每年的 6 月末都是高考生填报志愿的月份，那么考生最关心的就是当下中国大学排名的情况，图 11.16 是 2018～2019 年的中国大学排名前 10 名的情况，我们就利用结构体数组来输出这 10 所大学

的信息，运行效果如图 11.17 所示。

学校名称	综合得分	星级排名
北京大学	100	8星级
清华大学	97.68	8星级
中国科学院大学	86.77	8星级
复旦大学	82.94	8星级
中国人民大学	82.48	8星级
浙江大学	82.48	8星级
上海交通大学	82.24	7星级
南京大学	81.83	7星级
武汉大学	81.51	7星级
中山大学	78.7	7星级

图 11.16　中国大学排名

```
第1名学校:
学校名称: 北京大学,综合得分: 100.00,星级排名: 8星级
第2名学校:
学校名称: 清华大学,综合得分: 97.68,星级排名: 8星级
第3名学校:
学校名称: 中国科学院大学,综合得分: 86.77,星级排名: 8星级
第4名学校:
学校名称: 复旦大学,综合得分: 82.94,星级排名: 8星级
第5名学校:
学校名称: 中国人民大学,综合得分: 82.48,星级排名: 8星级
第6名学校:
学校名称: 浙江大学,综合得分: 82.48,星级排名: 8星级
第7名学校:
学校名称: 上海交通大学,综合得分: 82.24,星级排名: 7星级
第8名学校:
学校名称: 南京大学,综合得分: 81.83,星级排名: 7星级
第9名学校:
学校名称: 武汉大学,综合得分: 81.51,星级排名: 7星级
第10名学校:
学校名称: 中山大学,综合得分: 78.70,星级排名: 7星级
```

图 11.17　实现效果

第 12 章　共用体的综合应用

本章训练任务对应上册第 13 章共用体的综合应用部分。

重点练习内容：

1. 了解字符串转为浮点值。
2. 了解字符串转为整型值。
3. 了解字符串转为长整型值。
4. 了解二分法搜索函数。

应用技能拓展学习

1. atof()函数

atof()函数用于将字符串转换为浮点值。语法格式如下：

```
double atof(const char *s);
```

☑　s：要转换的字符串。

例如，使用 atof()函数将字符串"5257.1314"转换成浮点值，并输出字符串和转换的浮点型，代码如下：

```
#include <stdio.h>
#include <stdlib.h>
int main()
{
	float r;
	char* s = "5257.1314";				/*定义要转换的字符串*/
	r = atof(s);					/*转换为浮点值*/
	printf("string = %s, float = %f\n", s, r);
	return 0;
}
```

运行结果如下：

```
string = 5257.1314, float = 5257.131348
```

2．atoi()函数

atoi()函数用于将字符串转换成整型值。它的语法格式如下：

```
int atoi(const char *s);
```

☑　s：要转换的字符串。

例如，使用 atoi()函数将字符串"5257.1314"转换成整型值，并输出字符串和转换的整型值，代码如下：

```
#include <stdio.h>
#include <stdlib.h>
int main()
{
	int r;
	char* s = "5257.1314";                          /*定义要转换的字符串*/
	r = atoi(s);                                    /*转换为整型值*/
	printf("string = %s, int = %d\n", s, r);
	return 0;
}
```

运行效果如下：

```
string = 5257.1314, int = 5257
```

3．atol()函数

atol()函数用于将字符串转换成长整型值。它的语法格式如下：

```
long atol(const char *s);
```

☑　s：要转换的字符串。

例如，使用 atol()函数将字符串"525713.14"转换成长整型值，并输出字符串和转换的长整型值，代码如下：

```
#include <stdio.h>
#include <stdlib.h>
int main()
{
	long r;
	char* s = "525713.14";                          /*定义要转换的字符串*/
	r = atol(s);                                    /*转换为长整型值*/
	printf("string = %s, long = %ld\n", s, r);
	return 0;
}
```

运行结果如下：

```
string = 525713.14, long = 525713
```

4．bsearch()函数

bsearch()函数用于二分法搜索。它的语法格式如下：

```
void *bsearch(const void *key, const void *list, size_t *n, size_t m, int(*fc)(const void *, const *));
```

bsearch()函数的语法参数说明如表 12.1 所示。

表 12.1　参数说明

变 量 类 型	初 始 化 值
key	指向要查找关键字的指针
list	指向从小到大顺序存放元素的表
n	指定查找表的元素的个数
m	指定查找表中每个元素的字节数
fc	一个函数的指针，此函数用来比较两个元素的大小

bsearch()函数没有返回值。例如，使用 bsearch()函数实现二分法搜索元素 456，代码如下：

```
#include <stdlib.h>
#include <stdio.h>
#define NELEMS(arr) (sizeof(arr) / sizeof(arr[0]))
int a[] = { 123, 456, 789, 654, 312, 741 };                    /*定义数组*/
int num(const int* p1, const int* p2)                          /*自定义函数*/
{
    return(*p1 - *p2);
}
int search(int key)                                            /*自定义函数*/
{
    int* ptr;
    ptr = bsearch(&key, a, NELEMS(a),
        sizeof(int), (int(*)(const void*, const void*))num);   /*采用二分法进行搜索*/
    return (ptr != NULL);
}
int main()
{
    if (search(456))                                           /*调用函数*/
        printf("456 is in the list.\n");
    else
        printf("456 isn't in the list.\n");
    return 0;
}
```

运行结果如下所示：

```
456 is in the list.
```

实战技能强化训练

训练一：基本功强化训练

1. 选择回家的交通工具 ▷①②③④⑤⑥

公司员工下班乘车可以坐出租，可以坐公交车，也可以坐地铁，设计一个交通工具的共用体，让员工进行选择。用两种共用体引用的方式输出，结果如图 12.1 所示。（提示：使用共用体定义）

2. 用枚举类型定义季节 ▷①②③④⑤⑥

定义枚举类型，代表一年中的四个季节，给“季节”枚举类型分别赋值。并用整型格式，输出四个季节的值。运行效果如图 12.2 所示。

```
------------------------------------------
        员工选择地铁
        员工选择地铁
------------------------------------------
```

图 12.1　选择交通工具

```
春季：0
夏季：1
秋季：2
冬季：3
```

图 12.2　定义季节

3. 罐头种类 ▷①②③④⑤⑥

罐头的种类很多，例如可以装黄桃，可以装椰子，也可以装山楂，在本实战中首先声明这三种水果的结构体，然后再声明罐头的共用体。在主函数中先定义共用体变量，然后引用共用体中的数据成员为共用体变量赋值，最后输出引用的共用体变量。效果如图 12.3 所示。

4. 模拟美团订餐 ▷①②③④⑤⑥

午休吃午饭，公司员工准备在美团订餐，在米饭，面条，水饺 3 家店犹豫订哪家餐，最终因为节日，决定吃水饺，模拟此场景，实现效果如图 12.4 所示。（提示：使用共用体定义）

```
这个罐头瓶装山楂
```

图 12.3　罐头种类

```
最终决定吃水饺
```

图 12.4　实现订餐效果

5. 选择自己喜欢的颜色 ▷①②③④⑤⑥

通过定义枚举类型观察其使用方式，其中每个枚举常量在声明的作用域内都可以看作一个新的数据类型。实现的效果如图 12.5 所示。

6．改答案放大招 ▷①②③④⑤⑥

利用共用体模拟悄无声息地改答案，运行结果如图 12.6 所示。

```
1代表红色，2代表蓝色，3代表绿色
请选择你喜欢的颜色:
3
the choice is Green
```

图 12.5 实现选择颜色效果

```
改之前我选择的答案是: A
改之后我选择的答案是: D
```

图 12.6 实现改答案效果

7．中国农业银行业务办理排号程序 ▷①②③④⑤⑥

现在去银行办理业务，基本上都需要排队叫号完成相关业务。可以说，银行系统是最早进行业务排号梳理用户业务办理的单位。图 12.7 是银行业务排号系统的小票。根据该小票，编写一个程序，可以实现排号号码自动增加，等待人数自动增加，显示办理业务时的日期和时间等，实现效果如图 12.8 所示。（提示：使用获取系统时间函数）

8．信息查询 ▷①②③④⑤⑥

从键盘中输入姓名和电话号码，以#结束，编程实现输入姓名，查询电话号码的功能。运行结果如图 12.9 所示。

```
中国农业银行
A235
业务类型：个人现金业务
该业务当前等待人数:33
custom waiting
2019-06-26 12:36
过号请重新取号 关门无效
```

图 12.7 银行业务排号系统的小票

```
中国农业银行
A235
业务类型:个人现金业务
该业务当前等待人数:33
custom waiting
2019-6-19 11:30:31
过号请重新取号 关门无效
```

图 12.8 实现银行业务排号

```
多多
0431-82564528
小小
0431-85236987
欢欢
0431-85789634
#
输入姓名:多多
姓名:多多 电话:0431-82564528
```

图 12.9 信息查询

训练二：实战能力强化训练

9．处理数据 ▷①②③④⑤⑥

设计一个共用体类型，使其成员包含多种数据类型，根据不同的类型，输出不同的数据。运行结果如图 12.10 所示。

10. 地铁站名显示 ▷①②③④⑤⑥

随着信息技术的高速发展，地铁车厢内的地铁线路显示图也不再是静态的了。如乘客乘坐地铁，地铁的行进线路图是随着地铁的行进站次自动进行颜色方向的提示。编写一个程序，模拟地铁车厢内的行进线路图，程序运行效果如图 12.11 所示。（提示：使用 windows.h 的带颜色函数）

图 12.10 共用体处理任意类型数据

平阳街 吉林大路 东环城路 东方广场
南关 东盛大街 长青 东枢纽

图 12.11 模拟地铁车厢内行进线路图

11. 小球碰撞 ▷①②③④⑤⑥

在屏幕中演示两个小球碰撞的过程。运行结果如图 12.12 所示。

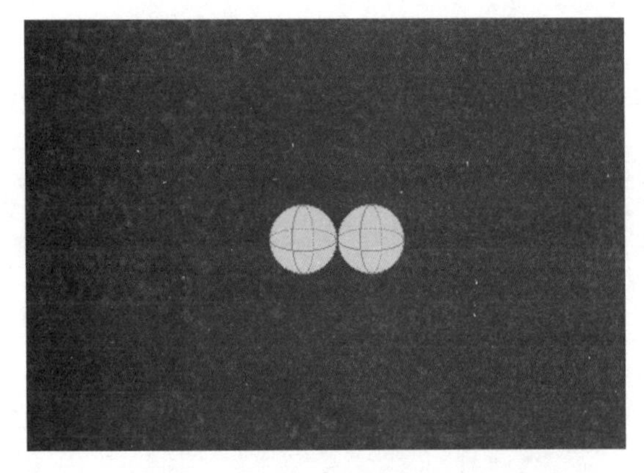

（a）小球碰撞

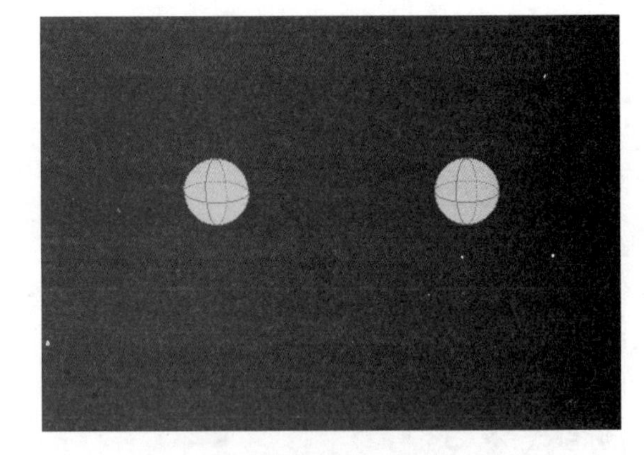

（b）碰撞后分开

图 12.12 小球碰撞

12. 把输入的验证码统一大写或小写 ▷①②③④⑤⑥

用户登录程序是最常见的应用程序了，如图 12.13 所示。为了保证用户和密码的安全性，通常区分输入字母的大小写。周波同学单位要做一个内部网络学习系统，其负责用户登录程序的制作，为了让单位员工容易登录，登录名和密码不区分大小写，即输入字母大小写都可以。请帮周波同学编写一个程序，输入用户名、密码和验证码后，完成如下工作：（提示：使用字符串大小写转化函数）

（1）统一将输入的用户名、密码和验证码大写输出，如图 12.14 所示。

（2）统一将输入的用户名、密码和验证码小写输出，如图 12.15 所示。

图 12.13　常见的用户登录程序

```
=========用户登录========
用户名|ID:mingri
密　码|PS:MIMApass
验证码|CD:506j
输入的用户名、密码、验证码已转化成大写输出：
MINGRI
MIMAPASS
506J
```

图 12.14　将输入的用户名、密码和验证码大写输出

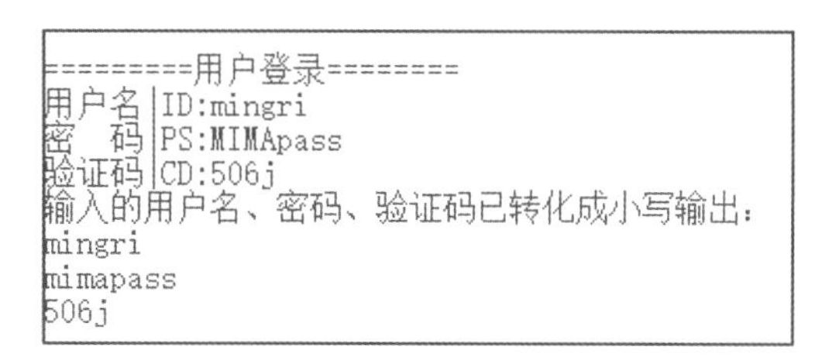

图 12.15　将输入的用户名、密码和验证码小写输出

13．医院分诊排队叫号系统　▷①②③④⑤⑥

医院分诊排队叫号系统是目前各大医院普遍采用的智能化分诊和排队叫号管理系统，系统可有效地解决病人就诊时排队的无序、医生工作量的不平衡等问题。也可使病人做到就诊时间心中有数，避免拥挤排队造成的急躁情绪，大大提升了医院的服务水平。如图 12.16 所示为某医院“B 超\化验”分诊的排队叫号系统。请编写一个程序，输出效果如图 12.17 所示。（提示：使用 windows.h 的颜色函数）

北京市超然医院　B超\化验　2020.9.30 8:52

B超室		化验室	
A001	黄荣佳	B001	张铁心
A002	李蕾	B002	薛丁山
A003	牛一平	B003	欧立佳
A004	赵一曼	B004	伯克衫
A005	何伟桧	B005	欣荣
A006	贾世成	B006	马锦标
A007	常富	B007	江小鱼
A008	宫立成	B008	程四维

图 12.16　医院分诊排号系统

```
=====================================
    医院电子科分组排队系统
=====================================
    B超室                    化验室
    A000:张来顺              B000:顾瑜珈
    A001:刘铁锤              B001:黎明
    A002:常冒                B002:赵薇
    A003:吉舜锋              B003:辛叶
    A004:冲余力              B004:余人明
    A005:傅山                B005:岳宁琳
    A006:昌紫衫              B006:笪莎莉
```

图 12.17　模拟医院分诊排号系统

14．输出 F1 大奖赛车手积分　▷①②③④⑤⑥

世界一级方程式锦标赛，简称 F1，是由国际汽车运动联合会（FIA）举办的最高级的年度系列场地赛比赛，与奥运会、世界杯足球赛并称为“世界三大体育赛事”。请编写一个程序，最终实现的效果如图 12.18 所示。（提示：使用 windows.h 的颜色函数）

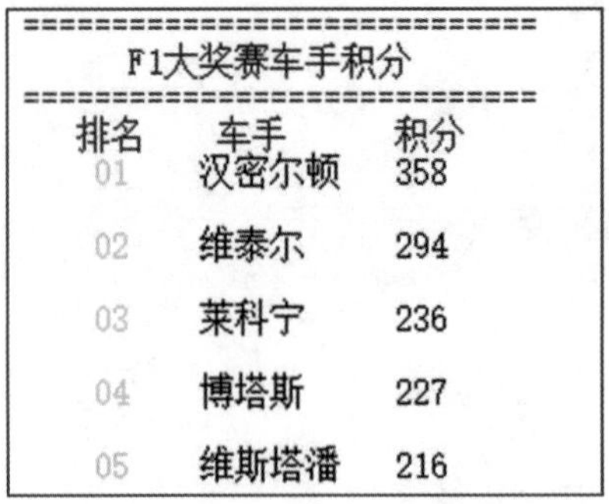

```
==============================
      F1大奖赛车手积分
==============================
    排名     车手       积分
     01    汉密尔顿     358

     02    维泰尔       294

     03    莱科宁       236

     04    博塔斯       227

     05    维斯塔潘     216
```

图 12.18　F1 大奖赛车手积分

15．模拟 12306 订票短信回复　▷①②③④⑤⑥

通过铁路 12306 网站订票成功后，会收到 12306 网站发来的短信信息，如图 12.19 所示。请编写一个程序，实现类似 12306 订票成功的回复短信，如图 12.20 所示。

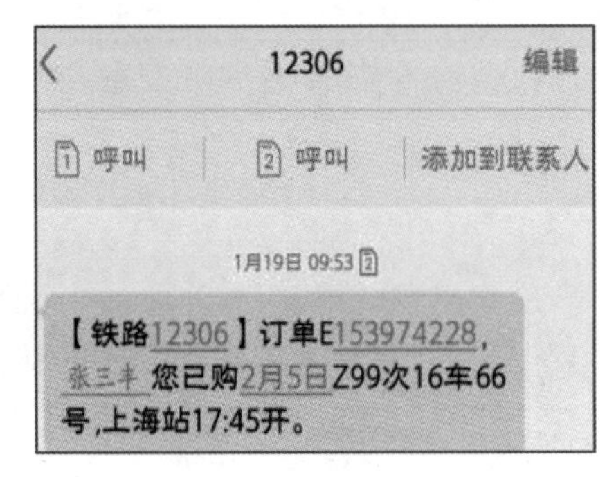

图 12.19　12306 订单回复短信

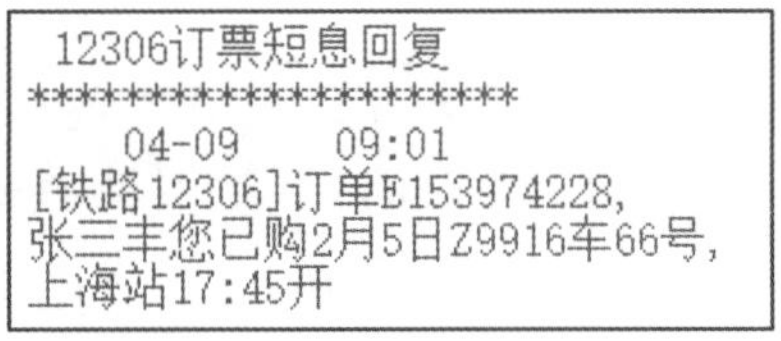

```
 12306订票短息回复
*********************
    04-09    09:01
[铁路12306]订单E153974228,
张三丰您已购2月5日Z9916车66号,
上海站17:45开
```

图 12.20　模拟 12306 回复短信

第 13 章　使用预处理命令

本章训练任务对应上册第 14 章使用预处理命令部分。

重点练习内容：

1. 了解calloc()函数。
2. 了解div()函数。
3. 了解exit()函数。
4. 了解fcvt()函数。

应用技能拓展学习

1．calloc()函数

calloc()函数用于分配主存储器，返回所分配内存的指针。语法格式如下：

```
void *calloc(size_t n, size_t s);
```

☑　n：要分配空间的个数。

☑　s：要分配空间的字节数。

例如，使用 calloc()函数为输入的元素动态分配内存空间，代码如下：

```
#include <stdio.h>
#include <stdlib.h>
int main(void)
{
    int n, i, * p;                                          /*声明变量*/
    printf("enter the count you want to allocate:");
    scanf_s("%d", &n);                                      /*输入要分配空间的个数*/
    p = (int*)calloc(n, sizeof(int));                       /*分配内存*/
    if (p)
    {
        printf("enter %d element:\n", n);
        for (i = 0; i < n; i++)
            scanf_s("%d", &p[i]);                           /*输入要分配的元素*/
    }
    else
        printf("allocate fail!\n");                         /*分配内存失败*/
    printf("these element are:\n");
    for (i = 0; i < n; i++)
        printf("%d", p[i]);                                 /*输出分配内存的元素*/
}
```

运行结果如下：

```
enter the count you want to allocate:3
enter 3 element:
5 2 1
these element are:
521
```

2. div()函数

div()函数用于两整数相除，返回商和余数。语法格式如下：

```
div_t (int x, int y);
```

☑ x：被除数。

☑ y：除数。

例如，使用 div 函数求两个整数 210 和 25 相除的商和余数，代码如下：

```
#include <stdio.h>
#include <stdlib.h>
div_t a;
int main(void)
{
    a = div(210, 25);                                      /*两整数相除*/
    printf("210 除以 25 = %d 余 %d\n", a.quot, a.rem);    /*输出结果*/
    return 0;
}
```

运行结果如下：

```
210 除以 25 = 8 余 10
```

3. exit()函数

exit()函数用于正常终止程序，没有返回值。语法格式如下：

```
void exit(int status);
```

☑ status：终止状态。

例如，使用 exit 函数正常终止一个程序，其后面的语句将不被执行。代码如下：

```
#include <stdlib.h>
#include <stdio.h>
int main(void)
{
    int a, status;                                   /*定义变量*/
    char b;
    printf("Enter a number\n");                      /*输出提示信息*/
    scanf_s("%d", &a);                               /*输入一个数字*/
```

```
    printf("Enter a character\n");                  /*输出提示信息*/
    status = getch();                               /*获取字符*/
    exit(status - '0');                             /*终止程序*/
    b = getche();                                   /*程序已终止，此行将永远不被执行*/
    return 0;
}
```

运行结果如下：

```
Enter a number
123
Enter a character
```

4．fcvt()函数

fcvt()函数用于将浮点数转换为字符串，返回字符串指针。语法格式如下：

```
char fcvt(double f, int n, int *p, int *c);
```

fcvt()函数的语法参数说明如表 13.1 所示：

表 13.1　参数说明

变 量 类 型	初 始 化 值
f	要转换的浮点数
n	小数点后显示的位数
p	一个指针变量返回数值的小数点的地址的指针
c	一个表示数值正负的指针

例如，使用 fcvt() 函数将 5.21、-103.23、0.1234e5 转换成字符串并输出，代码如下：

```
#include <stdio.h>
int main(void)
{
    char* str;                                                  /*定义变量*/
    double f;
    int p, c;
    int n = 10;
    f = 5.21;
    str = fcvt(f, n, &p, &c);                                   /*将浮点数转换成字符串*/
    printf("string = %s         p = %d     c = %d\n", str, p, c);
    f = -103.23;
    n = 15;
    str = fcvt(f, n, &p, &c);                                   /*将浮点数转换成字符串*/
    printf("string = %s p = %d     c = %d\n", str, p, c);
    f = 0.1234e5;                                               /*科学记数法*/
    n = 5;
    str = fcvt(f, n, &p, &c);                                   /*将浮点数转换成字符串*/
    printf("string = %s         p = %d     c = %d\n", str, p, c);
    return 0;
}
```

运行结果如下：

```
string = 52100000000             p = 1    c = 0
string = 103230000000000004   p = 3    c = 1
string = 1234000000              p = 5    c = 0
```

实战技能强化训练

训练一：基本功强化训练

1．编写头文件包含圆面积的计算公式　　▷①②③④⑤⑥

编写程序，将计算圆面积的宏定义存储在一个头文件中，输入半径便可得到圆的面积。运行结果如图 13.1 所示。

2．银行叫号服务　　▷①②③④⑤⑥

如果去银行办理业务，需要在取号机上取号，例如号码为 100 号，只要等到办公人员叫 100 号就可以办理业务；如果没有取号，则不能办理业务。编写程序，模拟此场景。运行效果如图 13.2 所示。（提示：使用#define 定义常量）

```
------------------------
     请输入半径:3
------------------------
-@-@-@-@-@-@-@-@-@-@-@-@
     面积 =28.26
-@-@-@-@-@-@-@-@-@-@-@-@
```

图 13.1　编写头文件包含圆面积的计算公式

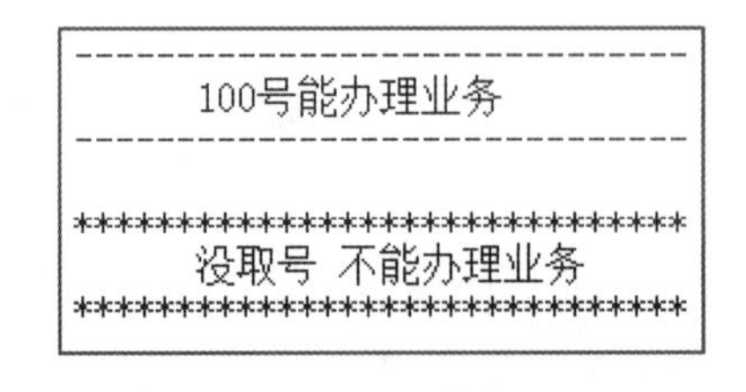

图 13.2　银行叫号服务

3．摄影工作室定价标准　　▷①②③④⑤⑥

某个摄影工作室制订的拍摄写真的定价标准如下：清纯型：235 元；异域风情：399 元；双人照（姐妹照，情侣照）：599 元；婚纱照：1999 元。利用#elif 编写程序，当选中不同价格标准时，显示对应拍摄套餐。运行效果如图 13.3 所示。（提示：使用#if、#elif 编写）

```
--------------------
      清纯型
--------------------
```

（a）清纯型

```
★ ★ ★ ★ ★ ★ ★
     异域风情
★ ★ ★ ★ ★ ★ ★
```

（b）异国风情

```
§ § § § § § § § § § § § § §
  双人照（姐妹照，情侣照）
§ § § § § § § § § § § § § §
```

（c）双人照

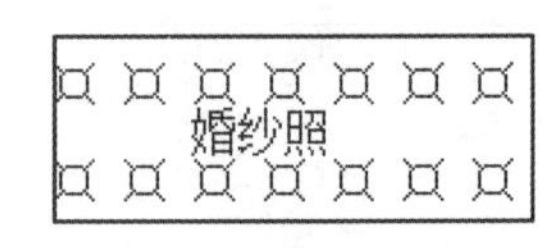

（d）婚纱照

图 13.3　摄影工作室定价标准

4. 控制交通信号灯　　▷①②③④⑤⑥

交通信号灯共有三种颜色：红、绿、黄，用数字代表三种颜色，当输入一个数字时，打印出当前交通信号灯的状态，如输入数字 1，输出“红灯停”，输入数字 2，输出“绿灯行”，输入数字 3，输出“黄灯等待”。如图 13.4 所示（提示：使用#define 和#if）

5. 一年有多少秒　　▷①②③④⑤⑥

用预处理指令声明一个常量，用来表示一年有多少秒（按每年 365 天计算）。实现效果如图 13.5 所示。

图 13.4　控制交通信号灯

图 13.5　一年有多少秒

6. 用宏定义实现值互换　　▷①②③④⑤⑥

试定义一个带参数的宏 swap（a，b），以实现两个整数之间的交换，并利用它将一维数组 a 和 b 的值进行交换。运行结果如图 13.6 所示。

7. 比较计数　　▷①②③④⑤⑥

用“比较计数”法对结构数组 a 按字段 num 进行升序排序，num 的值从键盘中输入。运行结果如图 13.7 所示。

8. 输出约瑟夫环　　▷①②③④⑤⑥

使用循环链表实现约瑟夫环。给定一组编号分别是：4，7，5，9，3，2，6，1，8。报数初始值由用户输入，这里输入 4，按照约瑟夫环原理打印输出队列。运行结果如图 13.8 所示。

```
please input array a:
10 11 12 13 14 15 16 17 18 19
please input array b:
90 91 92 93 94 95 96 97 98 99

the array a is:
10,11,12,13,14,15,16,17,18,19,
the array b is:
90,91,92,93,94,95,96,97,98,99,
Now the array a is:
90,91,92,93,94,95,96,97,98,99,
Now the array b is:
10,11,12,13,14,15,16,17,18,19,
```

图 13.6　实现值交换

```
请输入5个数：24 52 78 31 21
各数的顺序是:
 24  2
 52  4
 78  5
 31  3
 21  1
```

图 13.7　比较计数

```
请输入第一次计数值m:
4
输出的队列是:
9 3 1 8 5 2 4 6 7
```

图 13.8　输出约瑟夫环

训练二：实战能力强化训练

9．判断成绩是否及格 ▷①②③④⑤⑥

考试成绩的及格分是 60 分，小红考试成绩为 91 分，利用#if 编写程序判断小红是否及格。运行效果如图 13.9 所示。

10．利用宏定义求偶数之和 ▷①②③④⑤⑥

利用宏定义求 1～100 的偶数和，定义一个宏判断一个数是否为偶数。运行结果如图 13.10 所示。

11．比较最小值 ▷①②③④⑤⑥

定义一个带参数的宏，比较数值 15 和 9，并返回最小值。运行效果如图 13.11 所示。

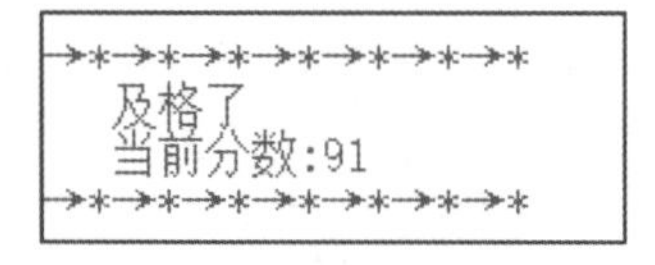

图 13.9　判断成绩是否及格

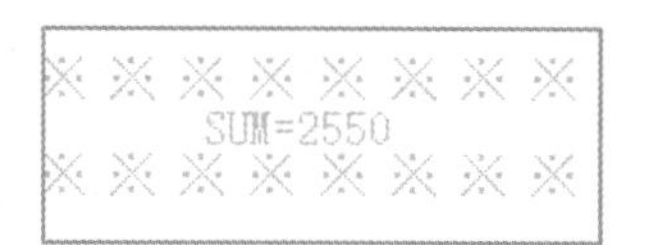

图 13.10　利用宏定义求偶数和

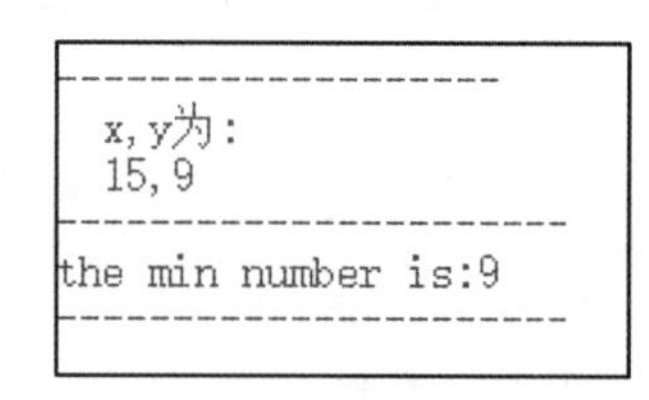

图 13.11　比较最小值

12．使用条件编译隐藏密码 ▷①②③④⑤⑥

一般输入密码时都会用星号“*”来替代，用以增强安全性。要求设置一个宏，规定宏体为 1，在正常情况下密码显示为*号的形式，在某些特殊的时候，显示为字符串。运行结果如图 13.12 所示

（a）隐藏密码　（b）显示密码

图 13.12　使用条件编译隐藏密码

13．NCAP 汽车碰撞测试查询 ▷①②③④⑤⑥

NCAP（New Car Assessment Program），是进行新车安全进行碰撞测试的程序。NCAP 碰撞测试具体内容大致包括两个方面，正面和侧面碰撞，如图 13.13、图 13.14 所示。碰撞测试成绩则由星级（★）表示，通常共有五个星级，星级越高表示该车的碰撞安全性能越好。我国的 C-NCAP 于 2005 年正式启动，目前已成为国内最权威的第三方安全测试机构。

图 13.13 NCAP 评测正面碰撞

图 13.14 NCAP 评测侧面碰撞

用宏定义一个数字，对应的数字输出几颗★。效果如图 13.15 所示。（提示：使用#if）

（a）3 星级

（b）4 星级

图 13.15 输出星级

14．北京车辆限行信息输出 ▷①②③④⑤⑥

北京市为切实巩固大气污染治理成效，降低机动车污染物排放，持续改善首都空气质量，自 2012 年开始在特定时段按机动车尾号实行单双号限行，每 13 周轮换一次停驶日的交通管理措施。2019 年 4 月 8 日至 2019 年 7 月 7 日，星期一至星期五限行机动车车牌尾号分别为： 0 和 5、1 和 6、2 和 7、3 和 8、4 和 9，尾号为英文字母按 0 号管理。限行时间为 7 时至 20 时，周末不限行，如图 13.16 所示。限行范围为五环路以内道路（不含五环路），纯电动小客车不受尾号限行影响。2019 年 4 月 8 日至 2020 年 4 月 5 日期间分 4 个周期限行规则如下：

（1）2019 年 4 月 8 日至 2019 年 7 月 7 日，限行车牌尾号为 0 和 5、1 和 6、2 和 7、3 和 8、4 和 9；

（2）2019 年 7 月 8 日至 2019 年 10 月 6 日，限行车牌尾号为 4 和 9、0 和 5、1 和 6、2 和 7、3 和 8；

（3）2019 年 10 月 7 日至 2020 年 1 月 5 日，限行车牌尾号为 3 和 8、4 和 9、0 和 5、1 和 6、2 和 7；

（4）2020 年 1 月 6 日至 2020 年 4 月 5 日，限行车牌尾号为 2 和 7、3 和 8、4 和 9、0 和 5、1 和 6。

图 13.16 2019 年 4 月 8 日至 2019 年 7 月 7 日限行规则

请编写一个程序，模拟星期几，就会显示限号情况。效果如图 13.17 所示。（提示：使用#if）

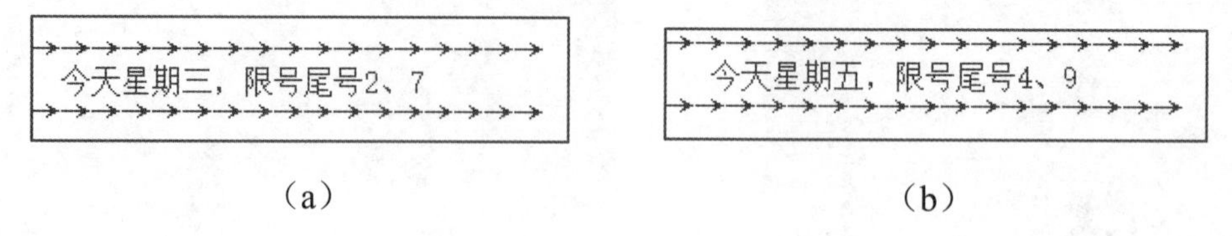

（a）　　　　　　　　　　（b）

图 13.17　车牌尾号限行情况

15. 模拟美团外卖点单　　▷①②③④⑤⑥

仙客来巫山烤鱼店越来越火，外卖订单也越来越多，请帮助仙客来巫山烤鱼店编写一个外卖点单程序，实现如图 13.18 所示的美团外卖点单录入。实现的结果如图 13.19 所示。（提示：使用 if 语句）

图 13.18　美团点单小票

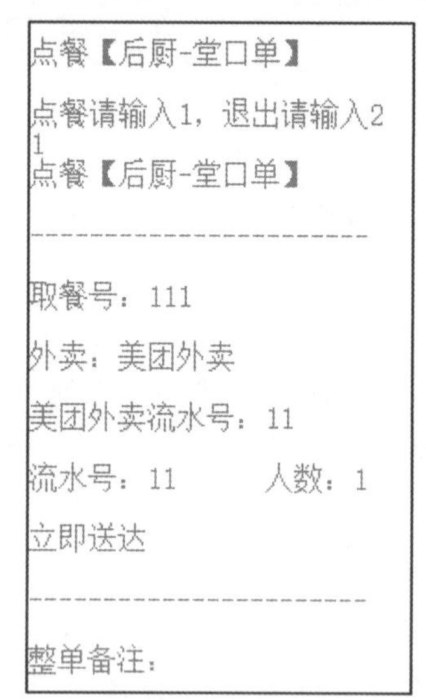

图 13.19　模拟点单

第 14 章　存 储 管 理

本章训练任务对应上册第 15 章存储管理部分。

重点练习内容：

1. 了解ldiv()函数。
2. 了解qsort()函数。
3. 了解strtod()函数。
4. 了解strtol()函数。

应用技能拓展学习

1. ldiv()函数

ldiv()函数用于两个长整型相除，返回商和余数。语法格式如下：

```
ldiv_t ldiv(long lx, long ly);
```

☑ lx：被除数；

☑ ly：除数。

例如，使用 ldiv() 函数求两个长整型数 165000 和 35500 相除的商和余数。代码如下：

```
#include <stdlib.h>
#include <stdio.h>
int main(void)
{
    ldiv_t lx;
    lx = ldiv(165000L, 35500L);                                          /*两长整型数相除*/
    printf("165000 div 35500 = %ld remainder %ld\n", lx.quot, lx.rem);   /*输出结果*/
    return 0;
}
```

运行结果如下：

```
165000 div 35500 = 4 remainder 23000
```

2. qsort()函数

qsort()函数用于对记录从小到大快速排序。语法格式如下：

```
void qsort(void *district, int n, int m, int (*fc)());
```

qsort()函数的语法参数说明如表 14.1 所示。

表 14.1　参数说明

变 量 类 型	初 始 化 值
district	指向待排序区域的开始地址
n	待排序区域元素的个数
m	待排序区域中每个元素的大小
fc	一个函数的指针，此函数用来比较两个元素的大小

qsort()函数没有返回值。下面使用 qsort 函数对无序序列 a 进行快速排序，代码如下：

```
#include <stdlib.h>
#include <stdio.h>
int NUM(const int* a, const int* b)                    /*自定义比较函数*/
{
    if (*a < *b)
        return -1;
    else if (*a > * b)
      return 1;
    else
        return 0;
}
int main(void)
{
    int a[10] = { 1,6,5,7,8,9,11,24,3,10 };           /*初始化数组*/
    int i;                                             /*定义变量*/
    qsort(a, 10, sizeof(int), NUM);                    /*快速排序*/
    for (i = 0; i < 10; i++)
        printf("%d ", a[i]);                           /*输出排序后的结果*/
    getchar();
}
```

运行结果如下：

```
1 3 5 6 7 8 9 10 11 24
```

3. strtod()函数

strtod()函数用于将字符串转换为浮点数。语法格式如下：

```
double strtod(char *s, char **p);
```

☑ s：要转换的字符串。

☑ p：字符串指针，用于进行错误检测，遇到非法字符将终止。

例如，使用 strtod 函数将字符串"3.1415"转换成浮点数，代码如下：

```
#include <stdlib.h>
#include <stdio.h>
int main(void)
{
    char a[50], * ptr;                                  /*定义变量*/
    double d;
    printf("Enter a floating point number:");           /*输出提示信息*/
    gets(a);                                            /*读取字符串*/
    d = strtod(a, &ptr);                                /*将字符串转换为浮点数*/
    printf("The string is %s, the number is %lf\n", a, d);   /*输出结果*/
    return 0;
}
```

运行结果如下。

```
Enter a floating point number:3.1415
The string is 3.1415, the number is 3.141500
```

4．strtol()函数

strtol()函数用于将字符串转换成长整型数。语法格式如下：

```
long strtol(char *s, char **ptr, int radix);
```

☑　s：要转换的字符串。

☑　ptr：字符串指针，用于进行错误检测，遇到非法字符将终止。

☑　radix：采用的进制方式。

例如，使用 strtol 函数将字符串"10000"按照不同的进制方式转换为长整型值，代码如下：

```
#include<stdio.h>
#include<stdlib.h>
void main()
{
    char a[] = "10000";                          /*定义字符数组*/
    char b[] = "10000";                          /*定义字符数组*/
    char c[] = "cd";                             /*定义字符数组*/
    printf("a=%d\n", strtol(a, NULL, 10));  /*将字符串转换为一个十进制长整型数*/
    printf("b=%d\n", strtol(b, NULL, 2));   /*将字符串转换为一个二进制长整型数*/
    printf("c=%d\n", strtol(c, NULL, 16));  /*将字符串转换为一个十六进制长整型数*/
}
```

运行结果如下所示。

```
a=10000
b=16
c=205
```

实战技能强化训练

训练一：基本功强化训练

1．下载《英雄联盟》需要多大内存 ▷①②③④⑤⑥

《英雄联盟》是非常好玩刺激的游戏，想要下载这个游戏，需要足够的空间，模拟下载场景，编写程序显示占多大空间。（提示：《英雄联盟》占 5GB 内存），效果如图 14.1 所示。（提示：使用 malloc）

2．重新分配内存 ▷①②③④⑤⑥

定义了一个整型指针和实型指针，利用 realloc()函数重新分配内存，运行结果如图 14.2 所示。

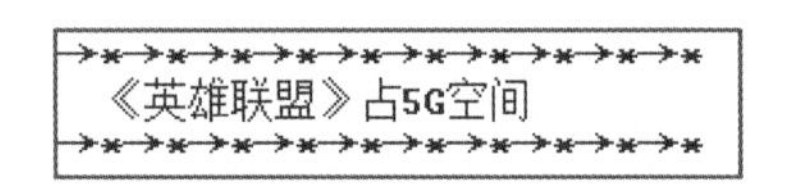

图 14.1　下载《英雄联盟》

图 14.2　重新分配内容

3．接收用户信息 ▷①②③④⑤⑥

写一个函数，该函数可以接收用户输入的字符并存储在内存中（由于不确定用户会输入几个字符，所以这些内存不可以用数组来表示，因为数组的大小是确定的），当用户输入字"q"时，输出用户输入的所有字符，并退出程序。运行结果如图 14.3 所示。（提示：使用 malloc）

4．自守数 ▷①②③④⑤⑥

如果某个数的平方的末尾几位数等于这个数，那么就称这个数是自守数。5 和 6 就是最为常见的一位自守数；25 和 76 是二位自守数；625 和 376 是三位自守数；0625 和 9376 是四位自守数；90625 和 09376 是五位自守数……

自守数有如下特性：

（1）以自守数为后几位的两个数相乘，乘积的后几位仍是这个自守数。例如，5 是自守数，所以以 5 为个位数的两个数相乘，乘积的个位仍然是 5。

（2）（n+1）位的自守数出自 n 位的自守数，由此可推出，若知道 n 位的自守数 a，那么（n+1）位的自守数应当由 a 前面加上一个数构成。

（3）两个 n 位不同自守数之和的特性：最高位是 1，最低位是 1，中间是连续的 n−1 个 0。即两个

n 位不同自守数之和等于 10^n+1。

编程计算从 1 位到 10 位的自守数，以个位是 6 的自守数为例。程序运行结果如图 14.4 所示。

5. 仓库存储多少件衣服　▷①②③④⑤⑥

某服装店进了 10240 件衣服，为了将这批衣服顺利地入库，老板将库房收拾出了放这批衣服的空间，将这批衣服件数输出显示。使用 malloc()函数申请内存空间，运行结果如图 14.5 所示。（提示：使用 malloc）

```
请用户输入：Fine
g
第0个字母是F
第1个字母是i
第2个字母是n
第3个字母是e
```

图 14.3　接收用户信息

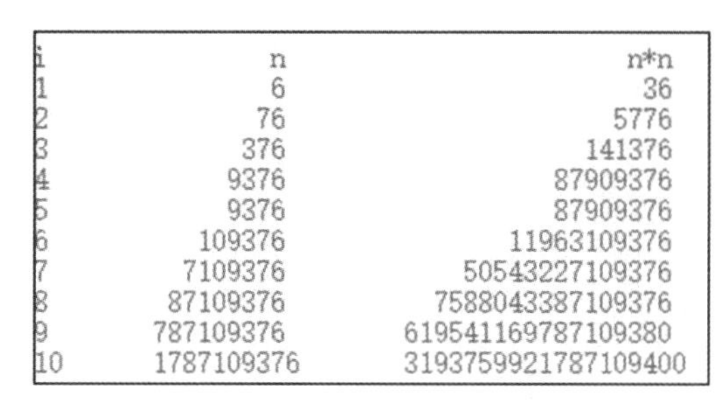

i	n	n*n
1	6	36
2	76	5776
3	376	141376
4	9376	87909376
5	9376	87909376
6	109376	11963109376
7	7109376	50543227109376
8	87109376	7588043387109376
9	787109376	619541169787109380
10	1787109376	3193759921787109400

图 14.4　自守数运行结果

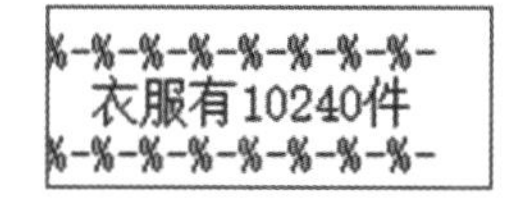

图 14.5　库存剩 10240 件

6. 栈的使用　▷①②③④⑤⑥

栈的工作原理是“后进先出”，利用栈的工作原理实现栈在函数中的调用操作，实现的结果如图 14.6 所示。

7. 为演唱会会馆申请内存空间　▷①②③④⑤⑥

某明星的演唱会，会馆可以容纳一万人，请编写程序，申请内存能够将人数输出。运行效果如图 14.7 所示。（提示：使用 malloc）

8. 申请内存，输出 10 个 0　▷①②③④⑤⑥

利用 calloc()函数申请内存，输出 10 个 0，看看能得出什么结论，运行效果如图 14.8 所示。

```
LoveChina!
LoveWorld!
```

图 14.6　栈的使用

```
≈≈≈≈≈≈≈≈≈≈≈≈≈≈≈≈
   现场有10000人
≈≈≈≈≈≈≈≈≈≈≈≈≈≈≈≈
```

图 14.7　演唱会会馆申请内存

```
--------
!  0  !
!  0  !
!  0  !
!  0  !
!  0  !
!  0  !
!  0  !
!  0  !
!  0  !
!  0  !
--------
```

图 14.8　申请内存，输出 10 个 0

训练二：实战能力强化训练

9．魔术师的秘密 ▷①②③④⑤⑥

在一次晚会上，一位魔术师掏出一叠扑克牌，取出其中 13 张黑桃，预先洗好后，把牌面朝下，对观众说：“我不看牌，只数一数就能知道每张牌是什么？”魔术师口中念 1，将第一张牌翻过来看正好是 A；魔术师将黑桃 A 放到桌上，继续数手里的余牌，第二次数 1，2，将第一张牌放到这叠牌的下面，将第二张牌翻开，正好是黑桃 2，也把它放在桌子上。第三次数 1，2，3，前面二张牌放到这叠牌的下面，取出第三张牌，正好是黑桃 3，这样依次将 13 张牌翻出，准确无误。现在的问题是，魔术师手中牌的原始顺序是怎样的？运行结果如图 14.9 所示。

10．合理分配内存空间 ▷①②③④⑤⑥

定义 char 型数据，分别用 malloc()、realloc()函数为其分配空间并输出空间值，运行结果如图 14.10 所示。

```
the original order of cards is:
  1  8  2  5 10  3 12 11  9  4  7  6 13
```

图 14.9　原始牌序

```
№ № № № № № № № № №
 malloc分配内存：1e0e18
 realloc分配内存：1e0e18
№ № № № № № № № № №
```

图 14.10　分配内存空间

11．巧算国王分财物 ▷①②③④⑤⑥

年迈的波斯国王给王子们分赏他的财物，他想了一个很奇特的方法，把财物分成若干份，王子们可以按照任意的次序来领取。第一个来领的可以得到一份和剩下的财物的十分之一；第二个来领的可以得到两份和剩下的十分之一；第三个来领的可以得到三份和剩下的十分之一……以此类推。当王子们按照自己计算好的可以得到有利财物的顺序领完财物后，清点后发现，他们得到的财物都相等。请使用程序计算出国王分了几份财物和有几个儿子？运行结果如图 14.11 所示。

12．申请内存，将 Mingrisoft 写入 ▷①②③④⑤⑥

本实战需要动态分配一个数组。使用 strcpy()函数为字符数组赋值，再进行输出，验证分配内存正确保存数据。运行结果如图 14.12 所示。

```
        国王共有9个王子，将财宝分成了81份

第1个王子，先得1份财物，再得剩余的80份的1/10:8份，        共得9份
第2个王子，先得2份财物，再得剩余的70份的1/10:7份，        共得9份
第3个王子，先得3份财物，再得剩余的60份的1/10:6份，        共得9份
第4个王子，先得4份财物，再得剩余的50份的1/10:5份，        共得9份
第5个王子，先得5份财物，再得剩余的40份的1/10:4份，        共得9份
第6个王子，先得6份财物，再得剩余的30份的1/10:3份，        共得9份
第7个王子，先得7份财物，再得剩余的20份的1/10:2份，        共得9份
第8个王子，先得8份财物，再得剩余的10份的1/10:1份，        共得9份
第9个王子，先得9份财物，再得剩余的 0份的1/10:0份，        共得9份
```

图 14.11　国王巧分财物

```
$-$-$-$-$-$-$-$-$-$
    Mingrisoft
$-$-$-$-$-$-$-$-$-$
```

图 14.12　写入 Mingrisoft

13．联合加油站加油　▷①②③④⑤⑥

根据相关统计，美国目前的汽车保有量为 2.5 亿，日本为 0.74 亿，我国保有汽车约为 3.19 亿，私家车约为 1.8 亿。人均大概 8 个人拥有一辆汽车。图 14.13 是某市联合加油站加油机的加油计价程序。仿照该计价程序，编写一个加油计价程序，按照 92 号汽油单价每升 6.73 元计算，根据输入的汽油升数，计算加油的总金额，汽油单价、总金额保留 2 位小数，输出效果如图 14.14 所示。（提示：使用运算符）

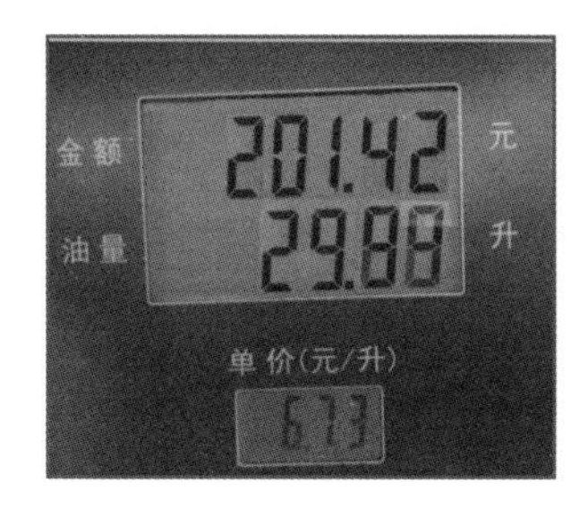

图 14.13　加油站加油计价程序

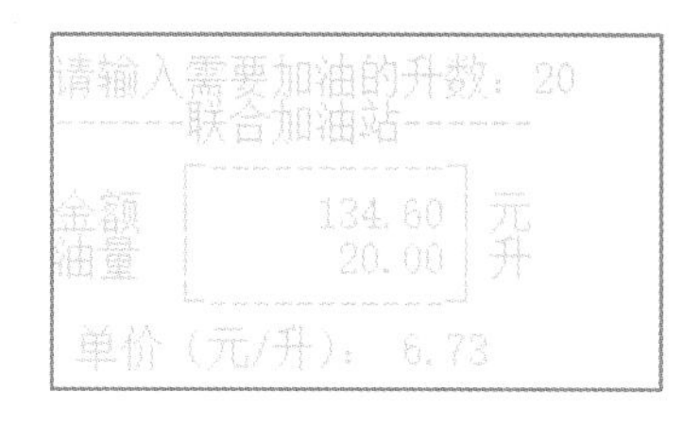

图 14.14　加油计价程序输出效果

14．京东搜索 tCPA 出价设置　▷①②③④⑤⑥

在京东商城的京东快车服务中，如果要提升商品的曝光度和销售量，可以通过 tCPA 对商品进行出价设置，如图 14.15 所示。tCPA 出价只能是 5～9999 以内的正数，最多一位小数。输入数字低于 5 或高于 9999 则提示用户输入数字有误，请重新输入。编写一个程序，模拟实现此功能，效果如图 14.16 和图 14.17 所示。（提示：使用 if 语句和逻辑与）

图 14.15　tCPA 商品出价设置

```
京东搜索tCPA出价设置:
--------------------------------------------
请输入期望CPA出价：5~9999以内的正数 最多一位小数
100
您输入的CPA价是：100.00
```

图 14.16　模拟 tCPA 商品出价设置

```
京东搜索tCPA出价设置:
--------------------------------------------
请输入期望CPA出价：5~9999以内的正数 最多一位小数
4.5
只能输入5~9999，将退出
```

图 14.17　出价低于要求，退出程序

15．地铁到站时间双语提示　▷①②③④⑤⑥

北京地铁 2 号线各地铁站乘车时，地铁信息提示屏可以中英文输出列车的终点站、本次列车到站时间、下次列车到站时间，以及目前的时间显示信息，如图 14.18、图 14.19 所示。编写一个程序，将中英文列车终点、本次列车到站时刻、下次列车到站时刻存储到列表，然后输出，如图 14.20、图 14.21 所示。

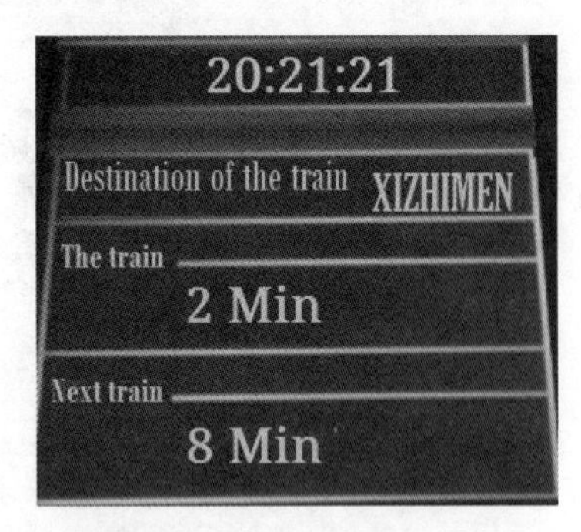

图 14.18　地铁站屏幕英文显示

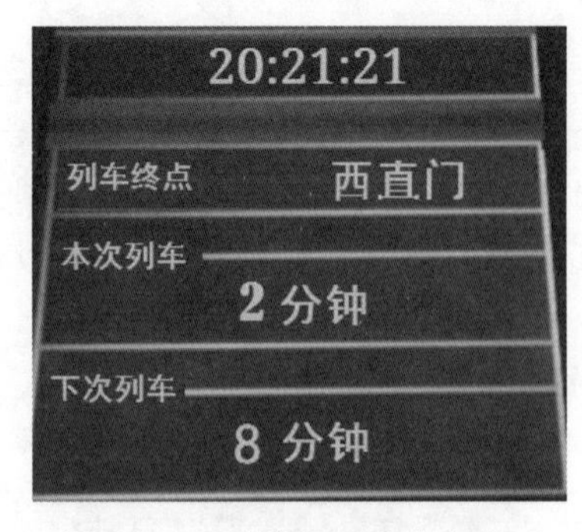

图 14.19　地铁站屏幕中文显示

```
---------------------------------------------------------
         2019:03:08        08:16:48
---------------------------------------------------------
---------------------------------------------------------
      Destination of the train     XIZHIMEN
---------------------------------------------------------
---------------------------------------------------------
      the train    2 Min
---------------------------------------------------------
---------------------------------------------------------
      the train    8 Min
---------------------------------------------------------
```

图 14.20　输出英文显示

```
---------------------------------------------------------
         2019:03:08        08:16:48
---------------------------------------------------------
---------------------------------------------------------
        列车终点       西直门
---------------------------------------------------------
---------------------------------------------------------
       本次列车      2 分钟
---------------------------------------------------------
---------------------------------------------------------
       下次列车      8 分钟
---------------------------------------------------------
```

图 14.21　输出中文显示

第 15 章　链表在 C 语言中的应用

本章训练任务对应上册第 16 章链表在 C 语言中的应用部分。

重点练习内容：

1. 熟悉掌握链表的操作。
2. 了解单链表、双向链表。
3. 熟悉typedef的用法。
4. 了解strcspn()函数。

应用技能拓展学习

1．typedef

C 语言允许用户使用 typedef 关键字为系统默认的基本类型、数组类型、指针类型及用户自定义的结构型、共用型、枚举类型等名称起一个别名。一旦用户使用 typedef 关键字定义了该别名，后续就可以在该程序中随意用它来定义变量、数组、指针、函数等。

例如，C 语言在 C99 之前未提供布尔类型，但可以使用 typedef 关键字来定义一个简单的布尔类型。代码如下：

```
typedef int BOOL;
#define TRUE 1
#define FALSE 0
```

定义好之后，后续可以像使用基本类型数据一样使用它。例如：

```
BOOL bflag=TRUE;
```

在实际使用中，typedef 的作用主要有 4 个方面。

☑　为基本数据类型定义新的类型名。

系统默认的所有基本类型都可以利用 typedef 关键字来重新定义类型名。例如：

```
typedef unsigned int NAME;
```

还可以使用 typedef 关键字定义与平台无关的类型。例如，定义一个名为 WEIGHT 的浮点类型，在目标平台上表示最高精度的类型。代码如下：

```
typedef double WEIGHT;
```

☑ 为自定义数据类型（结构体、共用体和枚举类型）定义简洁的类型名称。

以结构体为例，首先定义一个名为 Fruit 的结构体，代码如下：

```
struct Fruit
{
	double x;
	double y;
	double z;
};
```

调用该结构体时，代码如下：

```
struct Fruit fruit1 ={100，100，0};
struct Fruit fruit2;
```

这里，结构体 struct Fruit 为新数据类型，用它定义变量时需要有保留字 struct，而不能直接使用 Fruit 来定义变量。为了能更简便，下面利用 typedef 定义 Fruit 结构体，代码如下：

```
typedef struct tagFruit
{
	double x;
	double y;
	double z;
} Fruit;
```

上述代码相当于完成了两个操作。首先定义了一个新的结构类型。其中，struct 关键字和 tagFruit 一起构成了该结构类型。无论是否存在 typedef 关键字，这个结构都存在。

```
struct tagFruit
{
	double x;
	double y;
	double z;
};
```

接着，使用 typedef 为新结构起了一个别名 Fruit。

```
typedef struct tagFruit Fruit;
```

此时，就可以像 int 和 double 那样，直接使用 Fruit 定义变量了。例如：

```
Fruit fruit1 ={100，100，0};
Fruit fruit2;
```

☑ 为数组定义简洁的类型名称。

定义方法很简单，与为基本数据类型定义新的别名方法一样。例如：

```
typedef int array[100];
array arr;
```

☑　为指针定义简洁的名称。

对于指针，可以用如下代码为其定义一个新的别名。

```
typedef char* NAME;
NAME na;
```

对于简单的变量声明，使用 typedef 为其定义一个别名意义不大。但在比较复杂的变量声明中，typedef 的优势马上就体现出来了。例如：

```
int *(*a[5])(int,char*);
```

使用 typpdef 给上面的变量定义一个别名，将会非常便于识记。代码如下：

```
// PFun 是我们创建的一个类型别名
typedef int* (*PFun)(int, char*);
// 使用定义的新类型来声明对象，等价于 int*(*a[5])(int,char*);
PFun a[5];
```

2．strcspn()函数

strcspn()函数用于顺序地在一个字符串中查找与另一个字符串第一个相同的字符，返回这个字符在第一个字符串的位置。这个函数在头文件 string.h 中，语法格式如下：

```
int strcspn(char *s1, char *s2);
```

☑　s1：要查找的字符串；

☑　s2：进行对比的字符串。

strcspn()函数返回字符 s1 开头连续和 s2 中不同元素的个数。

下面使用 strcspn 函数顺序地在字符串 s 中查找与字符串“ ”（空格）、“is”和“！”第一个相同的字符，并返回这样的字符在字符串 s 中的位置。代码如下：

```
#include <stdio.h>
#include <string.h>
void main()
{
    char* s = "mingri book is a good friend!";        /*声明要查找的字符串*/
    printf("%d\n", strcspn(s, " "));                  /*输出查找结果*/
    printf("%d\n", strcspn(s, "is"));                 /*输出查找结果*/
    printf("%d\n", strcspn(s, "!"));                  /*输出查找结果*/
}
```

运行结果如下：

```
6
1
28
```

实战技能强化训练

训练一：基本功强化训练

1．创建单链表 ▷①②③④⑤⑥

创建一个单链表，并将这个链表中数据输出到窗体上。运行结果如图 15.1 所示。（提示：创建结构体）

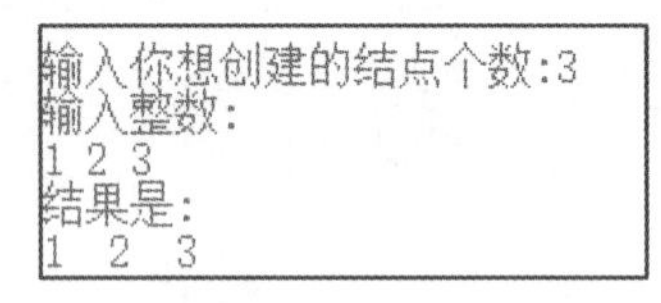

图 15.1 创建单链表

2．创建双向链表 ▷①②③④⑤⑥

创建一个双向链表，并将这个链表中数据输出到窗体上，输入要查找的学生姓名，将查找的姓名从链表中删除，并显示删除后的链表。运行结果如图 15.2 所示。（提示：使用 typedef 定义结构体）

3．创建职员链表 ▷①②③④⑤⑥

利用链表的创建与输出操作，编写一个包含职员信息的链表结构，并且将链表中的信息进行输出。输出效果如图 15.3 所示。（提示：创建结构体）

```
请输入链表的大小:
5
输入第1个学生的姓名: Bill
输入第2个学生的姓名: Mark
输入第3个学生的姓名: James
输入第4个学生的姓名: Gary
输入第5个学生的姓名: Willian

现在这个双链表是:
Bill Mark James Gary Willian
请输入你想查找的姓名:
Mark
你想查找的姓名是:Mark

现在这个双链表是:
Bill James Gary Willian
```

图 15.2 创建双向链表

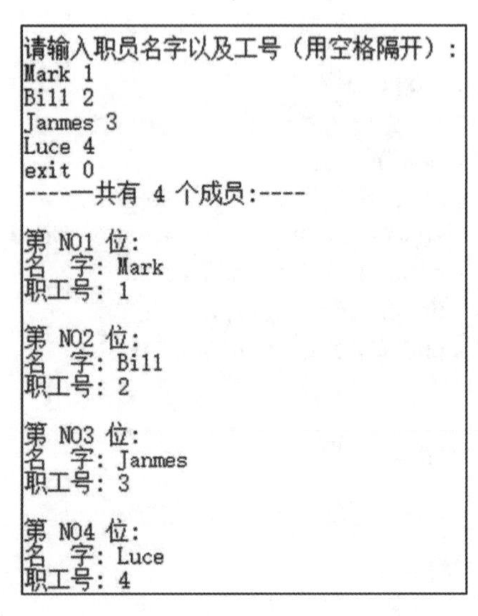

图 15.3 创建职员链表

4．创建循环链表 ▷①②③④⑤⑥

创建一个循环链表。这里只创建一个简单的循环链表来演示循环链表的创建和输出方法。运行结果如图 15.4 所示。（提示：使用 typedef 定义结构体）

5．图的广度优先搜索 ▷①②③④⑤⑥

编写程序，对如图 15.5 所示的无向图进行广度优先搜索，运行结果如图 15.6 所示。（提示：使用 typedef 定义结构体）

```
请输入循环链表:
asdfg
这个合成的链表是:
a s d f g
```

图 15.4　创建循环链表

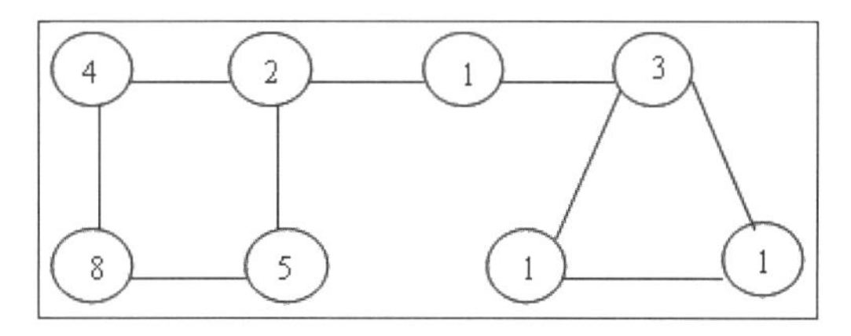

图 15.5　无向图

```
please input the number of sides:
9
please input the number of vertexes
8
please input the vertexes which connected by the sides:
1 2 1 3 2 1 2 4 2 5 3 1 3 6 3 7 4 2 4 8 5 2 5 8 6 3 6 7 7 3 7 6 8 4 8 5
the result is:
vertex1:->  2->  3
vertex2:->  1->  4->  5
vertex3:->  1->  6->  7
vertex4:->  2->  8
vertex5:->  2->  8
vertex6:->  3->  7
vertex7:->  3->  6
vertex8:->  4->  5
the result of breadth-first search is:
vertex[1]vertex[2]vertex[3]vertex[4]vertex[5]vertex[6]vertex[7]vertex[8]
```

图 15.6　图的广度优先搜索

6．展示班级排名前 3 名名单 ▷①②③④⑤⑥

每所学校，在寒假、暑假来临之前，都会安排期末考试，有的学校为了不打击学生的积极性，只是告诉每位同学的成绩，并不排名，而老师为了鼓励同学，只会告诉班级的排在前 3 名的名单，本实战利用链表输出某班级前 3 名的名单，实现的效果如图 15.7 所示。

7．使用头插入法建立单链表 ▷①②③④⑤⑥

现使用头插入法创建一个单链表，并将单链表输出在窗体上。运行结果如图 15.8 所示。（提示：创建结构体）

```
请输入班级排在前3名的名单:
郝湉 1
韩岩 2
佟岁 3
exit 0
----—共有 3 个成员:----

第 NO1 个成员:
名字是: 郝湉
排名是:第 1 名

第 NO2 个成员:
名字是: 韩岩
排名是:第 2 名

第 NO3 个成员:
名字是: 佟岁
排名是:第 3 名
```

图 15.7　前 3 名名单

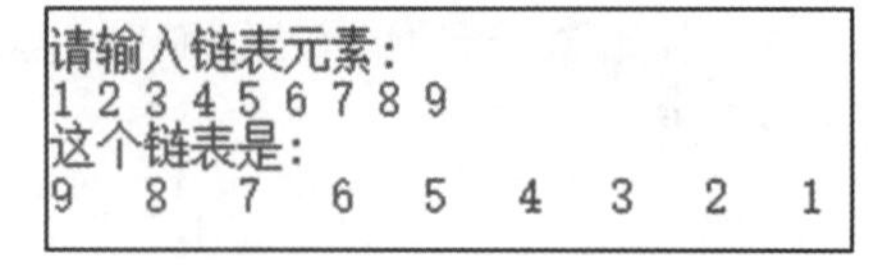

图 15.8　头插入法建立单链表

训练二：实战能力强化训练

8. 单链表的就地逆置　▷①②③④⑤⑥

实现创建一个单链表，并将链表中的结点逆置，将逆置后的链表输出在窗体上。运行结果如图 15.9 所示。（提示：创建结构体）

9. 长春三日游　▷①②③④⑤⑥

长春是吉林省省会，旅游景点也很多。利用链表，输出如图 15.10 所示的长春三日游景点。

```
输入你想创建的结点个数:6
链表元素:
0 1 3 5 7 9
逆置后的单链表是:
9 7 5 3 1 0
```

图 15.9　单链表就地逆置

```
请输入钢镚儿长春三日游观光的地点:
长影世纪城 1
伪满皇宫博物馆 2
南湖公园 3
净月潭国家森林公园 4
exit 0
----有 4 个地点:----

第 NO1 地点是:
 长影世纪城
第1个参观

第 NO2 地点是:
 伪满皇宫博物馆
第2个参观

第 NO3 地点是:
 南湖公园
第3个参观

第 NO4 地点是:
 净月潭国家森林公园
第4个参观
```

图 15.10　长春三日游

10．创建顺序表并插入元素　▷①②③④⑤⑥

创建一个顺序表，在顺序表中插入元素，并输出到窗体上。运行结果如图 15.11 所示。（提示：创建结构体）

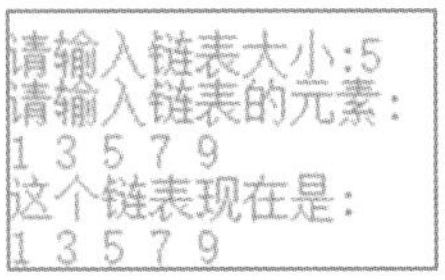

```
请输入链表大小:5
请输入链表的元素:
1 3 5 7 9
这个链表现在是:
1 3 5 7 9
```

图 15.11　创建顺序表

11．支付宝集福　▷①②③④⑤⑥

近两年春节来临之际，支付宝会推出集福活动，需要集如图 15.12 所示的 5 个福：harmonious, patriotic, friendly, dedicate, strong（和谐福、爱国福、友善福、敬业福、富强福），只有集满这 5 福，才能在除夕之夜瓜分几个亿。

利用链表输出需要集的 5 个福。运行效果如图 15.13 所示。（提示：创建结构体）

图 15.12　支付宝集福

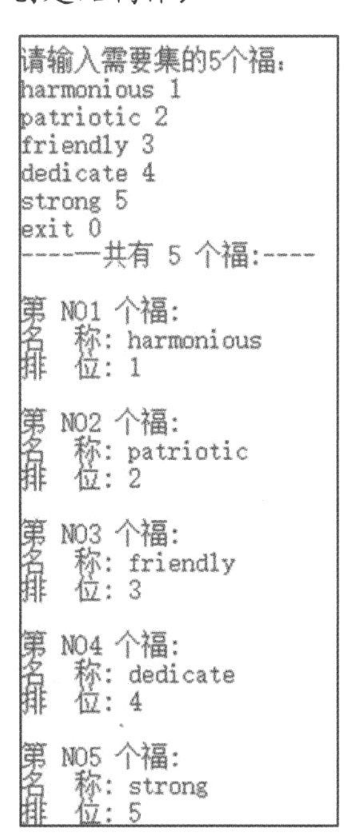

图 15.13　利用链表集福

12．合并两个链表　▷①②③④⑤⑥

将两个链表合并，合并后的链表为原来两个链表的连接，即将第二个链表直接连接到第一个链表

的尾部，合成为一个链表。运行结果如图 15.14 所示。（提示：创建结构体）

13．火爆游戏前 3 名 ▷①②③④⑤⑥

利用链表，输出 2019 年火爆游戏前 3 名。排行情况如图 15.15 所示，运行效果如图 15.16 所示。（提示：创建结构体）

```
请输入两个链表:
第一个链表是:
12345
第二个链表是:
67890
合并后的链表是:
1234567890
```

图 15.14　合并两个链表

图 15.15　2019 年火爆游戏排行榜

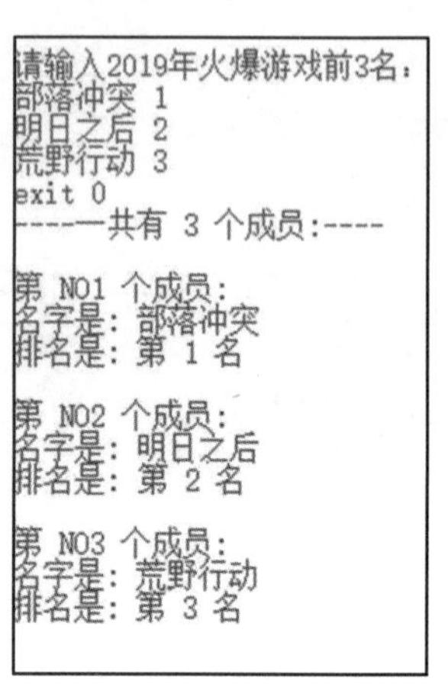

图 15.16　运行效果

14．输出 2018 年俄罗斯世界杯前 3 名 ▷①②③④⑤⑥

2018 年俄罗斯世界杯，共有来自 5 大洲足联的 32 支球队参赛。法国队 4∶2 击败克罗地亚队，夺得了冠军。世界杯 32 强最终排名如图 15.17 所示。法国、克罗地亚、比利时分别取得前三名。

编写程序，输出 2018 年俄罗斯世界杯的前 3 名，运行效果如图 15.18 所示。

图 15.17　2018 年俄罗斯世界杯排名

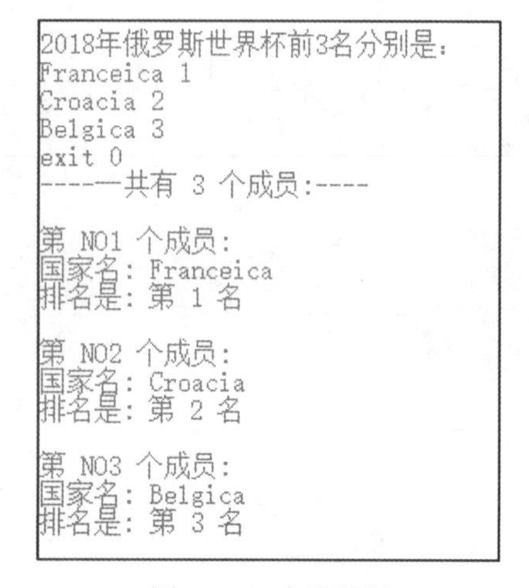

图 15.18　实现效果

15. 京东计算机图书热销前 3 名　▷①②③④⑤⑥

京东有一个实时监控图书的排行榜，有 24 小时热卖排行榜，还有月热卖排行榜。如图 15.19 是计算机与互联网图书热卖排行榜。利用链表输出前 3 名的热卖图书信息，运行效果如图 15.20 所示。（提示：创建结构体）

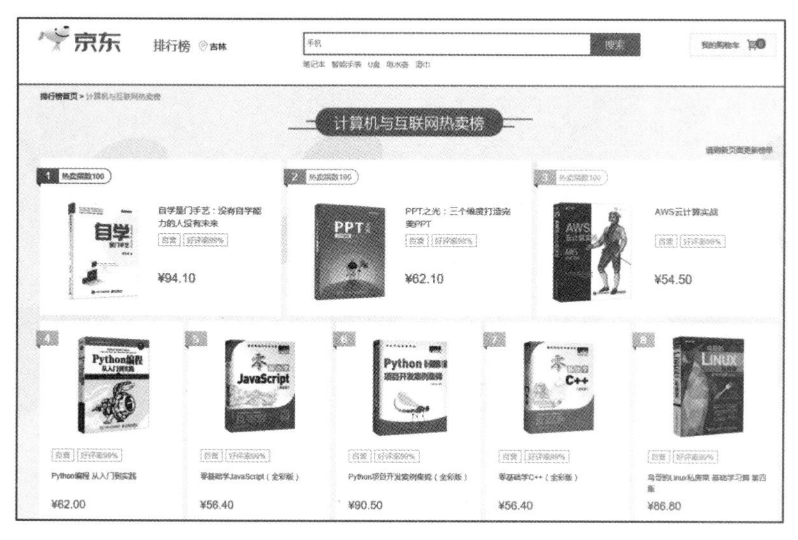

图 15.19　热卖排行榜

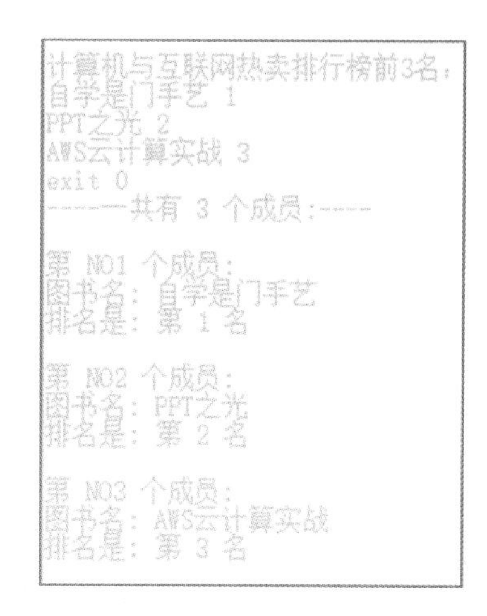

图 15.20　实现效果

第 16 章　栈 和 队 列

本章训练任务对应上册第 17 章栈和队列部分。

重点练习内容：

1. 熟悉IP地址。
2. 了解OSI七层参考模型。
3. 了解地址解析。
4. 了解域名系统。
5. 了解TCP/IP协议以及4种结构。

应用技能拓展学习

1. IP 地址

为了使网络上的计算机能够彼此识别对方，每台计算机都需要一个 IP 地址以标识自己。IP 地址由 IP 协议规定的 32 位的二进制数表示，最新的 IPv6 协议将 IP 地址升为 128 位，这使得 IP 地址更加广泛，能够很好地解决目前 IP 地址紧缺的情况，但是 IPv6 协议距离实际应用还有一段距离。目前，多数操作系统和应用软件都是以 32 位的 IP 地址为基准。

32 位的 IP 地址主要分为前缀和后缀两部分。前缀表示计算机所属的物理网络，后缀确定该网络上的唯一一台计算机。在互联网上，每一个物理网络都有唯一的网络号，根据网络号的不同，可以将 IP 地址分为 5 类，即 A 类、B 类、C 类、D 类和 E 类。其中，A 类、B 类和 C 类属于基本类，D 类用于多播发送，E 类属于保留。表 16.1 描述了各类 IP 地址的范围。

表 16.1　各类 IP 地址的范围

类　型	范　围
A 类	0.0.0.0～127.255.255.255
B 类	128.0.0.0～191.255.255.255
C 类	192.0.0.0～223.255.255.255
D 类	224.0.0.0～239.255.255.255
E 类	240.0.0.0～247.255.255.255

在上述 IP 地址中，有几个 IP 地址是特殊的，有其单独的用途。

☑　网络地址：在 IP 地址中主机地址为 0 的表示网络地址，如 128.111.0.0。

☑　广播地址：在网络号后跟所有位全是 1 的 IP 地址，表示广播地址。

☑　回送地址：127.0.0.1 表示回送地址，用于测试。

2. OSI 七层参考模型

开放系统互联（Open System Interconnection，OSI），是国际标准化组织（ISO）为了实现计算机网络的标准化而颁布的参考模型。OSI 参考模型采用分层的划分原则，将网络中的数据传输划分为 7 层，每一层使用下层的服务，并向上层提供服务。表 16.2 描述了 OSI 参考模型的结构。

表 16.2　OSI 参考模型

层　次	名　　称	功 能 描 述
第 7 层	应用层（Application）	应用层负责网络中应用程序与网络操作系统之间的联系。例如，建立和结束使用者之间的连接，管理建立相互连接使用的应用资源
第 6 层	表示层（Presentation）	表示层用于确定数据交换的格式，它能够解决应用程序之间在数据格式上的差异，并负责设备之间所需要的字符集和数据的转换
第 5 层	会话层（Session）	会话层是用户应用程序与网络层的接口，它能够建立与其他设备的连接，即会话，并且它能够对会话进行有效的管理
第 4 层	传输层（Transport）	传输层提供会话层和网络层之间的传输服务，该服务从会话层获得数据，必要时对数据进行分割，然后传输层将数据传递到网络层，并确保数据能正确无误地传送到网络层
第 3 层	网络层（Network）	网络层能够将传输的数据封包，然后通过路由选择、分段组合等控制，将信息从源设备传送到目标设备
第 2 层	数据链路层（Data Link）	数据链路层主要是修正传输过程中的错误信号，它能够提供可靠的通过物理介质传输数据的方法
第 1 层	物理层（Physical）	利用传输介质为数据链路层提供物理连接，它规范了网络硬件的特性、规格和传输速度

OSI 参考模型的建立，不仅创建了通信设备之间的物理通道，还规划了各层之间的功能，为标准化组合和生产厂家制定协议提供了基本原则。这有助于用户了解复杂的协议，如 TCP/IP、X.25 协议等。用户可以将这些协议与 OSI 参考模型对比，从而了解这些协议的工作原理。

3. 地址解析

所谓地址解析，是指将计算机的协议地址解析为物理地址，即 MAC（Medium Access Control）地址，又称为媒体访问控制地址。通常，在网络上由地址解析协议（ARP）来实现地址解析。下面以本地网络上的两台计算机通信为例介绍 ARP 协议解析地址的过程。

假设主机 A 和主机 B 处于同一个物理网络上，主机 A 的 IP 为 192.168.1.3，主机 B 的 IP 为 192.168.1.3，当主机 A 与主机 B 进行通信时，主机 B 的 IP 地址 192.168.1.6 将按如下步骤被解析为物理地址。

（1）主机 A 从本地 ARP 缓存中查找 IP 为 192.168.1.6 对应的物理地址。用户可以在命令行窗口中输入“arp -a”命令查看本地 ARP 缓存，如图 16.1 所示。

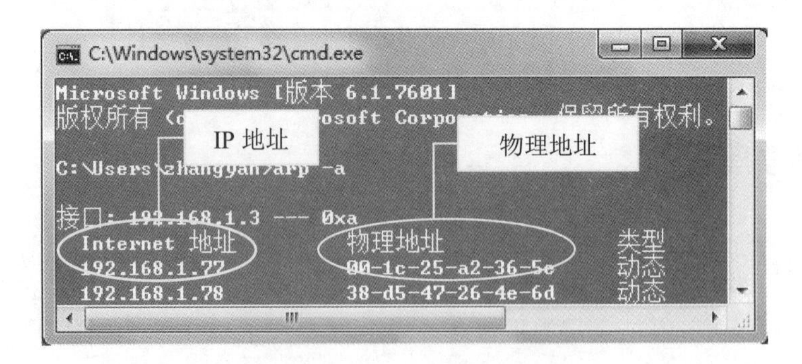

图 16.1　本地 ARP 缓存

（2）如果主机 A 在 ARP 缓存中没有发现 192.168.1.6 映射的物理地址，将发送 ARP 请求帧到本地网络上的所有主机，在 ARP 请求帧中包含了主机 A 的物理地址和 IP 地址。

（3）本地网络上的其他主机接收到 ARP 请求帧后，检查是否与自己的 IP 地址匹配，如果不匹配，则丢弃 ARP 请求帧。如果主机 B 发现与自己的 IP 地址匹配，则将主机 A 的物理地址和 IP 地址添加到自己的 ARP 缓存中，然后主机 B 将自己的物理地址和 IP 地址发送到主机 A，当主机 A 接收到主机 B 发来的信息，将以这些信息更新 ARP 缓存。

（4）当主机 B 的物理地址确定后，主机 A 就可以与主机 B 进行通信了。

4．域名系统

虽然使用 IP 地址可以标识网络中的计算机，但是 IP 地址容易混淆，并且不容易记忆，人们更倾向于使用主机名来标识 IP 地址。由于在 Internet 上存在许多计算机，为了防止主机名相同，Internet 管理机构采取了在主机名后加上后缀名的方法标识一台主机，其后缀名被称为域名。例如如图 16.2 所示的网站。

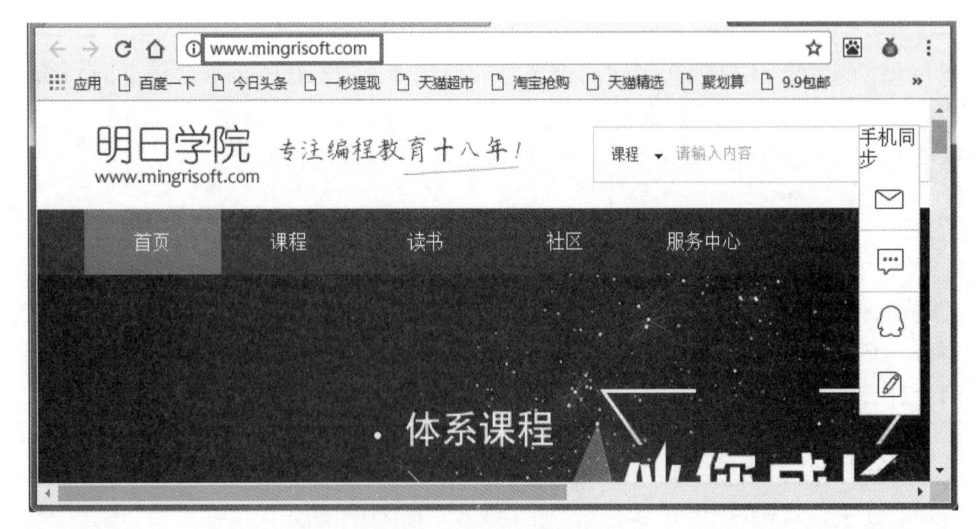

图 16.2　明日学院网站

由图 16.2 看出，网站的地址是 www.mingrisoft.com，其中 www 为主机名，mingrisoft.com 为域名。

这里的域名为二级域名，其中 com 为一级域名，表示商业组织，mingrisoft 为本地域名。为了能够利用域名进行不同主机间的通信，需要将域名解析为 IP 地址，称之为域名解析。域名解析是通过域名服务器来完成的。

假如主机 A 的本地域名服务器是 dns.local.com，根域名服务器是 dns.mr.com；所要访问的主机 B 的域名为www.mingribook.com，域名服务器为dns.mrbook.com。当主机A通过域名www.mingribook.com访问主机 B 时，将发送解析域名 www.mingribook.com 的报文，本地的域名服务器收到请求后，查询本地缓存，假设没有该记录，则本地域名服务器 dns.local.com 向根域名服务器 dns.mr.com 发出请求解析域名 www.mingribook.com。根域名服务器 dns.mr.com 收到请求后查询本地记录，如果发现 mingribook.com NS dns.mrbook.com 信息，将给出 dns.mrbook.com 的 IP 地址，并将结果返回给主机 A 的本地域名服务器dns.local.com，当本地域名服务器dns.local.com收到信息后，会向主机B的域名服务器dns.mrbook.com 发送解析域名 www.mingribook.com 的报文。当域名服务器 dns.mrbook.com 收到请求后，开始查询本地的记录，发现 www.mingribook.com A 211.120.X.X 类似的信息，将结果返回给主机 A 的本地域名服务器 dns.local.com，其中 211.120.X.X 表示域名 www.mingribook.com 的 IP 地址。

5. TCP/IP 协议

TCP/IP（Transmission Control Protocol/Internet Protocol，传输控制协议/网际协议）是互联网上最流行的协议，它能够实现互联网上不同类型操作系统的计算机相互通信。对于网络开发人员，必须了解 TCP/IP 协议的结构。TCP/IP 协议将网络分为 4 层，分别对应于 OSI 参考模型的 7 层结构。表 16.3 列出了 TCP/IP 协议与 OSI 参考模型的对应关系。

表 16.3　TCP/IP 协议结构层次

TCP/IP 协议	OSI 参考模型
应用层（包括 Telnet、FTP、SNTP 协议）	会话层、表示层和应用层
传输层（包括 TCP、UDP 协议）	传输层
网络层（包括 ICMP、IP、ARP 等协议）	网络层
数据链路层	物理层和数据链路层

从表 16.3 可以发现，TCP/IP 协议不是单个协议，而是一个协议簇，它包含多种协议，其中主要的协议有网际协议（IP）和传输控制协议（TCP）等。下面给出 TCP/IP 主要协议的结构。

（1）TCP 协议

传输控制协议（TCP）是一种提供可靠数据传输的通用协议，它是 TCP/IP 体系结构中传输层上的协议。在发送数据时，应用层的数据传输到传输层，加上 TCP 的首部，数据就构成了报文。报文是网际层 IP 的数据，如果再加上 IP 首部，就构成了 IP 数据报。TCP 协议 C 语言数据描述如下：

```
typedef struct HeadTCP
{
    WORD    SourcePort;     /*16 位源端口号*/
    WORD    DePort;         /*16 位目的端口*/
    DWORD   SequenceNo;     /*32 位序号*/
    DWORD   ConfirmNo;      /*32 位确认序号*/
    BYTE    HeadLen;        /*与 Flag 为一个组成部分，首部长度 4 位，保留 6 位，标识 6 位，共 17 位*/
```

```
    BYTE     Flag;
    WORD     WndSize;                /*16 位窗口大小*/
    WORD     CheckSum;               /*16 位校验和*/
    WORD     UrgPtr;                 /*16 位紧急指针*/
} HEADTCP;
```

（2）IP 协议

IP 协议又称为网际协议。它工作在网络层，主要提供无链接数据报传输。IP 协议不保证数据报的发送，但可以最大限度地发送数据。IP 协议 C 语言数据描述如下：

```
typedef struct HeadIP
{
    unsigned char  headerlen:4;    /*首部长度，占 4 位*/
    unsigned char  version:4;      /*版本，占 4 位 */
    unsigned char  servertype;     /*服务类型，占 8 位，即 1 个字节*/
    unsigned short totallen;       /*总长度，占 16 位*/
    unsigned short id;             /*与 idoff 构成标识，共 16 位，前 3 位是标识，后 13 位是片偏移*/
    unsigned short idoff;
    unsigned char  ttl;            /*生存时间，占 8 位*/
    unsigned char  proto;          /*协议，占 8 位*/
    unsigned short checksum;       /*首部检验和，占 16 位*/
    unsigned int   sourceIP;       /*源 IP 地址，占 32 位*/
    unsigned int   destIP;         /*目的 IP 地址，占 32 位*/
}HEADIP;
```

（3）ICMP 协议

ICMP 协议又称为网际控制报文协议。它负责网络上设备状态的发送和报文检查，可以将某个设备的故障信息发送到其他设备上。ICMP 协议 C 语言数据描述如下：

```
typedef struct HeadICMP
{
    BYTE Type;                 /*8 位类型*/
    BYTE Code;                 /*8 位代码*/
    WORD ChkSum;               /*16 位校验和*/
}HEADICMP;
```

（4）UDP 协议

用户数据报协议（UDP）是一个面向无连接的协议，采用该协议，两个应用程序不需要先建立连接，它为应用程序提供一次性的数据传输服务。UDP 协议不提供差错恢复，不能提供数据重传，因此该协议传输数据安全性略差。UDP 协议 C 语言数据描述如下：

```
typedef struct HeadUDP
{
    WORD SourcePort;           /*16 位源端口号*/
    WORD DePort;               /*16 位目的端口*/
    WORD Len;                  /*16 为 UDP 长度*/
    WORD ChkSum;               /*16 位 UDP 校验和*/
}HEADUDP;
```

实战技能强化训练

训练一：基本功强化训练

1. 用栈及递归计算多项式　▷①②③④⑤⑥

已知如下多项式，试编写计算 $f_n(x)$值的递归算法。运行结果如图 16.3 所示。（提示：利用递归操作）

$$f_n(x)=\begin{cases}1 & \text{当 } n=0 \text{ 时}\\ 2x & \text{当 } n=1 \text{ 时}\\ 2xf_{n-1}(x)-2(n-1)f_{n-2}(x) & \text{当 } n>1 \text{ 时}\end{cases}$$

```
请输入n:
4
请输入x:
3
用递归算法得出的函数值是：876.000000
用栈方法得出的函数值是：876.000000
```

图 16.3　用栈及递归计算多项式

2. 实时更新导航菜单　▷①②③④⑤⑥

编写一个程序，根据用户输入的数据，实时更新导航菜单的名称，原导航菜单如图 16.4 所示。首先要求用户输入第一个要替换的导航菜单名称，如把第一个导航菜单“天猫”替换成“明日”，输入“明日”，如图 16.5 所示。按 Enter 键，输出如图 16.6 所示的导航菜单，刚刚替换的导航菜单颜色为绿色，提示用户绿色为已经修改的导航菜单。接着要求用户输入第二个要替换的导航菜单名称，如“超实惠”，按 Enter 键后输出如图 16.7 所示的导航菜单。全部修改完成后，输出字体为红色，文字为修改内容的导航菜单。（提示：使用 windows.h 的颜色函数）

```
天猫　聚划算　天猫超市|淘抢购　电器城　司法拍卖　淘宝心选|飞猪旅行
```

图 16.4　原导航菜单

```
请输入第一个要替换的导航菜单：明日
```

图 16.5　要求用户输入

```
明日　聚划算　天猫超市|淘抢购　电器城　司法拍卖　淘宝心选|飞猪旅行
```

图 16.6　替换第一个导航菜单

```
明日　超实惠　天猫超市|淘抢购　电器城　司法拍卖　淘宝心选|飞猪旅行
```

图 16.7　替换第二个导航菜单

3. 为二维数组动态分配内存　▷①②③④⑤⑥

设计一个程序，为二维数组进行动态分配并且释放内存空间。数组元素的赋值结果如图 16.8 所

示。（提示：使用指针）

4．取出整型数据的高字节数据　▷①②③④⑤⑥

设计一个共用体，实现提取出 int 变量中的高字节中的数值，并改变这个值。输入十六进制的数，运行结果如图 16.9 所示。（提示：相关共用体知识）

```
0       1       2
1       2       3
2       3       4
```

图 16.8　为二维数组动态分配内存

```
十六进制数是：1234
高字节位数据是：12
现在这个数变为：6234
```

图 16.9　取出整型数据的高字节数据

5．设置百度地图常用地点　▷①②③④⑤⑥

在使用百度地图时，会弹出设置常用地点的对话框，如图 16.10 所示。请定义家庭住址和单位地址的变量，保存输入的家庭地址和单位地址，输入和输出效果如图 16.11 所示。

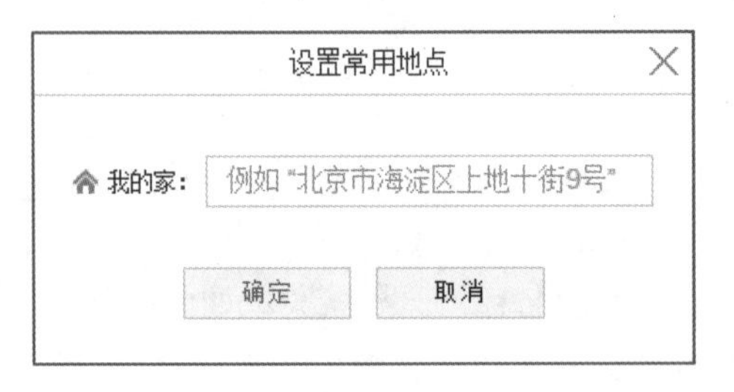

图 16.10　百度常用地点设置

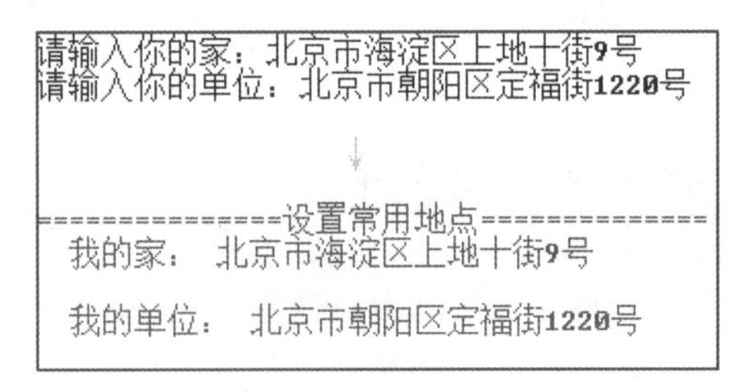

图 16.11　常用地点输入和输出效果

6．输出饭店菜谱　▷①②③④⑤⑥

图 16.12 为某饭店的菜谱，编写一个程序，将图 16.12 的菜谱输出，运行效果如图 16.13 所示。

图 16.12　饭店菜谱

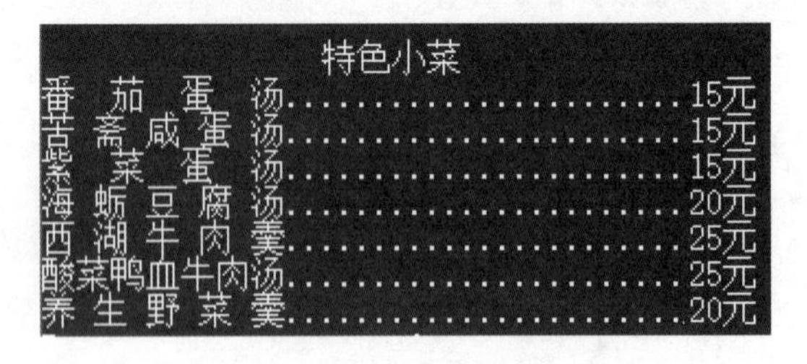

图 16.13　输出菜谱

7．简单的文本编辑器　▷①②③④⑤⑥

要求实现 3 个功能：第一要求对指定行输入字符串；第二删除指定行的字符串；第三显示输

入的字符串的内容。运行结果如图 16.14 和图 16.15 所示。（提示：使用宏定义、结构体、typedef 等）

```
 1. Input
 2. Delete
 3. List
 4. Exit
please choose
1
input the number of line(0~100),101-exit:
2
please input,#-end
mingri book#
input the number of line(0~100),101-exit:
3
please input,#-end
your good friend!#
input the number of line(0~100),101-exit:
101
```

图 16.14　输入字符串

```
 1. Input
 2. Delete
 3. List
 4. Exit
please choose
3
line 2
mingri book
line 3
your good friend!
```

图 16.15　列表显示字符串

8．一起来测试情商　▷①②③④⑤⑥

你的情商是多少呢？快快来测试一下吧！运行效果如图 16.16 所示。

```
=============情商测试（共10题总分200分）=================
人的情商比智商重要得多，它反映了一个人认知与表达自身情感，共10题。
了解、体会他人情感的能力。本测试由美国著名心理学家、哈佛心理学博士Daniel Goleman
（1946.3.7 - ）所设计，
通过对这一系列问题的回答，您可以获得一个关于自己EQ（情商）的简单印象分数。最高分
为200，一般人平均分为100左右。
-------------第一题-------------------
1. 坐飞机时，突然受到很大的震动，你开始随着机身左右摇摆。这时候，您会怎样做呢?
    A. 继续读书或看杂志，或继续看电影，不太注意正在发生的骚乱
    B. 注意事态的变化，仔细听播音员的播音，并翻看紧急情况应付手，以备万一
    C. A和B都有一点
    D. 不能确定--根本没注意到
请输入你的答案(单选):
C
-------------第二题-------------------
2. 带一群4岁的孩子去公园玩，其中一个孩子由于别人都不和他玩而大哭起来。这个时候，
您该怎么办呢?
    A. 置身事外--让孩子们自己处理
    B. 和这个孩子交谈，并帮助她想办法
    C. 轻轻地告诉她不要哭
    D. 想办法转移这个孩子的注意力，给她一些其他的东西让她玩
请输入你的答案(单选):
D
-------------第三题-------------------
3. 假设您是一个大学生，想在某门课程上得优秀，但是在期中考试时却只得了及格。这时
候，您该怎么办呢?
    A. 制定一个详细的学习，并决心按计划进行
    B. 决心以后好好学
    C. 告诉自己在这门课上考不好没什么大不了的，把精力集中在其他可能考得好的课程上

    D. 去拜访任课教授，试图让他给您高一点的分数
请输入你的答案(单选):
```

图 16.16　测试情商题目

训练二：实战能力强化训练

9. 利用宏定义求和　▷①②③④⑤⑥

编写程序实现利用宏定义求 1～100 的偶数和，定义一个宏判断一个数是否为偶数。运行结果如图 16.17 所示。

10. 为具有 3 个元素的数组分配内存　▷①②③④⑤⑥

为一个具有 3 个元素的数组动态分配内存，为元素赋值并将其输出。运行结果如图 16.18 所示

```
-----------------
    SUM=2550
-----------------
```

图 16.17　利用宏定义求和

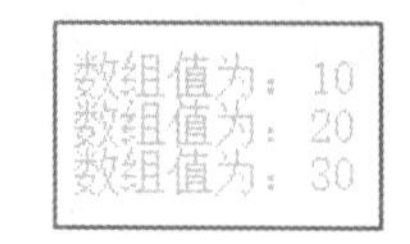

图 16.18　为数组分配内存

11. 商品信息动态分配　▷①②③④⑤⑥

动态分配一块内存区域，并存放一个商品信息。运行结果如图 16.19 所示。（提示：使用结构体）

```
编号=1001
名称=苹果
数量=100
价格=2.100000
```

图 16.19　商品信息动态分配

12. 输出图书音像勋章　▷①②③④⑤⑥

编程输出如图 16.20 所示的图书音像勋章，图标可以采用特殊符号“★、▲、◆、●”代替，也可以选用其他自己喜欢的小图标加以装饰，文字颜色用紫色输出，实现效果如图 16.21 所示。

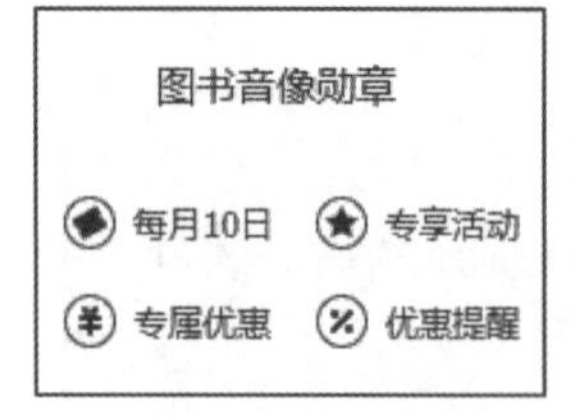

图 16.20　参考图片

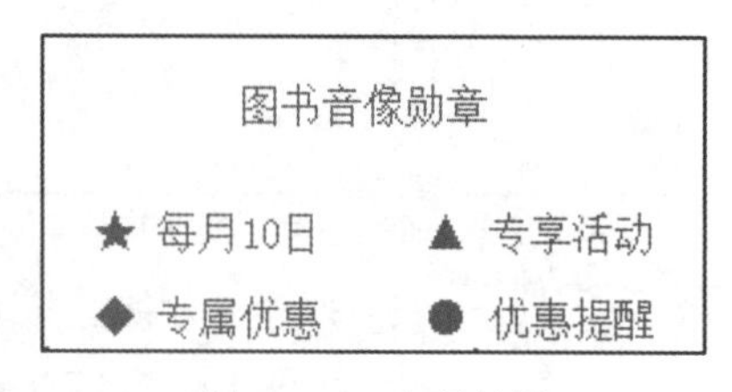

图 16.21　实现效果

13. 模拟手机电话来电管理　▷①②③④⑤⑥

手机拨打或接听电话后，会记录每次拨打或接收电话的信息，并在右侧显示来电次数，如图 16.22

所示。编写一个程序，实现电话来电全部显示，如图 16.23 所示。

图 16.22　来电全部显示

```
张三丰  1672879845                         2
        呼出    1分10秒    2019-06-25  16:00  1
        未接通             2019-06-25  10:41  1
史经理  1672669007                         2
        呼出    27秒       2019-06-24  15:18  1
        已接    41秒       2019-06-23  16:18  1
石思雨  1678653356                         1
        呼出    1分10秒    2019-06-23  15:00  1
刘三多  1672669866                         2
        已接    2分37秒    2019-06-20  15:57  1
        呼出    41秒       2019-06-15  12:22  1
栗是新  1672666676                         1
        呼出    45秒       2019-05-26  05:27  1
宋明丽  1678661678                         2
        已接    56秒       2019-05-25  09:52  1
        呼出    41秒       2019-05-23  18:15  1
```

图 16.23　实现来电显示效果

14．输出 4399 小游戏登录界面　▷①②③④⑤⑥

输出图 16.24 所示的 4399 游戏登录界面，实现效果如图 16.25 所示：

图 16.24　参考图片

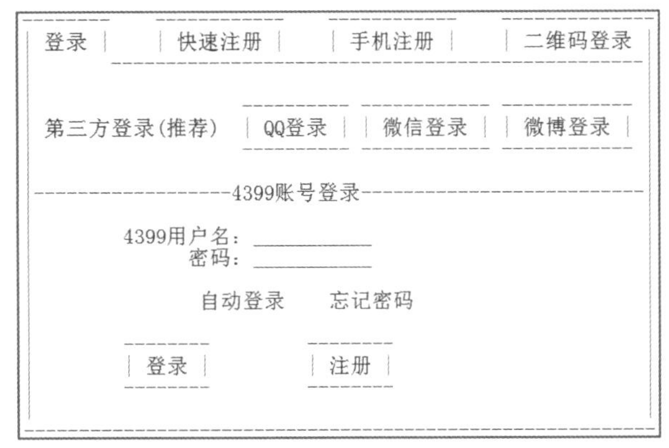

图 16.25　实现登录效果

15．汽车微客服服务　▷①②③④⑤⑥

2018 年我国汽车总销量达到 2780.9 万辆，美国汽车销量为 1727.4 万辆，排在第 2 位。可以说，汽车厂商在中国汽车销量的多少，可以看作汽车品牌未来发展的晴雨表。各大汽车厂商越来越重视中国市场，各种针对性的服务也越来越人性化，越来越贴近用户，如长安福特推出的微客服服务。如图 16.26

所示。编写一个程序，输出微客服服务的全部功能到列表，如图 16.27 所示。

图 16.26　微客服全部功能页面

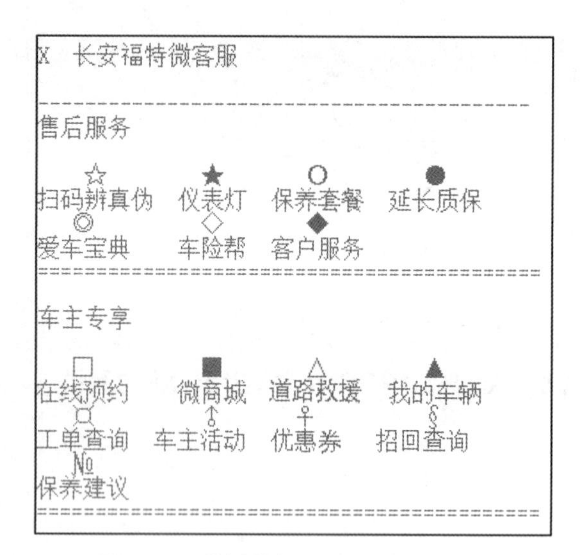

图 16.27　模拟微客服主界面展开功能

第 17 章　C 语言中的位运算

本章训练任务对应上册第 18 章 C 语言中的位运算部分。

重点练习内容：

1. 了解套接字概念。
2. 了解TCP套接字的socket编程。
3. 熟悉WSAStartup()函数。
4. 熟悉socket()函数。
5. 熟悉bind()函数。
6. 熟悉listen()函数。
7. 熟悉accept()函数。
8. 熟悉closesocket()函数。

应用技能拓展学习

1. 套接字概述

所谓套接字，实际上是一个指向传输提供者的句柄。在 WinSock 中，就是通过操作该句柄来实现网络通信和管理的。简单地说，套接字就是一个假想的连接装置，就像插插头的设备“插座”用于连接电器与电线一样，这样电器就可以工作了，而套接字用来实现和完成通信。

套接字根据性质和作用的不同，可以分为原始套接字、流式套接字和数据包套接字 3 种。

☑ 原始套接字：原始套接字是在 WinSock2 规范中提出的，它能够使程序开发人员对底层的网络传输机制进行控制，在原始套接字下接收的数据中包含 IP 头。

☑ 流式套接字：流式套接字提供了双向、有序、可靠的数据传输服务，该类型套接字在通信前，需要双方建立连接。大家熟悉的 TCP 协议采用的就是流式套接字。

☑ 数据包套接字：与流式套接字对应的是数据包套接字，数据包套接字提供双向的数据流，但是它不能保证数据传输的可靠性、有序性和无重复性。UDP 协议采用的就是数据包套接字。

2. TCP 套接字的 socket 编程

TCP 是面向连接的、可靠的传输协议。利用 TCP 协议进行通信时，首先要建立通信双方的连接。一旦连接建立完成，就可以进行通信。TCP 提供了数据确认和数据重传的机制，保证了发送的数据一定能到达通信的对方。

基于 TCP 面向连接的 socket 编程的服务器端程序流程如图 17.1 所示。

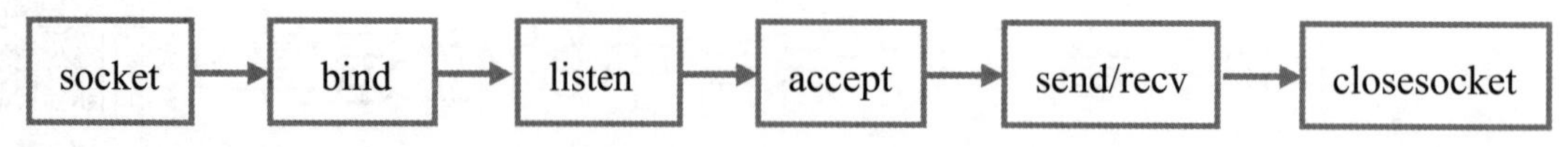

图 17.1　服务器端程序流程

图 17.1 所示的流程各环节的说明如表 17.1 所示。

表 17.1　服务器端各个流程说明

环 节 名 称	说　明
socket	表示创建套接字
bind	表示将创建的套接字绑定到本地的地址和端口上
listen	表示设置套接字的状态为监听状态，准备接受客户端的连接请求
accept	表示接受请求，同时返回得到一个用于连接的新套接字
send/recv	使用这个新套接字进行通信
closesocket	表示通信完毕，释放套接字资源

基于 TCP 面向连接的 socket 编程的客户端程序流程如图 17.2 所示。

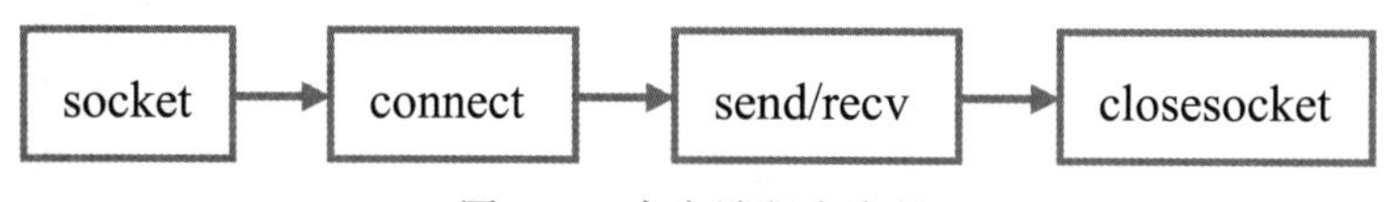

图 17.2　客户端程序流程

图 17.2 所示的流程各环节的说明如表 17.2 所示。

表 17.2　客户端各个流程说明

环 节 名 称	说　明
socket	表示创建套接字
connect	表示向服务器发出连接请求
send/recv	请求连接后与服务器进行通信操作
closesocket	表示释放套接字资源

服务器端，当调用 accept 函数时（关于套接字函数后文将进行介绍），程序就会进行等待，直到有客户端调用 connect 函数发送连接请求，然后服务器接受该请求，这样服务器与客户端就建立了连接。两者建立连接后就可以进行通信了。

注意：在服务器端要建立套接字绑定到指定的主机 IP 和端口上等待客户的请求。对客户端来说，发起连接请求并被接受后，服务器端就保存了该客户端的 IP 地址和端口号信息。因此，服务器端可以利用返回的套接字与客户端通信。

3. WSAStartup()函数

WSAStartup()函数用于初始化套接字库。语法格式为：

```
int WSAStartup(WORD wVersionRequested, LPWSADATA lpWSAData);
```

☑ wVersionRequested：调用者使用的 Windows Socket 版本。高字节记录修订版本，低字节记录主版本。例如，Windows Socket 的版本为 2.1，则高字节记录 1，低字节记录 2。

☑ lpWSAData：WSADATA 结构指针，详细记录 Windows 套接字的相关信息。其定义如下：

```
typedef struct WSAData {
    WORD    wVersion;
    WORD    wHighVersion;
    char    szDescription[WSADESCRIPTION_LEN + 1];
    char    szSystemStatus[WSASYS_STATUS_LEN + 1];
    unsigned short   iMaxSockets;
    unsigned short   iMaxUdpDg;
    char FAR* lpVendorInfo;
} WSADATA, FAR* LPWSADATA;
```

注意：使用套接字函数前一定要初始化 Ws2_32.dll 动态链接库。

代码定义的 WSAData 方法各参数代表的含义如表 17.3 所示。

表 17.3　WSAData 方法语法中的参数说明

参　　数	说　　明
wVersion	表示调用者使用的 WS2_32.DLL 动态库的版本号
wHighVersion	表示 WS2_32.DLL 支持的最高版本，通常与 wVersion 相同
szDescription	表示套接字的描述信息，通常没有实际意义
szSystemStatus	表示系统的配置或状态信息，通常没有实际意义
iMaxSockets	表示最多可以打开多少个套接字。在套接字版本 2 及以后版本中，该成员被忽略
iMaxUdpDg	表示数据报的最大长度。在套接字版本 2 或以后的版本中，该成员将被忽略
lpVendorInfo	表示套接字的厂商信息。在套接字版本 2 或以后的版本中，该成员将被忽略

例如，使用 WSAStartup 初始化套接字，版本号为 2.2，代码如下：

```
WORD wVersionRequested;                        /*WORD（字），类型为 unsigned short*/
WSADATA wsaData;                               /*库版本信息结构*/
/*定义版本类型。将两个字节组合成一个字，前面是低字节，后面是高字节*/
wVersionRequested = MAKEWORD(2, 2);            /*表示版本号*/
/*加载套接字库，初始化 Ws2_32.dll 动态链接库*/
WSAStartup(wVersionRequested, &wsaData);
```

可以看出，MAKEWORD 宏的作用是：根据给定的两个无符号字节，创建一个 17 位的无符号整型，将创建的值赋给 wVersionRequested 变量，表示套接字的版本号。

4．socket()函数

socket()函数用于创建一个套接字。语法格式为：

```
SOCKET socket(int af,int type, int protocol);
```

☑ af：地址家族，通常为 AF_INET。

☑ type：套接字类型。为 SOCK_STREAM，表示创建面向连接的流式套接字；为 SOCK_ DGRAM，表示创建面向无连接的数据报套接字；为 SOCK_RAW，表示创建原始套接字。用户可在 Winsock2.h 头文件中找到这些值。
☑ potocol：套接口协议。如果用户不指定，可以设置为 0。
☑ 返回值：创建的套接字句柄。

例如使用 socket()函数创建一个套接字 socket_server：

```
/*创建套接字*/
/*AF_INET 表示指定地址族，SOCK_STREAM 表示流式套接字 TCP，特定的地址家族相关的协议*/
socket_server = socket(AF_INET, SOCK_STREAM, 0);
```

在代码中，如果 socket()函数调用成功，它就会返回一个新的 SOCKET 数据类型的套接字描述符。使用定义好的套接字 socket_server 进行保存。

5. bind()函数

bind()函数用于将套接字绑定到指定的端口和地址上。语法格式为：

```
int bind(SOCKET s,const struct sockaddr FAR* name,int namelen);
```

☑ s：套接字标识。
☑ name：sockaddr 结构指针，该结构中包含了要结合的地址和端口号。
☑ namelen：name 缓冲区的长度。
☑ 返回值：函数执行成功，返回值为 0，否则为 SOCKET_ERROR。

创建套接字后，应将其绑定到本地某个地址和端口上。例如：

```
SOCKADDR_IN Server_add;                          /*服务器地址信息结构*/
Server_add.sin_family = AF_INET;                 /*地址家族，必须是 AF_INET，注意只有它不是网络字节顺序*/
Server_add.sin_addr.S_un.S_addr = htonl(INADDR_ANY);                  /*主机地址*/
Server_add.sin_port = htons(5000);                                    /*端口号*/
bind(socket_server, (SOCKADDR*)& Server_add, sizeof(SOCKADDR))        /*使用 bind 函数进行绑定*/
```

6. listen()函数

listen()函数用于将套接字设置为监听模式。对于流式套接字，必须处于监听模式才能够接收客户端套接字的连接。语法格式为：

```
int listen(SOCKET s, int backlog);
```

☑ s：套接字标识。
☑ backlog：等待连接的最大队列长度。如果 backlog 被设置为 2，此时有 3 个客户端同时发出连接请求，那么前两个客户端连接会放置在等待队列中，第 3 个客户端会得到错误信息。

例如，设置套接字为监听状态，为连接做准备，最大等待的数目为 5。代码如下：

```
listen(socket_server, 5);
```

7. accept()函数

accept()函数用于接受客户端连接。在流式套接字中，只有套接字处于监听状态时，才能接受客户端的连接。语法格式为：

```
SOCKET accept(SOCKET s, struct sockaddr FAR* addr, int FAR* addrlen);
```

☑ s：套接字，应处于监听状态。
☑ addr：sockaddr_in 结构指针，包含一组客户端的端口号、IP 地址等信息。
☑ addrlen：用于接收参数 addr 的长度。
☑ 返回值：一个新套接字，对应于已经接收的客户端连接。该客户端的所有后续操作都应使用新套接字。

例如，使用 accept()函数接受客户端的连接请求，代码如下：

```
/*接受客户端的发送请求，等待客户端发送 connect 请求*/
socket_receive = accept(socket_server, (SOCKADDR*)& Client_add, &Length);
```

其中，socket_receive 保存接受请求后返回的新套接字，socket_server 为绑定在地址和端口上的套接字，而 Client_add 是有关客户端的 IP 地址和端口的信息结构，最后的 Length 是 Client_add 的大小。可以使用 sizeof()函数取得，然后用 Length 变量保存。

8. closesocket()函数

closesocket()函数用于关闭套接字。语法格式为：

```
int closesocket(SOCKET s);
```

其中，s 标识一个套接字。如果 s 设置了 SO_DONTLINGER 选项，则调用该函数后会立即返回，但此时如果有数据尚未传送完毕，则会继续传递数据，然后才关闭套接字。

例如，使用 closesocket()函数关闭套接字，释放客户端的套接字资源。代码如下：

```
closesocket(socket_receive);                    /*释放客户端的套接字资源*/
```

代码中，socket_receive 是一个套接字，不使用时可以利用 closesocket()函数将其资源释放。

实战技能强化训练

训练一：基本功强化训练

1. 流水灯设计　▷①②③④⑤⑥

某电子专业同学做毕业设计，课题是：流水灯，4 个灯循环点亮，利用位运算编写程序输出灯亮时

的值。（提示：1 表示亮，0 表示灭）。运行结果如图 17.3 所示。（提示：使用循环左移）

```
请输入流水灯初始化状况（十六进制）：
3df
请输入流水灯要移位的位数（>0）：
2
------------------------------------
    流水灯移位结果 f7c:
------------------------------------
```

图 17.3　流水灯设计

2．黄色网格填充的椭圆　▷①②③④⑤⑥

在屏幕中绘制一椭圆，其内部用黄色网格来填充。运行结果如图 17.4 所示。（提示：使用 graphics.h 函数库）

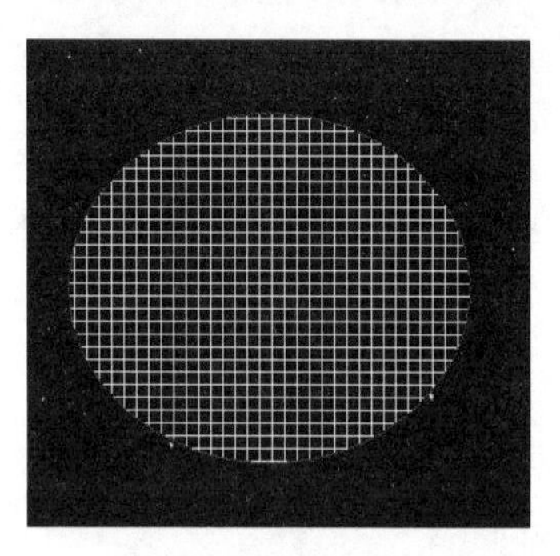

图 17.4　黄色网格填充的椭圆

3．密码二次加密　▷①②③④⑤⑥

用户创建完新账户后，服务器为保护用户隐私，使用异或运算对用户密码进行二次加密，计算公式为“加密数据 = 原始密码 ^ 加密算子”，已知加密算子为整数 79，请问用户密码 459137 经过加密后的值是多少？运行结果如图 17.5 所示。（提示：使用异或运算）

4．输出 A 的 ASCII 码值并取反　▷①②③④⑤⑥

在控制台上输入大写字母“A”，输出它的 ASCII 值及 ASCII 值取反的值，运行结果如图 17.6 所示。（提示：使用取反运算）

```
请输入原始密码和加密算子:
459137 79
☆ ☆ ☆ ☆ ☆ ☆ ☆ ☆ ☆ ☆ ☆ ☆
☆    经过加密后的值是:459214    ☆
☆ ☆ ☆ ☆ ☆ ☆ ☆ ☆ ☆ ☆ ☆ ☆
```

图 17.5　密码二次加密

```
请输入字符cChar:
A
cChar的ASCII值为：65
cChar的ASCII值取反为：-66
```

图 17.6　输出 A 的 ASCII 码值并取反

5．获取主机 IP 地址　▷①②③④⑤⑥

使用 socket()函数，获取主机的 IP 地址，运行结果如图 17.7 所示。（提示：使用网络套接字）

6．输出 x>>64、x>>65、x>>1 的值　▷①②③④⑤⑥

声明 int 类型的变量 a，用户可以输入一个 a 的值，在控制台中输出 x>>64、x>>65 和 x>>1 的结果，如图 17.8 所示。

7．计算 0xEFCA 与 0 进行“或”运算　▷①②③④⑤⑥

将 16 进制数字 0xEFCA 与 0 进行“或”运算，输出结果，并观察结果与例题结果，得出什么结论。运行结果如图 17.9 所示。（提示：使用位或运算）

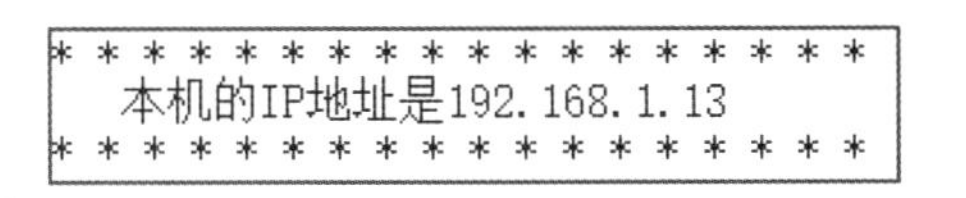

图 17.7　主机 IP 地址

```
请输入x的值：73

x>>64的值是:73
x>>65的值是:36
x>>1的值是:18
```

图 17.8　a 的结果

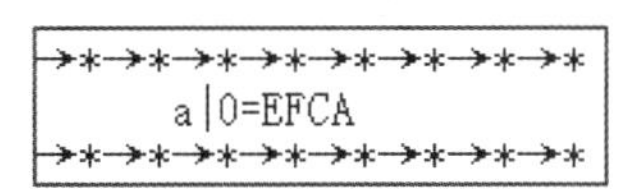

图 17.9　与 0“或”运算

训练二：实战能力强化训练

8．输出 10～100 的素数　▷①②③④⑤⑥

求素数表中 10～100 的全部素数。运行结果如图 17.10 所示。（提示：使用条件控制语句）

9．获取主机名　▷①②③④⑤⑥

使用网络 socket()函数，获取本地主机的主机名，运行结果如图 17.11 所示。（提示：使用网络套接字）

```
10~100的素数:
11,13,17,19,23,
29,31,37,41,43,
47,53,59,61,67,
71,73,79,83,89,
97,
```

图 17.10　输出 10～100 的素数

```
--------------------------------
主机名是：SC-201901251155
--------------------------------
```

图 17.11　获取主机名

10．将两个人的年龄进行“与”操作　▷①②③④⑤⑥

定义两个变量，分别代表两个人的年龄，将这两个变量进行“与”运算，运行结果如图 17.12 所示。

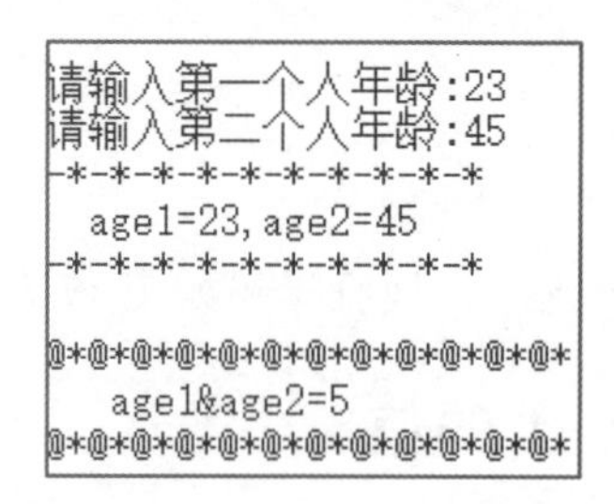

图 17.12　年龄“与”操作

11．相同图案的输出　▷①②③④⑤⑥

在屏幕中绘制一个矩形图案并画出其对角线，运行结果如图 17.13 所示。（提示：使用 graphics.h 函数库）

12．计算“1028 % 8”　▷①②③④⑤⑥

使用位移运算和算数运算符，计算“1028 % 8”的结果，运行结果如图 17.14 所示。

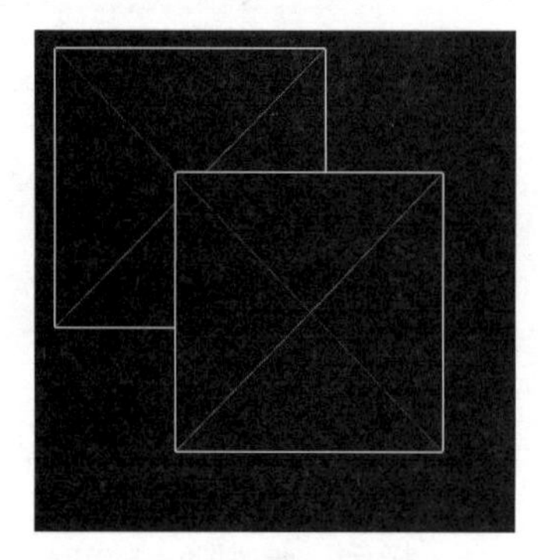

图 17.13　相同图案的输出

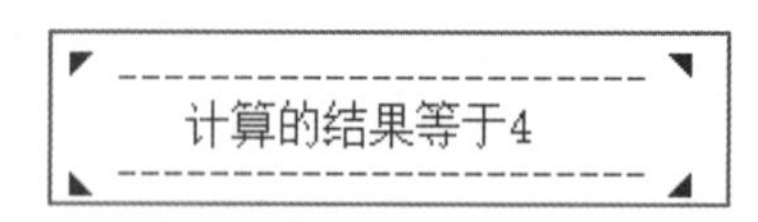

图 17.14　计算 1028 % 8

13．模拟淘宝搜索　▷①②③④⑤⑥

网上购物时，都会有搜索栏，大家可以搜索自己想查找的东西，如图 17.15 所示是淘宝的搜索栏。编写一个程序，模拟淘宝搜索栏。如图 17.16 所示。

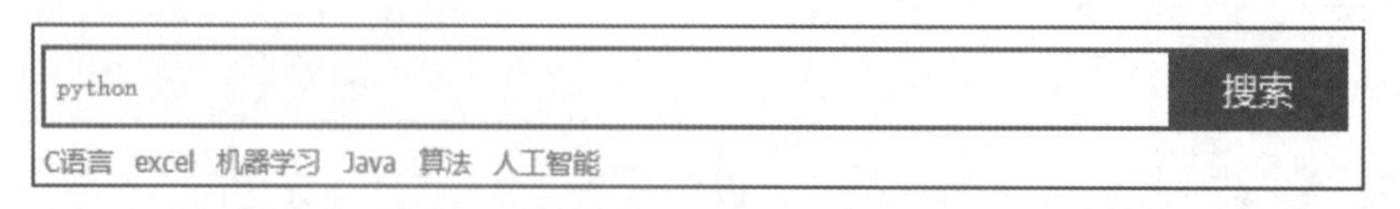

图 17.15　淘宝搜索

图 17.16　实现搜索效果

14．将 30 和-30 分别进行右移　▷①②③④⑤⑥

将 30 和-30 分别右移 3 位，将所得结果分别输出，在所得结果的基础上再分别右移 2 位，并将结果输出，运行结果如图 17.17 所示。

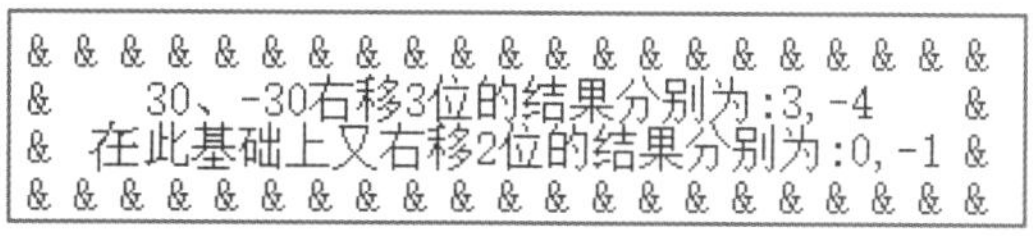

```
& & & & & & & & & & & & & & & & & & & & &
&    30、-30右移3位的结果分别为:3,-4     &
&  在此基础上又右移2位的结果分别为:0,-1 &
& & & & & & & & & & & & & & & & & & & & &
```

图 17.17　30 和-30 右移

15．输出数字 6　▷①②③④⑤⑥

图 17.18 是一个数字 6 的图案，编写一个程序，使用特殊符号“□”“■”，将这个图案输出出来，图案颜色可自己选择，背景不用考虑。最终的实现效果如图 17.19 所示。

图 17.18　参考图片

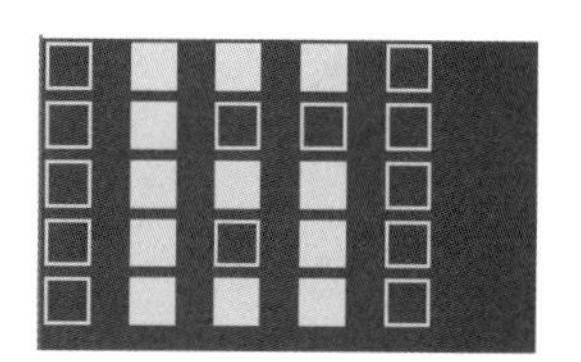

图 17.19　数字输出效果

第 18 章　文件操作技术

本章训练任务对应上册第 19 章文件操作技术部分。

重点练习内容：

1. 了解套接字概念。
2. 了解TCP套接字的socket编程。
3. 熟悉WSAStartup()函数。
4. 熟悉socket()函数。
5. 熟悉bind()函数。
6. 熟悉listen()函数。
7. 熟悉accept()函数。
8. 熟悉closesocket()函数。

应用技能拓展学习

1. connect()函数

该函数的功能是发送一个连接请求。其原型如下：

```
int connect(SOCKET s, const struct sockaddr FAR*    name, int namelen);
```

☑ s：表示一个套接字。

☑ name：表示套接字 s 要连接的主机地址和端口号。

☑ namelen：是 name 缓冲区的长度。

☑ 返回值：如果函数执行成功，则返回值为 0，否则为 SOCKET_ERROR。用户可以通过 WSAGETLASTERROR 得到其错误描述。

例如，使用 connect()函数与一个套接字建立连接：

```
connect(socket_send, (SOCKADDR*)&Server_add, sizeof(SOCKADDR));
```

在代码中，socket_send 表示要与服务器建立连接的套接字，而 Server_add 是要连接的服务器地址信息。

2. htons()函数

该函数的功能是将一个 16 位的无符号短整型数据由主机排列方式转换为网络排列方式。其原型如下：

```
u_short htons(u_short hostshort);
```

☑ hostshort：是一个主机排列方式的无符号短整型数据。

☑ 返回值：函数返回值是 17 位的网络排列方式数据。

例如使用 htons()函数对一个无符号短整型数据进行转换：

```
Server_add.sin_port = htons(5000);
```

在代码中，Sever_add 是有关主机地址和端口的结构，其中 sin_port 表示的是端口号。因为端口号要使用网络排列方式，所以使用 htons()函数进行转换，从而设定了端口号。

3. htonl()函数

该函数的功能是将一个无符号长整型数据由主机排列方式转换为网络排列方式。其原型如下：

```
u_long htonl(u_long hostlong);
```

☑ hostlong：表示主机排列方式的无符号长整型数据。

☑ 返回值：32 位的网络排列方式数据。

其使用方式与 htons()函数相似，不过是将一个 32 位数值转换为 TCP/IP 网络字节顺序。

4. inet_addr()函数

该函数的功能是将一个由字符串表示的地址转换为 32 位的无符号长整型数据。其原型如下：

```
unsigned long inet_addr(const char FAR * cp);
```

☑ cp： IP 地址字符串。

☑ 返回值：32 位无符号长整数。

例如使用 inet_addr()函数将一个字符串转换成一个以点分十进制格式表示的 IP 地址（如 192.178.1.43）：

```
Server_add.sin_addr.S_un.S_addr = inet_addr("192.178.1.43");
```

在代码中设置服务器的 IP 地址为 198.178.1.43。

5. recv()函数

该函数的功能是从面向连接的套接字中接收数据。其原型如下：

```
int recv(SOCKET s, char FAR* buf, int len, int flags);
```

☑ s：表示一个套接字。
☑ buf：表示接收数据的缓冲区。
☑ len：表示 buf 的长度。
☑ flags：函数的调用方式。为 MSG_PEEK，查看传来的数据，在序列前端数据会被复制一份到返回缓冲区中，但是这个数据不会从序列中移走；为 MSG_OOB，处理 Out-Of-Band 数据，也就是外带数据。

例如使用 recv()函数接收数据：

```
recv(socket_send, Receivebuf, 100, 0);
```

其中，socket_send 是用于连接的套接字，而 Receivebuf 是用来接收保存数据的空间，而 100 是该空间的大小。

6. send()函数

该函数的功能是在面向连接方式的套接字间发送数据。其原型如下：

```
int send(SOCKET s, const char FAR * buf, int len, int flags);
```

☑ s：套接字。
☑ buf：存放要发送数据的缓冲区。
☑ len：缓冲区长度。
☑ flags：函数的调用方式。

例如，使用 send()函数发送数据，代码如下：

```
send(socket_receive, Sendbuf, 100, 0);
```

在代码中，socket_receive 用于连接的套接字，而 Sendbuf 保存要发送的数据，100 为该数据的大小。

7. recvfrom()函数

该函数用于接收一个数据报信息并保存源地址。其原型如下：

```
int recvfrom(SOCKET s, char FAR* buf, int len, int flags, struct sockaddr FAR* from, int FAR* fromlen);
```

recvfrom()函数中的各参数说明如表 18.1 所示。

表 18.1 recvfrom()函数的参数说明

参　数	说　明
s	表示准备接收数据的套接字
buf	指向缓冲区的指针，用来接收数据
len	表示缓冲区的长度
flags	通过设置这个值可以影响函数调用的行为
from	是一个指向地址结构的指针，用来接收发送数据方的地址信息
fromlen	表示缓冲区的长度

8．sendto()函数

该函数的功能是向一个特定的目的方发送数据。其原型如下：

```
int sendto(SOCKET s, const char FAR * buf, int len, int flags, const struct sockaddr FAR * to, int tolen);
```

sendto()函数中的各参数说明如表 18.2 所示。

表 18.2　sendto()函数语法中的参数说明

参　　数	说　　明
s	表示一个（可能已经建立连接的）套接字的标识符
buf	指向缓冲区的指针，该缓冲区包含将要发送的数据
len	表示缓冲区的长度
flags	通过设置这个值可以影响函数调用的行为
to	指定目标套接字的地址
tolen	表示缓冲区的长度

9．WSACleanup()函数

该函数的功能是释放为 Ws2_32.dll 动态链接库初始化时分配的资源。其原型如下：

```
int WSACleanup(void);
```

使用该函数关闭动态链接库：

```
WSACleanup();                    /*关闭动态链接库*/
```

实战技能强化训练

训练一：基本功强化训练

1．读取蚂蚁庄园动态文件　▷①②③④⑤⑥

首先创建一个如图 18.1 所示的文件，然后利用文件的读操作读取这个文件，效果如图 18.2 所示。（提示：使用 fgets()函数）

图 18.1　蚂蚁庄园动态内容

```
请输入文件名:
f:\manor.txt
你使用了一张加速卡，小鸡撸起袖子开始双手吃饲料，进食速度大大加快。
```

图 18.2　读取蚂蚁庄园动态文件

2. 附近的人

▷①②③④⑤⑥

微信、QQ 都可以搜索附近的人，有的附近的人为了加人，就会主动打招呼，本实战就来实现模拟附近的人打招呼，将附近的人看成客户端，自己是服务器端，运行效果如图 18.3、图 18.4 所示。（提示：使用 TCP 通信）

```
你说:你好
来自附近的人: 你好
你说:我能加你吗
来自附近的人: 不可以
```

图 18.3　客户端

```
来自附近的人: 你好
你说:你好
来自附近的人: 我能加你吗
你说:不可以
```

图 18.4　服务器端

3. 合并文件

▷①②③④⑤⑥

首先创建一个 ant.txt 文件，内容如图 18.5 所示，与（1）中创建的 manor.txt 这两个.txt 文件合并成一个.txt 文件，效果如图 18.6 所示，文件内容如图 18.7 所示。（提示：使用 fseek()函数）

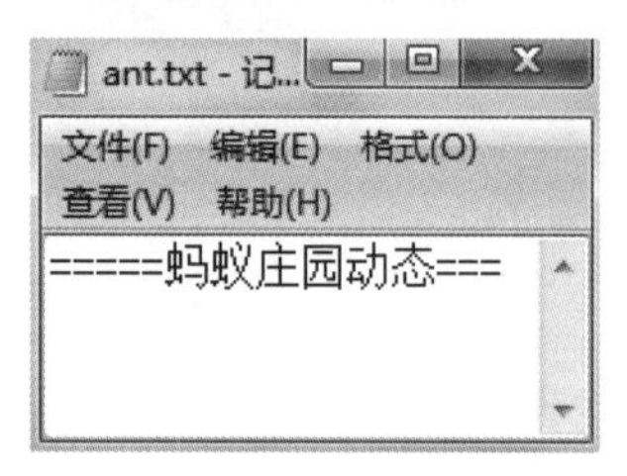

图 18.5　ant.txt 文件

```
请输入文件1的名字:
f:\ant.txt
请输入文件2的名字:
f:\manor.txt
```

图 18.6　合并文件效果图

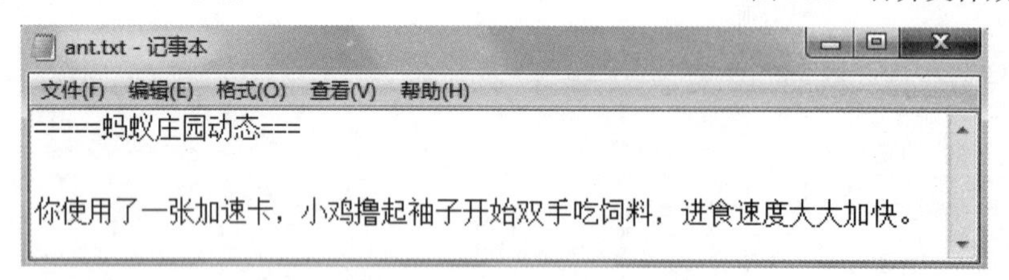

图 18.7　合并之后文件内容

4. 推荐铃声音乐

▷①②③④⑤⑥

有福同享，当听到自己喜欢的铃声音乐就会推荐给朋友，就可以通过网络传送音乐文件，例如本实战传送一个名为 bj.mp3 的音频。先运行服务器端，然后再运行客户端，运行之后的服务器端如图 18.8 所示，音频也会出现在客户端，如图 18.9 所示。（提示：使用 TCP 通信）

```
有新户端连接入,发送视频文件bj.mp3
文件长度:2723048
```

图 18.8　服务器端

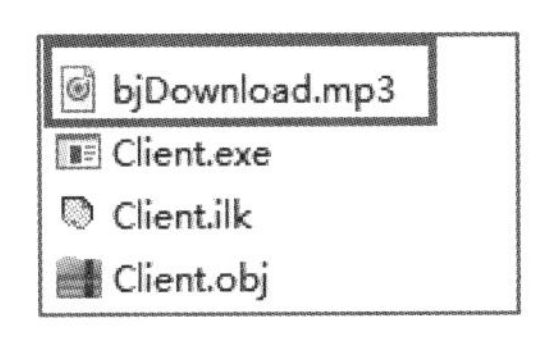

图 18.9　客户端文件夹

5. 模拟淘宝客服自动回复　▷①②③④⑤⑥

淘宝客服为了快速回答买家问题，会设置自动回复的内容，此时正有一位买家来咨询客服，客服将先前的文件复制给了买家，模拟此场景。首先创建两个文件（automatic.txt 和 reply.txt），如图 18.10 是客服编辑好的 automatic.txt 的文本内容，其中 reply.txt 是空的，图 18.11 是运行效果图，图 18.12 是复制之后 reply.txt 文件内容。（提示：使用 fseek()函数）

图 18.10　automatic.txt 文件内容

```
请输入与买家交谈文件名:
f:\reply.txt
请输入客服自动回复内容文件名:
f:\automatic.txt
```

图 18.11　效果图

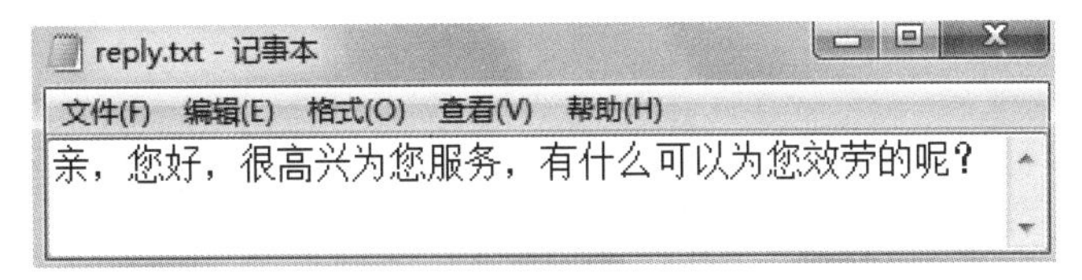

图 18.12　reply.txt 文件内容

6. 实现通信功能　▷①②③④⑤⑥

实现一个服务器与一个客户端的通信功能，客户端输入“hello”，服务端返回“登录成功”。运行结果如图 18.13、图 18.14 所示。（提示：使用 TCP 通信）

7. 打印巴斯卡三角形　▷①②③④⑤⑥

输出 3 行巴斯卡三角形，如图 18.15 所示。

```
please enter message:hello
Server say: 登录成功
please enter message:
```

图 18.13　客户端窗口

```
client say: hello
please enter message:登录成功
```

图 18.14　服务器端窗口

```
    1
  1   1
1   2   1
```

图 18.15　巴斯卡三角形

运行程序如图 18.16 所示输入文件位置名，在对应的位置就会找到此文件，运行结果如图 18.17 所示。（提示：使用 fprintf()函数）

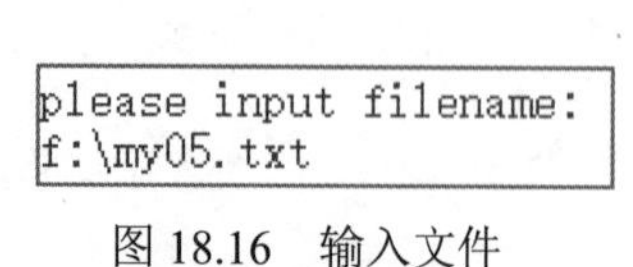

图 18.16　输入文件

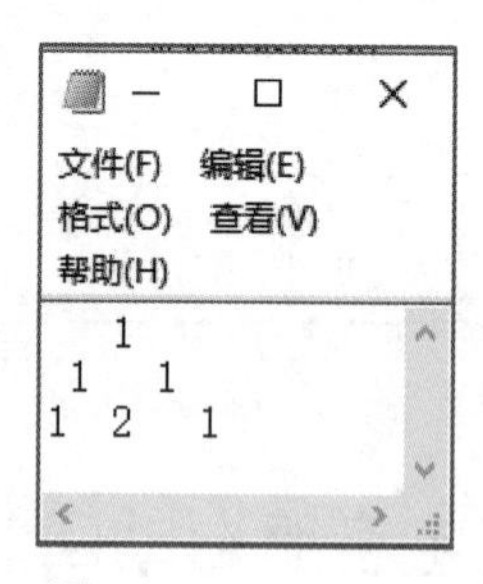

图 18.17　打开文件

8．网络传输 Word 文件　▷①②③④⑤⑥

利用网络传送 Word 文档，在服务器端文件夹内创建要传送的文档 name.docx，如图 18.17 所示，在运行程序之后，在客户端文件夹内出现 nameDown.docx 文件，如图 18.19 所示。（提示：使用 TCP 通信）

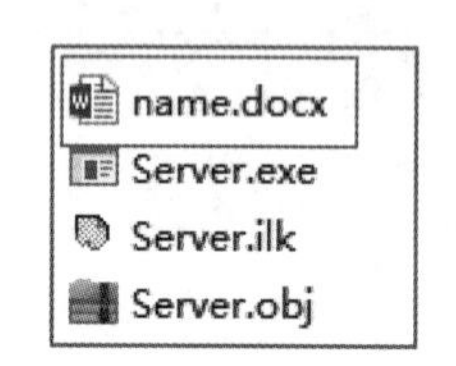

图 18.18　服务器端文件夹

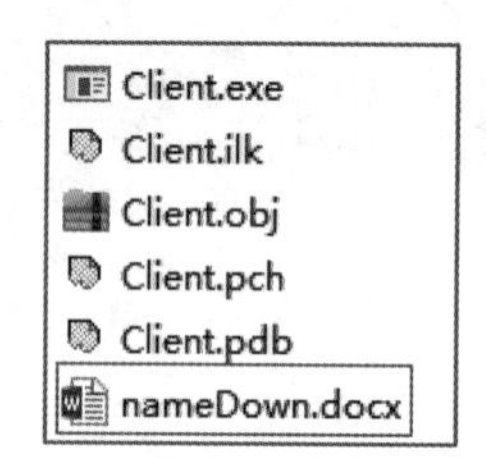

图 18.19　客户端文件夹

训练二：实战能力强化训练

9．招聘名单　▷①②③④⑤⑥

某企业春季招聘，经过 3 轮面试，人事经理筛选了 3 名实习生，输入实习生信息，并将信息显示出来。运行程序如图 18.20 所示。（提示：使用 fwrite()函数）

```
how many ?
3
please input filename:
f:\my06.txt
please input name,address,telephone:
N01
刘小伟
北京
87675****
N02
可可
上海
84156****
N03
心心
天津
84558****
          刘小伟                北京              87675****
            可可                上海              84156****
            心心                天津              84558****
```

图 18.20　招聘名单

10．公布选择题的正确答案

▷①②③④⑤⑥

期末考完试，老师需要审阅考试卷，编写程序将选择题答案显示出来，例如：答案是ACBDDCBADCBCAAB。在编写程序之前，要创建一个.txt 的文件，运行结果如图 18.21 所示。（提示：使用 fscanf_s()函数）

```
please input filename:
f:\my08.txt
1 is:    A
2 is:    C
3 is:    B
4 is:    D
5 is:    D
6 is:    C
7 is:    B
8 is:    A
9 is:    D
10 is:    C
11 is:    B
12 is:    C
13 is:    A
14 is:    A
15 is:    B
```

图 18.21　正确答案

11．重命名文件

▷①②③④⑤⑥

编程实现重命名文件，具体要求如下：从键盘中输入要重命名的文件的路径及名称，然后输入要修改的新名称。运行结果如图 18.22 所示，实现的重命名文件如图 18.23 所示。（提示：使用 rename()函数）

```
please input the file name which you want to change:
f:\lizi.txt
please input new name!
f:\newlizi.txt
successfully!
```

图 18.22　重命名文件界面

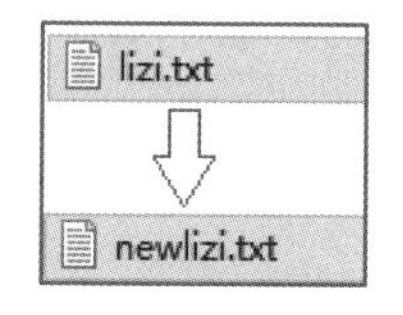

图 18.23　重命名文件

12．文件加密

▷①②③④⑤⑥

编程实现文件加密，具体要求如下：先从键盘中输入要加密操作的文件所在的路径及名称，再输入密码，最后输入加密后的文件要存储路径及名称。运行结果如图 18.24、图 18.25 和图 18.26 所示。

```
please input encode file name:
f:\lizi.txt
please input Password:
mingri
please input saved file name:
f:\099.txt
```

图 18.24　文件加密界面

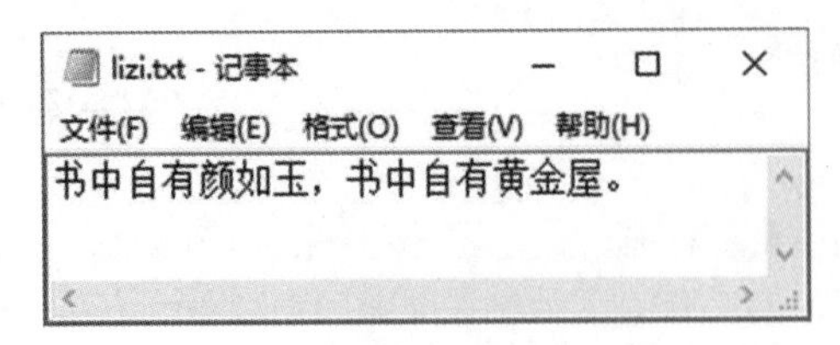

图 18.25　加密前文档中内容

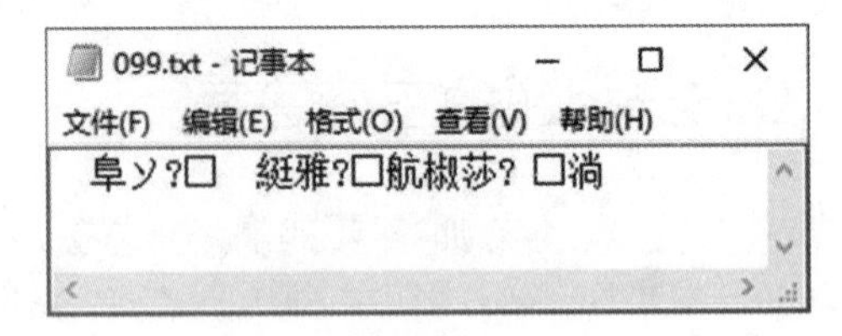

图 18.26　加密后文档中内容

13．网络传情书

▷①②③④⑤⑥

使用网络向心目中喜欢的女（男）生传情书，使用服务器端和客户端实现，在服务器端先创建情书 love.txt 文件，如图 18.27 所示，然后运行服务器端，再运行客户端，运行的服务器端如图 18.28 所示，运行客户端之后在客户端文件中会出现 download.txt 文件，如图 18.29 所示。（提示：使用 TCP 通信）

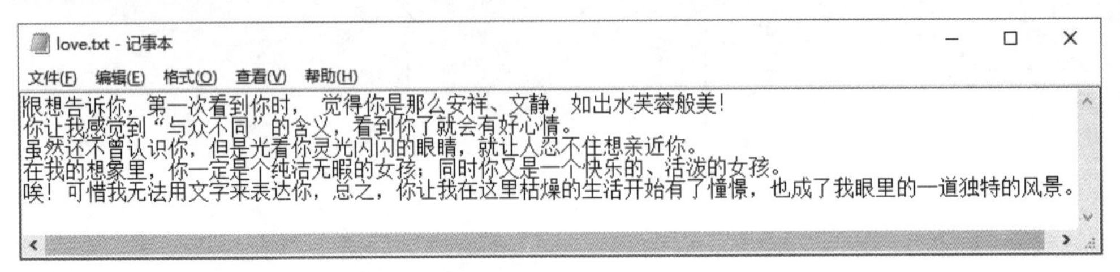

图 18.27　love.txt 文件

```
有新户端连接入,发送视频文件love.txt
文件长度:373
```

图 18.28　服务器端

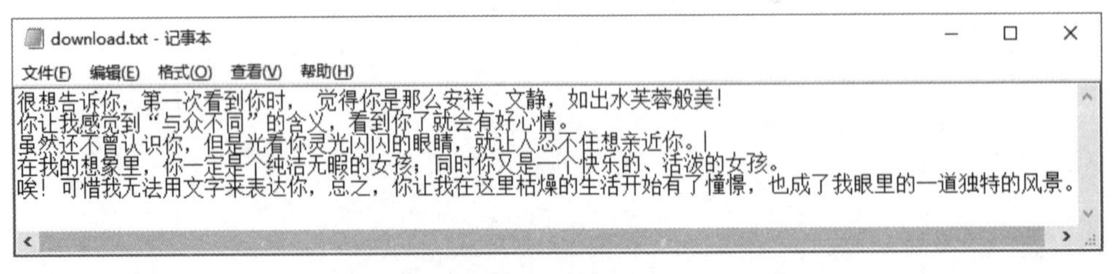

图 18.29　传送的 download.txt 文件

14．读取《生僻字》歌词

▷①②③④⑤⑥

《生僻字》是目前比较流行的歌曲，本实战就来读取《生僻字》中的一句歌词，在编写程序之前，先创建一个.txt 文件，运行的最终结果如图 18.30 所示。（提示：使用 fgets()函数）

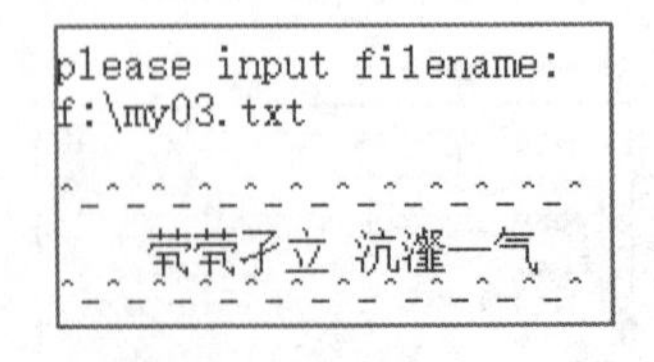

图 18.30　《生僻字》歌词

15. 发送 E-mail 文件　▷①②③④⑤⑥

每年的 9~12 月是校园招聘的高峰期，就会有很多大学生写简历，那么简历模板就是很关键的，有很多学生会选择向师哥师姐要简历模板，这就需要用网络传送文件，为了保存时间长，会选择使用 E-mail 的形式发送，本实战就来使用网络传输简历模板。服务器端文件夹的简历模板内容如图 18.31 所示，运行程序之后，客户端文件的简历模板（下载）内容如图 18.32 所示。（提示：使用 TCP 通信）

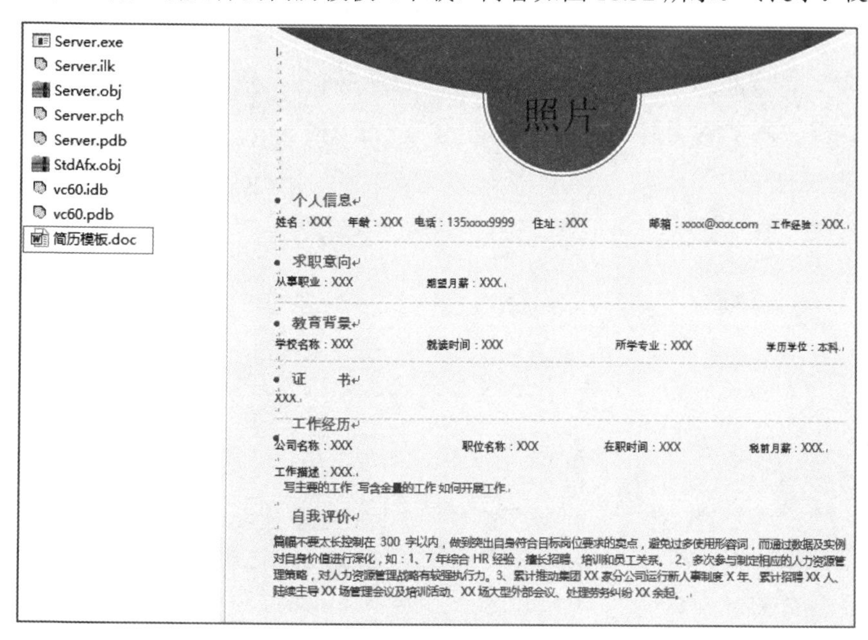

图 18.31　服务器文件的简历模板

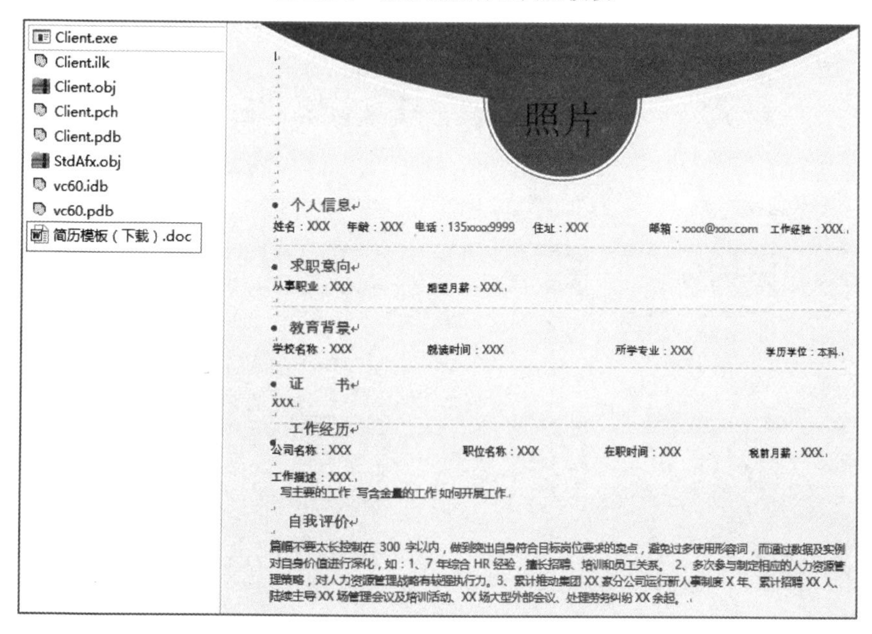

图 18.32　客户端文件的简历模板（下载）内容

答 案 提 示

第 1 章 基本功训练	第 1 章 实战强化训练	第 2 章 基本功训练	第 2 章 实战强化训练	第 3 章 基本功训练	第 3 章 实战强化训练
第 4 章 基本功训练	第 4 章 实战强化训练	第 5 章 基本功训练	第 5 章 实战强化训练	第 6 章 基本功训练	第 6 章 实战强化训练
第 7 章 基本功训练	第 7 章 实战强化训练	第 8 章 基本功训练	第 8 章 实战强化训练	第 9 章 基本功训练	第 9 章 实战强化训练
第 10 章 基本功训练	第 10 章 实战强化训练	第 11 章 基本功训练	第 11 章 实战强化训练	第 12 章 基本功训练	第 12 章 实战强化训练
第 13 章 基本功训练	第 13 章 实战强化训练	第 14 章 基本功训练	第 14 章 实战强化训练	第 15 章 基本功训练	第 15 章 实战强化训练
第 16 章 基本功训练	第 16 章 实战强化训练	第 17 章 基本功训练	第 17 章 实战强化训练	第 18 章 基本功训练	第 18 章 实战强化训练